AF537496

EUL
VERLAG

SOFTWAREPLATTFORMEN FÜR UNTERNEHMENSSOFTWAREÖKOSYSTEME

VON DER FAKULTÄT WIRTSCHAFTS- UND SOZIALWISSENSCHAFTEN DER UNIVERSITÄT STUTTGART ZUR ERLANGUNG DER WÜRDE EINES DOKTORS DER WIRTSCHAFTS- UND SOZIALWISSENSCHAFTEN (DR. RER. POL.) GENEHMIGTE ABHANDLUNG

VORGELEGT VON

LARS OLIVER MAUTSCH

AUS BÖBLINGEN

HAUPTBERICHTER:	PROF. DR. GEORG HERZWURM
MITBERICHTER:	PROF. DR. HANS-GEORG KEMPER
TAG DER MÜNDLICHEN PRÜFUNG:	14. APRIL 2015

BETRIEBSWIRTSCHAFTLICHES INSTITUT DER UNIVERSITÄT STUTTGART

2015

Reihe: Wirtschaftsinformatik · Band 84

Herausgegeben von Prof. Dr. Dietrich Seibt, Köln, Prof. Dr. Hans-Georg Kemper, Stuttgart, Prof. Dr. Georg Herzwurm, Stuttgart, Prof. Dr. Dirk Stelzer, Ilmenau, und Prof. Dr. Detlef Schoder, Köln

Dr. Lars Oliver Mautsch

Softwareplattformen für Unternehmenssoftwareökosysteme

Mit einem Geleitwort von Prof. Dr. Georg Herzwurm,
Universität Stuttgart

Bibliografische Information der Deutschen Nationalbibliothek

Die Deutsche Nationalbibliothek verzeichnet diese Publikation in der Deutschen Nationalbibliografie; detaillierte bibliografische Daten sind im Internet über <http://dnb.d-nb.de> abrufbar.

Dissertation, Universität Stuttgart, 2015

D 93

ISBN 978-3-8441-0402-8
1. Auflage Juni 2015

JOSEF EUL VERLAG GmbH
Brandsberg 6
53797 Lohmar
Tel.: 0 22 05 / 90 10 6-6
Fax: 0 22 05 / 90 10 6-88
E-Mail: info@eul-verlag.de
http://www.eul-verlag.de

Bei der Herstellung unserer Bücher möchten wir die Umwelt schonen. Dieses Buch ist daher auf säurefreiem, 100% chlorfrei gebleichtem, alterungsbeständigem Papier nach DIN 6738 gedruckt.

Geleitwort

Die IT-Branche zeichnet sich seit ihren Anfängen durch zwei wesentliche Eigenschaften aus: Wachstum und Dynamik. Ein Großteil des auf lange Sicht wachsenden IKT-Marktes entfällt dabei auf Unternehmenssoftware. Allerdings können einzelne Anbieter von Unternehmenssoftware die steigenden Anforderungen der Kunden nach Individualisierbarkeit der oftmals eingesetzten Standardsoftware kaum noch wirtschaftlich erfüllen. Gerade im stets globaler werdenden Wettbewerb sind Softwarefirmen zunehmend auf Partner und Komplementoren angewiesen, um einerseits effizient standardisierte Softwarekomponenten entwickeln und andererseits dem Kunden den gewünschten individuellen Leistungsumfang bieten zu können. Durch die Kooperation mit diesen Akteuren entstehen Wertschöpfungsnetzwerke, die oftmals als Unternehmenssoftwareökosysteme bezeichnet werden. Erfolgreiche Beispiele im IT-Umfeld stellen die Softwareökosysteme von Anbietern wie bspw. Apple, Microsoft oder SAP dar. Dank der Partnerschaft mit Anbietern von komplementärer Software sowie Dienstleistungen, integriert durch zentrale Softwareplattformen, können die Anbieter im Innenverhältnis Produkte und Prozesse standardisieren, aber mittels Partnern individuelle Leistungen anbieten und die Kunden über funktionale sowie technische Lock-in-Effekte an sich binden. Allerdings existieren in der Wissenschaft kaum Abhandlungen darüber, wie solche Unternehmenssoftwareökosysteme gezielt gesteuert werden können oder wie Softwareplattformen gestaltet sein müssen, um die Ziele dieser Softwareökosysteme zu erreichen.

Diesem wichtigen Thema widmet sich Herr Mautsch in seiner hervorragenden Arbeit. Hierzu identifiziert er relevante Determinanten der Gestaltung von Unternehmenssoftwareökosystemen und entwickelt darauf aufbauend systematisch Gestaltungsempfehlungen für Softwareplattformen. Während die Gestaltungsempfehlungen Akteure in der Praxis bei der Gestaltung resp. Auswahl von Softwareplattformen als Basis für die eigene Geschäftstätigkeit in Unternehmenssoftwareökosystemen unterstützen, werden durch das Aufzeigen relevanter Determinanten zusätzliche Anknüpfungspunkte für die weitere Forschung im Kontext identifiziert. Damit geht die Arbeit von Herrn Mautsch weit über den Kenntnisstand zum Themengebiet hinaus. Ich wünsche dieser Arbeit daher eine entsprechende Verbreitung in Wissenschaft und Praxis.

Stuttgart, im April 2015 Univ.-Prof. Dr. Georg Herzwurm

Danksagung

Ohne die tatkräftige Unterstützung verschiedener Personen wäre eine Arbeit in der vorliegenden Form nicht möglich gewesen.

Mein besonderer Dank gilt daher meinem Doktorvater, Professor Dr. Georg Herzwurm, der mich in all meinen Jahren am Lehrstuhl jederzeit mit Rat und Tat unterstützt hat. Dank gilt auch Herrn Professor Dr. Hans-Georg Kemper für das Verfassen des Zweitgutachtens sowie Herrn Professor Dr. Henry Schäfer für die Übernahme des Vorsitzes des Promotionsausschusses.

Bei meinen ehemaligen Kollegen am Lehrstuhl, namentlich Dr. Sven Hanssen, Dr. Andreas Helferich, Stefan Jesse, Christopher Jud, Benedikt Krams, Annika Lenz, Dr. Heiner Merz, Dr. Martin Mikusz, Marie Milcz, Dr. Katharina Peine, Norman Pelzl, Tobias Schäfer, Sook Ja Schmitz, Sixten Schockert, Tim Taraba und Tobias Tauterat, möchte ich mich für die tolle Zusammenarbeit und fruchtbaren Diskussionen bedanken. In dieser Aufzählung dürfen zudem „meine IT-Hiwis“ Dmitar Abadzic, Enrico Ferro, Erhard Ludwig, Kleo Model und Felix Schönhofen nicht vergessen werden. Ich danke Euch allen für die Zeit am Lehrstuhl, die mir in besonderer Erinnerung bleiben wird.

Ohne Freunde, die mich an unterschiedlichen Stellen unterstützt haben, wäre diese Arbeit ebenfalls schwer möglich gewesen. So haben Dr. Olivia Sarholz und Ralf Wengenroth großen Anteil an der Lesbarkeit dieser Arbeit. Danke für Euren Kampf gegen meine Schachtelsätze und den Fehlerteufel. Olaf Mackert, Dan Popović und Sebastian Starke bin ich für die zahlreichen Diskussionen, die notwendigen Ablenkungen sowie alle anderen kleineren und größeren Hilfestellungen sehr dankbar.

Schließlich gebührt mein besonderer Dank meiner Familie: Meiner Mutter Waltraud Mautsch-Edelmann, meinem Vater Heinz-Jürgen Mautsch, der den erfolgreichen Abschluss meiner Promotion leider nicht mehr miterleben durfte, sowie meinem Bruder Sven Michael Mautsch. Sie haben mich stets vorbehaltlos unterstützt, in meinem Weg bestärkt und zudem für die zur Fertigstellung der Dissertation notwendigen Freiräume gesorgt. Ihnen ist diese Arbeit gewidmet.

Böblingen, im April 2015

Lars Oliver Mautsch

Inhaltsübersicht

Geleitwort V

Danksagung VII

Inhaltsübersicht IX

Inhaltsverzeichnis XI

Abbildungsverzeichnis XVII

Tabellenverzeichnis XIX

Abkürzungsverzeichnis XXIII

Zusammenfassung XXV

Abstract XXVII

1. Einleitung 1

2. Begrifflich-konzeptionelle Grundlagen 23

3. Theoretischer Bezugsrahmen für die Gestaltung von Softwareplattformen in Unternehmenssoftwareökosystemen 39

4. Herleitung von Gestaltungsempfehlungen für Softwareplattformen 85

5. Evaluation der vorliegenden Ergebnisse 261

6. Stakeholderspezifische Gestaltungsempfehlungen für Softwareplattformen . 289

7. Kritische Würdigung von Vorgehensweise und erzielten Ergebnissen 299

Anhang 305

Literaturverzeichnis 343

Inhaltsverzeichnis

Geleitwort V

Danksagung VII

Inhaltsübersicht IX

Inhaltsverzeichnis XI

Abbildungsverzeichnis XVII

Tabellenverzeichnis XIX

Abkürzungsverzeichnis XXIII

Zusammenfassung XXV

Abstract XXVII

1. Einleitung 1

1.1 Motivation 1

1.2 Problemstellung und Stand der Forschung 6

1.3 Zielsetzung und Forschungsfragen 10

1.4 Forschungsmethodik 11

1.5 Aufbau der Arbeit 19

2. Begrifflich-konzeptionelle Grundlagen 23

2.1 Softwareplattformen 23

2.2 Softwareökosysteme 27

2.3 Unternehmenssoftware 29

2.4 Ökonomische Besonderheiten im Umfeld von Unternehmenssoftwareökosystemen 30

2.4.1 Cocreation 30

2.4.2 Mehrseitige Märkte: Direkte und indirekte Netzeffekte 32

2.4.3 Koopkurrenz 35

3. Theoretischer Bezugsrahmen für die Gestaltung von Softwareplattformen in Unternehmenssoftwareökosystemen 39

3.1 Organisationstheoretische Ansätze als Grundlage des theoretischen Bezugsrahmens 40

3.2 Forschungskonzept zur Auswahl organisationstheoretischer Ansätze 55

3.3 Theoretischer Bezugsrahmen für die Herleitung von Gestaltungsempfehlungen im Kontext von Unternehmenssoftware 59

3.3.1 Ziele der Akteure im Umfeld von Unternehmenssoftware 59

3.3.2 Betrachtungsebenen im Umfeld von Unternehmenssoftware 62

3.3.3 Gestaltungsdeterminanten im Umfeld von Unternehmenssoftware 64

3.3.3.1 Gestaltungsdeterminanten auf Einzelorganisationsebene 64

3.3.3.2 Gestaltungsdeterminanten auf Softwareökosystemebene 65

3.3.3.3 Gestaltungsdeterminanten auf Marktebene 68

3.3.4 Interdependenzen zwischen Elementen des theoretischen Bezugsrahmens 69

3.4 Implikationen des theoretischen Bezugsrahmens für die Herleitung und Beurteilung von Gestaltungsempfehlungen für Softwareplattformen 71

3.4.1 Abgrenzung relevanter Untersuchungsbereiche 74

3.4.2 Ziele der Akteure in Unternehmenssoftwareökosystemen als Ausgangspunkt für die Gestaltung von Softwareplattformen 75

3.4.3 Die Rolle von Akteuren als situativer Einflussfaktor auf die Effizienz der Gestaltung von Softwareplattformen 79

3.4.4 Herleitung von begründeten Gestaltungsempfehlungen für Softwareplattformen in Unternehmensoftwareökosystemen 83

4. Herleitung von Gestaltungsempfehlungen für Softwareplattformen 85

4.1 Methodik der Herleitung von Gestaltungsempfehlungen 85

4.2 Stakeholder von Softwareplattformen in Unternehmenssoftwareökosystemen 94

4.3 Ziele der Stakeholder bei der Partizipation in plattformzentrierten Unternehmenssoftwareökosystemen 98

4.4 Anforderungen an Softwareplattformen 105

4.4.1 Auswahl theoretischer Erklärungsansätze für die Herleitung von Anforderungen an Softwareplattformen 111
4.4.2 Diskussion der theoretischen Erklärungsansätze und Ableitung von Anforderungen an Softwareplattformen 115
4.4.2.1 Transaktionskostentheorie 116
4.4.2.2 Principal-Agent-Theorie 129
4.4.2.3 Resource Based View und Knowledge Based View 142
4.4.2.4 Relational View 152
4.4.2.5 Theorie sozialer Dilemmata 161
4.4.2.6 Konflikttheorien 172
4.4.2.7 Austauschtheorien 179
4.4.2.8 Ressourcenabhängigkeitsansatz 186
4.4.2.9 Ansätze Komplexer Adaptiver Systeme 195
4.4.3 Synopse der Anforderungen an Softwareplattformen 214
4.5 Lösungsmerkmale von Softwareplattformen 220
4.5.1 Identifikation und Kategorisierung von Lösungsmerkmalen 220
4.5.2 Kommunikation der Strategie 226
4.5.3 IT-Support und Services 228
4.5.4 Trainings 229
4.5.5 APIs und Schnittstellen 230
4.5.6 Standards 232
4.5.7 Modulare Softwarearchitektur 233
4.5.8 Benutzeroberfläche 236
4.5.9 Sicherheitsmechanismen 237
4.5.10 Entwicklungswerkzeuge 238
4.5.11 Vertrauensfördernde Maßnahmen 240
4.5.12 Dokumentation 241
4.5.13 Test- und Feedbackmöglichkeiten 242

4.5.14 Social Media ... 244

4.5.15 Transaktionsunterstützung ... 245

4.5.16 Marketing- und Vertriebsunterstützung ... 247

4.5.17 Wissensbasen ... 249

4.5.18 Lizenzierung ... 250

4.5.19 Community-Veranstaltungen ... 251

4.6 Generische Gestaltungsempfehlungen für Softwareplattformen ... 252

5. Evaluation der vorliegenden Ergebnisse ... 261

5.1 Konzeption der Evaluation ... 261

5.2 Priorisierung und empirische Überprüfung der Ziele und Anforderungen. 266

5.2.1 Konzeption der Befragung ... 267

5.2.2 Aufbau des Fragebogens ... 268

5.2.3 Datenbasis ... 271

5.2.4 Priorisierung der Ziele durch die Stakeholdergruppen ... 272

5.2.5 Priorisierung der Anforderungen durch die Stakeholdergruppen ... 275

5.3 Überprüfung der Gestaltungsempfehlungen im Rahmen von Experteninterviews ... 279

5.3.1 Auswahl der Experten ... 279

5.3.2 Vorgehen bei der Befragung ... 280

5.3.3 Aufbau des Interviewleitfadens ... 281

5.3.4 Bewertung der Gestaltungsempfehlungen durch die Experten ... 283

5.4 Zusammenfassung der Evaluationsergebnisse ... 286

6. Stakeholderspezifische Gestaltungsempfehlungen für Softwareplattformen . 289

6.1 Gestaltungsempfehlungen aus der Perspektive von Softwareplattformanbietern ... 292

6.2 Gestaltungsempfehlungen aus der Perspektive von Komplementoren ... 294

6.3 Gestaltungsempfehlungen aus der Perspektive von Endkunden ... 296

7. Kritische Würdigung von Vorgehensweise und erzielten Ergebnissen ... 299

7.1 Zusammenfassung ... 299
7.2 Bewertung der Ergebnisse und weiterer Forschungsbedarf ... 301
Anhang ... 305
A. Übersicht der Anforderungskategorien und Einzelanforderungen an Softwareplattformen aus multitheoretischer Perspektive ... 306
B. Quellen der Literaturrecherchen zur Identifikation von Lösungsmerkmalen ... 307
C. Fragebogen der Onlinebefragung ... 315
D. Zufriedenheit der Stakeholder mit der Erfüllung ihrer Anforderungen an Softwareplattformen ... 328
E. Analyse existierender CRM-Softwareplattformen ... 330
F. Interviewleitfaden der Experteninterviews ... 331
G. Vollständiges House of Quality ... 338
H. Stakeholderspezifische House of Quality-Matrizen ... 340
Literaturverzeichnis ... 343

Abbildungsverzeichnis

Abbildung 1: Push- und Pullfaktoren für die Formierung von Netzwerkstrukturen ... 3
Abbildung 2: Prozessmodell der Design Science Research Methodology 14
Abbildung 3: Forschungsmethodenprofil der Wirtschaftsinformatik........................ 17
Abbildung 4: Aufbau der Arbeit 21
Abbildung 5: Formen der Cocreation im ERP-Umfeld 31
Abbildung 6: Bestandteile und Netzeffekte plattformzentrierter Unternehmenssoftwareökossysteme 34
Abbildung 7: Arten der Koopkurrenz in organisatorischen Netzwerkstrukturen...... 35
Abbildung 8: Grundmodell der klassischen situativen Ansätze 44
Abbildung 9: Elemente praxeologischer Aussagen 47
Abbildung 10: Ebenen der Koevolution 52
Abbildung 11: Theoretischer Bezugsrahmen für die Herleitung von Gestaltungsempfehlungen im Kontext von Unternehmenssoftwareökosystemen 59
Abbildung 12: Systematisierung von Zielen der Akteure im Umfeld von Unternehmenssoftware 60
Abbildung 13: Pfadabhängigkeiten zwischen den Zielen von Akteuren 61
Abbildung 14: System- und Kontextabgrenzung für die Herleitung von Gestaltungsempfehlungen für Softwareplattformen 72
Abbildung 15: Elemente begründeter Gestaltungsempfehlungen für Softwareplattformen in Unternehmenssoftwareökosystemen............ 79
Abbildung 16: Herleitung von begründeten Empfehlungen zur Gestaltung von Softwareplattformen in Unternehmenssoftwareökosystemen............ 84
Abbildung 17: Schematische Darstellung des House of Quality............................... 87
Abbildung 18: Quality Deployment nach dem Vier-Phasen-Modell 88
Abbildung 19: QFD-basierte Methodik zur Herleitung von Gestaltungsempfehlungen.. 91
Abbildung 20: Vorgehensweise zur Herleitung von Anforderungen 110
Abbildung 21: Vorteilhaftigkeit von Organisationsstrukturen 119
Abbildung 22: Einfluss neuer Informations- und Kommunikationstechnologien (IKT) auf die Vorteilhaftigkeit von Organisationsstrukturen 126
Abbildung 23: Vergleichsniveaus, Zufriedenheit und Austritt aus einer Beziehung 181

Abbildung 24: Schematische Darstellung eines Agenten 197
Abbildung 25: Allgemeines Modell eines Komplexen Adaptiven Systems 200
Abbildung 26: Gestaltungsparameter von Komplexen Adaptiven Systemen 201
Abbildung 27: Unternehmenssoftwareökosysteme als Komplexe Adaptive Systeme 205
Abbildung 28: Quellen- und Methodentriangulation zur Identifikation von Lösungsmerkmalen 222
Abbildung 29: Anforderungskategorien inkl. Zuordnung der Einzelanforderungen an Softwareplattformen 306
Abbildung 30: Druckversion des Fragebogens zur Onlinebefragung (1/14) 315
Abbildung 31: Druckversion des Fragebogens zur Onlinebefragung (2/14) 316
Abbildung 32: Druckversion des Fragebogens zur Onlinebefragung (3/14) 317
Abbildung 33: Druckversion des Fragebogens zur Onlinebefragung (4/14) 318
Abbildung 34: Druckversion des Fragebogens zur Onlinebefragung (5/14) 319
Abbildung 35: Druckversion des Fragebogens zur Onlinebefragung (6/14) 320
Abbildung 36: Druckversion des Fragebogens zur Onlinebefragung (7/14) 321
Abbildung 37: Druckversion des Fragebogens zur Onlinebefragung (8/14) 322
Abbildung 38: Druckversion des Fragebogens zur Onlinebefragung (9/14) 323
Abbildung 39: Druckversion des Fragebogens zur Onlinebefragung (10/14) 324
Abbildung 40: Druckversion des Fragebogens zur Onlinebefragung (11/14) 325
Abbildung 41: Druckversion des Fragebogens zur Onlinebefragung (12/14) 326
Abbildung 42: Druckversion des Fragebogens zur Onlinebefragung (13/14) 327
Abbildung 43: Druckversion des Fragebogens zur Onlinebefragung (14/14) 328
Abbildung 44: Interviewleitfaden für Experteninterviews (1/7) 331
Abbildung 45: Interviewleitfaden für Experteninterviews (2/7) 332
Abbildung 46: Interviewleitfaden für Experteninterviews (3/7) 333
Abbildung 47: Interviewleitfaden für Experteninterviews (4/7) 334
Abbildung 48: Interviewleitfaden für Experteninterviews (5/7) 335
Abbildung 49: Interviewleitfaden für Experteninterviews (6/7) 336
Abbildung 50: Interviewleitfaden für Experteninterviews (7/7) 337

Tabellenverzeichnis

Tabelle 1: Forschungsmethodenspektrum der Wirtschaftsinformatik 16
Tabelle 2: Klassifikation von Plattformen nach Gawer 24
Tabelle 3: Zentrale Perspektiven auf Organisationstheorien 41
Tabelle 4: Ziele der Stakeholder bei der Partizipation in Unternehmensoftwareökosystemen 99
Tabelle 5: Erklärungsansätze zur Herleitung von Anforderungen an Softwareplattformen für Unternehmenssoftwareökosysteme 112
Tabelle 6: Erkenntnisse der Transaktionskostentheorie und Implikationen für die Gestaltung von Softwareplattformen 116
Tabelle 7: Erkenntnisse der Principal-Agent-Theorie und Implikationen für die Gestaltung von Softwareplattformen 129
Tabelle 8: Agenturprobleme und Empfehlungen der Principal-Agent-Theorie 134
Tabelle 9: Erkenntnisse der Ressourcenbasierten Ansätze und Implikationen für die Gestaltung von Softwareplattformen 142
Tabelle 10: Erkenntnisse des Relational View und Implikationen für die Gestaltung von Softwareplattformen 152
Tabelle 11: Erkenntnisse der Theorie sozialer Dilemmata und Implikationen für die Gestaltung von Softwareplattformen 161
Tabelle 12: Auszahlungsmatrix einer Kooperation mit sechs Akteuren 164
Tabelle 13: Erkenntnisse der Konflikttheorien und Implikationen für die Gestaltung von Softwareplattformen 172
Tabelle 14: Erkenntnisse der Austauschtheorien und Implikationen für die Gestaltung von Softwareplattformen 179
Tabelle 15: Erkenntnisse des Ressourcenabhängigkeitsansatzes und Implikationen für die Gestaltung von Softwareplattformen.................. 186
Tabelle 16: Erkenntnisse der Ansätze Komplexer Adaptiver Systeme und Implikationen für die Gestaltung von Softwareplattformen.................. 196
Tabelle 17: Anforderungen an Softwareplattformen für Unternehmenssoftwareökosysteme 216
Tabelle 18: Lösungsmerkmalskategorien von Softwareplattformen in Unternehmenssoftwareökosystemen 225

Tabelle 19: Unterstützung der Anforderungen durch die Lösungsmerkmale der Kategorie Kommunikation der Strategie ... 226
Tabelle 20: Unterstützung der Anforderungen durch die Lösungsmerkmale der Kategorie IT-Support und Services ... 228
Tabelle 21: Unterstützung der Anforderungen durch die Lösungsmerkmale der Kategorie Trainings ... 229
Tabelle 22: Unterstützung der Anforderungen durch die Lösungsmerkmale der Kategorie APIs und Schnittstellen ... 230
Tabelle 23: Unterstützung der Anforderungen durch die Lösungsmerkmale der Kategorie Standards ... 232
Tabelle 24: Unterstützung der Anforderungen durch die Lösungsmerkmale der Kategorie Modulare Softwarearchitektur ... 233
Tabelle 25: Unterstützung der Anforderungen durch die Lösungsmerkmale der Kategorie Benutzeroberfläche ... 236
Tabelle 26: Unterstützung der Anforderungen durch die Lösungsmerkmale der Kategorie Sicherheitsmechanismen ... 237
Tabelle 27: Unterstützung der Anforderungen durch die Lösungsmerkmale der Kategorie Entwicklungswerkzeuge ... 238
Tabelle 28: Unterstützung der Anforderungen durch die Lösungsmerkmale der Kategorie Vertrauensfördernde Maßnahmen ... 240
Tabelle 29: Unterstützung der Anforderungen durch die Lösungsmerkmale der Kategorie Dokumentation ... 241
Tabelle 30: Unterstützung der Anforderungen durch die Lösungsmerkmale der Kategorie Testmöglichkeiten ... 242
Tabelle 31: Unterstützung der Anforderungen durch die Lösungsmerkmale der Kategorie Social Media ... 244
Tabelle 32: Unterstützung der Anforderungen durch die Lösungsmerkmale der Kategorie Transaktionsunterstützung ... 245
Tabelle 33: Unterstützung der Anforderungen durch die Lösungsmerkmale der Kategorie Marketing- und Vertriebsunterstützung ... 247
Tabelle 34: Unterstützung der Anforderungen durch die Lösungsmerkmale der Kategorie Wissensbasen ... 249
Tabelle 35: Unterstützung der Anforderungen durch die Lösungsmerkmale der Kategorie Lizenzierung ... 250

Tabelle 36: Unterstützung der Anforderungen durch die Lösungsmerkmale der Kategorie Community-Veranstaltungen 251
Tabelle 37: House of Quality für die Gestaltung von Softwareplattformen in Unternehmenssoftwareökosystemen (Ausschnitt)........................... 253
Tabelle 38: Evaluationsmethoden der Design Science Research 261
Tabelle 39: Priorisierung der Ziele durch die Stakeholdergruppen 273
Tabelle 40: Priorisierung der Anforderungskategorien durch die Stakeholdergruppen 276
Tabelle 41: Profile der Teilnehmer der Experteninterviews 279
Tabelle 42: Kriterien für die Evaluation von Gestaltungsempfehlungen 281
Tabelle 43: Bewertung der Gestaltungsempfehlungen durch Experten 284
Tabelle 44: House of Quality zur situativen Gestaltung von Softwareplattformen unter Berücksichtigung der Perspektiven der Stakeholder 290
Tabelle 45: Ergebnisse der initialen Literaturrecherche zur Identifikation von Lösungsmerkmalen 311
Tabelle 46: Ergebnisse der Literaturrecherche in Google Scholar zur Identifikation von Lösungsmerkmalen 314
Tabelle 47: Zufriedenheit der Stakeholdergruppen mit der Erfüllung ihrer Anforderungen an Softwareplattformen 328
Tabelle 48: Bewertung der Zufriedenheit mit der Erfüllung von Anforderungen durch Softwareplattformen.. 329
Tabelle 49: Ergebnisse der Querschnittsanalyse von CRM-Softwareplattformen hinsichtlich der Erfüllung der Lösungsmerkmale, des Erreichens markterfolgsbezogener Zielgrößen sowie der Zufriedenheit............... 330
Tabelle 50: Vollständiges House of Quality (1/2) 338
Tabelle 51: Vollständiges House of Quality (2/2) 339
Tabelle 52: House of Quality für Softwareplattformanbieter 340
Tabelle 53: House of Quality für Komplementoren.. 340
Tabelle 54: House of Quality für Endkunden.. 341

Abkürzungsverzeichnis

AF	Anforderung
API	Application Programming Interface / Programmierschnittstelle
ATT	Austauschtheorie
BITKOM	Bundesverband Informationswirtschaft, Telekommunikation und neue Medien e.V.
CD	Committee draft
CL	Comparison Level
CLalt	Comparison Level for Alternative
DRM	Digital Rights Management
DSR	Design Science Research
DSRM	Design Science Research Methodology
EBIT	Earnings Before Interest and Taxes
ERP	Enterprise Resource Planning
FF	Forschungsfrage
HoQ	House of Quality
IKT	Informations- und Kommunikationstechnologien
IOS	Interorganizational Systems
ISO	International Organization for Standardization
ISR	Information Systems Research
KAS	Komplexe Adaptive Systeme
KBV	Knowledge Based View
KFT	Konflikttheorie
KT	Kommunikationstheorie
MBV	Market Based View of Strategy
MM	Theorie mehrseitiger Märkte
m. w. V.	mit weiterem Verweis / mit weiteren Verweisen
NIÖ	Neue Institutionenökonomie
PAT	Principal Agent Theorie
PriFo-QFD	Prioritizing and Focused Software Quality Function Deployment
QFD	Quality Function Deployment
RAA	Ressourcenabhängigkeitsansatz
RBV	Resource Based View

RE	Requirements Engineering
RIM	Research-in-Motion
RV	Relational View
SDK	Software Development Kit
SECO	Softwareökosystem
SOD	Statement of Direction
SWP	Softwareplattformen
SWPA	Softwareplattformanbieter
TAT	Transaktionskostentheorie
TN	Teilnehmer
TSD	Theorie sozialer Dilemmata
UI	User Interface / Benutzeroberfläche
UNSECO	Unternehmenssoftwareökosystem
UNSW	Unternehmenssoftware
VAR	Value-Added-Reseller
VoCA	Voice of the Customer Analysis
VoEA	Voice of the Engineer Analysis
WI	Wirtschaftsinformatik
WKWI	Wissenschaftliche Kommission für Wirtschaftsinformatik

Zusammenfassung

Beeinflusst durch Megatrends wie bspw. die Globalisierung wird auch im Kontext von Unternehmenssoftware ein Paradigmenwechsel, weg von der isolierten Betrachtung und Gestaltung einzelner Akteure, hin zu vernetzten Strukturen evident. Die Akteure sind nur noch selten in der Lage, als unabhängige Einheiten zu agieren, welche IT-nahe Leistungen vollständig isoliert erbringen. Vielmehr sind sie zunehmend von den komplementären Leistungen Dritter abhängig – Unternehmenssoftwareökosysteme (UNSECO) entstehen. Unter diesem Begriff werden netzwerkartige Konstrukte aus Akteuren, die untereinander (wertschöpfende) Beziehungen aufbauen, subsumiert. Die handelnden Akteure vereint dabei das Interesse der Nutzung zentraler Informationssysteme und Softwaretechnologien, als Softwareplattformen (SWP) bezeichnet, mit dem Ziel, ihre jeweiligen geschäftsmodellspezifischen Interessen zu realisieren. Die zunehmende Bedeutung von UNSECO in der Praxis ist auch in der wissenschaftlichen Diskussion angekommen. Allerdings ist im enstehenden Forschungsfeld, ihrer prominenten Rolle zum Trotz, ein Mangel an begründeten Gestaltungsempfehlungen für SWP zu konstatieren, welche den Akteuren als Grundlage für deren Gestaltung bzw. Auswahl dienen können. Wenn überhaupt, so liegen Empfehlungen nur in fragmentierter Form vor. Die vorliegende Arbeit hat zum Ziel, diese Forschungslücke zu schließen.

Hierzu wird zunächst über den Zugang einer Querschnittsanalyse organisationstheoretischer Ansätze und von Literatur im Kontext von UNSECO ein theoretischer Bezugsrahmen aufgespannt. Dieser setzt relevante Elemente des Kontextes in Beziehung, ermöglicht die Abgrenzung relevanter Untersuchungsbereiche und dient somit als Grundlage für die Herleitung von Gestaltungsempfehlungen. Dem Bezugsrahmen folgend, sind die Ziele der Stakeholder für die Partizipation in UNSECO und Anforderungen an SWP zur Unterstützung dieser Ziele Ausgangspunkt (und Effizienzkriterien) für die Gestaltung. An ihnen sind Gestaltungsmaßnahmen auszurichten, die in dieser Arbeit als Ziel-Mittel-Beziehungen zwischen den Elementen der Ziele und Anforderungen von Stakeholdern sowie Lösungsmerkmalen von SWP interpretiert werden.

Zur Verknüpfung der vorgenannten Elemente zu Gestaltungsempfehlungen orientiert sich diese Arbeit an der Qualitätsmethode Quality Function Deployment (QFD). Dazu werden zunächst die Stakeholdergruppen der Softwareplattformanbieter, der Komplementoren und Endkunden von SWP sowie deren Ziele über den Zugang qualitativer Querschnittsanalysen der Literatur identifiziert. Darauf aufbauend werden durch eine multitheoretische Betrachtung und Deduktion von Erklärungsansätzen zur Formierung und Evolution interorganisationaler Netzwerkstrukturen Anforderungen an SWP abgeleitet. Auf diesem Aspekt liegt aufgrund der Stabilität von Anforderungen im Zeitverlauf ein Schwerpunkt dieser Arbeit. Anschließend werden potenzielle Lösungsmerkmale von SWP zur Unterstützung der Anforderungen der Stakeholder untersucht. Die aus den beiden letztgenannten Schritten resultierenden Informationen werden mithilfe der QFD-spezifischen House of Quality-Matrix miteinander verknüpft. Diese Matrix als wichtiges Teilergebnis der Arbeit kann Akteuren im Kontext als Planungswerkzeug für die weitere Gestaltung bzw. Auswahl von SWP dienen. Zudem bietet es Anknüpfungspunkte für weitere Forschungsarbeiten.

Eine internetbasierte Befragung sowie Experteninterviews dienen einerseits der Evaluation der (Teil-)Ergebnisse und andererseits der Identifikation der Bedeutung der Anforderungen für die jeweiligen Stakeholdergruppen. Die Kenntnis der Bedeutungen ermöglicht den anschließenden Vorschlag von stakeholdergruppenspezifisch, situativ geeigneten und priorisierten Gestaltungsempfehlungen für SWP in UNSECO. Zwar kann weiterer Evaluations- und Forschungsbedarf identifiziert werden, die grundsätzliche Bewertung der Ergebnisse der vorliegenden Arbeit fällt jedoch positiv aus. Durch die Wahl der QFD-basierten Methodik ist eine Anschlussfähigkeit weiterer Arbeiten gegeben. Somit kann diese Arbeit über ihre Ergebnisse hinaus zur Theoriebildung im Forschungsfeld beitragen.

Abstract

Influenced by the spillovers of megatrends like globalization, organizations within the context of business software are decreasingly able to act as independent units. Moreover they are depending on products and services of complementary actors like e.g. platform providers, value-added resellers and pro-active customers. As a result the business software landscape is changing and (business) software ecosystems are emerging. Following Jansen and Cusumano a software ecosystem can be broadly defined as a set of actors functioning as a unit and interacting with a shared market for software and services. Their relationships are frequently underpinned by a common technological platform (called software platform) and operate through the exchange of information, resources and artifacts.

The developments mentioned above have had a substantial impact on research. Software ecosystems as networks of relationships between companies in the software industry have been the subject of research and debate in the last years. But while other aspects like e.g. strategy and governance are being addressed, software platforms, esp. in the context of business software ecosystems, were a "negleted" variable. Because the importance of software platforms in software ecosystems is undeniable, the design science oriented research presented in this thesis tries to close this gap by elaborating well-justified recommendations for the design and selection of software platforms.

Therefore, a theoretical frame of reference is developed using sources from organization theory and existing literature on software ecosystems. This frame allows for structuring relevant elements of the context, scoping of the research project and provides a foundation for further research. Following the frame of reference the motivations of stakeholders to join business software ecosystems and their requirements towards software platforms constitute the efficiency criteria for the development of design recommendations. These efficiency criteria should be fulfilled by features of software platforms. To structure and integrate the elements of motivations, requirements and features, a three-step approach based on Quality Function Deployment (QFD) is used. First the stakeholders, namely platform providers, complementors and customers of software platforms, and their motivations to join business software ecosystems are identified by qualitatively analyzing existing literature. Second requirements on software platforms to support these motivations are deducted from multiple inter-organizational network theories. Third features of software platforms and their fulfillment of stakeholder requirements are identified by qualitatively analyzing literature as well as existing software platforms in practice. The elements of the three steps mentioned before are combined using a specific House of Quality matrix to derive design recommendations for software platforms. This tool can be applied to planning further design and selection processes within the context of software platforms.

Following the design science research guidelines of Hevner et. al. the results are being evaluated twofold: Using an internet-based survey and expert interviews. The results of this evaluation prove the general suitability of the results but also point out a need for further research. Moreover the evaluation steps help to prioritize requirements and derive stakeholder-specific recommendations for the design and selection of software platforms. Because additional results can be integrated, this thesis can support further research in the context of (business) software ecosystems.

1. Einleitung

1.1 Motivation

Unternehmen unterschiedlicher Branchen sind, u. a. beeinflusst durch Megatrends[1] wie bspw. die Globalisierung oder Individualisierung, aber auch technologische Trends wie das Cloud Computing, verstärkt Turbulenzen und daraus resultierenden Herausforderungen ihres Umfeldes ausgesetzt.[2] So löst bspw. der Megatrend der Globalisierung durch den Beitritt zusätzlicher Akteure in existierende Märkte einen steigenden Wettbewerbs- und Preisdruck auf Unternehmen aus. Zudem kann die Partizipation auf zunehmend global verteilten Märkten aufgrund sich ändernder, rechtlicher oder politischer Rahmenbedingungen zusätzliche Komplexitätssteigerungen für die handelnden Akteure zur Folge haben.[3] Megatrends wie die Individualisierung oder technologische Trends wie das Cloud Computing steigern zusätzlich die Komplexität durch eine Heterogenisierung von Bedürfnissen auf Kundenseite sowie eine Steigerung des Innovationsdrucks für die Anbieterseite. Gleichzeitig lassen sich eine steigende Preissensibilität, eine sinkende Loyalität der Kunden gegenüber der Anbieterseite und eine insgesamt zunehmende Macht der Nachfrageseite identifizieren. Dies hat auf Anbieterseite u. a. eine abnehmende Amortisationsdauer bei oftmals gleichzeitig steigenden Investitionsvolumina zur Folge.[4] Es lässt sich konstatieren, dass es einzelnen Unternehmen zunehmend schwer fällt, den zuvor skizzierten ökonomischen, technologischen und sozio-ökonomischen Herausforderungen des Umfeldes sowie der daraus resultierenden Komplexität zu begegnen und langfristig isoliert eine erfolgreiche Position im Wettbewerb zu behaupten.[5]

---

1 Megatrends bezeichnen tiefgreifende sowie nachhaltige gesellschaftliche, ökonomische, politische oder technologische Veränderungen, welche einen langfristigen und ubiquitären transformierenden Einfluss, bspw. auf Länder, Industrien oder Organisationen, haben. Vgl. Naisbitt, Aburdene (1991), S. 9-10, Singh u.a. (2009), S. 14 und Gatterer (2012), S. 26

2 Vgl. Walter-Schütz u.a. (2013), S. 130-140, Krys (2011), S. 369 ff., National Intelligence Council (2008), Gatterer (2012), S. 25-38, Singh u.a. (2009), S. 14-27, Heß (2008), S. 3-29, Messerschmitt, Szyperski (2003), Westkämper (2009), S. 7-24, Westkämper (2013), S. 7-9, Westkämper (2014), S. 17-22, Tilebein (2004), S. 1-3, Zahn u.a. (2007), S. 209 f. und Cusumano (2010b), S. 1-11

3 Vgl. Singh u.a. (2009), S. 14-27, Messerschmitt, Szyperski (2003), Westkämper (2009), S. 7-24, Westkämper (2013), S. 7-9, Pelzl u.a. (2013), S. 42 ff., Piller (2008), S. 54, Reichwald, Piller (2009), S. 13-16, Krys (2011), S. 373 f. sowie Helferich (2010), S. 1 m. w. V.

4 Vgl. Piller (2008), S. 53-58 und Maedche u.a. (2012), S. 2

5 Vgl. Reiß (2006), S. 65-69, Zahn u.a. (2006), S. 131, Reichwald, Piller (2009), S. 13-16, Willcocks, Lacity (2006), Zentes, Schramm-Klein (2003), S. 259 ff., Dyer u.a. (2004), S. 109, Cusumano (2010b), S. 1-11 und Tiwana (2014), S. 3 f.

Eine potenzielle strategische Antwort auf die vorgenannten beispielhaften Herausforderungen des Umfeldes stellt für Unternehmen die Formierung von Kooperationen mit anderen Akteuren in Rahmen von interorganisationalen Netzwerkstrukturen dar.[6] Diese versprechen einerseits, durch eine Reduzierung und Streuung des Ressourceneinsatzes oder gemeinsame Innovations- und Entwicklungsprozessen dem zunehmenden Druck zu mehr Wettbewerbsfähigkeit, Individualisierung und Innovation zu begegnen. Andererseits bieten Kooperation in Netzwerken den Akteuren zahlreiche darüber hinaus gehende Anreize, bspw. in Form des Zugriffs auf neue, global verteilte Märkte und Kundengruppen oder der Realisierung von Skaleneffekten mit dem Ziel der Kostensenkung oder Zeitvorteilen, welche insb. für kleinere und mittlere, größtenteils isoliert agierende Akteure, nicht zu realisieren sind.[7] Bei Analyse der zugehörigen Literatur wird evident, dass somit eine Vielzahl und Vielfalt der in Abbildung 1 dargestellten Push- und Pullfaktoren,[8] welche zu einer Entstehung von interorganisationalen Netzwerkstrukturen beitragen, existieren. Die durch die dargestellten Faktoren beeinflusste und durch die gestiegenen Potenziale der Informations- und Kommunikationstechnologien unterstützte Formierung von Netzwerkstrukturen hat zur Folge, dass eine Wettbewerbsfähigkeit verschiedener Branchen ohne die nachhaltige Vernetzung von Akteuren, wie bspw. Herstellern, Zulieferern und Komplementoren und Kunden, heutzutage oftmals nur noch schwer vorstellbar erscheint.[9]

---

6 Vgl. Zahn u.a. (2006), S. 131, Jansen u.a. (2012), S. 7, Möller (2006), S. 3, Williamson, De Meyer (2012), S. 30-32 und Horváth (2012), S. 787 f. Es ist allerdings darauf hinzuweisen, dass für Unternehmen neben der Option der Kollaboration in Netzwerkstrukturen weitere Alternativen als Antwort auf die Herausforderungen des Umfeldes existieren. Bspw. bestehen die Optionen des Wachstums durch Fusion bzw. Akquisition anderer Unternehmungen, um Größenvorteile zu erlangen. Vgl. Dyer u.a. (2004), S. 109 ff.

7 Vgl. Zahn, Foschiani (2000), S. 509-511, Horváth (2012), S. 788, Reichwald, Piller (2009), S. 22 f., Glückler (2012), S. 1 f. und Buxmann u.a. (2013), S. 55 f. Für eine ausführlichere Betrachtung der Motivation hinter der Bildung von Wertschöpfungspartnerschaften wird an dieser Stelle auf Kapitel 4.3 dieser Arbeit verwiesen.

8 Pushfaktoren bezeichnen die aus turbulenten Umfeldern heraus (erzwungende) entstehende Formierung von Netzwerkstrukturen, welche sich in den nicht mehr vorhandenen Möglichkeiten zur effektiven und effizienten Geschäftsentwicklung im Rahmen der bisherig gewählten institutionellen Arrangements von Märkten oder Hierarchien begründen. Pullfaktoren bezeichnen die tendenziell proaktivere, freiwillige Formierung von und Partizipation in Netzwerkstrukturen aus einem Anreizmix heraus. Dieser verspricht einen, jeweils genauer zu spezifizierenden Zugewinn gegenüber bisherigen Organisationsformen. Vgl. Bernecker (2005), S. 134 f., Knyphausen-Aufseß (1993), S. 144 und Brüderl, Preisendörfer (1998), S. 214 ff.

9 Vgl. Duschek, Sydow (2013), S. 1 f., Zahn, Foschiani (2000), S. 509-511, Zahn, Foschiani (2002b), S. 265 ff., Westkämper (2014), Möller (2006), S. 3, Bernecker (2005), S. 134 f., Zentes, Schramm-Klein (2003), S. 257 ff. sowie die Übersichten empirischer Arbeiten im Kontext interorganisationaler Netzwerkstrukturen in Provan u.a. (2007) sowie Raab, Kenis (2009).

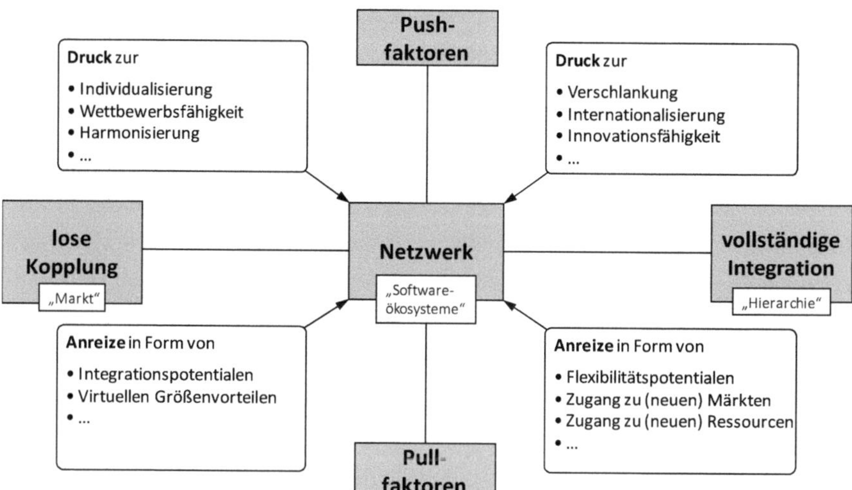

Abbildung 1: Push- und Pullfaktoren für die Formierung von Netzwerkstrukturen[10]

Der resultierende Paradigmenwechsel weg von der isolierten Betrachtung und Gestaltung der Geschäftstätigkeit einzelner Unternehmen hin zu (mehr oder minder geplanten) vernetzten Wertschöpfungsstrukturen, welcher sich neben der Praxis auch in der Forschung widerspiegelt,[11] lässt sich auch in der IT- und Softwareindustrie wie bspw. im Umfeld mobiler Betriebssysteme,[12] aber auch im Umfeld von Unternehmenssoftware, identifizieren.[13] Letzteres steuert einen großen Anteil zu den Umsätzen mit Software und IT-nahen Dienstleistungen bei, welche als Hauptwachstumstreiber im deutschen IT-Umfeld gelten.[14] Insbesondere kleineren und mittelständischen Akteuren im IT-Umfeld ist es vor dem Hintergrund der eingangs skizzierten Herausforderungen des Umfeldes nur eingeschränkt möglich, das breite Spektrum von Anforderungen der

---

10 Quelle: Darstellung modifiziert übernommen aus Bernecker (2005), S. 135

11 Vgl. bspw. Möller (2006), S. 4 und Sydow (2010), S. 373 ff.

12 Vgl. Basole, Karla (2011), S. 301 ff.

13 Vgl. bspw. Bosch, Bosch-Sijtsema (2010), Bosch (2012), S. 1453 f., Wolf u.a. (2008), S. 153-167, Hartmann u.a. (2012), S. 178-192, Herzwurm (2012), S. 31 ff., Tiwana u.a. (2010), S. 676, Tiwana (2014), S. 3-21, Kude (2012), S. 9-26, Buxmann u.a. (2013), S. 55 ff., Rickmann u.a. (2014), Wenzel u.a. (2012) und Duschek, Sydow (2013), S. 1 sowie die Beiträge in Willcocks, Lacity (2006), Alves, Hanssen u.a. (2013) oder in Leimeister, Krcmar u.a. (2011)

14 Vgl. bspw. Leimbach (2010) m. w. V., die Zahlen des Bundesverbands Informationswirtschaft, Telekommunikation und neue Medien e.V. (BITKOM) zum IKT-Markt 2013 und 2014 in Kempf (2013), URL siehe Literaturverzeichnis und BITKOM - Bundesverband Informationswirtschaft, Telekommunikation und neue Medien e.V. (2014), URL siehe Literaturverzeichnis und Mohr (2009), S. 12. Im Rahmen dieser Arbeit soll Unternehmenssoftware als Software zur Steuerung und Unterstützung der Prozesse von Unternehmen, Behörden und andere Organisationen definiert werden. Vgl. Sun u.a. (2008), S. 18 und Kapitel 2.3

Kunden unterschiedlicher Branchen komplett eigenständig abzudecken.[15] Ferner verhindern sprachliche, wirtschaftliche oder rechtliche Barrieren den Beitritt in zunehmend globalisierte Märkte. Auch ist für kleine und mittelständische Anbieter die Entwicklung universell einsetzbarer Softwareprodukte, wie bspw. integrierter ERP-Suiten, oftmals aus Ressourcengründen nur schwer realisierbar. Die Akteure im Umfeld von Unternehmenssoftware (UNSW) versuchen, diesen Herausforderungen durch vermehrte Kooperation und dem Aufbau von Partnernetzwerken zu begegnen. Zudem bieten sich durch die Partizipation an den Partnernetzwerken größerer Anbieter von Unternehmenssoftware zusätzliche Anreize wie bspw. Imagegewinne und Zugriff auf die installierte Basis, Kunden und Märkte.[16] Größere Anbieter, wie bspw. SAP und Microsoft, haben hierzu ihre Softwareprodukte für die Leistungen Dritter geöffnet und zu Plattformen umgestaltet, die als Basis für ergänzende Produkte und Dienstleistungen Dritter dienen können.[17] Um diese als Softwareplattformen bezeichneten Softwareprodukte bzw. Informationssysteme wurden Wertschöpfungspartnerschaften geschaffen, deren Aktivitäten einen großen Anteil an den Umsätzen der Anbieter einnehmen.[18] So steuern bereits heute die Wertschöpfungspartner der SAP 34 Prozent zum Gesamtumsatz des Unternehmens bei. Ca. 60 Prozent der neuen SAP-Kunden werden nicht direkt durch die SAP, sondern durch diese Partner akquiriert.[19] Aber auch für kleinere Akteure kann der Aufbau bzw. die Teilnahme an Wertschöpfungsnetzwerken aus den o. g. Gründen erfolgsversprechend sein.

Es wird evident, dass die Akteure im Umfeld von UNSW in zunehmendem Maße von den komplementären Leistungen Dritter wie bspw. Partnerunternehmen, Value-Added-Resellern (VAR), Systemhäusern oder Endkunden abhängig sind. Das Umfeld hat sich dahingehend geändert, dass interorganisationale Netzwerkstrukturen, insb. sogenannte Softwareökosysteme, einen steigenden Stellenwert einnehmen. Ihr zielgerichtetes Management kann maßgeblich den Erfolg der relevanten Akteure beeinflussen, da Wertschöpfungspartner für einen Großteil der vermarkteten und für den Kunden

---

15 Dieser Umstand wird durch den Charakter von Unternehmenssoftware verstärkt, welche an das betriebliche Informationssystem des Kunden eingebunden bzw. angepasst, aber auch erklärt werden sollte, um den mit ihrem Einsatz verknüpften Nutzen zu erreichen. Vgl. Sun u.a. (2008), S. 18. Der dazu notwendige Beratungsbedarf kann oftmals nicht durch einen Akteur isoliert erfüllt werden.

16 Vgl. Ceccagnoli (2012), Kude u.a. (2012), Sarker u.a. (2012), S. 317 ff. und Huang u.a. (2010), S. 1-5

17 Vgl. Sontow, Kompa (2012), S. 18 f., Andresen u.a. (2013), S. 4034-4043, Koslowski, Strüker (2011), S. 347 f., Sarker u.a. (2012), S. 321 f. und Popp (2010)

18 Vgl. exemplarisch Kude (2012), S. 9-25 und Sarker u.a. (2012), S. 317 ff.

19 Vgl. bspw. Fritsch (2013), URL siehe Literaturverzeichnis und RAAD Research (2011), S. 21

wahrnehmbaren Leistungen von Unternehmen verantwortlich sind.[20] Unter dem Begriff Softwareökosysteme (SECO) können in Anlehnung an Jansen u. a. diese netzwerkartigen Konstrukte aus Akteuren der Softwareindustrie, die untereinander (wertschöpfende) Beziehungen aufbauen, subsumiert werden. Unternehmenssoftwareökosysteme (UNSECO) stellen das Pendant dazu im Kontext von UNSW dar. Die Akteure in diesen vereint dabei das gemeinsame Interesse der Entwicklung bzw. Nutzung einer zentralen Softwaretechnologie zur Verfolgung ihrer jeweiligen geschäftsmodellspezifischen Ziele. Diese zentralen Softwaretechnologien werden als Softwareplattformen (SWP) bezeichnet.[21] Ihnen kommt in SECO eine tragende Rolle zu, da sie oftmals grundlegende Architektur und Funktionalitäten bereitstellen, die verschiedene Leistungen unterschiedlicher Akteure auf technische Art und Weise zu integrieren vermögen. Sie sind daher als „Enabler" eine notwendige Grundvoraussetzung für das Zusammenspiel der Akteure in SECO dar.[22] Im Kontext von Unternehmenssoftware können bereits existente Softwareprodukte wie bspw. eine Anwendungssoftware wie Enterprise Resource Planning (ERP)-Software, eine gemeinsame Datenbanktechnologie wie SAP HANA oder ein AppStore das Fundament für entsprechende Softwareplattformen darstellen.[23] Aufgrund der exponierten Stellung von Softwareplattformen innerhalb der jeweiligen Softwareökosysteme werden diese in der Literatur oftmals synonym als plattform-zentrierte bzw. plattform-basierte Softwareökosysteme bezeichnet.[24] Da neben der genannten Funktion von SWP als „Enabler" von SECO, die IDC bis ins Jahr 2020 einen starken Anstieg in Anzahl und wirtschaftlicher Bedeutung entsprechender

---

[20] Vgl. Bosch (2012), S. 1453

[21] Vgl. Jansen u.a. (2009a), S. 35 und Jansen, Cusumano (2013), S. 13 f. Für ausführlichere Definitionen von Softwareökosystemen bzw. des in der Literatur teilweise inflationär und mehrdeutig verwendeten Begriffs von Softwareplattformen wird an dieser Stelle auf Kapitel 2 verwiesen.

[22] Vgl. Cusumano (2010b), Jansen, Cusumano (2013). Beispielhaft für Dritte bereitgestellte Funktionalitäten können qualitativ hochwertige Kernfunktionalitäten einer Standard-ERP-Software wie Funktionalitäten zur Buchhaltung, Bestellverwaltung oder Lagerverwaltung oder weitere so genannter „best practices" genannt werden, welche nicht erneut durch Dritte entwickelt werden müssen und durch diese in eigene Lösungen integriert werden können. Beispiele für Leistungen unterschiedlicher Akteure, die mit der Hilfe von Softwareplattformen integriert werden können, sind Informationen, Hardwareressourcen wie Server, Entwicklungsartefakte wie Anforderungsdokumente, Erweiterungen (AddOns, Module, Apps) oder IT-Dienstleistungen wie bspw. Customizing-Leistungen oder Projektmanagementtätigkeiten zur Einführung einer Unternehmenssoftware. Vgl. Sarker u.a. (2012), S. 317 ff., Sontow, Kompa (2012), S. 18 f. und Kude u.a. (2012), S. 250-252

[23] Für eine Aufstellung möglicher Beispiele von Softwareplattformen in der Softwareindustrie vgl. Jansen, Cusumano (2013), S. 19

[24] Vgl. Jansen u.a. (2009a), S. 36 und Tiwana (2014). Im Rahmen dieser Arbeit sollen die Begriffe Softwareökosysteme, plattformzentrierte Softwareökosysteme, Unternehmenssoftwareökosysteme und plattformzentrierte Softwareökosysteme synonym verwendet und in Kapitel 2.2 präzisiert werden.

SWP prognostiziert,[25] erscheint aus Perspektive der Praxis eine systematische Betrachtung und Gestaltung von SWP und plattformzentrierter SECO sinnvoll.

1.2 Problemstellung und Stand der Forschung

Der in der Praxis nachvollziehbare Trend zur zunehmenden Vernetzung in SECO und Bedeutung von plattformzentrierten SECO für die Softwareindustrie ist ausgehend von der ersten Erwähnung des Begriffs durch Messerschmidt und Szyperski[26] im Jahr 2003 in der wissenschaftlichen Diskussion angekommen.[27] Nach Hanssen und Dybå können die drei nachfolgenden Forschungsströme als **Stand der Forschung** im Kontext von SECO identifiziert werden:[28]

- **Funktionen und Eigenschaften von SECO:** Hierunter fallen u. a. Forschungsarbeiten zur Bestimmung eines optimalen Grades der Offenheit und Transparenz von Softwareökosystemen für die partizipierenden Akteure, zur gemeinsamen Innovation in Softwareökosystemen (Co-Innovation) sowie zur Beschreibung und Erklärung der Leistungserbringung bzw. Messung von Leistungsfähigkeit von Softwareökosystemen.[29]
- **Formierung und Strukturierung von SECO:** Unter dieser Forschungsströmung können Arbeiten zur Formierung und Evolution von Softwareökosystemen im Zeitverlauf sowie zu Fragestellung der Koordination und Governance

25 Vgl. IDC (2012), URL siehe Literaturverzeichnis und IDC (2013), URL siehe Literaturverzeichnis. Die Analysten der IDC verwenden den Begriff "Third Plattforms", welche u.a. auch soziale Plattformen, Cloud-SaaS-Plattformen sowie Smartphone-Plattformen einschließen und nach Prognosen der IDC im Jahr 2020 beeinflusst durch den Megatrend der Globalisierung die Grundlage für 40% der Umsätze sowie 98% des Umsatzwachstums der Softwareindustrie verantwortlich sein sollen. Zwar handelt sich bei den genannten Zahlen um ungesicherte Prognosen, welche nicht ausschließlich den Unternehmenssoftwaresektor umfassen. Nichtsdestrotz signalisieren sie die aus Sichtweise der Analysten steigende Bedeutung von Softwareplattformen für die Software- bzw. IKT-Industrie im Allgemeinen und den Kontext von Unternehmenssoftware im Speziellen. Vgl. diesbezüglich auch den TechnologyRadar von ThoughWorks (2014), URL siehe Literaturverzeichnis

26 Vgl. Messerschmitt, Szyperski (2003)

27 Vgl. Manikas, Hansen (2013b). Dies stellt einen Unterschied zur Vergangenheit dar, in der im Vergleich zu einem Kooperationsansatz in SECO, vereinfachte Formen der Arbeitsteilung in der Softwareindustrie unterstellt und untersucht wurden. Als Beispiel für eine vereinfachte Form der Zusammenarbeit kann eine Auftraggeber-Auftragnehmer-Beziehung im Rahmen einer Outsourcing-Vereinbarung genannt werden.

28 Vgl. Manikas, Hansen (2013b) und Hanssen, Dybå (2012). Eine im Rahmen dieser Arbeit durchgeführte Literaturrecherche (vgl. Kapitel 4.5.1) sowie die Studie von Santos u.a. (2012) führen zu vergleichbaren Ergebnissen.

29 Vgl. Hanssen, Dybå (2012), S. 10 m. w. V.

(bspw. Rollenmodelle, Beziehungsmanagement und Preisgestaltung) in Softwareökosystemen subsumiert werden.[30]

- **Visualisierung und Modellierung:** Die Arbeiten dieser Kategorie thematisieren insb. die deskriptive Beschreibung und Visualisierung existierender Softwareökosystemstrukturen als (zumeist Graphen-basierte) Netzwerke. Auch existieren Ansätze, welche die konzeptionelle, eher präskriptive Modellierung von Softwareökosystemen zum Ziel haben.[31] Zudem lassen sich Arbeiten, welche SECO als Variante existierender natürlicher Ökosysteme betrachten und mittels Analogschlüssen zu modellieren versuchen, identifizieren.[32]

Neben den explizit im Kontext von SECO angesiedelten Arbeiten lassen sich in der englisch- und deutschsprachigen Literatur weitere Arbeiten mit thematischen Bezug zum Kontext vernetzter Wertschöpfungsstrukturen in der Softwareindustrie identifizieren: Kude erarbeitet im Rahmen seiner Dissertation Gestaltungsempfehlungen zur Koordination der Softwareentwicklung in interorganisationalen Netzwerken von Anbietern für Unternehmenssoftware, ohne jedoch den Begriff Softwareökosystem explizit aufzugreifen. Ein Schwerpunkt der Arbeit liegt auf der Koordination externer Akteure, so genannter Komplementoren. Die Perspektive von Endkunden wird allerdings nur implizit eingenommen.[33] Hilkert untersucht ebenfalls das Verhalten und Management von Komplementoren auf Softwareplattformen. Da die Betrachtungsgegenstände der Untersuchungen jedoch insb. soziale Softwareplattformen wie bspw. Facebook und intrinsische Motive, vorwiegend privater Akteure mit Fokus auf der Entwicklung von Unterhaltungssoftware, wie bspw. Spielen, sind, wird mangels Vergleichbarkeit der Akteure und Softwareplattformen eine Übertragbarkeit der Ergebnisse auf den Kontext von Unternehmenssoftwareökosystemen erschwert.[34] Waltl thematisiert in seiner Dissertation Fragestellungen zum Schutz intellektuellen Eigentums in über mehrere Akteure verteilten Entwicklungsszenarien innerhalb von Softwareökosystemen. Darauf

---

30 Vgl. Hanssen, Dybå (2012), S. 10 m. w. V.

31 Diesbezüglich sind insb. die Arbeiten von Jansen und seiner Koautoren zu nennen. Vgl. Jansen u.a. (2007), Brinkkemper u.a. (2009), Gorton u.a. (2010) und Di Cosmo u.a. (2009)

32 Vgl. Hanssen, Dybå (2012), S. 10 m. w. V.

33 Vgl. Kude (2012), für eine weitergehende Definition des Begriffs der Komplementoren wird an dieser Stelle auf Kapitel 4.2 verwiesen.

34 Vgl. Hilkert (2012)

aufbauend wird ein Modell zum Schutz des intellektuellen Eigentums der Akteure mittels modularer Kapselung (IP Modularity) entwickelt.[35] Cusumano und Gawer thematisieren in ihren Arbeiten die Industrien übergreifende Relevanz von Plattformstrategien, die Bedeutung von Netzeffekten für den Erfolg von Plattformen und identifizieren darauf aufbauend Gestaltungsbereiche des Plattformmanagements aus Sicht des zentralen Plattformanbieters.[36] Eisenmann u. a. ordnen (softwarebasierte) Plattformen in den Kontext der Theorien mehrseitiger Märkte ein und leiten darauf aufbauend (wettbewerbs-) strategische Handlungsempfehlungen, insb. zur Offenheit von Plattformen, mit dem Ziel der Generierung von Netzeffekten aus Sichtweise des fokalen Akteurs ab.[37] Evans untersucht die Bedeutung und Rolle von Plattformen wie bspw. Hardware (Mobiltelefone) und Software (Videospiele, Betriebssysteme und Unternehmenssoftware) als technische Grundlage („Enabler") erfolgreicher Produkte und sich darum formierender Netzwerkstrukturen und akzentuieren ebenfalls die Bedeutung von externen Akteuren wie Komplementoren und Endkunden zur Generierung von Netzeffekten.[38]

Während die Forschung jedoch die zuvor verschieden dargestellten Aspekte von Softwareökosystemen thematisiert und in Übereinstimmung mit der Praxis die Rolle von Plattformen und externer Akteure für den Erfolg von vernetzten Wertschöpfungsstrukturen im Allgemeinen und SECO im Speziellen betont, ist ein Mangel an wissenschaftlich fundierten Gestaltungsempfehlungen für Softwareplattformen aus Sichtweise der unterschiedlichen Akteure in SECO zu identifizieren.[39] Tiwana u. a. sprechen in diesem Zusammenhang von IT als „omitted variable", die insbesondere unter Berücksichtigung interner und externer Einflussfaktoren sowie den Perspektiven unterschiedlicher in SECO partizipierender Akteure präziser untersucht werden sollte.[40]

Eine relativ geringe Anzahl wissenschaftlicher Arbeiten, wie bspw. von Jansen u. a. und Tiwana,[41] versucht den Mangel an fundierten Gestaltungsempfehlungen für Softwareplattformen zu reduzieren. Allerdings sind diese entweder stark lösungsorientiert,

---

35 Vgl. Waltl (2013)
36 Vgl. Cusumano, Gawer (2002), Cusumano (2010a), Cusumano (2010b), Cusumano (2010d), Cusumano (2011) und Gawer (2009b)
37 Vgl. Eisenmann u.a. (2006), Eisenmann u.a. (2009) und Eisenmann u.a. (2011)
38 Vgl. Evans (2005) und Evans u.a. (2008)
39 Vgl. Jansen (2013), S. 6
40 Vgl. Tiwana u.a. (2010), S. 677
41 Vgl. Jansen (2013) und Tiwana (2014)

berücksichtigen die Motive und Anforderungen unterschiedlicher Akteure in SECOs nur rudimentär, blenden die Perspektiven einzelner Akteursgruppen wie bspw. von Kunden größtenteils aus oder sind, wie die Arbeiten von Hilkert oder Tiwana, nicht direkt auf den Kontext von Unternehmenssoftware übertragbar.[42]

Es wird evident, dass ein Mangel fundierter Empfehlungen zur Ausgestaltung von Softwareplattformen als zentraler Grundlage für die Geschäftstätigkeiten bzw. darauf aufbauender Leistungen von Akteuren in SECO existiert. Der Rückgriff auf Erkenntnisse anderer Forschungsumfelder, wie bspw. aus dem Kontext von Softwareproduktlinien, kann dabei als wenig zweckmäßig eingestuft werden: Entsprechende Ansätze liefern zwar Hinweise auf die Gestaltung ebenfalls als Softwareplattformen bezeichneter Konstrukte. Diese können aber, wie in Kapitel 2 genauer aufgezeigt wird, als organisationsinterne Produktplattformen klassifiziert werden, welche die aus den vorgenannten Gründen bedeutsamen Sichtweisen externer Akteure sowie der sie umgebenden interorganisationalen Netzwerkstrukturen vernachlässigen.[43]

Die aufgezeigte Forschungslücke kann aufgrund der exponierten Stellung von SWP als zentralen Informationssystemen und „Enabler" in Unternehmenssoftwareökosystemen einen Einfluss auf die Geschäftstätigkeit der darin partizipierenden Akteure haben.[44] So mangelt es den (potenziellen) Plattformanbietern an wissenschaftlich fundierten Gestaltungsempfehlungen für den Aufbau und die Weiterentwicklung von SWP. Aber auch für komplementäre Anbieter, welche mit ihren Leistungen wie bspw. Zusatzmodulen, Add-Ons oder ergänzenden IT-nahen Dienstleistungen auf Softwareplattformen aufbauen, sich ggf. langfristig an diese binden und somit in ihrer Geschäftstätigkeit von SWP abhängig sind, mangelt es an fundierten Empfehlungen für die Auswahl von SWP als Basis für eigene Geschäftstätigkeiten. Auch Kunden, welche aus SWP und ggf. komplementären Angeboten (Softwareprodukte und Dienstleistungen) komponierten Leistungen zur Unterstützung ihrer eigenen (nicht zwingend software-spezifischen) Geschäftstätigkeit nutzen, wird die Auswahl geeigneter SWP er-

42 Vgl. Hilkert (2012), Tiwana (2014) sowie die Veröffentlichungen in Knauber, Knodel u.a. (2013)

43 Vgl. bspw. Pohl, Böckle u.a. (2005) m. w. V., Helferich (2010), S. 307 f. und Bosch (2006), S. 41-44

44 Vgl. Hanssen, Dybå (2012), S. 11

schwert. Die dargestellte Forschungslücke stellt somit ein Hindernis in einem zunehmend durch Vernetzung geprägten Umfeld von Unternehmenssoftware und die im Rahmen dieser Arbeit zu lösende Problemstellung dar.

1.3 Zielsetzung und Forschungsfragen

Ziel der vorliegenden Arbeit ist, ausgehend von den zuvor aufgezeigten Forschungslücken und der davon abgeleiteten Problemstellung, die systematische Herleitung von Empfehlungen zur, je nach Perspektive, Gestaltung bzw. Auswahl von Softwareplattformen zur Unterstützung der Geschäftstätigkeit der verschiedenen Stakeholder in Unternehmenssoftwareökosystemen (UNSECO). Die Fokussierung auf den Kontext von Unternehmenssoftware ergibt sich aus der in Kapitel 1.1 dargestellten Bedeutung von Softwareplattformen in diesem Kontext. Aus der Zielsetzung leitet sich die übergeordnete Fragestellung dieser Arbeit ab.

- *Wie sollten Softwareplattformen für Unternehmenssoftwareökosysteme gestaltet sein?*

Zur Beantwortung dieser übergeordneten Fragestellung ist die Beantwortung mehrerer untergeordneter Forschungsfragen (FF) notwendig, die gleichfalls im Rahmen der weiteren Ausführungen beantwortet werden. Ihre Beantwortung soll Teilziele dieser Arbeit darstellen.[45]

- o *FF 1: Welche Ziele verfolgen die Stakeholder durch die Teilnahme in Unternehmenssoftwareökosystemen?*
- o *FF 2: Welche Anforderungen sollen Softwareplattformen für Unternehmenssoftwareökosystemen erfüllen?*
- o *FF 3: Welche potenziellen Lösungsmerkmale existieren, um diese Anforderungen zu erfüllen?*
- o *FF 4: Welche Gestaltungsempfehlungen für Softwareplattformen für Unternehmenssoftwareökosystemen lassen sich daraus ableiten?*

45 Die untergeordneten Forschungsfragen ergeben sich aus der Problemklasse der Aufgabenstellung (Softwareproduktentwicklung). Vgl. bspw. Herzwurm (2000). Sie werden im Laufe der Arbeit, insb. in den Kapiteln 3.4 und 4.1, weiter motiviert.

1.4 Forschungsmethodik

Nach der Formulierung der Zielsetzung anhand der vorliegenden Ausführungen sowie der Konkretisierung im Rahmen von Forschungsfragen, ist es notwendig zu klären, wie deren Beantwortung wissenschaftstheoretisch eingeordnet sowie forschungsmethodisch erreicht werden kann.

Wissenschaftstheoretische Einordnung

Diese Arbeit ist aufgrund ihrer Zielsetzung der Wirtschaftsinformatik (WI) zuzuordnen.[46] Die WI versteht sich als eigenständige, anwendungsorientierte, interdisziplinäre Disziplin an der Grenze zwischen Betriebswirtschaftslehre und Informatik,[47] welche lt. Kurbel ihre Daseinsberechtigung daraus bezieht, dass sie sich primär, aber nicht ausschließlich, mit Fragestellungen auseinandersetzt, die bisher von ihren Nachbardisziplinen nicht befriedigend angegangen wurden und damit die Entwicklung eigener Konzepte, Methoden und Modelle begründet.[48] Dazu bedient sich die WI zur Entwicklung von Lösungsansätzen neben den Erkenntnissen der Betriebswirtschaftslehre und Informatik auch derer anderer Disziplinen wie bspw. der Ingenieurwissenschaften, Kybernetik, Informationswissenschaften oder Soziologie.[49]

„Erkenntnisgegenstand der Wirtschaftsinformatik sind Informationssysteme in Wirtschaft und Gesellschaft, sowohl von Organisationen als auch von Individuen. Als soziotechnische Systeme bestehen sie aus Menschen (personelle Aufgabenträgern), Informations- und Kommunikationstechnik (maschinellen Aufgabenträgern) und Organisation (Funktionen, Geschäftsprozessen, Strukturen und Management) sowie den Beziehungen zwischen diesen drei Objekttypen."[50] Der Wissensbestand der WI liegt u. a. in Form wissenschaftlicher Literatur, kodifiziert in Form von in der Praxis existierenden Informationssystemen, Software, organisatorischen Lösungen, Methoden sowie Werkzeugen aber auch als Erfahrungen mit den zuvor genannten Komponenten vor.[51]

---

46 Diese Zuordnung begründet sich in der Zielsetzung der Formulierung von normativen Handlungsempfehlungen zur Gestaltung von SWP, welche soziotechnische Informationssysteme im Sinne der Wirtschaftsinformatik darstellen.

47 Vgl. bspw. Hansen, Neumann (2009), S. 149, Lehner u.a. (2008), S. 9, Stahlknecht (2005), S. 8, die Selbstzeugnisse der Wirtschaftsinformatik in Heinrich (2012), S. 59-208 sowie ergänzend dazu die Einschätzung in Heinrich (2012), S. 211

48 Vgl. Kurbel (1987), S. 93

49 Vgl. Heinrich (2007), S. 106 ff. und Mertens u.a. (2012), S. 6

50 Österle u.a. (2010), S. 666

51 Vgl. Österle u.a. (2010), S. 666

Forschungsstrategien

Im **deutschsprachigen,** aber auch teilweise im europäischen **Raum** ist die WI tendenziell stärker **gestaltungsorientiert** ausgerichtet.[52] „Die Erkenntnisziele einer gestaltungsorientierten Wirtschaftsinformatik sind Handlungsanleitungen (normative, praktisch verwendbare Ziel-Mittel-Aussagen zur Konstruktion und zum Betrieb von Informationssystemen sowie Innovationen in den Informationssystemen (Instanzen) selbst. Die Wirtschaftsinformatik geht demnach von einer Sollvorstellung eines Informationssystems aus und sucht nach Mitteln, bei gegebenen Restriktionen ein Informationssystem zur Erfüllung der Sollvorstellung zu konstruieren."[53] Der gestaltungsorientierten WI liegt somit eine **Konstruktionsstrategie** zugrunde. Ihr Fokus liegt auf dem **Gestaltungszusammenhang** und ist auf den Verwertungszusammenhang wissenschaftlicher Erkenntnisse ausgerichtet.[54] Im angelsächsischen Raum ist die WI mit der Disziplin des Information Systems Research (ISR) vergleichbar. Während diese jedoch über eine mit ihrem deutschsprachigen Pendant vergleichbare inhaltliche Ausrichtung in Bezug auf den Erkenntnisgegenstand verfügt, ist sie allerdings stärker vom Forschungsansatz des Behaviorismus, also einer verhaltensorientierten, empirischen Forschung geprägt.[55] Im Rahmen dieser Forschung liegt das Erkenntnisziel auf dem **Begründungszusammenhang** (quantitative empirische Forschung) oder dem erstmaligen Erkennen von Zusammenhängen, dem **Entdeckungszusammenhang** (qualitative empirische Forschung). Die quantitative Forschung zeichnet sich durch eine **Falsifikationsstrategie** aus. Diese Strategie zielt durch (repräsentative) Erhebungen darauf ab, mittels Widerlegung existierender Hypothesen auf der Basis der Konfrontation mit der Realität Erkenntnisfortschritte zu erlangen.[56] Die qualitative Forschung versucht hingegen, i.d.R durch nicht repräsentative Forschungsmethoden wie bspw. der Inhaltsanalyse oder vergleichenden Feldstudien, Zusammenhänge erstmalig zu identifizieren und verfolgt somit eine **Explorationsstrategie**.[57] Neben der empirisch bzw.

---

52 Vgl. Wilde, Hess (2007) und Schauer (2011), S. 237

53 Vgl. Österle u.a. (2010), S. 666

54 Vgl. Österle u.a. (2010), S. 666 f., Becker u.a. (2009), S. 6 und Helferich (2010), S. 6

55 Vgl. Buhl, Lehnert (2012), Herzwurm, Stelzer (2008), Becker u.a. (2009), S. 5, Schauer (2011), S. 24-27 und S. 237 sowie Österle u.a. (2010), S. 664

56 Dies setzt eine wissenschaftliche Grundposition des kritischen Rationalismus voraus. Nach dieser können Hypothesen nicht bewiesen, sondern nur widerlegt werden. Vgl. bspw. Popper, Keuth (2007)

57 Vgl. Heinrich (2007), S. 80, Wilde, Hess (2006), S. 6 und Helferich (2010), S. 7

behavioristisch geprägten WI des angelsächsischen Sprachraums hat sich in den letzten Jahren ebenfalls eine gestaltungsorientierte Strömung der ISR unter dem Begriff Design Science Research (DSR) herausgebildet, zu deren prominenten Vertretern insb. Hevner u. a. gehören. Sie wurde im Rahmen zahlreicher Veröffentlichungen und Konferenzen diskutiert und kombiniert Elemente beider Strömungen.[58] In ihrem Plädoyer für eine gestaltungsorientierte Wirtschaftsinformatik argumentieren Österle u. a. ebenfalls, dass sich die vorgenannten Strömungen der WI sowie zugehörigen Forschungsstrategien und -methoden nicht grundsätzlich ausschließen müssen. Vielmehr plädieren sie für einen Methodenpluralismus zur Stärkung der Komplementarität der jeweils verfolgten Forschungsstrategien in der Wirtschaftsinformatik. Dieser Position folgend könnten im Rahmen einer Konstruktionsstrategie entwickelten Artefakte und deren Wirkungen bspw. mittels falsifizierender oder explorativer Forschungsstrategien evaluiert und ggf. Schwachstellen identifiziert werden. Diese könnten wiederum Einfluss in Verbesserung bzw. Weiterentwicklung von Informationssystemen im Sinne einer Konstruktionsstrategie finden.[59]

Im Rahmen dieser Arbeit, welche aufgrund ihrer Zielsetzung der gestaltungsorientierten Wirtschaftsinformatik zuzuordnen ist, wird vornehmlich eine Konstruktionsstrategie verfolgt. Neben der Zielsetzung beeinflussen auch die Rahmenbedingungen dieser Arbeit die Auswahl der Forschungsstrategie: Eine reine Falsifikationsstrategie setzt die Existenz vorformulierter oder im Rahmen einer Untersuchung zu erarbeitender, eindeutiger, operationalisierbarer und prinzipiell widerlegbarer Hypothesen auf Basis gut strukturierter Theoriegebilde voraus.[60] Aus dem in Kapitel 1.2 dargestellten Stand der Forschung im Kontext von plattformzentrierten SECO wird evident, dass sich das Forschungsfeld noch in Entstehung befindet. Einzelne Teilgebiete werden darin oftmals nicht ausreichend thematisiert und es hat sich noch kein ausreichend definiertes Theoriegebilde entwickelt.[61] Somit können in dieser Arbeit schwer entsprechende widerlegbare Hypothesen als Basis für eine entsprechende Falsifikationsstrategie herangezogen bzw. abgeleitet werden. Diese Forschungsstrategie kann daher als ungeeignet

58 Vgl. Hevner u.a. (2004). Für eine Übersicht relevanter Veröffentlichungen zu Methoden im Rahmen der DSR vgl. Venable (2010), S. 109 ff., Vaishnavi, Kuechler (2008), S 29 ff. und Peffers u.a. (2012), S. 398 ff.

59 Vgl. Österle u.a. (2010). Hevner vertritt im Rahmen seines DSR-Ansatzes eine vergleichbare Position. Vgl. Hevner u.a. (2004), S. 80

60 Vgl. Bortz u.a. (2009), S. 30 f.

61 Vgl. Kapitel 1.2

betrachtet werden. Vielmehr legen der Stand der Forschung sowie das Ziel der systematischen Herleitung von Gestaltungsempfehlungen für SWP eine Konstruktionsstrategie nahe, welche in Teilen durch die Verfolgung einer Explorationsstrategie, bspw. bei der Evaluation der Ergebnisse, ergänzt wird. Dabei soll den Positionen von Österle u. a. sowie Hevner folgend im Rahmen dieser Arbeit keine strenge Dichotomie der Forschungsstrategien stattfinden.

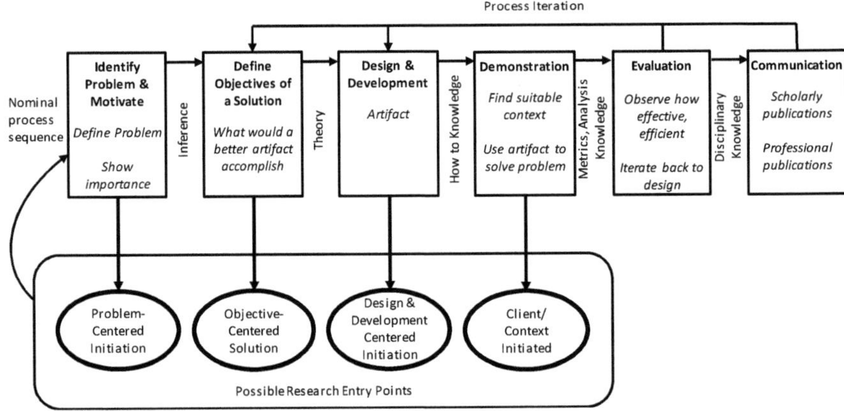

Abbildung 2: Prozessmodell der Design Science Research Methodology[62]

Hierzu wird die Forschungsmethodik der Design Science Research Methodology (DSRM) nach Peffers u. a. verfolgt. Diese kann bei der Entwicklung des Artefakts von Gestaltungsempfehlungen Anwendung finden und soll es ermöglichen, einerseits die Verknüpfung der vorgenannten Forschungsstrategien und darüber hinaus durch eine entsprechende Zuhilfenahme und Ausgestaltung der in Abbildung 2 dargestellten Phasen mittels geeigneter Forschungsformen und Forschungsmethoden die im Rahmen der gestaltungsorientierten WI geforderte Relevanz und Rigorosität von Ergebnissen sicherzustellen.[63] Die Ausprägung der DSRM-Phasen im Rahmen dieser Arbeit soll nach Vorstellung potenziell anzuwendender Forschungsformen und Forschungsmethoden präsentiert werden.

62 Quelle: Peffers u.a. (2007), S. 54

63 Vgl. Peffers u.a. (2007), S. 54 und Österle u.a. (2010), S. 667-669. Die DSRM orientiert sich an den Richtlinien rigoroser designorientierter Forschung nach Hevner u.a. (2004) und sieht verschiedene, in Abbildung 2 dargestellte, Einstiegspunkte in den Forschungsprozess vor. Die entsprechenden Phasen können anschließend iterativ durchlaufen werden. Vgl. Peffers u.a. (2007), S. 74 ff.

Forschungsformen

Als Erkenntnismethoden der WI können die **Induktion** und die **Deduktion** genannt werden.[64] Die Induktion ist ein heuristisches Schlussfolgerungsverfahren, welches auf Basis bestimmter Einzelerfahrungen eine Verallgemeinerung zu „Gesetzmäßigkeiten" anstrebt.[65] Die Deduktion, auch als analytisch-deduktive Methode bezeichnet, ist die Grundform logischen Schließens, nach der aufgrund existierender allgemeiner Aussagen speziellere Aussagen getroffen werden.[66] Hieraus ergibt sich bei der Deduktion ein im Vergleich zur Induktion geringerer sachlicher Neuigkeitsgehalt. Im Gegenzug dazu existiert ein geringerer Grad an Unsicherheit bezüglich des Wahrheitsgehalts der geschlossenen Aussagen.[67] Induktion und Deduktion schließen sich als Erkenntnismethoden im Rahmen wirtschaftswissenschaftlich geprägter Forschung nicht aus, sondern können sich ergänzen.[68]

Als **Forschungsmethoden** werden Instrumente zur Erkenntnisgewinnung bezeichnet. Sie sind definiert als mitteilbare Regelsysteme, welche intersubjektive Festlegungen zum Verständnis der Regeln und der darin verwendeten Begriffe enthalten und als Handlungspläne zielgerichtet verwendet werden können. Deren Befolgung oder Nichtbefolgung ist aufgrund des normativen und präskriptiven Charakters der Regeln feststellbar.[69] Die nach Wilde und Hess in der WI am häufigsten angewandten Forschungsmethoden sind in Tabelle 1 dargestellt und lassen sich anhand der nachfolgenden Dimensionen klassifizieren: Der Dimension des Formalisierungsgrades, welcher den Formalisierungsgrad der eigentlichen Forschungsmethode sowie des bearbeiteten Forschungsgegenstandes umfasst, sowie der Dimension des erkenntnistheoretischen Forschungsparadigmas.[70] Mit dem Ziel eines Erkenntnisgewinnes oder der Absicherung von Ergebnissen ist eine Kombination der unterschiedlichen Forschungsmethoden, aber auch der darin zum Tragen kommenden Datenquellen sowie theoretischer Ansätze mittels **Triangulation** möglich.[71] „Triangulation beinhaltet die Einnahme unterschiedlicher Perspektiven auf einen untersuchten Gegenstand oder

---

64 Vgl. Lehner u.a. (2008), S. 19 und Wilde, Hess (2006), S. 11
65 Vgl. Bea (2010), S. 42 f.
66 Vgl. Bea (2010), S. 40-42
67 Vgl. Bea (2010), S. 41 und Bea (2010), S. 43
68 Vgl. Bea (2010), S. 43-51
69 Vgl. Wilde, Hess (2007), S. 281
70 Vgl. Wilde, Hess (2007), S. 282 f.
71 Vgl. Flick (2011), S. 12 f.

allgemeiner: bei der Beantwortung von Forschungsfragen. Diese Perspektiven können sich in unterschiedlichen Methoden, die angewandt werden, und/oder unterschiedlichen gewählten theoretischen Zugängen konkretisieren, wobei beides wiederum mit einander in Zusammenhang steht bzw. verknüpft werden sollte."[72]

Methode	Beschreibung
Formal-, konzeptionell- und argumentativ-deduktive Analyse	Logisch-deduktives Schließen kann als Forschungsmethode auf verschiedenen Formalisierungsstufen stattfinden: entweder im Rahmen mathematisch-formaler Modelle (z. B. in semi-formalen Modellen), konzeptionell (z. B. Petri-Netze) oder rein sprachlich (argumentativ, z. B. durch Deduktion von Theorien wie der Prinzipal-Agenten-Theorie).
Simulation	Die Simulation bildet das Verhalten des zu untersuchenden Systems formal in einem Modell ab und stellt Umweltzustände durch bestimmte Belegungen der Modellparameter nach. Sowohl durch die Modellkonstruktion als auch durch die Beobachtung der endogenen Modellgrößen lassen sich Erkenntnisse gewinnen.
Referenzmodellierung	Die Referenzmodellierung erstellt induktiv (ausgehend von Beobachtungen) oder deduktiv (bspw. aus Theorien oder Modellen) meist vereinfachte und optimierte Abbildungen (Idealkonzepte) von Systemen, um so bestehende Erkenntnisse zu vertiefen und daraus Gestaltungsvorlagen zu generieren.
Aktionsforschung	Es wird ein Praxisproblem durch einen gemischten Kreis aus Wissenschaft und Praxis gelöst. Hierbei werden mehrere Zyklen aus Analyse-, Aktions-, und Evaluationsschritten durchlaufen, die jeweils gering strukturierte Instrumente wie Gruppendiskussionen oder Planspiele vorsehen.
Prototyping	Es wird eine Vorabversion eines Anwendungssystems entwickelt und evaluiert. Beide Schritte können neue Erkenntnisse generieren.
Fallstudie	Die Fallstudie untersucht in der Regel komplexe, schwer abgrenzbare Phänomene in ihrem natürlichen Kontext. Sie stellt eine spezielle Form der qualitativ-empirischen Methodik dar, die wenige Merkmalsträger intensiv untersucht. Es steht entweder die möglichst objektive Untersuchung von Thesen (verhaltenswissenschaftlicher Zugang) oder die Interpretation von Verhaltensmustern als Phänotypen der von den Probanden konstruierten Realitäten (konstruktionsorientierter Zugang) im Mittelpunkt.
Qualitative/ Quantitative Querschnittanalyse	Diese beiden Methoden fassen Erhebungstechniken wie Fragebögen, Interviews, Delphi-Methode, Inhaltsanalysen etc. zu zwei Aggregaten zusammen. Sie umfassen eine einmalige Erhebung über mehrere Individuen hinweg, die anschließend quantitativ oder qualitativ kodiert und ausgewertet wird. Ergebnis ist ein Querschnittsbild über die Stichprobenteilnehmer hinweg, welches üblicherweise Rückschlüsse auf die Grundgesamtheit zulässt.
Labor-/ Feldexperiment	Das Experiment untersucht Kausalzusammenhänge in kontrollierter Umgebung, indem eine Experimentalvariable auf wiederholbare Weise manipuliert und die Wirkung der Manipulation gemessen wird. Der Untersuchungsgegenstand wird entweder in seiner natürlichen Umgebung (im „Feld") oder in künstlicher Umgebung (im „Labor") untersucht, wodurch wesentlich die Möglichkeiten der Umgebungskontrolle beeinflusst werden.

Tabelle 1: Forschungsmethodenspektrum der Wirtschaftsinformatik[73]

72 Flick (2011), S. 12

73 Quelle: Modifiziert übernommen aus Wilde, Hess (2007), S. 282

Die Wahl der im Rahmen der Arbeit zur Anwendung kommenden Forschungsmethoden orientiert sich an der in Abbildung 3 dargestellten Klassifikation nach Wilde und Hess sowie der zuvor dargestellten Wahl der Forschungsstrategien für diese Arbeit. Die Auswahl soll in das im Nachfolgenden erläuterte Vorgehen nach der DSRM eingebettet und zum jeweils möglichen und relevanten Zeitpunkt präzisiert werden.

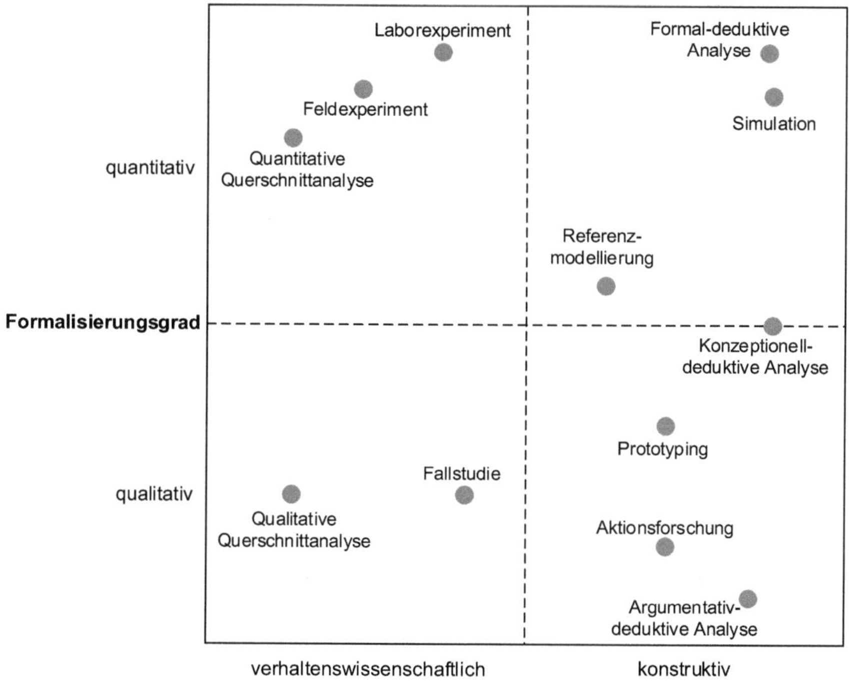

Abbildung 3: Forschungsmethodenprofil der Wirtschaftsinformatik[74]

Ausgestaltung der Forschungsmethodik

Die Hauptforschungsfrage dieser Arbeit zielt auf die Gestaltung des Erkenntnisgegenstandes von SWP als (zwischen-)betrieblichen Informationssystemen aus Sichtweise relevanter Stakeholder in UNSECO ab. D. h. ihr Fokus liegt auf der Erarbeitung von Gestaltungsempfehlungen als normativen, praktisch verwendbaren Ziel-Mittel-Aussa-

[74] Quelle: Modifiziert übernommen aus Wilde, Hess (2007), S. 284

gen zur, je nach Perspektive der Akteure, Entwicklung bzw. Auswahl von SWP in plattformzentrierten UNSECO.[75] Hierzu werden die Phasen der DSRM wie folgt, bei Bedarf iterativ, durchlaufen:[76]

- **Identifikation und Motivation des Problems:** In dieser Phase soll ein entsprechendes Problem in Praxis bzw. Wissenschaft identifiziert und dessen Relevanz für den jeweiligen Kontext motiviert werden. Die Relevanz von SWP für den Kontext von plattformzentrierten UNSECO sowie die Problemstellung der mangelnden Verfügbarkeit von Gestaltungsempfehlungen für SWP in der Forschung ist in Kapitel 1 dieser Arbeit unter Zuhilfenahme einer qualitativen Querschnittsanalyse relevanter Literatur (Stand der Forschung) identifiziert und motiviert worden. Die darin genannten Argumente werden sukzessive durch die weiteren Ausführungen dieser Arbeit erweitert. Diese Phase stellt somit im Rahmen dieser Arbeit den problemzentrierten Einstiegspunkt in den Forschungsprozess nach der DSRM dar.
- **Definition der Zielsetzung:** Auf der Basis der Problemstellung werden die Ziele des Forschungsprozesses genauer definiert, welche ihrerseits als Grundlage für die Entwicklung von Artefakten dienen sollen. Aufgrund der Neuartigkeit des Phänomens von UNSECO sowie in Ermangelung eines geeigneten theoretischen Fundaments ist zunächst die Erarbeitung eines theoretischen Bezugsrahmens notwendig.[77] Dieser beschreibt qualitativ relevante Elemente des Kontextes sowie darin bestehenden Beziehungen. Er stellt eine notwendige Voraussetzung für die Entwicklung von Gestaltungsempfehlungen für SWP in UNSECO dar. Forschungsmethodisch wird seine Erarbeitung durch eine qualitativen Querschnittsanalyse von organisationstheoretischen Ansätzen sowie relevanter Literatur im Kontext unterstützt. Eine darauf aufbauende argumentativ-deduktive Analyse dient der Überführung der zuvor erlangten Erkenntnisse in den theoretischen Bezugsrahmen.[78]

---

75 Vgl. Kapitel 1.2 und Österle u.a. (2010), S. 666. Hieraus ergibt sich die primäre Zuordnung dieser Arbeit zur gestaltungsorientierten WI.

76 Vgl. zu den nachfolgenden Ausführungen hinsichtlich der DSRM Peffers u.a. (2007), S. 52-56. Das iterative Durchlaufen von Phasen wird explizit als Option zu Erreichung von Rigorosität vorgehen. Vgl. Peffers u.a. (2007), S. 56

77 Die Strukturierung und Gliederung des Vorwissens über den zu erforschenden Kontext sowie das Forschungsprojekt wird als theoretischer Bezugsrahmen bezeichnet. Vgl. Grochla (1982), S. 14. Zur Kritik an der Bezugsrahmenforschung vgl. bspw. Martin (1989), S. 221-227.

78 Vgl. hinsichtlich der in dieser Phase verfolgten Forschungsmethoden Wilde, Hess (2007) und Wilde, Hess (2006), Bea (2010), S. 43-51 sowie die Ausführungen dieses Kapitels.

- **Design und Entwicklung einer Lösung:** In dieser Phase findet die Entwicklung von Artefakten zur Erreichung der zuvor definierten Zielsetzung statt. Konkrete Artefakte der vorliegenden Arbeit stellen Empfehlungen zur Gestaltung bzw. Auswahl von SWP in UNSECO dar. Eine Auswahl und Präzisierung der hierbei verfolgten Forschungsmethoden soll zu einem späteren Zeitpunkt, nach Entwicklung des theoretischen Bezugsrahmens, erfolgen. Dieses Vorgehen begründet sich in der Tatsache, dass erst zu diesem Zeitpunkt eine sinnvolle Auswahl geeigneter Forschungsmethoden möglich ist. In den nachfolgenden Phasen der DSRM soll dieser Argumentation folgend analog verfahren werden.
- **Demonstration:** In dieser Phase werden die zuvor erarbeiteten Artefakte, nicht zwingend als endgültige Versionen, Experten im Kontext präsentiert. Dieses Vorgehen ermöglicht es, die grundsätzliche Eignung der Artefakte für den jeweiligen Kontext zu prüfen und ggf. daraus resultierendes Feedback in die Entwicklung einfließen zu lassen.
- **Evaluation:** Die Herleitung begründeter Gestaltungsempfehlungen setzt neben einer Phase zur Konstruktion auch einen Wirksamkeitsnachweis dieser im Sinne einer Evaluation voraus.[79] Daher sollen die Artefakte, insb. die Gestaltungsempfehlungen, in dieser Phase im Vergleich zur Demonstrationsphase einer rigoroseren Überprüfung unterzogen werden.[80]
- **Kommunikation:** Die Ergebnisse des vorhergehenden Forschungsprozesses werden in wissenschaftlichen Publikationen kommuniziert, um die Diffusion der Forschungsergebnisse und Feedback zu ermöglichen. Dies geschieht durch die Veröffentlichung der vorliegenden Arbeit.

1.5 Aufbau der Arbeit

Neben diesem einleitenden Kapitel, einer Darstellung der notwendigen begrifflich-konzeptionellen Grundlagen in Kapitel 2 und einer Zusammenfassung sowie kritischen Reflexion der Untersuchungsergebnisse sowie einem Ausblick im letzten Kapitel besteht diese Arbeit aus fünf Hauptkapiteln, welche den Gang der Untersuchung anhand der zuvor dargestellten Forschungsmethodik widerspiegeln und in Abbildung 4 dargestellt sind.

[79] Vgl. Hevner u.a. (2004), S. 85
[80] Vgl. Peffers u.a. (2007), S. 56

- In **Kapitel 3** („Theoretischer Bezugsrahmen für die Gestaltung von Softwareplattformen in Unternehmenssoftwareökosystemen“) findet die im Rahmen der DSRM-Phase „Definition der Zielsetzung“ skizzierte Herleitung eines theoretischen Bezugsrahmens statt. Dieser setzt relevante Elemente des Kontextes von plattformzentrierten UNSECO in Beziehung, ermöglicht somit die Herleitung von Gestaltungsempfehlungen sowie die Abgrenzung relevanter Untersuchungsbereiche und somit eine Zieldefinition.
- In **Kapitel 4** („Herleitung von Gestaltungsempfehlungen für Softwareplattformen“) findet ausgehend von den Erkenntnissen des theoretischen Bezugsrahmens die Herleitung von Gestaltungsempfehlungen für SWP in UNSECO statt (entsprechende DSRM-Phase: „Design und Entwicklung einer Lösung“). Dabei sollen, gemäß der DSRM, Phasen der Entwicklung durch Phasen der Demonstration von Zwischenergebnissen ergänzt werden.
- **Kapitel 5** („Evaluation der vorliegenden Ergebnisse“) widmet sich der Überprüfung der grundsätzlichen Eignung und Beurteilung der normativen Handlungsempfehlungen zur Gestaltung bzw. Auswahl von SWP in UNSECO im Sinne der DSRM-Phasen Demonstration und insb. Evaluation.
- Diese Arbeit vertritt die in der Wissenschaft unbestrittene Auffassung, dass die Herleitung universeller Gestaltungsempfehlungen schwer möglich und wenig sinnvoll ist.[81] Vor diesem Hintergrund erscheint auch die Herleitung universeller Gestaltungsempfehlungen für SWP in UNSECO wenig zweckmäßig. Vielmehr wird die These vertreten, dass je nach Bedeutung von Stakeholdern sowie deren Bewertung von Zielen und Anforderungen an SWP differenzierte Empfehlungen für die Gestaltung bzw. Auswahl von SWP auszusprechen sind. Basierend auf der Evaluation der bisherigen Teilergebnisse und dem im Rahmen der DSRM explizit befürworteten Rückfluss von Erkenntnissen, hier der Evaluation der Gestaltungsempfehlungen durch relevante Stakeholder in UNSECO, sollen in **Kapitel 6** („Stakeholderspezifische Gestaltungsempfehlungen für Softwareplattformen“) differenziertere, zielgruppenspezifische Gestaltungsempfehlungen abgeleitet werden.

[81] Vgl. Bea (2010), S. 111, Kieser, Walgenbach (2010), S. 40 und Kieser (2006), S. 216f. und die darin vertretenen Ansichten hinsichtlich der situativen Eignung organisatorischer Strukturen bzw. Gestaltungsmaßnahmen.

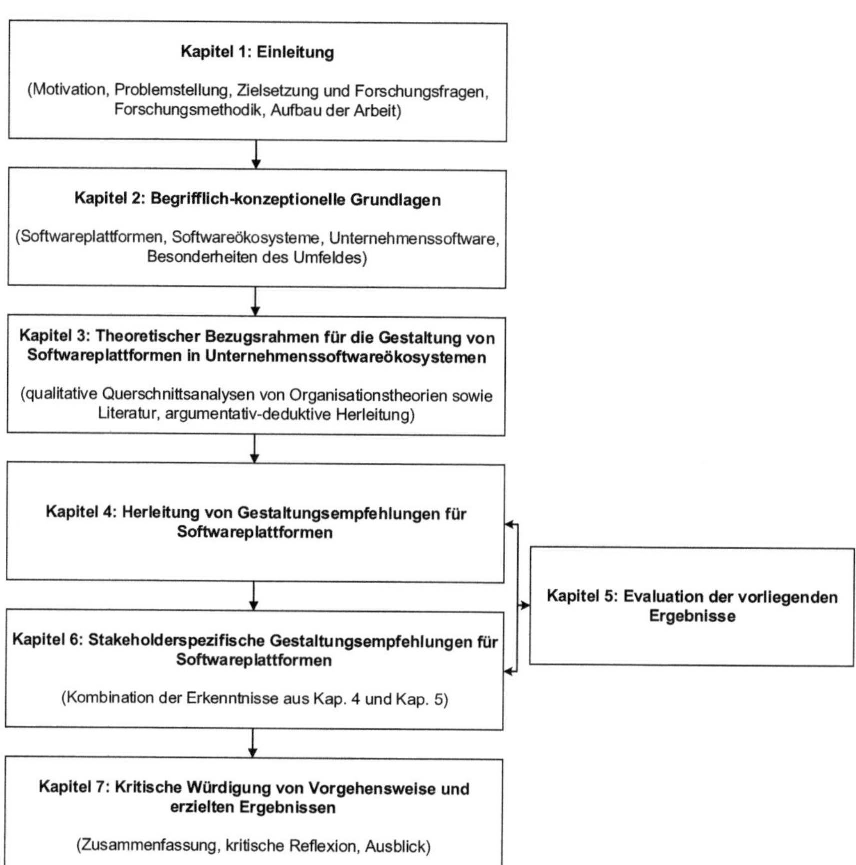

Abbildung 4: Aufbau der Arbeit[82]

[82] Quelle: Eigene Darstellung. Der Größenunterschied zwischen Kapitel 5 und den anderen Kapiteln erfolgt aus Darstellungsgründen und hat keine weitergehende semantische Bedeutung.

2. Begrifflich-konzeptionelle Grundlagen

In diesem Kapitel werden die grundlegenden Begriffsdefinitionen und Themenfelder beschrieben, welche in dieser Arbeit Relevanz besitzen und Einfluss in den theoretischen Bezugsrahmen dieser Arbeit in Kapitel 3 finden sollen. Dies beinhaltet die thematisch eng in Beziehung stehenden Begriffe von Softwareplattformen, Softwareökosystemen, der Unternehmenssoftware sowie die im Kontext plattformzentrierter Unternehmenssoftwareökosysteme existierenden ökonomischen Besonderheiten.

2.1 Softwareplattformen

In den letzten Jahrzehnten ist in verschiedenen Domänen eine Häufung des Auftretens von Plattformkonzepten zu identifizieren. Als Beispiele können Plattformen in der Automobilindustrie, der Medienindustrie, der Konsumelektronik und der Telekommunikationsindustrie genannt werden. Die dabei verfolgten Konzepte haben eine Übertragung auf die Software- und Internetbranche erfahren. Dadurch ist eine Vielzahl an Plattformansätzen, aber auch eine Mehrdeutigkeit des Begriffsverständnisses von Softwareplattformen in der Softwareindustrie zu konstatieren.[83] Allerdings unterscheiden sich diese Plattformkonzepte, ausgehend von ihrer grundlegenden Definition von Plattformen, als (im Idealfall modular aufgebaute) Grundlage darauf aufbauender Leistungen oder Produkte[84] aufgrund ihrer unterschiedlichen Anwendungsdomänen, Zielsetzung und Ausgestaltung.[85] Daher erscheint eine Definition und Abgrenzung des im Rahmen dieser Arbeit verwendeten Softwareplattform-Begriffs sinnvoll, um eine Missinterpretation darauf aufbauender Ergebnisse zu vermeiden.

Das im Rahmen der Arbeiten von Gawer entwickelte und in Tabelle 2 dargestellte Klassifikationsschema hat sich als im Rahmen der Forschung gebräuchliches Klassifikationsschema entwickelt. Aufgrund seiner Leistung der Strukturierung vorangegangener Forschungsarbeiten sowie seiner Verbreitung und der dadurch prognostizierbaren Nachvollziehbarkeit durch Dritte soll dieses auch im Rahmen dieser Arbeit zur De-

---

[83] Vgl. bspw. Bakos, Katsamakas (2008), S. 172, Buxmann u.a. (2011), S. 189 f., Cusumano (2010c), S. 32, Hilkert (2012), S. 6 und S. 13 f., Mantena u.a. (2010), S. 79, Helferich (2010), S. 46-50 und S. 96-99, Basole, Karla (2011), S. 301 f. sowie Gawer (2014), S. 1239-1243

[84] Vgl. Meyer, Lehnerd (1997), S. 2 und S. 39, Baldwin, Woodard (2009), S. 24 sowie Gawer (2014), S. 1244

[85] Vgl. Gawer (2009a), S. 46-58 und Gawer (2014), S. 1243

finition des Begriffs der SWP Anwendung finden. Nach diesem können **drei grundsätzliche Klassen von Plattformen** unterschieden werden: **Interne (Produkt-)Plattformen, Supply-Chain-Plattformen sowie Industrieplattformen.**[86]

	Internal platform	Supply-chain platform	Industry platform
Level of analysis	• Firm	• Supply-chain	• Industry ecosystems
Platform's constitutive agents	• One firm and constituent sub-units	• Assembler • Suppliers	• Platform leader • Complementors
Technological architecture	• Modular design • Core and periphery		
Interfaces	• Closed interfaces: Interfaces are shared within the firm, but not disclosed externally	• Interfaces selectively open: Interfaces specifications are shared exclusively across the supply chain	• Open interfaces: Interfaces are shared with complementors
Accessible innovative capabilities	• Firm capabilities	• Supply-chain's capabilities	• Potentially unlimited pool of external capabilities
Coordination mechanisms	• Authority through managerial hierarchy	• Contractual relations between supply-chain member organizations	• Ecosystem governance • In the special case of multisided markets: exclusively through pricing
Examples	• Black and Decker (machine tools) • Sony Walkman (consumer electronics)	• Renault-Nissan (automotive manufacturing) • Boeing (aerospace manufacturing)	• Apple iPhone/Apps (Mobile) • Google (internet search, and advertising) • SAP (business software)

Tabelle 2: Klassifikation von Plattformen nach Gawer[87]

Interne (Produkt-)Plattformen zielen durch Komplexitätsreduktionen und Wiederverwendung auf die möglichst (kosten)effiziente Ableitung von verschiedenen Produkten auf Basis einer gemeinsamen Entwicklungsgrundlage, der Produktplattform, ab. Durch ihren intraorganisationalen Fokus sind ihre Schnittstellen eher restriktiv und gegenüber Organisationsexternen oftmals sogar geschlossen gestaltet. Der Einsatz- und Einflussbereich dieser Plattformen ist als intraorganisational zu bezeichnen. Daher können entsprechende Entscheidungen oftmals durch Nutzung der hierarchischen Strukturen der jeweiligen Organisation, bspw. durch direkte Weisungen, beeinflusst werden. Als Ansätze zur Gestaltung interner Plattformen können die des Mass Customization, von Produktfamilien oder im Softwarekontext der Softwareproduktlinien genannt werden.[88]

---

86 Vgl. Gawer (2014), S. 1244. Die im englischen Original als „industry platforms“ bezeichneten Industrieplattformen werden im Deutschen, bspw. von Buxmann, auch als „Branchenplattformen“ übersetzt. Vgl. Buxmann u.a. (2011), S. 189

87 Quelle: Modifiziert übernommen aus Gawer (2014), S. 1244

88 Vgl. Gawer (2009a), S. 46-52, Helferich (2010) und Gawer (2014), S. 1243-1245

Supply-Chain-Plattformen erweitern bei identischer Zielsetzung den Fokus interner Plattformen auf mehrere Unternehmungen wie bspw. Zulieferer oder Abnehmer in einer Supply-Chain. Dies hat eine partielle Öffnung der Ausgestaltung von Schnittstellen zur Folge, welche, meist vertraglich gebundenen, Akteuren den Zugriff auf die Plattform ermöglichen. Der Einflussbereich bzw. die Zugriffsmöglichkeiten auf Leistungen von Externen beschränken sich größtenteils auf die Akteure der Supply-Chain. Im Kontext der Gestaltung von Supply-Chain-Plattformen können insb. Ansätze des Supply-Chain-Managements, aber auch in der Softwareindustrie zur Gestaltung von Software Supply Networks, genannt werden.[89]

Die Klasse der **Industrieplattformen**[90] beschreibt eine abermalige Erweiterung hinsichtlich der beteiligten Akteure, aber auch der Zielsetzung im Vergleich zu den anderen Klassen. Ihr Einflussbereich erstreckt sich auf verschiedene, lose mit dem Plattformanbieter gekoppelte Akteure sowie deren Leistungen. Dieses Umfeld wird auch als Ökosystem bzw. aufgrund der zentralen Bedeutung der Plattformen als plattformzentriertes Ökosystem bezeichnet. Die Zielsetzung dieser Plattformen beschränkt sich nicht auf Effizienzsteigerungen bei der Ableitung von Produkten, sondern wird um weitere Aspekte, wie bspw. den Zugriff auf die Innovationen und Leistungen Dritter, ergänzt. Dabei sind die möglichen Ziele der Akteure bei der Nutzung der Plattformen potenziell unbeschränkt. Industrieplattformen stellen oftmals durch ihre Anbieter eigenständig vermarktete (End-)Produkte und die Grundlage für die Leistungen bzw. Geschäftstätigkeit unterschiedlicher Akteure dar. Die Öffnung für unterschiedliche Akteure spiegelt sich auch in der Ausgestaltung entsprechender Schnittstellen, den Zugriff auf Ressourcen, aber auch den Möglichkeiten zur Einflussnahme durch die Akteure wider. Im Unterschied zu internen Produktplattformen hat der Plattformanbieter oftmals nur beschränkte Möglichkeiten der Einflussnahme auf die Ausgestaltung von Endprodukten, bestehend aus der jeweiligen Plattform sowie komplementärer Produkte und Leistungen. Da die Akteure zur Realisierung der mit einer Nutzung der Plattform verbundenden Zielsetzungen von Dritten abhängig sind, können die Plattformen als „Marktplatz“ zur Verknüpfung der Akteure betrachtet werden. Sie werden daher im

89 Vgl. Gawer (2009a), S. 52-54 und Gawer (2014), S. 1243-1245. In Software Supply Networks wird allerdings die Rolle und Mitwirkung von Endkunden im Prozess der Leistungserstellung weitestgehend ausgeblendet. Diese Definition von Plattformen soll daher im Rahmen dieser Arbeit keine Anwendung finden.

90 Vgl. zu den nachfolgenden Ausführungen zu Industrieplattformen insb. Cusumano, Gawer (2002), S. 51-53, Gawer (2009a), S. 54-58, Gawer (2014), S. 1243-1245 und Buxmann u.a. (2011), S. 189

Rahmen der Theorien mehrseitiger Märkte auch als mehrseitige Plattformen bzw. mehrseitige Märkte bezeichnet. Ihre Koordination erfolgt hauptsächlich über Preismechanismen oder andere im Kontext von Netzwerkstrukturen gebräuchliche Koordinationsformen wie bspw. Vertrauen.[91]

Anhand der vorstehenden Erläuterungen wird evident, dass die verschiedenen Formen von Plattformen i. d. R. mit bestimmten Organisationsformen korrelieren. Allerdings kann es zu einer Evolution von Plattformen im Zeitverlauf kommen. Bspw. kann eine ursprüngliche als interne Produktplattform konzipierte Plattform sukzessive für die Innovationsleistungen von Partnern in einer Supply-Chain oder gegenüber einem SECO geöffnet werden. Im Gegenzug kann es aus unterschiedlichen Gründen zu einer Reintegration von Leistungen durch den Plattformanbieter kommen. Letzteres stellt ein potenzielles, nicht zu unterschätzendes Risiko für externe Akteure dar.[92]

Bei Abgleich der Motivation und Zielsetzung dieser Arbeit mit dem Schema nach Gawer wird evident, dass die im Rahmen dieser Arbeit betrachteten Softwareplattformen als softwarebasierte Industrieplattformen im Kontext von Unternehmenssoftware klassifiziert werden können. Sie werden im Rahmen dieser Arbeit als interorganisationale, softwarebasierte Produkte oder Informationssysteme, welche die Basis für die Leistungen und Geschäftstätigkeiten interner und externe Akteure darstellen, definiert. Sie sollten hiernach Unterstützungspotenziale hinsichtlich der Motivationen der jeweils die Plattform nutzenden Akteure bieten und sich durch die nach Gawer genannten grundsätzlichen Merkmale auszeichnen. D. h. im weiteren Verlauf dieser Arbeit soll eine Eingrenzung auf softwarebasierte Plattformen, welche der Klasse der Industrieplattformen zugeordnet werden können, erfolgen und diese als Softwareplattformen (SWP) bzw. verkürzt als Plattformen bezeichnet werden.[93] Die zu diesen SWP korrelierende Organisationsform des Ökosystems soll als plattformzentriertes Unternehmenssoftwareökosystem bzw. abgekürzt als Softwareökosystem bezeichnet werden.[94] Die Merkmale von Softwareökosystemen werden im Nachfolgenden definiert.

---

91 Vgl. Hilkert (2012), S. 31, Gawer (2009a), S. 59 f., Gawer (2014), S. 1244 und Buxmann u.a. (2011), S. 189

92 Vgl. Gawer (2009a), S. 59-63, Gawer (2014), S. 1245-1247 und Bosch (2009), S. 111-118. Bspw. können Qualitätsprobleme aufseiten externer Akteure, welche negative Auswirkungen auf das Image von Plattformanbietern haben, zur einer Reintegration von Leistungen durch letztere führen.

93 Die synonyme Verwendung der Begrifflichkeiten „Plattformen“ und „Softwareplattformen“ ist aufgrund der Eingrenzung der Zielsetzung dieser Arbeit darstellbar.

94 Die synonyme Verwendung der Begrifflichkeiten „Softwareökosystemen“ und „Unternehmenssoftwareökosystemen“ ist aufgrund der Eingrenzung der Zielsetzung dieser Arbeit darstellbar.

2.2 Softwareökosysteme

Im betriebswirtschaftlichen Kontext wurde der Begriff des Ökosystems durch Moore geprägt. Er bedient sich mehrerer Metaphern zu Ökosystemen in der Natur, in denen die darin befindlichen Lebewesen in einem wechselseitigen Abhängigkeitsverhältnis zur Sicherung ihres Fortbestandes stehen.[95] Moore definiert ein Ökosystem (im Englischen auch als Ecosystem bzw. Business Ecosystem bezeichnet) wie folgt: „An economic community supported by a foundation of interacting organizations and individuals - the organisms of the business world. The economic community produces goods and services of value to customers, who are themselves members of the ecosystem. The member organisms also include suppliers, lead producers, competitors, and other stakeholders. Over time, they coevolve their capabilities and roles, and tend to align themselves with the directions set by one or more central companies. Those companies holding leadership roles may change over time, but the function of ecosystem leader is valued by the community because it enables members to move toward shared visions to align their investments, and to find mutually supportive roles."[96] Ökosysteme stellen im Spektrum der Organisationsformen eine hybride Form zwischen Markt und Hierarchie dar, welche sich in Abgrenzung zu anderen hybriden Formen wie bspw. Supply Chains durch eine größere Offenheit und Marktorientierung auszeichnen.[97] Als Beispiele für Ökosysteme, welche sich meist um Produkte, Standards, Hardware oder Plattformen dominierender Akteure formieren, können jene, welche sich um mobile Smartphones wie das Apple iPhone, Flughäfen, Spielekonsolen, soziale Internetplattformen, aber auch Großveranstaltungen wie die Fußballweltmeisterschaft formieren, genannt werden.[98] Die nicht softwarespezifische übergeordnete Definition von Ökosystemen als Netzwerke von in ihrer Zielerreichung interdependenten Akteuren,

---

95 Vgl. Moore (1997), S. 22-44 und Iansiti, Levien (2004a), S. 69 f. Verschiedene Autoren vertreten die Ansicht, dass Akteure in betriebswirtschaftlichen bzw. sozialen Ökosystemen im Unterschied zu natürlichen Ökosystemen grundsätzlich in der Lage sind, unter Berücksichtigung existierender Rahmenbedingungen, bewusst an diesen zu partizipieren. Vgl. Jansen, Cusumano (2013), S. 13-16

96 Moore (1997), S. 22

97 Vgl. Moore (2006), S. 72-74 und Huang u.a. (2010), S. 2 ff. Diese Eingruppierung wird auch durch den Bezug von Ökosystemen zu Industrieplattformen deutlich. Vgl. Kapitel 2.1

98 Vgl. Evans u.a. (2008), S. 40, Gawer (2014), S. 1240 ff. und Reiß, Günther (2011), S. 45 f. Beispielsweise formiert sich um das Apple iPhone ein Ökosystem zumindest bestehend aus dem Hersteller Apple, der Anbieter von Zubehör und Applikationen, Lieferanten von Komponenten des iPhone, wie bspw. des Konkurrenten Samsung, Netzbetreibern, aber auch Endkunden. Diese stehen in einem wechselseitigen, aber bspw. im Falle von Apple und Samsung auch in einem konfliktären Verhältnis hinsichtlich ihrer Zielsetzung. Vgl. Jansen, Cusumano (2013), S. 13-17, Cusumano (2010c), S. 32-34 und Reiß, Günther (2011), S. 46. Dieses Verhältnis der Überlagerung von Kooperation und Konkurrenz (als Koopkurrenz bezeichnet) wird in Kapitel 2.4.3 detaillierter dargestellt.

welche meist durch einen zentralen Akteur beeinflusst werden, Produkte und Leistungen anbieten und sich im Zeitverlauf in einem koevolutionären Verhältnis zueinander befinden, wurde im Bereich der Softwareindustrie aufgenommen und in verschiedene softwarespezifische Definitionen überführt. Daher ist auch in der Forschung zur Softwareindustrie eine Mehrdeutigkeit der Begrifflichkeiten mit teilweise eher technischen bzw. betriebswirtschaftlichen geprägten Verständnissen von Softwareökosystemen zu konstatieren, deren Begriffsfindung noch nicht abgeschlossen zu sein scheint.[99]

Jansen und Cusumano analysieren existierende Definitionen und identifizieren darin drei konstitutive Merkmale von Softwareökosystemen: Netzwerke, (technische und soziale) Akteure sowie eine zugrunde liegende Software, Softwaretechnologie oder ein Standard als Basis der Leistungen dieser Akteure.[100] Auf Basis dieser leiten beide eine generische Definition von SECO als Unterklasse von Business Ecosystems ab: „A software ecosystem is a set of actors functioning as a unit and interacting with a shared market for software and services, together with the relationships among them. These relationships are frequently underpinned by a common technological platform or market and operate through the exchange of information, resources and artifacts."[101]

Unter dem Begriff plattformzentrierter Softwareökosysteme (SECO) sollen im Rahmen dieser Arbeit in Anlehnung an Jansen u. a. sowie unter Rückgriff auf die Erkenntnisse der übergeordneten Klasse von Business Ecosystems sowie der Industrieplattformen organisatorische Netzwerkstrukturen aus Akteuren der Softwareindustrie, die untereinander (wertschöpfende) Beziehungen aufbauen und darüber Leistungen, Informationen, Ressourcen und Artefakte austauschen, subsumiert werden. Die Akteure stehen dabei in einem interdependenten, koevolutionären Verhältnis zueinander. Sie vereint das gemeinsame Interesse der Entwicklung bzw. Nutzung einer zentralen Softwareplattform zur Verfolgung ihrer jeweiligen geschäftsmodellspezifischen Ziele.[102] Eine Softwareplattform kann dabei eine Software, aber auch eine softwarebasierte Cloud-

---

99 Vgl. die Definitionen in Jansen, Cusumano (2013), S. 17 f., Kittlaus, Clough (2009), S. 25, Tiwana (2014), S. 7, Bosch, Bosch-Sijtsema (2010), S. 68 f., Hanssen (2012), S. 1456, Popp (2010), S. 129 f. sowie die Übersichten in Manikas, Hansen (2013b), S. 1297 f., Tiwana u.a. (2010), S. 675 f. und Hanssen, Dybå (2012), S. 8 f. m. w. V.

100 Vgl. Jansen, Cusumano (2013), S. 17 f.

101 Jansen u.a. (2009b), S. 187 f.

102 Diese Arbeitsdefinition erfolgt in dem Wissen, dass die Begriffsfindung zu Softwareökosystemen im emergenten Forschungsumfeld noch nicht abgeschlossen ist. Sie soll durch die Ausführungen der weiteren Kapitel sukzessive präzisiert werden.

plattform oder ein softwarebasierter Marktplatz darstellen. Plattformzentrierte Unternehmenssoftwareökosysteme (UNSECO) werden von plattformzentrierten SECO dadurch abgegrenzt, dass ihre zentrale Softwareplattform eine Unternehmenssoftware darstellt. Als Beispiele hierfür können die SAP, Microsoft oder salesforce-Ökosysteme genannt werden, welche sich um die jeweiligen SWP wie bspw. SAP Business Suite, BusinessByDesign oder HANA, Microsoft Dynamics AX, CRM, NAV oder SharePoint- sowie salesforce salesforce1 bzw. force.com formieren.[103] Der Begriff der Unternehmenssoftware soll im nachfolgenden Abschnitt präzisiert werden.

2.3 Unternehmenssoftware

Als Unternehmenssoftware (UNSW), synonym auch als Business Software, Enterprise Software oder betriebliche Anwendungssoftware bezeichnet, soll im Rahmen dieser Arbeit Anwendungssoftware definiert werden, welche zur Unterstützung und Steuerung betrieblicher Prozesse in Unternehmen oder anderen Organisationen eingesetzt wird. Sie ist oftmals, aber nicht ausschließlich, durch hohe Investitionsvolumina und lange Lebenszyklen charakterisiert.[104] Als beispielhafte Ausprägungen von UNSW können Customer Relationship Management- (CRM), Enterprise Resource-Planning- (ERP), Supply-Chain-Management- (SCM) oder Business-Intelligence-Software (BI) genannt werden. UNSW kann gegenüber Software für den Privatgebrauch (z. B. Spielesoftware) dahingehend abgegrenzt werden, dass der funktionale Umfang von UNSW und die technischen Anforderungen an die Installation und den Betrieb ihren Einsatz im Privatbereich oftmals unwirtschaftlich machen.[105]

Oftmals findet in der Literatur auch eine Abgrenzung von UNSW gegenüber Software für den Privatgebrauch statt, welche im Sinne eines Konsumguts für einen anonymen Massenmarkt entwickelt werden (Marktsoftware). Gegenüber diesen Typen wird UNSW als Software im Sinne von Investitionsgütern für einen bekannten Investitions-

---

[103] Vgl. Jansen, Cusumano (2013), S. 18-22 für eine Übersicht weiterer plattformzentrierter (Unternehmens-)Softwareökosysteme.

[104] Vgl. Gronau (2014), S. 3-6, Bertschek u.a. (2008), S. 12 ff., Sun u.a. (2008), S. 18, Mohr (2009), S. 11-18 und Leimstoll, Schubert (2005), S. 986. Anwendungssoftware stellt danach die Gesamtheit von Anwendungsprogrammen dar, die anwenderbezogene Aufgaben bearbeiten. Sie zeichnet sich dadurch aus, dass sie zur Lösung von Anwendungsproblemen entwickelt wurde. Vgl. Lassmann (2006), S. 447 und Kurbel (2014), URL siehe Literaturverzeichnis. Allerdings ist eine unklare Begriffsdefinition in der Literatur zu konstatieren.

[105] Vgl. Schmidt (2006), S. 60, Kittlaus u.a. (2004), S. 19, Herzwurm, Pietsch (2009), S. 84, Bertschek u.a. (2008), S. 79 und Mohr (2009), S. 11 f.

gütermarkt (Kundensoftware) charakterisiert. Bei Investitionsgütern sind die Nachfrager Organisationen und keine Konsumenten.[106] Die Abgrenzung anhand von Nutzergruppen ist jedoch nicht überschneidungsfrei. Bspw. werden Textverarbeitungs-, Tabellenkalkulations-, Datenbankprogramme oder mobile Applikationen auf Smartphones sowohl im Geschäfts- als auch im Privatbereich angewendet und können sowohl als Konsum- als auch als Investitionsgüter betrachtet werden. Auch kann betriebliche Standardsoftware bspw. als Cloud-basiertes Konsumgut angeboten werden.[107] Mangels Trennschärfe soll die letztgenannte Unterscheidung im Rahmen der vorliegenden Arbeit keine Anwendung finden. Damit UNSW ihr Unterstützungs- bzw. Steuerungspotenzial hinsichtlich betrieblicher Prozesse entfalten kann, ist sie in das bzw. in die jeweiligen betrieblichen Informationssysteme der relevanten Organisationen einzubinden.[108] Dazu ist oftmals das Zusammenspiel verschiedener Akteure bei der wertschöpfenden Leistungserstellung, auch als Cocreation bezeichnet, notwendig, welches im nachfolgenden Kapitel dargestellt werden soll.

2.4 Ökonomische Besonderheiten im Umfeld von Unternehmenssoftwareökosystemen

2.4.1 Cocreation

Unter Cocreation wird im Rahmen dieser Arbeit die im Umfeld von UNSECO beobachtbare kooperative Wertschöpfung und Verlagerung entsprechender Aktivitäten auf verschiedene Akteure unter Berücksichtigung von deren geschäftsmodellspezifischen Zielen verstanden.[109] Sie ist in den zuvor dargestellten Eigenschaften von plattformzentrierten Softwareökosystemen sowie von Unternehmenssoftware begründet. So hat die Nutzung einer gemeinsamen SWP sowie Interdependenzen zwischen Akteuren eine (mehr oder minder geplante) Leistungsverflechtung der Akteure zur Folge. Darüber hinaus wird diese Entwicklung durch den Charakter von Unternehmenssoftware begünstigt. Diese hat definitionsgemäß die Aufgabe, betriebliche Prozesse zu

106 Vgl. Mohr (2009), S. 14 und Herzwurm, Pietsch (2009), S. 84

107 Vgl. Mohr (2009), S. 12, Bertschek u.a. (2008), S. 79, Schmidt (2006), S. 61 und Brehm u.a. (2001), S. 1-8

108 Vgl. Mohr (2009), S. 11-18 und Panorama Consulting Group LLC. (2010), S. 7

109 Vgl. Grover, Kohli (2012), S. 225-232, Sarker u.a. (2012), S. 317-321, Ceccagnoli u.a. (2012), S. 236 ff. und Spohrer, Maglio (2009), S. 1-4. Die Abgrenzung der „Cocreation“ gegenüber den gebräuchlichen Dienstleistungsdefinitionen ergibt sich lt. Reichwald und Piller durch die nicht mehr trennscharf vorzunehmende Unterteilung von Dienstleistung und Sachleistung. Vgl. Reichwald, Piller (2009), S. 54-56 m. w. V.

unterstützen und zu steuern. Damit sie den mit ihrem Einsatz verknüpften Nutzen stiften kann, ist sie in das jeweilige betriebliche Informationssystem einzubinden bzw. daran anzupassen.[110] Um dabei ein hinsichtlich der Rahmenbedingungen ideales Ergebnis zu erreichen, ist oftmals eine kooperative Wertschöpfung (Cocreation) zwischen Akteuren, bspw. zwischen Auftragnehmern und Auftraggebern, notwendig.[111]

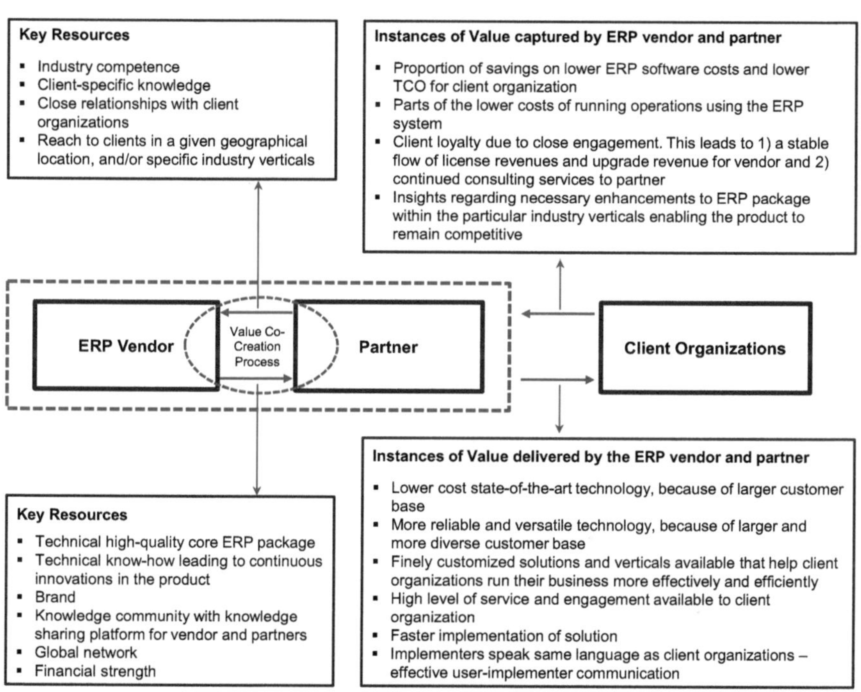

Abbildung 5: Formen der Cocreation im ERP-Umfeld[112]

Sarker u. a. identifizieren im Rahmen einer qualitativen Studie verschiedene Ausprägungen der Cocreation in interorganisationalen Netzwerkstrukturen für ERP-Software, welche als UNSECO um die SWP Microsoft Dynamics NAV interpretiert werden können. Diese Ausprägungen sind in Abbildung 5 dargestellt.[113] Mit dem Ziel, bei Kunden eine vergleichsweise günstige, zuverlässige und an sein betriebliches Informationssystem sowie seine Branche angepasste ERP-Software zu implementieren, agieren

110 Vgl. Brehm u.a. (2001), S. 1 ff.

111 Vgl. Sarker u.a. (2012), S. 317 f., Evans u.a. (2008), S. 53 und Tiwana (2014), S. 11

112 Quelle: Sarker u.a. (2012), S. 329

113 In der Originalquelle nennen Sarker u.a. keine Bezeichnung für das anonymisierte SECO. Aufgrund der genannten Rahmenbedingungen kann jedoch auf das Microsoft Dynamics Ökosystem geschlossen werden. Vgl. Sarker u.a. (2012), S. 317 ff.

die dargestellten Akteure in einem interdependenten Verhältnis zueinander. So bringt bspw. der Anbieter einer ERP-Software(plattform) seine Expertise bei der Entwicklung einer betrieblichen Standardsoftware, Finanzkraft sowie deren durch Skaleneffekten ermöglichte kostengünstigen Bereitstellung in die gemeinsame Wertschöpfung ein. (Lokale) Partner dieser Hersteller tragen durch ihr Branchen-Know-How oder Beziehungen und Nähe zu bestimmten Kunden zu einer besseren Anpassung an die jeweiligen Kundenbedürfnisse bei und ermöglichen eine Implementierung und Vor-Ort-Betreuung des Kunden. Die Kunden profitieren von diesen Leistungen, bringen aber hierfür bspw. ihr individuelles (Branchen-) Know-How in die Beziehung mit ein.

Es lässt sich konstatieren, dass nicht zwingend alle wertschöpfenden Prozesse in UNSECO durch einen Zustand der Cocreation gekennzeichnet sind. Allerdings sind diese meist durch eine starke Arbeitsteilung geprägt, da die Akteure isoliert nur schwer in der Lage sind, zu diesen arbeitsteiligen Prozessen der Wertschöpfung vergleichbare Ergebnisse zu erreichen.[114] Dieser Umstand sowie die daraus resultierende Interdependenz der Akteure sollte daher bei der späteren Herleitung von Gestaltungsempfehlungen für SWP in UNSECO Berücksichtigung finden.

2.4.2 Mehrseitige Märkte: Direkte und indirekte Netzeffekte

Wie in Kapitel 2.1 dargestellt, kann bei der Betrachtung von SWP in UNSECO die Theorie mehrseitiger Märkte Anwendung finden. Nach deren Erkenntnissen bilden Plattformen den Kern plattformzentrierter Ökosysteme, in welchen Akteure interdependent interagieren (Cocreation) und sich durch weitere externe Effekte gegenseitig beeinflussen.[115] Dabei unterscheidet sich die Wertschöpfungsstruktur in mehrseitigen Märkten von traditionellen Wertschöpfungsketten. Während in Wertschöpfungsketten ein linearer Aufbau und eine klare Trennung der Akteure in Lieferanten von Vorleistungen (Kostenseite), Hersteller einer Leistung sowie deren Abnehmer (Erlösseite) vorgenommen wird, verschwimmt bei mehrseitigen Märkten diese Unterteilung durch die interdependenten (wertschöpfenden) Prozesse (Cocreation).[116] So werden im Rahmen plattformzentrierter SECO in beide Richtungen Leistungen erbracht sowie Kosten

[114] Vgl. Tiwana (2014), S. 11
[115] Vgl. die Ausführung in Kapitel 2.4.1 zur Cocreation, Burkard u.a. (2012), S. 43, Eisenmann u.a. (2006), S. 94 und Tiwana (2014), S. 31-33
[116] Vgl. Hilkert (2012), S. 8 sowie Reichwald, Piller (2009), S. 8-11 und S. 52-55

und Erlöse generiert.[117] Aufgrund der Interaktionen der Seiten, sowohl untereinander als auch mit der Plattform, entstehen durch Externalitäten sogenannte Netzeffekte. Netzeffekte liegen vor, insofern sich der Nutzen eines Gutes für einen Akteur dadurch erhöht, dass andere Akteure das Gut ebenfalls nutzen.[118] Je größer das umgebende Netzwerk an Akteuren dabei ist, umso positiver gestaltet sich dies in der Regel für Konsumenten. Es kann zwischen direkten und indirekten Netzeffekten unterschieden werden, welche, neben der Funktionalität von Plattformen, deren Nutzen für die jeweiligen Marktseiten beeinflussen.[119]

- **Direkte Netzeffekte** entstehen, wenn sich die Beteiligten einer Akteursgruppe oder deren Leistungen gegenseitig beeinflussen und Vorteile aus der Interaktion untereinander gegenüber Netzwerkexternen generieren. So kann der Nutzen einer Plattform für Akteure steigen, wenn eine steigende Anzahl von Akteuren sowie deren Leistungen diese Plattform sowie deren Standards nutzen.[120] Beispielhaft können Netzeffekte bei ERP-Systemen auf zwischenbetrieblicher Ebene genannt werden. Durch die Nutzung standardisierter, kompatibler Formate durch eine steigende Anzahl von Akteuren wird beispielsweise der Austausch von Informationen zwischen verschiedenen ERP-Systemen vereinfacht. Ein weitergehender Schritt ist eine Prozess- oder Methodenstandardisierung über Unternehmensgrenzen hinweg bzw. innerhalb eines SECO.[121]
- **Indirekte Netzeffekte** entstehen durch die gegenseitige Beinflussung von Teilnehmern einer Marktseite durch die Teilnehmer der anderen Marktseite einer Plattform (bzw. mehrseitigen Märkten). So kann einerseits eine hohe Anzahl an potentiellen Abnehmern das Bestreben von Anbietern, einem SECO beizutreten und komplementäre Leistungen für dieses bzw. SWP anzubieten, positiv beeinflussen.[122] Andererseits können Abnehmer auf Plattformen, für die viele

[117] Vgl. Eisenmann u.a. (2006), S. 94 und Hilkert (2012), S. 8

[118] Vgl. Katz, Shapiro (1985), S. 424. In der entsprechenden Literatur werden die Akteure in mehrseitigen Märkten oftmals als Konsumenten bezeichnet. Vgl. bspw. Hilkert (2012) oder Buxmann u.a. (2011). Aus Konsistenzgründen zu den anderen Ausführungen findet jedoch im Rahmen dieser Arbeit der Akteursbegriff Anwendung.

[119] Vgl. Burkard u.a. (2012), S. 43, Cusumano, Gawer (2002), S. 53, Eisenmann u.a. (2006), S. 94 sowie Tiwana (2014), S. 31-36

[120] Vgl. Cusumano (2010b), S. 33 und Tiwana (2014), S. 35

[121] Als Beispiel des Versuchs zur Generierung direkter Netzeffekte nennen Buxmann u.a. den Versuch starker Partner in der Automobilindustrie, kleinere Akteure in der Wertschöpfungskette unter Druck zu setzen, ein kompatibles und oftmals sogar identisches ERP-System oder einheitliche Prozessstandards zu verwenden. Vgl. Buxmann u.a. (2011), S. 25

[122] Die für UNSECO relevanten Akteursgruppen werden in Kapitel 4.2 genauer diskutiert.

komplemetäre Leistungen angeboten werden, einen höheren Mehrwert für sich selbst identifizieren. Diese Attraktivität steigert wiederum die potentielle Nutzerzahl. Die unterschiedlichen Marktseiten von SWP stehen somit in einem wechselseitigen Abhängigkeitsverhältnis zueinander.[123]

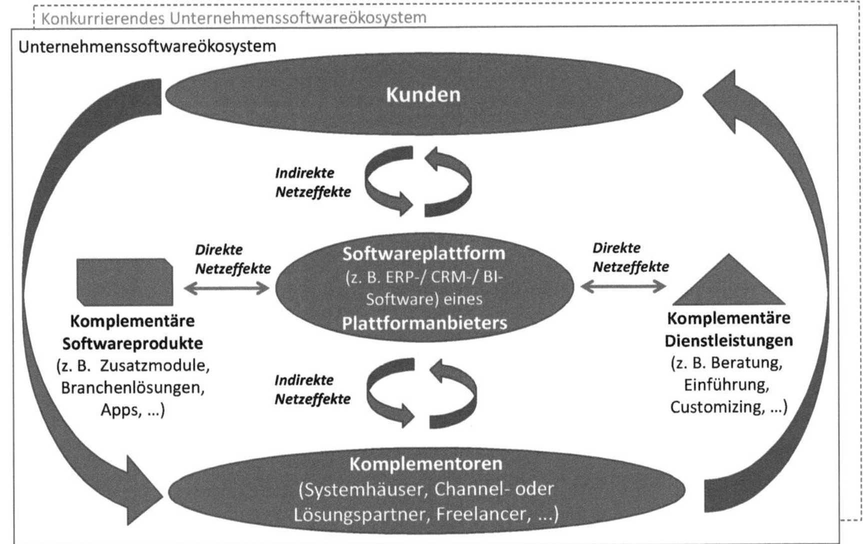

Abbildung 6: Bestandteile und Netzeffekte plattformzentrierter Unternehmenssoftwareökossysteme[124]

Sofern diese vorstehenden Effekte positiv sind, können sie sich gegenseitig weiter verstärken, da jede Erhöhung der Teilnehmer einer Gruppe den Gesamtnutzen der Plattform erhöht und sowohl die potenziellen Zuwächse der eigenen als auch die der gegenseitigen Akteursgruppe steigert.[125] Allerdings können Netzeffekte auch negativ ausgeprägt sein oder aber zur Bildung von Monopolstrukturen beitragen. Während teilnehmerstarke Plattformen aufgrund der o. g. Mechanismen eine Steigerung der Teilnehmerzahlen verstetigen können (increasing returns), führt eine schwindende Teilnehmerzahl zu sich selbst verstärkenden negativen Netzeffekten.[126] Zudem können ungleich verteilte positive Auswirkungen zwischen den beiden Teilnehmergruppen

[123] Vgl. Buxmann u.a. (2011), S. 25, Eisenmann u.a. (2006), S. 94 und Tiwana (2014), S. 35
[124] Quelle: Eigene Darstellung in Anlehnung an Cusumano (2010b), S. 25
[125] Vgl. Burkard u.a. (2012), S. 43 f., Cusumano (2010b), S. 33 sowie Eisenmann u.a. (2006), S. 94. Diese sich gegenseitig verstärkenden Effekte und Pfadabhängigkeiten werden auch als „increasing returns“ bezeichnet. Vgl. Arthur (1989), S. 116 und Shapiro, Varian (1999), S. 175
[126] Vgl. Buxmann u.a. (2013), S. 21

bzw. Marktseiten auftreten. Auch eine steigende Konkurrenz innerhalb einzelner Marktseiten und eine sinkende Wahrscheinlichkeit, Abnehmer für eigene Leistungen zu finden, können zu einem abnehmenden Grenznutzen für die Anbieterseite führen.[127]

Abbildung 6 stellt die bisher im Rahmen dieses Grundlagenkapitels dargestellten Sachverhalte plattformzentrierter UNSECO, ihrer Bestandteile sowie darin auftretender Netzeffekte zusammenfassend dar.

2.4.3 Koopkurrenz

Durch die Überlagerung der Zielsysteme einzelner Akteure in Softwareökosystemen kann eine als Koopkurrenz (englisch: Co-Opetition) bezeichnete und durch die Dualität aus Kooperation und Konkurrenz gekennzeichnete Situation zwischen den Akteuren entstehen: Die jeweiligen Akteure stehen bei manchen Aktivitäten in einem Konkurrenzverhältnis zueinander, während andere Aktivitäten, bspw. der gemeinsamen Wertschöpfung, durch ein Kooperationsverhältnis zwischen den Akteuren gekennzeichnet sind.[128]

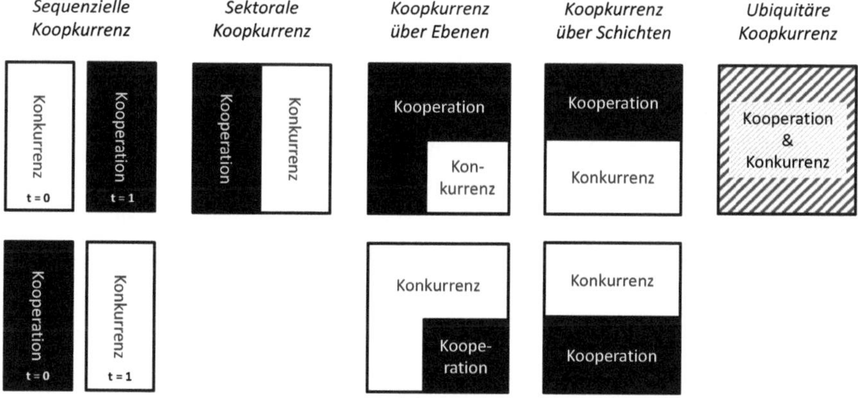

Abbildung 7: Arten der Koopkurrenz in organisatorischen Netzwerkstrukturen[129]

[127] Vgl. Eisenmann u.a. (2006), S. 94

[128] Vgl. Brandenburger, Nalebuff (2008), S. 110 ff., Reiß, Neumann (2012), S. 48, Reiß, Beck (2000), S. 315 ff., Bernecker (2005), S. 123, die Beiträge in Schreyögg (2007) und Huang u.a. (2010), S. 3. Es handelt sich bei diesen Begrifflichkeiten um eine Kombination der englischsprachigen Wörter „co-operation" und „competition" bzw. deutschsprachigen Wörter „Kooperation" und „Konkurrenz", welche eine Kombination aus Kooperations- und Konkurrenzsituationen zum Ausdruck bringen soll.

[129] Quelle: Bernecker (2005), S. 125

Nach Bernecker existieren die in Abbildung 7 dargestellten Formen von Koopkurrenz, welche nachgelagert zu Konflikten zwischen den Akteuren führen können:

- **Sequenzielle Koopkurrenz:** Akteure kooperieren in einer bestimmten Phase im Zeitverlauf, sind in einer sequenziell vor- oder nachgelagerten Phase jedoch Konkurrenten. Als Beispiel für eine solche Koopkurrenzsituation kann die gemeinsame kapital-, personal- oder wissensintensive Entwicklung einer Softwarekomponente (z. B. einer Branchenlösung für die Automobilindustrie) oder die gemeinsame Gewinnung von Teilnehmern für ein plattformzentriertes SECO zur Generierung von Netzeffekten genannt werden. Diese ist durch einzelne Akteure isoliert nicht bzw. nur schwer realisierbar und es kommt zu einer Phase der Kooperation. Bei deren späterer Vermarktung stehen die Akteure jedoch in einem Konkurrenzverhältnis zueinander.[130]
- **Sektorale Koopkurrenz:** Akteure kooperieren in bestimmten Sektoren (Märkten oder Kundengruppen), stehen aber gleichzeitig in anderen Sektoren in einem Konkurrenzverhältnis zueinander. Beispielhaft nennt Bernecker durch Surrogate bzw. Substitute bedrohte Märkte, auf denen Kooperationen zwischen den Akteuren zum Aufbau von Markteintrittsbarrieren gegenüber Dritten stattfinden. Auf anderen Märkten, in denen diese Bedrohung durch Dritte nicht existiert, sind die Akteure des SECO Konkurrenten.[131]
- **Koopkurrenz über Ebenen:** Umfasst Koopkurrenzsituationen zwischen den Geschäftstätigkeiten der Akteure auf unterschiedlichen Ebenen. Beispielhaft können Situationen genannt werden, in denen Akteure aus Gründen der besseren Vermarktung ihrer Lösungen an SECO partizipieren und mit den darin befindlichen Akteuren kooperieren. Zusätzlich streben die Akteure auf Ebene ihrer Einzelunternehmung nach der Maximierung individueller Ziele. Sie treten, z. B. mit der Absicht der Erhöhung individueller Umsätze, weiteren in Konkurrenz zum ursprünglichen SECO stehenden SECO bei. Als Beispiel kann hier das Anbieten einer vormals für ein SECO exklusiven Branchenlösung in unterschiedlichen konkurrierenden SECO (bspw. Microsoft, salesforce und SAP) ge-

[130] Vgl. Bernecker (2005), S. 125 und Huang u.a. (2010), S. 3

[131] Als ergänzendes Beispiel kann die notwendige Kooperation auf (global verteilten) Märkten genannt werden, deren Erschließung für einzelne Akteure nicht lohnenswert erscheint, während die Akteure auf anderen Märkten bzw. Sektoren als Konkurrenten zueinander auftreten. Vgl. Bernecker (2005), S. 125 f.

nannt werden, um eigene Umsätze zu erhöhen. Dies kann bspw. zu einem risikoreichen Wissensabfluss zu konkurrierenden SECO, aber auch dem Verlust von Alleinstellungsmerkmalen für einzelne SECO führen. Mit zunehmender Anzahl an SECO-Mitgliedschaften der jeweiligen Akteure wird, durch die Konkurrenzsituation der SECO untereinander, die Rahmenstruktur zunehmend wettbewerblich geprägt. Dies geschieht, obwohl auf Ebene einzelner SECO weiterhin eine kooperative Zusammenarbeit zwischen den Akteuren bestehen kann.[132]

- **Koopkurrenz über Schichten:** Diese Form der Koopkurrenz ist häufig bei der Anwendung von Plattformstrategien zu finden. Die Akteure kooperieren bei der gemeinsamen Nutzung einer Schicht der Wertschöpfung, konkurrieren aber auf darauf aufbauenden bzw. zugrunde liegenden Schichten. Bspw. kann aus Effizienzgründen auf eine gemeinsame Softwareplattform zurückgegriffen werden (Kooperation auf der zugrunde liegenden Schicht), die als standardisiertes Basisprodukt mehreren miteinander im Wettbewerb stehenden Akteuren zur Verfügung gestellt wird. Diese bieten darauf aufbauend in Konkurrenz stehende Produkte wie bspw. Branchenlösungen, Zusatzmodule oder Dienstleistungen wie Wartung, Einführungsunterstützung o. ä. an (konkurrierende Schicht).[133]
- **Ubiquitäre Koopkurrenz:** Kommt es zu einem vollständigen Verschwimmen der vorgenannten Arten von Koopkurrenz, die sich in Abfolge und Struktur nicht mehr voneinander abgrenzen lassen, kann von ubiquitärer Koopkurrenz gesprochen werden.[134]

Anhand der beispielhaften Ausführungen wird evident, dass alle der zuvor dargestellten Koopkurrenzarten nach Bernecker in UNSECO auftreten können.

[132] Vgl. Bernecker (2005), S. 126 und Sarker u.a. (2012), S. 326-329
[133] Vgl. Bernecker (2005), S. 126 f., Huang u.a. (2010), S. 3 und Sarker u.a. (2012), S. 326-329
[134] Vgl. Bernecker (2005), S. 127

3. Theoretischer Bezugsrahmen für die Gestaltung von Softwareplattformen in Unternehmenssoftwareökosystemen

Hauptziel und Entscheidungsproblem der vorliegenden Arbeit ist die Herleitung von begründeten Gestaltungsempfehlungen für SWP als Basis für die Geschäftstätigkeit der Akteure in plattformzentrierten UNSECO. Aufgrund der Neuartigkeit des Untersuchungsgegenstandes sowie des in Kapitel 1 dargestellten Stands der Forschung erscheint zunächst die Ableitung eines theoretischen Bezugsrahmens zur Strukturierung des existierenden Vorwissens, Beschreibung des Kontextes und Interdependenzen zwischen darin existierenden Elementen sowie Abgrenzung des zu gestaltenden Artefakts sinnvoll.[135] Der Bezugsrahmen soll somit die Grundlage für die Herleitung von Gestaltungsempfehlungen und für die Beantwortung der übergeordneten Fragestellung dieser Arbeit bilden.

Forschungsmethodisch bilden qualitative Querschnittsanalysen existierender organisationstheoretischer Ansätze sowie relevanter Vorarbeiten im Kontext von plattformzentrierten SECO die inhaltlichen Zugänge für den theoretischen Bezugsrahmen. Die Wahl organisationstheoretischer Ansätze als Ausgangspunkt begründet sich in deren aufeinander aufbauenden deskriptiven, theoretischen und pragmatischen Wissenschaftszielen, welche letztendlich in der Darstellung von Ziel-Mittel-Relationen für die Gestaltung von Organisationsstrukturen resultieren. Diese Relationen können als Gestaltungsempfehlungen im Sinne dieser Arbeit interpretiert werden.[136] Eine logisch-deduktive Analyse überführt die aus den Analysen resultierenden Erkenntnisse in den in Kapitel 3.3 präzisierten Bezugsrahmen.[137]

135 Vgl. Grochla (1982), S. 14 sowie Kapitel 1.4
136 Vgl. Bea (2010), S. 32 f.
137 Vgl. hinsichtlich der angewandeten Forschungsformen der qualitativen Querschnittsanalysen sowie logischen deduktiven Analysen die Erläuterungen nach Wilde und Hess in Kapitel 1.4

3.1 Organisationstheoretische Ansätze als Grundlage des theoretischen Bezugsrahmens

Im Umfeld der Organisationstheorie existieren unterschiedliche Ansätze[138] mit den Zielen, das Konstrukt von Organisationen[139] sowie deren Mitgliedern und Umwelten zu beschreiben, zu erklären und darauf aufbauend geeignete Gestaltungsempfehlungen abzuleiten.[140] Hierbei wird in der Literatur meistens eine Klassifikation der Theorien anhand ihres zeitlichen Auftretens vorgenommen. So beispielhaft in der Klassifikation nach Schreyögg,[141] nach der die Ansätze wie folgt unterteilt werden:

- Klassische Ansätze der Organisationstheorie
- Neoklassische Ansätze der Organisationstheorie
- Moderne Ansätze der Organisationstheorie

Die Klassifikationen dieser Art suggerieren bei oberflächlicher Betrachtung eine Weiterentwicklung der Ansätze im Sinne von Verbesserungen bzw. Anpassungen dieser Ansätze an geänderte Rahmenbedingungen, die zwar oftmals existieren, aber nicht immer intendiert und zwangsläufig gegeben sind. Vielmehr ist es oftmals das Ansinnen, das teilweise identische Konstrukt der Organisation aus unterschiedlichen Perspektiven zu analysieren. Dabei treten jeweils unterschiedliche Facetten in den Vordergrund.[142] Darüber hinaus erlaubt eine zeitliche Kategorisierung und Analyse nur begrenzt die Überprüfbarkeit und Darstellung der Vereinbarkeit unterschiedlicher Organisationstheorien in Bezug auf ihre zugrunde liegenden Paradigmen und Anwendbarkeit im Hinblick der Zielsetzung dieser Arbeit. Eine im Hinblick auf die Analyse der

138 Die Begriffe Theorie, theoretische Ansätze und Ansätze sollen im Folgenden synonym verwendet werden. Es ist anzumerken, dass sich in der Betriebswirtschaftslehre kein einheitliches Theorieverständnis durchgesetzt hat. Vgl. Seiter (2006), S. 60. So existieren rigorosere Theorieverständnisse wie bspw. nach Schweitzer (1978), S. 1-14, welche jedoch die Auswahl entsprechender Theorien im Rahmen dieser Arbeit zu stark einschränken würden. Daher sollen zur Auswahl von Theorien im Rahmen dieser Arbeit die drei Anforderungen formuliert werden: Das Vorhandensein von Konstrukten, die Spezifikation der Beziehungen zwischen diesen Konstrukten sowie die Falsifizierbarkeit von Konstrukten im Rahmen der ausgewählten Theorien. Vgl. für dieses weniger rigorose Theorieverständnis Doty, Glick (1994), S. 233

139 Die in der Literatur verwendeten Begriffe Organisationseinheiten, Organisationen, Unternehmen, Unternehmungen und Akteure sollen im Folgenden synonym verwendet und jeweils als eine Betrachtungseinheit im Sinne der Organisationstheorien definiert werden, welche die Absicht hat, bestimmte Ergebnisse zu erzielen und entsprechend handelt. Vgl. Bell (2007), S. 158 und Käfer (2007)

140 Vgl. Kieser, Walgenbach (2010), S. 29-63, Bea (2010), die Beiträge in Tsoukas (2003) oder die Übersicht zum Stand der Forschung zu interorganisationalen Netzwerkstrukturen in Sydow (2010), S. 373-470

141 Vgl. Schreyögg (2008), S. 28

142 Vgl. Kieser, Walgenbach (2010), S. 60 f.

zugrunde liegenden Paradigmen und Betrachtungsperspektiven geeignetere Möglichkeit zur Kategorisierung der unterschiedlichen organisationstheoretischen Ansätze stellt daher der in Tabelle 3 dargestellte Vorschlag von Astley und van de Ven dar.[143] Hiernach lassen sich Organisations- und Managementansätze auf Basis ihrer zugrunde liegenden Perspektiven und Paradigmen entlang zweier Dimensionen idealtypisch kategorisieren: Der Dimension der Betrachtungsebene sowie der Dimension der zugrunde liegenden Philosophie der Möglichkeiten zur Einflussnahme auf den Wandel von Organisationen.[144]

		Gestaltungsphilosophische Positionierung	
		Deterministische Perspektive	**Voluntaristische Perspektive**
Betrachtungsebene	**Makrolevel** mehrere Unternehmungen	**Natural-Selection-View (Q3)** **Schulen:** Evolutionstheoretische Ansätze, Industrieökonomik, Wirtschaftsgeschichte **Wandel:** Natürliche Evolution durch Variation, Selektion und Retention. Wirtschaftlicher Kontext ist für das Wachstum von Organisationen maßgeblich. **Management:** inaktiv	**Collective-Action-View (Q4)** **Schulen:** Koevolutionäre Ansätze, Politische Ökonomie, Pluralismus **Wandel:** Ein- und gegenseitige Anpassung von Umwelt und Organisationen, gemeinsame Verhandlungen, Kompromisse. **Management:** interaktiv
	Mikrolevel einzelne Unternehmung	**System-Structural-View (Q1)** **Schulen:** Systemtheorie, Strukturfunktionalismus, Kontingenzansatz **Wandel:** Organisationen passen sich an exogene Veränderungen an. **Management**: reaktiv	**Strategic-Choice-View (Q2)** **Schulen:** Handlungstheorie, Entscheidungstheorie, Strategisches Management **Wandel:** Organisationen (und Umwelt) sind durch Handlungen beeinflussbar. **Management:** proaktiv

Tabelle 3: Zentrale Perspektiven auf Organisationstheorien[145]

143 Es ist anzumerken, dass die von Astley und van de Ven genannten Theorien bzw. Schulen nicht ausschließlich den Organisationstheorie zuzuordnen sind. Allerdings stellt dies nicht die grundsätzliche Eignung des Schemas in Frage. Auch ist darauf hinzuweisen, dass weitere Klassifikationsschemata, bspw. nach Burrell und Morgan sowie Sydow, für die nachfolgende Darstellung und Analyse der organisationstheoretischen Ansätze in Frage kämen. Da diese in Bezug auf das Ziel dieser Arbeit vergleichbare Ergebnisse zu liefern versprechen, werden diese im Nachfolgenden aus Redunanzgründen ausgeblendet. Vgl. Burrell, Morgan (2011), S. 21 ff. und S. 49 f. sowie Sydow (1992), S. 224-235

144 Vgl. Tiberius (2008), S. 49 und Astley, van de Ven (1983), S. 246

145 Quelle: Eigene Darstellung in Anlehnung an Astley, van de Ven (1983), S. 246 und Tiberius (2008), S. 49 f.

Entlang der Dimension der **Betrachtungsebenen** wird nach Ansätzen, welche Organisationen auf dem Makrolevel von Gruppen, Netzwerken oder Populationen von Unternehmungen betrachten und Ansätzen, welche den Mikrolevel einzelner Organisationen in den Fokus der Betrachtung stellen, differenziert.[146] Hinsichtlich der gestaltungsphilosophischen Positionierung wird zwischen einer eher deterministischen und einer voluntaristischen Perspektive der Ansätze unterschieden.[147] Die stärker durch den **Determinismus** geprägten Ansätze der Organisationstheorie bejahen die Philosophie der Vorbestimmung. Die Ereignisse im Umfeld einer Organisation verlaufen, dieser Philosophie folgend, nach Gesetzmäßigkeiten, welche außerhalb der Entscheidungs- bzw. Beeinflussungsmöglichkeiten des Organisators liegen.[148] Die Umwelt ist faktisch vorgegeben und determiniert das Verhalten von Organisationseinheiten. Bestimmte Umweltbedingungen führen somit (mehr oder minder mechanistisch) zu bestimmten Reaktionen von Organisationen.[149] Im Unterschied dazu gehen die stärker durch den **Voluntarismus** geprägten Organisationstheorien davon aus, dass Organisationen und deren Organisatoren frei gestaltend tätig werden können und nicht zwingend durch ihre Umwelt determiniert sind. Die Unternehmensumwelt stellt je nach Theorie zwar eine zu berücksichtigende Größe dar, reduziert allerdings nicht zwingend den Handlungsspielraum von Organisationen auf eine bzw. wenige Lösungen.[150] Anhand der beiden zuvor erläuterten Dimensionen lassen sich die nachfolgenden idealtypischen Schulen von Organisationstheorien identifizieren:[151]

- **System-Structural-View (Q1):** Die Theorien dieser Schule haben ein deterministisch geprägtes Weltbild und thematisieren die Anpassung von Organisationen auf Einzelorganisationsebene (Mikrolevel) an die Gegebenheiten ihrer Umwelt.
- **Strategic-Choice-View (Q2):** Die Theorien des Strategic-Choice-View geben das deterministische Weltbild des System-Structural-View zugunsten einer voluntaristisch geprägten Sichtweise auf. Sie betrachten aber weiterhin, ähnlich dem System-Structural-View, den Mikrolevel von Einzelorganisationen.

146 Vgl. Astley, van de Ven (1983), S. 246
147 Vgl. Astley, van de Ven (1983), S. 246 ff. sowie die Ergänzungen in Tiberius (2008), S. 44
148 Vgl. Astley, van de Ven (1983), S. 246 und Bea (2010), S. 234
149 Vgl. Bea (2010), S. 234
150 Vgl. Astley, van de Ven (1983), S. 247 und Bea (2010), S. 234 f.
151 Vgl. zu den nachfolgenden Kategorien Astley, van de Ven (1983), S. 247

- **Natural-Selection-View (Q3):** Die Theorien des Natural-Selection-View sind, ähnlich der Ansätze des System-Structural-View, durch eine deterministische Sichtweise geprägt. Allerdings stellen sie dabei im Unterschied zu den Theorien des System-Struktural-View Konglomerate von mehreren Organisationseinheiten (Makrolevel) anstatt einzelner Unternehmungen in den Fokus ihrer Betrachtungen.
- **Collective-Action-View (Q4)**: Diese Theorien sind im Gegensatz zu den Theorien des Natural-Selection-View voluntaristisch geprägt. Dabei steht weiterhin, wenn auch nicht ausschließlich, der Makrolevel mehrerer Organisationen im Vordergrund.[152]

Da eine Analyse aller in der Literatur existierenden Organisationstheorien dieser Quadranten auf ihre Eignung als Grundlage für die Herleitung und Bewertung von Gestaltungsempfehlungen aus Komplexitätsgründen ausscheidet, soll im Folgenden anhand der Darstellung einer gebräuchlichen Auswahl organisationstheoretischer Ansätze[153], welche den vier Grundpositionen zugeordnet werden können, geprüft werden, inwiefern diese für die Zielsetzung dieser Arbeit herangezogen werden können.

Situative Ansätze der Organisationstheorie (Q1+Q2)

Die situativen Ansätze der Organisationstheorie zielen darauf ab, mittels empirischer Untersuchungen Unterschiede in der Organisationsstruktur von Unternehmen anhand von Unterschieden in deren umgebenden Kontext (Situation) zu erklären.[154] In ihrem Interesse liegt somit die Frage, ob bestimmte Situationsmerkmale und bestimmte Strukturmerkmale regelmäßig zusammen auftreten, d. h. kontingent sind.[155] Aus dieser Kontingenz wird gefolgert, dass bestimmte Strukturen zu bestimmten Situationen passen und dieser „Fit" die Effizienz einer Organisation in einem bestimmten Kontext sicherstellt.[156] Dieses Grundmodell ist in Abbildung 8 dargestellt.

Die darauf aufbauende zentrale Erkenntnis der situativen Ansätze ist, dass die Gestaltung einer universellen Lösung von Organisationsproblemen im Sinne eines „one best

---

[152] So verfolgen bspw. koevolutionäre Ansätze eine über mehrere Ebenen verteilte Analysesicht auf Organisationen. Vgl. Lewin u.a. (1999), S. 537

[153] Diese Arbeit stützt sich hierzu auf die Vorarbeiten von Tiberius. Vgl. Tiberius (2008), S. 49-178

[154] Aufgrund der breit gefächerten Forschungslandschaft zur Untersuchung dieser Kontingenzen wird von einem Theorienbündel entsprechender Ansätze gesprochen. Vgl. Bea (2010), S. 97

[155] Vgl. Bea (2010), S. 97

[156] Vgl. Kieser, Walgenbach (2010), S. 40 und Bea (2010), S. 97

way“ schwer möglich ist.[157] Vielmehr ist der Erfolg bzw. die Effizienz von Gestaltungsmaßnahmen und der daraus resultierenden Struktur von der jeweiligen Situation der Organisation abhängig und determiniert. Die Eigenschaften der (zu gestaltenden) Strukturen werden somit nicht als Konstanten, sondern als Variablen definiert, die von der Situation der Organisation determiniert werden.[158] Hierin unterscheiden sich die situativen Ansätze von zeitlich vorgelagerten Organisationstheorien wie bspw. dem Bürokratieansatz nach Max Weber.[159]

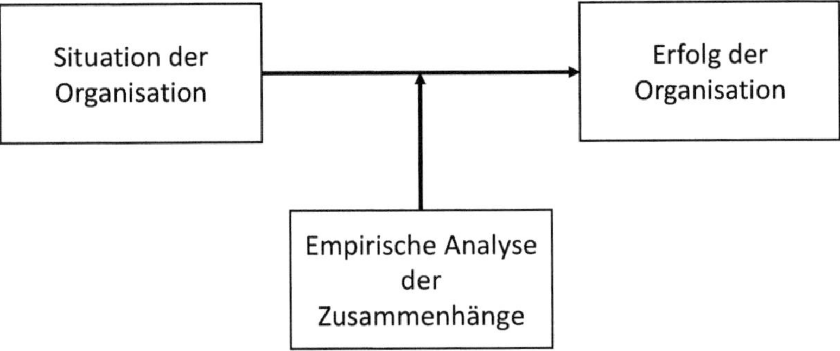

Abbildung 8: Grundmodell der klassischen situativen Ansätze[160]

Da der Erfolg von Gestaltungsmaßnahmen von der Bedingungssituation einer Unternehmung abhängig ist, sollten im Idealfall zur Herleitung dieser Maßnahmen vollständige Informationen über den Kontext herangezogen werden. Anschließend sollten die Parameter bestmöglich an den entsprechenden Gestaltungszielen und existierenden Gestaltungsbedingungen ausgerichtet werden, um einen so genannten „Fit“ zwischen Organisation und Situation und somit eine Effizienz der getroffenen Maßnahmen herbeizuführen.[161] Das Management einzelner Unternehmungen ist ausgehend von dem Fit-Gedanken eher reaktiv, der jeweiligen Situation folgend und deterministisch geprägt. Die ursprünglichen situativen Ansätze können in der Klassifikation nach Astley und van de Ven in den **System-Structural-View** (Q1 in Tabelle 3) eingruppiert werden.[162]

---

157 Vgl. Bea (2010), S. 111, Kieser, Walgenbach (2010), S. 40 und Kieser (2006a), S. 216 f.
158 Vgl. Kieser, Walgenbach (2010), S. 40
159 Vgl. Bea (2010), S. 57-67 und Kieser (2006a), S. 215 f.
160 Kieser, Walgenbach (2010), S. 192
161 Vgl. Bea (2010), S. 111, der Fit-Gedanke ist ebenfalls ein im strategischen Management verbreiteter Grundgedanke. Vgl. bspw. Bea, Haas (2013), S. 16 f.
162 Vgl. Astley, van de Ven (1983), S. 247

Während in der Literatur der Fit-Gedanke als zentrale Erkenntnis der situativen Ansätze positiv hervorgehoben wird, existiert allerdings ebenfalls Kritik an diesen.[163] So können als Kritikpunkte insb. die hohe Komplexität bei der Identifikation von Kontextfaktoren und die in der Realität unter der Grundannahme begrenzter Rationalität nicht zu erfüllende Voraussetzung der Nutzung vollständig Informationen zur Herleitung von Handlungsempfehlungen genannt werden.[164] Tiberius betont: „Kritisch anzumerken ist jedoch, dass eine vollständige Kontrolle des Laufs der Dinge ein absolutes Wissen über Bedingungen, Kontingenzfaktoren oder Ursache-Wirkungszusammenhänge des Wandels voraussetzt, was (...) eine zu ambitionierte Annahme darstellt."[165] Dieser Umstand führt lt. Kieser oftmals zu einer Ungenauigkeit in der praktischen Ausführung entsprechender situativer Forschung.[166] Neben dieser hauptsächlich auf methodische Mängel fokussierenden Kritik werden aber auch die Grundannahmen der ursprünglichen situativen Ansätze infrage gestellt. So zweifeln bspw. Child mit seinem Konzept der strategischen Wahl oder Giddens im Rahmen der Strukturationstheorie die deterministische Grundannahme der situativen Ansätze sowie die Unbeeinflussbarkeit externer Faktoren durch das Management einer Unternehmung an.[167] Child argumentiert auf Basis empirischer Erkenntnisse, dass herrschende Akteure einer Organisation nicht mechanistisch den in der Umwelt existierenden Rahmenbedingungen folgen. Vielmehr könnten diese, zumindest teilweise, davon losgelöst die Strategie und Ziele einer Organisation definieren sowie unter Berücksichtigung externer Rahmenbedingungen die internen Gestaltungsbereiche einer Organisation beeinflussen und in geringem Maße auch ihre Umwelt beeinflussen. Die Gestaltung einer Organisation müsse somit nicht zwingend nach deterministischen Mustern erfolgen.[168]

Diese Kritik hat zu einer Weiterentwicklung der ursprünglichen situativen Ansätze hin zu einer stärker voluntaristischen Ausprägung im Sinne des in Tabelle 3 dargestellten Klassifikationsschemas geführt.[169] Die moderneren situativen Ansätze, die oftmals auch im Rahmen der Forschungsrichtung des strategischen Managements aufgegriffen werden, können somit der Richtung des **Strategic-Choice-View** (Q2 in Tabelle 3)

---

163 Vgl. für eine Diskussion der Kritikpunkte an den situativen Ansätzen Kieser (2006b), S. 213-239
164 Vgl. Kieser (2006a), S. 233
165 Tiberius (2008), S. 43
166 Vgl. Kieser (2006a), S. 232 f. und Kieser, Walgenbach (2010), S. 41-42
167 Vgl. Child (1972), S. 1-19 und Giddens (1997)
168 Vgl. Child (1972), S. 13-19
169 Vgl. Astley, van de Ven (1983), S. 247

zugeordnet werden. Sie postulieren das Bild eines proaktiven Managements, dass vorausschauend (strategische) Gestaltungsziele unter der Berücksichtigung des Kontextes setzt und geeignete, effiziente und innerhalb der Unternehmung aufeinander abgestimmte Gestaltungsmaßnahmen ergreift (interner Fit zwischen den Gestaltungsparametern einer Unternehmung). Das Theorienbündel der moderneren situativen Ansätze und des strategischen Managements[170] betrachtet hierbei Unternehmungen als ein soziales, formales und zielorientiertes System, welches durch die Rolle des Organisators zielorientiert gesteuert werden kann.[171]

Sollen Handlungsempfehlungen zur Lösung praktischer Gestaltungs- bzw. Organisationsproblemen abgeleitet werden, empfehlen die Vertreter dieser moderneren und gestaltungsorientierten Ansätze wie bspw. Kubicek die Herleitung von praxeologischen Aussagen, welche ausgehend von einem gegebenen Kontext zu effizienten Lösungen führen sollen.[172] Diese praxeologischen Aussagen bestehen nach Kubicek aus den in Abbildung 9 dargestellten Elementen.[173]

- **Gestaltungsziele** steuern den Prozess der Gestaltung und nehmen daher eine zentrale und eine den übrigen Größen vorgelagerte Stellung ein. Existieren im darauf folgenden Gestaltungsprozess mehrere Gestaltungsalternativen, so wird jene Alternative gewählt, welche den größten Beitrag zur Realisierung der Gestaltungsziele liefert.
- **Gestaltungsbedingungen** bilden die jeweilige Situation des Gestaltungsträgers ab. Hierbei kann es sich um organisationsexterne und determinierte, aber auch organisationsinterne und mittelfristig beeinflussbare Bedingungen handeln. Diese stellen zum einen bestimmte Anforderungen an die Ausprägung von Gestaltungsmaßnahmen und beeinflussen zum anderen die Wirkung dieser Gestaltungsmaßnahmen und somit deren Erfolg in positiver, aber auch negativer Art und Weise.[174]

---

170 Aufgrund dieser Kontingenzen wird der Ansatz auch als Kontingenzansatz bezeichnet. Vgl. Bea (2010), S. 96

171 Vgl. Bea (2010), S. 96

172 Praxeologische Aussagen können im Rahmen von Forschungsarbeiten mit pragmatischem Wissenschaftsziel als begründete Empfehlungen zur Lösung praktischer Probleme verstanden werden. Vgl. Kubicek (1975), S. 13

173 Vgl. zu den nachfolgenden Ausführungen zu den Elementen praxeologischer Aussagen, falls nichts anderes angemerkt, Kubicek (1975), S. 15-22

174 Vgl. zu letzterem insb. Child (1972)

- **Gestaltungsparameter:** Sie stellen primär die jeweiligen Handlungsalternativen der jeweiligen Unternehmung dar, aus denen verschiedene Gestaltungsoptionen resultieren. Ziel ist die Verwirklichung der dem Gestaltungsprozess vorgelagerten Ziele mithilfe dieser Gestaltungsparameter. Durch die Selektion von Gestaltungsparametern unter Berücksichtigung von Gestaltungszielen und Gestaltungsbedingungen werden Gestaltungsmaßnahmen definiert.
- **Gestaltungswirkungen:** Stellen die prognostizierten bzw. tatsächlichen Verhaltensweisen der Betroffenen dar, die schließlich zu der gewünschten Zielerreichung führen sollen.

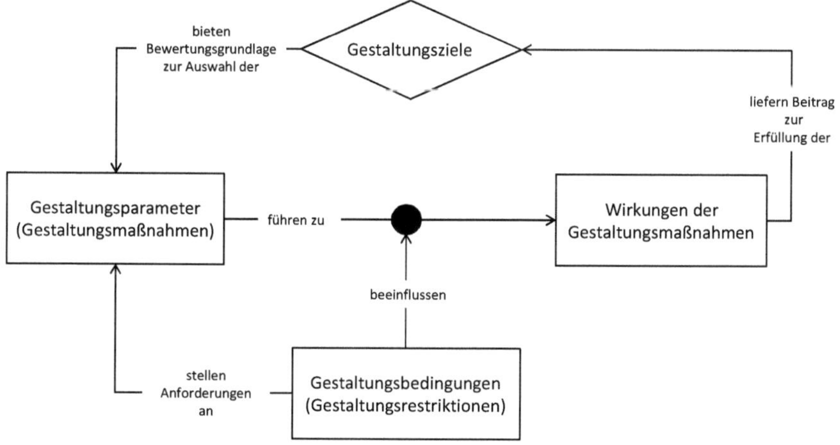

Abbildung 9: Elemente praxeologischer Aussagen[175]

Während eine solche Herangehensweise zwar die Kritik des Determinismus grundsätzlich abschwächt, bleibt die Kritik an der Annahme der Unbeeinflussbarkeit externer Faktoren durch die situativen Ansätze (im Sinne von Gestaltungsbedingungen in Abbildung 9) bestehen. Da die Beeinflussbarkeit externer Faktoren oftmals erst im Zeitverlauf entsteht, kann in diesem Zusammenhang der Zeitpunktbezug der situativen Ansätze und das daraus resultierende Ausblenden von dynamischen, evolutionären und Aspekten im Zeitverlauf kritisiert werden.[176]

Kieser und Walgenbach folgend bleiben dieser Kritik zum Trotz jedoch die grundsätzlichen Erkenntnisse und Erklärungsmuster der situativen Ansätze bestehen: Es existiert keine universelle Struktur, die sich in allen Situationen als effizient erweist. Dies

[175] Quelle: Darstellung in Anlehnung an Kubicek (1975), S. 22 und Herzwurm (2000), S. 25 f.
[176] Vgl. Bea, Haas (2013), S. 99 und Giddens (1997)

lässt sich anhand des Fit-Gedankens, der ebenfalls in anderen Theorien und insb. im strategischen Management verstärkt aufgegriffen wird, erklären. Gestaltungsmaßnahmen sollten sich somit an den existierenden Rahmenbedingungen orientieren.[177]

Evolutionstheoretische Ansätze (Q3)

Die evolutionstheoretischen Ansätze, wie bspw. der oftmals als wichtigster Vertreter hervorgehobene Population Ecology Ansatz, sind den deterministisch geprägten Ansätzen zuzuordnen.[178] Sie thematisieren insb. Fragestellungen des organisatorischen Wandels im Kontext der Evolution. Beispielhaft sind Fragen nach der Gründung, der Veränderung, aber auch der Auflösung von Organisationen zu nennen.[179]

Die Vertreter dieser Ansätze stellen analog zu den Ansätzen des System-Structure-View die Möglichkeiten der Einflussnahme von Organisationen auf ihre zunehmend turbulente und komplexe Umwelt infrage. Darüber hinaus werden insb. vom Population Ecology Ansatz die Wahl- und Einflussmöglichkeiten von Gestaltern bei der internen Ausrichtung von Organisationen an definierten Gestaltungszielen und Gestaltungsbedingungen im Sinne der moderneren situativen Ansätze infrage gestellt.[180] Vielmehr orientieren sich die evolutionären Ansätze an biologischen Evolutionstheorien, wie dem Modell der natürlichen Auslese nach Charles Darwin, und setzen Unternehmungen den in der Natur existierenden Populationen bestimmter Spezies in komplexen natürlichen Ökosystemen gleich.[181] Betrachtungsebene der evolutionstheoretischen Ansätze ist somit nicht der Mikrolevel einzelner Unternehmungen, sondern der Makrolevel von Populationen, bestehend aus Individuen bzw. Unternehmungen.[182] Die einer Population angehörenden Individuen oder Organisationen zeichnen sich durch Gemeinsamkeiten, wie eine gemeinsame Grundstruktur, Merkmale oder Ziele aus.[183] Die

177 Vgl. Bea, Haas (2013), S. 16-22

178 Es ist darauf hinzuweisen, dass neben dem Population Ecology Ansatz weitere Ansätze des auf evolutionären Annahmen beruhenden Managements, wie bspw. der St. Galler und der Münchner Ansatz existieren. Vgl. Kieser, Woywode (2006), S. 343-352 und Hannan, Freeman (1977), S. 929-964

179 Vgl. Bea (2010), S. 159

180 Diese Sichtweise wird insb. durch den Population Ecology Ansatz vertreten. Allerdings ist darauf hinzuweisen, dass nicht alle Vertreter evolutionstheoretischer Ansätze letztere Einschätzung teilen. Vgl. Bea (2010), S. 158-171

181 Vgl. Bea (2010), S. 214

182 Vgl. Hannan, Freeman (1977), S. 933 und Kieser, Woywode (2006), S. 309

183 Vgl. Hannan, Freeman (1977), S. 933-936

evolutionstheoretischen Ansätze sind somit vorwiegend der Perspektive des **Natural-Selection-View** (Q3 in Tabelle 3) nach Astley und van de Ven zuzuordnen.[184]

Der Wandel von Populationen wird in den evolutionstheoretischen Modellen vorwiegend deterministisch durch die nachfolgenden evolutionäre Grundprinzipien (nach Darwin) und die daraus resultierende natürliche Selektion im Zeitverlauf bestimmt:[185]

- **Prinzip der Variation:** Innerhalb von Populationen (von Organisationen) finden ständig Veränderungen, Variationen genannt, statt, die in keinem nachweisbaren Zusammenhang mit den Problemlösungsbedürfnissen der Individuen stehen.[186] Eine systematische Problemlösung bzw. Gestaltung von Unternehmungen wird durch die unbekannten Ziele und divergierenden Einzelinteressen der einzelnen Mitglieder der Populationen, unzureichende Informationen im Sinne begrenzter Rationalität und die Trägheit von Organisationen verhindert. Somit entsteht Variation überwiegend durch Zufall.[187]
- **Prinzip der Selektion:** Schädliche oder nutzlose Variationen führen ggf. zum „Aussterben" von Populationen, während Variationen, welche eine verbesserte Anpassung an die Umwelt der Population herstellen, zu höheren Überlebenschancen führen. In diesem Prinzip spiegelt sich der vom situativen Ansatz bekannte Fit-Gedanke wieder.
- **Prinzip der Retention und Weitergabe:** Nützliche Variationen (im Sinne einer besseren Anpassung an die Umwelt) sollten gespeichert und an die nachfolgenden Generationen der Mitglieder der Population weitergegeben werden.
- **Prinzip des Existenzkampfes:** Sollten relevante Ressourcen knapp werden, so findet eine Selektion weniger gut angepasster Populationen statt. Diese Selektion führt zum Tod der Population. In sehr reichhaltigen Umwelten können aber dagegen auch schwächere Populationen überleben.[188]

---

184 Vgl. Astley, van de Ven (1983), S. 247

185 Vgl. hinsichtlich der Grundprinzipien evolutionären Wandels insb. Bea (2010), S. 214 und McKelvey (1982), S. 196 ff. McKelvey schreibt dem von Darwin als ebenfalls als relevant erachteten Evolutionsmechanismus der Mutation keine Bedeutung zu, da dieser seiner Ansicht nach einzelne Organisationen und nicht Populationen von Organisationen betreffe. Vgl. McKelvey (1982), S. 246

186 Vgl. Kieser, Woywode (2006), S. 309

187 Vgl. Kieser, Woywode (2006), S. 311

188 Bea und Göbel nennen diesbezüglich das Beispiel einer durch Subventionen reichhaltig ausgestatteten Umwelt. In dieser können unangepasste Unternehmungen bzw. Organisationseinheiten mangels Knappheit überleben. Vgl. Bea (2010), S. 161

Die evolutionstheoretischen Ansätze vertreten somit im Unterschied zu den ursprünglichen situativen Ansätzen das Bild eines tendenziell inaktiven Managements. Populationen sind diesem Bild zufolge zwar ebenfalls von ihrer Umwelt bzw. Situation determiniert, nehmen hierbei aber stärker die Rolle eines Spielballs der Natur als die eines bewussten und einflussreichen Gestalters ein.[189] Die evolutionstheoretischen Ansätze stellen somit in weiten Teilen einen Gegenentwurf zu den situativen bzw. kontingenztheoretischen Ansätzen innerhalb der deterministischen Ansätze dar. Zwar teilen sie mit diesen den Fit-Gedanken in dem Sinne, dass Populationen mit einem besseren Grad der Angepasstheit an die jeweiligen Umweltbedingungen eher vor einem externen, nicht beeinflussbaren Selektionsdruck geschützt sind. Allerdings stellen viele evolutionstheoretischen Ansätzen die Möglichkeit der aktiven Gestaltung und Beeinflussung von Population und deren Organisation (unterschiedlich) stark infrage.[190]

Als Verdienst der evolutionären Theorien, insb. des Population Ecology Ansatzes, kann neben des inhärenten Fit-Gedankens v. a. die gegenüber den situativen Ansätzen verstärkte Berücksichtigung von evolutionären und zeitraumbezogenen Aspekten im Rahmen des organisatorischen Wandels angesehen werden. Kieser und Woywode betonen in diesem Zusammenhang, dass in einer Vielzahl von Studien zum organisatorischen Wandel, wenn diese auch nicht den evolutionstheoretischen Ansätzen direkt zugewiesen werden können, zumindest auf evolutionäre Einflüsse hingewiesen wird.[191] Mit ihrem Fokus auf Populationen führen diese Ansätze darüber hinaus eine zusätzliche Betrachtungsebene in die Organisationsforschung ein.[192] Auch die Erkenntnis, dass die Nichtberücksichtigung von Zielen einzelner Individuen die erfolgreiche Gestaltung von Organisationsstrukturen verhindern kann,[193] leistet einen Beitrag für die Gestaltung des Wandels, wenn auch die evolutionstheoretischen Theorien aufgrund ihrer Grundannahme des Determinismus folgend nur wenige Lösungshinweise liefern. Die Kombination beider Erkenntnisse kann zu der Schlussfolgerung führen,

---

189 Vgl. Astley, van de Ven (1983), Bea (2010), S. 214 und Tiberius (2008), S. 49
190 Vgl. Bea (2010), S. 168 f.
191 Vgl. Kieser, Woywode (2006), S. 337
192 Vgl. Kieser, Woywode (2006), S. 337
193 Vgl. Kieser, Woywode (2006), S. 331

dass bei organisatorischen Gestaltungsmaßnahmen die Ziele relevanter Anspruchsgruppen im Sinne von Populationen berücksichtigt werden sollten, um ein Scheitern dieser Maßnahmen zu verhindern.[194]

Allerdings ist insb. der Population Ecology Ansatz in der Vergangenheit zahlreicher Kritik ausgesetzt gewesen.[195] Als exogene Kritik kann hierbei ebenfalls die im Rahmen der Kritik am situativen Ansatz angezweifelte Grundannahme des Determinismus genannt werden. Darüber hinaus stellen verschiedene Autoren die Übertragbarkeit evolutionstheoretischer Annahmen auf den Kontext von Unternehmungen grundsätzlich infrage. So seien die zugrunde liegenden Begrifflichkeiten nicht präzise definiert und operationalisiert.[196] Als Beispiel ist hierbei der Begriff des Todes einer Population oder der nicht genauer spezifizierten Einflüsse der Umwelt zu nennen. Darüber hinaus wird die Abstraktion von einzelnen Unternehmungen hin zu Populationen als zu unpräzise kritisiert, da der Begriff der Population nicht ausreichend spezifiziert sei. Zusätzlich sei die den evolutionären Begriffen Tod und Geburt zugrunde liegenden Gründungs- und Schließungsentscheidungen oftmals eine Entscheidung von Einzelunternehmungen und nicht von Populationen an Akteuren.[197] Abschließend kommen Bea und Göbel somit zu dem Schluss, dass die evolutionstheoretischen Organisationsansätze trotz ihres Beitrages zur Forschung als alleinige Basis für die Herleitung von Gestaltungsempfehlungen kaum geeignet sind.[198]

Koevolutionäre Ansätze (Q4)

Eine Weiterentwicklung im Sinne einer Perspektivenerweiterung zu den evolutionären Ansätzen stellen die Koevolutionsansätze von Vertretern wie bspw. Koza und Lewin oder Das und Teng dar.[199] Diese stellen die grundsätzliche Annahme des Determinismus früherer evolutionstheoretischer Ansätze infrage und zweifeln somit das Monopol der Umwelt als exogenen Wandlungstreiber an.[200] Vielmehr gehen die Koevolutionsansätze davon aus, dass Unternehmungen in einem wechselseitigen Verhältnis zu

194 Ansätze des Change Managements, der Kundenorientierung oder des Requirements Engineering greifen diese Sichtweise auf. Vgl. Pohl (2008), S. 170, Herzwurm (2000) und Doppler, Lauterburg (2002), S. 154 f.
195 Für eine ausführlichere Darstellung vgl. Kieser, Woywode (2006), S. 337-343
196 Vgl. Tiberius (2008), S. 57 und McKinley, Mone (2003), S. 360
197 Vgl. Kieser, Woywode (2006), S. 337-343
198 Vgl. Bea (2010), S. 168
199 Vgl. Koza, Lewin (1998) und Das, Teng (2002)
200 Vgl. Tiberius (2008), S. 52

ihren umgebenden Netzwerkstrukturen und Umwelten (insb. den umgebenden Märkten) stehen. Im Unterschied zum Population-Ecology-Ansatz beschränken diese Ansätze ihre Aussagen nicht auf Populationen, sondern schließen auch einzelne Unternehmungen in die Betrachtungen ein.[201] Damit ergibt sich eine Betrachtung auf mindestens drei Ebenen. Das Verhältnis dieser drei Betrachtungsebenen ist in Abbildung 10 dargestellt: Unternehmungen werden aus Sichtweise der Koevolutionstheorie von den umgebenden Netzwerkstrukturen, den einzelnen darin befindlichen Akteuren und ihrer Umwelt im Zeitverlauf beeinflusst. Sie haben darüber hinaus aber die Möglichkeit, die eigene Unternehmung, deren Subsysteme, das umgebende Netzwerk und die Unternehmensumwelt direkt oder über die Netzwerkstruktur, ausgehend von eigenen Zielsetzungen unter Berücksichtigung der sich aus den Interdependenzen resultierenden Restriktionen, zu beeinflussen.[202] Diese gegenseitige Beeinflussung wird als Koevolution bezeichnet und bedarf eines interaktiven Managements.[203] Der Koevolutionsansatz kann somit dem **Collective-Action-View** nach Astley und van de Ven zugeordnet werden (Q4 in Tabelle 3). Es wird evident, dass die Koevolutionsansätze stärker vom Voluntarismus geprägt sind als frühere evolutionstheoretische Ansätze. Darüber hinaus wird die Perspektive auf zusätzliche (interorganisationale) Betrachtungsebenen bei der Gestaltung von Organisationen erweitert.

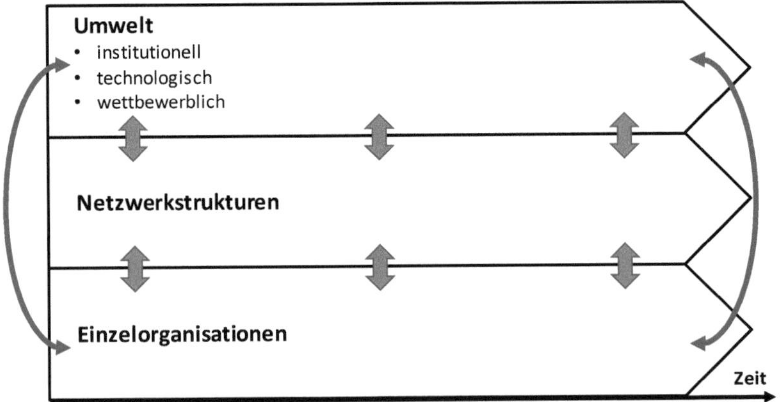

Abbildung 10: Ebenen der Koevolution[204]

---

[201] Vgl. Tiberius (2008), S. 92
[202] Vgl. Koza, Lewin (1998), S. 257 ff. und Tiberius (2008), S. 53
[203] Vgl. Das, Teng (2002), S. 729 f.
[204] Quelle: Eigene Darstellung in Anlehnung an Hoffmann. Vgl. Hoffmann (2010), S. 243, zu den Ausprägungen der Ebenen: Windeler (2001), S. 283 f. und Hatch, Cunliffe (2013), S. 57-64

Die Veröffentlichungen im Kontext zusammenfassend, ist der koevolutionäre Wandel dabei durch fünf Charakteristika gekennzeichnet:[205]

- **Mehrebenenbetrachtung (multilevelness/embededness):** Koevolutionäre Effekte finden auf mehreren unterschiedlichen Ebenen innerhalb von Organisationen und zwischen Organisationen bzw. Organisationsformen statt.[206]
- **Multikausalität (multidirectional causalities):** Unternehmungen, Abteilungen und die Unternehmensumwelt können sich gegenseitig beeinflussen. Somit sollten Ursache-Wirkungszusammenhänge wie bspw. im Sinne der situativen Ansätze, nicht ausschließlich unidirektional interpretiert werden. Veränderungen bestimmter Variablen können Veränderungen in zahlreichen anderen Variablen hervorrufen.[207]
- **Nichtlinearität (nonlinearity):** Zwischen den sich verändernden interdependenten Variablen sind die Zusammenhänge nicht zwingend proportional. Vielmehr können komplexere Funktionszusammenhänge z. B. exponentieller oder ganz- bzw. gebrochenrationaler Art bestehen. Dies erschwert die Identifikation und Messbarkeit von Zusammenhängen.[208]
- **(Positive) Rückkopplungen (positive feedbacks):** Unternehmens- und Umweltveränderungen stehen in einem rekursiven Verhältnis zueinander. Jede Organisationseinheit beeinflusst andere Organisationseinheiten und diese wiederum die ursprüngliche Organisationseinheit. Es entstehen somit zirkuläre Wirkungsketten, so genannte Reziprozitäten.
- **Pfadabhängigkeit (path and history dependence)**: Variationen von Anpassungen innerhalb von Populationen werden von den koevolutionären Ansätzen auch auf die Heterogenität der Organisationen zu früheren Zeitpunkten zurückgeführt und nicht ausschließlich auf Variationen in Umweltnischen (Population Ecology) oder auf einen Satz bestimmter (externer) Bedingungen (situative Ansätze). Dies hat zur Folge, dass Pfadabhängigkeiten entstehen können, da der Genpool von Populationen nicht ausschließlich durch die externe Umwelt, son-

[205] Vgl. Tiberius (2008), S. 92, Lewin u.a. (1999), S. 536, Lewin, Volberda (1999), S. 526 f., Das, Teng (1998), S. 491-512, Das, Teng (2002), S. 730-743 und Das, Teng (2003), S. 279-308

[206] Vgl. Currall, Inkpen (2006), S. 236-238 und Lewin u.a. (1999), S. 537

[207] Vgl. Inkpen, Currall (2004), S. 595

[208] Vgl. Das, Teng (2003), S. 279-308

dern ebenfalls durch positive oder negative „Vorgeschichten“ von Unternehmungen oder Populationen beeinflusst werden kann. Hierbei integriert der Koevolutionsansatz Erkenntnisse der Pfadabhängigkeitstheorie.[209]

Der Erkenntnisbeitrag der Koevolutionsansätze lässt sich nach Tiberius wie folgt beschreiben: Sie beschränken sich im Gegensatz zu früheren organisationstheoretischen Ansätze nicht auf monokausale Logiken, sondern verfolgen eine systemische Denkweise. In dieser Denkweise existieren reziproke, auf unterschiedlichen Ebenen entstehende Wechselwirkungen und Pfadabhängigkeiten. Im Unterschied zu den ursprünglichen evolutionären Ansätzen kann hierbei von einer Handlungsmächtigkeit des organisatorischen Gestalters ausgegangen werden, der in der Lage ist, bestimmte Ereignisse zielgerichtet auszulösen. Eine Ergebnissteuerung ist diesem Gestalter allerdings aufgrund der zahlreichen Einflussvariablen nur begrenzt möglich. Eine solche Sichtweise ermöglicht es wahrscheinlich, die Realität zutreffender abzubilden als dies die zuvor genannten Ansätze zu leisten vermögen.[210]

Allerdings wird das Ausblenden der im Rahmen der evolutionstheoretischen Ansätze für die Argumentation verwendeten Mechanismen der Variation, Selektion, Retention und Existenzkampf an den meisten koevolutionären Ansätzen kritisiert.[211] Somit erscheint es für Tiberius fraglich, ob man von einer Fortentwicklung der klassischen evolutionstheoretischen Ansätze wie bspw. des Population Ecology Ansatzes sprechen kann.[212] Die Einbeziehung dieser Mechanismen in die Argumentationslogik könnte ggf. interessante Blickwinkel auf die Organisation des Wandels in Netzwerken eröffnen, aber gleichfalls die existierende Komplexität der Ansätze weiter erhöhen. Zusätzlich ist kritisch anzumerken, dass bisher aufgrund der im Vergleich zu den anderen angeführten Theorien verhältnismäßig kurzen Historie und nur in geringer Anzahl vorhandenen empirischer Ergebnisse ggf. noch nicht von einer validen Theorie gesprochen werden kann. So lässt sich feststellen, dass insbesondere im Bereich der IT- und Softwareindustrie koevolutionäre Ansätze bislang nur rudimentär diskutiert werden.[213]

---

209 Vgl. Hutzschenreuter u.a. (2007), S. 1055-1066, Arthur (1989) und Tiberius (2008), S. 92 ff.
210 Vgl. Tiberius (2008), S. 92 ff.
211 Eine Ausnahme stellt diesbezüglich die Arbeit von Murmann dar. Vgl. Murmann (2013), S. 9 ff.
212 Vgl. Tiberius (2008), S. 94
213 Ausnahmen stellen die Arbeiten von Tiwana u.a. und Burgelman im Umfeld von Plattformen der Softwareindustrie und Burgelman zu koevolutionären Pfadabhängigkeiten der Strategieprozesse des Technologiekonzers Intel dar. Vgl. Tiwana u.a. (2010), S. 675-687 und Burgelman (2002), S. 325-357

Auch ist die aus einer koevolutionären Betrachtungsweise von Organisationen entstehende Komplexität als sehr hoch zu bezeichnen. Dies resultiert nach Tiberius darin, dass sich Forschungsarbeiten mit koevolutionären Fokus auf zwei der Betrachtungsebenen konzentrieren[214] und auf eine systemische Integration aller Betrachtungsebenen oder auf eine, aufgrund der koevolutionären Grundmerkmale zugegebenermaßen erschwerten, empirischen Validierung verzichten.[215] In Hinblick auf das pragmatische Wissenschaftsziel von Organisationstheorien lässt sich insbesondere kritisieren, dass der Koevolutionsansatz, seiner Perspektivenerweiterung zum Trotz, nur wenige konkrete Hinweise zur Gestaltung von vernetzten Organisationsstrukturen liefert. So hängt im koevolutionären Denkmuster „Alles von Allem" ab.[216] Dieser Aussage lässt sich zwar nicht widersprechen, doch erleichtert diese nicht die Herleitung praxeologischer Aussagen.

3.2 Forschungskonzept zur Auswahl organisationstheoretischer Ansätze

Bei Betrachtung des Klassifikationsschemas nach Astley und van de Ven könnte die Vermutung naheliegen, dass im Rahmen der Zielsetzung dieser Arbeit ausschließlich Organisationstheorien aus Perspektive der Makrounternehmung herangezogen werden und im konkreten Fall dieser Arbeit eine Eingrenzung auf die evolutionären und koevolutionären Ansätze, zur Herleitung praxeologischer Aussagen, erfolgen sollte. Ein solches Vorgehen ließe sich damit begründen, dass die Gestaltung von SWP für UNSECO insbesondere vernetzte Strukturen auf der Makroebene involviert. Allerdings sprechen mehrere Gründe gegen eine solche Entscheidung. Zum einen tangiert die Ausgestaltung von SWP auch die Ebene von Einzelunternehmungen wie beispielsweise von Kundenunternehmen, Komplementoren oder Plattformanbietern. Insbesondere die Perspektive des zentralen Plattformbetreibers spielt als Ausgangspunkt der Plattformgestaltung eine zentrale Rolle in UNSECO und ist somit nicht zu vernachlässigen.[217] Darüber hinaus ergibt sich aus der vorhergehenden Beschreibung und Analyse der Theorien der Makroebene für die pragmatische Zielsetzung dieser Arbeit die

---

214 So untersuchen Das und Teng, bezogen auf Abbildung 10, das Verhältnis von Einzelorganisationen zu den sie umgebenden Netzwerkstrukturen und Koza und Lewin das Verhältnis von Netzwerkstrukturen zu ihrer jeweiligen Umwelt. Vgl. Das, Teng (2002) und Das, Teng (2003) sowie Koza, Lewin (1998)

215 Vgl. Tiberius (2008), S. 97 f.

216 Vgl. Tiberius (2008), S. 98

217 Insb. Cusumano und Gawer fokussieren sich in ihrer Forschung auf diese Sichtweise. Vgl. bspw. Cusumano (2010d), Gawer (2009b), Cusumano (2010b) und Cusumano, Gawer (2002)

Problematik, dass bei isolierter Betrachtung die evolutionären Ansätze aufgrund ihres in den vorherigen Ausführungen beschriebenen deterministischen Charakters keine Hinweise, die existierenden koevolutionären Ansätze nur wenige Startpunkte zur Herleitung konkreter praxeologischer Aussagen zur Gestaltung von SWP für UNSECO liefern. Die isolierte Bezugnahme auf die (moderneren Varianten der) situativen Ansätze könnte zwar dieses Problem beseitigen, indem explizite Gestaltungsziele als Ausgangspunkt für die Gestaltung dienen könnten, würde allerdings relevante Aspekte von UNSECO auf Makroebene ausblenden. Beispielsweise können hier die Existenz einer sich überlagernden Mehrebenenvernetzung sowie dynamische, koevolutionäre Aspekte genannt werden. Deren Ausblendung würde den Realitätsbezug sowie die Anwendbarkeit der erarbeiteten Ergebnisse einschränken. Die rein deterministische Perspektive auf dem Mikrolevel der ursprünglichen situativen Ansätze ist aus den vorgenannten Gründen ebenfalls auszuschließen.

Basierend auf diesen Ausführungen wird deutlich, dass die Betrachtung von UNSECO und deren zentraler SWP aus einer isolierten Perspektive einer Theorie im Vergleich zu einer multitheoretischen Betrachtung wenig sinnvoll erscheint. Vielmehr kann argumentiert werden, dass das Ziel der Herleitung realistischer praxeologischer Aussagen zur Gestaltung von SWP eine integrative Betrachtung aus Sichtweise unterschiedlicher theoretischer Ansätze bedingt.[218] Allerdings stellt dies die Forschung vor die Frage, inwiefern die zugrunde liegenden Paradigmen[219] der zuvor vorgestellten Ansätze inkommensurable Positionen darstellen. Sollte eine solche Inkonsumerabilität existieren, wären die Kombination der Theorien und darauf aufbauende Ergebnisse kritisch zu betrachten.[220] Jedoch ist die Wissenschaft in Bezug auf die Klärung dieser Fragestellung gespalten und stehen sich Proponenten und Opponenten der Integration unterschiedlicher Theorien sowie zugrunde liegender Paradigmen gegenüber, ohne dass diese in der Diskussion ihre Position jeweils abschließend rechtfertigen

218 Vgl. die Argumentation in Bea (2010), S. 238 und die späteren Arbeiten von van de Ven u.a. zur Typologie in van de Ven, Poole (1995), S. 510-540.

219 Der Begriff Paradigma steht in Anlehnung an Scherer im weitesten Sinne für Standards der Wissenschaftlichkeit, die innerhalb einer Wissenschaftlergemeinde anerkannt, außerhalb dieser aber bezweifelt werden. Vgl. Scherer (2006), S. 40

220 Vgl. Scherer (2006), S. 40

können.[221] Es erscheint somit sinnvoll, eine Entscheidung zugunsten einer der beiden Sichtweisen herbeizuführen.

Im Rahmen dieser Arbeit wird eine Entscheidung zugunsten einer integrativen Betrachtung von Theorien und und Paradigmen Vorrang gegeben, da diese unter Bezug auf die einleitend genannten Argumente umfassendere und realistischere Erklärungen sowie Gestaltungsempfehlungen für soziale Phänomene, wie es Softwareökosysteme darstellen, verspricht.[222] Darüber hinaus wird in Anlehnung und Bea und Göbel die Ansicht vertreten, dass der Dialog über unterschiedliche, ggf. konkurrierende Paradigmen hinweg möglich ist. Dies geschieht, indem die grundsätzlichen philosophischen Perspektiven des Voluntarismus und Determinismus, sowie mögliche Unterschiede in den Perspektiven der Mikro- und Makroebene sowie Zeitraum- und Zeitpunktbezug nicht als disjunkte Mengen, also „entweder/oder" im Sinne der Inkommensurabilität von Paradigmen, sondern dem Prinzip der Dualität von Struktur[223] folgend, als ein Kontinuum im Sinne eines „sowohl als auch" verstanden werden.[224] Dieses vermittelnde Vorgehen soll anhand der Integration der gestaltungsphilosophischen Grundpositionen des Determinismus und Voluntarismus illustriert werden. Aus einer rein deterministischen Perspektive betrachtet, müssten organisatorische Gestalter in Folge bestimmter Umweltbedingungen quasi mechanistisch Organisationsstrukturen wählen. Aus Sichtweise einer extremen voluntaristischen Position wäre jederzeit jede beliebige Handlung für organisatorische Gestalter möglich.[225] Die vermittelnde, und im Rahmen dieser Arbeit als realistische erachtete, gemäßigte Zwischenposition ist die einer „begrenzten Wahl von Begrenzungen strukturbezogener Wahlmöglichkeiten"[226] bzw. des gemäßigten Voluntarismus nach Kirsch u. a.[227] Sowohl deterministische Momente (Begrenzung der Handlungsalternativen) als auch voluntaristische Momente (Zielsetzung und Wahlmöglichkeit zwischen Handlungsalternativen zur Realisierung) werden in dieser vereint.[228] Analog verhält es sich in Bezug auf weitere Annahmen der theoretischen Ansätze hinsichtlich der Betrachtungsebenen oder des Zeitpunkt- bzw. Zeitraumbezugs. Dieser Sichtweise folgend soll somit folgendes Menschenbild eines

221 Für Diskussionen der unvereinbaren Positionen vgl. bspw. Scherer (2006), S. 40-44 und Tiberius (2008), S. 41-48
222 Vgl. Westwood, Clegg (2003), S. 3 ff. und die Ausführungen in Bea (2010), S. 238
223 Vgl. Sydow, Wirth (2014), S. 17-50
224 Vgl. Walgenbach (2006), S. 414 und Tiberius (2012), S. 271 f.
225 Vgl. Bea (2010), S. 234 f.
226 Kieser, Kubicek (1992), S. 430
227 Vgl. Kirsch u.a. (1979), S. 231 ff.
228 Vgl. Bea (2010), S. 235

Gestalters in Softwareökosystemen definiert werden: **Die Akteure (Gestalter) in Softwareökosystemen setzen sich zu gewissen Episoden im Zeitverlauf Ziele und implementieren geeignete Strukturen zu Verwirklichung dieser Ziele unter Berücksichtigung des (restriktiven) Kontextes. Hierbei müssen sie jedoch die Beeinflussung des Soll-Pfades im weiteren Zeitverlauf aufgrund (nicht vorhersehbarer) externer Einflüsse und Auswirkungen ihres eigenen Handelns auf mehreren Ebenen einkalkulieren.**

Als Konsequenz der Entscheidung zugunsten dieser Grundposition entsteht der Vorteil, nicht zwingend eine Eingrenzung möglicher organisationstheoretischer Zugänge für die Ableitung eines Bezugsrahmens und nachgelagerter Ergebnisse vornehmen zu müssen. Allerdings sind als Nachteil auch möglicherweise nachträglich entdeckte Widersprüche in Bezug auf die Vereinbarkeit der Paradigmen einzukalkulieren.[229] Ausgehend von diesen (organisations-)theoretischen Vorüberlegungen soll im Nachfolgenden ein theoretischer Bezugsrahmen für die Herleitung und Bewertung von Gestaltungsempfehlungen für SWP im Kontext von UNSECO erarbeitet werden. Er wird im Folgenden anhand der zuvor dargestellten theoretischen Perspektiven unter Zuhilfenahme der begrifflichen Grundlagen und ergänzenden wissenschaftlichen Erkenntnissen aufgespannt und konkretisiert.

---

229 Vgl. Scherer (2006), S. 40-44 und Bea (2010), S. 231

3.3 Theoretischer Bezugsrahmen für die Herleitung von Gestaltungsempfehlungen im Kontext von Unternehmenssoftware

Grundlage für die Herleitung von Gestaltungsempfehlungen im Kontext von Unternehmenssoftware sollen die zuvor angeführte Gestaltungsphilosophie und der darauf aufbauende, in Abbildung 11 dargestellte, theoretische Bezugsrahmen bilden. Seine Elemente sollen im Nachfolgenden erläutert werden.

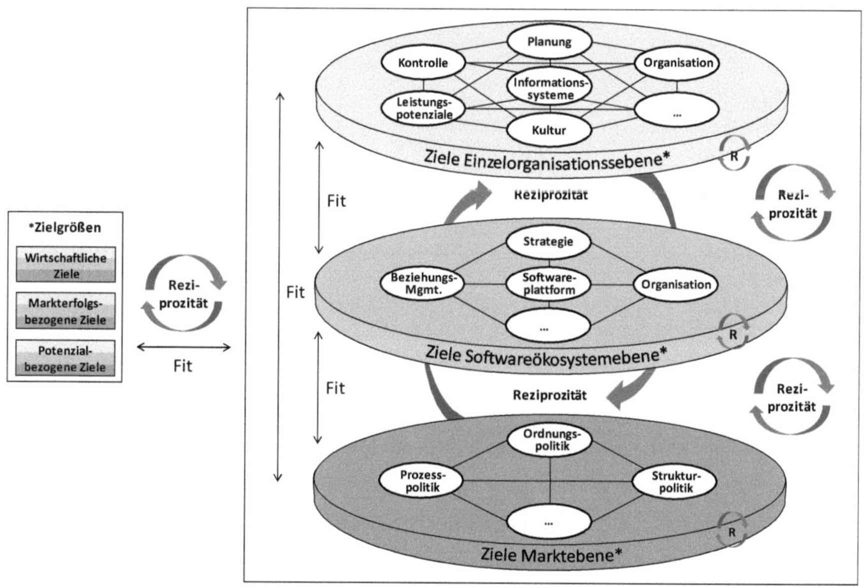

Abbildung 11: Theoretischer Bezugsrahmen für die Herleitung von Gestaltungsempfehlungen im Kontext von Unternehmenssoftwareökosystemen[230]

3.3.1 Ziele der Akteure im Umfeld von Unternehmenssoftware

Den Ansätzen des strategischen Managements folgend, streben die Akteure im Umfeld von Unternehmenssoftware im Rahmen Ihrer Geschäftstätigkeit nach der Generierung und Sicherung von strategischen Wettbewerbsvorteilen, um langfristig die eigene Position im Umfeld für Unternehmenssoftware zu verbessern bzw. zu sichern.[231] Von dem übergeordneten Ziel der Generierung und Sicherung von strategi-

[230] Quelle: Eigene Darstellung

[231] Vgl. Wirtz (2011), S. 22-66, Wirtz (2011), S. 301 f. und Hungenberg (2012), S. 4

schen Wettbewerbsvorteilen lassen sich, in Anlehnung an die in der Literatur existierenden Geschäftsmodellansätze, die in Abbildung 12 dargestellten Zielkategorien für die Gestaltung der Geschäftstätigkeit von Akteuren im Umfeld von Unternehmenssoftware ableiten.[232] Die jeweiligen Zielkategorien und Abhängigkeiten können dabei, den koevolutionären Ansätzen folgend, je nach Ebene der jeweiligen Organisationseinheit unterschiedlich ausgeprägt sein.[233]

Abbildung 12: Systematisierung von Zielen der Akteure im Umfeld von Unternehmenssoftware[234]

- **Potenzialbezogene Ziele:** Sie repräsentieren die vorteilhafte Gestaltung von Potenzialen zur Realisierung einer Wertschöpfung durch die jeweils betrachtete Organisationseinheit und sollen dieser strategische Wettbewerbsvorteile ermöglichen bzw. sichern. Bspw., indem die jeweilige Organisationseinheit flexibler auf potenzielle Markt- oder Kundenanforderungen reagieren kann.[235] Hierunter lassen sich somit Zielgrößen zuordnen, die dem (Kauf-)Verhalten von Geschäftspartnern einer Organisationseinheit und deren Leistungen kausal vorgelagert sind und daher keinen tatsächlichen, aber potenziellen Markterfolg darstellen.[236]
  - **Beispiele:** Bekanntheitsgrad, Kundenzufriedenheit, Imageverbesserungen, Flexibilität oder Time to Market.
- **Markterfolgsbezogene Ziele:** Sie repräsentieren den von der Aktivierung der zuvor beschriebenen Potenziale ausgehenden, tatsächlich realisierten Markterfolg.[237] Dieser Markterfolg kann durch Zielgrößen abgebildet werden, welche

232 Vgl. Homburg, Krohmer (2009), S. 116 f., Wirtz (2011), S. 300-310 und Buxmann u.a. (2013), S. 79
233 Vgl. Das, Teng (2003), S. 280-305
234 Quelle: Eigene Darstellung in Anlehnung an Homburg, Krohmer (2009), S. 117
235 Vgl. Wirtz (2011), S. 301 f.
236 Vgl. Homburg, Krohmer (2009), S. 116 und Wirtz (2011), S. 301 f.
237 Vgl. Homburg, Krohmer (2009), S. 116 und Wirtz (2011), S. 301 f.

im Unterschied zu den potenzialbezogenen Zielen die tatsächliche Verhaltensweise von Geschäftspartnern auf relevanten Märkten abbilden.[238]

- **Beispiele:** Anzahl Kunden, Anzahl Partnerunternehmen, relativer oder absoluter Marktanteil.

- **Wirtschaftliche Ziele:** Unter dieser Zielkategorie können gängige ökonomische Zielgrößen subsumiert werden, die einen, im Vergleich zu den potenzialbezogenen und marktbezogenen Zielen, stärkeren Bezug zur Gewinn- und Verlustrechnung einer Organisationseinheit haben.[239]
  - **Beispiele:** Earnings Before Interest and Taxes (EBIT), Umsatz, Kosten.

Abbildung 13: Pfadabhängigkeiten zwischen den Zielen von Akteuren[240]

Die vorhergehenden Erläuterungen verdeutlichen die Existenz von Dependenzen zwischen den Zielkategorien, welche durch die gerichteten Pfeile in Abbildung 12 symbolisiert werden.[241] Den koevolutionären Ansätzen folgend, können jedoch weitere, über die symbolisierten mono-kausalen Zusammenhänge hinausgehende reziproke Beziehungen und Pfadabhängigkeiten zwischen den Zielkategorien bestehen.[242] Mögliche Pfadabhängigkeiten zwischen Ausprägungen der Zielkategorien sind in Anlehnung an Corsten in Abbildung 13 exemplarisch dargestellt.

[238] Vgl. Homburg, Krohmer (2009), S. 116
[239] Vgl. Homburg, Krohmer (2009), S. 116
[240] Quelle: Eigene Darstellung in Anlehnung an Corsten (1998), S. 15
[241] Vgl. für weitere mögliche Zielzusammenhänge bspw. Homburg, Artz (2011), S. 16
[242] Vgl. die Ausführungen im vorangegangenen Abschnitt

3.3.2 Betrachtungsebenen im Umfeld von Unternehmenssoftware

Es wird ersichtlich, dass für Organisationen im Umfeld von Unternehmenssoftware mehrere Ebenen der Geschäftstätigkeit existieren, auf denen die zuvor genannten Ziele verfolgt werden, aber auch im Konflikt stehen können. Den koevolutionären Ansätzen und den Ansätzen des strategischen Managements folgend, sollten diese Ebenen bei der Herleitung von Gestaltungsempfehlungen in die zugrunde liegenden Betrachtungen eingeschlossen werden.[243] Während jedoch die zugehörige Literatur zwar Hinweise auf das Vorhandensein dieser Ebenen auf unterschiedlichen Abstraktionsniveaus gibt, ist kritisch anzumerken, dass innerhalb dieser keine eindeutige Präzisierung relevanter Betrachtungsebenen existiert.[244] Da nach Stegmüller die Einteilung dieser Ebenen vom Standpunkt des Forschers und dem Untersuchungsgegenstand abhängt, soll dieses Problem durch die nachfolgende Definition dieser Ebenen im Rahmen der Arbeit gelöst werden:[245] Diese Arbeit tangiert Einzelorganisationen, die eigenständig und in aus diesen Einzelorganisationen konstituierten vernetzten Softwareökosystemen auf dem näheren Umfeld des Marktes für Unternehmenssoftware tätig sind. Somit soll vor dem Hintergrund dieses Kontextes, wohlwissend, dass auch andere theoretische Optionen bestehen, in Anlehnung an die Arbeiten von Hatch und Cunliffe, Lewin u. a. sowie Windeler eine Einteilung in die nachfolgenden, als relevant erachteten Betrachtungsebenen stattfinden:[246]

- **Ebene von Einzelorganisationen:** Hierbei handelt es sich um die Ebene einzelner Akteure, die ihre jeweiligen individuellen Ziele verfolgen.
    - Beispiele: Fokale Softwareplattformanbieter, IT-Systemhäuser, IT-Dienstleister, unabhängige Beratungsunternehmen und Partner von Softwareplattformanbietern oder Kundenunternehmen.
- **Ebene von Softwareökosystemen:** Diese Ebene beschreibt wertschöpfungsnetzwerkartige, relationale Zusammenschlüsse zweier oder mehrerer unterschiedlicher Organisationseinheiten, vornehmlich der Einzelorganisations-

243 Vgl. Lewin u.a. (1999), S. 535-549 und Hungenberg (2012), S. 5 f.
244 Vgl. Pettigrew u.a. (2001), S. 698-720 und Windeler (2001), S. 156
245 Vgl. Stegmüller (1983), S. 529 f.
246 Vgl. Hatch, Cunliffe (2013), S. 64-75, Lewin u.a. (1999), S. 537, Windeler (2001), S. 156 und S. 283-287. Hiernach sollte eine Betrachtung relationaler Netzwerkstrukturen, wie sie UNSECO darstellen, individuelle, relationale als auch kontextuelle Faktoren einbeziehen. Vgl. Wald (2011), S. 120

ebene. Diese wenden eine Kooperationsstrategie zur Verfolgung (gemeinsamer) Ziele an. Hierbei wird die wirtschaftliche Eigenständigkeit der Einzelorganisationen lediglich durch die von der Kooperation betroffenen Bereiche für die Dauer dieser eingeschränkt. Die rechtliche Selbstständigkeit der Kooperationspartner bleibt jedoch i. d. R. vollständig erhalten und individuelle Ziele werden weiterhin verfolgt.[247]

  - Beispiele: Partnernetzwerke oder UNSECO wie die Microsoft, SAP oder salesforce UNSECO.[248]

- **Ebene von Märkten:** Diese Ebene stellt als Ort des Zusammentreffens von Angebot und Nachfrage für ein bestimmtes Gut bzw. eine bestimmte Gütergruppe die engere Umwelt von Einzelunternehmungen und Softwareökosystemen dar.[249] Der Markt wird hierbei durch die Marktteilnehmer unterschiedlicher Ebenen (Einzelorganisationen, Softwareökosysteme) formiert. Er kann in Hinblick auf deren Ziele bspw. durch legitimierte Institutionen wie Interessensvertretungen oder Regulierungsbehörden, aber den koevolutionären Ansätzen folgend, auch indirekt durch die Marktteilnehmer beeinflusst werden.[250]
  - Beispiele: Markt für Unternehmenssoftware, IT-Markt

Den koevolutionären Ansätzen folgend, ist zu vermuten, dass es auf den jeweiligen Betrachtungsebenen zu Koopkurrenz- und Anpassungssituationen mit anderen Akteuren innerhalb einer Betrachtungsebene oder auf anderen Betrachtungsebenen kommen kann. Diese stehen somit in einem interdependenten Verhältnis zueinander.[251]

---

[247] Vgl. Kapitel 2.2, ergänzend dazu Bea, Haas (2013), S. 180 und Reiß, Beck (2000), S. 315-340. Sie werden in der Literatur auch als „Meta-Organisationen" bezeichnet. Vgl. Gulati u.a. (2012), S. 571 ff.

[248] Die genannten Kooperationsformen unterscheiden sich insb. in Hinsicht auf die Rolle der partizipierenden Akteure. Diese werden in Kapitel 3.4.3 präzisiert.

[249] Vgl. Bea, Haas (2013), S. 97. Zudem sind weitere globalere Umwelten bspw. technologischer, gesellschaftlicher, ökologischer oder weltpolitischer Art vorstellbar, die an dieser Stelle aus Gründen der Komplexität ausgeblendet werden. Vgl. Hatch, Cunliffe (2013), S. 64-75, Hungenberg (2012), S. 90 f., Müller-Stewens, Lechner (2011), S. 22-24 sowie Baldegger (2012), S. 26 f.

[250] Vgl. Windeler (2001), S. 283 f. Als Beispiel für eine Interessensvertretung kann der BITKOM e.V., als Beispiel für eine Regulierungsbehörde die Bundesnetzagentur genannt werden. Durch Teilnahme an der BITKOM gelingt es Einzelorganisationen wie bspw. Microsoft, der Telekom oder Oracle die gesetzlichen Regelungen zum (inter-)nationalen Datenschutz zu beeinflussen. Berke (2014), S. 52-54

[251] Vgl. Windeler (2001), S. 283 f. und Lewin u.a. (1999), S. 536-541 sowie Kapitel 2.4.3

3.3.3 Gestaltungsdeterminanten im Umfeld von Unternehmenssoftware

An den in Kapitel 3.3.1 genannten Zielen sind, dem Fit-Gedanken folgend, potenzielle Gestaltungsmaßnahmen auf den jeweiligen Ebenen unter Berücksichtigung von im organisationsinternen und -externen Umfeld existierenden Gestaltungsbedingungen auszurichten.[252] Eine Dichotomie in Gestaltungsmaßnahmen und Gestaltungsbedingungen, wie sie in den situativen Ansätzen vorgenommen wird, soll im Rahmen dieser Arbeit allerdings nicht verfolgt werden. Dieses Vorgehen ist in der Erkenntnis der koevolutionären Ansätze begründet, dass das Prinzip der Koevolution eine Dichotomie in Gestaltungsmaßnahmen und Gestaltungsbedingungen erschwert und somit deren wechselseitige Ausrichtung als zweckmäßiger erachtet wird. Somit sollen Gestaltungsmaßnahmen und Gestaltungsbedingungen nachfolgend als Gestaltungsdeterminanten bzw. abgekürzt Determinanten bezeichnet werden. Diese Determinanten sind hierbei, dem Fit-Gedanken folgend, neben der Ausrichtung an den Zielen auch untereinander kongruent zu gestalten.

3.3.3.1 Gestaltungsdeterminanten auf Einzelorganisationsebene

In Anlehnung an das strategische Management, welches die zielorientierte Gestaltung der Anpassung von Organisationen an ihre jeweiligen Umwelten thematisiert,[253] lassen sich auf **Ebene der Einzelorganisationen** die nachfolgenden Gestaltungsdeterminanten identifizieren:[254]

- **Strategische Planung:** Umfasst Maßnahmen der Zielbildung, Umweltanalyse, Strategiewahl und Strategieimplementierung mit dem Ziel, die Stärken und Schwächen von Organisationen mit den Anforderungen ihrer Umwelten abzustimmen. Dazu sind geeignete Strategien zu wählen und zu implementieren.[255]
- **Strategische Kontrolle:** Umfasst Maßnahmen zur Definition von Kontrollträgern, Kontrollprozessen, Kontrolltechniken, Kontrollbereichen und der Kontrollorganisation mit dem Ziel, durch Vergleich von Plan- und Vergleichsgrößen den

---

[252] Vgl. bspw. für die koevolutionären Ansätze und situativen Ansätze Kapitel 3.1

[253] Vgl. Venkatraman (1989), S. 423-442, Bea, Haas (2013), S. 6-10 und Hungenberg (2012), S. 4

[254] Vgl. Bea, Haas (2013), S. 1 22, ähnliche Determinanten werden im Rahmen von McKinseys 7-S-Modells, vgl. Peters, Waterman (2004) oder des Stuttgarter Unternehmermodells, vgl. Kemper u.a. (2011), S. 1-5, Westkämper, Zahn (2009), S. 67-202 genannt.

[255] Vgl. Bea, Haas (2013), S. 45 und Müller-Stewens, Lechner (2011), S. 88-91

Vollzug und die Richtung der strategischen Ausrichtung einer Organisation und deren Subsysteme zu überprüfen.[256]

- **Informationssysteme:** Umfasst Maßnahmen zur Gestaltung von Informationssystemen zur Unterstützung der internen Wertschöpfung, dem strategischen Management externer und interner Informationen sowie des Wissensmanagements zur Nutzung der Ressource Information als strategischem Erfolgsfaktor.[257]
- **Organisation:** Umfasst Maßnahmen zur Schaffung eines Systems von Modellen und Regeln, um bspw. die im Rahmen der strategischen Planung formulierten Ziele und Strategien in geeignete Organisationsstrukturen umzusetzen.[258]
- **Kultur:** Umfasst Maßnahmen zur Entwicklung einer durch Werte und Normen geprägten Organisationskultur. Diese zielen darauf ab, eine die anderen Gestaltungsdeterminanten unterstützende Koordinationswirkung, Integrationswirkung, Motivationswirkung sowie Repräsentationswirkung zu erzeugen.[259]
- **Strategische Leistungspotenziale:** Hierunter fallen Maßnahmen zur Entwicklung, Koordination und Integration strategischer Leistungspotenziale von Organisationen. Strategische Leistungspotenziale können bspw. die Bereiche Beschaffung, Entwicklung und Produktion, Absatz sowie Kapital, Personal und Technologien als Speicher spezifischer Stärken darstellen.[260]

3.3.3.2 *Gestaltungsdeterminanten auf Softwareökosystemebene*

Die o. g. Gestaltungsdeterminanten ließen sich, Schmidt und Götze folgend, grundsätzlich auf die Ebene von Netzwerkstrukturen wie bspw. Softwareökosystemen übertragen.[261] Jedoch sollen für die **Ebene von Softwareökosystemen** die nachfolgenden, von Cusumano und Gawer im Rahmen von Fallstudien bei plattformorientierten

---

256 Vgl. Bea, Haas (2013), S. 260

257 Vgl. Bea, Haas (2013), S. 265-286 sowie Bea, Haas (2013), S. 360

258 Vgl. Bea, Haas (2013), S. 374. Während nach dieser Sichtweise die Maßnahmen der Organisationsgestaltung den Restriktionen anderer Gestaltungsdeterminanten folgen (Structure follows Strategy), definiert andererseits die Organisation auch den strukturellen Rahmen für bspw. die Formulierung und Implementierung von Strategien oder Informationssystemen (Strategy follows Structure). Vgl. Thom, Wenger (2010), S. 63-81. Dies stellt ein weiteres Beispiel für die Dualität von Struktur nach Giddens dar. Vgl. Bea, Haas (2013), S. 374

259 Vgl. Bea, Haas (2013), S. 486 und Homma, Bauschke (2010), S. 15 ff.

260 Vgl. Bea, Haas (2013), S. 492

261 Schmidt und Götze stellen in ihrem Beitrag nur explizit den Bezug auf organisatorische Netzwerke im Allgemeinen und Supply Chains im Speziellen her. Da sie jedoch ihren Ausführungen generische Charakteristika von Netzwerken zugrunde legen, die aufgrund der Ausführungen in Kapitel 2 auch

Software- und Technologieunternehmen identifizierten, Determinanten genannt werden. Sie erscheinen aufgrund ihres thematischen Bezugs für den Kontext der Gestaltung von SWP geeigneter. Im Folgenden wird insb. auf die Spezifika gegenüber den oben angeführten Determinanten auf Einzelorganisationsebene eingegangen:[262]

- **Strategie:** Diese Determinante umfasst, vergleichbar mit der strategischen Planung auf Einzelorganisationsebene, Maßnahmen zur Formulierung der Strategie für SECO sowie der daraus resultierenden Festlegung des „Scopes", d. h. Leistungstiefe und Leistungsbreite der zentralen SWP.[263] D. h. insb. die Klärung der Fragestellung, welche Leistungen durch den fokalen Softwareplattformanbieter erbracht und welche durch die anderen Akteure beigesteuert werden. Ein zu hoher Grad der externen Leistungserstellung kann zu hohen Abhängigkeiten und Risiken für fokale Akteure resultieren. Ein zu niedriger Grad der externen Leistungserstellung erhöht unter Umständen die Einnahmemöglichkeiten seitens fokaler Akteure kurzfristig. Gleichfalls kann er allerdings die Attraktivität von SECO und SWP für externe Akteure verringern, da diese nicht ausreichend Möglichkeiten für die Entfaltung der eigenen Geschäftstätigkeit erhalten. Zudem kann eine zu niedrige Leistungstiefe externer Akteure, deren Aufbau von strategischen Leistungspotenzialen erschweren, nachgelagert das Risiko von Imitationen erhöhen und somit die Existenz dieser Akteure gefährden. Es scheint somit sinnvoll, diese Determinante in Abhängigkeit der Rahmenbedingungen zu gestalten.[264]
- **Organisation:** Diese Determinante umfasst (semi-)formale Regelungen und Modelle zur Umsetzung der formulierten Strategie sowie zur Interaktion der Akteure eines SECO. Bspw. zur Abstimmung in Bezug auf die Weiterentwicklung der SWP, Aufteilung möglicher Lizenzeinnahmen, Rollen- und Berechtigungsmodellen oder Sanktionsmechanismen bei konfliktärem Verhalten. Dieser Bereich überlagert und ergänzt somit die internen Organisationsstrukturen der unterschiedlichen Akteure in Bezug auf die Kooperation im SECO.[265]

---

auf SECO zutreffen, könnte grundsätzlich eine Übertragung diesen Kontext erfolgen. Vgl. Schmidt, Götze (2008), S. 69-73

262 Vgl. zu den nachfolgenden Ausführungen insb. Gawer, Cusumano (2002), S. 39-76, Cusumano, Gawer (2002), S. 54-58 und Mautsch u.a. (2013), S. 56 f.

263 Vgl. Cusumano, Gawer (2002), S. 54 f., Cusumano (2010b), S. 44 f. und Möller (2006), S. 68 f.

264 Vgl. Iansiti, Levien (2004a), S. 7-9 und Cusumano, Gawer (2002), S. 54 f.

265 Vgl. Tiwana u.a. (2010), S. 679-681, Kim u.a. (2010), S. 152-155 und van Angeren u.a. (2013), S. 85-101. und Sarker u.a. (2012), S. 320 f. Tiwana u.a. bezeichnen die hier unter dem Begriff der

- **Softwareplattform:** Diese Determinante umfasst Maßnahmen zur Gestaltung des Informationssystems Softwareplattform als Basis für die Aktivitäten der unterschiedlichen Akteure in plattformzentrierten Softwareökosystemen. Die Architektur der Softwareplattform soll als „Enabler" die Akteure technologisch in die Lage versetzen, die mit der Partizipation am Softwareökosystem verbundenen Ziele zu erreichen.[266] Je nach verfolgter Strategie sollten hierbei bspw. die Architektur und Schnittstellen modularer und offen (kooperativ) bzw. monolithischer und geschlossen (kompetitiv) gestaltet werden.[267]
- **Beziehungsmanagement:** Umfasst Maßnahmen zur in Abhängigkeit von der verfolgten Strategie kooperativen bzw. kompetitiven Gestaltung der Beziehungen zwischen den Akteuren im SECO. Diese Beziehungen stellen ein spezifisches, zu gestaltendes strategisches Leistungspotenzial auf SECO-Ebene dar. Eine auf die Strategie und Organisationsstruktur abgestimmte Institutionalisierung des Komplementorenbeziehungsmanagements als Interessensvertretung externer Akteure und Multiplikator für den internen und externen Wissenstransfer kann beispielsweise die Kooperations- und Konfliktlösungsfähigkeiten sowie die Kommunikation zwischen Akteuren in Softwareökosystemen verbessern. Zudem kann diese die Nutzung von SWP erleichtern.[268]

Dem Fit-Gedanken folgend sollte eine konsistente Abstimmung der einzelnen Determinanten untereinander stattfinden. So sollte eine von der Strategie und dem Scoping vorgegebene Externalisierung der Leistungserbringung mit dem Vorhandensein von Schnittstellen zur Integration der Leistungen in der SWP einhergehen.[269] Auch sollte eine solche Gestaltung von SWP durch die Etablierung eines entsprechenden Beziehungsmanagements sowie durch organisatorische Regelungen unterstützt werden.[270]

„Organisation" zusammengefassten Aspekte unter dem Begriff „Governance". Inhaltlich sind die Ausführungen von Tiwana u.a. allerdings dem Organisationsbegriff zuzuordnen.

266 Vgl. Kumar, van Dissel (1996), S. 281 f.

267 Vgl. Gawer, Cusumano (2002), S. 39-43, Tiwana u.a. (2010), S. 677-679 und Kim u.a. (2010), S. 151 ff.

268 Vgl. Cusumano, Gawer (2002), S. 56-58, Jansen u.a. (2012), S. 1498-1504, Reiß, Günther (2009b), S. 133 f. und Sarker u.a. (2012), S. 320 f.

269 Vgl. Baldwin, Woodard (2009), S. 38-40 und Tiwana u.a. (2010), S. 677-679. Im Umkehrschluss kann es sinnvoll erscheinen, eine konfliktorientierte Konkurrenzstrategie gegenüber Dritten, vgl. zur Definition dieser Meffert u.a. (2012), S. 320 und S. 324 f., nicht durch offene Schnittstellen und eine Offenlegung relevanter Informationen in der Dokumentation von Softwareplattformen zu korrumpieren.

270 Vgl. Gawer, Cusumano (2002), S. 246-264 und Mautsch u.a. (2013), S. 56 f.

3.3.3.3 Gestaltungsdeterminanten auf Marktebene

Auf der **Ebene von Märkten** lassen sich in Anlehnung an die Volkswirtschaftslehre und insb. die Wirtschaftspolitik, welche zum Ziel hat, marktwirtschaftliche Prozesse effizient hinsichtlich der Wohlfahrt der Gesellschaft und Marktteilnehmer zu gestalten, die nachfolgenden Determinanten mit Einfluss auf den Erfolg von Märkten und Subsystemen im Umfeld von Unternehmenssoftware identifizieren.[271]

- **Ordnungspolitik:** Die Ordnungspolitik umfasst Maßnahmen zur Gestaltung der Rahmenbedingungen (Ordnung) unter denen Wirtschaftssubjekte auf Märkten ihre Entscheidungen fällen. Ihr ist die Wettbewerbspolitik zuzuordnen.[272] Diese sieht Regeln und Eingriffe wie das Verbot von Kartellen, Fusionskontrollen oder das Verbot wettbewerbsschädigender Verhaltensweisen mit dem Ziel vor, alle Arten von Wettbewerbsbeschränkungen auf Märkten zu verhindern, da diese die Wohlfahrt der Märkte bzw. Gesellschaft gefährden.[273] Beispielhaft für eine Verletzung dieser Ordnung kann z. B. die Ausnutzung von aus Monopolstrukturen und Netzeffekten resultierender Marktmacht genannt werden, wie diese im Betriebssystemmarkt zeitweise vorherrschen.
- **Prozesspolitik:** Umfasst Maßnahmen zur Steuerung von Märkten bzw. Wirtschaftsabläufen durch staatliche Stellen mit dem Ziel, Wachstum zu fördern oder Wirtschaftskreisläufe zu stabilisieren. Ihr sind die Bereiche der Arbeitsmarktpolitik, Finanzpolitik, Fiskalpolitik, Geldpolitik, Handelspolitik oder Konjunkturpolitik zur Stimulation von Märkten zuzuordnen.[274] Beispiele für das Umfeld von UNSW beeinflussende arbeitsmarktpolitische Maßnahmen können die Senkungen von Einwanderungshürden für IT-Fachkräfte oder staatlich geförderte Qualifikationsprogramme darstellen, die darauf abzielen, das notwendige Angebot an qualifiziertem Personal auf Märkten sicherzustellen.

---

[271] Vgl. Wildmann (2012), S. 4 f. und Welfens (2005). Die Wirtschaftspolitik kann aufgrund ihrer Zielsetzung dazu beitragen, die zuvor genannten Ziele auf dieser Ebene zu erreichen.

[272] Vgl. Wildmann (2012), S. 5

[273] Vgl. Wildmann (2012), S. 4 f., Welfens (2005), S. 324 und Woeckener (2011), S. 73-91

[274] Vgl. Engelkamp, Sell (2013), S. 409-412. Die (langfristigen) Einflussmöglichkeiten der Prozesspolitik werden aufgrund von die Märkte überlagernden Megatrends wie bspw. der Globalisierung, oftmals als gering angesehen (Politikineffizienz). Andererseits kann der Einfluss von politischen Ankündigungen auf Märkte und untergeordnete Wirtschaftssubjekte nicht ausgeschlossen werden. Vgl. Welfens (2008), S. 710 f. und Engelkamp, Sell (2013), S. 412. Somit soll die Prozesspolitik im Rahmen dieser Arbeit als eine Determinante von Märkten betrachtet werden.

- **Strukturpolitik:** Umfasst Maßnahmen zur Gestaltung einzelner regionaler und sektoraler Branchenstrukturen.[275] Im Umfeld von UNSW ist beispielsweise die Förderung von deutschen Cloudanbietern zur Steigerung der Wettbewerbsfähigkeit dieser regionalen Branche vorstellbar. Hierbei wären allerdings Wechselwirkungen mit den Determinanten der Ordnungspolitik (wettbewerbsschädigende Einflüsse durch staatliche Stellen) oder der Konjunkturpolitik (mögliche Widersprüche) im Rahmen der Prozesspolitik zu beachten.

Diese Determinanten sind oftmals nicht direkt durch Organisationen im Umfeld von UNSW, sondern durch gesetzlich legitimierte Entscheidungsträger wie beispielsweise Regierungen, Parlamente oder andere öffentliche Institutionen gestaltbar.[276] Allerdings besteht für die Akteure die Möglichkeit, über Lobbyismus und Interessensvertretungen wie beispielsweise Wirtschafts- bzw. Branchenverbände indirekte Einflussnahme auf diese Entscheidungsträger und die Gestaltung relevanter Determinanten auszuüben.[277] Desweiteren ist zu vermuten, dass Aktivitäten bzw. der Erfolg von Akteuren auf Märkten und anderen Ebenen des Bezugsrahmens bestimmte Reaktionen seitens der Wirtschaftspolitik, z. B. zum Entgegenwirken gegenüber Monopolstrukturen, verursachen.[278] Somit existieren zu und innerhalb dieser Betrachtungsebene und ihren Determinanten Wechselwirkungen im Sinne der koevolutionären Ansätze.

3.3.4 Interdependenzen zwischen Elementen des theoretischen Bezugsrahmens

Die vorgehenden Erläuterungen verdeutlichen, den Erkenntnissen der situativen Ansätze folgend, dass eine Herleitung universeller Handlungsanleitungen zur Gestaltung von Determinanten im Kontext von Unternehmenssoftware nur schwer realisierbar ist. Vielmehr ist die Gestaltung von Determinanten des theoretischen Bezugsrahmens, dem Fit-Gedanken folgend, mit den jeweils relevanten Variablen des theoretischen Bezugsrahmens abzustimmen und somit von diesen abhängig. Hierbei ergeben sich aus den vorhergehenden Erläuterungen abgeleitet in bestimmten Situationen die nachfolgenden Abstimmungsbedarfe, welche in Abbildung 11 durch die „FIT-Pfeile",

[275] Vgl. Wildmann (2012), S. 6
[276] Vgl. Neck, Schneider (2013), S. 51-53
[277] Vgl. Neck, Schneider (2013), S. 52
[278] Vgl. Woeckener (2011), S. 91 und Windeler (2001), S. 283-287

die Verbindungen zwischen den einzelnen Determinanten der jeweiligen Betrachtungsebenen, sowie die an den Rändern der Gestaltungsebenen skizzierten Ziele auf der jeweiligen Ebene repräsentiert werden.

- Abstimmungsbedarfe zwischen Zielen und Gestaltungsdeterminanten auf den jeweils relevanten Betrachtungsebenen
- Abstimmungsbedarfe zwischen Einzelorganisationsebene und Softwareökosystemebene
- Abstimmungsbedarfe zwischen Einzelorganisationsebene und Marktebene
- Abstimmungsbedarfe zwischen Softwareökosystemebene und Marktebene
- Abstimmungsbedarfe zwischen den Gestaltungsdeterminanten innerhalb der jeweiligen Ebene

Dem Kern der den evolutionstheoretischen und koevolutionären Ansätzen inhärenten Argumentationsfigur folgend, kann hierbei eine Dynamik des Umfeldes impliziert werden. Es ist davon auszugehen, dass sich als Konsequenz aus den Abstimmungsaktivitäten der Akteure im Umfeld die in Abbildung 11 als wechselseitige Pfeile dargestellten, koevolutionären Reziprozitäten ergeben, welche ihrerseits potenziell zu Pfadabhängigkeiten führen:[279]

- Reziprozitäten zwischen den Zielen auf den jeweiligen Ebenen
- Reziprozitäten zwischen Einzelorganisationsebene und Softwareökosystemebene
- Reziprozitäten zwischen Einzelorganisationsebene und Marktebene
- Reziprozitäten zwischen Softwareökosystemebene und Marktebene
- Reziprozitäten zwischen Akteuren innerhalb der jeweiligen Ebenen
- Reziprozitäten zwischen den Gestaltungsdeterminanten der jeweiligen Ebene

Exemplarisch für zwischen den Akteuren auf den jeweiligen Ebenen auftretende Reziprozitäten können die im Umfeld von plattformzentrierten UNSECO auftretenden direkten und indirekten Netzeffekte genannt werden.[280] So können der Erfolg und die damit verbundene Verbreitung einer Softwareplattform, wie bspw. der SAP Business Suite, dazu führen, dass weitere Akteure sich aufgrund von Kompatibilitätsvorteilen

[279] Vgl. Murmann (2013), S. 4 ff.

[280] Vgl. Kapitel 2.4.2 sowie Woeckener (1995), S. 10 f. und Wolf u.a. (2008), S. 163-167. Für weitere Beispiele zu Reziprozitäten im Kontext von ERP-Plattformen vgl. Koslowski, Strüker (2011), S. 351-353

entschließen, sich anzupassen und die Leistungen der Softwareplattform zu nutzen. Dadurch erhöhen sie durch die entstehende Kompatibilität mit ihren eigenen Leistungen wiederum den Nutzen für die anderen Akteure der um diese Produkte entstehenden Netzwerkstrukturen (direkte Netzeffekte). Aufgrund der wachsenden Verbreitung und Nutzerzahl steigt zudem für komplementäre Akteure die Attraktivität, eigene Leistungen für diese Softwareplattform anzubieten, da die potenzielle Abnehmerbasis steigt. Die hieraus resultierende größere Leistungsvielfalt führt im nächsten Schritt zu einem größeren Leistungsversprechen gegenüber der Nutzerbasis und wiederum zu einem größeren wahrgenommenen Nutzen (indirekte Netzeffekte).[281] Aus der (gegenseitigen) Anpassung der Akteure können sich selbst verstärkende Reziprozitäten und nachfolgend Pfadabhängigkeiten entstehen.[282]

Aufgrund des koevolutionären Charakters des Bezugsrahmens sind hierbei weitere Reziprozitäten, z. B. durch System-Subsystem-Beziehungen vorstellbar und nicht auszuschließen.[283] Eine mögliche Identifikation weitergehender Beziehungen könnte bspw. durch Szenario-Techniken erfolgen.[284] Sie werden jedoch aus Komplexitätsgründen im weiteren Vorgehen ausgeblendet.

3.4 Implikationen des theoretischen Bezugsrahmens für die Herleitung und Beurteilung von Gestaltungsempfehlungen für Softwareplattformen

Der in den vorangegangenen Abschnitten erarbeitete und in Abbildung 11 dargestellte theoretische Bezugsrahmen kann, unabhängig von der verfolgten Zielsetzung, als generischer Rahmen zur Herleitung und Analyse von Gestaltungsempfehlungen im Kontext von Unternehmenssoftware herangezogen werden. Ihm zufolge üben potenziell sämtliche Determinanten einen Einfluss auf die Effizienz von Gestaltungsmaßnahmen und somit einen Einfluss auf das Erreichen von Gestaltungszielen aus.

---

281 Vgl. Messerschmitt, Szyperski (2003), S. 52-55, Buxmann u.a. (2011), S. 24-29, Katz, Shapiro (1985), S. 424 und Shapiro, Varian (1999), S. 173 ff.

282 Netzeffekte und daraus resultierende Pfadabhängigkeiten sind nicht exklusiv positiver Natur. Vielmehr können sie auch zu Monopolstrukturen oder Lock-Ins führen, welche möglicherweise geeignetere Lösungen im Hinblick auf die Ziele der Akteure verhindern. Vgl. Buxmann u.a. (2011), S. 24-29 oder Shapiro, Varian (1999), S. 173 ff.

283 Vgl. Baldegger (2012), S. 114-131

284 Vgl. zum Einsatz der Szenariotechnik zur Identifikation und Bewertung solcher Interdependenzen bspw. Götze (1993), S. 29-70 oder Reibnitz (1992), S. 201-215.

Gestaltungsorientiertes Wissenschaftsziel dieser Arbeit stellt die Herleitung von Gestaltungsempfehlungen für SWP dar. Als Determinante auf der Ebene von plattformzentrierten UNSECO bilden die zu gestaltenden SWP die Grundlage für die Integration von Leistungen unterschiedlicher Akteure auf Einzel- und SECO-Ebene.[285] Diese Akteure agieren mit ihren darauf aufbauenden komplementären Leistungen auf den umgebenden Märkten (Marktebene).[286] Somit existieren für die Gestaltung von SWP grundsätzlich zu beachtende Wechselwirkungen zu allen Determinanten dieser Betrachtungsebenen. Eine „optimale" Gestaltung von SWP sollte daher theoretisch die detaillierte Analyse aller in Wechselbeziehung zu dieser Determinante stehenden Elementen des Bezugsrahmens umfassen.

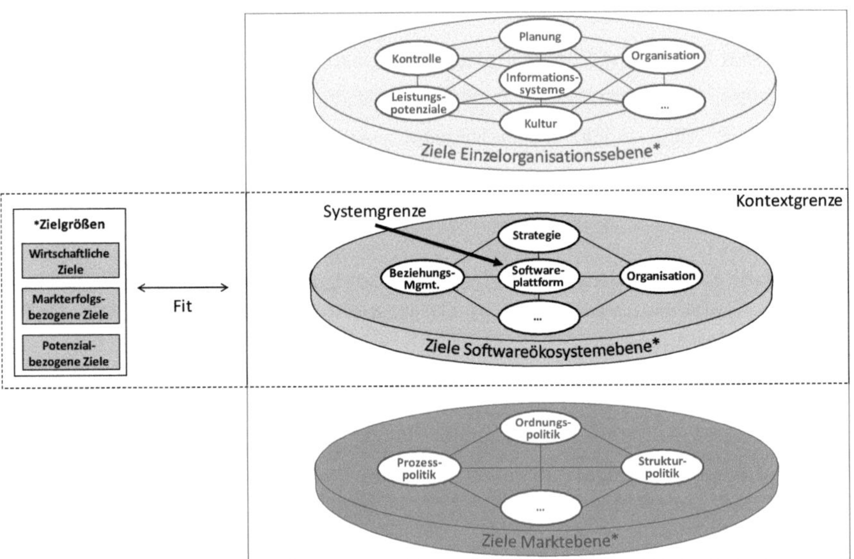

Abbildung 14: System- und Kontextabgrenzung für die Herleitung von Gestaltungsempfehlungen für Softwareplattformen[287]

Allerdings hat sich in der Forschung, insb. unter Vertretern der Organisationsgestaltung, des strategischen Managements, aber auch der Wirtschaftsinformatik, die Erkenntnis durchgesetzt, dass der gezielten Gestaltung der Unternehmens-Umweltbe-

---

285 Vgl. Buxmann u.a. (2013), S. 156, Evans u.a. (2008), S. 1-16, Kim u.a. (2010), S. 151-156 sowie Cusumano, Gawer (2002), S. 55 f.

286 Vgl. Basole, Karla (2011), S. 302 und Iansiti, Levien (2004b), S. 17

287 Quelle: Eigene Darstellung

ziehungen im Sinne eines vollständigen, rationalen Optimierungsansatzes komplexitätsbedingt Grenzen gesetzt sind.[288] So findet selbst in der tendenziell komplexitätsbejahenden Forschungsströmung der koevolutionären Ansätze aus forschungsökonomischen Gründen eine Fokussierung auf als relevant erachtete Aspekte statt.[289] Darüber hinaus ist davon auszugehen, dass organisierende Akteure in der Praxis selbst bei absichtsvollem und bewusstem Organisieren aufgrund begrenzter Rationalität nicht alle Bedingungen ihres Handelns übersehen können.[290] Die Herleitung von Gestaltungsempfehlungen, welche die Kenntnis aller Kontextbedingungen durch organisierende Akteure voraussetzen, schränkt daher die Anwendbarkeit dieser Empfehlungen in der Praxis ein. Ein solches Vorgehen ist somit nur teilweise mit der Zielsetzung dieser Arbeit zu vereinbaren.

Im Rahmen dieser Arbeit wird somit das eingangs skizzierte Herleiten von Gestaltungsempfehlungen im Sinne eines vollständigen Optimierungsansatzes, insbesondere in Hinblick auf die praktische Anwendbarkeit der Ergebnisse, als wenig zielführend erachtet. Es soll daher bei der Herleitung von Gestaltungsempfehlungen für SWP eine im nachfolgenden erläuterte und in Abbildung 14 dargestellte Fokussierung auf ausgewählte und als relevant erachtete Untersuchungsfelder des theoretischen Bezugsrahmens vorgenommen werden.[291] In Anlehnung an das Requirements Engineering (RE) soll diese im Rahmen einer Kontext- und Systemabgrenzung erfolgen.[292] Dies geschieht im Bewusstsein, dass durch ein solches Vorgehen Einschränkungen in der Aussagekraft der darauf aufbauenden Ergebnisse resultieren können. Der Beitrag des theoretischen Bezugsrahmens wird durch diese Vorgehensweise jedoch nicht geschmälert: Er zeigt Determinanten sowie Wechselwirkungen des Umfeldes als Anknüpfungspunkte für weitere Forschung, aber auch zur Berücksichtigung bei der Erarbeitung von Gestaltungsempfehlung für die Praxis auf. Der vorliegende theoretische Bezugsrahmen kann für die Beschreibung, Erklärung und Gestaltung des Kontextes

---

288 Vgl. bspw. Frese (1995), S. 271 ff., Bea, Haas (2013), S. 13 oder Herzwurm (2000), S. 122

289 Vgl. die Ausführungen in Abschnitt 3.1

290 Vgl. Sydow, Wirth (2014), S. 35

291 Aus Darstellungsgründen sind in Abbildung 14 im Unterschied zu Abbildung 11 einzelne FIT- und Reziprozitätspfeile ausgeblendet.

292 Als Systemabgrenzung wird im RE die Abgrenzung eines Konstruktionsgegenstandes von seiner Umgebung verstanden. Innerhalb der Systemgrenze befinden sich alle Aspekte, die im Entwicklungsprozess verändert bzw. gestaltet werden. Die Kontextabgrenzung bezeichnet die Abgrenzung des für die Definition und Verständnis des zu entwickelnden Systems relevanten Kontextes vom irrelevanten Kontext. Vgl. Pohl (2008), S. 55-62 und Pohl, Rupp (2011), S. 21-28

von Unternehmenssoftware herangezogen werden und somit zu einer weitergehenden Theoriebildung beitragen.

3.4.1 Abgrenzung relevanter Untersuchungsbereiche

Auf Basis der vorstehenden Erläuterungen wird für den weiteren Verlauf dieser Arbeit die nachfolgende Kontext- und Systemabgrenzung für die Herleitung von Gestaltungsempfehlungen für SWP in UNSECO vorgenommen.

- **Kontextabgrenzung:** Es soll eine Fokussierung auf die Ebene von SECO des theoretischen Bezugsrahmens erfolgen. Die Ebenen von Einzelorganisationen und Märkten sowie die auf diesen existierenden Ziele und Determinanten sollen für die Herleitung von Gestaltungsempfehlungen SWP ausgeblendet werden. Dieses Vorgehen wird in Anlehnung an die vorstehende Argumentation in Hinblick auf die Anwendbarkeit der Empfehlungen wie folgt begründet: Zwar ist davon auszugehen, dass die Ebene von Märkten als relevantes Marktumfeld einen Einfluss auf den Erfolg von Gestaltungsmaßnahmen hat. Jedoch ist anzunehmen, dass die politisch geprägten Determinanten dieser Ebene sowie dahinter stehende Prozesse durch Akteure, welche mit der Gestaltung von SWP in SECO betraut sind, nur indirekt eingesehen und mittel- bis langfristig z. B. durch (politische) Interessensvertretungen beeinflusst werden können. Für die Ebene von Einzelorganisationen ist die Argumentation ähnlich gelagert: Zwar sind Determinanten und Prozesse auf dieser Ebene möglicherweise einfacher als auf Marktebene einzusehen. Allerdings ist davon auszugehen, dass gestaltenden Akteuren der vollständige Einblick in alle Determinanten aller in SECO partizipierender Akteure nur schwer möglich ist.[293] Im Unterschied dazu können die Elemente der verbleibenden Ebene von SECO kurz- und mittelfristig eingesehen und beeinflusst werden. Den für die Herleitung von Gestaltungsempfehlungen für SWP in UNSECO relevanten Kontext stellt somit die Ebene von SECO dar.
- **Systemabgrenzung:** Aus der Zielsetzung dieser Arbeit resultieren SWP auf Ebene von SECO als zu betrachtende und gestaltende Determinanten. Sie sind, wie aus den Ausführungen des nachfolgenden Kapitels hervorgeht, an den

[293] Als mögliche Begründung hierfür können exemplarisch die von Akteuren im Sinne ihrer individuellen Nutzenmaximierung gewünschten und im Rahmen der Principal-Agent-Theorie (PAT) thematisierten Informationsasymmetrien angeführt werden. Vgl. Bea (2010), S. 145 f. sowie Kapitel 4.4.2.2

Zielen der Akteure von SECO auszurichten und mit anderen Determinanten des relevanten Systemkontextes abzustimmen.

Den Erkenntnissen des Requirements Engineering folgend, existieren an den System- bzw. Kontextgrenzen Grauzonen, die eine trennscharfe Abgrenzung der Untersuchungsbereiche erschweren. Während die Systemgrenze im Rahmen dieser Arbeit weiter konkretisiert werden soll, entzieht sich die Kontextgrenze z. B. aufgrund der Überlagerung der Geschäftstätigkeiten der Akteure im Umfeld von Unternehmenssoftware auf unterschiedlichen Ebenen einer exakten Identifikation.[294] Dies wird durch die gestrichelte Kontextgrenze in Abbildung 14 symbolisiert.

3.4.2 Ziele der Akteure in Unternehmenssoftwareökosystemen als Ausgangspunkt für die Gestaltung von Softwareplattformen

Unter der Annahme, dass „eine Entwicklung ob der Entwicklung willen" ausscheidet, sollen die Ziele auf Betrachtungsebene von SECO den Ausgangspunkt für die Herleitung von Gestaltungsempfehlungen für SWP in UNSECO darstellen. Dies lässt sich wie folgt begründen: Zum einen stellen die Ziele aus Sicht des strategischen Managements sowie der koevolutionären Ansätze die ursächliche Grundlage für ein Handeln von Organisationen dar. Aber auch aus Sichtweise der evolutionstheoretischen Ansätze ergibt sich die Bedeutung der Berücksichtigung von Zielen von Akteursgruppen. Eine Nichtberücksichtigung von Zielen von involvierten Akteursgruppen kann zum Scheitern von Gestaltungsmaßnahmen und des damit intendierten Wandels führen.[295] Da SWP Determinanten auf Ebene von SECO darstellen, sollten diese an den Zielen dieser Ebene ausgerichtet werden. Darüber hinaus besteht eine Interdependenz dieser Ziele auf Ebene von SECO mit den Zielen der Akteure auf Einzelorganisationsebene. Diese lässt sich aus dem Sachziel von organisatorischen Netzwerken, wie sie SECO darstellen, ableiten: SECO so zu gestalten, dass diese im optimalen Umfang die Ziele der partizipierenden Akteure unterstützen.[296] Somit finden auch die Ziele der

[294] Nach Pohl und Rupp ist eine präzise und vollständige Definition der Kontextgrenze nicht möglich. Vgl. Pohl, Rupp (2011), S. 27

[295] Vgl. Kirsch u.a. (1979), S. 298 ff., Kieser, Woywode (2006), S. 311 und Kieser, Kubicek (1992), S. 430. Eine solche Sichtweise findet sich ebenfalls in den Ansätzen des Change Managements wieder vgl. Lauer (2010), S. 125 ff.

[296] Vgl. Bernecker (2005), S. 184 und Möller (2006), S. 66 f. Allerdings ist darauf hinzuweisen, dass die beiden Autoren in ihren Arbeiten die Termini „organisatorische Netzwerke" (Bernecker) bzw. „Wertschöpfungsnetzwerke" (Möller) verwenden. Die den Arbeiten zugrunde liegenden Merkmale dieser Termini stimmen jedoch mit der Definition von SECO in dieser Arbeit überein.

Akteure auf Einzelorganisationsebene in die Herleitung von Gestaltungsempfehlungen für SWP in plattformzentrierten UNSECO Einfluss.[297] Auf Basis dieser Ausführungen lassen sich die im theoretischen Bezugsrahmen genannten Zielkategorien für die Gestaltung von SWP wie folgt interpretieren:[298]

- **Potenzialbezogene Ziele auf SECO-Ebene:** Stellen die mit der Teilnahme am SECO und der Nutzung von SWP verknüpften Ziele seitens der Akteure dar. Sie lassen sich aus den von Akteuren auf Einzelorganisationsebene verfolgten Zielen ableiten, müssen aber im Einzelfall nicht zwingend deckungsgleich mit diesen sein.[299] Potenzialbezogene Ziele auf SECO-Ebene lassen sich als Potenziale charakterisieren, welche durch die Akteure mit der Teilnahme an diesen verfolgt und durch SECO und deren zentrale SWP unterstützt werden sollen.
- **Markterfolgsbezogene Ziele auf SECO-Ebene:** Die Ziele dieser Kategorie repräsentieren den von der Realisierung der zuvor dargestellten Potenziale ausgehenden tatsächlichen Markterfolg von Softwareökosystemen im Umfeld von UNSW. Als Beispiele für Zielgrößen können der Marktanteil des SECO, die Teilnehmerzahl bzw. die Menge der im SECO angebotenen Leistungen in Relation zu anderen SECO genannt werden.[300] Dieser Argumentation liegt das Gratifikationsprinzip zugrunde, nach dem potenzielle Kunden eine ihnen angebotene Leistung nur dann erwerben, wenn dadurch ein Nutzen für sie entsteht.[301] Es wird die auf diesem Prinzip aufbauende Annahme getroffen, dass eine Partizipation an plattformzentrierten UNSECO und die Nutzung der zentralen SWP sowie das Anbieten von darauf aufbauenden Leistungen nur stattfindet, wenn SWP die mit der Teilnahme verknüpften potenzialbezogenen Ziele unterstützen. Die Realisierung potenzialorientierter Ziele ist somit eine notwendige, aber

297 Vgl. Möller (2006), S. 66

298 Vgl. Iansiti, Levien (2004a), S. 68-78

299 So versuchen einzelne Akteure ihre Ziele teilweise durch die Partizipation in SECO-Strukturen, teilweise eigenständig zu realisieren. Dabei kann es zu Koopkurrenzsituationen zwischen den individuellen Geschäftstätigkeiten und SECO-Geschäftstätigkeiten kommen. Vgl. Bernecker (2005), S. 184 und Das, Teng (2003), S. 291 sowie die Ausführungen in Kapitel 2.4.3

300 Diese Kategorie wird in der Literatur zu SECO auch als Robustheit bezeichnet. D.h. die aus einer großen Anzahl an Teilnehmern und darauf angebotenen Leistungen resultierende Robustheit im Falle des Ausfalls von bestimmten Teilnehmern. Vgl. Iansiti, Levien (2004a), S. 72

301 Vgl. Balderjahn (1995), S. 186

aufgrund der im Bezugsrahmen skizzierten multiplen Abhängigkeiten, nicht die einzige Voraussetzung für das Erreichen von markterfolgsbezogenen Zielen.

- **Wirtschaftliche Ziele auf SECO-Ebene:** Die Ziele dieser Kategorie charakterisieren das Kosten-Nutzen-Verhältnis der Partizipation von Akteuren im SECO im Sinne eines Return on Investment (ROI) und somit den wirtschaftlichen Erfolg.[302]

Auf der Ebene von SECO lassen sich ebenfalls die bereits zuvor skizzierten Reziprozitäten und Pfadabhängigkeiten zwischen den Zielkategorien identifizieren. So ist das Erreichen von markterfolgsbezogenen Zielen, wie beispielsweise einer größeren Teilnehmerzahl oder Anzahl auf der Plattform aufbauender komplementärer Leistungen, die Voraussetzung für das Erreichen von potenzialbezogenen Zielen. Beispielsweise bedingen eine höhere Qualität oder Zeitvorteile durch Nutzung von Komponenten anderer Akteure des SECO das Vorhandensein einer ausreichenden Anzahl an Akteuren im SECO.[303] Das Erreichen von potenzialbezogenen Zielen kann wiederum, dem Gratifikationsprinzip folgend, zu einer größeren Teilnehmerzahl und dem Erreichen von markterfolgsbezogenen Zielen führen.[304] Darauf aufbauend und da SWP in besonderem Maße auf das hinter den potenzialorientierten Zielen stehende Leistungsversprechen abzielen, sollen im Rahmen dieser Arbeit vorwiegend, aber nicht ausschließlich, die potenzialbezogenen Ziele den Ausgangspunkt für die Herleitung von Gestaltungsempfehlungen für SWP darstellen. Bei einer späteren Bewertung des Erfolges von Gestaltungsempfehlungen können die anderen Zielkategorien aufgrund der zuvor aufgezeigten Reziprozitäten nicht vollständig ausgeblendet werden, da diese Kategorien aus den oben genannten Gründen einen Einfluss auf den Erfolg von SWP haben können. Die Ziele der Akteure auf SECO Ebene können somit als übergeordnete Effizienzkriterien für die Gestaltung von SWP betrachtet werden.[305]

Allerdings erscheint zur Herleitung von Gestaltungsempfehlungen auf Basis dieser Ziele ein weiterer Konkretisierungsschritt notwendig. Diese Notwendigkeit ergibt sich

---

302 Vgl. Iansiti, Levien (2004a), S. 71 f.

303 Vgl. Möller (2006), S. 67 f. und Kim u.a. (2010), S. 152-156

304 Vgl. Iansiti, Levien (2004a), S. 70-72, welche die aus einer großen Anzahl an Akteuren und komplementären Angeboten resultierende Robustheit als Voraussetzung für das Erzielen der mit der Partizipation in plattformzentrierten Ökosystemen verknüpften Produktivitätsziele betrachten. Vgl. auch Manikas, Hansen (2013a), S. 36 f. Bei diesen Wechselwirkungen ist jedoch, den koevolutionären Ansätzen folgend, eine Störung des Pfades möglich. Vgl. Kapitel 3.1

305 Zum Konzept der Effizienzkriterien im Rahmen der anwendungsorientierten Organisationstheorie vgl. Frese (1995), S. 24-28 und 293-312

aus mehreren Aspekten: Zunächst ist davon auszugehen, dass die vollständige und direkte Realisierung von Zielen durch Informationssysteme, wie sie SWP darstellen, nur in Ausnahmefällen möglich ist.[306] Vielmehr ist anzunehmen, dass das Wirkungsverhältnis zwischen Zielen und der Determinanten der SWP eher indirekter Natur ist: SWP ermöglichen und unterstützen die Wertschöpfungssysteme und Prozesse der partizipierenden Akteure. Diese wiederum ermöglichen die Realisierung der formulierten Ziele für die Partizipation in SECO.[307] Der Bezugsrahmen stützt diese These: Ihm zufolge ist davon auszugehen, dass nicht alle mit der Teilnahme an SECO verknüpften Ziele ausschließlich durch SWP, sondern beispielsweise auch durch andere Determinanten, bzw. im Zusammenspiel mit diesen, realisiert werden können.

Darüber hinaus erscheint eine positivistische Sichtweise, welche ausschließlich die mit der Partizipation an SECO verbundenen Ziele bei der Herleitung von Gestaltungsempfehlungen für SWP berücksichtigt, nicht ausgewogen genug, um den heterogenen Charakter von SECO-Strukturen zu erfassen. So sind vernetzte Strukturen wie SECO sie darstellen, dem Bezugsrahmen folgend, durch parallel zueinander existierende mehrdimensionale Ziel- und Wertschöpfungssysteme der Akteure gekennzeichnet.[308] Diese Überlagerung führt lt. Das und Teng dazu, dass neben den Zielen der Akteure auch möglicherweise Konflikte zwischen deren Zielsystemen sowie Interdependenzen zwischen den unterschiedlichen Wertschöpfungssystemen und Prozessen der Akteure berücksichtigt werden sollten, um den Erfolg der Akteure bei der Partizipation in SECO sicherzustellen.[309] Im Rahmen dieser Arbeit wird daher ein zusätzlicher Konkretisierungsschritt vorgenommen. In diesem sollen, ausgehend von den noch zu identifizierenden Zielen der Akteure, unter Berücksichtigung möglicher Konflikte und Interdependenzen, Anforderungen an SWP abgeleitet werden. Sie stellen, der oben angeführten Argumentation folgend, Ersatzeffizienzkriterien für die Beurteilung von Lösungsmerkmalen dar. Die Wahl von Anforderungen als Ersatzeffizienzkriterien für die Ziele wird mit der Annahme begründet, dass, wie zuvor erläutert, kein unmittelbarer

---

306 Vgl. die Übersicht entsprechender empirischer Untersuchungen zu den Effekten der Ressource IT auf den Unternehmenserfolg in Wade, Hulland (2004), S. 125

307 Vgl. für ähnliche Argumentationen im Kontext innerbetrieblicher Informationssysteme Krcmar (2005), S. 399 und Wigand u.a. (2004), S. 1 und Wade, Hulland (2004), S. 125 ff.

308 Vgl. die Ausführungen zur Koopkurrenz in Kapitel 2.4.3 sowie Möller (2006), S. 67, Sarker u.a. (2012), S. 326-329 und ergänzend die situativ geprägten Arbeiten von Kumar und van Dissel im Bereich der Interorganizational Systems (IOS), Kumar, van Dissel (1996), S. 282 ff.

309 Vgl. Das, Teng (2003), S. 290-293

Kausalzusammenhang zwischen den Zielen auf SECO Ebene und der konkreten Ausgestaltung von SWP besteht. Nach Frese sind in diesem Fall geeignete Ersatzeffizienzkriterien zu wählen, welche sich durch einen stärkeren Zusammenhang zu Gestaltungsempfehlungen auszeichnen.[310] Daher soll die Gestaltung der Determinante von SWP an den Anforderungen, welche sich über einen, im Vergleich zu den Zielen, konkreteren Bezug zur Ausgestaltung von SWP auszeichnen, ausgerichtet werden. Diese Arbeit fokussiert sich dabei auf die Herleitung von Gestaltungsempfehlungen im Sinne von konkreten und relevanten, durch SWP zu erfüllenden, Merkmalen. Diese sollen als Lösungsmerkmale bezeichnet werden und hinsichtlich ihres Beitrages zur Erfüllung der Anforderungen an SWP abgestimmt werden. Der Zusammenhang dieser Elemente von Gestaltungsempfehlungen für SWP in UNSECO ist in Abbildung 15 dargestellt.

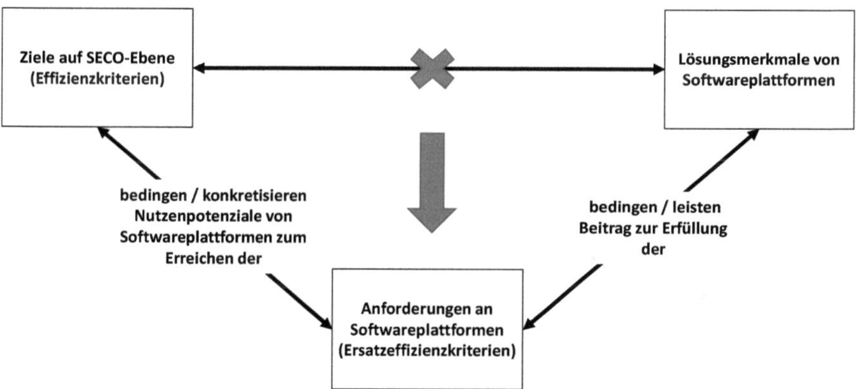

Abbildung 15: Elemente begründeter Gestaltungsempfehlungen für Softwareplattformen in Unternehmenssoftwareökosystemen[311]

3.4.3 Die Rolle von Akteuren als situativer Einflussfaktor auf die Effizienz der Gestaltung von Softwareplattformen

Obwohl im weiteren Verlauf dieser Arbeit einzelne Determinanten des theoretischen Bezugsrahmens ausgeblendet werden (vgl. Abbildung 14), folgt diese der im Rahmen der Organisationstheorie unbestrittenen Annahme, dass der Erfolg von Gestaltungsmaßnahmen vom Kontext deren Einsatzes abhängig ist. Nach Popp und Meyer lassen

[310] Vgl. Frese (1995), S. 24. Frese verwendet für die Ersatzeffizienzkriterien den Begriff „Subziele“.
[311] Quelle: Eigene Darstellung

sich die nachfolgenden Arten von SECO im Kontext von Unternehmenssoftware identifizieren, die durch unterschiedliche Arten von Akteuren auf Einzelorganisationsebene des theoretischen Bezugsrahmens formiert werden: Kundenökosysteme, Partnerökosysteme und Zuliefererökosysteme.[312] Auch in den Arbeiten von Jansen und Cusumano sowie Andresen u.a. werden Arten von SECO, welche durch unterschiedliche Akteure formiert werden, mit dem Hinweis auf den Bedarf einer spezifischen Ausgestaltung angeführt.[313] Dem theoretischen Bezugsrahmen dieser Arbeit folgend ist anzunehmen, dass die jeweils darin partizipierenden unterschiedlichen Arten von Akteuren, bedingt durch ihre intra- und extraorganisationalen Umwelten sowie den darin befindlichen Determinanten den mit der Teilnahme an SECO zu verknüpfenden Zielen und davon abgeleiteten Anforderungen, dem FIT-Gedanken folgend, jeweils eine unterschiedliche Bedeutung beimessen.[314] Daher soll für die weitere Untersuchung die Annahme getroffen werden, dass sich die Ausprägung der, neben den zu gestaltenden SWP, relevanten Determinanten in einer unterschiedlichen Priorisierung der Anforderungen an SWP durch die jeweiligen Akteure widerspiegelt. Aufgrund des individuellen Ziel-Mittel-Bezugs zwischen Anforderungen und Lösungsmerkmalen ist daher davon auszugehen, dass eine universelle Lösung im Sinne eines fest definierten Bündels an Lösungsmerkmalen je nach im SECO vorherrschender Akteursgruppe eine unterschiedliche Effizienz im Hinblick auf die Erfüllung der jeweils relevanten Anforderungen und damit in Verbindung stehender Ziele aufweist. Eine unterschiedliche Priorisierung von Anforderungen vorausgesetzt, wäre somit die jeweilige Art von SECO ein situativer Einflussfaktor bei der Gestaltung von SWP. Gestaltungsmaßnahmen für SWP wären entsprechend anzupassen.

---

312 Vgl. Popp (2010), S. 131 f.

313 Vgl. Jansen, Cusumano (2013), S. 13-28 sowie Andresen u.a. (2013), S. 4034-4044. Letztere Unterscheidung basiert auf empirischen Untersuchungen von SECO im ERP-Bereich.

314 Diese Annahme wird u.a. durch die Arbeiten von Bosch und Corsten gestützt. Vgl. bspw. Bosch (2009) , S. 111-119 und Bosch (2012), S. 1453 sowie Corsten, Corsten (2012), S. 65-91 und S. 205-208. Allerdings kann es lt. Corsten zu ökonomischen vertretbaren Unstimmigkeiten bzw. intendierten Unstimmigkeiten zwischen Determinanten und Zielbildung kommen. In ersterem Fall werden Unstimmigkeiten aufgrund eines ungünstigen Aufwand-Nutzen-Verhältnisses nicht korrigiert. In letzterem Fall sind die Unstimmigkeiten intendiert, da ein anderer Sollzustand der Determinanten in Hinblick auf die strategischen Ziele angestrebt wird. Vgl. Corsten, Corsten (2012), S. 207. Der erstgenannte Fall führt im Hinblick auf die Zielsetzung der Arbeit zu einer Einschränkung in der Aussagekraft der Ergebnisse, da die Ziele der Akteure bzw. deren Priorisierung nur bedingt die Ausprägung der Determinanten widerspiegeln. Der zweitgenannte Fall stellt ein weniger kritisches Problem dar, da von einer Konsistenz von Zielen und intendiertem Sollzustand der Determinanten ausgegangen werden kann.

Allerdings ist kritisch anzumerken, dass es sich bei den obenstehenden Klassifikationen, aufgrund der Offenheit der Grenzen von SECO, um eher theoretische Konstrukte handelt. So ist zu vermuten, dass es in der Realität wie bei anderen Formen organisatorischen Netzwerkstrukturen zu Vermischungen dieser Idealtypen von SECO kommen kann. In diesen partizipieren unterschiedliche Akteursgruppen und stellen somit gemeinsame Stakeholder von SWP dar.[315] Dem Theorienbündel der mehrseitigen Märkte folgend, können jedoch auch in einem solchen Fall bestimmte Ziele und damit in Bezug stehende Anforderungen an SWP im Vordergrund stehen. So stellen SWP in gemischten SECO mehrseitige Märkte dar, welche die unterschiedlichen Akteursgruppen des Umfeldes miteinander vernetzen.[316] Dabei entstehen indirekte Netzeffekte zwischen den Akteuren. Diese haben zur Konsequenz, dass die Attraktivität und der Nutzen von SWP für eine Seite des Marktes jeweils von der Anzahl an Akteuren auf den anderen Marktseiten abhängig sind.[317] Als Beispiel kann hier das Verhältnis von Kunden und App-Entwicklern auf mobilen App-Plattformen wie Android oder Apple iOS angeführt werden. Ohne eine ausreichende Anzahl potenzieller Kunden (Marktseite #1) kann die Entwicklung mobiler Apps für Komplementoren (Marktseite #2) nicht lohnenswert erscheinen, da entsprechende Abnehmer fehlen. Gleichfalls wählen Endkunden oftmals SWP mit einer großen Anzahl an komplementären Anbietern, da diese ein potenziell größeres Nutzenversprechen auszeichnet.[318] Somit entstehen auf SWP langfristig auszutarierende Reziprozitäten zwischen den unterschiedlichen Akteursgruppen des umgebenden SECO.[319] Die Attraktivität bzw. der Nutzen von SWP für eine Seite des Marktes steigt jeweils mit der Anzahl von Akteuren auf der jeweiligen anderen Plattform-Seite. Ist eine der Akteursgruppen bzw. Marktseiten unterrepräsentiert, so sollten den Theorien der mehrseitigen Märkte zufolge diese Seite verstärkt unterstützt werden, um Nutzengefälle zwischen den relevanten Seiten auszutarieren, das Entstehen von Netzeffekten positiv zu gestalten[320] und SECO intakt zu halten.[321] In früheren Veröffentlichungen wird als Handlungsempfehlung vorwiegend einer Sub-

---

315 Vgl. Reiß (2001), S. 132 f.
316 Vgl. Cennamo, Santalo (2013), S. 1331-1334
317 Vgl. Rochet, Tirole (2003), S. 990-1020, Picot (2012), S. 277 f. und Reiß, Günther (2012), S. 46-49
318 Vgl. Kouris (2013), S. 24-49 und Koch, Kerschbaum (2014), S. 5 f.
319 Vgl. Hilkert (2012), S. 8 f.
320 Netzeffekte, können, wie in Kapitel 2.4.2 erläutert, auch negativ ausgeprägt sein und zu einer Abwärtsspirale mit schwindenden Teilnehmerzahlen auf den Marktseiten führen. Vgl. Hilkert (2012), S. 8 f.
321 Vgl. Eisenmann u.a. (2006), S. 94-96 und Cennamo, Santalo (2013), S. 1346

ventionierung im Sinne einer positiven Preisgestaltung für die jeweils kritische Marktseite genannt.[322] Allerdings kann aus nutzentheoretischer Sicht die höhere Priorisierung der Realisierung von Anforderungen der jeweils kritischen Marktseite ebenfalls als Subventionierung angesehen werden.[323]

Als ein mögliches, auf dieser Theorie begründetes, Vorgehen zur Gestaltung von mehrseitigen SWP in der Praxis soll beispielhaft die Gestaltung mobiler SWP illustriert werden. Fokale Anbieter mobiler SWP, wie beispielsweise Research-in-Motion (RIM) oder Microsoft, versuchen die Attraktivität ihrer SWP für die unterrepräsentierte Marktseite der komplementären App-Entwickler zu erhöhen, um ihre App-Stores mit Angeboten zu füllen und die Marktseiten auszutarieren. Dies geschieht, indem deren Anforderungen verstärkt Berücksichtigung bei der Weiterentwicklung der Plattform finden sowie darüber hinaus eine finanzielle Subventionierung der Markseite der Komplementoren erfolgt. Die Plattformanbieter bieten diesen Akteuren bspw. kostenlose Schulungen, ergänzen ihre kostenlos bereitgestellten Entwicklungsumgebungen um von den jeweiligen Akteuren gewünschte Funktionalitäten oder subventionieren den Erwerb von Softwarelizenzen und Hardware zu Entwicklungszwecken.[324] Im Umfeld von Unternehmenssoftware ist dieses Verhalten ebenfalls identifizierbar. So existieren bspw. seitens der SAP spezielle Programme mit preisreduzierten oder zusätzlichen Angeboten zur Erfüllung der Anforderungen der als kritisch erachteten Marktseite der Partner.[325] Wie aus den vorhergehenden Erläuterungen hervorgeht, können auch im Fall von gemischten SECO in Abhängigkeit von der Rolle der Akteure unterschiedliche Priorisierungen von Zielen bzw. Anforderungen und daraus abgeleiteten Gestaltungsmaßnahmen existieren.

Aufgrund der voranstehenden Ausführungen kann die Annahme getroffen werden, dass in SECO die Rolle von unterschiedlichen Akteuren und deren jeweilige Bedeutung die Wirkung von potenziellen Gestaltungsmaßnahmen beeinflusst. Die Rolle der Akteure stellt somit eine die Effizienz von Gestaltungsmaßnahmen beeinflussende Bedingung im Sinne der situativen Ansätze dar. Als Nachweis für die Berechtigung dieser Annahme sollen im weiteren Verlauf der Arbeit die zuvor formulierten Anforderungen

[322] Vgl. Economides, Katsamakas (2006) und Eisenmann u.a. (2006), S. 94-96
[323] Vgl. Eisenmann u.a. (2006), S. 94 f.
[324] Vgl. Rochet, Tirole (2003), Jarjour (2012), URL siehe Literaturverzeichnis und Edelman (2014), S. 5
[325] Vgl. bspw. van Angeren u.a. (2013), S. 91-94

an SWP durch noch zu identifizierende Akteursgruppen, welche somit Stakeholdergruppen von SWP darstellen, priorisiert werden.[326]

3.4.4 Herleitung von begründeten Gestaltungsempfehlungen für Softwareplattformen in Unternehmensoftwareökosystemen

Das auf diesen Vorüberlegungen aufbauende Vorgehen zur Herleitung von begründeten Gestaltungsempfehlungen für SWP ist in Abbildung 16 dargestellt und soll wie folgt zusammengefasst werden: Zunächst soll eine Identifikation relevanter Akteursgruppen in plattformzentrierten UNSECO erfolgen. Diese Akteursgruppen stellen Stakeholder von SWP im Sinne des RE dar. Ihre Ziele für die Partizipation in UNSECO beeinflussen die Ziele auf SECO-Ebene, stellen den Ausgangspunkt für die Herleitung von Gestaltungsempfehlungen dar und können als übergeordnete Effizienzkriterien zur Bewertung bzw. Auswahl alternativer Lösungsmerkmale für SWP herangezogen werden.[327] Sie sollen daher in einem ersten Schritt identifiziert (FF 1) und aufgrund der in Abschnitt 3.4.3 erläuterten Notwendigkeiten, zu Anforderungen an SWP präzisiert werden. Aus diesem Schritt resultieren Anforderungen an SWP, welche die mit der Partizipation in UNSECO verbundenen Ziele unter Berücksichtigung möglicher Konflikte und Interdependenzen relevanter Stakeholder unterstützen (FF 2). Diese Anforderungen stellen, wie in Kapitel 3.4.2 dargestellt, Ersatzeffizienzkriterien dar. An ihnen soll die Gestaltung der Determinante der SWP im Sinne des FIT-Gedankens ausgerichtet werden. Hierzu sollen im darauffolgenden Schritt potenzielle Lösungsmerkmale von SWP identifiziert und auf ihren Beitrag zur Erfüllung der Anforderungen an SWP untersucht werden (FF 3). Die Kenntnis dieser Ziel-Mittel-Beziehungen erlaubt die spätere Auswahl geeigneter Lösungsmerkmale und Herleitung von Gestaltungsempfehlungen für SWP (FF 4).[328] Aufgrund der Ausführungen in Kapitel 3.4.3 ist davon auszugehen, dass nicht alle Stakeholder den Anforderungen an SWP die gleiche Bedeutung beimessen. Durch den individuellen Ziel-Mittel-Bezug zwischen Anforderungen und Lösungsmerkmalen kann die Annahme getroffen werden, dass die Effizienz der Gestal-

---

[326] Vgl. Kapitel 5.2

[327] Zum Konzept der Effizienzkriterien im Rahmen der anwendungsorientierten Organisationstheorie vgl. Frese (1995), S. 24-28 und 293-312

[328] Auf der zur Verknüpfung dieser Elemente von Gestaltungsempfehlungen eingesetzten Methode Quality Function Deployment (QFD) wird in Kapitel 4 detaillierter eingegangen.

tung von SWP somit von der Priorisierung von Anforderungen durch die jeweils relevanten Stakeholdergruppen sowie dem Unterstützungsgrad dieser Anforderungen durch relevante Lösungsmerkmale abhängig ist.

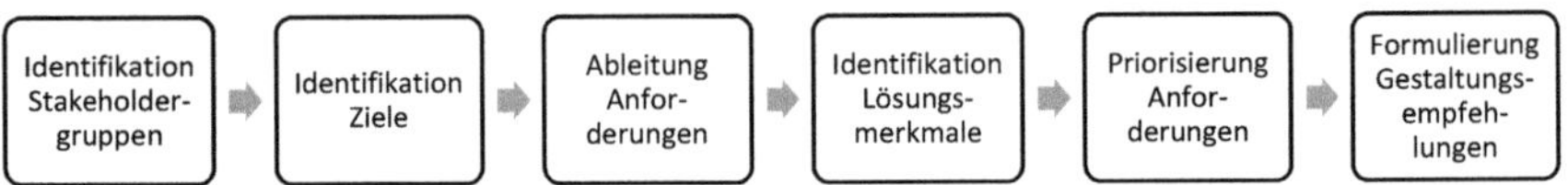

Abbildung 16: Herleitung von begründeten Empfehlungen zur Gestaltung von Softwareplattformen in Unternehmenssoftwareökosystemen[329]

Die Kenntnis der Priorisierung der Anforderungen durch die jeweiligen Stakeholder sowie der Wirkungszusammenhänge zwischen Lösungsmerkmalen und Anforderungen stellt somit die Grundlage für das Aufzeigen von Gestaltungsempfehlungen in Hinblick auf bestimmt Stakeholdergruppen und deren Ziele dar. Daher soll, aufbauend auf der Kenntnis der Anforderungen an SWP, im Rahmen dieser Arbeit eine Priorisierung dieser Anforderungen durch die identifizierten Stakeholdergruppen erfolgen. Zusätzlich ermöglicht eine solche Priorisierung eine Form der Evaluation von Anforderungen an SWP sowie die spätere Selektion geeigneter Gestaltungsmaßnahmen in Bezug auf den identifizierten situativen Einflussfaktor der Rolle von Stakeholdern.[330] Diese Ergebnisse können zur Gestaltung von SWP und zum Austarieren von UNSECO und besonderer Berücksichtigung bestimmer Stakeholdergruppen herangezogen werden (FF 4).[331] Die jeweilige Vorgehensweise zur Erarbeitung der Teilergebnisse wird in den nachfolgenden Kapiteln an entsprechender Stelle präzisiert.

329 Quelle: Eigene Darstellung

330 Gestaltungsmaßnahmen, welche höher priorisierte Anforderungen unterstützen, sollten aufbauend auf den Erläuterungen in Abschnitt 3.4.3 gegenüber Gestaltungsmaßnahmen, welche niedriger priorisierte Anforderungen unterstützen, bei der Auswahl bevorzugt werden.

331 Vgl. Abschnitt 3.4.3

4. Herleitung von Gestaltungsempfehlungen für Softwareplattformen

4.1 Methodik der Herleitung von Gestaltungsempfehlungen

In diesem Kapitel soll eine Konkretisierung des in Kapitel 3.4.4 skizzierten Vorgehens zur Herleitung von Gestaltungsempfehlungen für SWP erfolgen. Zur Verknüpfung der dort genannten Elemente von Gestaltungsempfehlungen wird eine an die Methode Quality Function Deployment (QFD) angelehnte Methodik verfolgt. QFD ist eine Qualitätsmethode zur Umsetzung von Kundenbedürfnissen in Produkt- und Prozessanforderungen, die ursprünglich Mitte der 1960er Jahre in Japan entwickelt und dort im Schiffsbau eingesetzt wurde.[332] In der Zwischenzeit hat die Methode in zahlreichen anderen Branchen, u. a. in der Softwareindustrie bei der kundenorientierten Softwareentwicklung, Anwendung gefunden.[333] Die Anwendung von QFD in der vorliegenden Arbeit begründet sich durch die im Vergleich zu anderen Instrumenten im Bereich der Produktentwicklung höheren Effizienz hinsichtlich der Planung, Steuerung und Kontrolle von Kundenzufriedenheit, der Gewährleistung der Einhaltung technischer Spezifikationen, der Förderung der differenzierten Kundenbedürfnisbefriedigung sowie der Unterstützung der Prozessqualität.[334] Hierbei sind insb. die im Folgenden dargestellte Unterstützung der systematischen Ausrichtung und Nachvollziehbarkeit von Entwicklungstätigkeiten an den in Kapitel 3.4.4 als Ersatzeffizienzkriterien definierten Anforderungen an SWP sowie die Unterstützung der Herleitung situativer Gestaltungsempfehlungen durch eine differenzierte Kundenbedürfnisbefriedigung ausschlaggebend für ein QFD-basiertes Vorgehen im Rahmen dieser Arbeit. Die Wahl von QFD als akzeptierter Methode (Standardisierung im Rahmen der ISO-Norm ISO/CD 16355-1) soll zudem zu einer intersubjektiven Nachvollziehbarkeit der Methodik sowie Anschlussfähigkeit weiterer Forschungsarbeiten beitragen.[335]

QFD stellt die Anforderungen an zu entwickelnde Artefakte in den Mittelpunkt der Bemühungen: Artefakte sollten die von den Kunden gewünschten und nicht alle technisch

332 Vgl. Akao (1992), S. 12, Herzwurm (2000), S. 214 und Zollondz (2009), S. 125
333 Vgl. die Übersichten in Sharma u.a. (2008) sowie Chan, Wu (2002)
334 Vgl. Herzwurm (2000), S. 200-204. Herzwurm vergleicht darin 15 Instrumente der Produktentwicklung hinsichtlich der vier im Text genannten Effizienzkriterien.
335 Vgl. ISO/CD 16355-1 (2014)

möglichen Lösungsmerkmale aufweisen („fitness for use").[336] Demzufolge sollten Aktivitäten der Produktentwicklung und Leistungserstellung zumindest mittelbar auf die Ziele und Anforderungen von Kunden zurückzuführen sein, ohne jedoch den Wettbewerb zu ignorieren.[337] In jeder Entwicklungsphase soll der größte Aufwand auf die Verrichtung von Tätigkeiten verwendet werden, welche den höchsten zu prognostizierenden Anteil an einer Erhöhung des Kundennutzens und der Befriedigung von Kundenanforderungen haben.[338] Bei QFD werden hierzu sowohl unternehmensinterne Prozesse zur Erreichung von Qualität als auch die geforderten Qualitätsmerkmale von Produkten gegenübergestellt. Dazu bedient sich QFD verschiedener Techniken der sieben Management- und Planungstechniken, insb. Affinitäts-, Baum- und Hierarchiediagrammen zur Systematisierung von qualitativen Informationen. Des Weiteren kommen zur Gegenüberstellung von Informationen zweidimensionale Matrixdiagramme sowie deren Erweiterung zur Priorisierungsmatrix zum Einsatz.[339]

Das bekannteste Instrument von QFD ist eine erweiterte Priorisierungsmatrix, das House of Quality (HoQ). Im HoQ werden Kundenanforderungen detailliert analysiert und in die Sprache von Entwicklern („Lösungen") übersetzt. Dazu werden die Korrelationen der in systematischer und priorisierter Form vorliegenden Kundenanforderungen zu potenziellen Produktcharakteristika analysiert, was eine darauf aufbauende Priorisierung von Entwicklungsschwerpunkten ermöglicht. Bei der Anwendung von QFD findet eine aus dem RE bekannte Trennung zwischen Anforderungen und Produktcharakteristika statt: Anforderungen beschreiben lösungsneutral, was ein zu entwickelndes Produkt leisten soll, während Produktcharakteristika darstellen, wie zu entwickelnde Artefakte diese Anforderungen erfüllen. Die Trennung von Anforderungen und Produktcharakteristika soll verhindern, dass ohne genauere Kenntnis der Anforderungen (welche als Effizienzkriterien für die Entwicklung interpretiert werden können) bereits Lösungen entwickelt werden, die zu keiner Anforderungserfüllung beitragen. Desweiteren zeichnen sich Anforderungen durch eine höhere Stabilität im Zeitverlauf aus.[340]

---

336 Vgl. Herzwurm (2000), S. 214

337 Vgl. Herzwurm (2000), S. 223

338 Vgl. Herzwurm (2000), S. 215

339 Vgl. Cohen (1995), S. 45-75 und Herzwurm (2000), S. 205-214. Zudem kann QFD mit weiteren Methoden, wie bspw. Cluster-, Conjoint-Analysen, Target Costing, Investitionsrechnungen oder Kundenzufriedenheitsbefragungen kombiniert werden. Vgl. Herzwurm (2000), S. 204 ff. oder Helferich (2010), S. 218 ff.

340 Vgl. Boutellier u.a. (1997), S. 52

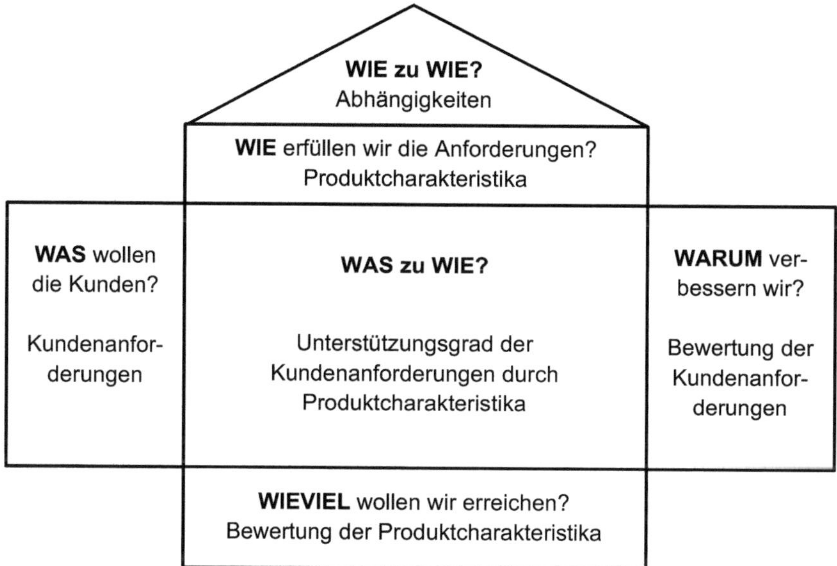

Abbildung 17: Schematische Darstellung des House of Quality[341]

Das schematisch in Abbildung 17 dargestellte HoQ bildet das Gerüst der meisten in QFD verwendeten Matrizen und besteht generell aus sechs verschiedenen „Räumen", die mit den generischen Namen WAS, WIE, WAS zu WIE, WIE zu WIE und WIEVIEL bezeichnet werden. Die zugrunde liegende Idee ist, die vorgegebenen Anforderungen (WAS) den Möglichkeiten zur Anforderungserfüllung (WIE) gegenüberzustellen (WAS zu WIE). Jede Kombination von Anforderung und Produktcharakteristikum wird im Rahmen der Analyse hinsichtlich ihrer Korrelation untersucht. Dabei stellt sich für jedes Produktcharakteristikum die Frage, wie hoch dessen Unterstützungsgrad für jede Kundenanforderung ist.[342] Die Intensität der Beziehung wird durch abgestufte Symbole oder Zahlenwerte (bspw. 0 = gar nicht/indirekt, 1 = eventuell/mäßig, 3 = merkbar, 9 = zwingend und erheblich) dargestellt bzw. quantifiziert.[343] Konkrete Angaben zur Existenz der Anforderungen (WARUM), die vorhandenen Abhängigkeiten der Lösungsmöglichkeiten untereinander (WIE zu WIE) sowie konkrete Entwicklungsvorgaben (WIEVIEL) vervollständigen das HoQ. Das Ergebnis ist eine nach Kundenprioritäten

341 Quelle: Cohen (1995), S. 12
342 Vgl. Cohen (1995), S. 13 und Helferich (2010), S. 211
343 Vgl. Saatweber (2011), S. 69

ermittelte Produktplanung.[344] Zwar stellt das HoQ die am häufigsten eingesetzte Matrix in QFD-Anwendungen dar und wird dessen Bildung oftmals fälschlicherweise mit QFD gleichgesetzt. Je nach Einsatzzweck können allerdings unterschiedliche Matrizen gebildet und miteinander in Beziehung gesetzt werden. Darüber hinaus existieren Varianten von QFD, welche auf den Einsatz von Matrizen größtenteils verzichten. Da es jedoch bei den meisten Anwendungen von QFD die grundlegende Matrix für das weitere Vorgehen bildet, kann es als Kern von QFD bezeichnet werden.[345]

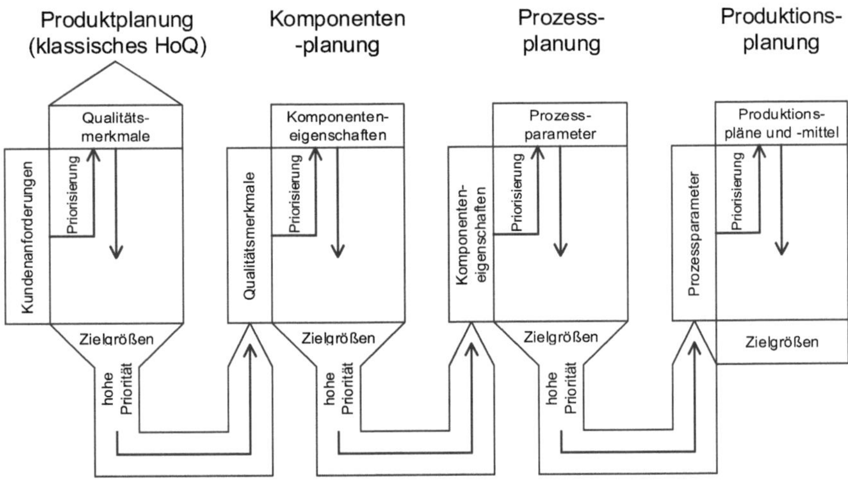

Abbildung 18: Quality Deployment nach dem Vier-Phasen-Modell[346]

Die aus den in QFD verwendeten Matrizen abgeleiteten und priorisierten Informationen können durch die Verknüpfung von Matrizen zu Matrixsequenzen über den ganzen Entwicklungsprozess transportiert und nachvollzogen werden (Deployment). Dies geschieht, indem die Spalten einer Matrix (Output) in der nächsten Matrix als Zeileninput dienen. Das HoQ bildet in den meisten QFD-Anwendungen den Anfang einer Matrixsequenz. Die anderen Matrizen sind dabei i. d. R. weniger umfangreich und mit anderen Inhalten zu füllen.[347] Beispielhaft für ein solches Deployment durch Verknüpfung

344 Herzwurm, Schockert und Mellis bemerken in Anlehnung an Zultner, dass diese generischen Namen nicht zu den ursprünglichen Inhalten des HoQ passen. Die Kundenanforderungen stünden für die Gründe, WARUM etwas gefordert wird, die Produktcharakteristika tendenziell, WAS konkret gefordert wird. Vgl. Herzwurm u.a. (1997), S. 44 und Zultner (1990), S. 140

345 Vgl. Herzwurm u.a. (2000), S. 25 und Zultner (1994), S. 152

346 Quelle: Herzwurm (2000), S. 219

347 Vgl. Cohen (1995), S. 14 und Herzwurm u.a. (2000), S. 25-27

zu Matrixsequenzen kann das in Abbildung 18 dargestellte Vier-Phasen-Modell genannt werden. Dieses unterstützt ausgehend von einer die Qualitätsmerkmale physischer Produkte priorisierenden Produktplanung im klassischen HoQ eine nachvollziehbare und durchgängige Konkretisierung und Priorisierung über die Komponentenplanung, Prozessplanung bis hin zur Produktionsplanung.[348]

Das ursprünglich für den Fertigungsbereich konzipierte QFD eignet sich auch für den Einsatz bei der Planung von Dienstleistungs- und Softwareprodukten.[349] Für Letztere sind allerdings die Besonderheiten von Software zu beachten, welche zu Modifikationen der klassischen Ansätze geführt haben.[350] Zunächst zeichnet sich Software nicht nur durch ihre physischen Eigenschaften (z. B. ein schnelles Antwortzeitverhalten), sondern durch ihr Verhalten (z. B. die Unterstützung bestimmter Funktionen) aus. Somit ist die alleinige Übersetzung von Kundenanforderungen in Qualitätsmerkmale nicht ausreichend, um die an ein Softwareprodukt formulierten Anforderungen abzudecken. Vielmehr sind zusätzlich auch die Produktcharakteristika in Form von funktionalen Produktmerkmalen zu entwickelnder Softwareartefakte zu berücksichtigen. Darüber hinaus stellt der Produktionsprozess von Software im engeren Sinne einen reinen Vervielfältigungsprozess dar. Daraus schlussfolgern Herzwurm u. a., dass den diesen Vervielfältigungsprozessen vorgelagerten Aktivitäten besondere Aufmerksamkeit zuteilwerden und Schwerpunkte in der Entwicklung von Softwareartefakten gesetzt werden sollten. Dies solle durch die priorisierende und fokussierende Wirkung von QFD und weniger durch die Bildung vollständiger und langer Matrizenketten erfolgen.[351]

Aus dieser Argumentation heraus leiten sie ihren Ansatz Prioritizing and Focused Software Quality Function Deployment (PriFo-QFD) ab, dessen Ablauf im nachfolgenden skizziert werden soll.[352] Zunächst sind im Rahmen der Phase des Pre-Plannings die Projektziele sowie das zu entwickelnde Artefakt zu definieren und abzugrenzen. Zu-

[348] Vgl. Cohen (1995), S. 310 ff. und American Supplier Institute (ASI) (1990), S. 21 ff. Auf die Unterscheidung zwischen klassischem HoQ und Software-HoQ wird im Folgenden eingegangen. Neben dem dargestellten Deployment sind weitaus umfangreichere Matrizengeflechte wie bspw. des als Erfinders von QFD bezeichneten Japaners Akao mit bis zu 150 Matrizen sowie die Adaption des Ansatzes von Akao für den amerikanischen Markt durch King sowie der Comprehensive QFD-Ansatz von Nakui zu nennen. Vgl. King (1994), Nakui (1991) und Herzwurm (2000), S. 218

[349] Vgl. Herzwurm (2000), S. 218

[350] Vgl. Herzwurm u.a. (2000), S. 27-34

[351] Vgl. Herzwurm u.a. (1999)

[352] Vgl. zu den Nachfolgenden Ausführungen insb. Herzwurm u.a. (2000) und Herzwurm u.a. (1999)

dem ist eine Projektorganisation inkl. der entsprechenden Team-, Termin und Aufwandsplanung durchzuführen. Das Pre-Planning umfasst darüber hinaus das Customer Deployment, d. h. die Identifikation und Gewichtung als relevant erachteter Kundengruppen. Hierbei ist der Begriff des Kunden im Sinne von QFD nicht auf rein externe Kunden von Produkten beschränkt, sondern kann auch „interne“ bzw. lieferantenseitige Kundengruppen einschließen.[353] Im Rahmen der darauf aufbauenden Voice of the Customer Analysis (VoCA) werden die Anforderungen von Kunden an das zu entwickelnde Artefakt identifiziert, mit der Hilfe von Affinitäts- und Baumdiagrammen strukturiert und durch die Kundengruppen priorisiert.[354] Das Ergebnis dieser Phase sind die strukturierten und priorisierenden Anforderungen, die als Input in das HoQ eingehen. Anschließend erfolgt im Rahmen der Voice of the Engineer-Analysis (VoEA) analog zur Erhebung der Kundenanforderungen die Erhebung von Lösungen zur Erfüllung von Anforderungen. Die darauf aufbauende Ermittlung und Quantifizierung der Korrelationen zwischen Kundenanforderungen und Lösungen, die in funktionale i. d. R. nicht messbare Produktmerkmale und nicht funktionale Qualitätsmerkmale unterteilt werden, wird idealerweise mit ausgewählten Vertretern der Kundengruppen ausgeführt. Hierbei wird von Herzwurm u. a. die Bildung von zwei HoQ-Matritzen, einem Software-HoQ sowie dem klassischen HoQ vorgeschlagen. Das Software-HoQ enthält die Korrelationen zwischen Kundenanforderungen und Produktmerkmalen, das klassische HoQ die Korrelationen zwischen Anforderungen und Qualitätsmerkmalen. Die Zusammenführung der hieraus resultierenden priorisierten Outputs kann bspw. durch eine Design-Point-Analyse erfolgen.[355] Sind die Korrelationen und Unterstützungsgrade der Kundenanforderungen durch die Produktcharakteristika sowie die Priorisierung der Kundenanforderungen bekannt, so kann die relative Bedeutung (Priorisierung) der Produktcharakteristika und der Qualitätsmerkmale sowie die Rangfolge ihrer Bedeutung bestimmt werden. Um die relative Bedeutung eines Produktmerkmals oder Qualitätsmerkmals zu errechnen, muss der Vektor des Unterstützungsgrades der Kundenanforderung eines Produktcharakteristikums bzw. Qualitätsmerkmals (Spalte) mit dem Vektor der Gewichtungen der Kundenanforderungen multipliziert werden.[356]

---

[353] Vgl. Herzwurm (2000), S. 240

[354] Bei Weiterentwicklungen kann auch eine Befragung nach der Zufriedenheit mit der bisherigen Anforderungserfüllung erfolgen und diese ebenfalls wie Wettbewerbs- bzw. Konkurrenzvergleiche in die Bewertung der Bedeutung von Anforderungen einfließen. Vgl. Saatweber (2007), S. 482

[355] Vgl. zur Anwendung der Design-Point-Analyse Herzwurm (2000), S. 265 f. Diese liefert insb. Aussagen in der Form: „Bei Umsetzung des Produktmerkmals X ist insb. auf eine höhere Erfüllung des Qualitätsmerkmals Y zu achten“.

[356] Vgl. Cohen (1995), S. 12 f.

Die verschiedenen Teilergebnisse dieses QFD-Prozesses können anschließend in die Anforderungsspezifikation von zu entwickelnden Softwareartefakten eingehen.

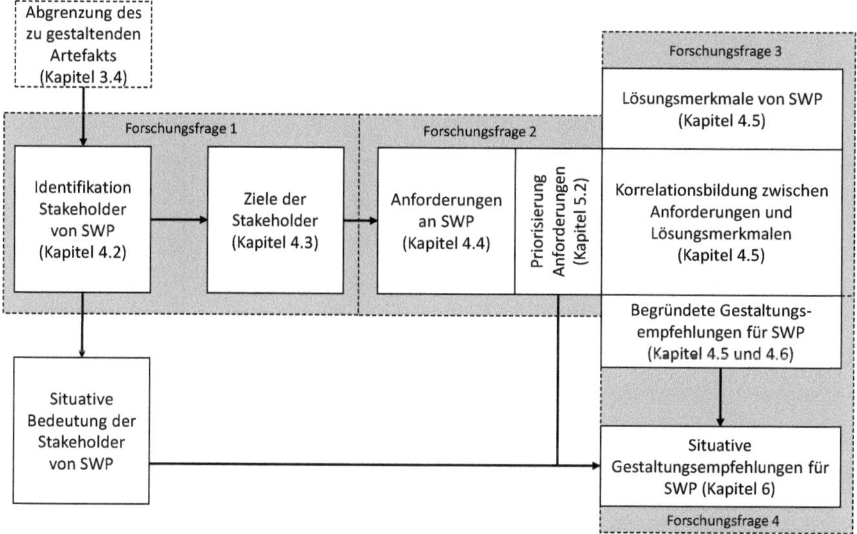

Abbildung 19: QFD-basierte Methodik zur Herleitung von Gestaltungsempfehlungen[357]

Die im Kapitel 3.4.4 skizzierte und nun zu konkretisierende Methodik zur Herleitung von Gestaltungsempfehlungen von SWP ist in Abbildung 19 dargestellt und basiert auf den Vorschlägen von Herzwurm u. a. Bei ihrer nachfolgender Beschreibung soll das QFD-spezifische Vokabular zur Erhöhung der Nachvollziehbarkeit in die Terminologie dieser Arbeit überführt werden.[358] Nachdem als erste Aktivität des **Pre-Plannings**, die Abgrenzung des zu gestaltenden Artefakts, bereits im Rahmen der Erarbeitung des theoretischen Bezugsrahmens erfolgt ist (Kapitel 3.4.1), soll als darauf aufbauender Schritt zunächst das **Customer-Deployment**, d.h. eine Identifikation als relevant erachteter Stakeholdergruppen als „Kunden" von SWP erfolgen. (Kapitel 4.2). Im Unterschied zur von Herzwurm u. a. vorgeschlagenen Vorgehensweise sollen diese Stake-

[357] Quelle: Eigene Darstellung. Die einzelnen, die jeweiligen Aktivitäten umgebenden, sich (inhaltlich) überlagernden und farblich hinterlegten Bereiche in Abbildung 19 symbolisieren die Beantwortung der Forschungsfragen dieser Arbeit.

[358] Dies umfasst insb. die Umbenennung von „Kunden" in „Stakeholder", „Kundenanforderungen" in „Anforderungen" sowie die zusammenfassende Bezeichnung von „Produktcharakteristika", „Produktfunktionen" und „Qualitätsmerkmale" in „Lösungsmerkmale" von Softwareplattformen.

holdergruppen allerdings zunächst nicht hinsichtlich ihrer Bedeutung priorisiert werden. Dieses Vorgehen ist darin begründet, dass wie in Kapitel 3.4.3 erläutert, eine einmalige, universelle ex-ante Festlegung der Bedeutung von Stakeholdergruppen nicht als zielführend erachtet und daher situativ erfolgen sollte.[359]

Auf Basis der Kenntnis der Stakeholder sollen im Rahmen der **VoCA** die Ziele der Stakeholder analysiert (Kapitel 4.3 – Beantwortung von FF 1) und darauf aufbauend potenzielle Anforderungen an SWP abgeleitet und strukturiert werden (Kapitel 4.4 – Beantwortung von FF 2).[360] Diese Anforderungen der Stakeholder an SWP stellen, wie in Kapitel 3.4 dargestellt, Ersatzeffizienzkriterien für die Gestaltung von SWP dar. Aufgrund ihrer im Vergleich zu den Lösungsmerkmalen hohen Stabilität im Zeitverlauf, soll im Sinne der Weiterverwendbarkeit der Ergebnisse dieser Arbeit und Anschlussfähigkeit weiterer Forschungsarbeiten ein verstärkter Fokus auf die Anforderungsseite gelegt werden. Dieser spiegelt sich auch im größeren Umfang der Diskussion der Anforderungsseite im Vergleich zur Lösungsmerkmalsseite wider. Um die Bedeutung der Anforderungen für die Stakeholdergruppen zu identifizieren, sollen die Anforderungen durch diese priorisiert werden (Kapitel 5.2).[361]

Im Rahmen der **VoEA** werden Lösungsmerkmale zur Unterstützung der zuvor identifizierten Anforderungen identifiziert und ihr Beitrag zur Anforderungserfüllung durch Korrelationsbildung in einer HoQ-Matrix analysiert (Kapitel 4.5 – Beantwortung von FF 3).[362] Die Identifikation der Ziel-Mittel-Beziehungen zwischen den Anforderungen und Lösungsmerkmalen ermöglicht die darauf aufbauende Herleitung von Gestaltungsempfehlungen: Bspw., indem die Auswahl von Lösungsmerkmalen, welche sich

---

359 Bspw., indem in Phasen im Zeitverlauf, während denen Komplementoren in UNSECO eine kritischen Bedeutung zukommt, eine höhere Priorisierung (ihrer Anforderungen) zuteil wird.

360 Auf die Vorgehensweise zur Identifikation, Analyse und Strukturierung von Anforderungen sowie der im nächsten Abschnitt thematisierten Lösungsmerkmalen wird in den Kapiteln 4.4 und 4.5 detaillierter eingegangen.

361 Da die Darstellung der Evaluation der Ergebnisse dieser Arbeit gebündelt im Rahmen von Kapitel 5 erfolgen soll, wird an dieser Stelle eine Beschreibung der Priorisierung vorgenommen. Der von Herzwurm u.a. vorgeschlagene Ablauf des QFD-Prozesses wird dadurch nicht geändert.

362 Aus Nachvollziehbarkeitsgründen zum Bezugsrahmen dieser Arbeit werden nicht die QFD-Termini Produktmerkmale und Qualitätsmerkmale, sondern der Begriff Lösungsmerkmale verwendet. Lösungsmerkmale stellen hiernach die aus Praktikabilitätsgründen zusammengefassten lösungsseitigen funktionalen und nicht-funktionalen Eigenschaften der zu gestaltenden Softwareplattformen dar, welche sich durch unterschiedliche, zu identifizierende Unterstützungspotenziale hinsichtlich der Ersatzeffizienzkriterien zur Gestaltung von SWP auszeichnen. Somit findet im Rahmen dieser Arbeit nicht die von Herzwurm u.a. vorgeschlagene Zweiteilung in ein Software-HoQ und klassisches HoQ statt.

durch einen hohen Unterstützungsgrad (Effizienz) hinsichtlich der Erfüllung von Anforderungen (Effizienzkriterien) auszeichnen, ermöglicht wird. Bei der Erarbeitung von Lösungsmerkmalen soll konsistent zum „fitness for use"-Gedankens von QFD bzw. „FIT-Gedankens" des theoretischen Bezugsrahmens eine Fokussierung auf Lösungsmerkmale erfolgen, welche ein Unterstützungspotenzial in Bezug auf die Anforderungen versprechen. Lösungsmerkmale, welche diese Anforderungen nicht unterstützen, sollen aufgrund ihrer mangelnden Effizienz hinsichtlich der Effizienzkriterien ausgeblendet werden.

Durch die beschriebene QFD-basierte Methodik soll somit das in Kapitel 3.4 postulierte Ziel der Ausrichtung von Gestaltungsempfehlungen für SWP an den Ersatzeffizienzkriterien von Anforderungen ermöglicht werden. Die Ergebnisse sind begründete, durch die Dokumentation im HoQ nachvollziehbare und für die Planung von Auswahl- und Gestaltungsprozessen verwendbare, aber zu diesem Zeitpunkt noch generisch gehaltene Gestaltungsempfehlungen für SWP zur Unterstützung der Anforderungen von Stakeholdern in UNSECO (Kapitel 4.6 – Beantwortung von FF 4). Wie in Kapitel 3.4.3 dargestellt, ergibt sich ihre situative Effizienz durch die Bedeutung der jeweiligen Stakeholdergruppen in UNSECO sowie ihrer Anforderungen. D. h. durch die Gewichtung von Stakeholdergruppen sowie die Kenntnis der Priorisierung von bestimmten Anforderungen durch die entsprechenden Stakeholdergruppen. Sie sollen, aufbauend auf den Ergebnissen der Priorisierung in Kapitel 5.2, als stakeholderspezifische, situativ geeignete Gestaltungsempfehlungen in Kapitel 6 ausgesprochen werden. Das Gesamtbild an Gestaltungsempfehlungen (Beantwortung der übergeordneten FF dieser Arbeit) erhält seine Anschlussfähigkeit an darauf aufbauende, konkretisierende Forschungs- bzw. Entwicklungs- oder Auswahlaktivitäten bspw. durch ein weiteres Deployment.[363] Entsprechende Aktivitäten sind allerdings nicht mehr Bestandteil der vorliegenden Arbeit.

[363] Vgl. Cohen (1995), S. 14 und Herzwurm u.a. (2000), S. 25-27

4.2 Stakeholder von Softwareplattformen in Unternehmenssoftwareökosystemen

Gemäß dem in Kapitel 3 dargestellten theoretischen Bezugsrahmen und der in Kapitel 4.1 präzisierten Methodik zur Herleitung von Gestaltungsempfehlungen stellen die Ziele der in UNSECO partizipierenden Akteure den Ausgangspunkt für die Gestaltung von SWP dar. Dies deckt sich mit der Sichtweise des RE. Hiernach sind Stakeholder als Individuen, Gruppen, Organisationen oder andere Entitäten, die ein direktes oder indirektes Interesse an Systemen haben, definiert. Sie stellen eine mögliche Quelle von Anforderungen und diese wiederum die Grundlage für die weitere Entwicklung von Artefakten dar.[364] Somit ist zunächst die Frage zu klären, welche Gruppen von Akteuren als relevante Stakeholder von SWP identifiziert werden können.

Ausgehend vom theoretischen Bezugsrahmen dieser Arbeit, könnten mögliche relevante Stakeholder grundsätzlich auf den nachfolgenden Betrachtungsebenen des Umfeldes von Unternehmenssoftware angesiedelt sein:[365]

- auf der Ebene von Einzelorganisationen
- auf der Ebene von Softwareökosystemen
- auf der Ebene von Märkten

Ausgehend von der Definition von SECO aus Kapitel 2.2 handelt es sich bei der Ebene von SECO um ein Konglomerat von Akteuren, welches sich insb. aus den Akteuren auf Einzelorganisationsebene rekrutiert.[366] Die Akteure auf diesen Ebenen sollen somit Stakeholder von SECO darstellen. Auf der Ebene von Märkten existieren insb. politisch legitimierte Institutionen sowie Interessensvertretungen, welche insb. auf dieser Ebene gestaltend tätig werden können. Die aus der Tätigkeit von Akteuren auf dieser Ebene resultierenden Rahmenbedingungen sollten dem Bezugsrahmen dieser Arbeit zufolge grundsätzlich bei der Gestaltung von SWP ins Kalkül gezogen werden. Allerdings stellen diese Akteure keine direkten Stakeholder von SWP dar. Dies lässt sich damit begründen, dass zwar koevolutionäre Einflüsse zwischen Akteuren und Determinanten dieser Ebene existieren, jedoch SWP nicht die Grundlage und notwendige

---

364 Vgl. Hull u.a. (2011), S. 7, Glunde, Herrmann (2013), S. 41-46, Ballejos, Montagna (2008), S. 281 f. und Pohl (2010), S. 107

365 Vgl. Kapitel 3.3.2

366 Vgl. Kapitel 2.2

Voraussetzung für das Handeln dieser Akteure darstellen. Da die Gestaltung von Umwelten wie Märkten und politischen Umfeldern im Fokus anderer Disziplinen wie bspw. der Volkswirtschaftslehre und nur indirekt der Wirtschaftsinformatik steht, sollen Akteure auf dieser Ebene im weiteren Verlauf als Stakeholder von SWP ausgeblendet werden.[367]

Zur Identifikation relevanter Stakeholdergruppen auf Ebene von Einzelorganisationen kann forschungsmethodisch ein Rückgriff auf eine qualitative Querschnittsanalyse der existierenden Literatur im Kontext von SECO erfolgen.[368] Als Ergebnis dieser Analyse lassen sich in Anlehnung an die Vorarbeiten von Handoyo u. a. sowie Hanssen und Dyba die im Nachfolgenden beschriebenen idealtypische Rollen von Akteuren in SECO als Stakeholdergruppen von SWP identifizieren:[369]

- **(End-)Kunden:** Sie nutzen die aus der SWP und ggf. komplementären Leistungen (Softwareprodukte und Dienstleistungen) komponierten Leistungsbündel zur Unterstützung ihrer eigenen (nicht zwingend software-spezifischen) Geschäftstätigkeit. Beispielhaft können Unternehmen im Bereich Maschinenbau oder Logistik genannt werden, deren interne IT-Abteilungen SWP wie ERP-Systeme nebst ergänzender Dienstleistungen zur Beratung bei der Auswahl oder Implementierungsunterstützung zur Unterstützung eigener Prozesse, einsetzen.[370]
- **Softwareplattformanbieter** (SWPA): Diese Akteure stellen die zentrale Softwareplattform bereit und koordinieren hauptverantwortlich deren Entwicklung und ggf. Weitervermarktung. Sie können daher in struktureller Hinsicht als Netzwerkkoordinator eines SECO bezeichnet werden.[371] Im Umfeld von Unternehmenssoftware kann es sich dabei bspw. um die Anbieter von Standardsoftwarepaketen oder Cloud-basierten Angeboten wie Microsoft, SAP oder salesforce handeln. In der Literatur wird diese Rolle aufgrund ihres zentralen Charakters

367 Vgl. die Abgrenzung relevanter Untersuchungsbereiche in Kapitel 3.4.1

368 Vgl. hinsichtlich der angewendeten Forschungsformen der qualitativen Querschnittsanalysen sowie logischen-deduktiven Analysen die Erläuterungen in Kapitel 1.4. Diese Vorgehensweise begründet sich in der ausreichenden Anzahl existierender Vorarbeiten.

369 Vgl. im Nachfolgenden insb. Handoyo u.a. (2013), S. 213-215 und Hanssen (2012), S. 1457 sowie ergänzend Hilkert (2012), S. 9, Eisenmann u.a. (2006), S. 94 und Eisenmann u.a. (2009), S. 131 ff.

370 Vgl. Hanssen (2012), S. 1457 und Pelliccione (2013), S. 67

371 Vgl. Bernecker (2005), S. 154 f.

auch synonym als „platform leader“, „flagship company“ oder „keystone“ bezeichnet.[372]

- **Komplementoren:** Sie nutzen zentrale SWP als Basis für ihre eigene Geschäftstätigkeit und bieten darauf aufbauende Leistungen an. Diese Leistungen können sowohl die SWP ergänzende Softwareprodukte wie Zusatzmodule oder Branchenlösungen als auch IT-nahe Dienstleistungen, bspw. die Auswahl, Entwicklung, Implementierung, der Betrieb von Hard- und Software oder die Wartung von Unternehmenssoftware darstellen.[373] Insb. im Umfeld von Unternehmenssoftware ist es vorstellbar, dass Komplementoren Mischformen dieser Leistungen anbieten und bspw. auf SWP aufbauende Branchenlösungen sowie deren Implementierung im Kundenunternehmen offerieren. Komplementoren werden in der Literatur auch als „niche players“ oder „spokes“ bezeichnet, welche von den zentralen Plattformanbietern nicht abgedeckte Nischen ausfüllen. [374] Im Rahmen dieser Arbeit soll der Begriff Komplementoren verwendet werden. Da sich nach Herzwurm und Pietsch die Geschäftsmodelle und Wertschöpfungsstrukturen von Anbietern mit Fokus auf Dienstleistungen und Softwareprodukten unterscheiden,[375] ist anzunehmen, dass potenziell die Ziele und Anforderungen sowie die im Zusammenhang dazu stehenden Gestaltungsdeterminanten des in Kapitel 3.3 erarbeiteten theoretischen Bezugsrahmens bei diesen Arten von Komplementoren unterschiedlich ausgeprägt sein können. Basierend auf dieser Annahme wird eine weitere Differenzierung in die nachfolgenden Stakeholdergruppen vorgenommen und auf spätere Unterschiede bei der Priorisierung von Anforderungen hin untersucht:
    - Komplementoren mit Fokus auf (IT-)Dienstleistungen
    - Komplementoren mit Fokus auf Softwareprodukten

Die Akteure im Umfeld von Unternehmenssoftware können mehrere dieser idealtypischen Rollen einnehmen. Beispielhaft hierfür kann die SAP AG genannt werden, die mit bestimmten Organisationseinheiten im Umfeld von Unternehmenssoftware die Rolle eines SWPA ausfüllt, der die SWP wie beispielsweise SAP BusinessByDesign

---

372 Vgl. Jansen, Cusumano (2013), S. 13-28, Cusumano, Gawer (2002), S. 51-53, Cusumano (2010a), S. 22 ff., Hanssen, Dybå (2012), S. 9, Kude u.a. (2012), S. 250, Iansiti, Levien (2004b), S. 74 und Kim u.a. (2010), S. 151 f.

373 Vgl. Handoyo u.a. (2013), S. 213-215 und Buxmann u.a. (2011), S. 68-76

374 Vgl. Hanssen, Dybå (2012), S. 9, Kude u.a. (2012), S. 250, Iansiti, Levien (2004b), S. 69, Bing-Sheng (2003), S. 6 f.

375 Vgl. Herzwurm, Pietsch (2009), S. 31-43

oder SAP HANA Cloud entwickelt. Komplementär dazu übernehmen andere Organisationseinheiten der SAP, wie bspw. die SAP Deutschland AG & Co. KG, den Vertrieb, die Beratung, Schulung und das Marketing für das Produktportfolio der SAP AG. Sie füllen somit die Rolle von Komplementoren aus, treten somit auch in eine potenzielle Konkurrenzsituation zu diesen, können aber auch durch ihr Vorhandensein Netzeffekte stimulieren.[376] Neben den oben angeführten Arten von Gruppen können darüber hinaus weiter entfernte Stakeholdergruppen wie bspw. Standardisierungsgremien im Umfeld von SWP existieren.[377] Letztere werden im weiteren Verlauf der Arbeit aufgrund der in Kapitel 3.4.1 vorgenommenen Einschränkung der Untersuchungsbereiche ausgeblendet. Ihre nachträgliche Integration wäre konstruktionsbedingt durch die Verwendung der Methode QFD möglich.

Bei Analyse der Literatur im Kontext ist zu konstatieren, dass in den Veröffentlichungen oftmals nur die Perspektive einzelner Akteure wie bspw. der SWPA oder Komplementoren eingenommen wird. Auch die Stakeholdergruppe der Endkunden wird oftmals nicht betrachtet.[378] Ein solches Vorgehen der Fokussierung auf einzelne Stakeholdergruppen wird allerdings im Rahmen dieser Arbeit als kritisch erachtet. Wie in Kapitel 2.4.2 dargestellt, stellen plattformzentrierte UNSECO mehrseitige Märkte dar, deren Akteure sich in einem wechselseitigen Abhängigkeitsverhältnis befinden. Die Nichtberücksichtigung von relevanten Akteursgruppen und somit Marktseiten bei der Gestaltung SWP könnte zu einem (möglicherweise irreparablen) Ungleichgewicht des SECO führen: Wird die Perspektive von Komplementoren vernachlässigt, entwickeln diese ggf. keine komplementären Produkte bzw. Dienstleistungen und die Attraktivität der SWP für Endkunden schwindet. Werden die Kunden vernachlässigt, nutzen diese ggf. andere SWP und die Absatzmärkte für eigene Leistungen schwinden. Ein Ausblenden der Perspektive des zentralen SWPA erscheint aufgrund dessen prägender Rolle wenig sinnvoll. Somit sollen im Rahmen dieser Arbeit grundsätzlich alle zuvor genannten Rollen, ihrer ggf. unterschiedlichen Bedeutung im Zeitverlauf zum Trotz,[379] Eingang in

[376] Vgl. bspw. SAP (2014a), URL siehe Literaturverzeichnis und Cusumano, Gawer (2002), S. 54 sowie Kapitel 5.3. Pelzl u.a. identifizieren bei der Analyse von Wertschöpfungsnetzwerken deutscher Cloud-Anbieter, welche als SECO interpriert werden können, eine Überlappung der Rollen von Anbietern. Vgl. Pelzl u.a. (2013), S. 48-51

[377] Vgl. Hanssen, Dybå (2012), S. 10

[378] Vgl. bspw. die Übersicht in Handoyo u.a. (2013), S. 215. Arbeiten wie bspw. Tiwana (2014), Kude u.a. (2012) und fokussieren sich auf die Perspektive der Komplementoren, vernachlässigen aber ihrerseits die Rolle der Endkunden. Die Rolle des SWP wird nur implizit betrachtet.

[379] Vgl. hinsichtlich der Rolle von Akteuren als situativen Einflussfaktor für die Gestaltung von SWP Kapitel 3.4.3

die Herleitung von Gestaltungsempfehlungen von SWP finden. Ihrer ggf. unterschiedlichen Bedeutung soll konstruktionsbedingt durch die Verwendung der Methode QFD und die entsprechende Priorisierung ihrer Anforderungen Rechnung getragen werden. Die zuvor beschriebenen Rollen von SWPA, Komplementoren und Endkunden sollen somit im weiteren Verlauf die für die Gestaltung von SPW relevanten Stakeholdergruppen darstellen. Ihre Ziele für die Partizipation in SECO sollen im nachfolgenden Abschnitt 4.3 konkretisiert werden.[380]

4.3 Ziele der Stakeholder bei der Partizipation in plattformzentrierten Unternehmenssoftwareökosystemen

Auf Basis der Erläuterungen in Kapitel 3.4 sollen die Ziele der Stakeholder den Ausgangspunkt für die Gestaltung von SWP für SECO darstellen. Dem RE folgend, stellen sie den Gestaltungsprozess leitende Anforderungen an zu entwickelnde Artefakte auf abstraktem Niveau dar,[381] die in späteren Schritten zu Anforderungen an SWP konkretisiert werden sollen.[382] Dieses Kapitel trägt somit durch Beantwortung der FF 1 „Welche Ziele verfolgen die Stakeholder durch die Teilnahme in Softwareökosystemen für Unternehmenssoftware?“ zur Herleitung von Gestaltungsempfehlungen für SWP in UNSECO bei.

Die Literatur zu organisatorischen Wertschöpfungsnetzwerken im Allgemeinen[383] sowie SECO im Speziellen[384] liefert ausreichend Hinweise auf die Motivation von Akteuren, an entsprechenden Strukturen zu partizipieren. Die nachfolgend dargestellten Ziele sind daher forschungsmethodisch das Resultat einer qualitativen Querschnittsanalyse existierender Literatur im Kontext.[385]

Die von den Stakeholdern auf Einzelorganisationsebene verfolgten Ziele lassen sich, wie in Tabelle 4 dargestellt, zusammenfassen und sollen nachfolgend erläutert werden.[386] Wie aus den Erläuterungen hervorgeht, lassen sich diese Ziele vornehmlich

380 Vgl. Kapitel 3.4.2
381 Vgl. bspw. Pohl (2008), S. 89-95, Pohl (2010), S. 395 und Ebert (2012), S. 52 f.
382 Vgl. Kapitel 3.4
383 Vgl. bspw. Zahn, Foschiani (2000), S. 510, Friedli, Schuh (2005), S. 432 f., Koch (2006), S. 67-69, Reiß, Günther (2009a), S. 328 f., Wojda u.a. (2006), S. 3, Seiter (2006), S. 26 f., Möller (2006), S. 68 f., Picot (2012), S. 241-250 und Sydow (2010), S. 388
384 Vgl. Jansen u.a. (2012), Huang u.a. (2010), Sarker u.a. (2012), Kude u.a. (2012), Buxmann u.a. (2013), S. 56 f., Bosch (2009), S. 111, Koch, Kerschbaum (2014) und Mautsch u.a. (2013), S. 56
385 Vgl. hinsichtlich der angewendeten Forschungsmethodik Kapitel 1.4
386 Vgl. Horváth (2012), S. 788 und Möller (2006), S. 68 f.

den potenzialbezogenen Zielen auf SECO-Ebene des theoretischen Bezugsrahmens dieser Arbeit zuordnen.[387] Kritisch anzumerken ist, dass in der Literatur häufig auf die möglichen Ziele bzw. Vorteile der Partizipation in Netzwerkstrukturen eingegangen wird, ohne den Nachweis der tatsächlichen Realisierung dieser Ziele zu erbringen.[388]

Zielkategorie	Ziele	Ausprägungen
Potenzial-bezogene Ziele	Zeitvorteile	• Kurze Entwicklungszeiten • Schnelle Vermarktung • Erreichen kritischer Schwellenwerte
	Flexibilitätsvorteile	• Steigerung der strategischen Flexibilität • Reaktionsfähigkeit • Gestaltungsfreiheit
	Know-how-Vorteile	• Zugang zu Technologien • Erwerb von Wissen • Systemkompetenz • Qualitätsverbesserungen
	Ressourcenvorteile	• Ressourcenzugang • Ressourcenteilung • Ressourcenverwertung
	Wettbewerbs-beeinflussung	• Aufbau von Markteintrittsbarrieren • Reduzierung der Wettbewerbsintensität • Bündelung der Wettbewerbskräfte
Markterfolgs-bezogene Ziele	Markt- bzw. Kundenzugang	• Eintritt in neue Märkte • Nutzung vorhandener Marktkenntnis • Zugang zu Kundenbasis • Überwindung von Protektionismus
	Imagegewinn	• Partizipation am Bekanntheitsgrad Dritter • Partizipation am positiven Image Dritter
Wirtschaftliche Ziele	Kostenvorteile	• Reduktion von Entwicklungskosten • Reduktion von Transaktionskosten • Reduktion von Kapitalbedarf, Kapitalbindung • und Kapitalkosten
	Risiko- und Lastenteilung	• Geringeres Produktrisiko • Geringeres Finanzierungsrisiko

Tabelle 4: Ziele der Stakeholder bei der Partizipation in Unternehmensoftwareökosystemen[389]

[387] Vgl. Kapitel 3.4.2. Die in Tabelle 4 dargestellte Zuordnung von Zielkategorien, Zielen und Ausprägungen stellt lediglich eine mögliche Alternative dar. Auf Basis der im Rahmen dieser Arbeit vorgenommenen qualitativen Querschnittsanalyse der Literatur sind weitere Ursache-Wirkungsbeziehungen zwischen diesen Elementen vorstellbar. So können alternative Zuordnungen, bspw. aller Ziele zur Zielkategorie der potenzialbezogenen Ziele vorgenommen werden. Diese alternativen Zuordnungen haben allerdings keine Auswirkungen auf die spätere Herleitung von Gestaltungsempfehlungen für SWP und werden daher im Folgenden ausgeblendet.

[388] Vgl. bspw. Horváth (2012), S. 788

[389] Quelle: Eigene Darstellung basierend auf Zahn, Foschiani (2000), Bing-Sheng (2003), Friedli, Schuh (2005), Koch (2006), Reiß, Günther (2009a), Wojda u.a. (2006), Seiter (2006), Möller (2006),

Zeitvorteile: Hierunter können die mit der Partizipation in SECO verknüpften Ziele der Realisierung von Zeitvorteilen subsumiert werden. Beispielhaft können die Ausprägungen einer beschleunigten Entwicklung, der Fähigkeit zur schnelleren Vermarktung von Leistungen, aber auch eine Verbesserung der Reaktionsschnelligkeit in Bezug auf Kunden- bzw. Marktanforderungen sowie das schnellere Erreichen kritischer Schwellenwerte genannt werden. Das Ziel einer schnelleren Entwicklung kann bspw. durch die Wiederverwendung von Komponenten der SWP bzw. durch die Nutzung von Ressourcen Dritter realisiert werden. Die Nutzung von Marktzugängen bzw. Kundenbasen der SWP soll die Vermarktungsgeschwindigkeit erhöhen. Zudem können diese zum schnelleren Erreichen kritischer Schwellenwerten wie bspw. einer kritischen Nutzerbasis und darauf aufbauenden Generierung von Netzeffekten beitragen.[390]

Flexibilitätsvorteile: Hierunter können die mit der Partizipation verbundenen Ziele zur Erhöhung der strategischen Flexibilität und Gestaltungsfreiheit zusammengefasst werden. Diese können durch eine Verringerung der Wertschöpfungstiefe sowie damit einhergehende Vermeidung eigener Überkapazitäten oder eine gesteigerte Reaktionsfähigkeit bzw. –schnelligkeit oder durch Möglichkeiten zur flexibleren Kapazitätsanpassungen mittels Nutzung gepoolter Ressourcen realisiert werden. Diese sollen es den Akteuren ermöglichen, flexibler auf Änderungen des Umfeldes wie bspw. auf die schwankenden und schwer vorhersehbaren Bedarfe von Kunden oder Märkten zu reagieren.[391] So zielen bspw. (kleinere) Akteure wie Komplementoren oder Kunden durch die Nutzung der cloudbasierten, skalierbaren SWP von salesforce auf mehr Flexibilität. Diese soll es ihnen ermöglichen, flexibel auf sich ändernde Bedarfen reagieren zu können, ohne hierfür eigene, zu späteren Zeitpunkten möglicherweise flexibilitätshindernde, IT-Infrastrukturen aufbauen zu müssen. Auch der Zugriff von SWPA wie Microsoft auf externe, spezialisierte Vermarktungs-, Beratungs- oder Entwicklungsleistungen von Komplementoren und der teilweise Verzicht auf den Aufbau entsprechender eigener Strukturen kann beispielhaft angeführt werden.[392]

Nollert (2005), Picot (2012), Sydow (2010), Jansen u.a. (2012), Huang u.a. (2010), Sarker u.a. (2012), Kude u.a. (2012), Buxmann u.a. (2013), Bosch (2009), Popp (2010), Koch, Kerschbaum (2014) und Mautsch u.a. (2013)

390 Vgl. Huang u.a. (2010), S. 2, Jansen u.a. (2012), S. 1495, Möller (2006), S. 68 und Buxmann u.a. (2013), S. 56

391 Vgl. Zahn, Foschiani (2000), S. 510, Friedli, Schuh (2005), S. 432 f., Koch (2006), S. 67-69 und Jansen u.a. (2012), S. 1495

392 Vgl. Sarker u.a. (2012), S. 323-329

Kostenvorteile: Hierunter können die Ziele der Akteure zur Reduktion von Entwicklungskosten, Transaktionskosten oder zur kostensenkenden Reduzierung des Kapitalbedarfs mit dem Ziel, Kostenvorteile gegenüber dem Wettbewerb zu erlangen, zusammengefasst werden.[393] Als Beispiel für die Realisierung dieser Kostenreduktionen kann die Nutzung von Basisfunktionalitäten von SWP, wie bspw. Microsoft Dynamics NAV oder SAP Business Suite, durch unterschiedliche Stakeholder genannt werden. Durch die Nutzung dieser Funktionalitäten können, im Vergleich zur Eigenentwicklung niedrigere Lizenzierungskosten vorausgesetzt, Komplementoren und Kunden potenziell auf die Eigenentwicklung dieser Funktionalitäten verzichten und damit ihre Entwicklungskosten und die aus dem notwendigen Kapitalbedarf resultierenden Kosten senken. Auf der Anbieterseite von Leistungen ergibt sich eine Reduktion der „pro Stück"-Entwicklungskosten durch eine größere Absatzmenge.[394] Durch eine reduzierte Amortisationsdauer können möglicherweise Kapitalbedarfe, -bindung und -kosten reduziert werden. Da diese Basisfunktionalitäten aus Sicht des Plattformanbieters auch durch Komplementoren an den Endkunden über einen indirekten Vertriebsweg vermarktet werden können, lassen sich aufseiten des SWPA potenziell Transaktionskosten senken.[395]

Risiko- und Lastenteilung: Hierunter können Ziele zur Risiko- und Lastenteilung in Bezug auf die Finanzierung, Entwicklung und Erbringung von Produkten- bzw. Leistungen zusammengefasst werden.[396] Die Akteure streben im Zuge der gemeinsamen Entwicklung von (innovativen) Produkten und Leistungen im SECO nach einer Senkung des Produktrisikos im Vergleich zur Alternative der isolierten Eigenentwicklung. Die gemeinsame Finanzierung der Entwicklung, der Ausgleich von Kapazitätsengpässen z. B. auf Entwicklungsseite, die Nutzung gemeinsamer Infrastrukturen und verkürzte Amortisationsdauern sollen hierzu beitragen.[397] Allerdings ist kritisch anzumerken, dass das ursächliche Produktrisiko mit der Partizipation in SECO zwar reduziert,

---

393 Vgl. Reiß, Günther (2009a), S. 328 f., Wojda u.a. (2006), S. 3, Zahn, Foschiani (2000), S. 510 und Sarker u.a. (2012), S. 329

394 Vgl. Bing-Sheng (2003), S. 6 f., Sarker u.a. (2012), S. 329 und Popp (2010), S. 102

395 Vgl. Buxmann u.a. (2013), S. 56, Popp (2010), S. 102, Bosch (2009), S. 131 und Möller (2006), S. 68

396 Vgl. Zahn, Foschiani (2000), S. 510 und Möller (2006), S. 69

397 Vgl. Popp (2010), S. 101

dieses aber potenziell durch neue, im Rahmen der SECO-Teilnahme entstehende Risiken substituiert bzw. überkompensiert werden kann.[398] So können durch eine Partizipation und die daraus potenziell resultierenden steigenden Nutzerzahlen Qualitätsmängel einer Softwarelösung weitaus größere Auswirkung als im isolierten Anwendungsfall haben.[399] Nichtsdestotrotz soll davon ausgegangen werden, dass die Akteure in SECO weiterhin nach einer Risiko- und Lastenteilung streben.

Markt- bzw. Kundenzugang: Unter dieser Zielkategorie werden die durch die Akteure mit der Partizipation an SECO verbundenen Potenziale des Eintritts in neue Märkte, Zugang zu bestimmten Kundengruppen oder die Überwindung von Protektionismus zusammengefasst. Die Nutzung der lokalen Präsenz, von Vertriebskanälen und der Marktkenntnis von Akteuren kann Dritten den Zugang zu global verteilten und ggf. darüber hinaus durch Einfuhrbeschränkungen regulierten Märkten, aber auch zu bestimmten Kundengruppen ermöglichen.[400] Komplementoren im UNSW-Bereich erwarten sich den Zugang zu potenziellen Kunden der installierten Basis einer Software wie bspw. SAP ERP.[401] Kunden im UNSW-Bereich verlangen teilweise bei der Implementierung ihrer individuellen Lösungen nach Partnern auf Augenhöhe, der „die Sprache des Kunden spricht“ und über entsprechendes Domänenwissen verfügt. Somit ist der Zugang zu diesen Kunden für bestimmte Akteursgruppen erschwert. Dieses Problem des mangelnden Kundenzugangs soll durch die Kooperation mit entsprechenden Akteuren des SECO umgangen werden.[402]

Imagegewinn: Unter dieser Kategorie können die Ziele zur Nutzung des Bekanntheitsgrades bzw. des positiven Images anderer Teilnehmer des SECO zusammengefasst werden. Als Beispiel kann die Partizipation kleinerer Softwareanbieter an den Partnerprogrammen der großen Hersteller wie SAP oder Microsoft genannt werden. Sie versuchen, eigene Produkte und Dienstleistungen unter der Marke bzw. dem Logo der bekannten Akteure zu vermarkten.[403] Desweiteren kann die Kooperation mit der

---

[398] Vgl. Seiter (2006), S. 26

[399] Vgl. Jansen u.a. (2012), S. 1495 f. und Popp (2010), S. 103 ff.

[400] Vgl. Möller (2006), S. 68 f., Zahn, Foschiani (2000), S. 510 und Jansen u.a. (2012), S. 1495

[401] Vgl. Huang u.a. (2010), S. 1 f., Kude u.a. (2012), S. 251 f. und Popp (2010), S. 102

[402] Vgl. Buxmann u.a. (2013), S. 56, Popp (2010), S. 102 und Möller (2006), S. 69

[403] Dem potenziell entstehenden Risiko für das Image bei Fehlverhalten bzw. Qualitätsdefiziten der Akteure versuchen die Markeninhaber durch Zertifizierungs- und Partnerprogramme zu begegnen. Sie stellen eine gewisse Nähe zum Markeninhaber her, sorgen durch Qualitätskontrollen aber auch für eine gewisse Risikoreduktion. Zur Reduktion der Auswirkungen nicht vermeidbarer Risiken achten Markeninhaber wie SAP zusätzlich darauf, dass die Möglichkeit der Differenzierung von eigenen

Abnehmerseite zu positiven Referenzen und somit einen Imagegewinn für die Akteure führen.[404]

Ressourcenvorteile: Hierunter lassen sich Ziele des Zugangs zu sowie Teilung von bestimmten (wertvollen oder raren) Ressourcen wie Entwicklern, Innovationen, Technologien, Rechenzentrums- oder Supportkapazitäten sowie deren Verwertung mit dem Kalkül, Ressourcenvorteile zu erlangen, subsumieren.[405] Das Know-how (Wissen) stellt dabei im Softwarebereich eine spezielle Ressource dar,[406] auf die im Folgenden eingegangen werden soll.

Know-how: Hierunter sind die Ziele des Zugangs zu bzw. Austauschs von (Entwicklungs-)Technologien, Wissen oder Innovationen, aber auch Systemkompetenz Dritter als strategisch wertvoller Ressource und potenziell daraus resultierende Qualitätsverbesserungen zu subsumieren.[407] So versprechen sich beispielsweise Unternehmenssoftware-Anbieter wie SAP und Microsoft sowie deren Komplementoren durch die Kooperation mit Kunden den Zugang zu für sie wertvollem Domänenwissen des Kunden, z. B. für bestimmte Branchen oder Informationen und Feedback über mögliche Weiterentwicklungspotenziale ihrer Leistungen.[408] Auch zielen SWPA wie SAP durch die Zusammenarbeit mit kleinen innovativeren Firmen darauf ab, ihre eigene, Großkonzernen oftmals inhärente, organisatorische Trägheit in Bezug auf Innovationen zu überwinden.[409] Darüber hinaus kann die Nutzung von Systemkompetenzen der IT-Systemhäuser, d. h. der Fähigkeit, Kundenprobleme zu erkennen und durch eine Kombination von Teilleistungen (unterschiedlicher Akteure) zu lösen, der Anbieterseite weitere Potenziale zur besseren Vermarktung, z. B. im Rahmen eines Cross-Sellings eröffnen. Die Kundenseite verspricht sich durch Kooperationen mit anderen Akteuren eine Partizipation am Realisierungs-Know-how und der Systemkompetenz der Anbieterseite sowie nachgelagert eine bessere Passgenauigkeit der jeweiligen aus der Kooperation entstehenden Lösung in Bezug auf das eigene Unternehmen.[410]

Produkten (Marke: eigener Markenname) zu Partnerprodukten (Marke: „certified by“) erhalten bleibt. Vgl. Jansen u.a. (2013), S. 7 ff., Jansen u.a. (2012), S. 1499 und Popp (2010), S. 193-198

404 Vgl. Huang u.a. (2010), S. 3, Bing-Sheng (2003), S. 5 f., Sarker u.a. (2012), S. 329 und Kude u.a. (2012), S. 252

405 Vgl. Zahn, Foschiani (2000), S. 510 und Möller (2006), S. 69

406 Vgl. Möller (2006), S. 69 und Bing-Sheng (2003), S. 5

407 Vgl. Bosch (2009), S. 111 und Bing-Sheng (2003), S. 5

408 Vgl. Sarker u.a. (2012), S. 329 und Huang u.a. (2010), S. 4

409 Vgl. Huang u.a. (2010), S. 4, Popp (2010), S. 101 und Bosch (2009), S. 111

410 Vgl. Sarker u.a. (2012), S. 328 f., Buxmann u.a. (2013), S. 56, Nollert (2005), S. 30 und Möller (2006), S. 69

Wettbewerbsbeeinflussung: Hierunter sind die Ziele zur Wettbewerbsbeeinflussung durch Bündelung von Wettbewerbskräften, Reduzierung der Wettbewerbsintensität unter den Akteuren und dem gemeinsamen Aufbau von blockierenden Markteintrittsbarrieren bzw. Gegenkräften zu anderen Wettbewerbern außerhalb von SECO zusammenzufassen. Durch diese kann es Stakeholdern gelingen, den Wettbewerb positiv im Sinne zu beeinflussen, ggf. Netzeffekte zu verstärken und nachfolgend höhere Gewinne zu erzielen.[411] So stellt der Aufbau eines SECO und die oftmals damit einhergehende Etablierung von Standards und Netzeffekten einen für mögliche Wettbewerber nur mit hohem finanziellen Aufwand zu imitierenden Faktor und somit eine potenzielle Eintrittsbarriere in bestimmte Märkte dar.[412]

Die FF 1 nach den Zielen der Akteure für die Partizipation in UNSECO lässt sich somit dahingehend beantworten, dass diese die in Tabelle 4 genannten und darauf folgend erläuterten Ziele verfolgen. Bei Analyse der Literatur fällt auf, dass einzelne Publikationen bestimmte Ziele als für bestimmte Stakeholdergruppen nicht zutreffend ausschließen. Exemplarisch sind Huang u. a. zu nennen, welche das Ziel eines Know-how-Transfers durch Komplementoren und Plattformanbieter bei der Partizipation in UNSECO anzweifeln und nachfolgend weitestgehend aus ihren Betrachtungen ausblenden.[413] Allerdings erscheint in diesem Fall die Annahme des kompletten Verzichts auf einen Know-how-Austausch in der wissensintensiven Softwarebranche bei kritischer Betrachtung als wenig realistisch.[414] Losgelöst von diesem speziellen Fall wird aber auch bei weiteren ähnlich gelagerten Fällen das verfrühte Ausblenden von Zielen im Rahmen dieser Arbeit und Ausblenden von davon abgeleiteten Gestaltungsempfehlungen als hinderlich erachtet.[415] Daher wird im Nachfolgenden eine gemäßigte Zwischenposition vertreten. Einzelne der zuvor genannten Ziele sollen nicht ex-ante ausgeschlossen, sondern grundsätzlich in die weiteren Überlegungen eingebunden

411 Vgl. Bosch (2009), S. 111

412 Vgl. Buxmann u.a. (2013), S. 24-29, Bing-Sheng (2003), S. 13 f. und Woeckener (1995), S. 14-31 und Cusumano (2010b), S. 35 sowie die Ausführungen in Kapitel 2.4.2

413 Vgl. Huang u.a. (2010), S. 1-18

414 Vielmehr wird die Realisierung des Zieles eines Wissensaustauschs zwischen Akteuren oftmals als Erfolgsfaktor für die Geschäftstätigkeit von Akteuren in wissensintensiven und volatilen Umfeldern wie der Softwarebranche angesehen. Vgl. Szyperski, Kortzfleisch (2003), S. 372 ff.

415 Vgl. Pohl (2010), S. 394

werden. Allerdings wird der Fall berücksichtigt, dass nicht allen Zielen durch alle Stakeholder eine gleich hohe Bedeutung zugemessen wird.[416] Der möglicherweise wechselnden Bedeutung einzelner Zielkategorien bzw. darin befindlicher Ziele in bestimmten Situationen[417] trägt diese Arbeit konstruktionsbedingt Rechnung. Dies geschieht, indem sie durch Anwendung der Methode QFD eine niedrige Priorisierung von in Bezug zu den Zielen stehenden Anforderungen und somit die Anpassung bzw. Anpassung entsprechender Gestaltungsempfehlungen für SWP ermöglicht.[418] Darüber hinaus sollen mögliche Zielkonflikte und Koopkurrenzsituationen berücksichtigt werden.[419]

4.4 Anforderungen an Softwareplattformen

Wie in Kapitel 3.4.4 erläutert, bedarf es zur Herleitung von Gestaltungsempfehlungen für SWP der Formulierung von die Ziele der Stakeholder unterstützenden Anforderungen an SWP. Diesbezüglich ist die Frage zu klären, unter Zuhilfenahme welcher Quellen und Techniken Anforderungen an das relativ neuartige Phänomen von SWP in UNSECO identifiziert werden sollen.[420]

Für die **Identifikation von Anforderungen** an Softwareartefakte wie sie SWP darstellen, werden im Rahmen des RE bzw. QFD verschiedene informale und semiformale Techniken vorgeschlagen.[421] Als mögliche **Techniken** sind insb. **Interviews**, **schriftliche Befragungen** von Stakeholdern, **Workshops** mit diesen, die **Beobachtung** existierender Systeme sowie das **perspektivenbasierte Lesen** verfügbarer Dokumente zu nennen. Als **Quellen** dienen hierbei die **Stakeholder, existierende Systeme und Dokumente**. In der Literatur existiert Konsens, dass eine situative Auswahl bzw. Anpassung der Quellen und Techniken für den jeweiligen Kontext des Einsatzes vorgenommen werden sollte.[422]

416 Vgl. Kapitel 3.4.3
417 Für eine Übersicht möglicher Zielausprägungen in unterschiedlichen Kooperationsarten und Situationen vgl. Bing-Sheng (2003), S. 6
418 Vgl. die Ausführungen in Kapitel 4.1 zur Methode QFD
419 Vgl. die Ausführungen in Kapitel 2.4.3 und 3.4.4
420 Hinsichtlich der Neuartigkeit des Phänomens plattformzentrierter UNSECO wird insb. auf Kapitel 1.2 sowie den dort skizzierten Stand der Forschung verwiesen.
421 Vgl. die Übersichten in Herzwurm (2000), S. 205, Pohl (2008), S. 324 und S. 364 sowie Pohl (2010), S. 408
422 Vgl. Zowghi, Coulin (2005), S. 22 und Pohl (2008), S. 323 ff.

In standardisierten oder explorativen **Interviews** werden relevante Stakeholder nach ihren existierenden Zielen, Szenarien für den Einsatz zu entwickelnder Artefakts und davon abgeleiteten Anforderungen befragt. Hierbei bestehen neben der Gewinnung existierender Anforderungen der Stakeholder auch Möglichkeiten zur Identifikation innovativer Anforderungen, z. B. durch Konfrontation des Interviewpartners mit unfertigen Lösungsvorschlägen oder geschicktes Nachfragen.[423] In **Workshops** erarbeiten Gruppen von Stakeholderrepräsentanten Anforderungen an die zu entwickelnden Artefakte. Im Unterschied zu Interviews werden Anforderungen nicht ausschließlich erfragt, sondern sind das emergente Resultat der Gruppenarbeit. Hierbei können Assistenz- und Kreativitätstechniken wie bspw. Brainstorming, Kartenabfragen, die KJ-Methode oder Mindmaps eingesetzt werden, um neben der Gewinnung existierender Anforderungen auch innovative Anforderungen an Artefakte zu erarbeiten.[424] Eine Voraussetzung für die Ableitung repräsentativer Anforderungen ist jedoch, dass möglichst alle Stakeholdergruppen und Perspektiven im Rahmen eines entsprechenden Workshops vertreten sind. Dies kann sich aufgrund der relativ hohen Ressourcenintensität von Workshops und einer möglicherweise damit verbundenen Nichtverfügbarkeit von bestimmten Stakeholdergruppen als kritischer Faktor erweisen.[425] Die **Beobachtung** von Stakeholdern bei ihren Tätigkeiten bzw. von existierenden Systemen kann der Ableitung bestehender Anforderungen dienen. Ihr Vorteil besteht darin, dass die beobachteten Stakeholder ihre Tätigkeiten bei im Moment der Ausführung ggf. auftretenden Nachfragen wesentlich präziser und zielgerichteter artikulieren können, als dies ihnen oftmals retrospektiv möglich ist. Während fokussierte Beobachtungen zur Gewinnung bereits in Softwareartefakten umgesetzter Anforderungen beitragen, sind diese in der Realität relativ aufwandsintensiv und zur Entwicklung innovativer Anforderungen nur bedingt geeignet. Diese Einschätzung ist darin begründet, dass bisher nicht in Softwareartefakten realisierte Anforderungen schwer in diesen beobachtet werden können. Nichtsdestotrotz können Beobachtungen von Systemen und Stakeholdern zu einem tieferen Verständnis von jeweils betrachteten Sachverhalten führen und somit eine spätere Entwicklung innovativer Anforderungen unterstützen.[426] Im

423 Vgl. Pohl (2008), S. 325-335, Zowghi, Coulin (2005), S. 25 f. Für eine Diskussion der Vor- und Nachteile verschiedener Interviewformen wird auf die entsprechende Literatur im Rahmen der qualitativen Sozialforschung verwiesen. Vgl. Lamnek (2010), S. 301 ff. und Stier (1999), S. 171 ff.

424 Vgl. Pohl (2010), S. 451-180 und Herzwurm (2000), S. 206-208

425 Vgl. Pohl (2008), S. 352-356 und Herzwurm (2000), S. 205 f.

426 Vgl. Pohl (2008), S. 346-352 und Herzwurm (2000), S. 205 f. Zur Rolle und Ausgestaltung teilnehmender Beobachtungen im Rahmen der qualitativen Sozialforschung vgl. Lamnek (2010), S. 498 ff.

Rahmen von **schriftlichen Befragungen** kann im Vergleich zu anderen Techniken eine größere Anzahl von Stakeholder mit verhältnismäßig geringem Aufwand seitens der Befragenden insb. hinsichtlich existierender Anforderungen an zu entwickelnde Artefakte interviewt werden. Durch die schriftliche Formulierung der Anforderung wird die Reflexion hinsichtlich eigener Anforderungen aufseiten der befragten Stakeholder unterstützt. Die Unterstützung zur Identifikation innovativer Anforderungen ist allerdings als gering einzustufen.[427] Das **perspektivenbasierte Lesen** dient insb. dem Review von als relevant erachteten Dokumenten wie bspw. Gesetzestexten, Lasten- und Pflichtenheften oder detaillierten Entwicklungsdokumenten aus der ex-ante festgelegten Perspektive bestimmter Stakeholdergruppen. Nicht für diese Stakeholdergruppen relevante Details können hierbei ignoriert werden. Das perspektivenbasierte Lesen existierender Dokumente dient insb. der zielbasierten Analyse von existierenden Anforderungen und weniger der Gewinnung innovativer Anforderungen.[428]

Anhand der vorangegangenen Ausführungen wird evident, dass die vorgenannten Techniken zur Anforderungsgewinnung mit der Ausnahme von Workshops vornehmlich dazu geeignet sind, existierende Anforderungen zu erheben. Sie zeichnen sich durch Einschränkungen hinsichtlich ihrer Möglichkeiten zur Identifikation bzw. Entwicklung innovativer Anforderungen an neuartige Phänomene aus. Pohl bemerkt diesbezüglich: „Im Gegensatz zu existierenden Anforderungen können innovative Anforderungen nicht von Stakeholdern erfragt, aus Dokumenten gewonnen bzw. durch Beobachtung entdeckt werden."[429] So würde ein durch kreative Herangehensweisen gestütztes RE oftmals unterschätzt und sollte die Gewinnung innovativer Anforderungen durch Assistenz- und Kreativitätstechniken, z. B. in Workshops, und die Nutzung entsprechender Freiräume unterstützt werden. Dabei sollten unterschiedliche Perspektiven auf ein Artefakt zur Generierung neuer Anforderungen eingenommen werden.[430] Da Erkenntnisse über die Anforderungen an SWP in UNSECO bislang nur rudimentär vorhanden sind,[431] erscheint der ausschließliche Einsatz von Erhebungstechniken, welche zumeist auf die Gewinnung existierender Anforderungen für bekannte und wohlformulierte Problemstellungen abzielen, wenig sinnvoll. Darüber hinaus besteht

[427] Vgl. Pohl (2008), S. 352-356
[428] Vgl. Pohl (2008), S. 356-361
[429] Pohl (2008), S. 320
[430] Vgl. Pohl (2008), S. 320 f. und Pohl, Rupp (2011), S. 36-38
[431] Vgl. Kapitel 1. Somit scheidet u.a. die Analyse wissenschaftlicher Literatur im Kontext von SECO mangels Verfügbarkeit in ausreichendem Maße aus.

im Rahmen dieser Arbeit kein Zugriff auf als vertraulich erachtete (Entwicklungs-)Dokumente von SWP seitens der SWPA. Die Anzahl existierender beobachtbarer SWP, zu deren tiefergehender Analyse ein entsprechender Zugriff auf als vertraulich eingestuftes Material sinnvoll erscheint, ist ebenfalls als relativ gering zu bewerten. Die isolierte Anwendung von Techniken wie Interviews, der Beobachtung von Stakeholdern oder Systemen sowie das perspektivenbasierte Lesen von Dokumentationen wird somit nicht als zweckmäßig für die Ableitung innovativer Anforderungen an SWP eingestuft. Die isolierte Anwendung von Workshops zur Entwicklung innovativer Anforderungen geht ihrer grundsätzlichen Eignung zum Trotz mit dem Nachteil des relativ hohen Ressourcenbedarfes und der Kritikalität der Verfügbarkeit geeigneter Repräsentanten einher. Da die Verfügbarkeit einer ausreichenden Menge geeigneter Teilnehmer relevanter Stakeholdergruppen im Rahmen dieser Arbeit nicht gewährleistet ist,[432] aber die mangelnde Repräsentanz bestimmter Stakeholdergruppen sowie möglicher konfliktärer Sichtweisen in Workshops zu durch die partizipierenden Stakeholdergruppen stark subjektiv geprägten Ergebnissen führen kann,[433] soll von der isolierten Anwendung von Workshops abgesehen werden.

Aufgrund dieser Überlegungen wird im Rahmen dieser Arbeit entschieden, keine (isolierte) Anwendung der zuvor beschriebenen Techniken zur Erhebung von Anforderungen vorzunehmen. Vielmehr sollen die von Pohl geforderten Freiräume zur Ableitung innovativer Anforderungen mittels kreativer Prozesse und die Kombination verschiedener Techniken und Sichtweisen ausgenutzt werden. Die Basis für die Identifikation von Anforderungen an SWP bildet eine Querschnittsanalyse theoretischer Ansätze zur Erklärung der Formation und Dynamik innerhalb von organisationalen Netzwerkstrukturen, wie SECO sie darstellen können. Anhand der Analyse dieser Ansätze und ihrer Aussagensysteme zur Gestaltung von Netzwerkstrukturen erfolgt eine logische Ableitung (Deduktion) von Anforderungen an SWP zur Unterstützung der Tätigkeiten und Ziele der Stakeholdergruppen in UNSECO. Dieses Vorgehen kann als Form des perspektivenbasierten Lesens von Dokumenten interpretiert werden, bei dem die Perspektiven von SECO sowie darin partizipierender Akteure eingenommen werden. Aus

---

432 Eine Anfrage bei relevanten Stakeholdern im Rahmen dieser Arbeit im Zeitraum Juni-Dezember 2012 hat eine geringe Teilnahmebereitschaft und Ablehnung seitens der Stakeholdergruppen zur Folge.

433 Bspw. indem diese stärker die Sichtweise von Einzelunternehmungen als eine unternehmensübergreifende Netzwerkperspektive repräsentieren.

diesen Perspektiven heraus wird aus allgemeingültigen Aussagen auf singuläre Sachverhalte, in diesem Fall Anforderungen an SWP in UNSECO, geschlossen.[434] Die vorangegangene Argumentation folgt in weiten Teilen der Argumentation von Pohl. Allerdings wird im Rahmen dieser Arbeit die abweichende Ansicht vertreten, dass der beim perspektivenbasierten Lesen von Dokumenten, wie Veröffentlichungen zu relevanten theoretischen Ansätzen, stattfindende kognitive kreative Prozess des Forschers die Ableitung innovativer Anforderungen an SWP ermöglicht. Somit sollen diese als Anforderungsquellen herangezogen werden. Aus Konsistenzgründen zur Forschungskonzeption in Kapitel 3.2 und da eine solche Vorgehensweise ein umfassenderes und möglicherweise innovativeres Gesamtbild an Anforderungen verspricht,[435] wird im Rahmen dieser Arbeit einer multi-theoretischen Betrachtung der Vorzug gegenüber der isolierten Betrachtung aus einer theoretischen Perspektive eines Erklärungsansatzes heraus gegeben. Der durch diese Entscheidung entstehende Nachteil möglicher Inkonsistenzen in Bezug auf die Anforderungen wird bewusst in Kauf genommen, stellt aber eine potenziell zu berücksichtigende Einschränkung bei Betrachtung der resultierenden Ergebnisse dar.[436] Auf die Auswahl der theoretischen Basis und die Vorgehensweise bei der Ableitung von Anforderungen wird in Kapitel 4.4.1 detaillierter eingegangen, bevor diese innerhalb von Kapitel 4.4.2 vorgenommen wird. Um ein Gesamtbild zu erhalten, sollen die Aussagensysteme und daraus resultierende Anforderungen der unterschiedlichen theoretischen Perspektiven zunächst dokumentiert (codiert) und anschließend in Kapitel 4.4.3 zusammengeführt (strukturiert) werden. Hierbei soll eine Rückkopplung mit ausgewählten Fachvertretern in Rahmen von Interviews bzw. Workshops erfolgen, um diese mit vorläufigen Ergebnissen zu konfrontieren, diese einer ersten Prüfung zu unterziehen und neue Erkenntnisse zu gewinnen. Auf die Ausgestaltung dieser Harmonisierung wird in Kapitel 4.4.3 detaillierter eingegangen. Im späteren Verlauf der Arbeit (Kapitel 5.2.5) sollen die Anforderungen mit

---

434 Vgl. Kapitel 1.4. Forschungsmethodisch kann das Vorgehen aus Kapitel 4 als qualitative Querschnittsanalyse sowie darauf aufbauende argumentativ-deduktive Analyse klassifiziert werden.

435 Pohl bemerkt diesbezüglich, dass die Konfrontation unterschiedlicher Perspektiven die Entwicklung innovativer Anforderungen unterstützen kann. Vgl. Pohl (2008), S. 321

436 Vgl. die Ausführungen in Kapitel 3.2. Zur Vermeidung von Redundanz soll die Diskussion der Vor- und Nachteile beider Strategien an dieser Stelle nicht wiederholt werden. Diese Arbeit stützt sich darüber hinaus auf die Plädoyers Sydows sowie Pohls für eine multi-theoretische Betrachtung von interorganisationalen Netzwerkstrukturen sowie der Ableitung von Anforderungen aus mehreren, ggf. konfliktären Quellen. Vgl. Sydow (1992), S. 6-10 und S. 127-129 sowie Pohl (2008), S. 320 f.

den Zielen der Evaluation sowie der Herleitung stakeholderspezifischer, situativer Gestaltungsempfehlungen priorisiert werden. Die Vorgehensweise zur Herleitung von Anforderungen ist in Abbildung 20 schematisch dargestellt.

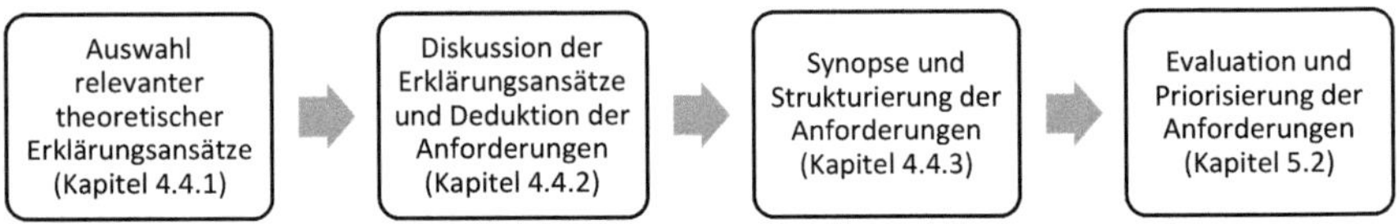

Abbildung 20: Vorgehensweise zur Herleitung von Anforderungen[437]

Es ist zu kritisieren, dass mit der aktiven Beteiligung des Forschers an der dargestellten Vorgehensweise eine Subjektivität der Resultate einhergeht.[438] Auch schließt sie nicht alle zuvor diskutierten Anforderungsquellen sowie Erhebungstechniken ein. Somit ergibt sich eine zusätzliche Einschränkung hinsichtlich der theoretisch möglichen Vollständigkeit von Anforderungsquellen und aus diesen abgeleiteter Anforderungen an SWP. Da in der Realität jedoch nicht vollständig zu eliminierende Ressourceneinschränkungen hinsichtlich der Einbeziehung zusätzlicher Anforderungsquellen und Techniken zur Erhebung von Anforderungen existieren,[439] soll der zuvor skizzierte Ansatz, seiner Einschränkungen zum Trotz verfolgt werden. Weitere Anforderungen aus zusätzlichen Quellen und Techniken können durch die gewählte QFD-basierte Methodik zu späteren Zeitpunkten integriert werden.[440]

---

437 Quelle: Eigene Darstellung

438 Vgl. Lamnek (2010), S. 103

439 Vgl. Pohl (2010), S. 399. Neben dem RE wird diese Problemstellung auch in der qualitativen Sozialforschung, insb. im Rahmen der Triangulation, diskutiert. Vgl. Flick (2011), S. 97 f. Hierbei empfiehlt Flick eine sinnvolle Beschränkung auf als relevant erachtete Quellen sowie ein ausgewogenes Aufwand- und Nutzenverhältnis, ohne detaillierte Vorgaben zu nennen. Vgl. Flick (2011), S. 97 ff. Im Rahmen dieser Arbeit wird ein ausgewogenes Verhältnis darin gesehen, eine Herleitung von Anforderungen aus unterschiedlichen theoretischen Perspektiven vorzunehmen, jedoch keine zusätzlichen und von Umfang und Bedeutung gleichberechtigten Methoden, wie bspw. Befragungen von Experten bzw. Beobachtungen von SWP, zur Identifkation von Anforderungen anzuwenden.

440 Bspw. durch eine Ergänzung der Anforderungsseite eines HoQ und die entsprechende Identifikation von Korrelationen zwischen diesen zusätzlichen Anforderungen und existierenden bzw. ebenfalls neu zu erarbeitenden Lösungsmerkmalen. Die im Rahmen dieser Arbeit identifizierten Anforderungen sowie Korrelationen zu möglichen Lösungsmerkmalen bleiben hiervon unberührt.

4.4.1 Auswahl theoretischer Erklärungsansätze für die Herleitung von Anforderungen an Softwareplattformen

In der Literatur existiert eine Vielzahl und Vielfalt theoretischer Ansätze zur Erklärung organisationaler Netzwerkstrukturen.[441] Da eine Totalanalyse aller Ansätze im Rahmen dieser Arbeit aus Komplexitätsgründen ausscheidet, soll die Herleitung von Anforderungen anhand einer Auswahl als relevant erachteter theoretischer Ansätze erfolgen. Da in den wissenschaftlichen Veröffentlichungen im Kontext von SECO jedoch derzeit keine umfassende Übersicht relevanter Ansätze existiert, wird anhand von Metaanalysen zur Netzwerkforschung eine Auswahl anhand definierter Kriterien vorgenommen. In diesen Metaanalysen werden theoretische Ansätze, welche im Rahmen einer breiteren theoretischen Diskussion stehen, analysiert. Dieses Vorgehen der Auswahl soll sicherstellen, dass einerseits möglichst keine durch die Wissenschaft als relevant erachtete theoretische Perspektive bei der Ableitung von Anforderungen an SWP mangels Kenntnis ex-ante ausgeschlossen wird, andererseits eine sinnvolle Einschränkung zu betrachtender Ansätze vorgenommen wird.[442] Als Metanalysen wurden die Arbeiten von Sydow, Swoboda, Zahn u. a., Kude, Seiter sowie Tiwana u. a. herangezogen.[443] Die Auswahl von Theorien wurde in Anlehnung an Seiter anhand der nachfolgenden Kriterien vorgenommen:[444]

- **Kontextbezug:** Die theoretischen Ansätze sollen im Kontext von SWP in UNSECO anwendbar sein und einen zumindest mittelbaren Bezug zu diesen aufweisen. D. h. die Theorien sollen einen Erklärungsbeitrag zu UNSECO insb.

---

441 Für eine Übersicht zum Stand der Netzwerkforschung sowie diskutierter theoretischer Ansätze vgl. Sydow (2010), S. 373-470

442 Allerdings wird durch diese Vorgehensweise der Trade-off zwischen Vollständigkeit der theoretischen Basis und Durchführbarkeit der Ableitung von Anforderungen im Rahmen dieser erkenntlich. Hierbei wird versucht, eine sinnvoll begründete Balance zu schaffen, die allerdings trotz der Nennung von Kriterien der subjektiven Auswahl des Wissenschaftlers unterliegt.

443 Vgl. Sydow (1992), Sydow (2010), Swoboda (2005), Zahn, Foschiani (2002a), Zahn u.a. (2006), Seiter (2006), Möller (2006), Kude (2012) sowie Tiwana u.a. (2010). Auf Basis dieser Metaanalysen wurden die im Nachfolgenden in alphabetischer Reihenfolge angeführten theoretischen Ansätze in Betracht gezogen: Austauschtheorien, Ansätze der Neuen Institutionenökonomie (Transaktionskostentheorie, Principal-Agent-Theorie, Property-Rights-Theorie), Ansätze des strategischen Managements (Resource Based View, Führungstheorien, Gruppentheorien, Knowledge Based View, Kernkompetenzansatz, Dynamic Capabilities-Ansatz, Relational View), Gerechtigkeitstheorien, Koalitionstheorien, Koevolutionsansätze, Kommunikationstheorien, Komplexitätstheorien (insb. Ansätze Komplexer Adaptiver Systeme), Konflikttheorien, Machttheorien, Netzwerktheorien, organisationsökologische Theorien, Realoptionsansatz, Ressourcenabhängigkeitsansatz, Spieltheorien, Strukturationstheorie, Theorien modularer Systeme, Theorien sozialer Dilemmata.

444 Vgl. Seiter (2006), S. 60 f.

unter Berücksichtigung der in Kapitel 2.4 skizzierten ökonomischen Besonderheiten des Umfeldes und Erkenntnisse zu möglichen Anforderungen an SWP versprechen. Darüber hinaus soll ein möglicher Gestaltungsbeitrag z. B. durch Deduktion von Anforderungen an SWP zu erwarten sein.

- **Empirische Fundierung der Theorien:** Die jeweiligen Ansätze sowie ihre Aussagensysteme sollten bereits mehrmals empirisch bestätigt worden sein, um trotz der Neuartigkeit des Phänomens von UNSECO und SWP eine belastbare Basis für die Herleitung von Anforderungen darstellen zu können.
- **Vereinbarkeit:** Die Prämissen der theoretischen Ansätze sollten grundsätzlich miteinander und mit dem theoretischen Bezugsrahmen dieser Arbeit (Kapitel 3.3) vereinbar sein.[445]

Ausgewählte Erklärungsansätze zur Herleitung von Anforderungen an Softwareplattformen für Unternehmenssoftwareökosysteme
Klassische Erklärungsansätze zur Netzwerkbildung
Ansätze der Neuen Institutionenökonomie (NIÖ)
Transaktionskostentheorie (TAT)
Principal-Agent-Theorie (PAT)
Ressourcenbasierte Ansätze
Resource Based View (RBV)
Knowledge Based View (KBV)
Erweiterte Erklärungsansätze zur Netzwerkdynamik
Ansätze mit relationaler Perspektive
Relational View (RV)
Theorie sozialer Dilemmata (TSD)
Konflikttheorien (KFT)
Austauschtheorie (ATT)
Ansätze mit systemisch-evolutionärer Perspektive
Ressourcenabhängigkeitsansatz (RAA)
Komplexitätstheorie, insb. Ansätze Komplexer Adaptiver Systeme (KAS)

Tabelle 5: Erklärungsansätze zur Herleitung von Anforderungen an Softwareplattformen für Unternehmenssoftwareökosysteme[446]

[445] Vgl. Kapitel 2.4.3
[446] Quelle: Eigene Darstellung

Tabelle 5 stellt das Ergebnis des skizzierten Auswahlprozesses von theoretischen Erklärungsansätzen dar. In Anlehnung an Zahn u. a. werden diese wie folgt klassifiziert:[447]

- **Klassische Erklärungsansätze zur Netzwerkbildung:** Sie erklären die rationalen Beweggründe von Akteuren zur Formation von Netzwerkstrukturen aus der (atomistischen) Sicht von Einzelorganisationen. Je nach Theorienbündel geschieht dies aus einer eher statischen, zeitpunktbezogenen oder einer eher dynamischen, zeitraumbezogenen Perspektive. Ihnen sind insbesondere die Ansätze der Neuen Institutionenökonomie (NIÖ) sowie der Ressourcenperspektive zuzuordnen.[448] Allerdings bemerken Zahn u. a.: „Zusammenfassend liefern die dynamischen Ansätze der Ressourcenperspektive zwar notwendige, aber nicht hinreichende Hinweise zur Erklärung von Netzwerkevolution."[449] Es empfiehlt sich daher für die Herleitung von Anforderungen diese Ansätze um weitere Erklärungsansätze zur Erklärung zeitraumbezogener Netzwerkdynamiken, wie sie auch in SECO zu erwarten sind, zu ergänzen.
- **Erweiterte Erklärungsansätze zur Netzwerkdynamik:** Die erweiterten Ansätze nehmen zur umfassenderen Erklärung von Netzwerken und der in Ihnen vorherrschenden Dynamik perspektivische Erweiterungen der klassischen Ansätze vor. Diese betreffen u. a. eine Verlagerung des Betrachtungsgegenstands von der Einzelorganisation zur Netzwerkstruktur sowie einen Übergang von der eher statisch geprägten zu einer dynamischen Analyse dieser Strukturen.[450] Die Erweiterung findet hierbei sowohl aus einer relationalen als auch einer systemisch-evolutionären Perspektive statt. Die erweiterten Erklärungsansätze lassen sich anhand der vorgenannten Perspektiven weiter unterteilen.[451]
    - **Ansätze mit relationaler Perspektive:** Als Ergänzung zu den atomistischen Sichtweisen und Erklärungsmustern der klassischen Erklärungsansätze lenken die Ansätze mit relationaler Perspektive den Fokus auf die Generierung sowie Ausgestaltung von gemeinsamen, nicht imitierba-

[447] Vgl. Zahn u.a. (2006), S. 131-144
[448] Vgl. Zahn u.a. (2006), S. 131-144 und Zahn, Foschiani (2000), S. 502-505
[449] Zahn u.a. (2006), S. 136
[450] Vgl. Zahn u.a. (2006), S. 136
[451] Vgl. Zahn u.a. (2006), S. 136

ren Wettbewerbsvorteilen sowie daraus entstehender relationaler Renten.[452] Sie zeichnen sich im Unterschied zu den vorgenannten Ansätzen durch eine stärkere Beziehungsorientierung aus.[453]

- **Ansätze mit systemisch-evolutionärer Perspektive:** „Aus einer systemisch-evolutionären Sicht erscheinen Netzwerke als komplexe, evolvierende Systeme, die sich laufend an Veränderungen nicht nur ihrer internen, sondern vor allem ihrer externen Kontexte adaptieren."[454] Während die Ansätze mit relationaler Perspektive den Fokus ihrer Betrachtungen auf die Beziehungen zwischen bestimmten Akteuren in Netzwerkstrukturen richten, liegt das Hauptaugenmerk der systemisch-evolutionären Ansätze auf der Betrachtung des Gesamtsystems der Netzwerkstruktur sowie den darin und zu ihrer Umwelt entstehenden Reziprozitäten und Netzwerkdynamiken.[455] Die Ansätze dieser Kategorien bauen hierbei auf Erkenntnisse der Evolutionstheorien und der Spieltheorie auf, um die grundlegenden Strukturen und Prozesse einer derartigen Systementwicklung zu beschreiben. Ihnen sind die in Kapitel 3.1 vorgestellten evolutionstheoretischen und koevolutionären Ansätze zuzuordnen. Da diese jedoch wenige Hinweise auf die Gestaltung von SWP versprechen,[456] sollen diese an dieser Stelle durch den Rückgriff auf die Ansätze der Ressourcenabhängigkeit sowie komplexer adaptiver Systeme (KAS), welche konkretere Hilfestellungen für zur Ableitung von Gestaltungsempfehlungen zu versprechen scheinen, für die Herleitung möglicher Anforderungen an SWP ergänzt werden.[457]

Eine eindeutige Zuordnung der im Nachfolgenden diskutierten Ansätze zu den zuvor genannten Kategorien gestaltet sich hierbei jedoch aufgrund von inhaltlichen Über-

---

452 Vgl. Zahn u.a. (2006), S. 136-137 und Lavie (2006), S. 640 ff. Die Entstehung relationaler Renten wird in Kapitel 4.4.2.4 erläutert.
453 Vgl. Zahn u.a. (2006), S. 137, Zaheer, Bell (2005), S. 809-825 und Gulati u.a. (2000), S. 210 f.
454 Zahn u.a. (2006), S. 139
455 Vgl. Zahn u.a. (2006), S. 139
456 Vgl. Kapitel 3.1
457 Vgl. Zahn u.a. (2006), S. 141, Holland (1995a), S. 40-45, Holland (1995b), Holland (2006), S. 1-8 und Tilebein (2004), S. 223-239

schneidungen und den teilweise komplementären Zielsetzungen der jeweiligen Ansätze als schwierig.[458] Daher erhebt die in Tabelle 5 dargestellte Zuordnung der einzelnen Ansätze in das Klassifikationsschema keinen Anspruch auf Eindeutigkeit. Durch das Aufzeigen relevanter theoretischer Ansätze sowie die stattfindende Diskussion dieser kann diese Arbeit jedoch dazu beitragen, den eingangs dieses Kapitels skizzierten Mangel einer Übersicht geeigneter theoretischer Ansätze für die Erklärung und Gestaltung von SECO zu verringern.

4.4.2 Diskussion der theoretischen Erklärungsansätze und Ableitung von Anforderungen an Softwareplattformen

Die nachfolgende Diskussion von Erklärungsansätzen und Ableitung von Anforderungen ist wie folgt strukturiert. Zunächst werden der jeweilige Ansatz und ausgewählte Vertreter sowie relevante Quellen im Kontext dieser Theorie angeführt. Anschließend werden der Kerninhalt, die seinem Aussagensystem zugrunde liegenden Prämissen sowie der Erklärungs- und Gestaltungsbeitrag des jeweiligen theoretischen Ansatzes für die Formierung bzw. Evolution von Netzwerkstrukturen aufgezeigt. Nach einer Prüfung ihrer Anwendbarkeit im Kontext von UNSECO sollen die jeweiligen Ansätze auf ihr mögliches Potenzial für die Herleitung von Gestaltungsempfehlungen für SWP analysiert und entsprechende Anforderungen abgeleitet werden. Da die Anforderungen die mit der Partizipation in SECO verbundenen Ziele der Akteure unterstützen sollen,[459] werden die jeweils abgeleiteten Anforderungen abschließend auf ihr Unterstützungspotenzial hinsichtlich der Zielkategorien des theoretischen Bezugsrahmens aus Kapitel 3.3 untersucht. Die Erkenntnisse der jeweiligen Diskussion werden jeweils in Tabellenform zusammengefasst. Diese Tabellen werden aus Formatgründen den Ausführungen zu den jeweiligen Ansätzen vorangestellt. Die Analyse der theoretischen Ansätze erfolgt dabei in der Reihenfolge der Nennung der entsprechenden Ansätze in Tabelle 5.[460]

---

458 Als Beispiele für nicht eindeutig zuzuordnende Ansätze können der Resource Based View und Relational View zu genannt werden. Vgl. die Kapitel 4.4.2.3 und 4.4.2.4

459 Vgl. Kapitel 3.4.4. Die Anforderungen stellen ersatzweise herangezogene Effizienzkriterien für die Gestaltung von SWP zur Unterstützung von Zielen der in UNSECO partizipierenden Akteure dar und sollen somit einen Beitrag zur Erfüllung dieser leisten.

460 Aufgrund der unterschiedlichen Abstraktionsniveaus der theoretischen Ansätze ergeben sich Unterschiede im Detaillierungsgrad und Länge der Beschreibung der jeweiligen Ansätze.

4.4.2.1 Transaktionskostentheorie

Transaktionskostentheorie (TAT)	
Zuordnung	Klassische Erklärungsansätze zur Netzwerkbildung
Vertreter/Quellen	• Coase, R. H., The Nature of the Firm, 1937[461] • Williamson, O. E., Markets and Hierarchies, 1983[462] • Picot u.a.: Organisation, 2012[463]
Annahmen	• **Verhaltensannahmen hinsichtlich der Akteure** o Beschränkte Rationalität o Opportunismus von Akteuren o Risikoneutralität • **Situative Einflussfaktoren:** o Unsicherheit und Komplexität o Spezifität der Transaktion/Investition
Beitrag	• **Erklärungs- und Gestaltungsbeitrag bei der Bestimmung und Auswahl von effizienten Organisationsformen** (Institutionen) zur Abwicklung von Transaktionen anhand der Transaktionskosten • **Entscheidungsalternativen:** o Markt o Hierarchie o hybride Strukturen (Netzwerke wie bspw. SECO) • **Effizienzkriterium: Transaktionskosten:** o Ex-ante Transaktionskosten o Ex-post Transaktionskosten • Je nach Ausprägung der **situativen Einflussfaktoren** zeichnen sich verschiedene Organisationsformen durch eine unterschiedliche Effizienz hinsichtlich der Transaktionskosten aus
Implikationen für die Gestaltung von Softwareplattformen	• Softwareplattformen können durch Unterstützung der Transaktionsphasen zur Senkung der Transaktionskosten beitragen und somit den „Effizienzbereich" von SECO-Strukturen gegenüber anderen Organisationsformen vergrößern. • **Anforderungen** an Softwareplattformen: o TAT1: Suche und Identifikation von Leistungen o TAT2: Suche und Identifikation von Akteuren o TAT3: Unterstützung der Leistungsvereinbarung o TAT4: Kontrolle der Erbringung von Leistungen
Unterstützung der Ziele	☒ Potenzialbezogene Ziele ☐ Markterfolgsbezogene Ziele ☒ Wirtschaftliche Ziele

Tabelle 6: Erkenntnisse der Transaktionskostentheorie und Implikationen für die Gestaltung von Softwareplattformen[464]

461 Vgl. Coase (1937)
462 Vgl. Williamson (1975)
463 Vgl. Picot (2012)
464 Quelle: Eigene Darstellung

Die Transaktionskostentheorie (TAT)[465] geht in ihren Ursprüngen auf Coase zurück, der auf die Kosten der „Marktbenutzung“, die Transaktionskosten, hinwies und daraus die Entstehung der Institution[466] „Unternehmung“ ableitete, die sich in bestimmten Situationen durch effizientere Kostenstrukturen auszeichnet.[467] Bekannt wurde die TAT durch die Arbeiten von Williamson, der in seinem Werk „Markets and Hierarchies“[468] die Transaktionskosten als Effizienzmaß für die Beurteilung der Eignung der Institutionen Markt und Hierarchie hinsichtlich der Umweltmerkmale Unsicherheit sowie der Komplexität und Spezifität, der zwischen Akteuren ausgetauschten Leistung heranzieht. Im deutschsprachigen Raum können Picot u. a. angeführt werden.[469]

Das **Erkenntnisinteresse der TAT** lässt sich wie folgt beschreiben: Die Transaktionskostentheorie sucht nach einer Antwort auf die Frage, welches der alternativen institutionellen Arrangements Markt, Netzwerk (als Hybridform) oder Hierarchie über eine größere Effizienz bei bestimmte Ausprägungen der Spezifität von Leistungen oder Unsicherheit der Umwelt verfügt. Sie versucht zu erklären, warum bestimmte Arten von Transaktionen in bestimmten institutionellen Organisationsformen mehr oder weniger effizient abgewickelt werden (können).[470] **Analyseeinheit** ist die einzelne **Transaktion**, d. h. die Übertragung (von Verfügungsrechten) eines Gutes oder einer Leistung über eine technisch trennbare Schnittstelle hinweg.[471] Transaktionen bestehen dabei in der Regel aus vier Phasen:[472]

1) Informations- und Selektionsphase
2) Vereinbarungsphase
3) Abwicklungsphase
4) Nachvertragsphase

465 In der Literatur wird die TAT auch synonym als Transaktionskostenökonomik, Transaktionskostenansatz bezeichnet. Diese Begriffe sollen im Rahmen dieser Arbeit als Synonym verwendet werden.

466 Der Institutionenbegriff weist in der Wissenschaft eine Unschärfe auf. Vgl. bspw. Picot (2012), S. 11-25, Gimmler (1998), S. 22 ff. und Ebers, Gotsch (2006), S. 354-357. Unter einer Institution soll im Rahmen dieser Arbeit in Anlehnung an Richter u. a sowie Bea und Göbel ein System von formalen und informellen Regeln bzw. Normen einschließlich seiner Garantieinstrumente verstanden werden, welches den Zweck verfolgt, individuelles Verhalten auf ein bestimmtes Zielbündel auszurichten. Vgl. Richter u.a. (2003), S. 582 und Bea (2010), S. 133

467 Vgl. Coase (1937), Picot (2012), S. 83 und Bea (2010), S. 133

468 Vgl. Williamson (1975) und Bea (2010), S. 133

469 Vgl. Picot (2012) und Bea (2010), S. 133

470 Vgl. Kieser, Walgenbach (2010), S. 48, Ebers, Gotsch (2006), S. 296 und Bea (2010), S. 133-145

471 Vgl. Ebers, Gotsch (2006), S. 277, Bea (2010), S. 139 und Homburg (2009), S. 203

472 Vgl. Homburg (2009), S. 203, Ebers, Gotsch (2006), S. 277, Bea u.a. (2009), S. 379 und Maaß (2008), S. 169 f. In der Literatur werden Transaktionen teilweise auch in die 5 Phasen der Anbahnung, Vereinbarung, Abwicklung, Kontrolle und Anpassung unterteilt. Vgl. Picot (2012), S. 70 f.

Als hauptsächliches **Effizienzkriterium** für die Bestimmung geeigneter institutioneller Organisationsstrukturen werden die **Transaktionskosten** herangezogen.[473] Diese werden als die während der Phasen einer Transaktion entstehenden Kosten derselben definiert und können wie folgt unterteilt werden:[474]

- **Ex-ante Transaktionskosten:** Umfassen die in den Phasen bis zum Vertragsabschluss entstehenden Kosten einer Transaktion. Sie lassen sich in Kosten für die Suche nach und Information über geeignete Vertragspartner und Leistungen (Informations- und Suchkosten) sowie die Kosten zur Abstimmung der Interessen zwischen den Akteuren (Verhandlungskosten) und Vereinbarung der Übertragung bzw. Leistungserbringung (Vertragskosten) unterteilen.[475]
- **Ex-post Transaktionskosten:** Umfassen die in den Phasen nach Vertragsabschluss entstehenden Kosten zur Kontrolle und Durchsetzung der Leistungserbringung bzw. nachträglichen Anpassung von Leistungsvereinbarungen.[476]

Diese Transaktionskosten treten der TAT folgend in allen alternativen Organisationsstrukturen auf. D.h. auch in Hierarchien, z. B. bei der Suche nach geeigneten Mitarbeitern, bei der Vereinbarung und Formulierung der von beiden Seiten zu erbringenden Leistungen im Rahmen von Arbeitsverträgen, sowie zur Kontrolle bzw. Durchsetzung jener Leistungsvereinbarungen.[477]

In Abhängigkeit von den Einflussfaktoren „Spezifität der Transaktionsgutes" sowie der „Untersicherheit der Umwelt" ergibt sich eine unterschiedliche Effizienz der Organisationsformen. Mit zunehmender Spezifität sowie Unsicherheit kommt es zu einem Anstieg der Transaktionskosten. Hierbei zeichnen sich, wie in Abbildung 21 dargestellt, der Markt durch eine hohe Effizienz bei geringer Spezifität und Unsicherheit und die Hierarchie durch eine hohe Effizienz bei hoher Spezifität und Unsicherheit aus. Das

---

473 Vgl. Ebers, Gotsch (2006), S. 278. Es gilt darauf hinzuweisen, dass bestimmte Veröffentlichungen teilweise auch die Produktionskosten bzw. die Summe aus Produktionskosten und Transaktionskosten als Effizienzkriterium für die Bewertung der alternativen Institutions- bzw. Organisationsformen heranziehen, während diese in anderen Veröffentlichungen ausgeblendet werden. Vgl. Sydow (1992), S. 148 und Picot (2012), S. 71. Da die Grundstruktur der nachfolgenden Erläuterungen jedoch von der Entscheidung, diese Kosten ein- bzw. auszublenden, unberührt bleibt, werden diese aus Verständnisgründen im Rahmen dieser Arbeit ausgeblendet.

474 Vgl. Bea (2010), S. 139 sowie für die die nachfolgenden Ausführungen zu den Transaktionskosten insb. Williamson (1975), S. 20 ff. und Ebers, Gotsch (2006), S. 278

475 Vgl. Kieser, Walgenbach (2010), S. 49, Bea (2010), S. 139 und Picot (2012), S. 70

476 Vgl. Bea (2010), S. 139 und Picot (2012), S. 70 f.

477 Vgl. Picot (2012), S. 70 f.

Entstehen von hybriden Koordinationsformen wie Netzwerken oder Softwareökosystemen im Kontinuum zwischen den beiden Extrempunkten wird durch deren Effizienz in Situationen mit mittlerer Spezifität bzw. Unsicherheit erklärt.[478]

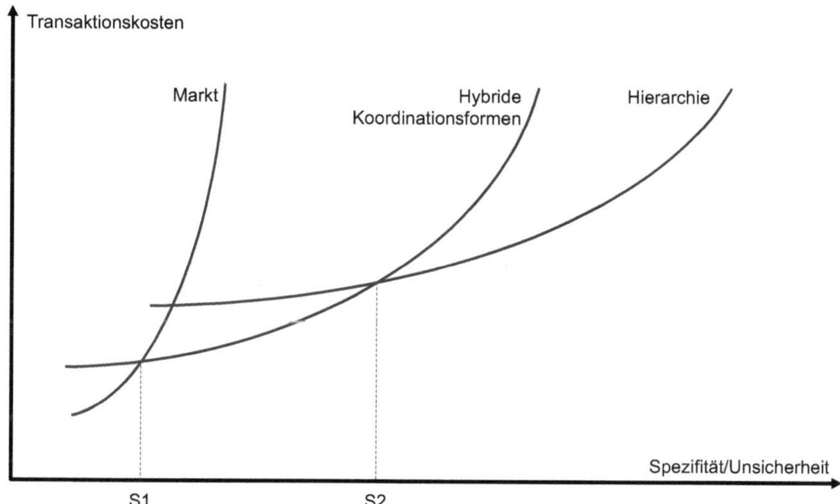

Abbildung 21: Vorteilhaftigkeit von Organisationsstrukturen[479]

Von hoher **Spezifität** bzw. transaktionsspezifischen Investitionen wird im Rahmen der TAT gesprochen, wenn Inputfaktoren für die Erstellung bestimmter Güter und Leistungen bzw. Transaktionen spezifisch zugeschnitten sind.[480] Bspw., wenn eine Software individuell für einen bestimmten Kunden entwickelt oder ein Mitarbeiter im Rahmen einer Arbeitnehmerüberlassung speziellen Schulungen für die Abläufe eines einzigen Kunden unterzogen wurde. Als weiteres Beispiel kann der Bau eines Abnehmerwerkes in der Nähe eines Zuliefererwerks mit dem Ziel, Lagerkosten zu optimieren, angeführt werden.[481] Die Spezifität von Transaktionen wird auch durch die Häufigkeit ähnlicher Transaktion beeinflusst.[482] Während transaktionsspezifische Investitionen zwar über die Realisierung von Spezialisierungsvorteilen die anfallenden Produktionskosten eines Gutes zu senken vermögen, geben sie allerdings gleichzeitig zu einer Steigerung

---

478 Vgl. Reichwald, Piller (2009), S. 38
479 Quelle: Reichwald, Piller (2009), S. 38
480 Vgl. Picot (2012). S. 73-76
481 Vgl. Kieser, Walgenbach (2010), S. 49 und Picot (2012), S. 75
482 Vgl. Bea (2010), S. 141 f.

von Transaktionskosten Anlass. Dies lässt sich durch die durch sie entstehende besondere Abhängigkeit zwischen den Transaktionspartnern begründen, die durch Transaktionspartner ausgenutzt werden kann.[483] Die **Unsicherheit** umfasst die parametrische Unsicherheit bezüglich der situativen Bedingungen der Transaktion und deren zukünftigen Entwicklungen sowie die Verhaltensunsicherheit bezüglich des möglicherweise opportunistischen Verhaltens von Transaktionspartnern.[484]

Die Plausibilität des Anstiegs von Transaktionskosten bei zunehmender Spezifität und Unsicherheit von Transaktionen wird mit den **Grundannahmen** zum Verhalten von Akteuren begründet: den Annahmen der **begrenzten Rationalität**, des **Opportunismus** sowie der **Risikoneutralität**. **Begrenzte Rationalität** bedeutet im Kontext der Transaktionskostentheorie, dass die Vertragspartner zwar durchaus intendieren, rational zu handeln, allerdings nicht alle für die jeweilige Entscheidungssituation relevanten Informationen wahrnehmen und interpretieren können, die zur Maximierung ihres Nutzens notwendig sind. Beispielsweise können hier Informationen über die Umwelt, Leistungsbeschaffenheit oder Merkmale von Geschäftspartnern genannt werden. Unter **Opportunismus** versteht Williamson in diesem Zusammenhang die Verfolgung eines Eigeninteresses auch unter Zuhilfenahme von List, Täuschung oder Zurückhaltung von Informationen.[485] Beispielhaft hierfür kann die Ausnutzung eines durch Spezialisierung entstandenen Lock-In-Effektes durch Vertragspartner genannt werden. Aus Vereinfachungsgründen wird darüber hinaus den Transaktionspartnern **Risikoneutralität**, d. h. keine besonders ausgeprägte Affinität bzw. Aversion gegenüber Risiken unterstellt.[486] Zwar werden diese Annahmen zum Verhalten der Transaktionspartner oftmals in den relevanten Publikationen im Kontext der TAT auf Ebene des Individuums diskutiert, doch sind diese lt. Picot u. a. auf andere Problemebenen übertragbar. Daher soll auch im Rahmen dieser Arbeit von der Übertragbarkeit auf die Ebene Einzelorganisationen und SECO ausgegangen werden.[487]

Die bereits zuvor angedeutete Effizienz der Organisationsstruktur des **Marktes** bei Transaktionen mit niedriger Spezifität der Leistungen bzw. Unsicherheit des Umfeldes

---

483 Vgl. Ebers, Gotsch (2006), S. 292 und Kieser, Walgenbach (2010), S. 49
484 Vgl. Kieser, Walgenbach (2010), S. 50 und Picot (2012), S. 73
485 Vgl. Williamson (1975), S. 54, Kieser, Walgenbach (2010), S. 49 und Picot (2012), S. 71-77
486 Die Annahme der Risikoneutralität wird aufgrund ihrer rein komplexitätsreduzierenden Rolle in der Literatur oftmals nicht erwähnt. Vgl. Kieser, Walgenbach (2010), S. 49
487 Vgl. Picot (2012), S. 72

soll im Nachfolgenden erläutert werden. Da es sich in diesem Fall um den Transfer relativ unspezifischer Leistungen in einem stabilen Umfeld handelt, ist die Fluktuation möglicher Transaktionspartner als gering einzustufen. Somit kann tendenziell von einem ausreichenden Angebot an verhältnismäßig einfach zu identifizierender Transaktionsgüter ausgegangen werden.[488] Die Such- und Informationskosten auf einem Markt sind in diesem Fall als relativ gering einzustufen.[489] Da durch eine höhere Anzahl potenzieller Transaktionspartner Anreize zu vertragskonformen Verhalten entstehen und zudem die Möglichkeiten opportunistischen Handelns für Transaktionspartner eingeschränkt werden, sind die Kosten zur Verhandlung und Kontrolle von Kaufverträgen im Verhältnis zu den Vertragsformen anderer Institutionsformen ebenfalls als geringer einzustufen.[490] Auch die Transaktionskosten für eine nachträgliche Vertragsanpassung sind, z. B. durch die für eine Seite autonom auszuübende Option der Vertragsauflösung und Beschaffung einer, durch die niedrige Spezifität verhältnismäßig einfach aufzufindenden, Alternative gegenüber alternativen Institutionsformen geringer einzustufen.[491]

Im Gegensatz dazu stellt bei hoher Spezifität von Gütern sowie hoher Unsicherheit die organisationsinterne Leistungserstellung in **Hierarchien** die transaktionskosteneffizientere institutionelle Alternative dar.[492] Einerseits wird in einer solchen Situation die Suche und Identifikation sowie Spezifikation der zu erbringenden Leistungen, auch aufgrund der Annahme begrenzter Rationalität der Akteure, erschwert. Darüber hinaus könnten unternehmensexterne Transaktionspartner aufgrund der Grundannahme eines opportunistischen Verhaltens dazu tendieren, die aus den transaktionsspezifischen Investitionen und fehlenden Alternativen resultierende Abhängigkeit der Gegenseite auszunutzen. Somit steigt auch die Notwendigkeit der Ausformulierung entsprechender Sanktionen während der Vereinbarungsphase. Aufgrund der begrenzten Rationalität der Akteure ist allerdings nicht die vollumfängliche Berücksichtigung aller Eventualitäten möglich.[493] Nachfolgend steigen ebenfalls die zur Kontrolle und Durch-

488 Vgl. Williamson (1975), S. 78
489 Vgl. Kieser, Walgenbach (2010), S. 51 und Reichwald, Piller (2009), S. 38
490 Vgl. Kieser, Walgenbach (2010), S. 51
491 Vgl. Kieser, Walgenbach (2010), S. 51
492 Vgl. Kräkel (1999), S. 10
493 Vgl. Kieser, Walgenbach (2010), S. 50 f. und Kräkel (1999), S. 10

setzung der Leistungserstellung sowie durch mögliche Nachverhandlungen von Vertragsinhalten entstehenden Transaktionskosten.[494] Aufgrund der vorangegangenen Ausführungen wird deutlich, dass die Transaktionskosten, wie in Abbildung 21 dargestellt, losgelöst von der Institutionsform mit zunehmender Spezifität der Leistung und Unsicherheit des Umfeldes steigen.[495] Die Effizienz der Hierarchie im Falle hoher Spezifität bzw. Unsicherheit lässt sich wie folgt begründen: Da oftmals Mitarbeiter bereits durch Arbeitsverträge an eine Organisation (Hierarchie) gebunden sind, können ex-ante Transaktionskosten für die Informationsbeschaffung, Verhandlung- und Vertragsgestaltung gegenüber diesen Partnern einzelner Transaktionen eingespart werden. Auch können spätere Anpassungen der Transaktion z. B. durch direkte Weisungen von Vorgesetzten gegenüber Angestellten kostengünstiger als nachträgliche, beidseitig abzustimmende Vertragsanpassungen mit externen Dienstleistern oder Marktpartnern realisiert werden. Durch interne Steuerungs- und Kontrollsysteme kann darüber hinaus ein opportunistisches Verhalten der Angestellten im Gegensatz zu relativ autonomen externen Akteuren, die opportunistisch ggf. Lock-In-Effekte (Netzeffekte) ausnutzen, kostengünstiger reduziert bzw. verhindert werden.[496]

Aus diesen Erläuterungen lassen sich aber die Nachteile der Institutionsform Hierarchie im Falle der Transaktion von Leistungen niedriger Spezifität bzw. niedriger Unsicherheit ableiten. Sollen einmalig standardisierte unkritische Leistungen transferiert werden und ist gleichzeitig die Unsicherheit bezüglich des Ausfalls möglicher Transaktionspartner oder deren Opportunität als nicht hoch einzustufen, sind auf Abnehmerseite die Transaktionskosten für die Aufnahme eines Arbeitsverhältnisses zur Durchführung einer einmaligen Tätigkeit im Verhältnis zum Marktbezug als zu hoch einzustufen. Es sollten ggf. andere effizientere Formen des Bezugs über Märkte oder Netzwerkstrukturen in Betracht gezogen werden.[497]

Hybride Formen von Organisationsstrukturen wie Kooperationen zwischen Partnern in Netzwerken oder SECO stellen Alternativen zwischen Markt- und Hierarchie dar. Diese zeichnen sich der TAT zufolge durch eine Effizienz in einem mittleren Bereich

494 Vgl. Kräkel (1999), S. 10
495 Vgl. Reichwald, Piller (2009), S. 36 und Picot (2012), S. 84 ff.
496 Vgl. Bea (2010), S. 143, Picot (2012), S. 84 f. und Kräkel (1999), S. 12
497 Vgl. Bea (2010), S. 144. Allerdings ist darauf hinzuweisen, dass dieser mangelnden Effizienz hinsichtlich der Transaktionskosten der einzelnen Transaktion zum Trotz jedoch strategische Gesichtspunkte, z. B. zum Aufbau von bzw. Fokussierung auf Kernkompetenzen, durchaus für die Wahl einer anderen Organisationsstruktur sprechen können. Vgl. bspw. Kieser, Walgenbach (2010), S. 52, Ebers, Gotsch (2006), S. 301 und Reichwald, Piller (2009), S. 38

im Spektrum zwischen niedriger Spezifität bzw. Unsicherheit und hoher Spezifität bzw. Unsicherheit aus. Dies geschieht, indem Koordinationsmechanismen der beiden Pole kombiniert werden und durch Marktdruck einerseits und durch den (ggf. mehrmaligen) Rückgriff auf Partner über relationale Verträge hierarchieähnliche und auf Vertrauen basierende Beziehungen aufgebaut werden. Aus theoretischer Sichtweise kann die Entstehung von Netzwerken somit damit erklärt werden, dass sich Akteure zu diesen formieren, da diese Organisationsformen in bestimmten Situationen eine effizientere Organisationsform zwischen Markt und Hierarchie darstellen.[498]

Aufgrund ihres Erklärungsbeitrages kann die TAT zur Lösung verschiedener Problemstellungen bei der Auswahl geeigneter institutioneller Arrangements herangezogen werden, da sie die Bestimmung geeigneter Grenzen von Organisationen ermöglicht.[499] Diese Grenzen konstituieren sich an den Punkten, an denen die Kosten der internen Abwicklung von Transaktionen denen der externen Abwicklung von Transaktionen entsprechen. Diese Punkte werden in Abbildung 21 als „S1“ und „S2“ bezeichnet.[500] Basierend auf diesen Erkenntnis zu den Grenzen sowie der Effizienz unterschiedlicher Organisationsformen kann die Transaktionskostentheorie Hinweise zur Gestaltung der eigenen Fertigungstiefe bzw. Arbeitsteilung liefern[501] und somit auch z. B. IT-Outsourcing-Entscheidungen unterstützen. Auch für die Gestaltung interner Märkte oder die Entscheidungsunterstützung für Zentralisierungs- bzw. Dezentralisierungsfragen wird die TAT herangezogen.[502]

Ihrem Erklärungsbeitrag zum Trotz wird der Transaktionskostentheorie auch Kritik entgegengebracht. So wird kritisiert, dass es der TAT und darauf aufbauender Forschung oftmals an einer geeigneten Operationalisierung des Effizienzkriteriums der Transaktionskosten mangelt.[503] Diesem Kritikpunkt wird allerdings entgegengehalten, dass eine absolute Quantifizierung von Transaktionskosten weniger im Erkenntnisinteresse der TAT liegt als die relative Bestimmung von Transaktionskosten einer Organisationsform im Vergleich zu anderen Formen institutioneller Arrangements.[504] Im Hinblick auf diese Auswahl geeigneter Organisationsformen verweisen Kritiker auf das Argument,

[498] Vgl. Zahn u.a. (2006), S. 133 und Sydow (1992), S. 142
[499] Vgl. Bea (2010), S. 155 f. und Reichwald, Piller (2009), S. 36
[500] Vgl. Reichwald, Piller (2009), S. 36
[501] Vgl. Picot (2012), S. 84-88 und Bea u.a. (2009), S. 379
[502] Vgl. Picot (2012), S. 88 f., Sydow (1992), S. 134-144 und Bea u.a. (2009), S. 379
[503] Vgl. Ebers, Gotsch (2006), S. 208
[504] Vgl. Maaß (2008), S. 125

dass hierfür nicht ausschließlich deren Effizienz im Hinblick auf Transaktionskosten, sondern auch weitere Kriterien wie bspw. Machtverhältnisse zwischen den Transaktionspartnern maßgeblich sind.[505] Hinsichtlich der Gestaltung von Netzwerkstrukturen bemerken Zahn u. a., „dass die Transaktionskostenökonomik durchaus wichtige Erklärungsansätze für die Existenz von Netzwerken liefert. Allerdings bietet sie kaum Ansatzpunkte für die Erklärung der Dynamik von Netzwerken."[506] Somit liefert sie auch wenige Hinweise auf die Gestaltung von Dynamiken in solchen Netzwerkstrukturen.[507] Da eine tiefergehende Analyse der Transaktionskostentheorie nicht im Fokus dieser Arbeit steht, wird für eine kritische Würdigung der TAT auf die Arbeiten von Ebers und Gotsch sowie Wiegandt verwiesen.[508]

Implikationen der TAT für die Gestaltung von Softwareplattformen

Der im vorangegangenen Abschnitt illustrierte Beitrag der TAT zur Entscheidungsunterstützung bei der Wahl alternativer institutioneller Arrangements ist auf einer anderen, ggf. vorgelagerten, konzeptionellen Ebene angesiedelt. Daher wird der Beitrag der TAT zur Gestaltung von SWP nicht augenscheinlich evident. So ist anzunehmen, dass die Gestaltung von SWP eine der Entscheidung zur Formation von bzw. den Beitritt zu bestimmten institutionellen Arrangements, wie UNSECO sie darstellen können, nachgelagerte Entscheidungssituation ist. Stellt man jedoch einen Bezug zwischen dem theoretischen Bezugsrahmen dieser Arbeit (vgl. Kapitel 3.3) sowie der TAT und verwandten Arbeiten her, so ergeben sich dennoch Erklärungspotenziale für die Gestaltung von SWP. Nach dem Bezugsrahmen sind Akteure im Umfeld von Unternehmenssoftware auf verschiedenen Ebenen, namentlich von Einzelorganisationen, SECO und Märkten tätig. Diese sind vergleichbar mit den verschiedenen Formen im Rahmen der TAT thematisierter institutioneller Arrangements. Einzelorganisationen können als Hierarchie interpretiert werden, während die Tätigkeit in SECO als die Wahl einer hybriden Organisationsform gelten kann. Die Interpretation der Marktebene als Institution des Marktes ergibt sich bereits, aber nicht ausschließlich, aus der ähnlichen Namensgebung.[509]

505 Vgl. Kieser, Walgenbach (2010), S. 52 und Sydow (1992), S. 157-160
506 Zahn u.a. (2006), S. 133
507 Vgl. Zahn u.a. (2006), S. 133 und Zahn, Foschiani (2000), S. 503
508 Vgl. Ebers, Gotsch (2006), S. 296-305 und ergänzend Wiegandt (2009), S. 124-127
509 Vgl. die Beschreibung der Ebenen der Geschäftstätigkeit von Akteuren im theoretischen Bezugsrahmen in Kapitel 3.3.2

Interpretiert man die Ebenen des Bezugsrahmens als alternative institutionelle Arrangements, so könnte die TAT bezüglich einer Entscheidung über die Ausübung einzelner Geschäftstätigkeiten auf eine dieser Ebenen herangezogen werden. Beispielsweise zur Entscheidung, die Entwicklung von Softwarekomponenten in Eigenregie auf Einzelorganisationsebene (Hierarchie), mit Partnern auf SECO-Ebene (hybride Institutionsform) oder durch Zukauf von Komponenten bzw. komplette Fremdvergabe auf Marktebene (Markt) zu gestalten.[510], [511]

Ziel der Gestaltung von SWP ist es, die Geschäftstätigkeit der Akteure in SECO in Hinblick auf deren Ziele zu unterstützen.[512] Voraussetzung hierfür ist, dass ausreichend Akteure in entsprechenden SECO partizipieren. Gelänge es nun, durch SWP eine Verbesserung der Transaktionskosteneffizienz von SECO gegenüber anderen Alternativen herbeizuführen, so ist basierend auf den Erkenntnissen von Wigand davon auszugehen, dass die Tendenz der Akteure, an SECO zu partizipieren, steigt.[513] Die Wahrscheinlichkeit eines möglichen Opportunismus und Verfolgung einer isolierten Geschäftstätigkeit in der Einzelorganisation oder Marktbezug würde reduziert, da diese Institutionsformen über einen kleineren Effizienzbereich hinsichtlich der Transaktionskosten verfügen. Darüber hinaus würde dadurch das Ziel der Transaktionskostensenkung, welches den Ausführungen in Kapitel 4.3 folgend, ein Hauptmotiv für den Beitritt in SECO darstellen kann, erfüllt.

---

510 Vgl. Buxmann u.a. (2011), S. 55 und Picot (2012), S. 86

511 Diese Unterscheidung zwischen exklusiven, alternativen Formen der Beschaffung widerspricht nicht der Aussage des theoretischen Bezugsrahmens, nach dem es sich bei den Ebenen um nicht exklusive und somit komplementäre Ebenen der Geschäftstätigkeit handelt. Der vermeintliche Widerspruch lässt sich durch die Erkenntnis auflösen, dass der Bezugsrahmen auf die gesamte Geschäftstätigkeit von Akteuren im Zeitverlauf abzielt, während die TAT ihre Aussagen auf die Analyseeinheit einzelner Transaktionen reduziert. Vgl. diesbezüglich die Ausführungen zum theoretischen Bezugsrahmen in Kapitel 3.3 und Ebers, Gotsch (2006), S. 296 zur TAT. Im Rahmen mehrerer Transaktionen während der Geschäftstätigkeit von Akteuren kann es somit zu einer Überlagerung dieser Ebenen kommen.

512 Vgl. Kapitel 3.4.4

513 Vgl. Wigand (1995), S. 1-5

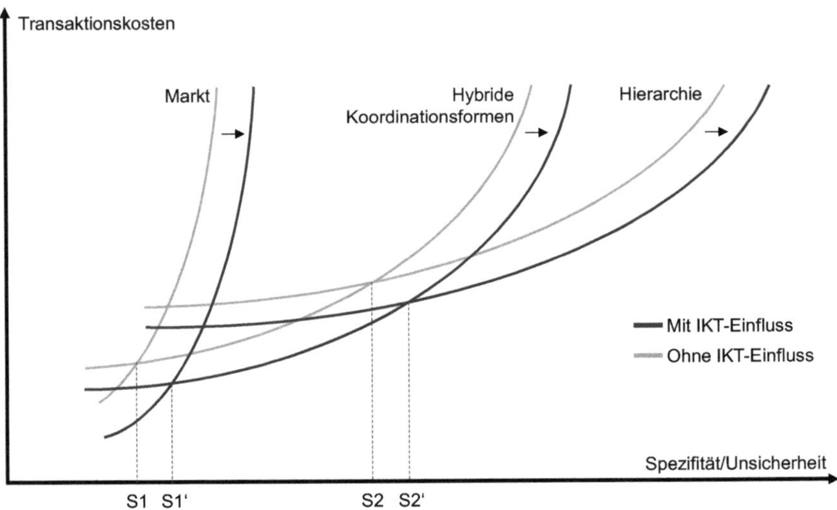

Abbildung 22: Einfluss neuer Informations- und Kommunikationstechnologien (IKT) auf die Vorteilhaftigkeit von Organisationsstrukturen[514]

Ein solches mögliches Unterstützungs- und Verbesserungspotenzial von Informationssystemen bzw. IKT-Infrastrukturen im Allgemeinen und die daraus möglicherweise resultierende Verlagerung der Effizienz weg von der Hierarchie hin zu Netzwerk- bzw. marktähnlichen Organisationsstrukturen ist in der Literatur unbestritten und ist in Abbildung 22 modellhaft dargestellt.[515] Der Abstand von S1 zu S1‘ bzw. S2 zu S2‘ symbolisiert den Einfluss von IKT auf die Effizienz von institutionellen Organisationsformen in Hinblick auf die Transaktionskosten. Zwar ist anzunehmen, dass aufgrund des Einflusses von IKT die Transaktionskosten generell sinken. Desweiteren vergrößert sich der Bereich, in dem der Bezug von Leistungen über marktähnliche Strukturen oder hybride Koordinationsformen wie SECO in Bezug auf die Transaktionskosten gegenüber Formen der Geschäftstätigkeit in Hierarchien vorteilhaft erscheint.[516] Bei unver-

514 Quelle: Reichwald, Piller (2009), S. 39

515 Vgl. Reichwald, Piller (2009), S. 38 f., Wigand, Benjamin (1995) , S. 1-5, Lee, Clark (1996), S. 127-149, Kumar, van Dissel (1996), S. 281 und Buxmann u.a. (2011), S. 55. Es ist darauf hinzuweisen, dass in der Literatur die Potenziale von Kostensenkungen unbestritten sind, die tatsächlich realisierten Kostensenkungen jedoch kontrovers diskutiert werden. Vgl. Stähler (2002), S. 140 ff. Da an dieser Stelle der Arbeit bei der Ableitung von Anforderungen an SWP mögliche Unterstützungspotenziale im Vordergrund stehen, stellt diese Kontroverse jedoch im vorliegenden Fall keine Einschränkung dar.

516 Vgl. Reichwald, Piller (2009), S. 38 f.

änderter Organisationsform können darüber hinaus spezifischere Lösungen zu konstanten Transaktionskosten angeboten werden, was es ermöglicht, die Ziele spezifischer Ressourcen- Know-how- oder Zeitvorteile von Akteuren in SECO zu realisieren.[517] Darüber hinaus ist anzunehmen, dass durch die Nutzung externer Leistungen im Rahmen alternativer Organisationsformen eine strategische Flexibilisierung gegenüber der Form von Hierarchien herbeigeführt werden kann.[518] Es ist also insb. eine Unterstützung der potenzialbezogenen und wirtschaftlichen Ziele auf SECO-Ebene zu prognostizieren.

SWP als Ausprägungen von IKT sollten aus den zuvor genannten Gründen ebenfalls in der Lage sein, die im Rahmen der TAT thematisierten Kostensenkungspotenziale realisieren,[519] um die möglichen Ziele von Stakeholdern in UNSECO zu unterstützen. Die Kostensenkungspotenziale von SWP hinsichtlich der Transaktionskosten sollen in Anlehnung an Kollmann durch Betrachtung der einzelnen Phasen von Transaktionen zu Anforderungen wie folgt konkretisiert werden:[520]

- **Informations- und Selektionsphase:** Da die **Unterstützung der Suche nach Leistungen (TAT1) bzw. entsprechender Akteure (TAT2)** in der Informations- und Selektionsphase dazu beitragen kann, Such- und Informationskosten zu reduzieren, sollen SWP diese Anforderungen erfüllen. Beispielsweise, indem entsprechende Lösungsmerkmale wie Lösungsverzeichnisse oder elektronische Marktplätze Informationskosten aufseiten der Transaktionspartner reduzieren.[521]
- **Vereinbarungsphase:** Die Unterstützung der Identifikation von Merkmalen der Leistungen und Transaktionspartner, die Unterstützung der Vereinbarung von Transaktionen oder die Nutzung von Standards durch IKT kann dazu beitragen,

517 Vgl. Reichwald, Piller (2009), S. 38 f., Kieser, Walgenbach (2010), S. 49, Picot (2012), S. 248 ff. und Malone u.a. (1987), S. 492
518 Vgl. Bresser (2010), S. 395 und Reichwald, Piller (2009), S. 37 f.
519 Vgl. Kim u.a. (2010), S. 155
520 Vgl. Kollmann (2000), S. 125-126 und ergänzend Suomi (1991), S. 205-211 sowie Malone u.a. (1987), S. 484-496
521 Vgl. Buxmann u.a. (2011), S. 56, Maaß (2008), S. 171-174 und Goldsby, Eckert (2003), S. 195

notwendige Abstimmungsbedarfe zu reduzieren und nachgelagert die Transaktionskosten zu senken. Die **Vereinbarungsphase soll** daher ebenfalls **durch SWP unterstützt werden (TAT3)**.[522]

- **Abwicklungsphase und Nachvertragsphase:** Durch die **Unterstützung der Abwicklung und Kontrolle von Leistungen der Akteure (TAT4)** bzw. die Unterstützung bei potenziell auftretenden Nachverhandlungen im Sinne einer erneuten Vereinbarungsphase kann IKT zur Senkung ex-post Transaktionskosten betragen.[523] Z. B., indem automatisierte Test- bzw. Leistungskontrollen stattfinden oder Standards unterstützt werden, welche Aufwendungen auf Seiten der Transaktionspartner reduzieren. Bessere ex-ante Möglichkeiten zur Suche und Information entsprechender Leistungen und Akteure versprechen darüber hinaus die Kosten für Kontrollen und insb. Nachverhandlungen zu senken, da der Leistungsaustausch vorab genauer spezifiziert werden kann.[524]

Die oben genannten Unterstützungspotenziale zur Erfüllung der zuvor genannten Zielkategorien sollen daher Anforderungen an SWP in UNSECO darstellen. Die Realisierung dieser Anforderungen kann der Methodik dieser Arbeit zufolge durch unterschiedliche Lösungsmerkmale realisiert werden.[525] Die Erkenntnisse der Analyse der TAT sowie deren Implikationen für die Gestaltung von SWP sind in Tabelle 6 zusammengefasst.

522 Als Lösungsmerkmale zur elektronischen Verhandlungsunterstützung könnten bspw. Tools wie Negoist eingesetzt werden. Vgl. Schoop u.a. (2003), S. 371-401

523 Vgl. Kollmann (2000), S. 125-126 und Maaß (2008), S. 169-176

524 Vgl. Buxmann u.a. (2011), S. 56 und Reichwald, Piller (2009), S. 38 ff.

525 Vgl. die Ausführungen zur Herleitung von begründeten Gestaltungsempfehlungen für Softwareplattformen in Unternehmensoftwareökosystemen in Kapitel 3.4.4

4.4.2.2 Principal-Agent-Theorie

Principal-Agent-Theorie (PAT)	
Zuordnung	Klassische Erklärungsansätze zur Netzwerkbildung
Vertreter/Quellen	• Ross, S.: The Economic Theory of Agency: The Principal's Problem, 1973[526] • Jensen, M. C. und Meckling, W.H. : Theory of the Firm, 1976[527] • Pratt, J. W. und Zeckhauser, R. J.: Principals and Agents, 1985[528]
Annahmen	• **Verhaltensannahmen hinsichtlich der Akteure** o Beschränkte Rationalität o Individuelle Nutzenmaximierung/Opportunismus o Risikoneigung
Beitrag	• **Untersuchungsgegenstand:** Agenturbeziehungen zwischen Auftraggebern (Prinzipale) und Auftragnehmern (Agenten) • **Erklärungsbeitrag:** o Agenturbeziehungen sind durch asymmetrische Informationsverteilung geprägt, welche Agenturprobleme auslösen o Problemlösungen für Agenturprobleme zeichnen sich durch unterschiedliche Effizienz hinsichtlich des Effizienzkriteriums der Agenturkosten aus • **Gestaltungsbeitrag:** o Aufzeigen potenzieller **Lösungsmerkmale** zur Reduzierung von Informationsasymmetrien
Implikationen für die Gestaltung von Softwareplattformen	• Interpretation von SECO als Netz von Prinzipal-Agenten-Beziehungen, welche der Nutzung von Vorteilen Dritter dienen. Ihnen inhärente Informationsasymmetrien sind zu verringern und Interessen der Akteure anzugleichen. • **Anforderungen** an Softwareplattformen: o PAT1: Transparenz der Softwareplattform o PAT2: Identifizierbarkeit der Leistungen der zentralen Softwareplattform o PAT3: Transparenz über Akteure und deren Merkmale schaffen o PAT4: Identifikation der Leistungen von Akteuren o PAT5: Flexibilität bei der Lizenzierung der Softwareplattform
Unterstützung der Ziele	☒ Potenzialbezogene Ziele ☐ Markterfolgsbezogene Ziele ☒ Wirtschaftliche Ziele

Tabelle 7: Erkenntnisse der Principal-Agent-Theorie und Implikationen für die Gestaltung von Softwareplattformen[529]

526 Vgl. Ross (1973), S. 134-139
527 Vgl. Jensen, Meckling (1976), S. 305-360
528 Vgl. Pratt, Zeckhauser (1985)
529 Quelle: Eigene Darstellung

Die Principal-Agent-Theorie (PAT)[530] ist eng mit der Transaktionskostentheorie verwandt und geht in ihren Ursprüngen auf die Arbeiten von Ross, Jensen und Meckling sowie Pratt und Zeckhauser zurück. Sie thematisiert bilaterale, arbeitsteilige Auftraggeber-Auftragnehmer-Beziehungen, so genannte **Agenturbeziehungen**.[531] Diese kommen zwischen **Prinzipalen** (Auftraggebern) und **Agenten** (Auftragnehmern) zustande und existieren in allen, im Rahmen der NIÖ thematisierten Institutionsformen: Z. B. auf Märkten zwischen Käufern und Verkäufern, in Hierarchien zwischen den Anteilseignern, dem Management sowie Mitarbeitern und im Rahmen von Kooperationsformen zwischen Partnern.[532] Organisationen werden hierbei als Netzwerke von (relationalen) Verträgen zur Formulierung von arbeitsteiligen Beziehungen verstanden.[533]

Agenturbeziehungen sind im Rahmen der PAT wie folgt charakterisiert:[534]

- Ein Prinzipal überträgt einem Agenten die zur Aufgabenerfüllung erforderlichen Entscheidungs- und Ausführungsbefugnisse.
- Das Handeln des Agenten bestimmt die Höhe des Ergebnisses und somit die Wohlfahrt beider Parteien der Agenturbeziehung.
- Für seine Tätigkeit erhält der Agent eine vertraglich fixierte Entlohnung. Das verbleibende Ergebnis entfällt auf den Prinzipal.

Die Ursache von Agenturbeziehungen wird in der Nutzbarmachung des Handlungsvermögens von Agenten durch Prinzipale gesehen. Die konkreten Zielsetzungen von Prinzipalen können vielfältiger Natur sein und umfassen bspw. die Nutzbarmachung spezialisierter Fachkompetenzen wie Erfahrungen, Wissen, Zeitvorteile oder Flexibilität. Hinsichtlich der konkreten Ausgestaltung der Zielsetzung nimmt die PAT keine Einschränkung vor.[535] Welcher Akteur die Rolle des Prinzipals bzw. des Agenten einnimmt, kann häufig nur situationsbezogen entschieden werden. So kann ein und derselbe Akteur je nach Situation Prinzipal oder Agent sein. Darüber hinaus können sich

530 In der Literatur wird die PAT auch synonym als Agency-Theorie (vgl. Frese (1992), S. 220 ff.), Agenturtheorie (vgl. Ebers, Gotsch (2006), S. 258 ff. und Kieser, Walgenbach (2010), S. 46 ff.) und Principal-Agent-Ansatz (Bea (2010), S. 131 ff.) bezeichnet. Diese Begriffe sollen im Rahmen dieser Arbeit synonym verwendet werden.

531 Vgl. Picot (2012), S. 89, Ross (1973), S. 134-139, Jensen, Meckling (1976), S. 305-360 und Pratt, Zeckhauser (1985)

532 Vgl. Bea (2010), S. 145 f.

533 Vgl. Bea (2010), S. 113, Jensen, Meckling (1976), S. 310 und Picot (2012), S. 99

534 Vgl. zu den nachfolgenden drei Charakteristika Wolf (2010), S. 141 und Picot (2012), S. 89-93.

535 Vgl. Ebers, Gotsch (2006), S. 258 f. und Woratschek, Roth (2005), S. 152

verschiedene Prinzipal-Agenten-Beziehungen zwischen zwei Akteuren überlappen.[536] Aus Sichtweise der PAT ergibt sich die Formierung von arbeitsteiligen Beziehungen, wie sie bspw. Kooperationen oder SECO darstellen, durch den Wunsch der Akteure zur Nutzung von Spezialisierungsvorteilen von Dritten.[537] Sie stellt somit einen der klassischen Ansätze zur Erklärung der Bildung von Netzwerkstrukturen dar.[538]

Die im Rahmen der PAT thematisierte Problemstellung ist, dass der Prinzipal in Agenturbeziehungen nicht sicher sein kann, ob der Agent vollständig in seinem Sinne handelt.[539] Dies begründet die PAT aufgrund ihrer Zugehörigkeit zum Theorienbündel der NIÖ mit ähnlichen Annahmen wie die TAT: begrenzte Rationalität, zweckrationales Handeln, Opportunismus und Risikoneigung.[540] Aufgrund der Annahme der **begrenzten Rationalität** kann es zu sogenannten **Informationsasymmetrien** zwischen den Akteuren kommen. Die Theorie unterstellt, dass der Agent bessere Informationen über seine Eignung, Absichten sowie sein Arbeitswissen und Leistungsverhalten als der Prinzipal verfügt. Diese versetzen den Prinzipal in eine ambivalente Situation: Einerseits möchte er sich den Informationsvorsprung des Agenten, wie bspw. bessere Fähigkeiten oder Erfahrungen, zunutze machen, um hiervon im Rahmen der Aufgabenerfüllung zu profitieren. Andererseits besteht das Risiko, dass der Agent seinen Informationsvorsprung zur Verfolgung eigener Ziele und zum Nachteil des Prinzipals nutzt.[541]

---

536 Vgl. Picot (2012), S. 89, Hess (2002), S. 99 und Ebers, Gotsch (2006), S. 259 f. Beispielhaft für sich überlappende Prinzipal-Agenten Beziehungen kann die Situation der gemeinsamen Entwicklung- und Einführung einer Unternehmenssoftwarelösung durch einen Anbieter und einen Kunden im Rahmen eines Pilot-Projektes genannt werden. Die Anbieter und Kunden nehmen dabei wechselseitig die Rolle des Prinzipals und seines Agenten ein. In einer ersten Agenturbeziehung wird der Anbieter der Unternehmenssoftware (Agent) durch den Endkunden (Prinzipal) mit der Entwicklung der entsprechenden Softwarelösung beauftragt und hierfür entlohnt. Gleichfalls beauftragt der Anbieter (Prinzipal) den Endkunden (Agenten) in einer zweiten überlagernden Agenturbeziehung seine Kompetenzen hinsichtlich seiner Branche aber auch Personaleinsatzes zum Testen der Lösung einzubringen. Für seinen Einsatz wird er mit einem reduzierten Kaufpreis oder einer im Verhältnis zu einer anderen Softwarelösung höheren Qualität bei gleichbleibendem Kaufpreis entlohnt. Vgl. Sarker u.a. (2012), S. 329

537 Vgl. Woratschek, Roth (2005), S. 152-155

538 Sie wird daher im Rahmen dieser Arbeit das Schema nach Zahn u.a. ergänzend in die Kategorie der klassischen Erklärungsansätze zur Netzwerkbildung einsortiert. Vgl. Zahn u.a. (2006), S. 131-135

539 Vgl. Frese (1992), S. 221 und Ebers, Gotsch (2006), S. 259

540 Vgl. Hess (1999), S. 6 und Picot (2012), S. 91 f. und S. 100. Die PAT unterstellt im Unterschied zur TAT die Annahme der Risikoneigung von Akteuren. Immer wenn die Risikoneigung der betrachteten Akteure abweicht, sind ihr zufolge Institutionen hinsichtlich einer effizienten Risikoallokation zu untersuchen. Vgl. Picot (2012), S. 92. Vermeidung von Redundanz wird hinsichtlich der weiteren Annahmen auf die entsprechenden Ausführungen im Rahmen der TAT verwiesen. Vgl. Kapitel 4.4.2.1

541 Vgl. Ebers, Gotsch (2006), S. 261

Da die PAT den Akteuren darüber hinaus **zweckrationales Handeln**, durch die Risikoneigung der Akteure begünstigten **Opportunismus** und daraus resultierendes Streben nach individueller Nutzenmaximierung unterstellt, muss mit möglichen Zielkonflikten zwischen den Akteuren gerechnet werden.[542] Während der Prinzipal an einem bestmöglichen Ergebnis hinsichtlich der Auftragsvergabe interessiert ist, wird der Agent sich ausschließlich an seinem eigenen Nutzenkalkül und der daraus resultierenden Abwägung zwischen Vorteilen (z. B. Entlohnung, Karriere, Macht) und Nachteilen des eigenen Leistungsbeitrages (z. B. Arbeitsaufwand, Zeitaufwand, Kosten) orientieren. Es ist zu erwarten, dass der Agent nur dann eine für den Prinzipal optimale Leistung erbringen wird, wenn diese mit seinen eigenen Interessen vereinbar ist. Da eine vollständige Übereinstimmung zwischen diesen Zielen bzw. Interessenslagen unwahrscheinlich ist, sind aus diesem Spannungsverhältnis resultierende **Agenturprobleme** zu erwarten.[543] Die PAT untersucht daher die (vertragliche) Gestaltung der Agenturbeziehungen zwischen Prinzipal und Agent unter den Bedingungen ungleich verteilter Informationen und divergierender Interessen. Sie analysiert typische aus dieser Situation hervorgehende Agenturprobleme und erörtert, welche Mechanismen eine effiziente Handhabung hinsichtlich dieser Probleme versprechen.[544]

Die **Agenturprobleme** lassen sich anhand des Auftretens bestimmter Informationsasymmetrien im Laufe von Agenturbeziehungen systematisieren und sind zusammenfassend in Tabelle 8 dargestellt:[545]

- **Hidden Characteristics:** Bei Vertragsanbahnung und -vereinbarung einer arbeitsteiligen Beziehung steht der Prinzipal vor der Herausforderung, dass ihm unvollständige Informationen über die **Eigenschaften** eines zu beauftragenden Agenten (z. B. Fähigkeiten, Motivation, Risikoneigung) zur Verfügung stehen. Somit ist die Auswahl eines Agenten für den Prinzipal mit Qualitätsunsicherheiten und dem Risiko einer Fehlentscheidung behaftet.[546] Darüber hinaus eröffnet

542 Vgl. Ebers, Gotsch (2006), S. 261

543 Vgl. Frese (1992), S. 220 f., Kieser, Walgenbach (2010), S. 46 und Ebers, Gotsch (2006), S. 262

544 Vgl. Ebers, Gotsch (2006), S. 262

545 Hierbei sind die Begrifflichkeiten für die unterschiedlichen Agenturprobleme in der Literatur nicht eindeutig definiert. Für eine Auflistung von Veröffentlichungen mit unterschiedlichen Ausprägungen vgl. Hochhold, Rudolph (2009), S. 136 und Ebers, Gotsch (2006), S. 263. Diese Arbeit orientiert sich an den Ausführungen in Ebers, Gotsch (2006), S. 263 ff.

546 Vgl. Bea (2010), S. 146. Buxmann nennt beispielhaft die kundenseitige Beauftragung eines Softwareunternehmens (Agent), dem die notwendige fachliche Kompetenz zur Realisierung der gewünschten Lösung auf Kundenseite (Prinzipal) fehlt. Vgl. Buxmann u.a. (2011), S. 58

sich durch die zugrunde liegende Informationsasymmetrie dem Agenten, vor Vertragsabschluss der Spielraum durch die Vorgabe von nicht vorhandenen Kenntnissen die Vertragskonditionen zu seinem Vorteil zu beeinflussen.[547] Eine „Hidden Characteristic“ hat somit bereits vor Vertragsabschluss einen Einfluss auf die spätere Agenturbeziehung, wenngleich die Konsequenzen erst in späteren Phasen zutage treten und der Prinzipal in diesen eine mögliche Negativauswahl feststellt. Aufgrund dieser möglichen Negativauswahl werden die Folgen dieser Informationsasymmetrie in der Literatur durch den Problemtyp der „**Adverse Selection**“ beschrieben.[548]

- **Hidden Intention:** Nach Vertragsabschluss besteht das Risiko, dass der Agent die Gelegenheit ergreift, zuvor für den Prinzipal verborgene und mit negativen Auswirkungen verbundene **Absichten** umzusetzen. Z. B., indem der Agent bewusst Vertragslücken oder fehlende Möglichkeiten zur (juristischen) Vertragsdurchsetzung ausnutzt. Ein weiteres Beispiel könnte die Ausnutzung einer spezifischen Abhängigkeitssituation durch den Agenten darstellen. Hierbei ergibt sich ein inhaltlicher Querbezug zur im Rahmen der TAT thematisierten Spezifität von Transaktionsgütern.[549] Die durch die Annahme des Opportunismus begründete Ausnutzung eines solchen Abhängigkeitsverhältnisses wird als „**Hold Up**“ bezeichnet.[550]
- **Hidden Information:** Aus dem grundsätzlich im Rahmen einer arbeitsteiligen Beziehung vom Prinzipal gewünschten Wissensvorsprung des Agenten zur Auftragsbearbeitung kann sich das Problem von „Hidden Information“ ergeben.[551] Durch das mit dem **Wissen**svorsprung des Agenten verknüpfte Fach- oder Prozesswissen über mögliche Umstände, Handlungsalternativen, die Erfolgsaussichten und Ergebnisse, wird der Agent in die Lage versetzt, Handlungsweisen auszuführen, welche nur unvollständig durch den Prinzipal nachvollzogen und

547 Vgl. Ebers, Gotsch (2006), S. 263 f.

548 Vgl. Picot (2012), S. 92, Hochhold, Rudolph (2009), S. 137, Ebers, Gotsch (2006), S. 263 f. und Bea (2010), S. 146 f.

549 Vgl. Kapitel 4.4.2.1

550 Vgl. Bea (2010), S. 146 f., Ebers, Gotsch (2006), S. 264 und Picot (2012), S. 92 f.

551 „Hidden Information“ werden aufgrund des thematisierten „Wissens“ auf Agentenseite in der Literatur z. T. auch als „Hidden Knowledge“ bezeichnet. Vgl. Ebers, Gotsch (2006), S. 264. Die Begrifflichkeiten „Hidden Information“ und „Hidden Action“ werden in der Literatur nicht einheitlich verwendet und teilweise als Ursachen des „Moral Hazard“ zusammengefasst. Vgl. Hochhold, Rudolph (2009), S. 136

beurteilt werden können. Hieraus ergeben sich für den Agenten Positionsvorteile bei Interessenskonflikten mit dem Prinzipal.[552]

- **Hidden Action:** Inhaltlich verbunden mit dem Problem der Hidden Information ist die Problemstellung der Hidden Action. Aufgrund von Informationsasymmetrien kann der Prinzipal zwar die Ergebnisse der Auftragsausführung durch den Agenten beurteilen, allerdings nicht die einzelnen **Handlungen** bzw. das Leistungsniveau des Agenten. Der Prinzipal ist somit nicht in der Lage zu beurteilen, in welchem Umfang die Ergebnisse auf Leistungen des Agenten oder auf externe Umwelteinflüsse zurückzuführen sind. Der Agent erhält hierdurch die Möglichkeit, ein geringeres Leistungsniveau zu wählen oder nicht erbrachte Leistungen vorzutäuschen. Die Ausnutzung einer Hidden Information bzw. einer Hidden Action wird als „**Moral Hazard**" bezeichnet.[553]

		Informationsasymmetrien		
		Hidden Characteristics	**Hidden Information/ Hidden Action**	**Hidden Intention**
Unterscheidungskriterien	**Informationsproblem des Prinzipal**	Qualitätseigenschaften des Vertragspartners unbekannt	Anstrengung des Vertragspartners nicht beobachtbar bzw. nicht beurteilbar	Absicht des Vertragspartners unbekannt
	Problemursache/ Wesentliche Einflussgröße	Verbergbarkeit von Eigenschaften	Überwachungsmöglichkeiten und -kosten	Ressourcenabhängigkeit
	Verhaltensspielraum des Agenten	Vor Vertragsabschluss	Nach Vertragsabschluss	Nach Vertragsabschluss
	Problem	Adverse Selection	Moral Hazard	Hold Up
	Art der Problembewältigung	• Beseitigung der Informationsasymmetrie • Signaling/Screening • Self-Selection • Interessenangleichung	• Interessensangleichung • Reduzierung der Informationsasymmetrie (Monitoring)	• Interessenangleichung

Tabelle 8: Agenturprobleme und Empfehlungen der Principal-Agent-Theorie[554]

Die leitende These der PAT hinsichtlich der Informationsasymmetrien beschreiben Ebers und Gotsch wie folgt: „Je weniger Informationen der Prinzipal über die Eigenschaften, die Absichten, das Expertenwissen und die tatsächlichen Handlungen des

552 Vgl. Hochhold, Rudolph (2009), S. 139 und Ebers, Gotsch (2006), S. 264

553 Vgl. Picot (2012), S. 93, Hochhold, Rudolph (2009), S. 139, Ebers, Gotsch (2006), S. 264 und Bea (2010), S. 146 f.

554 Quelle: Wolf (2010), S. 146

Agenten verfügt und je mehr die Interessen des Agenten von den vereinbarten Auftragszielen abweichen, desto mehr muss mit einem suboptimalen Ergebnis der Auftragsbearbeitung gerechnet werden."[555] Das Hauptanliegen der PAT ist, neben der Erklärung von Agenturproblemen, die Entwicklung von Lösungsansätzen zur Reduktion dieser Probleme.[556] Die PAT beurteilt die Vorteilhaftigkeit von Alternativen bei der Gestaltung von Beziehungen anhand des **Effizienzkriteriums** der **Agenturkosten**, welches sich aus den nachfolgenden drei Kostengrößen zusammensetzt:[557]

- **Kontrollkosten des Prinzipals (Monitoring Costs):** Hierzu zählen alle Anstrengungen des Prinzipals, den eigenen Informationsnachteil gegenüber dem Agenten zu reduzieren. Z. B. durch die Durchführung von Assessment Centern, Einholen von Informationen von Auskunfteien oder die Überwachung der Leistungserbringung.[558]
- **Signalisierungskosten des Agenten (Bonding Costs):** Hierzu zählen alle Anstrengungen seitens des Agenten, um Informationsasymmetrien zwischen ihm und dem Prinzipal zu verringern. Z .B. durch die Teilnahme an Zertifizierungen, die Offenlegung von Qualifikationen oder Garantiezusagen.[559]
- **Residualkosten (Residual Loss):** Den Kontroll- und Signalisierungsanstrengungen zum Trotz kommt es aufgrund der Grundannahmen der PAT i. d. R. nicht zu einer vollständig optimalen Struktur der Arbeitsteilung. Die Differenz aus einer theoretisch im Sinne des Prinzipals bestmöglichen Leistung und der durch den Agenten tatsächlich erbrachten Leistung ergibt die Residualkosten. Sie werden auch als Wohlfahrtsverluste bezeichnet.[560]

Als **Mechanismen zur Problemlösung** resp. Problemreduktion schlägt die PAT den Aufbau von Anreiz-, Informations- und Kontrollmechanismen vor.[561] Informations- und Kontrollmechanismen sollen insb. dazu beitragen, die ursächlichen Informationsasymmetrien zu reduzieren.[562] Da jedoch das Erreichen des Zieles einer vollständigen Beseitigung von Informationsasymmetrien aufgrund der Prämisse begrenzter Rationalität

---

555 Ebers, Gotsch (2006), S. 264
556 Vgl. Bea (2010), S. 148
557 Vgl. Jensen, Meckling (1976), S. 308, Picot (2012), S. 91 und Bea (2010), S. 113
558 Vgl. Picot (2012), S. 91 und Bea (2010), S. 113
559 Vgl. Picot (2012), S. 91 und Bea (2010), S. 113
560 Vgl. Picot (2012), S. 91, Bea (2010), S. 113 und Ebers, Gotsch (2006), S. 262
561 Vgl. Hess (1999), S. 16-20 und Picot (2012), S. 100
562 Vgl. Hess (1999), S. 16-18 und Picot (2012), S. 100

ausgeschlossen ist, soll darüber hinaus durch Mechanismen zur Interessensangleichung (Anreizmechanismen) die Motivation für ein opportunistisches Verhalten reduziert werden.[563] Grundsätzlich schließt die PAT hierbei auch die Lösungsoption des Verzichts auf eine Arbeitsteilung aufgrund von den Nutzen übersteigenden Wohlfahrtsverlusten nicht aus.[564] Zur Verbesserung des Informations- und Kontrollsystems mit dem Ziel der Reduktion von **Informationssymmetrien** existieren nach der PAT die nachfolgenden **Lösungsmechanismen**:

- **Signaling:** Das Signaling umfasst Aktivitäten des Agenten, um den Prinzipal von seinen Qualitätseigenschaften zu überzeugen. Beispielsweise, indem der Agent Referenzkunden nennt oder Zeugnisse bzw. Schulungsnachweise hinsichtlich seiner Qualifikation vorlegt, um seine Eignung zu signalisieren.[565]
- **Screening:** Das Screening umfasst Aktivitäten des Prinzipals, um sich zusätzliche Informationen über die Qualität potenzieller Agenten zu beschaffen. Hierunter können bspw. Einstellungstests, vereinbarte Probezeiten oder das Einholen von Auskünften zur Solidität fallen.[566]
- **Monitoring:** Zur Bewältigung des Moral Hazard dient das Monitoring, also die Überwachung des Agenten durch den Prinzipal. Die Überwachung schränkt nicht beobachtbare Verhaltensspielräume des Agenten ein und erhöht die Transparenz hinsichtlich seiner Handlungen.[567]
- **Self-Selection:** Bei der Self-Selection werden dem Agenten mehrere alternative Kontrakte zur Auswahl vorgelegt. Aus der vom Agenten getroffenen Auswahl kann der Prinzipal Rückschlüsse über mögliche Strategien und Merkmale des Agenten ziehen. Bspw. können dem Agenten Verträge mit variabler, leistungsorientierter Entlohnung und fixer, leistungsabhängiger Entlohnung angeboten werden, um aus der Wahl auf ein mögliches Leistungsverhalten bzw. Produktivitätsniveau zu schließen.[568]

---

[563] Vgl. Picot (2012), S. 97 und Hess (1999), S. 18-20
[564] Vgl. Picot (2012), S. 90
[565] Vgl. Hochhold, Rudolph (2009), S. 138
[566] Vgl. Hochhold, Rudolph (2009), S. 138
[567] Vgl. Hochhold, Rudolph (2009), S. 139. Für mögliche Ausprägungsformen des Monitorings vgl. Hess (1999), S. 17
[568] Vgl. Hochhold, Rudolph (2009), S. 138

Dem potenziellen Nutzen der Reduktion von Informationsasymmetrien durch diese Mechanismen stehen hierbei die zuvor genannten Kontroll- und Signalisierungskosten gegenüber.[569] Darüber hinaus schlägt die PAT weitere **Lösungsmöglichkeiten** zur **Interessensangleichung**, insb. im Zusammenhang mit Anreizsystemen, vor. Deren Beitrag lässt sich vereinfacht wie folgt zusammenfassen: Durch Beteiligung des Agenten am (positiven) Ergebnis soll eine Interessensangleichung herbeigeführt und opportunistisches Handeln verringert werden.[570] Auch hier stehen der Reduzierung von Interessenskonflikten möglichen Aufwendungen, z. B. durch den Verzicht auf Einnahmen seitens des Prinzipals im Rahmen einer erfolgsorientierten Vergütung des Agenten gegenüber.[571]

Die **Beiträge der PAT** ergeben sich aus der Kombination der zuvor skizzierten Aspekte. Zunächst liefert sie einen **Erklärungsbeitrag** zur Entstehung unterschiedlicher Informationsasymmetrien sowie daraus resultierender Problematiken zwischen Akteuren in arbeitsteiligen Beziehungen und zugehörigen Vertragsgeflechten wie Märkten, Unternehmungen, aber auch hybriden Strukturen.[572] Der **Gestaltungsbeitrag** der PAT entsteht durch das Aufzeigen von Standardlösungsoptionen für die vorgenannten Probleme in Agenturbeziehungen.[573] Die Zuhilfenahme des Effizienzkriteriums der Agenturkosten unterstützt die Entscheidung bezüglich der Auswahl geeigneter Gestaltungsalternativen. Hierunter fällt auch die Option des Verzichts auf eine Fremdvergabe von Aufträgen aufgrund zu hoher Agenturkosten.[574]

Allerdings stellt sich in diesem Zusammenhang die exakte Quantifizierung der Agenturkosten, insb. des Residualverlustes, als Herausforderung dar.[575] Picot u. a. bemerken daher, dass den Agenturkosten vor allem die Funktion eines heuristischen Beurteilungskriteriums zukommt.[576] Darüber hinaus wird im Kontext von organisatorischen Netzwerkstrukturen die Fokussierung der Betrachtungen der PAT auf bilaterale

569 Vgl. Picot (2012), S. 94-99
570 Vgl. Picot (2012), S. 95, Hochhold, Rudolph (2009), S. 140, Buxmann u.a. (2013), S. 49-52, Bea, S. 148-150 und Kieser, Walgenbach (2010), S. 48
571 Vgl. Picot (2012), S. 90 f. und S. 94-99
572 Vgl. Picot (2012), S. 95 und Ebers, Gotsch (2006), S. 272 f.
573 Vgl. Picot (2012), S. 95 und Ebers, Gotsch (2006), S. 263-272 und Bea (2010), S. 239
574 Vgl. Picot (2012), S. 100
575 Vgl. Woratschek, Roth (2005), S. 160
576 Vgl. Picot (2012), S. 95

Agenturbeziehungen kritisiert.[577] Diesem Problem lässt sich lt. Hess durch die Umformulierung multilateraler Beziehungen in Bündel bilateraler Beziehungen begegnen. Dieser Schritt geht allerdings mit möglichen Informationsverlusten einher.[578] Für eine weitergehende Diskussion der Kritikpunkte an der PAT wird auf die relevante Literatur verwiesen.[579]

Den vorgenannten Kritikpunkten steht vor allem der Beitrag der PAT zur Erklärung und Gestaltung von arbeitsteiligen Beziehungen in Bezug auf Informationsasymmetrien und resultierenden Zielkonflikten entgegen. Diese sind aufgrund der Ausführungen in Kapitel 3.4.4 auch im Kontext von SECO zu erwarten und sollen nachfolgend präzisiert werden. Die PAT soll daher im Rahmen dieser Arbeit bei der Ableitung von Anforderungen zur Gestaltung von SWP Berücksichtigung finden.

Implikationen der PAT für die Gestaltung von Softwareplattformen

In der Softwareindustrie, insb. im Bereich Unternehmenssoftware, z. B. bei der Entwicklung von Individualsoftware, aber auch im Rahmen der Anpassung, Implementierung, Wartung und beim Betrieb von Standardsoftwarelösungen arbeiten Softwareunternehmen, Plattformanbieter und Kunden arbeitsteilig zusammen.[580] Daher ist anzunehmen, dass die von der PAT thematisierten Problemstellungen auch zwischen den in Kapitel 4.2 identifizierten Stakeholdern innerhalb von UNSECO auftreten.[581] Die Erklärungsmuster sowie Problemlösungen der PAT können daher potenziell Anwendung finden.[582] Interpretiert man UNSECO ausgehend von den vorherigen Beispielen als ein Netzwerk von arbeitsteiligen, sich überlagernden Auftraggeber-Auftragnehmerbeziehungen, so ist anzunehmen, dass UNSECO durch eine Vielzahl von Informationsasymmetrien gekennzeichnet werden. Der PAT zufolge können diese Informationsasymmetrien und daraus entstehende Zielkonflikte sowie Risiken zu hohen Agenturkosten im Sinne von Monitoring- oder Bondingkosten bzw. Wohlfahrtsverlusten und

[577] Vgl. Woratschek, Roth (2005), S. 160
[578] Vgl. Hess (2002), S. 99 und Woratschek, Roth (2005), S. 160
[579] Vgl. Hochhold, Rudolph (2009), S. 138
[580] Vgl. Kapitel 2.4.1
[581] Für mögliche Beispiele vgl. Buxmann u.a. (2011), S. 65-78
[582] Vgl. Buxmann u.a. (2013), S. 48 f. und Buxmann u.a. (2011), S. 57 und S. 65-78

somit der Ineffizienz von institutionellen arbeitsteiligen Arrangements führen.[583] Vor diesem Hintergrund erscheint es sinnvoll, dass SWP als zentrale informationstechnische Infrastruktur von UNSECO, dazu beitragen, mögliche Informationsasymmetrien zu senken. Diese Senkung verspricht, das Risiko opportunistischen Verhaltens und daraus resultierende Zielkonflikte zu verhindern und die Realisierung potenzialbezogener Ziele von Stakeholdern in UNSECO zu ermöglichen.[584]

Nach Seiter lässt sich das Konstrukt der Informationsasymmetrien anhand der im Rahmen der PAT diskutierten Problemfälle in zwei unabhängige Variablen zerlegen, welche Einfluss auf das opportunistische Verhalten von Akteuren nehmen: die **Identifizierbarkeit** sowie die **Transparenz** von Akteuren und deren Leistungen.[585]

Die Identifizierbarkeit ist hierbei als der Grad der Beurteilbarkeit der Leistungen anderer Partner definiert.[586] Im Rahmen der PAT wird insb. durch die Standardmechanismen zur Lösung von Informationsasymmetrien impliziert, dass mit steigender Identifizierbarkeit von Leistungen die Wahrscheinlichkeit opportunistischen Verhaltens seitens der Agenten abnimmt. Dies kann damit begründet werden, dass die Identifizierbarkeit von Leistungen den potenziellen Spielraum für Agenten für opportunistisches Verhalten reduzieren und darüber hinaus durch die aus ihnen entstehenden Nachweismöglichkeiten die Option der Sanktionierung durch Dritte (bspw. durch Gerichte) ermöglicht wird.[587]

Die **Transparenz** ist definiert als Grad, zu dem die Partner die Eigenschaften der anderen Partner beurteilen können.[588] Durch steigende Transparenz kann ebenfalls eine Reduktion des opportunistischen Verhaltens von Agenten impliziert werden, da deren Spielräume hinsichtlich einer Vortäuschung nicht vorhandener Eigenschaften eingeschränkt werden.[589]

---

583 Vgl. Picot (2012), S. 100. Die Erkenntnisse der PAT zur Entstehung von Zielkonflikten stärken somit die in Kapitel 3.4.4 vorgebrachte Argumentation zur Notwendigkeit eines zusätzlichen Konkretisierungsschritts von Zielen zu Anforderungen bei der Herleitung von Gestaltungsempfehlungen für SWP.

584 Vgl. Ebers, Gotsch (2006), S. 262-265 sowie die entsprechenden Ausführungen in Kapitel 3.4 bei der Herleitung des theoretischen Bezugsrahmens dieser Arbeit.

585 Vgl. Seiter (2006), S. 77

586 Vgl. Seiter (2006), S. 77

587 Vgl. Seiter (2006), S. 77 f. und Achrol, Gundlach (1999), S. 110

588 Vgl. Seiter (2006), S. 78

589 Vgl. Seiter (2006), S. 78 und Wolf (2010), S. 144

Da eine Unterstützung der Identifizierbarkeit von Leistungen und Transparenz von Akteuren somit verspricht, die negativen Auswirkungen der im Rahmen der PAT thematisierten Informationssymmetrien zu reduzieren, sollten SWP in Anlehnung an die Forschungsarbeiten im Kontext elektronischer Markplätze, einen entsprechenden Beitrag dazu leisten.[590] Dieser Argumentation folgend sollten SWP die **Identifikation und** darüber hinaus **die Transparenz von Leistungen und Akteuren ermöglichen (PAT3, PAT4)**. Da **SWP** als zentrale Leistung eines fokalen Akteurs in SECO mit einer besonderen Kritikalität angesehen werden können, erscheint es sinnvoll, ein besonderes Augenmerk auf diese Elemente von SECO zu legen. Daher sollen hierfür analog zur vorgenannten Argumentation **gesonderte Anforderungen** formuliert werden **(PAT1, PAT2)**.[591]

Hinsichtlich der weiteren im Rahmen der PAT diskutierten Lösungsmöglichkeiten zur Interessensangleichung zwischen Akteuren erscheinen die Möglichkeiten der Realisierung mittels SWP begrenzt. So sind die diskutierten Anreiz- bzw. Motivationsaspekte im theoretischen Bezugsrahmen dieser Arbeit der Determinante der „Governance“ und weniger der Determinante von „Softwareplattformen“ zuzuordnen. Nichtsdestotrotz ist es vorstellbar und erscheint es aufgrund des dem Bezugsrahmen inhärenten FIT-Gedankens sinnvoll, sich potenziell aus dieser für die Gestaltung von SECO relevante Determinante ergebende Anforderungen zu berücksichtigen. Bspw. schlägt die PAT als eine Möglichkeit zur Interessensangleichung den Mechanismus der Self-Selection vor. Diese Selbstauswahl sieht vor, dass der Agent aus mehreren Vertragsalternativen die für ihn optimale Lösung wählt.[592] Dieses Vorgehen ermöglicht einerseits dem Agenten, seine Interessen an die des Prinzipals anzugleichen und zusätzlich dem Prinzipal Rückschlüsse über die Motivation des Agenten zu ziehen und nachgelagert die Transparenz zu erhöhen.[593] Zwar ist die Ausgestaltung unterschiedlicher Vertragsalternativen, dem Bezugsrahmen dieser Arbeit folgend, tendenziell der Determinante Governance auf SECO-Ebene zuzuordnen. Jedoch ergibt sich eine Abhängigkeit zwischen diesem Bestandteil der Governance und der Determinante von SWP. So stellen Lizenzen einen zu berücksichtigenden vertraglichen Bestandteil von

---

590 Vgl. Picot u.a. (2003), S. 383-386

591 Mögliche Lösungsmechanismen zur Erfüllung dieser Anforderungen wurden bereits im Rahmen dieses Kapitels erläutert, sollen daher an dieser Stelle nicht erneut diskutiert, aber bei der Gegenüberstellung von Anforderungen und Lösungsmerkmalen in Kapitel 4.5 erneut aufgegriffen werden.

592 Vgl. Hochhold, Rudolph (2009), S. 138

593 Vgl. Hochhold, Rudolph (2009), S. 138 und Ebers, Gotsch (2006), S. 265

Softwareprodukten dar.[594] Insb. aufgrund der Tatsache, dass in Agenturbeziehungen die Übertragung von Nutzungs- bzw. Ausführungsrechten durch Prinzipale und Agenten erfolgt, sollten Lizenzen als vertragliche Bestandteile von Softwareprodukten die durch den Bereich der Governance bedingte Anforderung nach einer Flexibilität der Vertragsgestaltung unterstützen. Hieraus ergibt sich die Anforderung nach einer entsprechenden Flexibilität in der Lizenzierung der Softwareplattform, um eine Interessensangleichung zwischen den Akteuren in SECO nicht softwareseitig zu behindern. Die **Flexibilität in der Lizenzierung von Softwareplattformen** stellt somit eine zusätzliche durch SWP zu erfüllende **Anforderung (PAT5)** dar.

Im Hinblick auf die Unterstützung der einzelnen Zielkategorien des theoretischen Bezugsrahmens durch die zuvor abgeleiteten Anforderungen lässt sich eine **Unterstützung der potenzialbezogenen** und **wirtschaftlichen Ziele** identifizieren. So werden der Agenturtheorie zufolge Agenturbeziehungen aus verschiedenen Motiven aufgenommen. Hierunter können die potenzialbezogenen Ziele wie bspw. der Zugriff auf Kompetenzen Dritter, das Streben nach größerer Flexibilität oder Zeitvorteile fallen. Die PAT nimmt hierbei keine Einschränkung vor. Es ist somit davon auszugehen, dass die Erfüllung der zuvor skizzierten Anforderungen den Aufbau von Agenturbeziehungen ermöglicht und somit zur Erfüllung von Anforderungen dieser Zielkategorie beiträgt. Darüber hinaus verspricht die Erfüllung der Anforderungen nach Identifizierbarkeit und Transparenz sowie die Unterstützung der Interessensangleichung mittels flexibler Lizenzmodelle die abhängige Variable des opportunistischen Verhaltens zu senken. Infolge dessen besteht nach der PAT die Möglichkeit, Agenturkosten zu senken und arbeitsteilige Beziehungen aufgrund eines gesteigerten Kosten-Nutzen-Verhältnisses vorteilhaft gegenüber anderen Alternativen zu gestalten.[595] Dies entspricht der Definition der wirtschaftlichen Ziele des theoretischen Bezugsrahmens.[596] Somit ist ebenfalls eine Unterstützung dieser Zielkategorie zu prognostizieren. Die Erkenntnisse der Analyse in Hinblick auf die Gestaltung von SWP sind in Tabelle 7 zusammenfassend dargestellt.

---

594 Für eine Übersicht unterschiedlicher Lizenztypen und möglicher (finanziellen) Folgen der Nichtberücksichtigung von technischen, organisatorischen und rechtlichen Aspekten in der Softwarelizenzgestaltung vgl. Buhl (1993), S. 154-168, Gull, Wehrmann (2009), S. 314-324 und Gull (2011), S. 222-232

595 Vgl. Picot (2012), S. 94-99

596 Vgl. Kapitel 3.3.1 und 3.4

4.4.2.3 Resource Based View und Knowledge Based View

Resource Based View (RBV) und Knowledge Based View (KBV)	
Zuordnung	Klassische Erklärungsansätze zur Netzwerkbildung
Vertreter/Quellen	• **RBV:** o Penrose, E. T., The Theory of the Growth of the Firm, 1959[597] o Barney, J. B., Firm Resources and Sustained Competitive Advantage, 1991[598] o Grant, R. M., The Resource-Based Theory of Competitive Advantage, 1991[599] • **KBV:** o Nonaka, J. und Takeuichi, H., The knowledge-creating company, 1995[600] o Grant, Toward a Knowledge-Based Theory of the Firm, 1996[601]
Annahmen	• Faktormarktinsuffizienzen o Informationsasymmetrien o Ressourcenheterogenität von Organisationen
Beitrag	• **Erklärungsbeitrag:** Ressourcen und Potenziale als Quelle nachhaltiger Wettbewerbsvorteile o Merkmale solcher Ressourcen und Potenziale: ▪ Wertbeitrag ▪ Einzigartigkeit ▪ Nicht-Imitierbarkeit ▪ Nicht-Substituierbarkeit o Hinweise für Entstehung von Netzwerkstrukturen
Implikationen für die Gestaltung von Softwareplattformen	• **Anforderungen** an Softwareplattformen: o RBV1: Unterstützung des Auffindens von nicht selbst zu erbringenden Leistungen o RBV2: Interoperabilität von Leistungen unterschiedlicher Akteure sicherstellen o RBV3: Routinen für die Generierung, den Austausch und die Kombination von Wissen (Unterstützung Wissensmanagement) o RBV4: Schutz von Ressourcen der Akteure vor Imitierbarkeit bzw. Substituierbarkeit o RBV5: Schutz von Ressourcen der Akteure vor Vandalismus
Unterstützung der Ziele	☒ Potenzialbezogene Ziele ☐ Markterfolgsbezogene Ziele ☐ Wirtschaftliche Ziele

Tabelle 9: Erkenntnisse der Ressourcenbasierten Ansätze und Implikationen für die Gestaltung von Softwareplattformen[602]

597 Vgl. Penrose (1959)
598 Vgl. Barney (1991)
599 Vgl. Grant (1991)
600 Vgl. Nonaka, Takeuchi (1995)
601 Vgl. Grant (1996)
602 Quelle: Eigene Darstellung

Das Theorienbündel des Resource Based View (RBV)[603] hat seine Ursprünge in den Arbeiten von Penrose.[604] Breite Aufmerksamkeit hat es im Rahmen der Forschung des strategischen Managements erst in den 1990er Jahren erhalten.[605] Der RBV ist durch unterschiedliche theoretische Ansätze beeinflusst worden[606] und stellt Unternehmen als Bündel heterogener Ressourcen, Fähigkeiten oder Kompetenzen dar. Diese begründen den Erfolg von Unternehmen im Wettbewerb auf Märkten.[607] Im Unterschied zum Market Based View (MBV), der die Ausrichtung an externen Marktstrukturen und der Umwelt von Organisationen und somit eine Outside-in-Perspektive propagiert, vertritt der RBV eine Inside-out-Perspektive.[608]

Im Zentrum der Betrachtungen des RBV stehen Ressourcen bzw. Potenziale als Speicher spezifischer Stärken von Organisationen.[609] Diese ermöglichen es, Organisationen erfolgreich in einer veränderlichen Umwelt zu positionieren und den Erfolg der jeweiligen Organisationen zu sichern.[610] Ressourcen lassen sich in Anlehnung an Grant wie folgt klassifizieren und sind nicht ausschließlich auf physische Ressourcen beschränkt:[611]

- **Tangible Ressourcen:** Physische Güterbestände (bspw. Fertigungsanlagen).

---

603 In der Literatur werden die Ansätze des RBV auch als ressourcenorientierter Ansatz, Ressourcentheorie oder Ressourcen-basierter Ansatz bezeichnet. Hieke (2009), S. 64. Diese Begriffe sollen im Rahmen dieser Arbeit synonym verwendet werden.

604 Vgl. Penrose (1955), S. 531-543, Penrose (1959) und Hungenberg (2012), S. 62 f.

605 Vgl. Sammerl (2006), S. 121

606 Beispielhaft können die NIÖ, Neoklassische Mikroökonomie, Industrieökonomie oder Evolutionstheorie genannt werden. Vgl. Rühli (1994), S. 42, Hieke (2009), S. 64 und Hungenberg (2012), S. 64.

607 Vgl. Barney (1986), S. 1232 ff., Hieke (2009), S. 64 und Bea u.a. (2009), S. 327

608 Vgl. Bea, Haas (2013), S. 30 f. Es ist zu betonen, dass der MBV und der RBV keine Gegensätze mit widersprüchlichen Prämissen, sondern vielmehr Komplemente darstellen können. So lassen sich Erfolge auf Märkten nach Bea nur dann erfüllen, wenn die zu entwickelnden Ressourcen von Organisationen den Anforderungen der Nachfrager entsprechen. Ressourcen stellen nur in Verbindung mit der Aussicht auf die Erbringung marktfähiger Produkte einen Wert dar. Die Entwicklung von Ressourcen als Wettbewerbsvorteilen sollte somit auch die Sichtweise des MBV berücksichtigen. Somit sollte eine integrative Sichtweise des MBV und RBV im Rahmen des strategischen Managements von Organisationen verfolgt werden. Vgl. Rühli (1994), S. 49-54, Bea, Haas (2013), S. 33 und Freiling (2001), S. 80

609 Der Ressourcenbegriff bzw. Potenzialbegriff ist in der Literatur zum RBV nicht eindeutig definiert. Eine Übersicht unterschiedlichen Ressourcenverständnisse liefern bspw. Freiling (2001), S. 76 und Sammerl (2006), S. 132 f. Im Rahmen dieser Arbeit sollen die Begrifflichkeiten Ressourcen, Potenziale bzw. Leistungen von Akteuren synonym verwendet werden.

610 Vgl. Bea, Haas (2013), S. 30 und Hungenberg (2012), S. 63

611 Vgl. Grant (2013), S. 139 ff. und Hall (1992), S. 140

- **Intangible Ressourcen:** Hierunter können alle immateriellen und schwer quantifizierbaren Gegenstände wie bspw. das Image, die Organisationskultur, Lizenzen, Technologien oder das Know-how von Organisationen subsumiert werden.
- **Human-Ressourcen:** Unter ihnen wird das Human-Kapital von Unternehmen subsumiert. Es umfasst das Know-how, Kompetenzen, Erfahrungen, aber auch die Motivation der Mitarbeiter.

Die ursächliche Bedeutung von Ressourcen für den Erfolg von Organisationen wird durch die nachfolgenden Annahmen im Kontext unvollkommener Faktormärkte begründet. Auf unvollkommenen Faktormärkten ist es Marktteilnehmern, im Unterschied zu vollkommenen Märkten, über längere Zeiträume prinzipiell möglich, überdurchschnittliche Renditen zu erzielen.[612] Dies ist darin begründet, dass **Informationsdefizite** und **Informationsasymmetrien** zwischen den Akteuren existieren. Sie führen zu einer **Unsicherheit** aufseiten dieser, da diese nicht in der Lage sind, alle zukünftigen Umweltzustände, Verhaltensweisen anderer Akteure oder Werte von Ressourcen vollständig zu bewerten. Akteure können diese Unsicherheit durch Zuhilfenahme bzw. Entwicklung ihrer Ressourcen gegenüber Dritten ausnutzen und verschiedene Arten von Renten, wie bspw. Ricardo-, Schumpeter- oder Quasirenten generieren.[613]

Die Unsicherheit beeinflusst zugleich die **Ressourcenheterogenität** der Akteure. Da die Akteure, selbst im Falle einer zu einem bestimmten Zeitpunkt identischen Ressourcenausstattung, aufgrund von Informationsasymmetrien unterschiedliche wirtschaftliche Entscheidungen, z. B. zum Aufbau von Ressourcen bzw. Kompetenzen treffen und sich bestimmte Ressourcen(kombinationen) wie bspw. Kompetenzen, durch eine Nichttransferierbarkeit auszeichnen, kommt es zu einer dauerhaften Heterogenität in ihrer Ressourcenausstattung.[614] Diese Ressourcenheterogenität ist dem RBV zufolge ursächlich für die Einzigartigkeit von Organisationen und, eine unterschiedliche Effektivität und Effizienz von Ressourcen vorausgesetzt, die Erklärung für Erfolgsunterschiede zwischen Wettbewerbern.[615]

---

612 Vgl. Hungenberg (2012), S. 64 f.
613 Vgl. Zahn u.a. (2006), S. 133 f. und Hungenberg (2012), S. 64 f.
614 Vgl. Sammerl (2006), S. 129-132
615 Vgl. Sammerl (2006), S. 129-132

Das Theorienbündel des RBV leistet hierbei einen Erklärungsbeitrag zur Beantwortung der Frage, welche Merkmale Ressourcen aufweisen sollten, um langfristig Erfolgspotenziale für Organisationen darstellen zu können. Hierbei ist eine Fragmentierung und Mehrdeutigkeit entsprechender Forschung zu konstatieren.[616] Weite Verbreitung hat in diesem Zusammenhang Barneys VRIS-Rahmenkonzept erhalten, nach dem Ressourcen sich durch die nachfolgenden Eigenschaften auszeichnen sollten, um langfristige Wettbewerbsvorteile generieren zu können:[617]

- **Werthaltigkeit (Valuable):** Eine Ressource ist als werthaltig zu bezeichnen, wenn diese die Effektivität und Effizienz einer Organisation positiv beeinflusst. Aufgrund der Heterogenität von Organisationen kann der Wert einer Ressource nicht universell definiert werden, sondern zeichnet sich durch eine Kontextabhängigkeit, bspw. von der gewählten Strategie oder hinsichtlich der externen Organisationsumwelt aus.[618]
- **Seltenheit (Rare):** Ressourcen müssen eine Seltenheit aufweisen, damit diese nicht zu Wettbewerbsparitäten verkommen und keinen strategischen Vorteil darstellen, da sie auch anderen Organisationen zur Verfügung stehen, transferiert bzw. nachgeahmt werden können.[619]
- **Unnachahmlichkeit (Inimitable):** Aus der vorgenannten Eigenschaft der Einzigartigkeit ergibt sich die Anforderung der Unnachahmlichkeit, da im Falle der Imitation durch Dritte die Einzigartigkeit der Ressource gefährdet ist.[620]
- **Nicht-Substituierbarkeit (Non-Substitutable):** Darüber hinaus kann der nachhaltige Vorteil von einzigartigen Ressourcen durch die Möglichkeit der Substitution bedroht werden. Selbst wenn Ressourcen selten, werthaltig und nicht imitierbar sind, kann ihre strategische Bedeutung bedroht sein, insofern Alternativen existieren, die in Hinblick auf die mit einer Ressource verknüpften Ziele mindestens ebenbürtig sind.[621]

---

616 Vgl. Hieke (2009), S. 65, Lavie (2006), S. 640 und Freiling (2001), S. 76 ff.
617 Vgl. Barney (1991), S. 105-117 und Hieke (2009), S. 65-67. Die Abkürzung VRIS ergibt sich durch die Konkatenation von Anfangsbuchstaben der englischen Bezeichnung der Merkmale erfolgsrelevanter Ressourcen.
618 Vgl. Barney (1991), S. 106, Hieke (2009), S. 65 und Sammerl (2006), S. 137
619 Vgl. Barney (1991), S. 106 und Hieke (2009), S. 65
620 Vgl. Barney (1991), S. 107-111 und Hieke (2009), S. 65
621 Vgl. Barney (1991), S. 112 f. und Hieke (2009), S. 65 f.

Der Gestaltungsbeitrag des RBV ergibt sich dahingehend, dass sich auf Basis der Identifikation von Merkmalen erfolgskritischer Ressourcen, Implikationen für die Identifikation, (Weiter-)Entwicklung und Schutz derselben ergeben. Allerdings wird kritisiert, dass der präskriptive Charakter des RBV zur Entwicklung dieser Ressourcen im Verhältnis zur deskriptiven Erklärung des Erfolgsunterschiedes zwischen Organisationen relativ schwach ausgeprägt ist. Es bedarf weiterer Ergänzungen durch andere theoretische Ansätze bzw. Konkretisierungen für den relevanten Anwendungsfall.[622]
Im Zeitverlauf hat der RBV verschiedene thematische Erweiterungen erfahren. Als prominente Beispiele sind insb. der Kernkompetenzansatz, der Knowledge Based View (KBV) sowie der Dynamic Capabilities-Ansatz zu nennen.[623]

Im inhaltlichen Zusammenhang zu den vorgenannten Merkmalen von Ressourcen steht der **Kernkompetenzansatz** nach Prahalad und Hamel. In diesem stehen nicht einzelne Ressourcen als Quelle von Wettbewerbsvorteilen im Vordergrund, sondern die Aggregation mehrerer Ressourcen zu Kernkompetenzen.[624] Kernkompetenzen werden von Bea und Haas als „ein Bündel von Fähigkeiten, welche (zusammen mit anderen Kernkompetenzen) die Grundlage für die Kernprodukte und die darauf aufbauenden Endprodukte eines Unternehmens darstellen und welche sich durch schwierige Erzeugbarkeit, Imitierbarkeit und Substituierbarkeit auszeichnen“ definiert.[625] Die Identifikation, Kultivierung und Nutzung von Kernkompetenzen wird im Kernkompetenzansatz als Voraussetzung für ein zielgerichtetes und effektives strategisches Handeln von Organisationen betrachtet.[626]

Weitere **Erweiterungen** hat der RBV, u. a. durch die Strömung des **Knowledge Based View (KBV)** erhalten. Der KBV ergänzt den RBV um die Berücksichtigung der Ressource Wissen. Diese ist nach den Vertretern wie bspw. Nonaka und Takeuchi sowie Grant die entscheidende Quelle für nachhaltige Wettbewerbsvorteile.[627] Unternehmen existieren dem KBV zufolge nur deshalb, weil sie spezifisches Wissen auf

622 Vgl. Priem, Butler (2001), S. 31-34 und Sheehan, Foss (2007), S. 451. Barney entgegnet dieser Kritik, dass die notwendige Spezifizierung von Gestaltungsempfehlungen für den jeweiligen Kontext konstruktionsbedingt aus dem situativen Werthaltigkeitsbegriff von Ressourcen ergibt. Die fehlende Konkretisierung stellt somit nach Barney keinen Mangel des RBV dar. Vgl. Barney (2001), S. 50
623 Vgl. Sammerl (2006), S. 124-126, Bea, Haas (2013), S. 32 f. und Hungenberg (2012), S. 64 f.
624 Vgl. Prahalad, Hamel (1990), S. 79-91
625 Bea, Haas (2013), S. 32
626 Vgl. Bea, Haas (2013), S. 33
627 Vgl. Nonaka, Takeuchi (2012) und Grant (1996)

effizientere Art und Weise integrieren und anwenden können als der Markt dies vermag.[628] Es sollte somit die Aufgabe der Führung von Unternehmungen sein, sich mit der Entwicklung, dem Schutz und dem Transfer von Wissen zu beschäftigen.[629] Darüber hinaus ist der **Dynamic Capabilities-Ansatz**, welcher den Aufbau von sogenannten Meta-Kompetenzen, d. h. Kompetenzen zur proaktiven und dynamischen Anpassung, aber auch den Wechsel unternehmenspezifischer Kompetenzen im Zeitverlauf in volatilen Umfeldern thematisiert, zu nennen.[630] Er bereichert den RBV um eine dynamische Komponente mit einer starken Wissensorientierung.[631]

Zwar setzen die zuvor genannten Forschungsströmungen unterschiedliche Schwerpunkte hinsichtlich bestimmter Aspekte, insb. wissensorientierter Natur, die grundlegenden Gedanken des RBV werden jedoch fortgeführt.[632] Der **Erklärungsbeitrag** des RBV sowie ergänzender Forschungsströmungen lässt sich somit wie folgt zusammenfassen: Sie stellen einen kausalen Zusammenhang zwischen dem Erfolg von Organisationen in Relation zu ihren Wettbewerbern auf Märkten und der Heterogenität der Ressourcen- bzw. Fähigkeitsbündel von Organisationen her. Die pfadabhängige Entwicklung von Ressourcen und Fähigkeiten erlaubt es Organisationen, sich auf Märkten gegenüber Konkurrenten zu behaupten.[633]

Der **Erklärungsbeitrag von RBV und KBV zur Entstehung organisatorischer Netzwerkstrukturen** ergibt sich in Anlehnung an Zahn u. a. wie folgt:[634] Auf Basis der Annahme der Heterogenität von Organisationen verfügen nicht alle Akteure über die notwendigen Ressourcen wie bspw. spezialisiertes Know-how, um Innovationen zu generieren.[635] Sie leiden somit aus einer Ressourcenperspektive an Mangel, den sie durch die gemeinsame Nutzung limitierter Ressourcen in Netzwerkstrukturen zu beheben versuchen.[636] Darüber hinaus kann die Verknüpfung der Ressourcen es ihnen ermöglichen, neuartige Ressourcen zu bilden und darauf aufbauend Innovationen zu generieren. Aus Sicht der ressourcenbasierten Ansätze können sich Akteure durch

[628] Vgl. Grant (1996), S. 111-113, Lockett (2005), S. 84 f. und Hieke (2009), S. 67
[629] Vgl. Bea, Haas (2013), S. 33 und Hieke (2009), S. 67
[630] Vgl. Hieke (2009), S. 69
[631] Vgl. Hungenberg (2012), S. 65
[632] Vgl. Kirsch (1997), S. 172-185 und Hieke (2009), S. 69
[633] Vgl. Kirsch (1997), S. 172-185 und S. 189 ff. sowie Hieke (2009), S. 65
[634] Vgl. für die nachfolgenden Ausführungen Zahn u.a. (2006), S. 133-136
[635] Vgl. Reichwald, Piller (2009), S. 91 und Duschek (2004), S. 56
[636] Vgl. Hamel (1991), S. 86-101, Bamberger, Wrona (1996), S. 130-152 und Hungenberg (2012), S. 542 f.

den Beitritt zu Netzwerkstrukturen Zugang zu komplementären oder sich ergänzenden Ressourcen verschaffen. In beiden Fällen verbinden sie damit das Ziel, durch die Bündelung eigener Ressourcen mit denen der Partner eine Werthaltigkeit zu schaffen und die eigene Wettbewerbsposition zu verbessern.[637]

Der **Gestaltungsbeitrag** der Ansätze besteht in der Ableitung von Aussagen zur zielgerichteten Identifikation, Entwicklung bzw. dem Schutz entsprechender Ressourcen und Fähigkeiten. Hierzu bedarf es jedoch einer weiteren Konkretisierung und Anreicherung für den jeweiligen Anwendungskontext. Dieser Umstand sowie die steigende Beliebtheit des RBV haben zu einer Diffusion des RBV in verschiedenen Bereichen der wissenschaftlichen Literatur wie bspw. dem strategischen Management, dem strategischen Marketing und dem Information Systems Research geführt.[638]

Neben dieser mangelnden Konkretisierung wird den ressourcenbasierten Ansätzen weitere **Kritik** entgegengebracht. Insb. werden das unpräzise Begriffskonstrukt des RBV in Hinblick auf Ressourcen, die unausgereifte und nicht abgeschlossene Darstellung[639] sowie seine statische, auf einzelne Unternehmungen und ihre Ressourcen fokussierte Sichtweise bemängelt.[640] Die Kritik an der statischen Sichtweise wird durch Ansätze der Kernkompetenzen, Wissensperspektive und Dynamic Capabilities (teilweise) korrigiert. Die Erweiterung des Relational View, welche im Rahmen dieser Arbeit im Kontext der erweiterten relationalen Ansätze diskutiert werden soll, verlagert den Fokus weg von der Betrachtung einzelner Unternehmungen hin zu relationalen Organisations- und Ressourcen-Konstrukten.[641] Für eine weitergehende Diskussion der Kritik am Theorienbündel der ressourcenbasierten Ansätze wird an dieser Stelle auf die entsprechende Literatur verwiesen.[642] Dieser Kritik zum Trotz sollen aufgrund ihres Erklärungsbeitrages für die Entstehung von SECO und strategischen Relevanz

637 Vgl. Zahn u.a. (2006), S. 134

638 Vgl. Hieke (2009), S. 75-78. Für eine Übersicht über die Diffusion in der wissenschaftlichen Literatur vgl. bspw. Acedo u.a. (2006), S. 621-633, für eine Übersicht im Bereich des Information Systems Research vgl. Wade, Hulland (2004), S. 112 f.

639 Vgl. Rühli (1994), S. 44, Priem, Butler (2001), S. 34 und Freiling (2001), S. 75

640 Vgl. Priem, Butler (2001), S. 33 f.

641 Vgl. Zahn u.a. (2006), S. 137 f.

642 Vgl. Barney (2001), Priem, Butler (2001) und Sheehan, Foss (2007)

für den Erfolg von Organisationen, der RBV sowie die wissensorientierte Erweiterung des KBV zur Ableitung von Anforderungen an SWP herangezogen werden.[643]

Implikationen der ressourcenbasierten Ansätze für die Gestaltung von Softwareplattformen

Die zuvor dargestellten Rahmenbedingungen zur Erklärung der Entstehung von Netzwerkstrukturen sind auch im Kontext von SECO zu identifizierten. Wie bereits im Rahmen der PAT diskutiert,[644] ist auch in der Softwareindustrie und insb. im Umfeld von Unternehmenssoftware davon auszugehen, dass die Akteure in unvollkommenen Märkten agieren. Somit ist davon auszugehen, dass sie sich durch eine Heterogenität ihrer Ressourcenausstattung (insb. bezüglich der Ressource Wissen) auszeichnen und die Akteure hinsichtlich bestimmter Ressourcen unter Mangel leiden. Diese Annahme wird gestärkt durch die Erkenntnisse in Kapitel 4.3, nach denen Akteure bspw. mit der Partizipation in SECO die Motivation der Nutzbarmachung bzw. des Zugriffs auf Ressourcen wie bspw. Entwicklerkapazitäten oder das Know-how anderer Akteure verbinden.[645] Die Partizipation in SECO soll sie in die Lage versetzen, bestimmte Leistungen erbringen zu können bzw. darauf aufbauend, gemeinsam Innovationen zu generieren. Infolgedessen partizipieren die Akteure in SECO. Es ist somit davon auszugehen, dass der RBV sowie seine Erweiterungen auch zur Erklärung der Entstehung von SECO-Strukturen und der Ableitung von Gestaltungsempfehlungen für SWP herangezogen werden können. Die daraus resultierenden Anforderungen sollen im Nachfolgenden erläutert werden.

Ausgehend von den obenstehenden Ausführungen kann von einer Knappheit von Ressourcen und der Verteiltheit dieser Ressourcen auf unterschiedliche Akteure in SECO ausgegangen werden. Die Akteure treten SECO bei, um Zugriff auf diese Ressourcen zu erlangen. Voraussetzung für deren Nutzung ist es, dass es gelingt, die relevanten Ressourcen Dritter zu identifizieren. SWP als informationstechnische Basis für die Aktivitäten von Akteuren in SECO können dies durch die Unterstützung des Auffindens

643 Die Fokussierung auf den KBV anstatt der weiteren Ergänzungen des RBV wird durch die den drei zuvor genannten Ergänzungen gemeinsam inhärente Betonung der Ressource Wissen begründet.

644 Vgl. Kapitel 4.4.2.2, aber auch die Ausführungen zu den ökonomischen Besonderheiten von UN-SECO in Kapitel 2.4

645 Vgl. zu den Abhängigkeiten von der Ressource Kundenwissen bzw. externen Experten und Wissensträgern Reichwald, Piller (2009), S. 91 f.

dieser Ressourcen unterstützen. Hieraus ergibt sich die Anforderung der **Unterstützung des Auffindens von nicht selbst zu erbringenden Leistungen (RBV1)**.

Darauf aufbauend ist es notwendig, dass die Akteure in SECO in der Lage sind, die nicht selbst zu erbringenden Leistungen in das eigene bzw. das Gesamtleistungsbündel aus SWP und Leistungen Dritter zu integrieren. Voraussetzung hierfür ist es, dass die entsprechenden Leistungen miteinander kombinierbar und interoperabel sind. SWP sollten dieses Interoperabilität ermöglichen bzw. sicherstellen, damit die Leistungen und funktionsfähige Produkte für die Endkunden komponiert werden können. Hieraus ergibt sich für SWP die **Anforderung, die Interoperabilität von Leistungen unterschiedlicher Akteure sicherzustellen (RBV2).**

Dem RBV und seinen konzeptionellen, wissensorientierten Erweiterungen zufolge stellt Wissen eine erfolgskritische, da schwer imitierbare, Ressource für Organisationen dar.[646] Auch Rahmen der Softwareindustrie stellt Wissen einen erfolgskritischen Faktor für die (Weiter-)Entwicklung von Softwareprodukten bzw. verwandter Leistungen dar.[647] Es ist also davon auszugehen, dass Wissen auch in UNSECO von essenzieller Bedeutung ist. Es erscheint somit sinnvoll, dass SWP sowohl den Austausch, als auch den Aufbau von Wissen als wertvoller Ressource, durch Routinen eines Wissensmanagements unterstützen.[648] Hieraus ergibt sich die Anforderung an SWP, **Routinen für die Generierung, den Austausch und die Kombination von Wissen und somit eine Unterstützung für das Wissensmanagement** bereitzustellen **(RBV3)**.

Die zuvor genannten Anforderungen an SWP thematisieren die Nutzbarmachung und Nutzung von (erfolgskritischen) Ressourcen in SECO im positiven Sinne. Kooperationen im Rahmen von SECO gehen jedoch mit einer Öffnung und den damit verbundenen Zugriffsmöglichkeiten Dritter auf ggf. kritische, strategisch wertvolle Ressourcen (bspw. Wissen, Kernkompetenzen oder Softwarekomponenten) der Akteure einher.[649] Diese Ressourcen sollten vor Imitierbarkeit bzw. Substituierbarkeit abgesichert werden, um den nachhaltigen Wettbewerbsvorteil von Akteuren durch einen SECO-Beitritt nicht zu gefährden. Ansonsten ist eine Situation vorstellbar, in der Akteure aufgrund des Risikos des Verlustes wettbewerbskritischer Ressourcen auf eine Partizipation in

646 Vgl. Bea, Haas (2013), S. 345 und Nonaka, Takeuchi (2012), S. 21-34
647 Vgl. bspw. Tauterat u.a. (2012), S. 267 ff.
648 Vgl. Bea, Haas (2013), S. 344-349 und Sarker u.a. (2012), S. 329
649 Vgl. Kumar, van Dissel (1996), S. 284 ff., Gawer (2014), S. 1243-1249 und Hilkert u.a. (2010), S. 49 ff.

SECO verzichten. Ein entsprechendes Verhalten könnte langfristig den Bestand von SECO gefährden. Die ressourcenbasierten Ansätze schlagen zur Absicherung von Ressourcen das Ergreifen von generischen Isolationsmechanismen vor. Losgelöst von möglichen Lösungsmerkmalen sollten SWP jedoch die Anforderungen zum Schutz von partnerspezifischen Ressourcen vor Imitierbarkeit bzw. Substituierbarkeit erfüllen, um den nachhaltigen Erfolg von Akteuren, aber auch des damit verknüpften Erfolges von SECO nicht zu verhindern. Hieraus ergibt sich die **Anforderung des Schutzes von Ressourcen der Akteure vor Imitierbarkeit bzw. Substituierbarkeit (RBV4).**

Neben der im Rahmen der Ansätze explizit thematisierten Risiken der Imitierbarkeit bzw. Substituierbarkeit ergibt sich im Umfeld digitaler Güter und der Softwareindustrie zudem das Risiko einer mutwilligen Beschädigung von Ressourcen.[650] Aus den o.g. Gründen sollten diese daher ebenfalls vor Vandalismus durch Konkurrenten bzw. Drittparteien geschützt werden. Diese Anforderung bedarf einer expliziten Nennung, da im Falle des Vandalismus durch Dritte nicht nur einzelne Akteure in ihrem langfristigen Erfolg bedroht sind, sondern ggf. von diesen Ressourcen abhängige Akteure sowie SECO ebenfalls in ihrer Existenz bedroht sein können.[651] Dies begründet die **Anforderung des Schutzes von Ressourcen von Akteuren vor Vandalismus (RBV5)**.

Darüber hinaus ist zu vermuten, dass sich weitere Implikationen des RBV für die Gestaltung anderer Determinanten von SECO ergeben. Bspw. könnten sich Anforderungen zum Schutz von Ressourcen im Bereich der Governance ergeben, die beispielsweise entsprechende Vertragsgestaltungen (Geheimhaltungsklauseln, Pönale, o. Ä.) bedingen.[652]

Der Beitrag der vorgenannten Anforderungen an SWP zur Unterstützung der Ziele des theoretischen Bezugsrahmens leitet sich aus der Perspektive der ressourcenbasierten Ansätze ab. Sie fokussieren sich auf die zielgerichteten Entwicklung und Sicherung der Ressourcen von Organisationen mit dem Ziel, nachhaltige Wettbewerbsvorteile zu realisieren. Es ist daher anzunehmen, dass die Unterstützung der Anforderungen insb. zur Realisierung potenzialbezogener Ziele auf SECO-Ebene beiträgt. Die Ergebnisse

---

650 Beispielhaft können (Distributed) Denial of Service-Attacken genannten werden, welche durch massenhafte Zugriffe auf Plattformen und assoziierte Leistungen in der Lage sind, diese zu paralysieren. Letzteres kann zu schwerwiegenden Konsequenzen für die davon abhängigen Stakeholdergruppen von SECO führen. Vgl. Radware (2014), S. 212

651 Vgl. Radware (2014), S. 212

652 Für mögliche Aspekte der Ausgestaltung der Determinante der Governance vgl. die Ausführungen in Kapitel 3.3.3 dieser Arbeit oder Jansen u.a. (2012), S. 1497 ff.

der Analyse der ressourcenbasierten Ansätze in Bezug auf die Gestaltung von SWP sind in Tabelle 9 dargestellt.

4.4.2.4 Relational View

Relational View (RV)	
Zuordnung	Erweiterte Erklärungsansätze zur Netzwerkdynamik
Vertreter/Quellen	• Dyer, J. H. und Singh, H., The Relational View: Cooperative Strategy and Sources of Interorganizational Competitive Advantage, 1998[653] • Lavie, D., The Competitive Advantage of Interconnected Firms: An Extension of the Resource-Based View, 2006[654]
Annahmen	• Faktormarktinsuffizienzen o Informationsasymmetrien o Ressourcenheterogenität von Organisationen
Beitrag	• **Komplementär zu den ressourcenbasierten Ansätzen:** Verlagerung des Fokus auf interorganisationale Beziehungen und Ressourcen • Quellen von Wettbewerbsvorteilen: o Komplementäre Ressourcen/Kompetenzen o Interorganisationale Routinen für den Austausch von Wissen o Relationsspezifische Investitionen o Effektive Koordinationsmechanismen • Absicherung dieser Wettbewerbsvorteile durch relationsspezifische Isolationsmechanismen
Implikationen für die Gestaltung von Softwareplattformen	• **Anforderungen** an Softwareplattformen: o RV1: Interoperabilität von verteilen Ressourcen der Akteure sicherstellen o RV2: Technische Verfügbarkeit von verteilten Ressourcen unterstützen o RV3: Hohe Zuverlässigkeit der Softwareplattform o RV4: Routinen für die gemeinsame Generierung, den Austausch und die Kombination von Wissen (Unterstützung interorganisationales Wissensmanagement) o RV5: Offenheit von Softwareplattformen für interne und externe Innovatoren sowie deren Ressourcen o RV6: Schutz von relationsspezifischen Ressourcen vor Imitierbarkeit bzw. Substituierbarkeit o RV7: Schutz von relationsspezifischen Ressourcen der Akteure vor Vandalismus
Unterstützung der Ziele	☒ Potenzialbezogene Ziele ☐ Markterfolgsbezogene Ziele ☒ Wirtschaftliche Ziele

Tabelle 10: Erkenntnisse des Relational View und Implikationen für die Gestaltung von Softwareplattformen[655]

653 Vgl. Dyer, Singh (1998)
654 Vgl. Lavie (2006)
655 Quelle: Eigene Darstellung

Der Relational View (RV) wurde insb. durch die Arbeiten von Dyer und Singh sowie Lavie geprägt und stellt ein Komplement zu den ressourcenbasierten Ansätzen dar. Er bedient sich transaktionskostentheoretischer Annahmen und ergänzt die atomistische Betrachtungsweise des RBV und KBV.[656] Im Zentrum steht hierbei die Analyse von dauerhaften **Wettbewerbsvorteilen**, die originär in **unternehmungsübergreifenden Beziehungen** entstehen bzw. eingebettet sind. So genannte **beziehungsspezifische Ressourcen** stellen die Quelle dieser Wettbewerbsvorteile dar.[657] Dementsprechend stehen (Netzwerk)Beziehungen zwischen zwei oder mehreren Akteuren im Zentrum der Analyse. Hierbei wird im Rahmen des RV keine Einschränkung auf bestimmte Netzwerk- und Kooperationsformen vorgenommen.[658]

Die Prämissen der klassischen ressourcenbasierten Ansätze haben im RV ebenfalls Bestand. Zur Vermeidung von Redundanz soll deren Diskussion daher unterbleiben. Es wird auf die entsprechenden Ausführungen in Kapitel 4.4.2.3 verwiesen. Allerdings zielen die Akteure im Kontext des RV zusätzlich zu den im Rahmen des RBV und KBV thematisierten Renten auf die Realisierung relationaler Renten.[659] Relationale Renten sind definiert als überdurchschnittliche Renditen, welche nicht isoliert durch Akteure, sondern nur durch gemeinsame und gegenseitige Beiträge spezifischer, vernetzter Partner realisiert werden können.[660]

Der RV sieht die Ressourceneinbettung in Unternehmungsbeziehungen als die wesentliche Quelle von Wettbewerbsvorteilen von Unternehmungen bzw. organisatorischen Netzwerkstrukturen. Hierbei existieren lt. Dyer und Singh die nachfolgenden Quellen von Wettbewerbsvorteilen im Sinne relationsspezifischer Ressourcen:[661]

- Komplementäre Ressourcen und Kompetenzen der verschiedenen Akteure
- Interorganisationale Routinen für den Austausch und die Kombination von Wissen zwischen den Akteuren zur Realisierung von Lerneffekten
- Relationsspezifische Investitionen

656 Vgl. Dyer, Singh (1998), Lavie (2006), Duschek (2004), S. 62, Schmidt (2009), S. 134, Zahn u.a. (2006), S. 137 und Kude (2012), S. 41 f.
657 Vgl. Dyer, Singh (1998), S. 660 f. und Lavie (2006), S. 644
658 Vgl. Dyer, Singh (1998), Schmidt (2009), S. 129 und Lavie (2006), S. 652-655
659 Vgl. Lavie (2006), S. 641
660 Vgl. Dyer, Singh (1998), S. 662 und Lavie (2006), S. 642
661 Vgl. im Nachfolgenden Dyer, Singh (1998), S. 662-671

- Effektive institutionelle Rahmenordnung der Netzwerksteuerung und -kontrolle (Governance)

Relationsspezifische Ressourcen sollten sich in Anlehnung an das VRIN-Rahmenwerk ebenfalls durch eine Werthaltigkeit, Seltenheit, Unnachahmlichkeit und Nichtsubstituierbarkeit auszeichnen.[662] Die Absicherung entsprechender Ressourcen hinsichtlich der beiden letztgenannten Merkmale kann hierbei durch folgende Isolationsmechanismen erreicht werden:[663]

- **Kausale Ambiguität der Netzwerkbeziehungen (causal ambiguity):** In Netzwerkbeziehungen entstehende komplexe und situationsspezifische Reziprozitäten (bspw. Ressourcen, Ansehen und Vertrauen) verfügen über oftmals durch Dritte schwer zu imitierende, mehrdeutige Eigenschaften.[664]
- **Zeitdruck-bedingte Unwirtschaftlichkeiten (time compression diseconomies):** Der Aufbau von relationalen Ressourcen wie bspw. Möglichkeiten zur gemeinsamen Wissensaneignung oder Vertrauen kann oftmals aufgrund des dafür notwendigen Zeitbedarfs von Dritten weder eigenständig noch mittels Fremdbezug imitiert werden.[665]
- **Wechselseitige Verknüpfung interorganisationaler Ressourcen (interorganizational asset interconnectedness):** Akteure außerhalb von Kooperationen sind aufgrund von Pfadabhängigkeiten nicht in der Lage, Ressourcen (effizient) zu imitieren bzw. substituieren. Dies ist darin begründet, dass hierfür eine im Zeitverlauf vorgelagerte Verknüpfung von Ressourcen notwendig gewesen wäre. Z. B. die langfristige, reziproke Anpassung von Entwicklungsprozessen im Sinne einer Spezialisierung zur Effizienzsteigerung.[666]
- **Knappheit potenzieller Kooperationspartner (partner scarcity):** Für die Realisierung relationaler Renten ist die Kooperation mit potenziellen Partnern notwendig. Diese sollten über eine komplementäre Ressourcenausstattung sowie die Fähigkeit und Motivation zur Kooperation verfügen. Insb. für Akteure, welche sich zu einem späteren Zeitpunkt zu einer Kooperation entschließen, kann die Verfügbarkeit entsprechender Kooperationspartner aufgrund bereits

---

662 Vgl. Barney (1991), S. 105-117 und Lavie (2006), S. 649 f.
663 Vgl. Dyer, Singh (1998), S. 671 ff.
664 Vgl. Dyer, Singh (1998), S. 671 f. und Kude (2012), S. 44
665 Vgl. Dyer, Singh (1998), S. 672
666 Vgl. Dyer, Singh (1998), S. 672, Lavie (2006), S. 645 und Zahn u.a. (2006), S. 137 f.

bestehender reziproker Kooperationsverbindungen dieser Partner zu anderen Akteuren eingeschränkt sein.[667]

- **Unteilbarkeit von Ressourcen (resource indivisibility):** Es besteht die Möglichkeit, dass Partner gemeinsame, idiosynkratische Ressourcen entwickeln, welche sich nicht sinnvoll unter den Akteuren aufteilen lassen bzw. nicht aufteilen lassen, ohne das Alleinstellungsmerkmal der gemeinsamen Ressourcen zu belasten.[668]
- **Nicht-Imitierbarkeit institutioneller Rahmenbedingungen (institutional environment):** Aufgrund eines durch Unterstützung formaler Regelungen und sozialen Mechanismen langfristig gewachsenen Vertrauens existieren in bestimmten Bereichen institutionelle Rahmenbedingungen, die sich durch eine überlegene Effizienz in Hinblick auf Transaktionskosten auszeichnen und die sich somit schwer in anderen Bereichen imitieren lassen.[669]

Der **Beitrag** des RV zur **Erklärung** des Erfolgs von Kooperationen ähnelt den Sichtweisen des RBV und KBV: Ausgangspunkt von Wettbewerbsvorteilen stellen wertvolle und spezifische Ressourcen dar, die nachgelagert zu relationalen Renten führen. Sie sollten dementsprechend identifiziert, entwickelt und geschützt werden.[670] Allerdings vertritt der RV im Unterschied zu den klassischen Ansätzen eine positivistisch geprägte Sichtweise. Der RV empfiehlt im Unterschied zu diesen Ansätzen eine Absicherung dieser Ressourcen gegen Imitation und Substitution durch eine verstärkte Öffnung der einzelnen Akteure und gegenseitige Verknüpfung von Ressourcen.[671] Der darauf aufbauende **Gestaltungsbeitrag** des RV besteht in Empfehlungen zur Entwick-

[667] Vgl. Dyer, Singh (1998), S. 672 f.

[668] Als Beispiel für unteilbare Ressourcen nennen Dyer und Singh das VISA-Kreditkarten-Vertriebsnetz und den zugehörigen Markenname VISA. Beide Ressourcen haben sich im Netzwerk der beteiligten Banken gemeinsam weiterentwickelt und sind speziell aneinander angepasst. Hieraus entsteht ein Wettbewerbsvorteil, der nicht aufteilbar ist bzw. bei Aufteilung verloren gehen würde, da einzelne Banken den Namen nur äußerst schwer aus dem Netz der Akteure herauslösen können, oder bei Herauslösung ihres Vertriebsnetzes das Alleinstellungsmerkmal (23000 Vertriebspartner weltweit) verlören. Vgl. Dyer, Singh (1998), S. 673

[669] Beispielsweise nennen Dyer und Singh die institutionellen Rahmenbedingungen (Regelungen und Vertrauen) im Rahmen japanischer Transistorhersteller, welche das opportunistische Verhalten der Akteure vermindern und nachgelagert zu einer Senkung der Transaktionskosten beitragen. Firmen in anderen Ländern sind nicht in der Lage, diese institutionellen Rahmenbedingungen zu imitieren und ähnliche relationale Renten abzuschöpfen. Vgl. Dyer, Singh (1998), S. 673

[670] Vgl. Schmidt (2009), S. 129-131

[671] Vgl. Kude (2012), S. 44

lung und Absicherung dieser Ressourcen durch komplementäre Ressourcenausstattungen, gegenseitigen Wissensaustausch sowie durch beziehungsspezifische Investitionen und effektive Governance-Mechanismen.[672]

Seinen Beiträgen zum Trotz wird dem RV auch Kritik entgegengebracht. Teilweise wird die Eigenständigkeit des RV als theoretischer Ansatz angezweifelt, da nach Ansicht der Kritiker der Erfolg von Organisationen nicht ausschließlich durch deren Kooperationen mit Dritten erklärt werden kann. Sein Beitrag als interorganisationales Komplement des RBV wird in diesem Zusammenhang jedoch positiv gewürdigt.[673] Allerdings ist nach Schmidt der Begriff der Spezifität von relationalen Ressourcen zu präzisieren, um eine Identifikation und den Schutz möglicher Ressourcen zu ermöglichen.[674] Darüber hinaus ist eine in Relation zum RBV geringe Anzahl darauf aufbauender Forschungsarbeiten zu konstatieren, die sich jedoch mit seiner relativ frühen Entwicklungsphase erklären lässt.[675] Dieser Kritik zum Trotz stellt der RV aufgrund seiner Perspektivenerweiterung ein sinnvolles, lt. Zahn u. a. sogar notwendigerweise zu betrachtendes Komplement der ressourcenbasierten Ansätze dar, welches zusätzliche Einsichten in die Gestaltung von Netzwerkstrukturen verspricht.[676] Da seine Erkenntnisse im Rahmen dieser Arbeit nicht isoliert in die Ableitung von Handlungsempfehlungen eingehen und somit die Kritik der mangelnden Eigenständigkeit des Ansatzes abgeschwächt wird, soll er im Rahmen dieser Arbeit Berücksichtigung finden.

Implikationen des RV für die Gestaltung von Softwareplattformen

Der RV nimmt keine Einschränkung hinsichtlich der Gültigkeit seiner Aussagen in Bezug auf bestimmte Netzwerkstrukturen vor. Sein Aussagensystem umfasst somit sowohl kooperative, kompetitive als auch Mischformen der Kooperation.[677] Darüber hinaus besitzen im RV die Prämissen der atomistischen, ressourcenbasierten Ansätze weiterhin Gültigkeit. Ihre Erfüllung im Kontext von SECO wurde bereits im Rahmen der

[672] Vgl. Zahn u.a. (2006), S. 136-138
[673] Vgl. Zahn u.a. (2006), S. 137, Duschek (2004), S. 62 ff. und Schmidt (2009), S. 134
[674] Vgl. Schmidt (2009), S. 134
[675] Vgl. Duschek (2004), S. 62. Für eine Übersicht empirischer Befunde im Kontext des RV vgl. bspw. Schmidt (2009), S. 131 f. Die Anzahl empirischer Bestätigungen des RV wird hinsichtlich der in Kapitel 4.4.1 genannten Kriterien als ausreichend erachtet.
[676] Vgl. Zahn u.a. (2006), S. 137 f.
[677] Vgl. Schmidt (2009), S. 129 und Duschek (2004), S. 60

Diskussion der klassischen ressourcenbasierten Ansätze geprüft. Auch hat der RV bereits Anwendung zur Ableitung von Empfehlungen zur Koordination interorganisationaler Netzwerke im Bereich von UNSW gefunden.[678] Somit ist davon auszugehen, dass der RV auch grundsätzlich für Erklärung bzw. Gestaltung von SWP in UNSECO herangezogen werden kann. Hierbei ist allerdings zu konstatieren, dass sich eine Mehrzahl der Gestaltungshinweise des RV auf den Aufbau einer effektiven institutionellen, durch gegenseitiges Vertrauen und Kontrolle geprägten Rahmenordnung oder gegenseitige Investitionen beziehen. Diese sind primär der Gestaltungsdeterminante der Governance auf SECO-Ebene des theoretischen Bezugsrahmens zuzuordnen.[679] Diese Hinweise sind daher nur eingeschränkt der direkten Ableitung von Anforderungen an SWP für UNSECO dienlich. Allerdings lassen sich bei weitergehender Analyse des RV Anforderungen an SWP identifizieren, deren Realisierung eine notwendige Voraussetzung für die Erfüllung des Aussagensystems des RV darstellen. Diese Anforderungen stellen aufgrund des komplementären Charakters von RBV bzw. KBV und RV komplementäre Anforderungen dar.

Der RV geht von der Notwendigkeit der Verknüpfung von Ressourcen der Akteure und Formierung entsprechender Netzwerkstrukturen zum Aufbau von Wettbewerbsvorteilen und zur Realisierung relationaler Renten aus. Eine Voraussetzung hierfür ist, dass sich diese möglicherweise komplementären Ressourcen miteinander kombinieren lassen.[680] Als zentrale informationstechnische Komponente von SECO sollten SWP daher die Interoperabilität von verteilten Ressourcen unterschiedlicher Akteure ermöglichen. Diese soll es den Akteuren ermöglichen, ihre Ressourcen zu verknüpften und ein vermarktbares spezifisches Produkt, bestehend aus ihren individuellen Ressourcen, zu komponieren.[681] Hieraus resultiert die **Anforderung**, die **Interoperabilität von verteilen Ressourcen der Akteure sicherzustellen (RV1)**.

Aufbauend auf dieser Erkenntnis lassen sich weitere Anforderungen an SWP definieren: Neben der Interoperabilität von Ressourcen unterschiedlicher Akteure sollte auch die Verfügbarkeit dieser verteilten Ressourcen unterstützt werden, da ansonsten ggf. die Geschäftstätigkeit wechselseitig durch Ressourcen verknüpfter Akteure gefährdet

678 Vgl. Kude (2012)
679 Vgl. Kapitel 3.3 sowie die Abgrenzung von diesem Untersuchungsbereich in Kapitel 3.4.1
680 Vgl. Dyer, Singh (1998), S. 662 und Lavie (2006), S. 642
681 Vgl. Sarker u.a. (2012)

sein kann. Beispielhaft kann hierbei der Ausfall von bestimmten Diensten zur Authentifizierung genannt werden, welcher die Nutzung eines Gesamtsystems durch Dritte erschweren bzw. die Verknüpfung eigener Ressourcen mit denen Dritter verhindern kann. Ähnlich gelagerte Fälle sollten somit vermieden werden. Die daraus resultierende **Anforderung** lautet, dass SWP als zentrale Komponenten von SECO **die technische Verfügbarkeit von verteilten Ressourcen unterstützen** sollten **(RV2).**

Als architekturbedingt zentraler Komponente von SECO stellen SWP einen potenziellen Single Point of Failure dar.[682] Ihr Ausfall kann einen großen Anteil von Akteuren in SECO negativ beeinflussen. Ihnen kommt somit eine exponierte Bedeutung und Kritikalität hinsichtlich SECO zu, welche sich in der gesonderten Formulierung der nachfolgenden Anforderung widerspiegelt: Die **zentrale Softwareplattform von SECO sollte sich durch eine hohe Zuverlässigkeit auszeichnen (RV3)**.

Neben diesen notwendigen Voraussetzungen für die Interaktion der Akteure zur Erbringung relationaler Ressourcen sollten SWP, basierend auf den Erkenntnissen des RV, weitere Anforderungen erfüllen. So stellen insb. interorganisationale Routinen für den Austausch und die Kombination von Wissen zwischen den Akteuren eine nach dem RV entscheidende Quelle von Wettbewerbsvorteilen dar.[683] Darüber hinaus erscheint im Hinblick auf die Erbringung gemeinsamer Leistungen in arbeitsteiligen Beziehungen zwischen den Akteuren die Bereitstellung solcher Routinen als eine von SWP zu erfüllende Anforderung. Diese sollten daher durch Bereitstellung von **Routinen für die gemeinsame Generierung, den Austausch und die Kombination von Wissen und somit eine Unterstützung des interorganisationalen Wissensmanagements** unterstützen **(RV4)**.[684]

Um einen mittel- bis langfristig Zufluss an Wissen bzw. Innovationen und die gemeinsame Generierung von Wissen sicherstellen, erscheint es unter Berücksichtigung von Erkenntnissen der interaktiven Wertschöpfung zusätzlich sinnvoll, dass Netzwerk-interne und externe Innovatoren sowie deren Ressourcen eingebunden werden können.

682 Vgl. Rimal u.a. (2011), S. 9 f.
683 Vgl. Dyer, Singh (1998), S. 671 ff. und Bea, Haas (2013), S. 344-349
684 Vgl. Bea, Haas (2013), S. 344-349, Lim u.a. (2011), S. 69 und Sarker u.a. (2012), S. 329

Dies dient der Akkumulation entsprechenden Wissens und dem Aufbau einer absorptive capacity.[685] Darüber hinaus ermöglicht eine solche Offenheit erst die Verknüpfung von Ressourcen. Hieraus ergibt sich die **Anforderung** der **Offenheit von SWP für interne und externe Innovatoren sowie deren Ressourcen (RV5)**.

In Analogie zu den Ausführungen im Kontext klassischer ressourcenbasierter Ansätze[686] stellt sich auch bei Betrachtung der Gestaltung von SWP aus Perspektive des RV die Frage nach der Absicherung relationaler Wettbewerbsvorteile vor Imitation bzw. Substitution. So ist anzunehmen, dass für den Fall einer Imitation bzw. Substitution von Ressourcen durch Konkurrenten die Grundlage für den Wettbewerbsvorteil und die Kooperation, die aus Sicht des RV zur Erlangung dieser Vorteile eingegangen wird, gefährdet ist. Auch ist anzunehmen, dass die Existenz eines solchen Risikos negativ auf die Motivation von Akteuren für den Beitritt zu SECO wirkt. Somit sollten SWP die **Anforderung des Schutzes von relationsspezifischen Ressourcen vor Imitierbarkeit und Substituierbarkeit** erfüllen **(RV6)**. Zwar schlägt der RV hierzu primär den Aufbau entsprechender Isolationsmechanismen im Sinne wechselseitiger Netzwerkstrukturen vor, allerdings schützt dies z. B. nicht vor dem Diebstahl gemeinsamen Quellcodes. Somit kann hier ein entsprechendes Unterstützungspotenzial seitens SWP vermutet werden. Beispielsweise könnten entsprechende Schutzmechanismen in der Software ein sogenanntes Reverse-Engineering verhindern.[687] Da ähnliches auch für den drohenden Verlust des Wettbewerbsvorteils durch Vandalismus gilt, soll hieraus in Anlehnung an die Ausführungen im Rahmen des RBV die Anforderung **Schutz von relationsspezifischen Ressourcen vor Vandalismus** abgeleitet werden **(RV7)**.[688]

---

685 Vgl. Reichwald, Piller (2009), S. 78-88 und S. 145-165 sowie Cohen, Levinthal (1990), S. 128-152. Unter einer „absorptive capacity“ wird die Fähigkeit zur Identifikation, Assimilation und Anwendung von Informationen und Wissen verstanden. Vgl. Cohen, Levinthal (1990), S. 128

686 Vgl. Kapitel 4.4.2.3

687 Unter Reverse Engineering wird die Analyse eines bestehenden Systems mit dem Ziel, dessen Strukturen, Zustände und Verhaltensweisen zu identifizieren, um dieses verbessern, imitieren und substituieren zu können, verstanden. Vgl. bspw. Ludewig, Lichter (2013), S. 589. Zu den Arten des Reverse Engineerings vgl. bspw. Cifuentes, Fitzgerald (2000), S. 338 f.

688 In diesem Fall ergibt sich ein mögliches Unterstützungspotenzial von SWP bspw. durch eine architekturbedingte Kapselung entsprechender Komponenten und dadurch erschwerten Zugriff durch Dritte, vgl. Ludewig, Lichter (2013), S. 465 f.

In Hinblick auf die Erfüllung der vorgenannten Anforderungen sind Querbezüge von SWP zur Gestaltungsdeterminante der Governance auf SECO-Ebene des theoretischen Bezugsrahmens dieser Arbeit identifizierbar:[689] Die technische Realisierung der Verfügbarkeit von verteilten Ressourcen, der Zuverlässigkeit der zentralen SWP, aber auch der Schutz von relationsspezifischen Ressourcen sollten, dem FIT-Gedanken folgend, durch entsprechende vertragliche Regelungen (bspw. Service-Level-Agreements), als mögliche Ausprägungsform einer effektiven institutionellen Rahmenordnung der Netzwerksteuerung und -kontrolle im Sinne des RV den Aufbau und die Nutzung verteilter Ressourcen unterstützen. Ähnliches gilt für den Schutz intellektuellen Eigentums vor Imitation, Substitution oder Vandalismus.[690]

Im Hinblick auf die Unterstützung der einzelnen Zielkategorien des theoretischen Bezugsrahmens durch die oben stehenden Anforderungen lässt sich eine **Unterstützung der potenzialbezogenen** und **wirtschaftlichen Ziele** identifizieren. So ist anzunehmen, dass die Erfüllung der o.g. Anforderungen dazu beiträgt, die im Rahmen des RV thematisierten relationalen Wettbewerbsvorteile zu erzielen. Diese sind ihrer Definition nach den potenzialbezogenen Zielen des Bezugsrahmens dieser Arbeit zuzuordnen.[691] Darüber hinaus verspricht die Erfüllung der Anforderungen des Schutzes relationsspezifischer Ressourcen vor Imitation, Substitution und Vandalismus, eine Unterstützung beim Aufbau einer institutionellen Rahmenordnung der Netzwerksteuerung und -kontrolle. Der RV geht in diesem Fall, mit Rückgriff auf die TAT, von einer potenziellen, aber nicht notwendigerweise damit einhergehenden Senkung der Transaktionskosten aus.[692] Im Falle einer solchen Realisierung ist jedoch eine Verbesserung des Kosten-Nutzen-Verhältnisses der SECO-Partizipation von Akteuren zu erwarten, welche der Kategorie der wirtschaftlichen Ziele des theoretischen Bezugsrahmens zuzuordnen ist.[693] Die Ergebnisse der Analyse des Relational View in Bezug auf die Gestaltung von SWP sind in Tabelle 10 dargestellt.

---

689 Vgl. die Ausführungen in Kapitel 3.3.3

690 Hier können als mögliche Lösungsoptionen beispielhaft die Formulierung von Lizenz-, der Copyrightvereinbarungen oder vertraglich vereinbarte Pönale bei relationsschädlichen Verhalten genannt werden. Vgl. Cifuentes, Fitzgerald (2000), S. 339 f. und Lavie (2006), S. 646

691 Vgl. die Ausführungen in den Kapiteln 3.3.1 und 3.4

692 Vgl. Schmidt (2009), S. 129 f.

693 Vgl. die Ausführungen in den Kapiteln 3.3.1 und 3.4

4.4.2.5 Theorie sozialer Dilemmata

Theorie sozialer Dilemmata (TSD)	
Zuordnung	Erweiterte Erklärungsansätze zur Netzwerkdynamik
Vertreter/Quellen	• Dawes, R. M., Social Dilemmas, 1980[694] • Zeng, M., Chen, X. P., Achieving Cooperation in Multiparty Alliances, 2003[695]
Annahmen	• Akteure streben nach Nutzenmaximierung • Akteure verfügen über notwendige Informationen zu Auszahlungen • Akteure erzielen durch unkooperatives Verhalten ein höheres Ergebnis als durch kooperatives Verhalten. • Kooperatives Verhalten aller Akteure führt zu einem optimalen Ergebnis für das Kollektiv.
Beitrag	• **Erklärungsbeitrag:** o Unkooperatives Verhalten von Akteuren in Kooperationen wird anhand spieltheoretischer Erkenntnisse (Auszahlungsmatrix) erklärt • **Gestaltungsbeitrag:** o Verhinderung unkooperativen Verhaltens der Akteure durch Nennung von Lösungsansätzen struktureller und motivationaler Art: ▪ Veränderung der Auszahlungsmatrix ▪ Steigerung reziproker, relationsspezifischer Investitionen ▪ Senkung von Bedenken der Akteure ▪ Verbesserung der Kommunikation zwischen Akteuren ▪ Etablierung eines kooperationsfreundlichen Klimas ▪ Steigerung der Identifikation mit dem Kollektiv ▪ Verbesserung der Dilemmawahrnehmung ▪ Anwendung reziproker Kooperationsstrategien
Implikationen für die Gestaltung von Softwareplattformen	• **Anforderungen** an Softwareplattformen: o TSD1: Schutz von Ressourcen vor Imitation o TSD2: Verfügbarkeit direkter Kommunikationskanäle zwischen Akteuren o TSD3: Transparenz über Akteure erhöhen
Unterstützung der Ziele	☒ Potenzialbezogene Ziele ☐ Markterfolgsbezogene Ziele ☒ Wirtschaftliche Ziele

Tabelle 11: Erkenntnisse der Theorie sozialer Dilemmata und Implikationen für die Gestaltung von Softwareplattformen[696]

694 Vgl. Dawes (1980)

695 Vgl. Zeng, M., Chen, X.-P. (2003)

696 Quelle: Eigene Darstellung

Die Theorie sozialer Dilemmata (TSD) wurde u. a. durch die Arbeiten von Dawes sowie Zeng und Chen geprägt.[697] Sie ist in der Sozialpsychologie angesiedelt und bedient sich spieltheoretischer Erkenntnisse, um das unkooperative Verhalten einzelner Akteure in bilateralen und multilateralen Kooperationsformen zu erklären und darauf aufbauend Gestaltungsempfehlungen abzuleiten.[698]

Nach der TSD existieren im Rahmen sozialer Interaktionen in Gruppen, wie bspw. der Kooperation in Netzwerken, so genannte mixed-motive Situationen. Diese sind durch **Überlagerungen von Einzel- und Gruppeninteressen** gekennzeichnet.[699] In solchen Situationen haben die Individuen die Wahl, ob sie sich in Bezug auf das jeweilige Kollektiv kooperativ oder unkooperativ verhalten.[700] Ein kooperatives Verhalten resultiert kurzfristig in einem suboptimalen Ergebnis für das jeweils betrachtete Individuum, optimiert aber das Ergebnis des Kollektivs. Unkooperatives Verhalten ist für das Individuum optimal, aber suboptimal für das Kollektiv. Die Akteure befinden sich hierbei in der Situation eines **sozialen Dilemmas**. Aus Sichtweise der Gruppe stellt sich hierbei die Frage, wie ein unkooperatives Verhalten von Individuen verhindert werden kann, um das Gesamtergebnis des Kollektivs zu optimieren.[701]

Zur komplexitätsreduzierenden Modellbildung bedient sich die Forschung im Umfeld TSD oftmals des Zwei-Personen-Gefangenendilemmas.[702] Dieses ist jedoch nach Zeng und Chen für die Ableitung von Handlungsempfehlungen nur bedingt geeignet, da es von dyadischen Beziehungen zwischen Partnern ausgeht, während organisatorische Netzwerkstrukturen sich aus drei oder mehr partizipierenden Akteuren konstituieren.[703] Dieses Strukturmerkmal hat Konsequenzen für die innerhalb des Kollektivs auftretenden Dynamiken. In einer dyadischen Beziehung hat immer der direkt in Bezug mit einem Akteur stehende Akteur die Konsequenzen aus dessen unkooperativem

---

697 Vgl. Dawes (1980) und Zeng, M., Chen, X.-P. (2003)
698 Vgl. Zeng, M., Chen, X.-P. (2003), S. 600 und Seiter (2006), S. 65-69
699 Vgl. Athenstaedt u.a. (2002) S. 74 und Zeng, M., Chen, X.-P. (2003), S. 600
700 Während der nachfolgenden Ausführungen zur TSD sollen die in der Literatur zur TSD existierenden Begrifflichkeiten Gruppe, Kollaboration, Kollektiv, Netzwerke, Unternehmensnetzwerk und interorganisationale Netzwerke synonym verwendet werden. Dieses Vorgehen wird damit begründet, dass die vorgenannten Begrifflichkeiten die jeweils im Sinne des TSD im Hinblick auf ein kollektives Gesamtoptimum betrachtete Einheit bezeichnen.
701 Vgl. Dawes (1980), S. 169-191 und Seiter (2006), S. 65
702 Vgl. Seiter (2006), S. 65
703 Vgl. Zeng, M., Chen, X.-P. (2003), S. 590 f.

Verhalten zu tragen. Bei multilateralen Beziehungen wird die Last eines unkooperativen Verhaltens auf mehrere Akteure verteilt. Hieraus schlussfolgern Zeng und Chen, dass der entsprechende Akteur weniger Schuldgefühl verspürt und der Anreiz für unkooperatives Verhalten gesteigert wird. Darüber hinaus werden, aufgrund der teilweise indirekten Beziehungen zwischen Akteuren, die Möglichkeiten der Kontrolle und Sanktionierung erschwert. Infolge dessen steigt der Anreiz für unkooperatives Verhalten.[704] Dieses kann im Extremfall so weit gehen, dass einzelne Akteure keinen eigenen Beitrag zum Netzwerk leisten und ausschließlich Gewinne abschöpfen. Ein solches Verhalten wird in diesem Zusammenhang „Free-Riding" genannt. Die TSD wird daher auch als „**Free-Rider-Theory**" bezeichnet.[705]

Als Ansatz der Analyse entsprechender Rahmenbedingungen schlagen Zeng und Chen daher das Kollektivgut-Dilemma als Spezialform eines sozialen Dilemmas vor und illustrieren dies an dem nachfolgenden Beispiel.[706] Zu Beginn der Formierung einer Kooperation mit 6 Akteuren hat jeder dieser Akteure Ressourcen im Wert von 10 Geldeinheiten zur Verfügung. Diese kann er potenziell in das Netzwerk einbringen. Für jede in die Kooperation eingebrachte Geldeinheit wird durch die Kooperation eine zusätzliche Geldeinheit erwirtschaftet. Bei Auflösung der Kooperation werden die eingebrachten und erwirtschafteten Geldeinheiten gleichmäßig unter den Teilnehmern verteilt. Zu Beginn vereinbaren die Akteure, jeweils 10 Geldeinheiten in die Kooperation einzubringen. Allerdings können die Akteure im Verlaufe der Kooperation autonom entscheiden, wie viele Geldeinheiten sie tatsächlich einbringen. Sie entscheiden somit, wie kooperativ sie sich verhalten möchten. Da dieses Verhalten durch die anderen Teilnehmer nicht einsehbar ist, kann bzw. wird jedoch der Auszahlungsmodus nicht angepasst werden. Die Auszahlung des Akteurs nach Auflösung der Kooperation wird somit durch die nachfolgende Formel bestimmt:

$$Rend = (10 - C) + 2(5MC + 6)/6$$

[704] Vgl. Zeng, M., Chen, X.-P. (2003), S. 590 f.

[705] Vgl. Albanese, van Fleet (1985), S. 244 und Seiter (2006), S. 66. Stigler weist in diesem Zusammenhang darauf hin, dass im Regelfall korrekterweise von „Cheap-Riding" die Rede sein müsste, da eine komplett kostenlose Partizipation an Kollaborationen unrealistisch erscheint. Vgl. Stigler (1974), S. 359

[706] Vgl. für das Beispiel Zeng, M., Chen, X.-P. (2003), S. 589-591 und Seiter (2006), S.66 f.

Rend bezeichnet die Auszahlung nach Beendigung der Kooperation, C die Anzahl eingebrachter Einheiten (contribution) und MC die durchschnittlich von den anderen Akteuren eingebrachten Ressourcen (mean contribution). Tabelle 12 stellt verkürzt die Ressourcenauszahlungen bei unterschiedlichen Einzahlungen der jeweiligen Akteure dar. Es wird ersichtlich, dass sich bei allseitiger Kooperation alle Akteure besser stellen. Darüber hinaus fällt, unabhängig vom Verhalten der anderen Akteure, der Gewinn eines Akteurs mit steigender Anzahl der von ihm eingebrachter Einheiten. Für diesen einzelnen Akteur entsteht somit ein Anreiz unkooperativen Verhaltens. Gleichzeitig wird ersichtlich, dass in Bezug auf den Gesamterfolg der Kooperation die eigenständige Nutzenoptimierung schädlich ist.[707]

	Durchschnittlicher Beitrag an Ressourcen anderer Akteure (MC)					
Beitrag an Ressourcen des relevanten Akteurs (C)	0	1	2	3	...	10
0	10,00	11,67	13,33	15,00	...	26,67
1	9,33	11,0	12,67	14,33	...	26,00
2	8,67	10,33	12,0	13,67	...	25,33
3	8,00	9,67	11,33	13,00	...	24,67
⋮	⋮	⋮	⋮	⋮	⋮	⋮
10	3,33	5,00	6,67	8,33	...	20,00

Tabelle 12: Auszahlungsmatrix einer Kooperation mit sechs Akteuren[708]

Die TSD stützt ihre Erklärungen auf die nachfolgenden, komplexitätsreduzierenden **Prämissen**. Die Akteure streben im Rahmen ihrer Geschäftstätigkeit nach **Nutzenmaximierung**. Zur Beurteilung eigenen Handelns und die Wahl entsprechender Alternativen für die Geschäftstätigkeit verfügen die Akteure über alle **notwendigen Informationen über Ergebnisse** der Alternativen des kooperativen und unkooperativen Ver-

[707] Das Gesamtoptimum für die Kollaboration wird durch die maximale Auszahlung von 20 Einheiten für jeden Akteur erkennbar. Der sinkende Nutzen bei steigendem Investment für Individuen wird durch die fallenden Werte der Spalten in Richtung steigender Inputwerte erkennbar.

[708] Quelle: Zeng, M., Chen, X.-P. (2003), S. 590

haltens. Darüber hinaus werden die bereits zuvor im Rahmen des beispielhaft erläuterten Kollektivgut-Dilemmas skizzierten Annahmen getroffen. Hiernach erzielen Akteure durch unkooperatives Verhalten höhere individuelle Ergebnisse. Allseitig kooperative Verhaltensweisen der Akteure führen zu optimalen Kooperationsergebnissen.[709]

Zur Unterstützung von optimalen Kooperationsergebnissen präsentieren Zeng und Chen im Rahmen ihres Ansatzes verschiedene Lösungsansätze, um die einzelnen Akteure zu einem kooperativen Verhalten zu bewegen. Diese lassen sich in strukturelle und motivationale Lösungsansätze untergliedern: Strukturelle Ansatzpunkte zielen darauf ab, die Gewinnmöglichkeiten der Akteure zu beeinflussen. Die motivationalen Lösungsansätze sollen die Dilemmatawahrnehmung und Einstellung der Akteure beeinflussen.[710]

- **Strukturelle Lösungsansätze**
  - **Veränderung der Auszahlungsmatrix:** Durch eine Vergrößerung der Differenz zwischen den Erträgen im allseitigen Kooperationsfall und Konfliktfall soll die Kooperationsbereitschaft der Akteure erhöht werden. Dies kann durch die verstärkte Aufnahme komplementärer Partner in das Kollektiv erreicht werden, da ein solches Vorgehen die Synergien zwischen den Leistungen der Akteure zu erhöhen verspricht. Die aufgrund der verbesserten Leistung zu erwartenden höheren Gewinne vergrößern wiederum die Auszahlungen eines allseitig kooperativen Verhaltens und die Differenz zum Konfliktfall.[711]
  - **Steigerung reziproker, relationsspezifischer Investitionen:** Durch gegenseitige relationsspezifische Investitionen soll ein kooperationsschädigendes, opportunistisches Verhalten, das mit einem Wertverlust hinsichtlich dieser Investitionen bei den einzelnen Akteuren einhergeht, verhindert werden. Voraussetzung für die Wirksamkeit dieser Maßnahme ist allerdings im Hinblick auf die Auszahlungsmatrix eine Symmetrie der gegenseitigen Investitionen.[712]

709 Vgl. Dawes (1980), S. 169 und Seiter (2006), S. 48 f.
710 Vgl. im Nachfolgenden insb. Zeng, M., Chen, X.-P. (2003), S. 592-594 und Seiter (2006), S. 48 f.
711 Vgl. Zeng, M., Chen, X.-P. (2003), S. 592-594
712 Vgl. Zeng, M., Chen, X.-P. (2003), S. 594 f.

    - **Senkung von Bedenken seitens der Akteure**: Durch die Auswahl nicht-konkurrierender Akteure und die Etablierung entsprechender Schutzmaßnahmen gegen den ungewollten Abfluss proprietären Wissens soll das Vertrauen in die Kooperation sowie die Wahrscheinlichkeit des kooperativen Verhaltens von Akteuren erhöht werden.[713]

- **Motivationale Lösungsansätze**
    - **Verbesserung der Kommunikation zwischen den Akteuren:** Durch diese soll es Akteuren ermöglicht werden, sich besser abzustimmen und existierende soziale Dilemmata besser zu verstehen.[714]
    - **Etablierung eines kooperationsfreundlichen Klimas:** Im Rahmen der TSD wird davon ausgegangen, dass ein kompetitives Klima die Tendenz von Akteuren zu konfliktärem Verhalten verstärkt. Öffentliche unilaterale bzw. multilaterale Kooperationsversprechen der Partner sollen daher durch ihre Signaleffekte dazu beitragen, ein Kooperationsklima im Netzwerk zu schaffen, dem die Akteure folgen.[715]
    - **Steigerung der Identifikation mit dem Kollektiv:** Es ist davon auszugehen, dass Akteure mit einer niedrigen Identifikation mit Kollektiven tendenziell stärker zu opportunistischen Verhalten neigen. Daher soll durch die Kommunikation gemeinsamer Ziele und die Betonung einer Konkurrenzsituation mit anderen Netzwerken, die Identifikation der Akteure mit dem eigenen Netzwerk gesteigert werden. Die Begrenzung der Anzahl an Teilnehmern verspricht darüber hinaus, den Teilnehmern ihren Einfluss zu verdeutlichen und die Motivation zu erhöhen.[716]
    - **Verbesserung der Dilemmawahrnehmung:** Da davon ausgegangen wird, dass Partner eher kooperieren, wenn sie sich des sozialen Dilemmas bewusst sind, soll die Wahrnehmung hierfür verbessert werden. Dies kann durch eine verbesserte Kommunikation oder die Auswahl entsprechender Partner, die ex-ante über ein solches Verständnis verfügen, erfolgen.[717]

[713] Vgl. Zeng, M., Chen, X.-P. (2003), S. 594 f.
[714] Vgl. Zeng, M., Chen, X.-P. (2003), S. 595. Allerdings ist kritisch zu bemerken, dass diese Verbesserung der Kommunikation in den Ausführungen von Zeng und Chen relativ generisch betrachtet und nicht operationalisiert wird.
[715] Vgl. Zeng, M., Chen, X.-P. (2003), S. 595 f.
[716] Vgl. Zeng, M., Chen, X.-P. (2003), S. 595-597
[717] Vgl. Zeng, M., Chen, X.-P. (2003), S. 597 f.

- **Anwendung reziproker Kooperationsstrategien:** Da davon auszugehen ist, dass Akteure im Falle eines unkooperativen Verhaltens ein entsprechendes reziprokes Verhalten anderer Akteure zu befürchten haben, wird der Anwendung reziproker Kooperationsstrategien ein motivationaler Effekt hinsichtlich des kooperativen Verhaltens von Akteuren zugeschrieben.[718]

Der Beitrag der TSD hinsichtlich der Dynamiken in Netzwerkstrukturen lässt sich wie folgt zusammenfassen: Das **Erklärungspotenzial** besteht darin, das unkooperative Verhalten von Akteuren in Situationen sozialer Dilemmata, welche insbesondere in Netzwerkstrukturen mit sich überlagernden Eigen- und Netzwerkinteressen zu erwarten sind, aufgrund spieltheoretischer Annahmen zu erklären. Der **Gestaltungsbeitrag** der TSD besteht darin, strukturelle und motivationale Lösungsansätze zur Unterstützung eines für das Kollektiv, in diesem Fall des Netzwerks, optimalen Gesamtergebnisses vorzuschlagen.

Den im Rahmen dieser Analyse betrachteten Ansätzen der TSD kann nachfolgende Kritik entgegen gebracht werden: Trotz der erfolgten empirischen Prüfung der Arbeiten zu dyadischen sozialen Dilemmata ist die empirische Basis der multilateralen Erweiterungen wie bspw. von Zeng und Chen relativ schwach ausgeprägt.[719] Auch sind die Prämissen der vollkommenen Informationen über die zu erwartenden Ergebnisse der unterschiedlichen Alternativen kooperativen und unkooperativen Verhaltens zumindest teilweise kritisch zu betrachten. Hier werden in der Realität aufseiten der Akteure tendenziell eher Schätzwerte als vollständige Informationen vorliegen.[720] Auch wird im Rahmen der Kritik an der Spieltheorie u. a. die Annahme der ausschließlichen Nutzenmaximierung angezweifelt.[721] Darüber hinaus bedarf es einer Präzisierung und Operationalisierung der im Rahmen der multilateralen Erweiterung von Zeng und Chen genannten Lösungsvorschläge. Beispielhaft kann hier der Lösungsvorschlag der „Verbesserung der Kommunikationsqualität" angeführt werden.[722] Dieser negativen Kritik zum Trotz verspricht die TSD aufgrund der Thematisierung des, in Netzwerkstrukturen

[718] Vgl. Zeng, M., Chen, X.-P. (2003), S. 598-599
[719] Vgl. Zeng, M., Chen, X.-P. (2003), S. 587-601 und Seiter (2006), S. 49
[720] Vgl. Seiter (2006), S. 67
[721] Vgl. diesbezüglich und für eine weitergehende Kritik an der Spieltheorie, welche nicht im Fokus dieser Arbeit steht, Meyer (2009), S. 222
[722] Vgl. Zeng, M., Chen, X.-P. (2003), S. 595

inhärent vorhandenen, Konfliktes zwischen Eigen- und Netzwerkgeschäft, Einblicke in die Mechanismen konfliktären bzw. kooperativen Verhaltens. Darüber hinaus zeigt sie entsprechende, jedoch zu operationalisierende, Lösungsansätze auf. Sie soll daher im Rahmen dieser Arbeit Anwendung finden.[723]

Implikationen der TSD für die Gestaltung von Softwareplattformen

Situationen sozialer Dilemmata sind auch in SECO vorstellbar. Diese Annahme wird durch die Erkenntnisse von Tenenberg, nach denen Situationen des Free-Ridings im Rahmen der Team-Softwareentwicklung auftreten können, gestützt.[724] Auch sind in SECO Free-Riding-Situationen vorstellbar, in denen einzelne Akteure ausschließlich mit der Intention, Zugriff auf die Kundenbasen o. Ä. anderer Akteure ohne Gegenleistung zu erhalten, beitreten. Da auch der theoretische Bezugsrahmen eine Überlagerung von Geschäftstätigkeiten der Akteure im Umfeld von UNSW auf unterschiedlichen Ebenen impliziert, sind Situationen sozialer Dilemmata zu erwarten. Zwar sind die Prämissen der TSD kritisch zu betrachten, jedoch nach Seiter auch im Kontext von Unternehmensnetzwerken grundsätzlich erfüllbar.[725] Daher wird angenommen, dass die TSD im Rahmen der Ableitung von Gestaltungsempfehlungen für SWP in UNSECO Anwendung finden kann.

Allerdings ist zu konstatieren, dass von den durch Zeng und Chen vorgeschlagenen strukturellen und motivationalen Lösungsansätzen zur Gestaltung von Netzwerkstrukturen, nur eine verhältnismäßig geringe Anzahl an Optionen durch SWP unterstützt werden kann. Im Hinblick auf die strukturellen Lösungsansätze, die eine Veränderung der Auszahlungsmatrix, die Steigerung reziproker Investitionen und die Senkung von Bedenken seitens der Akteure umfassen, sind die von Zeng und Chen vorgeschlagenen Lösungsansätze insb. anderen Determinanten wie der Strategie bzw. Governance des Bezugsrahmens dieser Arbeit zuzuordnen.[726] Ein Unterstützungspotenzial durch SWP lässt sich hinsichtlich der von Zeng und Chen vorgeschlagenen Lösungsansätze zur Senkung von Bedenken von Akteuren vor opportunistischen Verhalten einzelner Akteure identifizieren. Im Bereich der motivationalen Lösungsansätze lassen sich die

[723] Diese Vorgehensweise ergänzt somit die ursprünglich in Zahn u.a. angeführten erweiterten Ansätze zur Erklärung von Netzwerkdynamiken mit relationaler Perspektive um die TSD. Vgl. Zahn u.a. (2006), S. 129 ff.
[724] Vgl. Tenenberg (2008), S. 486 ff.
[725] Vgl. Seiter (2006), S. 67
[726] Vgl. Kapitel 3.3.3

Vorschläge von Zeng und Chen zur Etablierung eines Klimas der Kooperation, Erhöhung der Identifikation der Akteure durch Reduzierung der Akteursanzahl, oder die Anwendung reziproker Kooperationsstrategien ebenfalls den Determinanten Strategie und Governance auf SECO-Ebene zuordnen.[727] Ein Unterstützungspotenzial durch SWP als Informations- und Kommunikationssysteme in SECO lässt sich, wie im Nachfolgenden erläutert, in den Bereichen der Verbesserung der Kommunikation und des damit in Beziehung stehenden Aspektes der Verbesserung der Dilemmatawahrnehmung identifizieren.[728]

Als strukturellen Lösungsansatz zur Senkung der Bedenken von Akteuren vor Situationen sozialer Dilemmata schlagen Zeng und Chen u. a. den Aufbau von Mechanismen zum Schutz akteursspezifischer Ressourcen, insb. des ungewollten Abflusses von Wissen vor. Hier versprechen SWP, wie im Rahmen der ressourcenbasierten Ansätze thematisiert, einen entsprechenden Beitrag leisten zu können.[729] Die daraus resultierende **Anforderung** an SWP lautet, dass diese durch ihre Ausgestaltung den **Schutz von Ressourcen der Akteure vor Imitation** unterstützten sollten, um die Bedenken von Akteuren in SECO hinsichtlich möglicher durch soziale Dilemmata verursachter Risiken zu mindern **(TSD1)**.

Im Bereich der motivationalen Maßnahmen nach Zeng und Chen kann ein Unterstützungspotenzial von SWP als Informations- und Kommunikationssystem hinsichtlich der Verbesserung der Kommunikation zwischen den Akteuren in SECO vermutet werden. Somit kann als **übergeordnete Anforderung** an SWP die **Verbesserung der Kommunikation zwischen den Akteuren** abgeleitet werden. Allerdings ist dieses Konstrukt relativ generisch gehalten und bedarf, wie zuvor in der Kritik zur TSD angemerkt, einer weiteren Konkretisierung. Diese kann durch Zuhilfenahme des Theorienbündels der Kommunikationstheorien (KT) erfolgen. Nach Seiter wird die **Kommunikationsgüte** von Akteuren negativ durch die **Dependenz** von zentralen Akteuren sowie positiv durch die **Transparenz** der Akteure beeinflusst.[730] Die Beeinflussung der

---

727 Vgl. Kapitel 3.3.3

728 Vgl. Zeng, M., Chen, X.-P. (2003), S. 597 f. und Seiter (2006), S. 49

729 Vgl. Kapitel 4.4.2.3

730 Vgl. Seiter (2006), S. 86-89. Die Ansätze der Kommunikationstheorie lassen sich nach Seiter nicht zu einer vollständigen Gesamttheorie zusammenführen. Daher soll im Rahmen dieser Arbeit von dem Bündel der Kommunikationstheorien gesprochen werden, denen insb. die mathematische Kommunikationstheorie sowie die Theorie der Kommunikationsstruktur zuzuordnen sind. Ihre Erkenntnisse bilden, da sie lt. Seiter Anwendbarkeit im Umfeld von Unternehmenssoftwarenetzwerken

Kommunikationsgüte durch die Dependenz von zentralen Akteure kann u. a. mit der möglichen Überlastung dieser zentralen Instanz bei steigenden Kommunikationsraten, aber auch durch deren Möglichkeiten zur Filterung von für Dritte relevanten Informationen begründet werden.[731] Direkte, dezentrale Möglichkeiten der Kommunikation zwischen Akteuren versprechen einerseits eine Steigerung der Kommunikationsrate, da Möglichkeiten der Überlastung der zentralen Instanz tendenziell reduziert werden. Zudem kann eine Verbesserung der Kommunikationsgüte antizipiert werden, da die Möglichkeiten der Filterung von Informationen durch diese Instanz, welche sich ggf. ebenfalls in einem sozialen Dilemma zwischen Eigen- und Fremdgeschäft befindet, reduziert werden. Somit sind die Akteure besser in der Lage, sich hinsichtlich ihrer gegenseitigen Interessen, des existierenden Dilemmas, aber auch möglicher Aufgabenteilungen abzustimmen.[732] SWP sollten somit aus Sichtweise der TSD und KT Akteuren die Möglichkeit der direkten Kommunikation bieten. Die aus dem Konstrukt der Abhängigkeit (Dependenz) abgeleitete **Anforderung** ist die der **Verfügbarkeit direkter Kommunikationskanäle zwischen den Akteuren (TSD2)**.

Neben der Dependenz beeinflusst zudem die bereits im Rahmen der PAT thematisierte Transparenz der Akteure die Qualität der Kommunikation zwischen diesen. Hierbei wird davon ausgegangen, dass mit zunehmendem Wissen über die Eigenschaften von Kommunikationspartnern deren Position nachvollziehbarer erscheint und die Wahrscheinlichkeit von Fehlinterpretationen von Botschaften gesenkt wird.[733] Die daraus abgeleitete **Anforderung** an SWP lautet, dass diese, bspw. durch Offenlegung von Informationen über die Akteure, die **Transparenz der Akteure erhöhen** sollten, um die Kommunikation zwischen diesen zu verbessern **(TSD3)**.

Die TSD zielt auf die Verringerung des Opportunismus von Akteuren zur Erreichung eines für Kollektive optimalen Verhältnisses zwischen Einzahlungen und Auszahlungen der jeweils partizipierenden Akteure. Strukturelle und motivationale Maßnahmen wie bspw. eine Verbesserung der Kommunikationsgüte sowie die Senkung von Bedenken der Akteure sollen hierzu beitragen.[734] Unter der Annahme, dass die von Zeng

erfahren können, die Basis für die nachfolgenden Ausführungen. Vgl. Shannon, Weaver (1949), Wiswede (2004), S. 303 f. und Seiter (2006), S. 88

731 Vgl. Seiter (2006), S. 89

732 Vgl. Seiter (2006), S. 89

733 Vgl. Seiter (2006), S. 89

734 Vgl. Dawes (1980), S. 185 f. und Zeng, M., Chen, X.-P. (2003), S. 587-601

und Chen prognostizierte Wirkung entsprechender Maßnahmen eintritt, verspricht die Erfüllung der zuvor genannten Anforderungen an SWP somit definitionsgemäß die **wirtschaftlichen Ziele** auf SECO-Ebene zu unterstützen.[735] Darüber hinaus verspricht eine Steigerung der Transparenz von Akteuren, wie im Rahmen der Ausführungen zur Principal-Agent-Theorie erläutert, eine Unterstützung hinsichtlich **potenzialbezogener Ziele**.[736] Die Ergebnisse der Analyse der TSD unter Zuhilfenahme von Ansätzen der Kommunikationstheorie und deren Implikationen für die Gestaltung von SWP sind zusammenfassend in Tabelle 11 dargestellt.

[735] Dies wird damit begründet, dass die wirtschaftlichen Ziele auf SECO-Ebene sinngemäß als das Verhältnis zwischen aus der Partizipation in SECO resultierenden Einzahlungen und Auszahlungen definiert sind. Vgl. Kapitel 3.4.2

[736] Vgl. Kapitel 4.4.2.2

4.4.2.6 *Konflikttheorien*

Konflikttheorien (KFT)	
Zuordnung	Erweiterte Erklärungsansätze zur Netzwerkdynamik
Vertreter/Quellen	• Dahrendorf, R., Toward a Theory of Social Conflict, 1958[737] • Coser, L. A., Theorie sozialer Konflikte, 1965[738] • Turner, J. H., The Structure of Sociological Theory, 2004[739]
Annahmen	• Akteure in sozialen Einheiten sind interdependent • Machtasymmetrien zwischen Akteuren
Beitrag	• **Erklärungsbeitrag:** o Ungleichverteilung der Macht in sozialen Einheiten löst Konflikte aus. Diese werden durch nachfolgende Einflussfaktoren verstärkt: ▪ Interdependenz ▪ Dependenz ▪ fehlende Kommunikationsmöglichkeiten • **Gestaltungsbeitrag:** o Positive Beeinflussung von Einflussfaktoren kann Konfliktpotenzial senken
Implikationen für die Gestaltung von Softwareplattformen	• **Anforderungen** an Softwareplattformen: o KFT1: Senkung der Interdependenz von Akteuren unterstützen o KFT2: Senkung der Dependenz von Akteuren unterstützen o KFT3: Steigerung der Kommunikationsgüte ▪ KFT 3.1: Verfügbarkeit direkter Kommunikationskanäle zwischen den Akteuren
Unterstützung der Ziele	☒ Potenzialbezogene Ziele ☒ Markterfolgsbezogene Ziele ☒ Wirtschaftliche Ziele

Tabelle 13: Erkenntnisse der Konflikttheorien und Implikationen für die Gestaltung von Softwareplattformen[740]

Konflikte haben in den Sozialwissenschaften eine lange Tradition und weite Verbreitung. Hierbei existiert eine Vielzahl an Ansätzen, welche Konflikte innerhalb von sozialen Einheiten aus unterschiedlichen Perspektiven untersuchen.[741] **Konflikte** nehmen als soziale Phänomene im Rahmen der Konflikttheorien sowohl positive, konstruktive als auch negative, destruktiv ausgeprägte Rollen ein. So können bspw. Konflikte zwischen Akteuren zur konstruktiven Triebfeder von Entwicklungen oder notwendigen Abstimmungsprozessen innerhalb sozialer Einheiten werden. Allerdings kann ein zu stark

737 Vgl. Dahrendorf (1958)
738 Vgl. Coser (1965)
739 Vgl. Turner (2004)
740 Quelle: Eigene Darstellung
741 Vgl. u.a. die Übersicht in Bonacker (2003b), S. 9-29 sowie die Beiträge in Bonacker (2003a)

ausgeprägtes konfliktäres Verhalten von Akteuren in sozialen Einheiten das für Kooperationen notwendige Vertrauen zerstören und die gemeinsame Zielerreichung verhindern.[742] Im Rahmen der nachfolgenden Betrachtungen, soll eine Fokussierung auf Konflikte, welche potenziell negative Auswirkungen auf das Zusammenwirken unterschiedlicher Akteure in vernetzten Strukturen haben, sowie die Ableitung entsprechender Anforderungen an SWP erfolgen. Dieses Vorgehen wird damit begründet, dass Konflikte nach den obigen Ausführungen ein in vernetzten Strukturen grundsätzlich zu reduzierendes Konstrukt darstellen.[743] Da eine Untersuchung aller existierender Ansätze im Bereich der Konflikttheorien sowohl aus Komplexitätsgründen als auch aufgrund einer für diese Arbeit als wenig zielführend erachteten Fokussierung bestimmter Ansätze auf psychologische Merkmale von Akteuren ausscheidet, soll im nachfolgenden eine Eingrenzung auf für den Kontext interorganisationaler Netzwerkstrukturen als relevant erachtete theoretische Ansätze erfolgen. Hierbei sind insb. die Ansätze von Dahrendorf, Coser, aber auch Turner zu nennen, welche partiell um Erkenntnisse weiterer Ansätze aus dem Unternehmensumfeld ergänzt werden.[744]

Dahrendorfs dialektische Konflikttheorie betrachtet das Entstehen von Konflikten innerhalb sozialer Einheiten. Soziale Einheiten umfassen nach Dahrendorf Kleingruppen, Organisationen oder Gesellschaften. Basis für die Entstehung von Konflikten sind Machtdifferenzen innerhalb der sozialen Einheiten. Die Macht bestimmter Akteure[745] kann hierbei anhand verschiedener Faktoren legitimiert sein und führt dazu, dass bestimmte Akteure andere Akteure dominieren.[746] Werden sich Akteure der ungleichen Machtverteilung innerhalb ihrer jeweiligen umgebenden sozialen Einheit bewusst, so wandeln sie sich zu Konfliktparteien und es entstehen Konflikte. Diese Auseinandersetzungen führen in der Folge zu Neuverteilungen von Macht, welche wiederum zu

[742] Vgl. Das, Teng (2003), S. 291, Niedenzu (2007), S. 174-178 und Hunt (1995), S. 417 m. w. V.

[743] Vgl. Das, Teng (2003), S. 291

[744] Vgl. Dahrendorf (1958), Coser (1965), Turner (2004) und Seiter (2006), S. 70

[745] In der Literatur werden neben den Konflikten zwischen einzelnen Akteuren auch Konflikte zwischen Akteursgruppen, Parteien bzw. Koalitionen von Akteuren thematisiert. Vgl. bspw. Niedenzu (2007), S. 175 und Seiter (2006), S. 69-71. Da in diesen Fällen ebenfalls konfliktäre Verhaltensweisen zwischen den jeweiligen Betrachtungseinheiten thematisiert werden und sich in Bezug auf die nachfolgenden Ausführungen keine inhaltlichen Änderungen in den Aussagen zur Gestaltung von SWP ergeben, sollen diese Begrifflichkeiten im Rahmen der Ausführungen zu den KFT als Synonyme verwendet werden. Die von Konflikten betroffenen Einheiten werden im Nachfolgenden daher als „Akteure" bezeichnet.

[746] Für eine Übersicht möglicher Machtpotenziale vgl. Niedenzu (2007), S. 175

neuem Konfliktpotenzial führen. Somit sind Konflikte in sozialen Einheiten ein systeminhärentes und dauerhaft wiederkehrendes Phänomen.[747]

Die Erkenntnisse der **Konflikttheorie nach Coser** hinsichtlich der Entstehungsgründe von Konflikten ähneln denen Dahrendorfs dialektischer Konflikttheorie. Auch diesem Ansatz zufolge werden Konflikte aufgrund von Machtasymmetrien ausgelöst. Allerdings unterschieden sich beide Ansätze hinsichtlich der Bedingungen, welche erfüllt sein müssen, um tatsächlich Konflikte auszulösen. Während bei Dahrendorf das Vorliegen von Machtdifferenzen zwischen den Akteuren ausreicht, entstehen Konflikte nach Coser erst durch einen Entzug der Machtlegitimierung bestimmter Akteure. Darüber hinaus identifiziert die Konflikttheorie nach Coser zwei ergänzende Strukturmerkmale von sozialen Gruppen. Sie können den Ausbruch von Konflikten begünstigen und eine Problemlösung verhindern: Ein Mangel an ausreichenden (Kommunikations-)Kanälen, um Beschwerden vorbringen zu können sowie reduzierte Möglichkeiten, eine privilegierte und somit mit einer höheren Macht ausgestattete Position in sozialen Einheiten zu erreichen.[748]

Turner integriert die Ansätze von Dahrendorf und Coser zur **synthetischen Konflikttheorie.** Im Rahmen dieser ergänzt er den bei Dahrendorf und Coser linearen Prozess der Konfliktentstehung um iterativ zu durchlaufende Schleifen.[749]

Neben den Ansätzen von Dahrendorf, Coser und Turner existieren weitere Ansätze im Kontext von intraorganisationalen Konflikten, deren Beitrag sich wie folgt zusammenfassen lässt: Sie identifizieren existierende Machtgefälle zwischen Akteuren, Abhängigkeiten zwischen Konfliktparteien und mangelnde Kommunikation als Konflikte verursachende bzw. deren Abbau verhindernde Strukturmerkmale von Unternehmungen.[750] Ausgehend von den vorstehenden Ausführungen lassen sich daher in Anlehnung an Seiter die im Rahmen der der KFT genannten, Konflikte begünstigende Strukturvariablen wie folgt zusammenfassen:[751]

---

[747] Vgl. Dahrendorf (1958), S. 170-183, Brock (2009), S. 222, Niedenzu (2007), S. 175 und Seiter (2006), S.70

[748] Vgl. Coser (1965), Ditmar Brock, S. 226 f. und Seiter (2006), S. 70

[749] Vgl. Turner (2004) und Seiter (2006), S. 70

[750] Vgl. Seiter (2006), S. 70

[751] Vgl. Seiter (2006), S. 72 f.

- **Interdependenz:** Interdependenz ist als der Grad der Abhängigkeit der Akteure von der jeweiligen sozialen Einheit, in diesem Fall der Netzwerkstruktur, definiert. Die Akteure sind ohne die Ressourcen anderer Akteure nicht bzw. nur suboptimal in der Lage, die mit der Partizipation in Netzwerken verbundenen Ziele zu erreichen. Die Interdependenz ist daher je höher, desto stärker die Akteure für die Erreichung ihrer Ziele von Akteuren und deren Leistungen abhängen. Im Rahmen der KFT nimmt mit steigender Interdependenz die Häufigkeit konfliktären Verhaltens zu.[752]
- **Dependenz:** Sie ist als der Grad der Machtasymmetrie zwischen den Partnern in Netzwerkstrukturen definiert. Hierbei können Machtasymmetrien durch unterschiedliche Ursachen begründet sein: Finanzkraft, proprietäres Wissen oder Markt- und Kundenzugang. Im Rahmen der Konflikttheorien wird davon ausgegangen, dass mit steigender Dependenz der Akteure die Häufigkeit konfliktären Verhaltens zunimmt. Diese Annahme wird damit begründet, dass die mit Macht ausgestatteten Akteure Konflikte nicht vermeiden, da sie sich ihrer Macht bewusst sind. Die durch Macht dominierten Partner passen ihr Verhalten reziprok an die dominierenden Partner an.[753]
- **Kommunikationsgüte:** Dieses Konstrukt wurde in dieser Arbeit bereits im Rahmen der TSD erläutert. Den KFT zufolge nimmt mit steigender Kommunikationsgüte die Wahrscheinlichkeit konfliktären Verhaltens ab.[754]

Den Ansätzen der KFT liegen die beiden **Prämissen** von Interdependenz und asymmetrischer Machtverteilung zugrunde. Sie gehen davon aus, dass Akteure in sozialen Einheiten interdependent sind, d. h. in einem wechselseitigen Abhängigkeitsverhältnis zueinander stehen. Darüber hinaus wird im Rahmen der Ansätze die Annahme getroffen, dass Macht, bedingt durch unterschiedliche Gründe, in den thematisierten sozialen Einheiten nicht gleichmäßig über alle Akteure verteilt ist. Somit bestehen Machtasymmetrien zwischen diesen.[755]

Der Beitrag der Konflikttheorien hinsichtlich von **Dynamiken interorganisationaler Netzwerkstrukturen** lässt sich wie folgt beschreiben: Sie erklären die Entstehung von

752 Vgl. Das, Teng (2003), S. 291 ff.
753 Vgl. Seiter (2006), S. 72
754 Vgl. Kapitel 4.4.2.5
755 Vgl. Seiter (2006), S. 71 f.

Konflikten in sozialen Einheiten, wie Netzwerke sie darstellen. Indem sie Strukturmerkmale von Netzwerkstrukturen, welche zur Konfliktbildung beitragen können, identifizieren, liefern sie Ansatzpunkte für die Gestaltung von Maßnahmen zur Konfliktvermeidung bzw. -lösung.

Bei kritischer Betrachtung ist allerdings ein Begriffspluralismus im Rahmen der sozialwissenschaftlichen Theorien zu identifizieren, welcher zu einer Schwierigkeit der Integration ihrer Erkenntnisse führt. Der Versuch der Harmonisierung von Seiter kann zu einer Anwendbarkeit dieser beitragen.[756] Darüber hinaus sind Anwendungen im Kontext von Einzelunternehmungen, aber auch Kooperationen relativ unspezifisch und ausbaufähig. Nach Berkel sind sie daher eher als „Skizzen" anstatt „Theorien" zu bezeichnen.[757] Dieser Kritik zum Trotz versprechen die KFT, aufgrund der Thematisierung der in Netzwerkstrukturen inhärenten Konflikte und möglicher Ansatzpunkte für deren Vermeidung, einen Beitrag zur Gestaltung von Netzwerkstrukturen im Allgemeinen und SECO im Speziellen zu leisten. Sie finden daher im Rahmen dieser Arbeit Berücksichtigung.

Implikationen der KFT für die Gestaltung von Softwareplattformen

Die im Rahmen der KFT formulierten Prämissen der Interdependenz und Machtasymmetrie zwischen Akteuren sind im Rahmen von SECO erfüllt.[758] So sind Plattformanbieter von den Innovationen und Vor-Ort-Implementierungsleistungen von Komplementoren sowie diese wiederum von der Mitwirkung der Kundenseite bei der Erstellung bzw. Einführung von Unternehmenssoftware abhängig.[759] Auch existiert bspw. aufgrund der Marktmacht bzw. finanziellen Möglichkeiten großer SWPA eine asymmetrische Machtverteilung zwischen diesen und anderen (kleineren) Akteuren.[760] Somit kann man SECO als sozialen Einheiten interpretieren, in denen vernetzte Akteure miteinander interagieren, aber auch in Konfliktsituationen geraten. Hinsichtlich der Gestaltung von SWP als zentraler Determinante von UNSECO lassen sich grundsätzlich die drei Strukturvariablen der KFT als Ansatzpunkte für die Ableitung von Gestaltung

756 Vgl. Seiter (2006), S. 69-73
757 Vgl. Berkel (1987), S. 154 und Seiter (2006), S. 71
758 Vgl. Kapitel 3.4
759 Vgl. bspw. Sarker u.a. (2012), S. 319 f.
760 Vgl. bspw. Kude u.a. (2012), S. 250 f. und Huang u.a. (2010), S. 2 ff.

von SWP heranziehen: Interdependenzen, Dependenzen sowie die Kommunikationsgüte zwischen den Akteuren.[761]

Gelänge es, mit der Hilfe der Gestaltung von SWP eine Verringerung von Interdependenzen zwischen den Leistungen unterschiedlicher Akteure herzustellen, kann aufbauend auf den Ergebnissen der KFT angenommen werden, dass die Konfliktpotenziale zwischen den Akteuren in SECO reduziert werden können.[762] Auch ist zu erwarten, dass dadurch die möglichen Auswirkungen von konfliktärem Verhalten von Akteuren sinken, da definitionsgemäß die gegenseitigen, in diesem Fall negativen, Wechselwirkungen zu Leistungen anderer Akteure reduziert werden. Die daraus resultierende **Anforderung** an SWP lautet, dass diese eine **Reduzierung von Interdependenzen zwischen den Leistungen unterschiedlicher Akteure unterstützen** sollten **(KFT1)**.

Eine ähnliche Argumentation kann auch im Fall des Strukturmerkmals Dependenz angewandt werden. Gelänge es, die Machtasymmetrien zwischen den Akteuren durch die Gestaltung von SWP zu reduzieren, so ist anhand der KFT anzunehmen, dass die Wahrscheinlichkeit konfliktären Verhaltens reduziert wird.[763] Die resultierende **Anforderung** an SWP lautet somit, dass diese die zur **Reduzierung von Dependenzen gegenüber einzelnen Akteuren** unterstützen sollte **(KFT2)**.[764]

Aus dem Strukturmerkmal der Kommunikationsgüte ergibt sich, ähnlich der bereits im Rahmen der TSD vorgebrachten Argumentation, die übergeordnete Anforderung an SWP, die Kommunikation zwischen den Akteuren zu verbessern. Da nach Cosers Konflikttheorie fehlende Kanäle, um Beschwerden vorzubringen zu können, die Entstehung von Konflikten sowie die Problemlösung behindern,[765] soll die übergeordnete Anforderung der Verbesserung der Kommunikationsgüte (KFT3) zwischen den Akteuren durch die Anforderung der **Verfügbarkeit von direkten Kommunikationskanälen** konkretisiert werden **(KFT 3.1)**.

---

761 Vgl. Seiter (2006), S. 72 f.

762 Vgl. Seiter (2006), S. 72 f.

763 Vgl. Seiter (2006), S. 72 f.

764 Eine Reduktion von Dependenzen gegenüber einen Marktzugang exklusiv innehabenden Akteuren ist bspw. durch die Bereitstellung direkter Marktzugänge in Form von AppStores oder Lösungsverzeichnissen vorstellbar. Allerdings ist zu beachten, dass eine möglicherweise durch den direkten Marktzugang für Akteure mittels eines AppStores induzierte Senkung von Abhängigkeiten potenziell durch eine steigende Abhängigkeit (teilweise) von diesem AppStore substituiert werden kann.

765 Vgl. Dahrendorf (1958), S. 95, Turner (2004), S. 172 f. und Seiter (2006), S. 70

Die Realisierung der vorgenannten Anforderungen ist hierbei ein auch im Rahmen der Gestaltung anderer Determinanten des theoretischen Bezugsrahmens vorstellbar und dem FIT-Gedanken folgend mit dieser abzustimmen. So ist zu vermuten, dass bspw. eine Senkung der Interdependenzen zwischen Akteuren auch durch die Wahl geeigneterer Organisationsformen durch den zentralen Plattformanbieter beeinflusst werden kann. Die Etablierung eines Partnermanagements im SECO kann darüber hinaus potenziell dazu beitragen, die Kommunikationsmöglichkeiten zwischen Partnern und SWPA zu erhöhen. Entsprechende im Rahmen des Partnermanagements gewählte Kommunikationskanäle sollten in diesem Fall durch SWP abgedeckt werden.[766]

Konflikte und daraus resultierende konfliktäre Verhaltensweisen können grundsätzlich die Zusammenarbeit von Akteure in SECO gefährden. Daher ist zu vermuten, dass eine Unterstützung der vorgenannten Anforderungen dazu beiträgt, alle Zielkategorien des theoretischen Bezugsrahmens zu unterstützen. So besteht die Möglichkeit, dass ggf. Akteure in SECO aufgrund eines zu erwartenden konfliktären Verhaltens Dritter von der Weitergabe kritischer Ressourcen wie bspw. Know-how an diese Abstand nehmen.[767] Potenzialbezogene Ziele wie die Generierung von Know-how-Vorteilen in SECO könnten hierunter leiden. Zudem bedingt ein hoher Konfliktgrad den Erkenntnissen der TSD zufolge ein unkooperatives Verhalten und eine nachgelagerte suboptimale Zielerreichung in Hinblick auf das Gesamtergebnis von SECO. Somit sind auch wirtschaftliche Ziele durch die entsprechende Erfüllung der o. g. Anforderungen an SWP betroffen. Sollten Partner und Kunden aus dem SECO austreten, so sind auch die markterfolgsbezogenen Ziele gefährdet. Die Ergebnisse der Analyse der KFT und deren Implikationen für die Gestaltung von SWP sind in Tabelle 11 dargestellt.

[766] Vgl. zur möglichen Ausgestaltung des Partnermanagements bspw. Cusumano, Gawer (2002), S. 56 f., Gawer, Cusumano (2002), S. 39 ff. und Jansen u.a. (2012), S. 195 ff.

[767] Vgl. bspw. die Ausführungen im Rahmen der ressourcenbasierten Ansätze (Kapitel 4.4.2.3) und des Relational View (4.4.2.4)

4.4.2.7 Austauschtheorien

Austauschtheorien (ATT)	
Zuordnung	Erweiterte Erklärungsansätze zur Netzwerkdynamik
Vertreter/Quellen	• Thibaut, R. und Kelley, H. H., The Social Psychology of Groups, 1959[768] • Homans, G. C., Elementarformen sozialen Verhaltens, 1972[769] • Rusbult, C. E., Commitment and Satisfaction in Romantic Associations - A Test of the Investment Model, 1980[770]
Annahmen	• Akteure streben nach Nutzenmaximierung • Akteure verfügen über notwendige Informationen zu alternativen Interaktionsergebnissen
Beitrag	• **Erklärungsbeitrag:** o Verhaltensweisen von Akteuren in Bezug auf Ergebnisse von Austauschprozessen o Das Verbleiben von Akteuren in Beziehungen ist von den jeweiligen Ergebnissen der Austauschprozesse, Anspruchsniveaus, verfügbaren Alternativen und beziehungsspezifischen Investitionen abhängig • **Gestaltungsbeitrag:** o Verbesserung der Interaktionsbilanz: ▪ Steigerung der Einkünfte aus Beziehungen ▪ Förderung von Investitionen verringern die Ausgabenseite und verringern die Attraktivität alternativer Beziehungen
Implikationen für die Gestaltung von Softwareplattformen	• **Anforderungen** an Softwareplattformen: o ATT1: Verfügbarkeit zusätzlicher Absatzkanäle o ATT2: Förderung plattform-spezifischer Investitionen der Akteure
Unterstützung der Ziele	☒ Potenzialbezogene Ziele ☒ Markterfolgsbezogene Ziele ☒ Wirtschaftliche Ziele

Tabelle 14: Erkenntnisse der Austauschtheorien und Implikationen für die Gestaltung von Softwareplattformen[771]

Im Umfeld der Austauschtheorien (ATT), die auf den Arbeiten von Thibaut und Kelley, Homans sowie Rusbult aufbauen, existieren zahlreiche Ansätze.[772] Hierbei wird die Austauschtheorie nach Thibaut und Kelley als der am besten ausgearbeitete Ansatz bezeichnet. Da dieser darüber hinaus aufgrund seiner Struktur für die Herleitung von

---

768 Vgl. Thibaut, Kelley (1959)
769 Vgl. Homans, Prokop (1972)
770 Vgl. Rusbult (1980) und Homans, Prokop (1972)
771 Quelle: Eigene Darstellung
772 Vgl. Thibaut, Kelley (1959), Homans, Prokop (1972), Rusbult (1980), Seiter (2006), S. 78 und Wolf (2010), S. 154

Gestaltungsempfehlungen für den Kontext interorganisationaler Netzwerke besonders geeignet erscheint, soll er die Basis für die nachfolgenden Ausführungen darstellen.[773] Das **Erkenntnisinteresse** der ATT nach Thibaut und Kelley ist das Ergebnis von Austauschprozessen (**Interaktionen**) in sozialen Beziehungen und die damit verbundenen Verhaltensweisen von Akteuren. Die Basishypothese ist hierbei, dass das Verhalten von Partnern in sozialen Beziehungen durch deren vermutetes bzw. faktisches Interaktionsergebnis determiniert wird.[774]

Ein **Interaktionsergebnis** ergibt sich aus der **Differenz von Belohnungen und Kosten** unterschiedlicher Handlungsalternativen.[775] **Belohnungen** können hierbei Objektbelohnungen wie Geld oder materielle Güter, aber auch soziale Belohnungen, d. h. positive Reaktionen oder soziale Reputation, darstellen. Kosten sind die sich aus der Transaktion ergebenden negativen Konsequenzen wie bspw. Arbeitsleid, Zeitverlust, aber auch (Opportunitäts-)Kosten.[776] Zur Antizipation der Interaktionsergebnisse bedient sich die ATT ähnlich der TSD spieltheoretischer Überlegungen und so genannter Ergebnismatrizen, in der alle Konsequenzen möglicher Verhaltensalternativen der Interaktionspartner abgebildet werden. Jeder Alternative der Interaktion zwischen den jeweiligen Partnern wird ein Ergebnis zugeordnet. Anhand des antizipierten Interaktionsergebnisses wählen die relevanten Akteure ihre Handlungsmöglichkeiten. Hierbei wird der Austritt aus einer Beziehung als exponierte Handlungsmöglichkeit explizit eingeschlossen.[777] Zur Wahl von Handlungsmöglichkeiten werden die durch die Akteure antizipierten Ergebnisse (I) deren jeweils spezifischen Vergleichsniveaus gegenübergestellt. Sie werden bei Thibaut und Kelley als Comparison Level (CL) bzw. Comparison Level for Alternative (CLalt) bezeichnet.[778]

- **CL:** Das Vergleichsniveau kann als der gewichtete Mittelwert vorangegangener Interaktionen und die Untergrenze für ein aus der jeweiligen Perspektive eines Akteurs zufriedenstellendes Interaktionsergebnis interpretiert werden. Eine Zufriedenheit von Akteuren mit einem Interaktionsergebnis ergibt sich somit aus

[773] Vgl. Seiter (2006), S. 78
[774] Vgl. Athenstaedt u.a. (2002), S. 63 und Seiter (2006), S. 78
[775] Vgl. Seiter (2006), S. 78 und Kapitel 4.4.2.5
[776] Vgl. Thibaut, Kelley (1959), S. 33-37. Die Austauschtheorien vertreten somit einen relativ weit gefassten Kostenbegriff. Vgl. Seiter (2006), S. 79
[777] Vgl. Seiter (2006), S. 79
[778] Vgl. Thibaut, Kelley (1959), S. 21 ff.

der Differenz zwischen Interaktionsergebnis und dem relevanten Vergleichsniveau (CL) des jeweiligen Akteurs.[779]

- **CLalt:** Konstituiert sich aus dem dem Maximum der Transaktionsergebnisse der Alternativen „Abbruch jeglicher Beziehungen“ sowie „Aufbau alternativer Beziehungen“. Das zweite Vergleichsniveau determiniert das unterste Niveau an antizipierten Ergebnissen, zu denen die Akteure in ihren jeweiligen Interaktionsbeziehungen verbleiben und stellt somit eine Determinante für die Stabilität von Beziehungen dar.[780]

Die Relation zwischen tatsächlichem Ergebnis I, CL und CLalt determiniert das Empfinden und Verhalten der Akteure in Beziehungen und ist in Abbildung 23 dargestellt.[781]

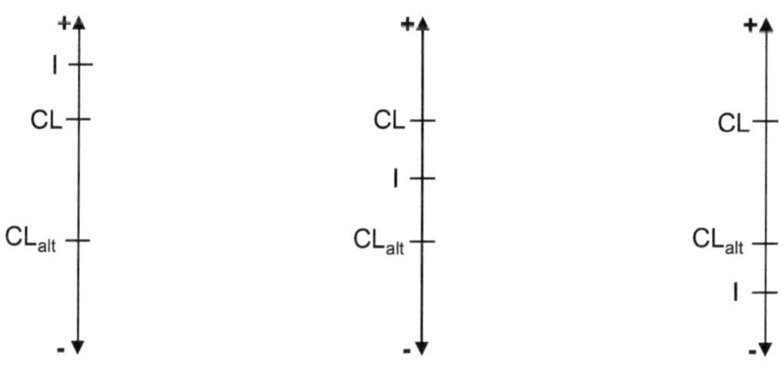

Verbleib in der Beziehung (Zufriedenheit) | Verbleib in der Beziehung (Unzufriedenheit) | Austritt aus der Beziehung (Unzufriedenheit)

Abbildung 23: Vergleichsniveaus, Zufriedenheit und Austritt aus einer Beziehung[782]

Übertrifft das Interaktionsergebnis I das Vergleichsniveau vergangener Interaktionen CL, so ist der jeweilige Akteur zufrieden und verbleibt in der Beziehung. Wird CL nicht erreicht, aber CLalt übertroffen, so ist der Akteur unzufrieden, da seine Erwartungen nicht erfüllt werden. Er verbleibt mangels besserer Alternativen in der Beziehung, wird aber Mittel ergreifen, um seine Situation zu verbessern und CL zu erreichen.[783] Wird allerdings CLalt nicht erreicht, so ist ein Austritt aus der Beziehung zu erwarten, da

[779] Vgl. Thibaut, Kelley (1959), S. 80 f.
[780] Vgl. Seiter (2006), S. 80 und Werani (2004), S. 126-129
[781] Vgl. Seiter (2006), S. 80 und Werani (2004), S. 126-129
[782] Quelle: Seiter (2006), S. 80
[783] Vgl. Thibaut, Kelley (1959), S. 23 und S. 100 f.

eine Unzufriedenheit existiert und darüber hinaus bessere Alternativen existieren. Somit determiniert CLalt den Austritt aus Beziehungen. Daraus ergibt sich, dass mit einem sinkenden Niveau CLalt die Wahrscheinlichkeit von Austritten gesenkt wird und die Abhängigkeit der Akteure von ihren jeweiligen Beziehungen steigt.[784]

In Hinblick auf die Abhängigkeit von Akteuren erweitert Rusbult die ATT hinsichtlich der Berücksichtigung, so genannter „commitments" seitens der Akteure. Diese kooperationsspezifischen Investitionen bezeichnen alle materiellen und immateriellen Ressourcen, die ihren Wert aus der Beziehung beziehen.[785] Da die Auflösung von Beziehungen mit (partiellen) Verlusten dieser Ressourcen einhergeht, steigt mit höheren kooperationsspezifischen Investitionen seitens der Akteure die daraus resultierende Abhängigkeit von Beziehungen.[786]

Im Rahmen der Ausführungen setzen die Autoren im Kontext der ATT die **Prämissen** der **Nutzenmaximierung** einzelner Akteure sowie die **Annahme vollständiger Informationen** bzw. Bewertungsmöglichkeiten hinsichtlich der Resultate unterschiedlicher Verhaltensalternativen voraus.[787]

Der **Erklärungsbeitrag** der ATT ergibt sich dahingehend, dass diese aufzeigen, unter welchen Bedingungen Akteure grundsätzlich in Beziehungen, wie sie organisatorische Netzwerkstrukturen darstellen können, verbleiben. Darüber hinaus erklären sie die Bedeutung kooperationsspezifischer Investitionen für die Bindung von Akteuren und daraus resultierende nachhaltige Stabilität von Netzwerkstrukturen aus der (zumindest teilweise) atomistischen Sichtweise einzelner Akteure.[788] Sie ergänzen damit die Erkenntnisse der zuvor betrachteten theoretischen Ansätze im Rahmen dieser Arbeit.

Kritisch kann allerdings die Annahme der Verfügbarkeit vollständiger Informationen über mögliche Ein- und Auszahlungen von Interaktionsbeziehungen betrachtet werden.[789] Auch die Reduktion von Interaktionen auf rein rational zu bewertende Austauschbeziehungen wird im Rahmen der Sozialwissenschaften kritisiert.[790] Diese Kritik

---

784 Vgl. Seiter (2006), S. 80 m. w. V.

785 Vgl. Rusbult (1980), S. 172-185 und Seiter (2006), S. 80 f.

786 Vgl. Rusbult (1980), S. 431 ff. und Möller, Isbruch (2008), S. 391 f. Ergänzend dazu die Erläuterungen zu den TSD im Rahmen dieser Arbeit in Kapitel 4.4.2.5 sowie Athenstaedt u.a. (2002), S. 65

787 Vgl. Sydow (1992), S. 193, Möller, Isbruch (2008), S. 391 f. und Seiter (2006), S. 81

788 Vgl. Sydow (1992), S. 196

789 Vgl. Cropanzano (2005), S. 887

790 Vgl. Sydow (1992), S. 195 f. m. w. V.

kann auf die Tatsache zurückgeführt werden, dass in den Sozialwissenschaften u. a. zwischenmenschliche Interaktionsbeziehungen analysiert werden, die nicht ausschließlich auf rational oder gar monetär zu bewertende Austauschleistungen zurückzuführen sind.[791] Diese Kritik kann auch im Kontext interorganisationaler Netzwerkstrukturen grundsätzlich nachvollzogen werden. Unterstellt man jedoch, dass in diesem Umfeld begrenzt-rational handelnde Akteure in Unternehmungen mit Gewinnerzielungsabsichten interagieren, so wird diese Kritik abgemildert. Zudem ergibt sich hieraus die Begründung für die Anwendung der ATT im Rahmen dieser Arbeit.

Implikationen der ATT für die Gestaltung von Softwareplattformen

Interpretiert man UNSECO als Netzwerke von zwischen den Akteuren stattfindenden Austauschbeziehungen, so versprechen die ATT einen Betrag zur Erklärung der Stabilität, aber auch der Bindung bestimmter Akteure an diese UNSECO. So können bspw. Lock-In-Effekte an die Softwareprodukte und UNSECO bestimmter Anbieter anhand eines niedrigeren Vergleichsniveaus möglicher Alternativen in Zusammenspiel mit relationsspezifischen Investitionen erklärt werden: Aufgrund der zu erwartenden Verluste hinsichtlich relationsspezifischer Investitionen wie bspw. investierte Lizenzkosten, Aufwendungen für Schulungen oder produktspezifischen Know-hows verzichten Akteure möglicherweise auf den Wechsel zu einem funktional überlegenen Softwareprodukt eines Konkurrenten.[792]

In Hinblick auf die Ableitung von Gestaltungsempfehlungen für SECO auf Basis der ATT ergeben sich diese insb. in Hinblick auf die Verbesserung der Bilanz des Interaktionsergebnisses für die Akteure sowie die Schaffung einer möglichen Stabilität von SECO. Hierzu lassen sich ausgehend von dieser Bilanz zwei Ansatzpunkte für die Gestaltung identifizieren: Eine Steigerung der potenziellen Belohnungen, d. h. insb. Einnahmen durch die Partizipation in SECO sowie eine Senkung damit verbundener Kosten. Zwar ist nicht davon auszugehen, dass sich diese Bilanz ausschließlich und direkt durch eine Gestaltung der Determinante von SWP beeinflussen lässt. Allerdings können Unterstützungspotenziale hinsichtlich einer entsprechenden positiven Beeinflussung der Interaktionsbilanz identifiziert werden, die im Nachfolgenden erläutert werden sollen. Gelänge es, durch SWP zusätzliche Absatzkanäle und Einnahmequellen für

791 Vgl. Sydow (1992), S. 195 f. m. w. V.
792 Vgl. bspw. Buxmann u.a. (2013), S. 23 f.

die Akteure zu schaffen, so könnten nachgelagert die Einkünfte und somit die Einnahmenseite der Interaktionsbilanz verbessert werden. Die daraus resultierende **Anforderung** lautet, dass **SWP** den Akteuren **zusätzliche Absatzkanäle und Einnahmequellen ermöglichen** sollten **(ATT1)**. Dies könnte bspw. durch Lösungsmerkmale wie AppStores und entsprechende Mechanismen zum Bundling von Produkten bzw. Cross-Selling-Potenzialen realisiert werden.[793]

Neben der einnahmeseitigen Verbesserung der Interaktionsbilanz könnten weitere Maßnahmen zur Senkung der Kostenseite und zur Sicherstellung der Stabilität von SECO-Strukturen beitragen. Eine Förderung plattform-spezifischer Investitionen, bspw. durch die Bereitstellung von subventionierten Schulungen, Entwicklungsumgebungen oder Entwicklerlizenzen, verringert einerseits die Aufwendungen der Akteure für eine Teilnahme am SECO und verbessert somit die Interaktionsbilanz. Darüber hinaus kann davon ausgegangen werden, dass bspw. durch den Einsatz der vorgenannten Werkzeuge auch Plattform- bzw. SECO-spezifische Investitionen der Akteure einhergehen, welche wiederum die Stabilität der Beziehung der Akteure im SECO erhöhen. So bedeutet der Besuch einer subventionierten Schulung durch das Personal eines Akteurs ein zeitliches oder finanzielles Investment dieses Akteurs in mehr oder minder beziehungsspezifische Ressourcen. Im Falle eines Austrittes aus dem SECO würde ein Wertverlust dieser Ressourcen entstehen. Ein auf diesen Erläuterungen sowie den Erkenntnissen der Theorie mehrseitiger Märkte gestütztes Vorgehen, welche eine Subventionierung kritischer, langfristig zu bindender Marktseiten von SECO empfehlen, lässt sich in der Praxis im Bereich mobiler SECO identifizieren. SWPA gelingt es hierdurch einerseits, die Interaktionsbilanz der Akteure zu verbessern, mit der Bilanz zu begründende Wechselhürden zu platzieren und somit Lock-In und Netzeffekte zu generieren. Die aus den vorhergehenden Erläuterungen abgeleitete **Anforderung** lautet, dass SWP die **Förderung plattform-spezifischer Investitionen seitens der Akteure**, z. B. unter Zuhilfenahme der o. g. Lösungsmerkmale, unterstützen sollten **(ATT2)**. Aus der vorherigen Erläuterung wird zugleich der im Bezugsrahmen dieser Arbeit skizzierte Abstimmungsbedarf ersichtlich. Die Bereitstellung von Entwicklungsumgebungen und bspw. Online-Schulungen im Rahmen der Gestaltung von SWP

[793] Vgl. Jansen u.a. (2009b), S. 288, Jansen u.a. (2012), S. 1500 f. und Meyer (2008), S. 84 ff.

sollte ggf. mit einer entsprechenden strategischen Entscheidung zur Subventionierung dieser Lösungsmerkmale seitens des SWPA einhergehen.[794]

Die Erfüllung der vorgenannten Anforderungen kann durch ihren skizzierten Beitrag zum Aufbau relationsspezifischer Investitionen dazu beitragen, die Stabilität von SECO-Strukturen zu erhöhen. Den Erkenntnissen des Relational View folgend kann in langfristigen Beziehungen Vertrauen als Basis für die reziproke Entwicklung gemeinsamer Wettbewerbsvorteile entstehen.[795] Es ist daher anzunehmen, dass sich durch die Erfüllung der o.g. Anforderungen eine Unterstützung hinsichtlich der potenzialbezogenen Ziele ergibt. Darüber hinaus wird angenommen, dass die langfristige Bindung von Akteuren an das SECO sowie der Aufbau von Wechselhürden den Markterfolg von SECO positiv beeinflussen können. Aufgrund der thematisierten Verbesserung der Interaktionsbilanz kann, unter der Einschränkung eines breit gefassten Kostenbegriffes, eine Unterstützung der wirtschaftlichen Ziele auf SECO-Ebene prognostiziert werden. Die Ergebnisse der Analyse der ATT und deren Implikationen für die Gestaltung von SWP sind zusammenfassend in Tabelle 14 dargestellt.

---

[794] Eine entsprechende Entscheidung wäre der Determinante der Strategie auf SECO bzw. Einzelorganisationsebene zuzuordnen und mit anderen relevanten Entscheidungen abzustimmen. Vgl. bspw. Cusumano, Gawer (2002), S. 56-58 und Cusumano (2010b), S. 58-68

[795] Vgl. Dyer, Singh (1998), S. 672, Lavie (2006), S. 645 und Zahn u.a. (2006), S. 137 f.

4.4.2.8 Ressourcenabhängigkeitsansatz

Ressourcenabhängigkeitsansatz (RAA)	
Zuordnung	Erweiterte Erklärungsansätze zur Netzwerkdynamik
Vertreter/Quellen	• Emerson, R. M., Power-Dependence Relations, 1962[796] • Pfeffer, J. und Slancik, G. R., The External Control of Organizations: A Resource Dependence Perspective, 2003[797] • Pfeffer, J., A resource dependence perspective on intercorporate relations, 1988[798]

Annahmen	• Organisationen sind größtenteils durch ihre Umwelt determiniert und streben nach:
	  o Fortbestand der Organisation
	  o Reduzierung von Abhängigkeiten
	  o Steigerung eigener Autonomie

Beitrag	• **Erklärungsbeitrag:**
	  o Erklärung des durch Umwelt-Abhängigkeiten verursachten Verhaltens von Organisationen
	
	• **Gestaltungsbeitrag:**
	  o Strategien zur Reduzierung von Abhängigkeitssituationen
	    ▪ adaption and avoidance
	    ▪ controlling the context of control
	    ▪ establishing collective structures of interorganizational action
	    ▪ controlling interdependence through law and social sanction

Implikationen für die Gestaltung von Softwareplattformen	• **Anforderungen** an Softwareplattformen:
	  o RAA1: Möglichkeiten zur Identifikation alternativer Ressourcen bieten
	  o RAA2: Austauschbarkeit alternativer Ressourcen unterstützen
	  o RAA3: Hohe Zuverlässigkeit der zentralen Softwareplattform
	  o RAA4: Steigerung der Kommunikationsgüte
	    ▪ RAA4.1 Verfügbarkeit direkter Kommunikationskanäle zwischen den Akteuren

Unterstützung der Ziele	☒ Potenzialbezogene Ziele ☐ Markterfolgsbezogene Ziele ☐ Wirtschaftliche Ziele

Tabelle 15: Erkenntnisse des Ressourcenabhängigkeitsansatzes und Implikationen für die Gestaltung von Softwareplattformen[799]

---

796 Vgl. Emerson (1962)
797 Vgl. Pfeffer, Salancik (2003)
798 Vgl. Pfeffer (1988)
799 Quelle: Eigene Darstellung

Der Ressourcenabhängigkeitsansatz (RAA) baut auf den Erkenntnissen der Sozialwissenschaften zur Abhängigkeit von Akteuren in Austauschprozessen auf.[800] Er thematisiert die Abhängigkeits- und daraus resultierende Machtbeziehungen zwischen Organisationen und ihren jeweils relevanten Umwelten.[801]

Dem RAA zufolge sind Organisationen einer **Knappheit** hinsichtlich der für den ihren Fortbestand **notwendigen Ressourcen** ausgesetzt.[802] Organisationen können diese Ressourcen im Wege des Austausches von anderen Organisationen der externen Unternehmensumwelt, aber auch von internen Stakeholdern beziehen. Die daraus resultierenden vielfältigen Austauschbeziehungen zu Organisationen der internen und externen Organisationsumwelt sind mehrdimensional ausgeprägt und können im Zeitverlauf Änderungen hinsichtlich ihrer Anzahl, Relevanz und Stärke unterliegen.[803] Aus diesen Beziehungen im Zusammenhang mit der Notwendigkeit der Ressourcen für den Fortbestand der Organisation resultieren ein **Abhängigkeitsverhältnis gegenüber Dritten** sowie eine **Reduzierung der Autonomie** der nachfragenden Organisation.[804] In Abhängigkeit von der Bedeutung der bezogenen Ressourcen sowie der daraus entstehenden Austauschbeziehung kann das Verhältnis der jeweils betrachteten Organisation zu seinen Austauschpartnern als abhängig, reziprok oder dominant beschrieben werden.[805] Der Grad der Abhängigkeit einzelner Organisationen von Ressourcen bzw. deren Inhabern wird im Rahmen des RAA durch die nachfolgenden Faktoren beeinflusst:[806]

- **Bedeutung von Ressourcen:** Je bedeutsamer eine Ressource der jeweiligen kontrollierenden Organisationen für das Umfeld ist, desto stärker ist die Abhängigkeit anderer Organisationen von dieser Ressource und der Macht bzw. dem Einfluss der kontrollierenden Organisation über andere Akteure.

800 Vgl. Blau (1964), Emerson (1962), Johnson (1995), S. 4, Tiberius (2008), S. 121 und Brunner (2009), S. 31-32. Der RAA wird in der Literatur auch als Resource-Dependence-Ansatz und Resource-Dependence-Theory bezeichnet.

801 Vgl. Emerson (1962), S. 33 und Kude (2012), S. 45 m. w. V.

802 Dem RAA liegt hierbei ein breit definierter Ressourcenbegriff zugrunde, der materielle und immaterielle Ressourcen wie bspw. Material, Kapital, Arbeitskräfte, Technologien, Informationen, gesellschaftliche Legitimität, Innovationen und Dienstleistungen umfasst. Vgl. Galaskiewicz, Marsden (1978), S. 90 und Brunner (2009), S. 32

803 Vgl. Silver (1993), S. 501 ff. und Brunner (2009), S. 33

804 Vgl. Brunner (2009), S. 32 f. und Sydow (1992), S. 196

805 Vgl. Silver (1993), S. 505 und Brunner (2009), S. 33

806 Vgl. im Nachfolgenden insb. Medcof (2001), S. 1002 und Kude (2012), S. 45

- **Anzahl verfügbarer Alternativen:** Je geringer die Anzahl verfügbarer Alternativen für eine Ressource ist, desto mehr Organisationen sind von dieser Ressource abhängig. Hieraus resultiert ein größerer Einfluss der kontrollierenden Organisation über andere Organisationen.
- **Uneingeschränkte Verfügungsfreiheit:** Je größer die uneingeschränkte Verfügungsfreiheit über eine Ressource durch die abgebende Organisation ist, desto stärker sind abnehmende Organisationen von dieser Ressource und dem Einfluss der kontrollierenden Organisation abhängig.

Da Organisation und Akteure der Umwelt entsprechende Anpassungsprozesse hinsichtlich ihrer Ressourcenausstattung und Abhängigkeitsverhältnisse durchlaufen und in einem interdependenten Verhältnis zueinander stehen, kann der Interaktionsrahmen von Organisationen zunehmend als turbulente Umwelt beschrieben werden. Organisationen sind in dieser von internen und externen Anspruchsgruppen abhängig, zu denen direkte und indirekte Abhängigkeitsverhältnisse und Wechselwirkungen bestehen. Das Handeln von Organisationen ist dem RAA zufolge somit zunehmend einer hohen Ergebnisunsicherheit und Beschränkungen unterworfen.[807]

Um auf diese aus den Dynamiken des Umfeldes und Ansprüche interner sowie externer Anspruchsgruppen reagieren zu können, müssen Organisationen Strategien entwickeln, mit welchen sie auf diese Abhängigkeitsbeziehungen einwirken können.[808] Der RAA unterstellt, dass Organisationen hierbei nach drei **Prämissen** handeln: Zunächst streben sie nach dem Fortbestand der Organisation, in dem sie versuchen, den Zufluss an kritischen Ressourcen mit hoher Wahrscheinlichkeit zu gewährleisten. Darüber hinaus suchen die Organisationen nach Möglichkeiten zur Reduktion externer Abhängigkeiten. Die letzte Prämisse ist die Maximierung der eigenen Autonomie innerhalb der intra- und extraorganisationalen Umwelt, um die gegenwärtige und zukünftige Anpassungsfähigkeit an potenzielle Ansprüche zu erhöhen.[809] Hierzu unterbreitet

807 Vgl. Pfeffer, Salancik (2003), S. 64 und Brunner (2009), S. 33-36

808 Vgl. Brunner (2009), S. 36. Der RAA vertritt somit eine Zwischenposition der durch die Umwelt begrenzten Wahl strukturbezogener Wahlmöglichkeiten. Er verneint jedoch im Unterschied zum Population Ecology Ansatz die Annahme eines reinen, extern bedingten Determinismus. Vgl. Kapitel 3.2

809 Vgl. Brunner (2009), S. 36. In Situationen, in denen eine Vermeidung von Abhängigkeiten nicht möglich ist, versuchen Organisationen entsprechende Strategien zu entwickeln, um das Verhalten von Organisationen, von denen sie abhängig sind, zu kontrollieren. Bspw. durch Schaffung zusätzlicher Abhängigkeiten zu ihren Gunsten. Allerdings konnten im Rahmen dieser Arbeit keine entsprechenden, in der Forschung akzeptierten Strategien im Kontext des RAA identifiziert werden.

der RAA vier Kategorien möglicher Lösungsstrategien als Reaktion auf die Ansprüche und Abhängigkeitssituationen von Organisationen in Bezug auf ihre Umwelt und darin befindlicher Anspruchsgruppen:[810]

- **Managing organizational demands (adaption and avoidance):** Bei dieser Strategie reagieren Organisationen eher passiv. Sie versuchen, ihre eigene Abhängigkeit zu reduzieren, indem alternative Bezugsmöglichkeiten für Ressourcen gesucht und erschlossen werden. Bspw., indem durch den Übergang von einer Single- zu einer Dual-Sourcing-Strategie die Abhängigkeit von einzelnen Akteuren reduziert wird.[811]
- **Altering organizational interdependence (controlling the context of control):** Durch die Beteiligung an, Übernahme von oder Fusion mit dominierenden Organisationen, als Formen der Integration, versuchen Organisationen die Abhängigkeit von externen Akteuren und deren Ressourcen zu reduzieren.[812]
- **The negotiated environment (establishing collective structures of interorganizational action):** Durch den Aufbau kollektiver Strukturen versuchen Organisationen Anreize zu kooperativen Verhalten zu setzen, da relationsspezifische Investitionen entstehen. Zudem können Ressourcenknappheiten durch die Kollaboration mit anderen Akteuren überwunden werden.[813]
- **The created environment (controlling interdependence through law and social sanction):** Durch die Nutzung (informeller) Kommunikationskanäle (sowie nachgelagerter gesellschaftlicher bzw. politischer Macht) versuchen Organisationen eine Einfluss auf Abhängigkeitsbeziehungen zu nehmen.[814]

Der **Erklärungsbeitrag** des RAA ergibt sich dahingehend, dass er organisatorisches Verhalten in Bezug auf (asymmetrische) Abhängigkeitsbeziehungen von Organisationen mit ihrer Umwelt erklärt. Diese entstehen durch die Notwendigkeit des Bezugs kritischer Ressourcen und beschränken die Autonomie von Organisationen. Der **Gestaltungsbeitrag** ergibt sich aus dem Aufzeigen möglicher Handlungsstrategien, um langfristig die Autonomie und Wandlungsfähigkeit von Organisationen in turbulenten

[810] Vgl. Tiberius (2008), S. 122 und Brunner (2009), S. 37
[811] Vgl. Pfeffer, Salancik (2003), S. 106 ff., Brunner (2009), S. 36 f. und Tiberius (2008), S. 122
[812] Vgl. Tiberius (2008), S. 122 und Brunner (2009), S. 37
[813] Vgl. Tiberius (2008), S. 122 und Brunner (2009), S. 37
[814] Vgl. Tiberius (2008), S. 122 und Brunner (2009), S. 37

Umwelten zu erhalten.[815] Hieraus ergibt sich auch der Beitrag des RAA zur Erklärung der Entstehung und Gestaltung von organisatorischen Netzwerkstrukturen. Zum einen wird die Entstehung von Netzwerkstrukturen durch den Aufbau reziproker Abhängigkeitsbeziehungen für den notwendigen Austausch kritischer Ressourcen erklärt.[816] Zum anderen stellt die Formierung von kollektiven Strukturen wie bspw. interorganisationalen Netzwerken, eine mögliche strategische Gestaltungsoption zur Reduktion von Abhängigkeiten für Organisationen dar.[817]

Als Schwäche des RAA wird kritisiert, dass er nicht in der Lage ist, die Beziehungen zwischen Organisationen und ihrer Umwelt eindeutig und ganzheitlich aufzuzeigen.[818] Auch wird die Rolle der Umwelt als unabhängige Variable im Rahmen des RAA infrage gestellt.[819] Seine Nichtberücksichtigung der Effizienz unterschiedlicher vorgeschlagener Strategien und der daraus resultierende Mangel an Entscheidungsgrundlagen bei der Auswahl alternativer Strategien kann ebenfalls kritisch bewertet werden.[820] Nichtsdestotrotz ist der qualitative Beitrag des RAA zu Erklärung von Abhängigkeitsbeziehungen und zur Ableitung entsprechender Handlungsempfehlungen positiv hervorzuheben. Darüber hinaus kann die Kritik an der durch die Umwelt determinierte Gestaltung von Organisationen im Rahmen des RAA bedingt nachvollzogen werden. Er verfügt hierdurch zwar über einen evolutionstheoretischen Grundcharakter und konkurriert mit Ansätzen, welche Organisationen als rein rational handelnde, zielgerichtet und die Umwelt gestaltende Akteure betrachten.[821] Allerdings stellt bspw. die Strategieoption der „created environment“ für Organisationen eine Option der Einflussnahme auf ihre Umwelt dar.Somit wird im Rahmen dieser Arbeit der vorgenannten Kritik nur bedingt zugestimmt.[822] Seine grundsätzlich stärker deterministisch geprägte Grundposition wird jedoch anerkannt. Aufgrund der integrativen Forschungskonzeption sowie

815 Vgl. bspw. Kude (2012), S. 44-47

816 Allerdings ist anzumerken, dass auch die grundsätzliche Option des Marktbezuges bestünde. Aufgrund Unsicherheiten des Umfeldes weisen jedoch, der TAT zufolge, hybride Netzwerkstrukturen in solchen Situationen Effizienzvorteile gegenüber dem reinen Marktbezug auf. Vgl. Kapitel 4.4.2.1

817 Vgl. Brunner (2009), S. 37

818 Vgl. Nienhüser (2008), S. 25-28

819 Vgl. Johnson (1995), S. 14

820 Vgl. Brunner (2009), S. 38 und Sydow (1992), S. 199

821 Vgl. Johnson (1995), S. 7

822 Nienhüser vertritt eine ähnliche Ansicht und fügt den Ausführungen von Pfeffer und Salancik zum RAA das Konstrukt der Feedbackmechanismen hinzu. Vgl. Nienhüser (2008), S. 16 f.

des daraus resultierenden Bezugsrahmens dieser Arbeit stellt diese jedoch kein Hindernis für seine Anwendung im weiteren Verlauf dar.[823] Der RAA soll daher für die Ableitung von Anforderungen an SWP Anwendung finden. Für eine weitergehende kritische Würdigung des RAA wird an dieser Stelle auf die Literatur verwiesen.[824]

Implikationen des RAA für die Gestaltung von Softwareplattformen

Die im Rahmen des RAA betrachteten Abhängigkeiten von Organisationen lassen sich auch bei den Akteuren in UNSECO nachvollziehen. So sind die Akteure im Umfeld von Unternehmenssoftware oftmals nicht isoliert in der Lage, die für das Bestehen ihrer Organisationen notwendigen Leistungen komplett eigenständig zu erbringen. Beispielhaft hierfür kann die Abhängigkeit von Komplementoren gegenüber den zentralen SWPA, aber auch anderen Softwareherstellern und deren Unternehmenssoftwareprodukten, genannt werden. Die SWPA sind ihrerseits von den Innovationen oder vom Branchen-Know-how der Komplementoren abhängig. Im Zeitverlauf ergeben sich hieraus zwischen diesen Akteuren weitere Abhängigkeiten bspw. in Bezug auf Release- bzw. Updatezyklen oder Wartungsverträge. Neben dieser beispielhaften Abhängigkeitsbeziehung zwischen Komplementoren und Plattformanbietern sind weitere Abhängigkeiten in Bezug auf die asymmetrischen Informationsverteilungen im arbeitsteiligen Prozess der Implementierung von Unternehmenssoftware zwischen den Akteuren der Kunden und Komplementoren vorstellbar.[825] Die Prämissen des RAA spiegeln sich mit in den in Kapitel 4.3 identifizierten Zielsetzungen der Akteure für den Beitritt in SECO wider. Es kann somit angenommen werden, dass die im Rahmen des RAA identifizierten grundsätzlichen Lösungsoptionen zur Reduktion von Abhängigkeiten Anwendung bei der Ableitung von Gestaltungsempfehlungen für SECO und deren SWP finden können. Die vier Optionen der Vermeidung von Abhängigkeiten, der Integration von Leistungen, des Aufbaus gemeinsamer Strukturen und Nutzung informeller Kommunikationskanäle sollen daher im Nachfolgenden auf ihren Beitrag zur Ableitung von Anforderungen an SWP untersucht werden.

823 Vgl. Kapitel 3.2
824 Vgl. Brunner (2009), S. 37 f. und Sydow (1992), S. 198 f. m. w. V.
825 Vgl. bspw. Sarker u.a. (2012), S. 317-336, Kude u.a. (2012), S. 251 ff., Kude (2012), S. 164-169 und Mautsch u.a. (2013), S. 55-57, aber auch die Ausführungen in Kapitel 1

Hinsichtlich der durch den RAA vorgeschlagenen Option der Reduktion von Abhängigkeiten wurde der grundsätzliche Unterstützungsbeitrag von SWP zum Abbau von Dependenzen und Interdependenzen bereits im Rahmen der Analyse der Konflikttheorien thematisiert.[826] SWP sollten die Interdependenzen und Dependenzen von Akteuren reduzieren. Der RAA präzisiert diese Anforderung, indem er als Option zur Reduktion von Abhängigkeiten die Nutzung alternativer Bezugsmöglichkeiten nennt. An dieser Stelle lassen sich an zwei Stellen Anknüpfungspunkte für ein Unterstützungspotenzial von SWP hinsichtlich der Reduktion der vorgenannten Abhängigkeiten identifizieren. Gelänge es durch SWP, die Austauschbarkeit von auf der SWP aufbauenden Softwarekomponenten und Leistungen zu unterstützen, so ist anzunehmen, dass dies den Akteuren ermöglicht, ihre Abhängigkeiten gegenüber Dritten zu reduzieren.[827] Bspw., indem diese in die Lage versetzt werden, aus unterschiedlichen Datenbanktechnologien oder funktionalen Zusatzkomponenten die für sie geeignete Komponente zu wählen oder diese Leistungen von unterschiedlichen Akteuren zu beziehen. Hierfür ist es jedoch eine Voraussetzung, dass ein solcher Austausch von Komponenten möglich und nicht ex-ante technologiebedingt verhindert wird. Da die Bedeutung einzelner Komponenten durch die Verfügbarkeit von Alternativen und ihre Austauschbarkeit sinkt, ist zu erwarten, dass die Abhängigkeit der Akteure von dieser Ressource und dem kontrollierenden Akteur ebenfalls reduziert wird. Die daraus resultierende **Anforderung** an SWP lautet, dass diese die **Austauschbarkeit alternativer Ressourcen unterstützen** sollten **(RAA2)**.[828]

Darauf aufbauend lässt sich ein weiteres Unterstützungspotenzial von SWP identifizieren. Voraussetzung für die Nutzung von alternativen Ressourcen ist die Identifikation dieser Ressourcen. Gelänge es, durch die Unterstützung von SWP mögliche alternative Ressourcen für die Nutzung zu identifizieren, so könnte dies aus den zuvor

826 Vgl. Kapitel 4.4.2.6

827 Im Rahmen des RAA wird ein relativ weit gefasster Ressourcenbegriff verwendet. Vgl. Brunner (2009), S. 32. Diese Tatsache spiegelt sich aus Konsistenzgründen auch in der Formulierung der zugehörigen nachfolgenden Anforderungen wider. Es findet bspw. keine Einschränkung auf bestimmte Ressourcen wie Softwarekomponenten statt, da diese IT-nahe Dienstleistungen ausschließen würde.

828 Zwar ist davon auszugehen, dass die Erfüllung einer solchen Anforderung im Einzelfall nicht im Interesse des jeweils kontrollierenden Akteurs einer Ressource ist. Es ist jedoch aus Sichtweise des RAA aufgrund der vielfältigen Verflechtungen in SECO davon auszugehen, dass auch dieser Akteur seinerseits in Bezug auf andere Ressourcen in vergleichbare Abhängigkeitssituationen versetzt wird und daher in diesen Fällen eine vergleichbare Anforderung formuliert.

erläuterten Gründen dazu beitragen, die Abhängigkeit von einzelnen Akteuren zu reduzieren. SWP sollten daher die **Anforderung** erfüllen, **Möglichkeiten zur Identifikation alternativer Ressourcen** zu **bieten (RAA1)**.

Die im Rahmen des RAA vorgeschlagene strategische Option der Integration von Leistungen Dritter durch Kooperation, Fusion oder Übernahme anderer Akteure ist anderen Determinanten des Bezugsrahmens zuzuordnen. Hieraus kann daher keine direkte Anforderung an SWP abgeleitet werden.[829]

Die Option des Aufbaus und Nutzung gemeinsam genutzter Strukturen zur Reduzierung von Abhängigkeiten kann für Akteure die Motivation für die Partizipation in SECO darstellen. SWP plattformzentrierter UNSECO stellen eine solche Struktur dar. Durch eine Bündelung von Ressourcen in einer zentralen, kommodifizierten Komponente und Bereitstellung dieser können zwar dem RAA zufolge Abhängigkeiten von seltenen und damit wertvollen Ressourcen reduziert werden. Allerdings ist bei kritischer Betrachtung zu konstatieren, dass durch ein solches Verhalten bestehende Abhängigkeiten durch neue Abhängigkeiten von dieser zentralen Komponente bzw. deren kontrollierenden Akteur substituiert werden. Es ist also davon auszugehen, dass sich die Abhängigkeit von externen Ressourcen nicht vollständig eliminieren lässt und Ressourcen wie SWP aufgrund ihrer Zentralität eine kritische Bedeutung für darauf aufbauende Leistungen zukommt. Beispielhaft können eine Cloud-basierte SWP und darauf aufbauende Leistungen genannt werden. Aufgrund der Abhängigkeit von Leistungen von dieser gemeinsam genutzten Struktur und den Risiken durch einen potenziellen Ausfall dieser, entsteht ein Bedarf an hoher Zuverlässigkeit der SWP.[830] Hieraus ergibt sich die **Anforderung**, dass sich die **zentrale Softwareplattform** von SECO **durch eine hohe Zuverlässigkeit auszeichnen** sollte **(RAA3)**.

Als vierte strategische Option zur Verringerung von Abhängigkeiten schlägt der RAA die Einflussnahme auf (insb. politische und soziale) Akteure der Umwelt vor. Diese Option kann durch SWP durch Rückgriff auf die Erkenntnisse der Theorie sozialer Dilemmata (TSD) mit einer Verbesserung der Kommunikation zwischen Akteuren unterstützt werden. Durch verbesserte direkte Kommunikationsmöglichkeiten können Ak-

829 Vgl. die Ausführungen zum theoretischen Bezugsrahmen in Kapitel 3.3
830 Vgl. auch die Ausführungen im Rahmen des RV in Kapitel 4.4.2.4

teure auf andere Akteure Einfluss nehmen, gemeinsam ihre reziproken Abhängigkeiten und die daraus entstehenden sozialen Dilemmata erkennen. Zudem können sie gemeinsam Lösungen zur Verringerung daraus resultierender Probleme identifizieren und abstimmen. Die daraus abgeleitete **Anforderung** an SWP lautet, dass diese die **Kommunikationsgüte zwischen Akteuren verbessern** sollte **(RAA4)**. Die bereits im Rahmen der TSD erfolgte Konkretisierung zur Anforderung hinsichtlich der Verfügbarkeit direkter Kommunikationskanäle wird durch die Erkenntnisse des RAA unterstützt.[831] Da Möglichkeiten der direkten Kommunikation zwischen Akteuren die Einflusspotenziale eines zentralen bzw. dominierenden Akteurs reduzieren, kann von einer Reduktion der Abhängigkeit in Bezug auf den Austausch von Informationen ausgegangen werden.[832] SWP sollten daher die **direkte Kommunikation zwischen Akteuren ermöglichen (RAA4.1)**.

In Hinblick auf die Ziele des theoretischen Bezugsrahmens kann durch die Erfüllung der vorgenannten Anforderungen durch SWP insb. eine Unterstützung der potenzialbezogenen Ziele für die SECO-Teilnahme prognostiziert werden. Diese Annahme wird damit begründet, dass der RAA durch seine empfohlenen Strategien zu einer Erhöhung der Autonomie von Akteuren beitragen will, welche einen Einfluss auf deren Flexibilität haben kann.[833] Diese ist der Kategorie der potenzialbezogenen Ziele zuzuordnen.[834] Die Ergebnisse der Analyse des RAA und seine Implikationen für die Gestaltung von SWP sind zusammenfassend in Tabelle 15 dargestellt.

831 Vgl. Kapitel 4.4.2.5
832 Vgl. Seiter (2006), S. 86-89
833 Vgl. Brunner (2009), S. 37 f.
834 Vgl. Kapitel 3.4.2

4.4.2.9 Ansätze Komplexer Adaptiver Systeme

Ansätze Komplexer Adaptiver Systeme (KAS)	
Zuordnung	Erweiterte Erklärungsansätze zur Netzwerkdynamik
Vertreter/Quellen	• Holland, J. H., Hidden Order: How Adaptation Builds Complexity, 1995[835] • Holland, J. H., Studying Complex Adaptive Systems, 2006[836] • Kauffman, S. A., The Origins of Order - Self-Organization and Selection in Evolution, 1993[837] • Stüttgen, M., Strategien der Komplexitätsbewältigung in Unternehmen: Ein transdisziplinärer Bezugsrahmen, 2002[838] • Tilebein, M., Nachhaltiger Unternehmenserfolg in turbulenten Umfeldern, 2004[839]
Annahmen	• Begrenzte Rationalität: Agenten sind „blind“ für das Gesamtsystem“
Beitrag	• **Erklärungsbeitrag:** o Wandlungsfähigkeit von Systemen ist Bedingung für deren langfristiges Bestehen in turbulenten Umwelten o Identifikation der Grundprinzipien wandlungsfähiger Strukturen ▪ Selbstordnung (Flexibilität) ▪ Selbsterneuerung (Erneuerungsfähigkeit) o Bedeutung des Verhältnisses von interner und externer Komplexität („Rand des Chaos“). • **Gestaltungsbeitrag:** o Identifikation von zu gestaltenden Strukturvariablen zur Schaffung wandlungsfähiger Systeme
Implikationen für die Gestaltung von Softwareplattformen	• **Anforderungen** an Softwareplattformen: o Wandlungsfähigkeit durch Flexibilität: ▪ KAS1: Dekomposition in Subsysteme ermöglichen ▪ KAS2: Reduzierung von Interdependenzen ▪ KAS3: Interoperabilität von verteilten Leistungen unterstützen ▪ KAS4: Direkte Kommunikation zwischen Akteuren ▪ KAS5: Identifikation von Leistungen ermöglichen ▪ KAS6: Transparenz über Merkmale von Akteuren schaffen ▪ KAS7: Möglichkeiten zur Bewertung von einzelnen Akteuren und Akteurskombinationen

[835] Vgl. Holland (1995b)
[836] Vgl. Holland (2006)
[837] Vgl. Kauffmann (1993)
[838] Vgl. Stüttgen (2003)
[839] Vgl. Tilebein (2004)

Ansätze Komplexer Adaptiver Systeme (KAS)	
	▪ KAS8: Differenzierungs- und Spezialisierungsmöglichkeiten bieten o Erneuerungsfähigkeit: ▪ KAS9: Softwaretechnische Anpassungs- und Änderungsmöglichkeiten (inkl. Lizenzierung) ▪ KAS10: Kommunikation der Anpassungs- und Änderungsmöglichkeiten ▪ KAS11: Testmöglichkeiten zur Simulation und Evaluation von Anpassungen und Änderungen ▪ KAS12: Resilienz gegenüber fehlerbedingten Störungen ▪ KAS13: Routinen für die Generierung, den Austausch sowie die Kombination von Wissen (Wissensmanagement) ▪ KAS14: Förderung des Lernens von Akteuren ▪ KAS15: Akteuren einen direkten Markzugang ermöglichen ▪ KAS16: Offenheit - Verknüpfung von SECO-Leistungen mit externen Leistungen o Angemessene Komplexität: ▪ KAS17: Einfachheit: Eine dem Umfeld angemessene Komplexität ▪ KAS18: Kommunikation von Vision und strategischen Zielen für die Weiterentwicklung
Unterstützung der Ziele	☒ Potenzialbezogene Ziele ☐ Markterfolgsbezogene Ziele ☒ Wirtschaftliche Ziele

Tabelle 16: Erkenntnisse der Ansätze Komplexer Adaptiver Systeme und Implikationen für die Gestaltung von Softwareplattformen[840]

Die Ansätze der Komplexen Adaptiven Systeme (KAS) wurden u. a. durch die Arbeiten von Holland, Gell-Mann und Kauffman am Santa Fe Institute geprägt und sind den Komplexitätstheorien zuzuordnen.[841] Die Komplexitätstheorien im Allgemeinen sowie die Ansätze der KAS im Speziellen stellen hierbei kein in sich geschlossenes Theoriefundament dar. Vielmehr repräsentieren sie ein Bündel durch verschiedene Strömungen in den Bereichen der Naturwissenschaften, Evolutionsbiologie, Spieltheorie, Informationswissenschaft, aber auch durch betriebswirtschaftliche Anwendungsgebiete geprägter Ansätze.[842]

[840] Quelle: Eigene Darstellung

[841] Vgl. Kauffmann (1993), Gell-Mann (1994), Holland (1995b), Holland (2006), Stüttgen (2003), S. 41-48 und S. 56-64. Weitere Verweise auf Institutionen, die sich der Erforschung komplexer Systeme widmen finden sich bspw. bei Gell-Mann (1994), S. 26 f.

[842] Vgl. Stüttgen (2003), S. 45 und S. 358-370, Müller-Stewens, Lechner (2011), S. 444, Zahn u.a. (2006), S. 140, Tilebein (2004), S. 39 f. und Kappelhoff (2000), S. 382

Der **Erfahrungsgegenstand** der Ansätze sind **Komplexe Adaptive Systeme (KAS)**. KAS sind große nicht-lineare dynamische Systeme, die aus einer Vielzahl interagierender Elemente, so genannter Agenten, bestehen. KAS befinden sich in einem permanenten Prozess der Interaktion und (Ko-)Evolution mit ihrer Umwelt. Aufgrund der Eigenschaften koevolutionären Wandels entwickeln und verhalten sie sich unvorhersehbar.[843] Dabei sind KAS in der Lage, immer wieder neue Eigenschaften, Strukturen und Verhaltensmuster hervorzubringen und zeigen doch auch im Wandel Kohärenz und die Fähigkeit zur Selbstordnung. KAS existieren in einem Zustand zwischen Ordnung und Chaos, dem sogenannten „Rand des Chaos". In diesem Zustand sind sie stabil genug, um Störungen des Umfeldes aufzufangen, aber andererseits auch beweglich genug, um sich fundamental zu ändern und sich ändernden Rahmenbedingungen turbulenter Umwelten anzupassen.[844]

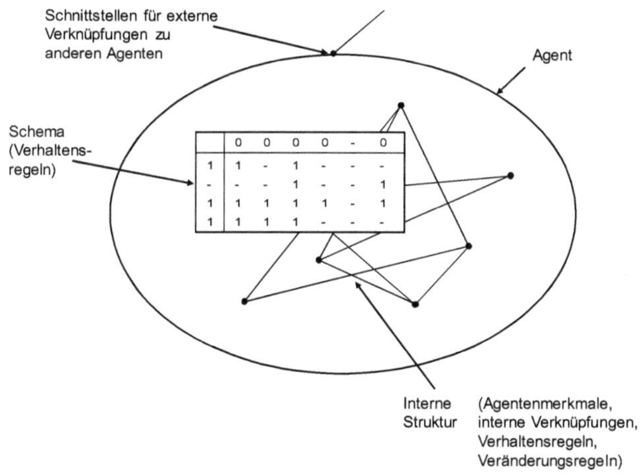

Abbildung 24: Schematische Darstellung eines Agenten[845]

Als **Beispiele für real existierende KAS** werden in der Literatur Aktienmärkte, Insektenpopulationen wie Ameisenkolonien, die Biosphäre, Immunsysteme, Städte, Unternehmen sowie Gruppen in sozialen Systemen wie politische Parteien genannt.[846]

843 Zu den Merkmalen koevolutionären Wandels vgl. Kapitel 3.1

844 Vgl. Holland (1995b), Tilebein (2005), S. 276, Kirchhof (2003), S. 26 f., Bandte (2007), S. 78 und Zahn u.a. (2006), S. 141 f.

845 Quelle: Tilebein (2004), S. 90

846 Vgl. bspw. Tilebein (2004), S. 84 f., Tilebein (2005), S. 276, Zahn u.a. (2006), S. 141, Gell-Mann (1994), S. 17 ff., Holland (2006), S. 1 f., Brown, Eisenhardt (2007), S. 18, Stüttgen (2003), S. 42 und Adler (2007), S. 235 f.

Ziel der Ansätze von KAS ist es, Erkenntnisse über die Grundprinzipien solcher Systeme durch deren Betrachtung aus Perspektive unterschiedlicher Einzelwissenschaften zu erlangen. Darauf aufbauend werden heuristische Empfehlungen zur Gestaltung wandlungsfähiger Systeme erarbeitet, um diese auf andere Kontexte zu transferieren.[847] Trotz unterschiedlicher wissenschaftlicher Strömungen und darin existierender Begriffsauffassungen lassen sich in KAS ähnliche Prinzipien identifizieren und wie folgt zusammenfassen:[848]

- **Prinzip der Systemaggregation aus Agenten:** Zentrales Credo der KAS ist es, dass sämtliche Verhaltensweisen der Ordnungsstrukturen des Gesamtsystems aus dem selbstorganisierten Zusammenwirken von aktiven Systemkomponenten mit individuellen Zielvorstellungen resultieren. Diese aktiven Systemkomponenten werden als **Agenten** bezeichnet.[849] Abbildung 24 stellt einen Agenten in schematischer Art und Weise dar. Sein individuelles Verhalten in KAS basiert auf **internen Strukturen**, d.h. **Merkmalen**, **Verknüpfungen** des internen Leistungssystems, **Veränderungsregeln** sowie zielgerichteten **Verhaltensregeln,** die in einem **Schema** der Agenten niedergelegt sind. Agenten sind in der Lage, durch Verknüpfung über **Schnittstellen** mit anderen Agenten größere Strukturen, so genannte Meta-Agenten und KAS, zu bilden. Nach diesem rekursiven **Schachtelungsprinzip** formieren KAS auf höherer Ebene wiederum Agenten, während das interne Leistungssystem eines Agenten auf einer niedrigeren Abstraktionsebene ein aus internen Agenten aggregiertes KAS darstellt. KAS sind somit, wie in Abbildung 25 dargestellt, hierarchisch geschachtelte Systeme aggregierter Agenten (**Autopoesi)**.[850]
- **Prinzip der internen Kopplung von Agenten zu Netzwerken:** Die Kopplung und Interaktion von Agenten zu Netzwerken auf Basis von Regeln und Schnittstellen ermöglicht in KAS die Entstehung emergenter Verhaltensweisen und Strukturen. Bspw. durch Kombination von Agenten mit unterschiedlichen Merkmalen.[851]

---

847 Vgl. bspw. Stüttgen (2003), S. 41-48

848 Vgl. Tilebein (2004), S. 134-139 sowie ergänzend Zahn u.a. (2006), S. 142

849 Die Anwendbarkeit des Ansatzes KAS in unterschiedlichen Disziplinen ist indieser relativ neutralen Definition des Agentenbegriffs begründet. Vgl. Holland (2006), S. 1 und Tilebein (2004), S. 85

850 Vgl. Tilebein (2004), S. 85 f. und S. 135

851 Vgl. Tilebein (2004), S. 136. Auf die unterschiedlichen Formen der Entstehung von Emergenz wird in den nachfolgenden Abschnitten eingegangen.

- **Prinzipien der Adaption und Evolution:** Die Möglichkeit der Anpassung von Agenten dient als weitere, über die Fähigkeit der Selbstordnung hinausgehende, Quelle für Diversität, Emergenz und echter Innovation. Agenten können ihre internen Strukturen und Verhaltensschemata und damit ihre Beziehungen zu anderen Interaktionspartnern anhand ihrer Veränderungsregeln anpassen und die Umgebung des KAS beeinflussen. Hierzu existieren die im Rahmen der evolutionstheoretischen Organisationsansätze bereits diskutierten evolutionären Mechanismen der Variation, Selektion sowie Retention und Weitergabe.[852]
- **Prinzipien der Kopplung zu koevolutionären Systemen:** Koevolution beschreibt die wechselseitige Anpassung parallel interagierender Agenten auf ihrer Suche nach individueller optimaler Anpassung an die herrschenden Umweltbedingungen. Der Erfolg von Agenten hängt somit auch von den Eigenschaften jeweiliger Interaktionspartner ab. Diese Kopplung zwischen Agenten führt zu einer Meta-Dynamik, welche die Agenten zu immer neuen Variationen antreibt und im Idealfall zu größerer Vielfalt (Varietät, Diversität) führt. Der koevolutionäre Wandel in KAS ist hierbei durch die bereits in Kapitel 3.1 diskutierten Merkmale geprägt.[853]

In ihrem Verhalten sind Agenten dabei „blind" für das Gesamtsystem:[854] Sie agieren dezentral, ausschließlich auf Basis ihrer individuellen, im Schema definierten Verhaltensregeln sowie den über Schnittstellen hergestellten Beziehungen zu den jeweiligen Interaktionspartnern. Ordnung wird durch Selbstorganisationsprozesse der Agenten getragen, eine zentrale Koordination findet nicht statt. Das aus dieser Selbstordnung der Agenten resultierende Verhalten wird als „emergent" bezeichnet.[855] Hierbei lassen sich zwei Arten von Emergenz unterscheiden: Die emergente Selbstordnung, welche durch die zuvor beschriebenen Prinzipien der Systemaggregation und Selbstkopplung gestützt wird, und die Flexibilität, Störungsrobustheit und davon ausgehend die Effizienz von KAS ermöglicht. Darüber hinaus existiert die durch die zusätzlichen Prinzipien der Adaption und (Ko-)Evolution ermöglichte Fähigkeit zur emergenten Erneue-

852 Vgl. Tilebein (2004), S. 136 f. und Kapitel 3.1
853 Vgl. Kapitel 3.1
854 Diese „Blindheit" ist eine Umschreibung für die Prämisse der begrenzten Rationalität von Agenten innerhalb der KAS. Vgl. Kappelhoff (2009), S. 83
855 Vgl. Tilebein (2004), S. 135 und Tilebein (2005), S. 276

rung. Sie verhilft KAS durch Lern-, Adaptions- und (Ko-)Evolutionsvorgänge zu Langlebigkeit und Effektivität.[856] Ihre ideale langfristige Anpassungsfähigkeit erhalten KAS hierbei am „Rande des Chaos“. In diesem Bereich ist die Informationsverarbeitungskapazität des jeweiligen KAS maximal und ausreichend Raum für Neuerungen vorhanden, ohne dass das System ins Chaos verfällt.[857] Die Agenten erhalten wiederholt (externe) Impulse zur Verbesserung, gleichfalls existieren aber in Bezug auf Umfang und Anzahl ausreichende Phasen zur schrittweisen emergenten Selbstordnung der Agenten. Ein Zustand des Stillstandes von KAS ist langfristig betrachtet existenzbedrohend, da keine Anpassung an sich verändernde Umwelten stattfindet.[858]

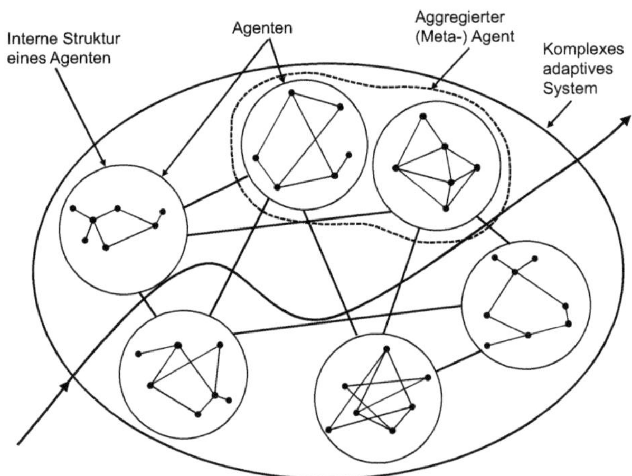

Abbildung 25: Allgemeines Modell eines Komplexen Adaptiven Systems[859]

Die Komplexitätsforschung versucht, anhand abstrakter Modelle und darauf aufbauender (computerbasierter) Simulationen zu identifizieren, wann und unter welchen Bedingungen sich KAS an diesem vermeintlich optimalen Chaosrand befinden.[860] Darüber hinaus existieren verschiedene Ansätze, welche sich an der metaphorischen Ableitung von Gestaltungsempfehlungen für andere Kontexte anhand der abstrakten Erkenntnisse der KAS versuchen. Allerdings ist zu konstatieren, dass eine Überprüfung der Anwendbarkeit im Rahmen der Ansätze nur bedingt vorgenommen wird.[861]

856 Vgl. Tilebein (2005), S. 276 f.
857 Vgl. Tilebein (2004), S. 134-139
858 Vgl. Stüttgen (2003), S. 252
859 Quelle: Tilebein (2004), S. 92
860 Vgl. Zahn u.a. (2006), S. 142, Tilebein (2005), S. 288 und Stüttgen (2003), S. 43 f.
861 Vgl. Stüttgen (2003), S. 46-50

In der vorliegenden Arbeit sollen daher insbesondere die Erkenntnisse von Tilebein[862] in die Betrachtungen einbezogen werden, da diesen eine Synopse der Erkenntnisse verschiedener Ansätze sowie eine entsprechende Prüfung der Übertragbarkeit vorangehen. Aufgrund der zusätzlichen Fokussierung auf die Übertragung von Erkenntnissen der KAS auf den Kontext von Unternehmungen bzw. Netzwerkstrukturen von Unternehmungen erscheint dieser Ansatz für die Ableitung von Implikationen für die Gestaltung von SECO-Strukturen prädestiniert.[863]

Tilebein leitet auf Basis einer Analyse der Arbeiten im Kontext von KAS und darin diskutierter Grundprinzipien Gestaltungsparameter von KAS ab. Diese können als auf die Fähigkeiten zur emergenten Selbstordnung sowie emergenten Erneuerung und somit als auf die Wandlungsfähigkeit wirkende Strukturmerkmale von KAS interpretiert werden.[864] Anschließend prüft sie deren Übertragbarkeit für den Kontext von Unternehmungen[865] und leitet abstrakte Gestaltungsempfehlungen für einzelne Unternehmungen ab.[866]

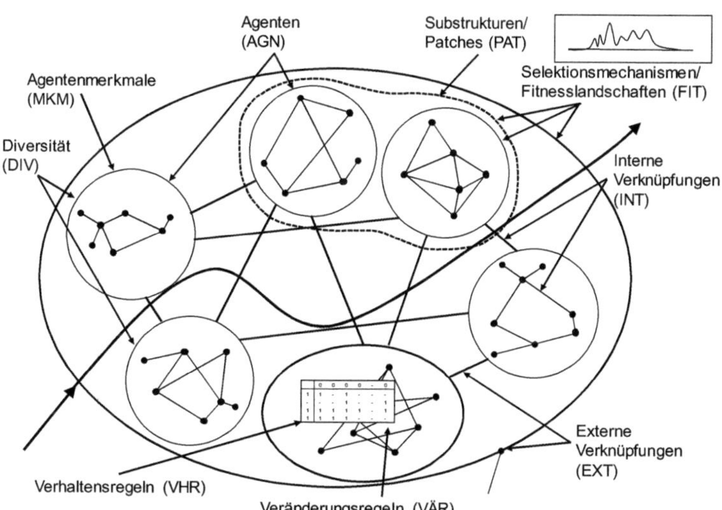

Abbildung 26: Gestaltungsparameter von Komplexen Adaptiven Systemen[867]

[862] Vgl. Tilebein (2004)
[863] Vgl. für eine Übersicht der verschiedenen Ansätze der KAS bspw. Tilebein (2004), S. 155 ff.
[864] Vgl. Tilebein (2004), S. 83-146
[865] Vgl. Tilebein (2004), S. 147-222
[866] Vgl. Tilebein (2004), S. 223-237
[867] Quelle: Tilebein (2004), S. 145

Die Wirkung der in Abbildung 26 dargestellten Gestaltungsparameter auf die Fähigkeiten zur emergenten Selbstordnung und Erneuerung können wie folgt beschrieben werden:[868]

- **Flexibilität durch emergente Selbstordnung:**[869] Die Emergenz als Selbstordnung von KAS beruht auf der informations- bzw. regelbasierten Verhaltensdynamik (VHR) von Agenten (AGN). Die Unterteilung von KAS in Agenten (AGN), die über einen bestimmtem Grad an Diversität (DIV) ihrer internen Merkmale (MKM) verfügen, dezentral über Schnittstellen (EXT) interagieren und sich zu Substrukturen (PAT) koppeln, ermöglicht es Systemen, sich durch die Selbstordnung von Agenten mit feststehenden Eigenschaften an wandelnde Rahmenbedingungen anzupassen. Hierdurch gelingt es KAS, eine Flexibilität innerhalb bestimmter Grenzen zu erreichen. Z. B. kann durch Dekomposition eines Gesamtsystems in Agenten und die (Re-)Kombination sich in ihrer Merkmale unterscheidender Agenten eine Veränderung des Gesamtsystems erreicht werden. Dies gelingt, ohne dass eine ggf. aufwandsintensive bzw. nicht beeinflussbare Modifikation der internen Strukturen einzelner Agenten notwendig wird. Durch die Existenz der vorgenannten Strukturmerkmale kann somit die Flexibilität von KAS beeinflusst werden.
- **Wandelbarkeit durch emergente Erneuerung:**[870] Die Fähigkeit zur Wandelbarkeit ergibt sich durch die zuvor genannten Strukturparameter, welche um zusätzliche, die innovative Entwicklungen innerhalb von KAS stimulierende, Strukturparameter ergänzt werden. Da es Agenten durch Veränderungsregeln (VÄR) ermöglicht wird, ihre Merkmale (MKM), aber auch ihr Verhalten zu ändern (VHR), können diese eine Anpassung im Sinne einer Evolution durchlaufen. Durch die über externe Verknüpfungen (EXT) vorgenommene Kopplung zu anderen Agenten kann die Evolution einzelner Agenten evolutionäre Auswirkungen auf das Gesamtsystem haben. Sie kann zudem koevolutionäre Entwicklungen zwischen Agenten stimulieren. Als Gradmesser für die Bewertung und

---

868 Die nachfolgenden Erläuterungen stellen nur zwei mögliche Wirkungsweisen der Strukturmerkmale von KAS auf die Fähigkeiten zur emergenten Selbstordnung und emergenten Erneuerung sowie diesen beiden Fähigkeiten nachgelagerten Wandlungsfähigkeit von KAS dar. Für eine ausführlichere Darstellung weiterer Wechselwirkungen vgl. bspw. Tilebein (2004), S. 223-237

869 Vgl. zu der nachfolgenden erläuternden Zusammenfassung der Strukturvariablen Tilebein (2004), S. 145 f. Die während der Erläuterungen in den Klammern genannten Abkürzungen dienen dem Auffinden der entsprechenden Merkmale in Abbildung 26.

870 Vgl. zu den nachfolgenden Erläuterungen des Zusammenwirkens der Strukturvariablen von KAS Tilebein (2004), S. 146

Ausrichtung von Anpassungsleistungen durch die Agenten dienen hierbei Fitnesslandschaften und Selektionsmechanismen (FIT). Bspw. können Agenten durch Lernaktivitäten oder externe Impulse, z. B. neu eintretende Marktteilnehmer, dazu veranlasst werden, ihr Verhalten oder ihr internes Leistungssystem zu verändern. Die Nützlichkeit der daraus ergebenden Variationen sollte durch Möglichkeiten zur Bewertung evaluiert werden können, um diese bei Eignung zu verstetigen. Dieses Änderungsverhalten führt nachgelagert zu einer Veränderung des Gesamtsystems, inspiriert ggf. andere Agenten zu einer Weiterentwicklung und stimuliert eine dauerhafte (koevolutionäre) Wandlung.

Tilebein nennt unter Rückgriff auf eine Analyse existierender Vorarbeiten im Kontext Beispiele für die Ausgestaltung der zuvor skizzierten Strukturparameter. Diese verbleiben allerdings auf einem verhältnismäßig hohen Abstraktionsniveau und bedürfen daher einer weiteren Präzisierung für den jeweiligen Anwendungskontext.[871]

Der **Beitrag der Ansätze von KAS** hinsichtlich der Dynamiken interorganisationaler Netzwerkstrukturen lässt sich wie folgt zusammenfassen: Ihre grundlegenden, abstrakten Einsichten in die Bedingungen für eine erfolgreiche dezentrale, und hinsichtlich der Komplexität ausbalancierte Systemevolution von Netzwerkstrukturen, können neue Impulse für die Netzwerkforschung liefern.[872] Insb. die Erkenntnisse in Bezug auf Aufbau, Verhalten und Entwicklung von KAS und deren Wirkung auf die Wandlungsfähigkeit sind hierbei hervorzuheben. In der Literatur, insb. in den Bereichen des strategischen Managements, der Organisationstheorien herrscht weitgehende Einigkeit darüber, dass die Ansätze zumindest zu einer neuen Sichtweise auf Organisationen beitragen können, die auch ein erweitertes Spektrum an Handlungsmöglichkeiten vorschlagen.[873] Auch im Bereich der Forschung zu SECO existieren hierzu erste Ansätze.[874]

---

[871] Vgl. Tilebein (2004), S. 240 f. Aufgrund des Umfangs der von Tilebein erarbeiteten Parameter, Ausprägungen sowie durch die aus deren Kombination entstehender Komplexitäten erscheint eine vollumfängliche Diskussion als nicht zielführend. Vielmehr sollen diese partiell bei der nachfolgenden Herleitung von Implikationen für die Gestaltung von SWP einfließen.

[872] Vgl. Zahn u.a. (2006), S. 144, Kappelhoff (2000), S. 383, Tilebein (2005), S. 288 und Tilebein (2006), S. 33

[873] Vgl. bspw. Goodwin (2000), S. 46, Lissack (1999), S. 117 ff., Battram (1999), S. 21, Lichtenstein (2000), S. 540, Lewin, Regine (1999), S. 211, Kappelhoff (2002), S. 66 f., Kappelhoff (2009), S. 73 ff., Ashmos u.a. (2002), S. 191, Tilebein (2004), S. 38, Tilebein (2005), S. 288 und Zahn u.a. (2006), S. 141 ff.

[874] Vgl. Tiwana (2014)

Allerdings ist im Kontext von KAS auch die teilweise unreflektierte Übernahme von abstrakten, durch computergestützte Modellsysteme identifizierten Grundprinzipien in andere Domänen zu kritisieren, die oftmals noch einer weiteren Präzisierung und Integration der Erkenntnisse der (evolutionären) Organisationsforschung bedürfen.[875] Auch eine mangelnde, wenn überhaupt, dann oftmals nur eindimensional vorgenommene Operationalisierung des Chaosrandes sowie die Annahme der dezentralen Selbstorganisation von Agenten im Rahmen der KAS sind zu kritisieren. Gleichfalls wird im Rahmen dieser Kritik aber der Beitrag der Ansätze KAS hinsichtlich neuer Einblicke in Dynamiken von Netzwerkstrukturen betont.[876]

Den zuvor genannten Einschränkungen der KAS zum Trotz, deren Auflösung jedoch nicht Bestandteil dieser Arbeit ist, sollen die Erkenntnisse der KAS zur Herleitung von Implikationen zur Gestaltung von SWP herangezogen werden. Dieses Vorgehen ist darin begründet, dass die Ansätze der KAS Hinweise für die Gestaltung von Strukturvariablen durch koevolutionäre Dynamiken geprägter Netzwerkstrukturen liefern, wie sie auch im Rahmen des theoretischen Bezugsrahmens in SECO definiert wurden.[877] Hierbei findet eine Fokussierung auf die im Rahmen der Arbeit von Tilebein identifizierten Strukturvariablen von KAS statt, welche um Erkenntnisse anderer Autoren ergänzt werden sollen.

Implikationen der Ansätze von KAS für die Gestaltung von Softwareplattformen

Die in den vorangegangenen Abschnitten beschriebenen Grundprinzipien von KAS sind in ähnlicher Form auch in organisatorischen Netzwerkstrukturen, im Speziellen SECO-Strukturen, zu identifizieren.[878] Diese Ähnlichkeit kann durch Betrachtung von verschachtelten Netzwerkstrukturen, wie sie auch im Umfeld von SECO existieren können, verdeutlicht werden.[879] Die im Rahmen des theoretischen Bezugsrahmens identifizierten Ebenen der Geschäftstätigkeit von Akteuren können als verschiedene Ebenen eines KAS betrachtet werden: Akteure auf Ebene der Einzelorganisationen sowie deren interne Ressourcen, wie sie SWP darstellen, (erste Schachtelungsebene)

---

[875] Vgl. Kelly (2009), Tilebein (2005), S. 288, Tilebein (2004), S. 235-237, Stüttgen (2003), S. 43 ff. und Müller-Stewens, Lechner (2011), S. 450

[876] Vgl. Tilebein (2005), S. 288, Kappelhoff (2000), S. 368 f. und S. 377-384 und Kappelhoff (2009), S. 73 ff. m. w. V.

[877] Vgl. zu den koevolutionären Dynamiken des theoretischen Bezugsrahmens Kapitel 3.3.4

[878] Vgl. Tilebein (2005), S. 281 f.

[879] Vgl. die Ausführungen zum theoretischen Bezugsrahmen dieser Arbeit in Kapitel 3.3

formieren auf einer höheren Systemebene SECO (zweite Schachtelungsebene). Diese stellen wiederum auf einer höheren Marktebene interagierende Agenten dar (dritte Schachtelungsebene).[880] Das entsprechende autopoetische Schachtelungsprinzip von KAS, welches sich in SECO widerfindet, wird in Abbildung 27 schematisch dargestellt.[881] Die Erfüllung der Prämisse der begrenzten Rationalität von Akteuren in SECO, die auch in KAS unterstellt wird, wurde bereits bei der Analyse der vorangegangenen Ansätze überprüft.

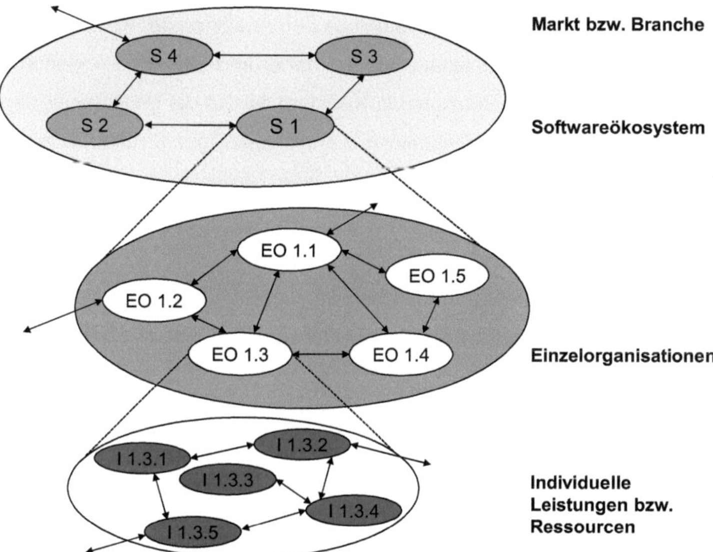

Abbildung 27: Unternehmenssoftwareökosysteme als Komplexe Adaptive Systeme[882]

Darüber hinaus **lassen sich** die weiteren **Grundprinzipien** von KAS, die Formation von Netzwerken aus Agenten (Akteure formieren SECO), der Adaption und Evolution (Akteure streben nach individuellen Zielen, passen sich an und entwickeln das Gesamtsystem weiter) sowie Kopplung zu koevolutionären Systemen (Akteure und das Umfeld passen sich wechselseitig an), **auch in SECO-Strukturen identifizieren.**[883]

[880] Vgl. Kapitel 3.3

[881] Hierbei sind weitere Untergliederungen z. B. in Netzwerke zwischen SECO und Einzelorganisationsebene vorstellbar, welche in Analogie zum theoretischen Bezugsrahmen dieser Arbeit aus Darstellungsgründen ausgeblendet werden.

[882] Quelle: Eigene Darstellung in Anlehnung an Tilebein (2005), S. 282

[883] Vgl. für eine ausführliche Erläuterung der in den vorangegangenen Abschnitten beschriebenen Grundprinzipien von KAS Tilebein (2004), S. 83-146

Kritisch muss in diesem Zusammenhang allerdings die Vorstellung einer ausschließlichen dezentralen Selbstorganisation von Agenten in KAS betrachtet werden. So findet in SECO eine (teilweise) Koordination anderer Akteure durch zentrale SWPA oder Strukturen wie bspw. SWP statt.[884] Formuliert man diese idealistische Vorstellung von KAS jedoch in die realistischere, in den betriebswirtschaftlich geprägten Ansätzen der KAS verfolgte Zielsetzung um, dass sich vernetzte plattformzentrierte SECO-Strukturen unter Beeinflussung von SWPA[885] möglichst selbstständig effizient und effektiv an die jeweils relevanten Umwelten anpassen sollten, um die Ziele der partizipierenden Akteure langfristig zu unterstützen, so lassen sich aus den Ansätzen der KAS Implikationen zur Ausgestaltung von SWP ableiten. Es wird daher im Folgenden angenommen, dass aufgrund vergleichbarer Prinzipien in KAS und SECO die im Rahmen der KAS identifizierten Ansatzpunkte zur Gestaltung wandlungsfähiger Strukturen auch Ansatzpunkte für die Gestaltung von SWP als bedeutenden Strukturen von SECO darstellen. SWP sollen hierbei als strukturelle Ressourcen, welche die autopoetische Entstehung von wandlungsfähigen, möglichst selbstorganisierenden SECO aus SWP, Akteuren sowie deren Leistungssysteme und Ressourcen unterstützen, betrachtet werden.[886] SWP stellen aus dieser Sichtweise sowohl Ressource als auch Struktur von SECO dar.

Die von Tilebein identifizierten Strukturvariablen der Agenten (AGN), Substrukturen und Patches (PAT), Selektionsmechanismen (FIT), internen Verknüpfungen (INT), externe Verknüpfungen (EXT), Verhaltensregeln (VER), Diversität (DIV), Agentenmerkmale (MKM) und Veränderungsregeln (VÄR) versprechen durch ihre Wirkung auf die Selbstordnungsfähigkeit und Erneuerungsfähigkeit von KAS einen Beitrag zur Gestaltung wandlungsfähiger Systeme in turbulenten Umwelten. Allerdings wurde bereits thematisiert, dass eine Konkretisierung für den jeweils relevanten Anwendungsfall notwendig erscheint.[887] Diese soll im Nachfolgenden für den Kontext von SECO und darin

[884] Vgl. bspw. Jansen, Cusumano (2013), S. 13-28 und Cusumano, Gawer (2002), S. 51-53

[885] Aufgrund der im Rahmen der KAS angenommenen, im Rahmen des Bezugsrahmens dieser Arbeit diskutierten beschränkten Rationalität von Akteuren, erscheint die Rolle von beschränkten Beeinflussern realistischer als die von vollständig rationalen, optimierenden zentralen Koordinatoren. Vgl. bspw. Meyer u.a. (2009), S. 7-10 und Kapitel 3.3

[886] Aufgrund des autopoetischen Charakters sollen daher im Nachfolgenden die Begrifflichkeiten Agenten, Akteure, Leistungen und Ressourcen synonym verwendet werden.

[887] Vgl. Tilebein (2005), S. 288

befindlicher SWP als Agenten und Struktur eines SECO erfolgen und ihre Unterstützung der Fähigkeiten zur Flexibilität und Erneuerung sowie ihre Wirkung auf die Komplexität untersucht werden.

Unterstützung der Flexibilität durch Selbstordnungsfähigkeit von SECO

Die Flexibilität durch Selbstordnung von KAS wird durch das Prinzip der Dekomposition in und Aggregation von dezentral über Schnittstellen (EXT) agierenden Agenten (AGN) begünstigt.[888] Der Einfluss dieser Strukturmerkmale auf die Eigenschaft der Flexibilität kann auf SWP transferiert werden. Die Möglichkeit, SWP und darauf aufbauende Softwareprodukte in interoperable und austauschbare Subsysteme zu unterteilen, verspricht die Flexibilität des Gesamtkonstruktes zu erhöhen.[889] Bspw., indem die Softwaremodule eines aus dem SECO ausscheidenden Akteurs relativ flexibel durch die Module eines anderen (ggf. beitretenden) Akteurs ausgetauscht werden können. Durch die Selektion und Nutzung von Modulen mit geänderter Funktionalität, bspw. dem Ersatz eines Standardmoduls der Kernplattform durch ein spezialisiertes Modul eines Drittanbieters, kann darüber hinaus Änderungs- bzw. Spezialisierungsbedarf aus dem betrieblichen Umfeld begegnet werden. Notwendige Voraussetzung hierfür ist, dass SWP sich in Subsysteme (AGN, PAT) unterteilen lassen, die sich wiederum mit anderen Subsystemen mittels Schnittstellen (re-)kombinieren lassen. Hieraus ergibt sich die Anforderung an SWP, die **Dekomposition der Softwareplattform sowie darauf aufbauender Ressourcen in Subsysteme** zu unterstützen **(KAS1)**.

Eine weitere Quelle der Flexibilität von KAS stellt das Strukturmerkmal der Diversität (DIV) von Agenten (AGN) dar. Das Vorhandensein von sich in ihrer internen Struktur (MKM) unterscheidender Agenten ermöglicht es Agenten, flexibel auf geänderte Rahmenbedingungen zu reagieren, indem diese eigenständig für den jeweiligen Kontext geeignete Interaktionspartner wählen.[890] Zur Erfüllung der Voraussetzung der Diversität empfiehlt die Literatur im Kontext von KAS eine Förderung der Diversität (DIV)

[888] Vgl. bspw. Tilebein (2004), S. 145 f., Tilebein (2005), S. 277 f., Stüttgen (2003), S. 148-185 und S. 358- 370, sowie Kelly (2009), S. 468 ff. Im Nachfolgenden wird der Bezug der jeweiligen im Rahmen der KAS identifizierten Strukturvariablen auf die Gestaltung der Wandlungsfähigkeit von SWP und SECO durch Nennung des entsprechenden Kürzels der jeweiligen Strukturvariable in Abbildung 26 aufgezeigt.

[889] Vgl. bspw. Picot, Baumann (2007), S. 222 ff. m. w. V. Allerdings weisen Picot u.a. auch auf die möglichen Nachteile einer modularen Entwicklung, wie ein Anstieg der Komplexität hin, welche im Nachfolgenden noch thematisiert wird.

[890] Vgl. Stüttgen (2003), S. 69 ff. und S. 358-363 und Kelly (2009), S. 469

durch entsprechende Möglichkeiten zur Differenzierung und Spezialisierung von Agenten.[891] Vor diesem Hintergrund erscheint auch im Kontext von plattformzentrierten UNSECO eine entsprechende Förderung von Diversität sinnvoll, um nachgelagert verschiedenartige Ressourcen flexibel austauschen zu können. **SWP** sollten somit ihren Stakeholdern **ausreichende Differenzierungs- und Spezialisierungsmöglichkeiten**, beispielsweise für bestimmte Funktionsbereiche oder Branchen, bieten, die wiederum in einer größeren Diversität von Leistungen resultieren können **(KAS8)**.[892]

Ausgehend von diesen Überlegungen hinsichtlich der Beeinflussung von Flexibilität durch die Komposition eines Gesamtsystems aus heterogenen Agenten, lassen sich weitere Anforderungen ableiten: Damit heterogene (DIV) Ressourcen (AGN) auf Basis ihrer Verhaltensregeln (VER) miteinander interagieren und zu größere Systemen (PAT bzw. PAT) gekoppelt werden können, erscheint deren Interoperabilität notwendig. Ohne eine solche Interoperabilität befinden sich KAS in einem den Chaosrand überschreitenden Zustand. Die Agenten sind in diesem Zustand nicht in der Lage, ein funktionierendes Gesamtkonstrukt zu formieren.[893] Übertragen auf den Kontext von SWP ergibt sich aus diesen Überlegungen die **Anforderung,** die **Interoperabilität von verteilten Leistungen** zu **unterstützen (KAS3)**. Darüber hinaus hat die lose Kopplung von Agenten in KAS über Schnittstellen (EXT) eine Reduktion von Interdependenzen zur Folge, welche es den Agenten ermöglicht, möglichst autonom zu agieren.[894] Hieraus ergibt sich die **Anforderung** der **Reduktion von Interdependenzen zwischen den Leistungen von Akteuren (KAS2)**. Diese wurde bereits im Rahmen der Analyse der Konflikttheorien thematisiert.[895]

Die Akteure (AGN) in KAS interagieren ohne zentrale Steuerungsinstanz auf Basis von Verhaltensregeln (VER) über Schnittstellen (INT). Diese Kombination begründet die Fähigkeit zur Selbstordnung und Erneuerung sowie einen Bedarf an direkten Kommunikations- bzw. Interaktionsmöglichkeiten zwischen den Akteuren.[896] Bei Übertragung

---

891 Vgl. Stüttgen (2003), S. 363-365, Kelly (2009), S. 468-472 und Tilebein (2004), S. 228 f. und S. 234 m. w. V. Auch im Umfeld verteilter, modularer Softwareentwicklungen wird diese Forderung formuliert. Vgl. Picot, Baumann (2007), S. 238 f.

892 Vgl. Tiwana (2014), S. 94 f., Picot, Baumann (2007), S. 238 und Stüttgen (2003), S. 363-365

893 Vgl. Tilebein (2004), S. 229

894 Vgl. Lissack (1999), S. 118 und Stüttgen (2003), S. 175-185

895 Vgl. Kapitel 4.4.2.6. Die Ansätze der KAS liefern mit der Gestaltung des Zugriffs auf Leistungen von Akteuren über definierte Schnittstellen Hinweise für entsprechende Lösungsmerkmale zur Realisierung dieser Anforderungen. Vgl. Tilebein (2004), S. 137, S. 159 und S. 193 sowie Lissack (1999), S. 118

896 Vgl. Tilebein (2004), S. 228 f.

auf den Kontext von SWP resultiert hieraus die Anforderung an SWP, **direkte Kommunikations- bzw. Interaktionsmöglichkeiten zwischen den Akteuren** bereitzustellen, um deren dezentrale Selbstorganisation zu ermöglichen **(KAS4)**.

Eine notwendige Voraussetzung für die Nutzung von Leistungen unterschiedlicher Akteure in KAS stellt die Verfügbarkeit von Informationen hinsichtlich der Merkmale und Leistungen (MKM) partizipierender Akteure (AGN) dar. Diese Voraussetzung lässt sich ebenfalls auf den Kontext von plattformzentrierten SECO übertragen. Um die Nutzung von Leistungen wie IT-Dienstleistungen oder cloudbasierte Services anderer Akteure zu ermöglichen, sollten Informationen über das Leistungsangebot und weitere Merkmale der Akteure zur Verfügung stehen. Hieraus lassen sich die Anforderungen ableiten, dass SWP, als bedeutende strukturelle Determinante von SECO, zur Unterstützung derer Flexibilität die **Identifizierbarkeit von Leistungen der Akteure (KAS5)**[897] sowie die **Transparenz über die Merkmale von Akteuren (KAS6)**[898] unterstützen sollten.

Die Verfügbarkeit von Strukturvariablen zur Bewertung der Leistungsfähigkeit und darauf aufbauenden Selektion (FIT) von Agenten (AGN) sowie Kombinationen von Agenten (PAT), beeinflusst in KAS sowohl deren Fähigkeit zur flexiblen Selbstordnung als auch zur Erneuerung. Zum einen erlauben diese eine Bewertung und Auswahl geeigneter Interaktionspartner (AGN bzw. PAT) für bestimmte Transaktionen und unterstützen somit die durch Selbstorganisation entstehende Flexibilität von KAS. Darüber hinaus kann eine Bewertung entsprechender Anpassungs- bzw. Erneuerungsleistungen die Agenten in ihren Weiterentwicklungen unterstützen. Dies ist darin begründet, dass Rückschlüsse über die Eignung von Veränderungen (DIV) von Merkmalen (MKM) im Rahmen der existierenden Umwelt ermöglicht werden.[899] Übertragen auf den Kontext von SWP sollten diese zur Unterstützung der Selbstorganisation und Erneuerungsfähigkeit von Akteuren in SECO entsprechende **Möglichkeiten zur Bewertung Leistungen einzelner Akteure,** aber auch **Möglichkeiten zur Bewertung von Akteurskombinationen bei der Leistungserbringung bieten (KAS7).**[900]

---

897 Vgl. hinsichtlich der Identifizierbarkeit von Leistungen von Akteuren die Erläuterungen zur Principal-Agent-Theorie in Kapitel 4.4.2.2

898 Vgl. hinsichtlich der Merkmale von Akteuren die Erläuterungen zur PAT in Kapitel 4.4.2.2

899 Vgl. Tilebein (2004), S. 144 f.

900 In dieser Bewertung spiegelt sich der autopoetische Charakter von KAS wider. Vgl. Tilebein (2004), S. 36 f. und S. 135 f.

Unterstützung der Erneuerungsfähigkeit von SECO

Neben den vorgenannten Anforderungen, welche insb. Voraussetzungen für die Selbstordnungsfähigkeit und Flexibilität von SWP innerhalb bestehender Parameter formulieren, lassen sich bei Betrachtung der Strukturmerkmale von KAS weitere Anforderungen identifizieren. Diese versprechen einen zusätzlichen Beitrag zur Erneuerungsfähigkeit plattformzentrierter SECO.[901]

Grundlegende Voraussetzung für eine Weiterentwicklung von KAS ist die durch die Veränderungsregeln (VÄR) repräsentierte Modifizierbarkeit ihrer konstituierenden Agenten.[902] Sollen SWP eine ähnliche Weiterentwicklung von SECO und ihren Akteuren ermöglichen, so besteht ein Bedarf an der Bereitstellung von **softwaretechnischen Anpassungs- und Änderungsmöglichkeiten (KAS9)**. Damit Akteure, aufbauend auf vorhandenen softwaretechnischen Anpassungs- und Änderungsmöglichkeiten, in die Lage versetzt werden, Modifikationen vorzunehmen, sollte eine **Kommunikation** der entsprechenden **Anpassungs- bzw. Veränderungsmöglichkeiten der Softwareplattform,** bspw. durch das Lösungsmerkmal einer bereitgestellten Dokumentation, stattfinden **(KAS10)**. Die Veränderungsmöglichkeiten in SWP sollten sich auch in der Lizenzgestaltung widerspiegeln, um zu vermeiden, dass der technischen Änderungsfähigkeit rechtliche Hürden entgegenstehen.[903]

Um den Akteuren (AGN) eines SECO die Beurteilung von Anpassungs- und Veränderungsmaßnahmen (VÄR), aber auch die Auswahl verschiedener Realisierungsalternativen dieser Veränderungen zu ermöglichen, sollten, angelehnt an die Fitnesslandschaften und Selektionsmechanismen von KAS (FIT), welche Agenten erlauben, die Auswirkungen von Änderungen zu bewerten,[904] im Rahmen von SWP **Testmöglichkeiten zur Simulation und Evaluation von Auswirkungen von Anpassungs- bzw. Änderungsmaßnahmen** existieren **(KAS11)**.

Eine (konstruktive) Fehlerkultur im Rahmen von Anpassungs- und Änderungsmaßnahmen **(VÄR)** bedingt die Wandlungsfähigkeit von KAS.[905] Hierbei offenbart sich eine

901 Vgl. Tilebein (2004), S. 146
902 Vgl. Tilebein (2005), S. 278-281
903 Diese Überlegungen sind allerdings insb. bei der Ausgestaltung der Determinante der Governance des theoretischen Bezugsrahmens zu berücksichtigen. Vgl. Kapitel 3.3.3
904 Vgl. Tilebein (2004), S. 225-234
905 Vgl. Stüttgen (2003), S. 365-367

ambivalente Sichtweise der Ansätze der KAS auf Fehlerfälle. Als Ursache für die Entstehung möglicher negativer Kettenreaktionen werden diese zwar als potenzieller Risikofaktor für die Funktionsfähigkeit des Gesamtsystems betrachtet. Sie stellen jedoch gleichfalls eine mögliche Quelle für Variationen und Weiterentwicklungen im Sinne neuer Impulse(DIV) dar.[906] Hieraus ergibt sich die Anforderung der Verringerung möglicher negativer Konsequenzen von Fehlern, nicht jedoch die Anforderung, diese aufgrund ihres Beitrags zur Innovativität und Diversität (DIV), komplett zu verhindern. Überträgt man diese Erkenntnisse auf SWP, so sollten sich diese durch eine **Resilienz,** d. h. eine Toleranz **gegenüber fehlerbedingten Störungen** auszeichnen, um sowohl eine langfristige Innovationsfähigkeit und als auch Stabilität des Systems zu ermöglichen (KAS12).[907] Das Vorhandensein einer Resilienz kann verhindern, dass Akteure aufgrund eines potenziell zu hohen Risikos Veränderungsbestrebungen unterlassen. Somit kann diese einerseits dabei helfen, das Innovationspotenzial von Fehlern zu nutzen und andererseits das Bedrohungspotenzial von Fehlern für das Gesamtsystem zu senken. Diese Anforderung kann bspw. durch das Lösungsmerkmal einer losen Kopplung von über Schnittstellen gekapselten Subsystemen unterstützt werden.[908]

Ein weiteres Potenzial für die Entstehung von Veränderungen (VÄR) und Diversität (DIV) sowie nachgelagerten Verbesserungen in KAS stellen Lernmöglichkeiten sowie Routinen für die Generierung, den Austausch und Wissen zwischen den Akteuren dar. Ein Wissenstransfer über Schnittstellen (EXT) ermöglicht die Stimulation koevolutionärer Entwicklungen zwischen Agenten und unterstützt somit die Erneuerungsfähigkeit von KAS. Gleichfalls kann die Verfügbarkeit eines über Schnittstellen zu externen Akteuren (EXT) verbundenen gemeinsamen Wissens als dämpfende Komponente hinsichtlich der Vielfältigkeit von Agenten wirken, somit eine koordinative Wirkung entfalten und die Selbstordnungsfähigkeiten von KAS unterstützen.[909] Übertragen auf den Kontext von SECO kann impliziert werden, dass die Verfügbarkeit von Möglichkeiten zum Wissenstransfer zur Selbstordnungsfähigkeit und Erneuerungsfähigkeit beitragen kann. Die auf dieser Implikation aufbauenden **Anforderungen** an SWP lauten, dass diese **interorganisationale Routinen für die Generierung, den Austausch sowie die Kombination von Wissen zwischen den Akteuren bereitstellen** sollten, um die

906 Vgl. Tilebein (2004), S. 225-234 und Stüttgen (2003), S. 365-367
907 Vgl. Wieland, Wallenburg (2013), S. 301 und Tiwana (2014), S. 94 sowie S. 162-164
908 Vgl. Tiwana (2014), S. 93 f. und Picot, Baumann (2007), S. 221-228
909 Vgl. Tilebein (2004), S. 229

Koordination, aber auch (koevolutionäre) Weiterentwicklung von SECO an sich wandelnde Umwelten zu unterstützen **(KAS13)**. Darauf aufbauend sollten Möglichkeiten, welche das **Lernen einzelner Akteuren fördern**, vorgesehen werden **(KAS14)**.

Neben internen Quellen für Anpassungs- und Änderungsleistungen existieren in KAS externe Verknüpfungen (EXT) zu ihren Umwelten, welche als weitere Quelle der Stimulation von Veränderungen (VÄR) der Merkmale (MKM) von Agenten (AGN), aber auch der Abstimmung mit diesen Umwelten dienen können. So werden im Rahmen der Ansätze die Teilnahme an Märkten mit konkurrierenden Agenten sowie die Integration von externen, ggf. heterogenen Leistungen externer Agenten als Quellen von Innovationen genannt.[910] Aufbauend auf diesen Erkenntnissen lassen sich zwei **Anforderungen** an SWP zur Unterstützung wandlungsfähiger SECO ableiten. Zunächst sollten SWP in SECO den **Akteuren einen direkten Markzugang ermöglichen (KAS15)**. Die Verfügbarkeit eines direkten Marktzugangs verspricht neben der Stimulation von Innovationsfähigkeit auch eine Reduktion der Abhängigkeit von ggf. Marktzugänge innehabenden Akteuren. Letztere wurde bereits im Rahmen der Konflikttheorie diskutiert.[911] Außerdem sollten sich SWP über eine Offenheit gegenüber den Leistungen von Dritten auszeichnen, indem sie die **Verknüpfung von Leistungen innerhalb von SECO mit externen (innovativen) Leistungen ermöglichen (KAS16)**. Diese kann zu einer Stimulation der Innovationsfähigkeit von plattformzentrierten SECO führen.

Unterstützung der Komplexitätshandhabung in SECO

Die vorgenannten Anforderungen an SWP zeichnen sich durch Unterstützungspotenziale hinsichtlich der Flexibilität und Erneuerungsfähigkeit von plattformzentrierten SECO aus. Allerdings lässt sich bei der Analyse der vorgenannten Anforderungen deren möglicher Beitrag zu einer **Komplexitätssteigerung** in SECO identifizieren. Beispielhaft kann hier die Untergliederung von SWP in eine Vielzahl unterschiedlicher Teilsysteme, deren Entwicklung durch externe Einflüsse schnell zahlreiche Dynamiken auslösen kann, als Komplexitätstreiber genannt werden.[912] Den Ansätzen der KAS zufolge zeichnen sich jedoch KAS insb. dann durch eine langfristige Wandlungsfähigkeit

[910] Vgl. Tilebein (2004), S. 230-232
[911] Vgl. Lissack (1999), S. 118, Tilebein (2004), S. 230-232 und die Ausführungen zur Dependenz von Akteuren in Kapitel 4.4.2.6 (Konflikttheorien)
[912] Vgl. Picot, Baumann (2007), S. 229-234

aus, wenn es ihnen gelingt, Wandel zu verstetigen und gleichfalls eine Kohärenz ihrer Strukturen zu erlangen. Dies gelingt, wenn KAS sich durch eine dem Umfeld angemessene, ausbalancierte Komplexität auszeichnen.[913] Auch im Umfeld von SWP ist zu vermuten, dass eine hohe Komplexität und Dynamik sowie der daraus resultierende Druck zum laufenden Wandel ein Wettrüsten verursachen können.[914] Dies verhindert möglicherweise aufgrund kürzerer Innovationszyklen, dass Akteure die durch den Wandel entstehenden Entwicklungskosten amortisieren und ihre wirtschaftlichen Ziele erreichen.[915] Auch kann eine zu hohe Komplexität eine Einstiegshürde für externe Akteure darstellen, welche mit Rückgriff auf die Erkenntnisse der Theorien mehrseitiger Märkte zu vermeiden ist.[916] Die aus der Nebenbedingung einer angemessenen Komplexität von KAS abgeleitete **Anforderung** an SWP lautet, dass diese sich durch eine **Einfachheit,** welche als **eine dem Umfeld angemessene Komplexität** präzisiert wird, auszeichnen sollten **(KAS17)**.

In diesem Zusammenhang betonen die Ansätze darüber hinaus die Ambivalenz der Diversität (DIV) von Agenten (AGN). Die Diversität von Leistungen der Agenten kann, ihrem positiven Beitrag zur Wandlungsfähigkeit zum Trotz, auch ein Versagen des Gesamtsystems zur Folge haben: Entwickeln sich die Leistungen von Akteuren zu weit auseinander, so kann mangels Interoperabilität die Komposition einer funktionsfähigen Gesamtlösung erschwert bzw. verhindert werden.[917] Eine entsprechende Situation ist auch in plattformzentrierten SECO vorstellbar. Da sich die Diversität der Entwicklung von Leistungen unterschiedlicher Akteure nur schwer mittels direkter Eingriffe seitens eines zentralen Plattformanbieters in die Entwicklung steuern lassen, erscheint an dieser Stelle der Rückgriff auf die im Rahmen der KAS vorgeschlagene Harmonisierung von Aktivitäten von Agenten mithilfe von langfristigen Visionen und Zielvorgaben sinnvoll: Werden Akteuren die langfristigen Visionen und Ziele für die Weiterentwicklung einer Softwareplattform kommuniziert, so stellt dies ein extern vorgegebenes Mittel zur Bewertung und Selbstselektion (FIT) eigener geplanter Anpassungsleistungen (VÄR) für die Akteure (AGN) dar. Akteure können ihr Verhalten und Entwicklungsleistungen

913 Vgl. Zahn u.a. (2006), S. 141

914 Ein solches schädliches Wettrüsten wird als Red-Queen-Effekt bezeichnet. Vgl. Tiwana (2014), S. 39-41, Zahn u.a. (2006), S. 142 f. und Kauffmann (1995), S. 119-129

915 Vgl. Kauffmann (1995), S. 119-129 und Tilebein (2004), S. 122

916 Vgl. Kapitel 3.4.3

917 Vgl. Tilebein (2004), S. 229

entsprechend selbstorganisiert anpassen. Nachgelagert kann eine Dämpfung der Diversität (DIV) und inhärente Komplexität in einem SECO erwartet werden.[918] Hieraus ergibt sich die **Anforderung**, der **Kommunikation strategischer Ziele für die (Weiter-)Entwicklung der Softwareplattform** an die Akteure **(KAS18)**.

Die vorgenannten Anforderungen sollen, aufbauend auf den Erkenntnissen der KAS, insb. die Wandlungsfähigkeit von SECO unterstützen. Dieses übergeordnete Ziel lässt sich in die untergeordneten Ziele der Flexibilität und Erneuerungsfähigkeit unterteilen und den potenzialbezogenen Zielen auf SECO-Ebene zuordnen.[919] Da eine Ausbalancierung von Flexibilität durch Selbstordnung und Erneuerungsfähigkeit darüber hinaus auf ein sinnvolles Kosten- und Nutzenverhältnis abzielt, ist zusätzlich eine Unterstützung der wirtschaftlichen Ziele auf SECO-Ebene identifizierbar.[920] Die Ergebnisse der Analyse der Ansätze Komplexer Adaptiver Systeme und deren Implikationen für die Gestaltung von SWP sind zusammenfassend in Tabelle 16 dargestellt.

4.4.3 Synopse der Anforderungen an Softwareplattformen

Als Begründung der Ableitung von Anforderungen aus multitheoretischer Perspektive wird in Kapitel 4.4 das Ziel eines, im Vergleich zur atomistischen Betrachtung aus Perspektive einzelner theoretischer Ansätze, umfassenderen Gesamtbildes formuliert. Dieses Ziel kann, eine ausreichende Sorgfalt sowie ein vergleichbares Abstraktionsniveau bei der Deduktion vorausgesetzt, bereits durch die rein quantitative Betrachtung der in den vorangegangenen Kapiteln abgeleiteten Anforderungen als erreicht betrachtet werden.[921] Um jedoch ein für die QFD-basierte Ableitung von Gestaltungsempfehlungen verwertbares Gesamtbild von Anforderungen zu erhalten, sind die aus den einzelnen theoretischen Ansätzen abgeleiteten qualitativen Anforderungen inhaltlich zusammenzufassen.[922]

---

918 Vgl. Tilebein (2004), S. 228-234 und Stüttgen (2003), S. 369 f.

919 Vgl. Kapitel 3.4.2

920 Vgl. Zahn u.a. (2006), S. 141-143, Tilebein (2005), S. 275 f. und Kapitel 3.4.2

921 So wäre bei einer Ableitung von Anforderungen an SWP aus Perspektive eines theoretischen Ansatzes, wie bspw. der TAT eine geringere Anzahl an Anforderungen entstanden. Ebenfalls wäre eine Betrachtung von dynamischen Aspekten im Kontext der Wandlungsfähigkeit im Fall der Betrachtung aus dem isolierten Blickwinkel der TAT wahrscheinlich nicht erfolgt.

922 Forschungsmethodisch kann das Vorgehen als Triangulation der Erkenntnisse der qualitativen Querschnittsanalyse und logisch analytischen Analyse in Kapitel 4.4.2 eingestuft werden. Vgl. Kapitel 1.4

In Anlehnung an die Vorgehensweisen der Grounded Theory und KJ-Methode, welche zu einer Theoriebildung beizutragen versprechen, werden daher beginnend mit der ersten analysierten Theorie die jeweiligen Erkenntnisse, d. h. bei der Analyse der theoretischen Ansätze identifizierten Kernaussagen sowie davon abgeleitete Anforderungen an SWP, schriftlich festgehalten und auf Karten notiert (offen kodifiziert). Anschließend werden diese kodifizierten Kernaussagen mittels Affinitätsdiagrammen in Beziehung gesetzt sowie begrifflich und, soweit möglich, inhaltlich harmonisiert. Dies führt zu einer qualitativen Strukturierung der Anforderungskategorien (Dimensionalisierung).[923] Kann eine neue kodifizierte Aussage keiner der bisherigen Kategorien zugeordnet werden, so wird eine neue Anforderungskategorie gebildet. Zur Qualitätssicherung werden die Zwischenergebnisse jeweils nach Abschluss der Analyse eines theoretischen Ansatzes Forschern im Kontext von Unternehmenssoftware und des RE präsentiert und diskutiert. Parallel dazu werden die jeweiligen (Zwischen-)Ergebnisse jeweils mit real existierenden SWP kontrastiert. Die dargestellten parallelen Aktivitäten führen zu einer inhaltlichen Ergänzung und Strukturierung der Anforderungen an SWP, welche jeweils protokolliert werden.[924] Dieses Vorgehen trägt dazu bei, (zusätzliche) Anforderungen der einzelnen theoretischen Perspektiven zu identifizieren, zu integrieren und hierarchisch zu strukturieren. Aber auch einzelne kodifizierte Aussagen können bei Bedarf anstatt als Anforderungen in potenzielle Lösungsmerkmale von SWP umformuliert werden.[925]

Während das zuvor skizzierte Vorgehen zu einer integrativen multitheoretischen Sichtweise auf die Anforderungen an SWP in SECO beizutragen verspricht und durch die

---

923 Beispielhaft für die Harmonisierung des Vokabulars kann die der in den unterschiedlichen theoretischen Ansätzen verwendeten Begrifflichkeiten von „Akteuren“, „Agenten“, „Stakeholdern“, „Unternehmungen“, „Organisationseinheiten“ und „Organisationen“ genannt werden. Auf die vorgenommene Strukturierung von Anforderungen zu Anforderungskategorien soll im Nachfolgenden detailliert eingegangen werden. Vgl. zu den Vorgehensweisen der Grounded Theory Strübing (2008), S. 19-25 und Lamnek (2010), S. 98. Die Kodierung und Strukturierung von Kernaussagen auf Karten basiert auf der im Rahmen von QFD-Prozessen vorgeschlagenen KJ-Methode. Sie stellt eine systematisch-analytische Methode dar, um Zusammenhänge zwischen qualitativen Informationen zu identifizieren und zu strukturieren. Vgl. Herzwurm (2000), S. 208, Winkelhofer (2007), S. 180 f. und Saatweber (2007), S. 170

924 Die Dokumentation wurde mittels Fotos und Mindmaps sowie einer inhaltlichen Beschreibung der Anforderungen in Tabellenform vorgenommen.

925 Beispielhaft hierfür können die im Rahmen der Ansätze von KAS diskutierten Lösungsmerkmale des „modularen Aufbaus“, „Standards“ sowie der „Schnittstellen“ genannt werden, welche u.a. zur Erfüllung der Anforderung „Dekomposition in Subsysteme ermöglichen“ beitragen. Sie fließen daher in Kapitel 4.5 ein. Ihr Beitrag zur Erfüllung von Anforderungen wird ebenfalls an dieser Stelle präsentiert.

Hierarchisierung von Anforderungen in späteren Phasen zu einer Komplexitätsreduktion führen kann,[926] sind auch Nachteile dieses Vorgehens zu identifizieren. Durch die aktive Beteiligung des Forschers ist eine subjektive Beeinflussung von sich bspw. in ihren Erfahrungen, ihrer Sensibilität oder Erwartungen unterscheidenden Forschern nicht auszuschließen. Somit ist die Intersubjektivität und Wiederholbarkeit der Ableitung und Strukturierung qualitativer Anforderungen an SWP nicht zwangsläufig gewährleistet.[927] Zudem ist der Zeitaufwand für die skizzierte Vorgehensweise als verhältnismäßig hoch einzustufen. Dieser erhöhte Aufwand verstärkt die Problematik, dass entsprechende Praxisexperten nicht vollumfänglich für eine solche Vorgehensweise der Analyse von theoretischen Ansätzen, aber insb. für entsprechende Workshops zur Verfügung stehen.[928] Somit wird eine Anpassung des Vorgehens vorgenommen und ausschließlich die resultierenden Anforderungen an SWP mit Praxisexperten diskutiert. Diese Diskussion soll den Einschränkungen zum Trotz die intersubjektive Nachvollziehbarkeit der Ergebnisse sicherstellen.

Anforderungen an Softwareplattformen für Unternehmenssoftwareökosysteme	
A) Wandlungsfähigkeit im Zeitlauf	B) Usability (Übersichtlichkeit und Nutzbarkeit)
C) Reibungslose Zusammenarbeit zwischen Akteuren und Leistungen	D) Sicherheit und Zuverlässigkeit gewährleisten
E) Vermarktungspotenziale erhöhen	F) Innovationsfähigkeit unterstützen
G) Kommunikation zwischen den Akteuren verbessern	H) Selektion und Beurteilung von Akteuren ermöglichen
I) Suche und Identifikation von Leistungen bzw. Ressourcen	

Tabelle 17: Anforderungen an Softwareplattformen für Unternehmenssoftwareökosysteme[929]

Das Ergebnis der qualitativen inhaltlichen Strukturierung der Anforderungen an SWP in UNSECO aus multitheoretischer Sichtweise ist in Tabelle 17 dargestellt. Die Anforderungen sowie ihr Beitrag zu den Zielkategorien des theoretischen Bezugsrahmens

926 Nach Lamnek entstehen durch die Parallelisierung der zuvor beschriebenen Vorgehensweisen die Voraussetzungen für eine wirkliche, umfangreiche Theoriebildung. Vgl. Lamnek (2010), S. 98. Eine Komplexitätsreduktion kann bspw. durch den Vergleich von Korrelationen zwischen Anforderungen und Lösungsmerkmalen auf Gruppen- anstatt auf Einzelelementebene entstehen.

927 Vgl. Lamnek (2010), S. 103

928 Vgl. Kapitel 4.4

929 Quelle: Eigene Darstellung. Eine Mindmap mit den Anforderungskategorien zugeordneten Einzelanforderungen befindet sich im Anhang dieser Arbeit (Abbildung 29).

aus Kapitel 3 werden nachfolgend kategorienweise erläutert. Für eine detailliertere Begründung und Diskussion der Einzelanforderungen wird auf die jeweiligen Ausführungen zu den theoretischen Ansätze in den Kapiteln 4.4.2.2 bis 4.4.2.9 verwiesen.[930]

Die Anforderungskategorie ***Wandlungsfähigkeit im Zeitverlauf*** repräsentiert die Notwendigkeit der Anpassungs- und Veränderungsfähigkeit von SWP an die Herausforderungen turbulenter Umwelten wie bspw. SECO oder das weitere Umfeld von UNSW. Sie umfasst die aus den Erkenntnissen der KAS abgeleiteten Anforderungen der Verfügbarkeit von softwaretechnischen Anpassungs- und Änderungsmöglichkeiten durch die unterschiedlichen Akteure eines SECO (KAS9), sowie die Unterstützung der Dekomposition in lose gekoppelte Subsysteme (KAS1), welche sich ebenfalls in der Flexibilität der Lizenzierung von SWP widerspiegeln sollte (KAS9 und PAT5). Darüber hinaus sollten sich SWP durch Testmöglichkeiten zur Simulation und Evaluierung der Auswirkungen von Anpassungen und Änderungen (KAS11) sowie eine Resilienz, d. h. Toleranz gegenüber fehlerbedingten Störungen (KAS12), auszeichnen. Die daraus resultierende Änderbarkeit und Anpassungsfähigkeit ermöglicht es, insb. potenzialbezogene Ziele, wie bspw. die Flexibilität von Stakeholdern in SECO, zu unterstützen.

Desweiteren sollten sich SWP durch ***Usability (Übersichtlichkeit und Nutzbarkeit)*** auszeichnen. Diese Anforderungskategorie integriert die Implikationen der Ansätze KAS, der PAT sowie ATT und adressiert die vereinfachte Nutzbarkeit von SWP durch die Stakeholder. Dies beinhaltet die Anforderungen der Einfachheit, d. h. einer dem Umfeld angemessenen Komplexität (KAS17) und gesteigerten Transparenz von SWP (PAT1), der Kommunikation von Anpassungs- und Veränderungsmöglichkeiten an Dritte (KAS10) sowie strategischer Ziele für die Weiterentwicklung von SWP (KAS18). Zusätzlich soll durch die Förderung von plattform-spezifischen Investitionen der Akteure und Senkung von Eintrittsbarrieren (ATT2) die Nutzbarkeit von SWP durch die unterschiedlichen Stakeholder und nachgelagert das Erreichen der alle Zielkategorien unterstützt werden.

Hieran schließt die Anforderungskategorie der ***reibungslosen Zusammenarbeit zwischen den Akteuren (Interaktion und Interoperabilität)*** an. Basierend auf den Erkenntnissen der KFT, KAS, der ressourcenbasierten Ansätze, des RV sowie des RAA

930 Das Auffinden der entsprechenden Erläuterungen in den jeweiligen Unterkapiteln soll durch die Nennung der entsprechenden, im Rahmen von Kapitel 4.4.1 identifizierten, Anforderungsnummern in Klammern erleichtert werden.

sollten SWP eine reibungslose Zusammenarbeit der relevanten Akteure unterstützen. Hierzu sollen die Anforderungen der Reduzierung von Interdependenzen zwischen den Leistungen unterschiedlicher Akteure (KFT1, KAS2), der Reduzierung von Machtgefällen (Dependenzen) zwischen Akteuren (KFT2) durch die die Austauschbarkeit alternativer Ressourcen (RAA2) und der Interoperabilität von Ressourcen unterschiedlicher Akteure (RBV2, RV1, KAS3) erfüllt werden. Desweiteren sollte eine Unterstützung der Leistungsvereinbarung zwischen Akteuren (TAT3) durch SWP erfolgen. Diese Anforderungen zielen auf die reibungslose, konfliktreduzierte Interaktion von Akteure und Leistungen in SECO ab. Sie unterstützen daher das gemeinsame Erreichen der potenzialbezogenen und wirtschaftlichen Ziele von Akteuren.

Die Anforderungskategorie ***Sicherheit und Zuverlässigkeit gewährleisten (Safety und Security)*** fasst die Implikationen der TSD, TAT sowie des RBV, RV, RAA zum Schutz vor Risiken der Partizipation in SECO zusammen. Dieser Schutz sollte durch die Erfüllung der Anforderungen des Schutzes von partnerspezifischen Ressourcen (RBV4, RBV5, TSD1), aber auch relationsspezifischen Ressourcen (RV6, RV7) vor Imitierbarkeit, Substituierbarkeit, aber auch Vandalismus unterstützt werden. Desweiteren sollten sich SWP durch eine hohe Zuverlässigkeit auszeichnen (RV3, RAA3). Die technische Verfügbarkeit von verteilten Leistungen (RV2) und eine Unterstützung der Kontrolle der Leistungserbringung von Akteuren (TAT4) sollten ebenfalls gewährleistet werden. Die Erfüllung dieser Anforderungen trägt aufgrund ihres Charakters zur Unterstützung potenzialorientierter Ziele bei.

Die Anforderungskategorie ***Vermarktungspotenziale erhöhen*** integriert die bei der Analyse der ATT sowie KAS formulierten Anforderungen zur Steigerung der Einkünfte von Akteuren durch zusätzliche Einnahmequellen und Absatzkanäle (ATT1), Möglichkeiten eines direkten Marktzugangs (KAS15) sowie Differenzierungs- bzw. Spezialisierungsmöglichkeiten für Akteure (KAS8). Sie sollten diesen Möglichkeiten zur Steigerung eigener Umsätze, der Reduktion von Abhängigkeiten durch eigene Möglichkeiten des Marktzugangs sowie die Stimulation der Weiterentwicklung und Bewertung von Leistungen bieten. Sie tragen zur Erfüllung von potenzialbezogenen, markterfolgsbezogenen und wirtschaftlichen Zielen bei.

Die Anforderungskategorie ***Innovationsfähigkeit unterstützen*** konstituiert sich aus den Erkenntnissen der ressourcenbasierten Ansätze (RBV und KBV), des RV und der Ansätze KAS zur Bedeutung und nachhaltigen Steigerung der Innovationsfähigkeit.

Nach diesen Ansätzen sollten SWP Routinen für die (gemeinsame) Generierung, den Austausch und die Kombination von Wissen (Wissensmanagement) bereitstellen (RBV3, RV4, KAS13) sowie das Lernen von Akteuren fördern (KAS14). Außerdem sollten SWP für interne und externe Innovatoren offen stehen (RV5) und die Verknüpfung von SECO-Ressourcen mit externen Leistungen ermöglichen (KAS16). Die Erfüllung dieser Anforderungen wirkt langfristig positiv auf die Innovationsfähigkeit von plattformzentrierten UNSECO und somit auf das Erreichen potenzialbezogener Ziele.

Die Kategorie ***Kommunikation zwischen Akteuren verbessern*** verleiht der im Rahmen des RAA, der TSD sowie KFT thematisierten Bedeutung einer verbesserten Kommunikation zwischen den Akteuren für die Kollaboration, Konfliktvermeidung bzw. -regelung und dem dadurch zu beeinflussenden Erfolg von Kooperationen in SECO Ausdruck. Eine verbesserte Kommunikation kann, den Erkenntnissen der Ansätze zufolge, durch die Verfügbarkeit von direkten Kommunikationsmöglichkeiten (KAS14, RAA4, RAA4.1) bzw. Kommunikationskanälen (TSD2, KFT3, KFT3.1) erreicht werden. Durch die Erfüllung dieser Anforderungen ist eine positive Wirkung auf alle Zielkategorien des theoretischen Bezugsrahmens zu prognostizieren.[931]

Die Anforderungskategorie ***Suche und Identifikation von Leistungen bzw. Ressourcen*** fasst die Implikationen der TAT, PAT, ressourcenbasierten Ansätze, des RAA und KAS zusammen, nach denen SWP das Auffinden geeigneter, nicht selbst zu erbringender Leistungen unterstützen sollten. Sie konstituiert sich aus den Anforderungen zur Unterstützung der Suche und Identifikation von (nicht selbst zu erbringenden) Leistungen (TAT1, PAT4, RBV1, KAS5) von Akteuren sowie der zentralen Softwareplattform (PAT2). Zur Reduktion von Abhängigkeiten und deren negativer Folgen sind entsprechende Möglichkeiten zur Identifikation alternativer Ressourcen (RAA1) sowie zur Bewertung von Leistungen bereitzustellen, um die Wahrscheinlichkeit von Agenturproblemen zu senken (PAT4). Aufgrund der engen inhaltlichen Verknüpfung dieser Anforderungen mit den Ansätzen der neuen Institutionenökonomie (PAT und TAT) lässt sich durch deren Erfüllung eine positive Wirkung auf die potenzialbezogenen und wirtschaftlichen Ziele des Bezugsrahmens prognostizieren.

Die letzte Anforderungskategorie ***Beurteilung und Selektion von Akteuren ermöglichen (Vertrauen)*** ist thematisch mit der vorgenannten Anforderungskategorie zur

[931] Vgl. Kude (2012), S. 44 ff.

Unterstützung der Identifikation von Leistungen verbunden. Sie fasst die Implikationen der TAT, PAT, TSD und KAS zur Auswahl geeigneter Interaktions- und Transaktionspartner in SECO zusammen. Ihr sind die Anforderungen Suche und Identifikation von Akteuren (TAT2), Herstellung von Transparenz über deren Eigenschaften (PAT3, TSD3, KAS6) sowie Bewertung von einzelnen Akteuren bzw. Akteurskombinationen zuzuordnen (KAS7). Diese sollen durch eine Unterstützung der Auswahl geeigneter Partner für die Kollaboration in SECO die Erfüllung potenzialbezogener, markterfolgsbezogener und wirtschaftlicher Ziele ermöglichen.

Auf Basis der Ergebnisse von Kapitel 4.4 lässt sich die FF 2 dieser Arbeit dahingehend beantworten, dass sich SWP für UNSECO durch eine Erfüllung der vorgenannten Anforderungskategorien und Einzelanforderungen auszeichnen sollten, um die Ziele der Stakeholder für die Partizipation in SECO zu unterstützen. Wie aus den Erläuterungen von Kapitel 3.4.3 hervorgeht, erscheint jedoch in Bezug auf die situative Gestaltung von SWP eine Priorisierung und Evaluation dieser Anforderungen durch die jeweiligen Stakeholdergruppen notwendig. Die Anforderungen sollen zunächst in die Ableitung generischer Gestaltungsempfehlungen im Rahmen der QFD-basierten Vorgehensweise dieser Arbeit eingehen und in Kapitel 5 priorisiert werden. Darauf aufbauend können situativ geeignete Gestaltungsempfehlungen im Sinne umzusetzender Lösungsmerkmale von SWP zur Erfüllung der Anforderungen (Ersatzeffizienzkriterien) ausgesprochen werden.

4.5 Lösungsmerkmale von Softwareplattformen

Nach der multitheoretischen Herleitung und Harmonisierung von Anforderungen an SWP und (partiellen) Beantwortung von FF 2 soll im folgenden Kapitel die Darstellung potenzieller Lösungsmerkmale von SWP zur Erfüllung dieser Anforderungen stattfinden. Dies beinhaltet das Aufzeigen der Vorgehensweise ihrer Identifikation, ihre Erläuterung sowie die Darstellung ihrer Unterstützungspotenziale hinsichtlich der Anforderungen an SWP, um im nachfolgenden Schritt begründete Gestaltungsempfehlungen ableiten zu können.

4.5.1 Identifikation und Kategorisierung von Lösungsmerkmalen

Für die Identifikation potenzieller Lösungsmerkmale zur Erfüllung der Anforderungen an SWP für UNSECO bedient sich diese Arbeit einer Quellen- und Methodentriangulation.[932] Die zur multiperspektivischen Forschungskonzeption dieser Arbeit konsistente Begründung für den Einsatz der Triangulation in diesem Kapitel schließt an die Diskussion zur Identifikation von Anforderungen in Kapitel 4.4 an: Mangels Verfügbarkeit einer ausreichenden Anzahl verfügbarer zu befragender Teilnehmer sowie des Zugriffs auf entsprechende entwicklungsnahe Dokumente seitens der SWPA, scheiden diese als Quellen zur Identifikation potenzieller Lösungsmerkmale von SWP aus. Desweiteren soll im Rahmen dieser Arbeit eine systematische Herleitung generalisierbarer Ergebnisse, welcher zu einer Theoriebildung beitragen können, erfolgen. Der isolierte Einsatz von Interviews bzw. Workshops mit stark subjektiv geprägten Ergebnissen kann aufgrund dieser Ausgangslage als wenig zielführend eingestuft werden. Dahingegen liefert die existierende wissenschaftliche Literatur bereits fragmentierte Hinweise zu Lösungsmerkmalen von SWP.[933] Aufgrund der wachsenden Bedeutung des Phänomens von SECO ist zudem eine steigende Anzahl von Veröffentlichungen im Kontext zu erwarten.[934] Auch existiert im realen Umfeld von UNSW, aber auch mobiler Smartphone-Betriebssysteme, eine begrenzte Anzahl von SWP, durch deren Beobachtung und Analyse Lösungsmerkmale identifiziert werden können, obwohl kein direkter Zugriff auf interne Entwicklungsdokumente besteht.[935] Da jedoch der Abdeckungsgrad dieser fragmentierten Quellen zur Identifikation von die Anforderungen erfüllenden Lösungsmerkmalen als nicht ausreichend eingestuft wird, soll einer durch

[932] Vgl. Kapitel 1.4. Durch die Betrachtung aus unterschiedlichen, idealerweise als gleichwertig eingestuften Perspektiven, soll ein prinzipieller Erkenntniszuwachs gegenüber der Betrachtung aus einer singulären Perspektive ermöglicht werden. Im Rahmen der Datentriangulation wird durch die Nutzung unterschiedlicher Datenquellen oder verschiedenartige Daten aus derselben Quelle versucht, erweiterte Erkenntnisse zu erlangen und die verschiedenen Schwächen unterschiedlichen Datenmaterials auszugleichen. Bei der Methodentriangulation findet die Kombination verschiedener Methoden aus unterschiedlichen Forschungsansätzen mit dem Ziel der systematischen Erweiterung des Erkenntnisgewinns einer Einzelmethode statt. Im Rahmen der Forschung können die unterschiedlichen Formen der Triangulation kombiniert werden. Vgl. Flick (2011), S. 12, S. 41 und S. 48 f. sowie Lamnek (2010), S. 250 f. Neben der im Rahmen dieses Kapitels verwendete Methoden der Methoden- und Datentriangulation können weitere Formen der Triangulation unterschieden werden: Die Forschertriangulation sowie die Theorientriangulation. Die Forschertriangulation sieht den Einsatz unterschiedlicher Forscher zur Reduktion subjektiver Verzerrungen vor. Bei der Theorientriangulation findet eine multitheoretische Betrachtung des gleichen Phänomen bzw. derselben Daten statt. Vgl. Flick (2011), S. 12-17. Aus Sichtweise der Triangulation kann die multitheoretische Ableitung von Anforderungen in den Kapiteln 4.4.2.2 bis 4.4.2.9 als Theorientriangulation betrachtet werden. Die Möglichkeit der Kompensation von Schwächen methodischer Art, des Datenmaterials sowie das Erreichen der Ziele der Objektivität und Validität werden allerdings in der Literatur angezweifelt. Vgl. Lamnek (2010), S. 250 und S. 257 ff. sowie Denzin (1989), S. 246. Sie sind daher nicht Ziel der Triangulation im Rahmen dieser Arbeit. Vielmehr liegt das Interesse in der Generierung eines geeigneten, breiteren Spektrums an Lösungsmerkmalen von SWP.

[933] Vgl. die Darstellung zum Stand der Forschung in Kapitel 1.2

[934] Vgl. Hanssen, Dybå (2012)

[935] Bspw. können Beschreibungen der Funktionalitäten, Roadmaps, Dokumentationen oder Testzugänge zur (zeitlich oder funktional eingeschränkten) Nutzung von SWP herangezogen werden.

Triangulation gestützten Identifikation von Lösungsmerkmalen von SWP der Vorzug gegeben werden.[936]

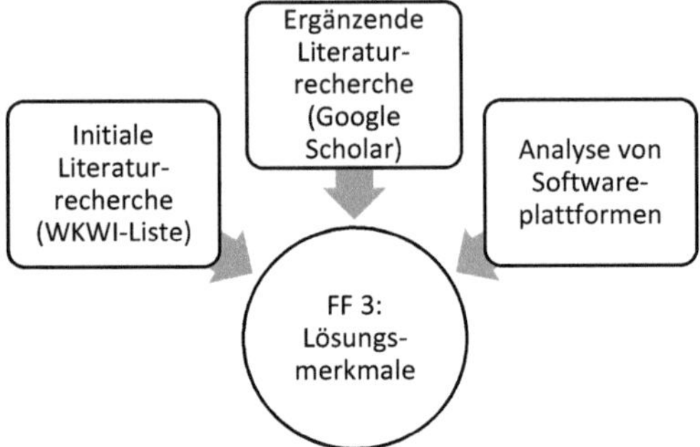

Abbildung 28: Quellen- und Methodentriangulation zur Identifikation von Lösungsmerkmalen[937]

Das in Abbildung 28 dargestellte aus diesen Vorüberlegungen resultierende Vorgehen kann forschungsmethodisch als qualitative Querschnittsanalyse und Triangulation der Quellen interpretiert werden.[938] Als Quellen für die Identifikation von Lösungsmerkmalen dienen Dokumente, genauer wissenschaftliche Veröffentlichungen, sowie zu beobachtende SWP. Somit findet eine Quellentriangulation zwischen wissenschaftlicher Literatur und in der Praxis beobachtbarer SWP statt. Diese Quellentriangulation impliziert eine Methodentriangulation von Literaturanalyse sowie der Analyse von SWP.[939] Die übergeordnete Fragestellung (FF 3) bei der Identifikation von Lösungsmerkmalen an SWP lautet hierbei: „Welche potenziellen Lösungsmerkmale existieren, um die Anforderungen an Softwareplattformen in UNSECO zu erfüllen?" Der Fokus liegt dabei aufgrund der Fragestellung nicht auf der Exploration aller potenziell vorstellbaren bzw. technisch machbaren Lösungsmerkmale von SWP. Vielmehr sollen, den QFD-Prinzipien folgend, insbesondere solche Lösungsmerkmale identifiziert werden, welche in

936 Zwar können aus einer Triangulation verschiedener Quellen und Methoden auch widersprüchliche Ergebnisse resultieren. Vgl. Lamnek (2010), S. 259 f. Diese können jedoch im Falle von Lösungsmerkmalen als unterschiedliche Gestaltungsalternativen von SWP eingestuft werden. Da anzunehmen ist, dass diese in der Realität oftmals ebenfalls konfliktbehaftet diskutiert werden, wird dieser potenziell aus der Triangulation resultierenden Problematik eine gegenüber dem umfassenderen Ergebnis an Lösungsmerkmalen geringere Bedeutung zugemessen.

937 Quelle: Eigene Darstellung

938 Vgl. Kapitel 1.4

939 Genau genommen ist im Rahmen des RE nicht von „Methoden" zur Erhebung von Anforderungen bzw. Lösungsmerkmalen, sondern von „Aktivitäten" bzw. „Techniken" die Rede. Vgl. Pohl (2008), S. 311 ff. Diese entsprechen jedoch inhaltlich dem Methodenbegriff der qualitativen Sozialforschung, wie aus dessen Beschreibungen in Lamnek (2010) hervorgeht.

besonderem Maße zu einer Erfüllung der zuvor erarbeiteten Anforderungen an SWP beitragen.[940]

- **Initiale Literaturrecherche:** Im Rahmen einer ersten Literaturanalyse, welche sich an den Richtlinien einer Literaturrecherche nach Webster orientiert,[941] können innerhalb der Suchbasis, als welche die WI-Journalliste der Wissenschaftlichen Kommission für Wirtschaftsinformatik (WKWI) mit Stand vom 27.02.2008[942] sowie die im Rahmen der darin gelisteten Zeitschriften sowie Konferenzen im Zeitraum Anfang 1998 bis Anfang 2013 veröffentlichten Beiträge festgelegt wird, 75 Beiträge identifiziert werden, die Hinweise auf entsprechende Lösungsmerkmale enthalten.[943] Sie sind im Anhang dieser Arbeit gelistet.[944]
- **Ergänzende Literaturrecherche:** Im Rahmen der ersten Literaturanalyse wird die Erkenntnis gewonnen, dass zu Beginn des zu analysierenden Zeitraumes eine verhältnismäßig geringe Anzahl an Quellen mit Hinweisen zu möglichen Lösungsmerkmalen existiert, während ein Anstieg dieser zum Ende des zu analysierenden Zeitraums hin zu verzeichnen ist. Daraus wird nach Absicherung durch Gespräche mit entsprechenden Fachexperten geschlossen,[945] dass es sich bei dem untersuchten Forschungsgebiet um ein sich entwickelndes Gebiet handelt, in dem weitere Veröffentlichungen zu erwarten sind. Auf dieser Erkenntnis aufbauend wird entschieden, die Literaturanalyse durch eine ergän-

---

940 Vgl. Herzwurm (2000), S. 214

941 Vgl. Webster, Watson (2002), S. XIII-XXIII

942 Vgl. Heinzl u.a. (2008), S. 160-163

943 Hierbei wurden die offen gehaltenen Suchbegriffe „product platform", „industry platform", „complementor", „software ecosystem", „platform ecosystem", „platform Market", „two-sided market", „multisided market", „two-sided platform", „multi-sided platform", „computing platform", „platform" sowie ihre deutschsprachigen Übersetzungen „Produktplattform", „Branchenplattform", „Komplementoren", „mehrseitige Plattform", „mehrseitige Industrieplattform", „Plattformmärkte", „zweiseitige Märkte", „Computingplattform", „Software Plattform", „Softwareplattformen", „Softwareökosystem", „Softwäre Ökosystem", „Plattformökosystem" verwendet und die resultierenden Quellen auf enthaltene Hinweise zu Lösungsmerkmalen analysiert. Auf eine Eingrenzung der Suchbasis durch „UND-Verknüpfungen" mit Suchbegriffen wie „Features", „Merkmale" bzw. „Lösungsmerkmale" wurde verzichtet, um die als gering eingestufte Basis an Quellen nicht weiter zu reduzieren. Der als relevant erachtete Suchzeitraum wurde initial auf alle Beiträge seit 1998 festgelegt, nachdem die früheste im Rahmen einer Vorstudie identifizierte Arbeit im Kontext aus diesem Jahr stammt.

944 Vgl. Tabelle 45

945 Beispielhaft hierfür können die Diskussionen mit entsprechenden Fachexperten auf dem European Workshop on Software Ecosystems (EWSECO) in Walldorf in den Jahren 2012 und 2013 sowie auf der International Conference on Software Business (ICSOB) 2013 in Potsdam genannt werden.

zende laufende Recherche mit identischen Suchbegriffen innerhalb der Datenbank Google Scholar fortzuführen (Quellentriangulation).[946] Die Auswahl von Google Scholar ist darin begründet, dass diese Datenbank lt. Mayr durch ihre Einbeziehung zusätzlicher Quellen, wie bspw. Open Access-Datenbanken gegenüber anderen Datenbanken komplementäre Hinweise im Kontext dieser Arbeit in Bezug auf Lösungsmerkmale verspricht.[947] Diese zweite Literaturanalyse, welche sich auf die Analyse der von Google Scholar identifizierten Quellen beschränkt, wird im Zeitraum Februar 2012 bis Februar 2014 mit identischen Suchbegriffen durchgeführt. Sie liefert zusätzliche 49 Quellen, vorwiegend aus den Jahren 2012 und später, die im Anhang dieser Arbeit gelistet sind.[948]

- **Analyse von SWP:** Parallel zur Literaturanalyse werden existierende SWP im Bereich von UNSW und mobiler Betriebssysteme anhand der frei über sie verfügbaren Informationen und Testzugänge analysiert, um potenzielle Lösungsmerkmale zu identifizieren (Methoden- und Quellentriangulation).[949]

Die Ergebnisse (Lösungsmerkmale) der in Abbildung 28 dargestellten Quellen- und Methodentriangulation werden anschließend harmonisiert und zu Lösungsmerkmalskategorien strukturiert. Das Vorgehen ist analog zur in Kapitel 4.4.3 beschriebenen, durch die KJ-Methode und Affinitätsdiagrammen unterstützten, Vorgehensweise auf Anforderungsseite und resultiert in den in Tabelle 18 dargestellten Lösungsmerkmalskategorien, welche in den Kapiteln 4.5.2 bis 4.5.19 präzisiert werden.

---

946 Hierbei wurden die Funktionalität der „Benachrichtigungen“ von Google Scholar genutzt, welche Veröffentlichungen zu relevanten Suchbegriffen aggregieren und via E-Mail an die Nutzer senden. Systembedingt wurde hierbei eine Einschränkung auf max. 20 zu listende Veröffentlichungen je Benachrichtigung vorgenommen.

947 Vgl. Mayr (2009), S. 26 f. Mayr bemerkt jedoch, dass sich durch die Öffnung Google Scholars gegenüber der Open Access-Datenbanken, im Unterschied zu Fachdatenbanken und Konferenzbeiträgen mit ihren relativ hohen Anforderungen an die Dokumentenqualität (bspw. durch die rigorosere Ausgestaltung von „peer reviews“) Einschränkungen in der Rigorosität der Literaturanalyse ergeben. Nach Abwägung mit der Alternative, keine ausreichende Anzahl an Literaturquellen zur Identifikation potenzieller Lösungsmerkmale von SWP heranziehen zu können, wird jedoch einer Nutzung von mittels Google Scholar identifizierten Beiträgen der Vorzug gegeben. Als Konsequenz werden bei der Selektion geeigneter Beiträge für die Identifikation von Lösungsmerkmalen solche mit als nicht ausreichend erachteten Review-Prozessen aus der weiteren Analyse ausgeschlossen.

948 Vgl. Tabelle 46 im Anhang dieser Arbeit

949 Es wurden u.a. nachfolgende SWP analysiert (Nennung in alphabetischer Reihenfolge): Apple iOS, Google Android, Microsoft Dynamics AX, CRM und NAV, Microsoft Windows Azure und Mobile, openERP, Oracle Fusion, Sage ERP X3, Salesforce force.com bzw. salesforce1, SAP Business ByDesign, Business Suite und HANA sowie deren aufgrund der nicht trennscharfen Abgrenzbarkeit von SWP umgebende komplementäre Funktionalitäten wie bspw. die Entwicklerplattform „Developer Garden“ der Deutschen Telekom.

Lösungsmerkmalskategorien von Softwareplattformen	
A) Kommunikation der Strategie	B) IT-Support und Services
C) Trainings	D) Schnittstellen
E) Standards	F) Modulare Softwarearchitektur
G) Benutzeroberfläche (UI)	H) Sicherheitsmechanismen
I) Entwicklerwerkzeuge	J) Vertrauensfördernde Maßnahmen
K) Dokumentation	L) Test- und Feedbackmöglichkeiten
M) Social Media Unterstützung	N) Transaktionsunterstützung
O) Marketingunterstützung	P) Wissensbasen
Q) Lizenzierung	R) Community-Veranstaltungen

Tabelle 18: Lösungsmerkmalskategorien von Softwareplattformen in Unternehmenssoftwareökosystemen[950]

Auf diesen Ergebnissen aufbauend erfolgt zur Bildung der HoQ-Matrix eine Ermittlung der Korrelationswerte zwischen den Anforderungen sowie den Lösungsmerkmalen von SWP, sowohl auf Einzel- als auch Kategorienebene.[951] D. h., die Untersuchung der Auswirkungen unterschiedlicher Erfüllungsgrade jedes einzelnen Lösungsmerkmals auf die Stakeholderzufriedenheit bezüglich der einzelnen Anforderungen. Die jeweils zu beantwortende Fragestellung lautet, inwiefern die verbesserte Umsetzung eines Lösungsmerkmals „zwingend und erheblich“ (9), „merkbar“ (3), „eventuell / mäßig“ (1) oder „gar nicht bzw. nur indirekt“ (0), zu einer höheren Zufriedenheit hinsichtlich der jeweils gegenübergestellten Anforderung an SWP beizutragen verspricht.[952] Bei der Beantwortung dieser Frage und Bildung der quantitativ bewerteten Korrelationen werden die im Rahmen der Literaturanalyse gewonnenen Erkenntnisse zugrunde gelegt. Der zum Resultat zugehörige, jeweils in Klammern angegebene Wert wird, in die HoQ-Matrix eingetragen und abschließend mit anderen Forschern im Kontext diskutiert. Auf die Diskussion jedes einzelnen Korrelationswertes mit allen Stakeholdergruppen wird aufgrund der gegebenen Rahmenbedingungen verzichtet. Nach Vervollständigung der HoQ-Matrix erfolgt ein Review der Matrixstruktur auf Degeneration, um unerfüllte Anforderungen sowie Lösungsmerkmale, welche zu keiner Anforderungserfüllung beitragen, zu vermeiden.[953] Die Korrelationen der HoQ-Matrix stellen Thesen über die Wirkungszusammenhänge zwischen Lösungsmerkmalen und Anforderungen

[950] Quelle: Eigene Darstellung
[951] Vgl. Herzwurm (2000), S. 260-263
[952] Vgl. ISO/CD 16355-1 (2014)
[953] Hierzu wird die auf den Vorarbeiten von Bicknell und Bicknell, King sowie Nakui aufbauende Checkliste zur Review der Matrixstruktur in Herzwurm (2000), S. 262 herangezogen.

an SWP dar, welche als Basis für die Herleitung von Gestaltungsempfehlungen dienen können.

Wie eingangs dieses Kapitels erwähnt, findet eine Konzentration auf Lösungsmerkmale, welchen aufgrund den Erkenntnissen dieser Arbeit eine besondere Relevanz für die Erfüllung von Anforderungen an SWP und somit deren Gestaltung beigemessen wird, statt. Eine vollumfängliche Darstellung des potenziellen Lösungsraums zur Gestaltung von SWP wird im Rahmen dieser Arbeit aus Komplexitätsgründen als wenig sinnvoll erachtet. In der HoQ-Matrix sind im Detail 37 Anforderungen in 9 Anforderungskategorien sowie 79 Lösungsmerkmale in 18 Lösungsmerkmalskategorien sowie deren Korrelationen enthalten. Da deren vollumfängliche Darstellung sowohl auf Kategorien- als auch Einzelebene in der vergleichenden Darstellung von 3085 (=37*79 + 9*18) zu beschreibenden Korrelationen resultieren würde, erfolgt im Nachfolgenden eine Darstellung der als relevant erachteten Korrelationen auf Kategorienebene. Hierzu werden zunächst die einzelnen Lösungsmerkmale der jeweiligen Kategorien präsentiert und im Anschluss ihr Beitrag zur Unterstützung der im Rahmen von Kapitel 4.4 formulierten Anforderungen an SWP in UNSECO aufgezeigt. Für weitergehende Details wird auf die vollständige Matrix im Anhang dieser Arbeit verwiesen.[954]

4.5.2 Kommunikation der Strategie

Legende: **Die verbesserte Umsetzung von Lösung [ZEILE] führt** **9 : zwingend und erheblich** **3 : merkbar** **1 : eventuell / mäßig** **0 : gar nicht oder nur indirekt** **zu höherer Zufriedenheit hinsichtlich der der Anforderung [SPALTE].**	**Anforderungskategorien**	**Wandlungsfähigkeit im Zeitverlauf**	**Usability (Übersichtlichkeit und Nutzbarkeit)**	**Reibungslose Zusammenarbeit zwischen Akteuren+Leistungen**	**Sicherheit und Zuverlässigkeit gewährleisten**	**Vermarktungspotenziale erhöhen**	**Innovationsfähigkeit unterstützen**	**Kommunikation zw. Akteuren verbessern**	**Beurteilung und Selektion von Akteuren**	**Suche + Identifikation von Leistungen**
Lösungsmerkmalskategorien										
A Kommunikation der Strategie		**1**	**3**	**3**		**1**				**1**

Tabelle 19: Unterstützung der Anforderungen durch die Lösungsmerkmale der Kategorie Kommunikation der Strategie[955]

Die Kategorie ***A) Kommunikation der Strategie*** umfasst die Lösungsmerkmale *Entwicklungsroadmap (A.1)*, *Kommunikation des Scope der Kernplattform (A.2)*, *Statement of Direction (A.3)* sowie *Bekanntgabe von Richtlinien zum Produktlebenszyklus*

954 Vgl. Tabelle 50 und Tabelle 51

955 Quelle: Eigene Darstellung

und Produktsupport von SWP (A.4). Diese ermöglichen die Kommunikation der mittel- bis langfristigen Strategie von SWP bzw. des SWPA. Entwicklungsroadmaps beschreiben die mittel- bis langfristig geplanten Ziele und Veränderungen in der Entwicklung von (Software-)Produkten, zugrunde liegender Technologien oder hinsichtlich der Verfügbarkeit von Funktionalitäten der SWP.[956] Die Festlegung und Bereitstellung von Informationen über den (geplanten) Leistungsumfang von SWP und die Abgrenzung gegenüber nicht durch die SWP zu erbringenden Leistungen werden unter dem Lösungsmerkmal Kommunikation des Scope der Kernplattform subsumiert.[957] Das Statement of Direction (SOD) ist ein Lösungsmerkmal, um die Vision und Strategie des Managements von Plattformanbietern in Bezug auf die (zukünftige) Entwicklung und Releasezyklen der SWP zu kommunizieren.[958] Die Umsetzung von Lösungsmerkmalen dieser Kategorie kann die Nutzbarkeit von SWP steigern, indem einerseits durch Aufzeigen von Zielen, (zukünftigen) Merkmalen und Entwicklungen die Transparenz über Funktionalitäten und Eigenschaften der zentralen SWP für die Stakeholder im SECO erhöht wird. Endkunden erhalten durch diese einen Überblick über die angebotenen Leistungen der SWP. Zudem können die Akteure durch frühzeitiges Aufzeigen der Vision und Strategie sowie von Releasezyklen die Entwicklungstendenzen der SWP antizipieren, ihre eigenen Tätigkeiten in SECO entsprechend an die zentraler SWPA anpassen und ggf. Überschneidungen oder Konkurrenzsituationen vermeiden.[959] Somit sind positive Wirkungen dieser Lösungsmerkmale in Bezug auf die Wandlungsfähigkeit, reibungslose Zusammenarbeit und Vermarktungspotenziale zu prognostizieren, da die Stakeholder sich frühzeitig auf Änderungen einstellen können.[960]

---

956 Vgl. Jansen u.a. (2012), S. 1499 und die Hinweise zum Beitrag des Roadmappings in Nagel, Mieke (2014), S. 55-59

957 Vgl. Cusumano, Gawer (2002), S. 54 f. und Meyer, Seliger (1998), S. 72

958 Beispielhaft für solche SOD können die Dokumente von Microsoft oder SAP genannt werden, welche Partnern und Kunden öffentlich bereitgestellt werden. Im Rahmen dieser Statements bezieht das leitende Management Stellung zu den Visionen, Zielen und weiteren Entwicklungen für bestimmte Produkte und Plattformen. Auch wird die den Akteuren durch den SWPA zugedachte Rolle aufgezeigt. Das Dokument enthält zudem eine Roadmap sowie Informationen zu Release-Zyklen, Abkündigungen sowie Wartungszeiträumen, welche es den jeweiligen Akteuren ermöglichen, ihre jeweiligen Aktivitäten (z.B. kundenseitige Updates auf neue Versionen oder die Bereitstellung von funktionalen Erweiterungen für die SWP) zu planen. Vgl. beispielhaft Microsoft Dynamics CRM Team (2009), URL siehe Literaturverzeichnis und SAP (2012), URL siehe Literaturverzeichnis.

959 Vgl. Cusumano, Gawer (2002), S. 54 f., Bosch (2009), S. 118 Jansen u.a. (2012), S. 1499

960 Vgl. Cusumano, Gawer (2002), S. 54 f., van der Schuur u.a. (2011), S. 76-82, Jansen u.a. (2012), S. 1499 und Jansen u.a. (2013), S. 13 f.

4.5.3 IT-Support und Services

Legende: Die verbesserte Umsetzung von Lösung [ZEILE] führt 9 : zwingend und erheblich 3 : merkbar 1 : eventuell / mäßig 0 : gar nicht oder nur indirekt zu höherer Zufriedenheit hinsichtlich der der Anforderung [SPALTE].	Anforderungskategorien	Wandlungsfähigkeit im Zeitverlauf	Usability (Übersichtlichkeit und Nutzbarkeit)	Reibungslose Zusammenarbeit zwischen Akteuren + Leistungen	Sicherheit und Zuverlässigkeit gewährleisten	Vermarktungspotenziale erhöhen	Innovationsfähigkeit unterstützen	Kommunikation zw. Akteuren verbessern	Beurteilung und Selektion von Akteuren	Suche + Identifikation von Leistungen
Lösungsmerkmalskategorien										
B IT-Support und Services			**9**	**1**	**1**		**9**	**3**		**1**

Tabelle 20: Unterstützung der Anforderungen durch die Lösungsmerkmale der Kategorie IT-Support und Services[961]

Der Kategorie ***B) IT-Support und Services*** sind die Lösungsmerkmale *Bug Tracking System (B.1)*, *Gemeinsame Support-Ticket-Datenbank (B.2)*, *Bereitstellung von Co-Developern (B.3)* sowie *Helpdesk für Komplementoren (B.4)* zugeordnet. *Bug Tracking Systeme* ermöglichen als Werkzeuge mehreren Akteuren die verteilte Dokumentation und Nachverfolgung von Fehlern in Softwareartefakten.[962] Support-Ticket-Datenbanken ermöglichen die Verwaltung von Support-Anfragen. *Gemeinsame Support-Ticket-Datenbanken* beschreiben die Öffnung und Teilung dieser Datenbanken als kodifizierte Routinen zum Wissenstransfer zwischen (bestimmten) Akteuren in SECO.[963] Unter der *Bereitstellung von Co-Developern*, wird die Unterstützung der Entwicklungsprozesse von externen Stakeholdern durch Entwickler des Plattformanbieters verstanden.[964] *Helpdesks für Komplementoren* stellen (IT-basierte) zentrale Anlaufstellen dar, welche Unterstützung bei Plattformbezogenen Frage- bzw. Problemstellungen bieten.[965] Es kann davon ausgegangen werden, dass die Bereitstellungen dieser Lösungsmerkmale insb. positiv auf die Usability sowie die Innovationsfähigkeit von SWP wirkt. Dies wird damit begründet, dass die Stakeholder z. B. durch einen Helpdesk dabei unterstützt werden können, Probleme bei der Nutzung der SWP zu klären und

961 Quelle: Eigene Darstellung
962 Vgl. Zimmermann u.a. (2009), S. 247
963 Vgl. Jansen u.a. (2012), S. 1500 und Jansen, Brinkkemper (2013), S. 36 f.
964 Vgl. Jansen u.a. (2012), S. 1500 und Patsch, Zerfass (2013), S. 397-414. Dieses Lösungsmerkmal wird auch im Rahmen der Ansätze der Open Innovation zur Steigerung der Innovationsfähigkeit diskutiert. Vgl. bspw. Chesbrough, Schwartz (2007), S. 55 ff.
965 Im Rahmen von ITIL wird oftmals auch der Begriff des „Service Desk“ synonym verwendet, um dem entsprechenden Servicegedankens für Hilfesuchende auszudrücken. Für Empfehlungen zur konkreten Ausgestaltung eines Help Desk vgl. Olbrich (2008), S. 18-27

benötigte Informationen abzufragen.[966] Zudem stellt die Bereitstellung von Co-Developern eine Möglichkeit dar, plattformspezifische Investitionen aufseiten der Akteure zu fördern und Einstiegsbarrieren zu senken. Co-Developer können darüber hinaus aufgrund ihrer Expertise in der Zusammenarbeit mit Komplementoren neue Innovationen generieren, als Multiplikatoren die Kommunikation mit diesen verbessern und über verfügbare Leistungen der zentrale SWP (und ggf. von Komplementoren) informieren. Letzteres kann zur Unterstützung der Suche und Identifikation von Leistungen beitragen.[967]

4.5.4 Trainings

Legende: Die verbesserte Umsetzung von Lösung [ZEILE] führt 9 : zwingend und erheblich 3 : merkbar 1 : eventuell / mäßig 0 : gar nicht oder nur indirekt zu höherer Zufriedenheit hinsichtlich der der Anforderung [SPALTE].	Anforderungskategorien	Wandlungsfähigkeit im Zeitverlauf	Usability (Übersichtlichkeit und Nutzbarkeit)	Reibungslose Zusammenarbeit zwischen Akteuren + Leistungen	Sicherheit und Zuverlässigkeit gewährleisten	Vermarktungspotenziale erhöhen	Innovationsfähigkeit unterstützen	Kommunikation zw. Akteuren verbessern	Beurteilung und Selektion von Akteuren	Suche + Identifikation von Leistungen
Lösungsmerkmalskategorien										
C Trainings			9				3			1

Tabelle 21: Unterstützung der Anforderungen durch die Lösungsmerkmale der Kategorie Trainings[968]

Die Lösungskategorie ***C) Trainings*** konstituiert sich aus den Lösungsmerkmalen *Entwickler- (C.1) und Endkundentrainings (C.3)*, die aufgrund ihrer selbsterklärenden Bezeichnungen nicht detailliert erläutert werden sollen,[969] sowie *virtuelle Walkthroughs (C.2)*. Letztere stellen zumeist internetbasierte, interaktive Touren zum Kennenlernen von SWP dar. Sie sollen (zukünftigen) Stakeholdern von SWP helfen, sich möglichst eigenständig einen Überblick über deren Architektur und die angebotenen Möglichkeiten (z. B. Prozessunterstützung, Schnittstellen, Entwicklungswerkzeuge oder Dokumentation) sowie typischen Anwendungsszenarien oder Anpassungsmöglichkeiten von SWP, zu verschaffen.[970] Aus der Erläuterung der Lösungsmerkmale wird insb. die

966 Vgl. van der Schuur u.a. (2011), S. 74-78, Hilkert (2012), S. 62, Jansen, Cusumano (2013), S. 23 und Jansen (2013), S. 10

967 Vgl. Ko u.a. (2005), S. 75-78, Patsch, Zerfass (2013), S. 397-414, Chesbrough, Schwartz (2007), S. 55 ff. und Jansen u.a. (2012), S. 1500

968 Quelle: Eigene Darstellung

969 Vgl. Jansen u.a. (2012), S. 1499 ff. oder Gawer, Cusumano (2002), S. 191 f.

970 Beispielhaft kann der Walkthrough von salesforce genannt werden, der durch zahlreiche Videos unterstützt wird. Vgl. salesforce (2014c), URL siehe Literaturverzeichnis

Unterstützung der Übersichtlichkeit und Nutzbarkeit von SWP evident. Da Trainings Routinen für die Vermittlung von Wissen darstellen,[971] ergibt sich neben der Unterstützung der Nutzbarkeit auch eine Unterstützung für die Innovationsfähigkeit von SWP. Zusätzlich kann durch das Aufzeigen der Leistungen von SWP im Rahmen von (virtuellen) Trainings oder Walkthroughs eine positive Wirkung auf die Anforderungskategorie Suche und Identifikation von Leistungen erreicht werden.

4.5.5 APIs und Schnittstellen

Legende: **Die verbesserte Umsetzung von Lösung [ZEILE] führt** **9 : zwingend und erheblich** **3 : merkbar** **1 : eventuell / mäßig** **0 : gar nicht oder nur indirekt** **zu höherer Zufriedenheit hinsichtlich der der Anforderung [SPALTE].**	**Anforderungskategorien**	**Wandlungsfähigkeit im Zeitverlauf**	**Usability (Übersichtlichkeit und Nutzbarkeit)**	**Reibungslose Zusammenarbeit zwischen Akteuren + Leistungen**	**Sicherheit und Zuverlässigkeit gewährleisten**	**Vermarktungspotenziale erhöhen**	**Innovationsfähigkeit unterstützen**	**Kommunikation zw. Akteuren verbessern**	**Beurteilung und Selektion von Akteuren**	**Suche + Identifikation von Leistungen**
Lösungsmerkmalskategorien										
D APIs und Schnittstellen		**9**	**3**	**9**	**3**	**1**	**9**			**1**

Tabelle 22: Unterstützung der Anforderungen durch die Lösungsmerkmale der Kategorie APIs und Schnittstellen[972]

Die Lösungskategorie ***D) APIs und Schnittstellen*** umfasst die Lösungsmerkmale *Schnittstellen zu anderen SWP (D.1)*, *Programmierschnittstellen (APIs) zur Anpassung bzw. Erweiterung (D.2)*, *Schnittstellenabstraktionslayer (D.3)*, *Verfügbarkeit von syntaktischen Schnittstellenbeschreibungen (D.4)* und *Verfügbarkeit von semantischen Schnittstellenbeschreibungen (D.5)*. Diese sollen u. a. die Entwicklung, den Zugriff auf und die Verknüpfung verteilter Leistungen in SECO ermöglichen. APIs stellen Möglichkeiten des Zugriffs auf und Modifikation von Funktionalitäten der SWP für Entwickler dar. Diese benötigen hierfür keine genauere Kenntnis über interne Implementierungsdetails. APIs ermöglichen die Entwicklung und Anbindung komplementärer Leistungen auf Basis der über sie bereitgestellten Funktionalitäten.[973] Das Lösungsmerkmal der Schnittstellen zu anderen SWP umfasst insb. (den lesenden) Zugriff auf

---

971 Vgl. zu Trainings und ihrer Unterstützung des Wissenstransfers sowie der Innovationsfähigkeit von Unternehmungen bspw. die Übersicht in Bendt (2000), S. 240 ff.

972 Quelle: Eigene Darstellung

973 Vgl. Gawer, Cusumano (2002), S. 55 f., Evans (2005), S. 23-30 und S. 201, Waltl (2013), S. 5 f., Messerschmitt, Szyperski (2003), S. 683, Pronk (2000), S. 338, Sommerville (2012), S. 508-510 und Tiwana (2014), S. 112-114. Als Beispiel für die Nutzung von Funktionalitäten einer API kann die Nutzung eines softwarebasierten Dienstes zur Routenberechnung herangezogen werden. Drittanwender können diesen durch Übergabe entsprechender Parameter, wie bspw. Start- und Zielort

und von externen SWP bzw. Diensten und impliziert eine Öffnung von plattformzentrierten SECO für externe Akteure. Die Verfügbarkeit von syntaktischen Schnittstellenbeschreibungen und semantischen Schnittstellenbeschreibungen dient der technischen und fachlichen Beschreibung der Schnittstellen und ermöglichen die Nutzung der Funktionen von Softwareartefakten über Schnittstellen.[974] Schnittstellenabstraktionslayer reduzieren durch zusätzliche Abstraktionsschichten in den Schnittstellen von SWP die Kopplung zwischen SWPA und anderen Akteuren sowie deren Leistungen des SECO, können aber auch den Einblick in sensible Informationen verhindern.[975] Die Schnittstellen zwischen der zentralen SWP und komplementären Softwarekomponenten werden dazu in mehrere Schichten (Layer) unterteilt. Bspw. in extern für Endkunden und Komplementoren einsehbare und intern für die Entwickler der Plattform einsehbare Schichten. Die Akteure von SECO (Kunden, Komplementoren, SWPA) entwickeln ihre Artefakte jeweils gegen ihre Schicht bzw. Seite der Schnittstelle, während weitere Zwischenschichten für eine Transformation zwischen den Seiten sorgen. Die damit verbundenen Abstraktionsschritte ermöglichen es, interne Weiterentwicklungen und Verbesserungen an den Schnittstellen vorzunehmen, gleichzeitig aber externe Schnittstellen im Vergleich zu sich stetig verändernden Schnittstellen verhältnismäßig stabil zu halten.[976] Sie unterstützen somit die Wandlungsfähigkeit. Darüber hinaus kann durch ein zusätzliches „Information Hiding" die potenzielle Gefahr von Imitationen modularer Erweiterungen reduziert werden.[977] Ein Abstraktionslayer wird i. d. R. durch dedizierte Entwicklungsteams gepflegt. Diese konzipieren die Transformation von interner zu externer Schnittstellenfunktionalität und sorgen für deren Pflege. Dies kann zu einer Entlastung der Entwickler der zentralen SWP und komplementärer Produkten in Bezug auf die Schnittstellenpflege führen.[978] Durch die Mög-

---

sowie einer Startzeit und Orten für den Zwischenstopp, über die API nutzen und erhalten ein in der Schnittstellenbeschreibung definiertes Resultat zurück. Sie können mit ihren komplementären Anwendungen, bspw. Mobilitätsapps über Smartphones, auf diese Funktionalität zugreifen, ohne die genaue technische Implementierung der Routenplanung kennen, realisieren oder anbieten zu müssen.

974 Vgl. Sommerville (2012), S. 484, Evans (2005), S. 201 und Cusumano, Gawer (2002), S. 55 f.

975 Ein solches Vorgehen zur Abstraktion kann bspw. in den SWP von SAP und Microsoft identifiziert werden. Vgl. Waltl u.a. (2013), S. 5-10

976 Zur Bedeutung (relativ) stabiler Schnittstellen für Plattformentwicklung vgl. Pronk (2000), S. 333-352.

977 Vgl. Tiwana (2014), S. 107. Unter Information Hiding wird die u.a. durch Kapselung über Schnittstellen erreichte Nichteinsehbarkeit von (ggf. kritischen) Informationen über die interne Implementierung von Softwareartefakten verstanden. Vgl. Ludewig, Lichter (2013), S. 415-417

978 Vgl. Waltl (2013), S. 90-113 und Waltl u.a. (2013), S. 5-10

lichkeiten, über Schnittstellen Änderungen an SWP vornehmen zu können oder verschiedener Leistungen über Schnittstellen zu Gesamtlösungen komponieren zu können, kann eine positive Wirkung auf die Wandlungsfähigkeit von SWP prognostiziert werden.[979] Die Kapselung von Leistungen über definierte und beschriebene Schnittstellen kann darüber hinaus zu einer losen Kopplung, Reduktion von Interdependenzen und somit einer reibungsloseren Zusammenarbeit zwischen Akteuren und deren Leistungen beitragen.[980] Ein zusätzliches Abstraktionslayer kann zudem durch die Erhöhung der Stabilität extern sichtbarer Schnittstellen die Komplexität für Komplementoren und Endkunden reduzieren.[981] Die Verfügbarkeit von Schnittstellen für externe Akteure und zu anderen SWP trägt ferner zur Offenheit gegenüber internen und externen Innovatoren und somit zur Innovationsfähigkeit bei.[982]

4.5.6 Standards

Legende: Die verbesserte Umsetzung von Lösung [ZEILE] führt 9 : zwingend und erheblich 3 : merkbar 1 : eventuell / mäßig 0 : gar nicht oder nur indirekt zu höherer Zufriedenheit hinsichtlich der der Anforderung [SPALTE].	Anforderungskategorien	Wandlungsfähigkeit im Zeitverlauf	Usability (Übersichtlichkeit und Nutzbarkeit)	Reibungslose Zusammenarbeit zwischen Akteuren + Leistungen	Sicherheit und Zuverlässigkeit gewährleisten	Vermarktungspotenziale erhöhen	Innovationsfähigkeit unterstützen	Kommunikation zw. Akteuren verbessern	Beurteilung und Selektion von Akteuren	Suche + Identifikation von Leistungen
Lösungsmerkmalskategorien										
E Standards		1	3	9	1	1	3	1		

Tabelle 23: Unterstützung der Anforderungen durch die Lösungsmerkmale der Kategorie Standards[983]

Die Lösungsmerkmalskategorie ***E) Standards*** konstituiert sich aus den Lösungsmerkmalen *Bereitstellung standardisierter Basisfunktionalitäten und vertikaler Lösungen (E.1)*, *Unterstützung verschiedener Formate zum Datenaustausch (E.2)*, *Standardisierte Schnittstellen (E.3)*, *Unterstützung (offener) Standards (E.4)* sowie *Gemeinsames Glossar (E5)*. Diese sollen zu einer Standardisierung auf verschiedenen Ebenen von SWP führen.

979 Vgl. Stüttgen (2003), S. 358-363, Tiwana u.a. (2010), S. 683 und Tiwana (2014), S. 201-246
980 Vgl. Stüttgen (2003), S. 363, Hilkert (2012), S. 62 und Tiwana u.a. (2010), S. 679
981 Vgl. Waltl (2013), S. 90-113 und Waltl u.a. (2013), S. 5-10
982 Vgl. Cusumano, Gawer (2002), S. 55 ff., Tiwana u.a. (2010), S. 680 und Viljainen, Kauppinen (2013), S. 128-134
983 Quelle: Eigene Darstellung

Die (über APIs realisierte) Bereitstellung der Basisfunktionalitäten oder branchenspezifischer vertikaler Standardlösungen sowie die Formulierung von Standards in Bezug auf den Datenaustausch und die Terminologie (Glossare) führt durch Vereinheitlichung. Die daraus resultierende Vermeidung von Mehrdeutigkeiten kann zu einer Komplexitätsreduktion und somit Unterstützung der Nutzbarkeit von SWP beitragen.[984] Darüber hinaus werden Abstimmungsbedarfe reduziert und durch die Nutzung von akzeptierten Standards die Interoperabilität zwischen Leistungen verschiedener Akteure erhöht.[985] Dies kann wiederum die reibungslose Zusammenarbeit zwischen den Akteuren und ihren Leistungen erhöhen, aber auch die Dekomposition in Teilsysteme unterstützen. Eine solche Dekomposition in Teilsysteme kann zur Wandlungsfähigkeit von SWP beitragen.[986] Desweiteren kann die Nutzung von Standards zum Datenaustausch, aber auch das Verwenden einheitlicher, in Glossaren definierter, Begrifflichkeiten den Wissenstransfer zwischen Akteuren und somit die Innovationsfähigkeit von SWP unterstützen.[987]

4.5.7 Modulare Softwarearchitektur

Legende: Die verbesserte Umsetzung von Lösung [ZEILE] führt 9 : zwingend und erheblich 3 : merkbar 1 : eventuell / mäßig 0 : gar nicht oder nur indirekt zu höherer Zufriedenheit hinsichtlich der der Anforderung [SPALTE].	Anforderungskategorien	Wandlungsfähigkeit im Zeitverlauf	Usability (Übersichtlichkeit und Nutzbarkeit)	Reibungslose Zusammenarbeit zwischen Akteuren + Leistungen	Sicherheit und Zuverlässigkeit gewährleisten	Vermarktungspotenziale erhöhen	Innovationsfähigkeit unterstützen	Kommunikation zw. Akteuren verbessern	Beurteilung und Selektion von Akteuren	Suche + Identifikation von Leistungen
Lösungsmerkmalskategorien										
F Modulare Softwarearchitektur		9	1	3	3	1				

Tabelle 24: Unterstützung der Anforderungen durch die Lösungsmerkmale der Kategorie Modulare Softwarearchitektur[988]

[984] Vgl. Cusumano, Gawer (2002), S. 54, Evans (2005), S. 206, Tiwana u.a. (2010), S. 679, Pohl (2008), S. 244-250 und Sarker u.a. (2012), S. 328 f.

[985] Vgl. Messerschmitt, Szyperski (2003), S. 199-262, Jansen (2013), S. 9 und Chellappa, Saraf (2010), S. 849-867

[986] Der Beitrag der Dekomposition zur Wandlungsfähigkeit von Systemen wird in Kapitel 4.4.2.9 aufzeigt. Vgl. ergänzend dazu Tiwana (2014)

[987] Vgl. Bosch (2010), S. 95, Bannerman, Zhu (2009), S. 298 ff., Messerschmitt, Szyperski (2003), S. 199 ff., Sarker u.a. (2012), S. 328 f., Jansen u.a. (2012), S. 1499, Wiedemer (2007), S. 71-94, Meyer, Seliger (1998), S. 72 und insb. Metzger u.a. (2012), S. 428-455 zu den Auswirkungen der Standardisierung auf organisationale Netzwerkstrukturen

[988] Quelle: Eigene Darstellung

Die Lösungskategorie ***F) Modulare Softwarearchitektur*** umfasst Lösungsmerkmale, welche die Strukturen von SWP als Gesamtsysteme, deren Beziehungen sowie Eigenschaften beeinflussen.[989] Sie umfasst die Lösungsmerkmale *modularer Aufbau (F.3)*, das Vorhandensein von *Parametrisierungsmöglichkeiten (Funktionalität, Vokabular, Mehrsprachigkeit) (F.2)*, das Lösungsmerkmal des *App-Konzeptes (F.4)* und die *Vorgabe von Designprinzipien zur Gestaltung der Softwareartefakte von SWP (F.1)*.

Ein modularer Aufbau beschreibt ein in einzelne Komponenten (Module) dekomponierbares Gesamtsystem, dessen Bestandteile relativ autonom voneinander entwickelt werden können, jedoch als in sich konsistente, über Schnittstellen gekapselte Einheiten funktionieren.[990] Parametrisierungsmöglichkeiten stellen Veränderungsmöglichkeiten und -regeln von Softwarekomponenten, z. B. in Bezug auf die (De-)Aktivierung bestimmter Funktionalitäten einer ERP-Lösung oder weitere Anpassungen (branchenspezifische Terminologien, kundenspezifische (Landes-)Sprachen), dar. Sie verringern die Notwendigkeit eines tiefergehenden Eingriffs in den Quellcode der Softwarekomponente.[991] Der Lösungsraum ist dabei durch die ex-ante zu definierenden Parameter und spätestens zum Ausführungszeitpunkt des Softwareartefakts zu bestimmenden Parameter beschränkt. Sie stellen Einflussmöglichkeiten in Bezug auf die Flexibilität von Softwarekomponenten dar.[992]

Ein modularer Aufbau der Softwarearchitektur kann insb. die im Rahmen der KAS formulierte Anforderung nach der Wandlungsfähigkeit von SWP im Zeitverlauf unterstützen. SWP können dadurch in Subsysteme unterteilt werden, die sich relativ autonom verändern, sich durch Parameter anpassen oder durch (Re-)Kombination zu neuen

[989] Diese Kategorisierung lehnt sich an die Definition von Softwarearchitekturen an. Vgl. Baldwin, Woodard (2009), S. 22 f.

[990] Vgl. für weitergehende Erläuterungen des modularen Aufbaus von Systemen wie SWP sowie den daraus resultierenden Vor- und Nachteilen bspw. Baldwin, Clark (2000), Baldwin, Clark (2006), S. 1117, Baldwin, Woodard (2009), S. 19-42, Waltl (2013), S. 19-27, Gawer, Cusumano (2002), S. 43 ff., Sommerville (2012), S. 504-529 und Ludewig, Lichter (2013), S. 411-413 m. w. V.

[991] Vgl. Leiting (2012), S. 165, Hesseler, Görtz (2008), S. 225 f. und Gronau (2001), S. 14. Für eine Übersicht möglicher Parameter als Customizing-Faktoren in betrieblicher Standardsoftware vgl. Arnold (1996), S. 22

[992] Vgl. Brehm u.a. (2001), S. 2 ff., Hesseler, Görtz (2008), S. 225 f., Berger u.a. (2014) und Gronau (2012), S. 84-86

Lösungen kombinieren lassen. Dieses im Rahmen der KAS diskutierte Konstruktionsprinzip ist hinsichtlich der Wandlungsfähigkeit von Systemen förderlich.[993] Darüber hinaus kann durch die Kapselung von Softwarefunktionalitäten in einzelne Module über Schnittstellen eine lose Kopplung erreicht werden, welche die Interdependenzen zwischen Akteuren reduziert und somit die Anforderung der reibungslosen Zusammenarbeit zwischen Akteuren unterstützt.[994] Die Vorgabe von Designprinzipien und -regeln für die Entwickler von Modulen, welche Verhaltensregeln im Sinne der KAS darstellen, trägt zu deren Interoperabilität und möglichst reibungslosen Zusammenwirken bei.[995] Ein App-Konzept stellt eine Steigerung eines modularen Aufbaus von Softwarekomponenten dar, bei welchem die jeweiligen Module „Apps" noch atomistischer gekapselt werden als dies bei Modulen der Fall ist.[996] Aus dieser oftmals durch „Sandboxes" vorgenommenen Isolation sind Vorteile in Bezug auf die Auswirkungen im Fehlerfall und Interdependenzen, jedoch auch möglicherweise Einschränkungen in der Funktionalität, Interoperabilität und somit reibungslosen Zusammenarbeit zwischen den Leistungen verschiedener Anbieter zu erwarten.[997] Ferner kann durch die Kapselung von relativ einfach gehaltenen Funktionalitäten in „Apps" die Gefahr der Imitation steigen.[998] Somit ist eine eine Anwendungsfall spezifische Abwägung zwischen den jeweiligen Vor- und Nachteilen eines modularen Aufbaus oder der noch puristischeren Variante eines „App-Konzepts" ratsam.[999]

993 Vgl. Kapitel 4.4.2.9, Gawer, Cusumano (2002), S. 43 ff., Messerschmitt, Szyperski (2003), S. 683, Stüttgen (2003), S. 358-363, Tiwana u.a. (2010), S. 679 ff. und Tiwana (2014), S. 216-218. Allerdings ist zu betonen, dass mit der Dekomposition von Systemen in modulare, komponentenbasierte Subsysteme auch eine durch Fragmentierung bedingte Komplexitätssteigerung einhergehen kann. Vgl. bspw. Arndt, Dibbern (2006). Diese wird aber i. d. R. durch eine Beschränkung der Komplexität auf Modulebene überkompensiert. Vgl. Suarez, Cusumano (2009), S. 93-95

994 Vgl. Cusumano, Gawer (2002), S. 55, Pronk (2000), S. 338, Tiwana u.a. (2010), S. 679, Ludewig, Lichter (2013), S. 407-421 und Pelliccione (2013)

995 Vgl. Tiwana u.a. (2010), S. 679-684, Baldwin, Clark (2006), S. 1117 und S. 19-44

996 Vgl. Wenzel u.a. (2012), S. 646, Copeland (2010), S. 2 und Jansen (2013), S. 8-10

997 Vgl. Ludewig, Lichter (2013), S. 407-421 und Cusumano, Gawer (2002), S. 55

998 Das steigende Risiko der Imitation kann mit der vermeintlich einfacheren Nachvollziehbarkeit atomistischer Funktionalitäten gegenüber komplexen Systemen begründet werden. Vgl. Ludewig, Lichter (2013), S. 407-421 und Waltl u.a. (2013), S. 5-9

999 In den SWP von SAP und salesforce wird eine Kombination dieser Lösungsmerkmale realisiert.

4.5.8 Benutzeroberfläche

Legende: Die verbesserte Umsetzung von Lösung [ZEILE] führt 9 : zwingend und erheblich 3 : merkbar 1 : eventuell / mäßig 0 : gar nicht oder nur indirekt zu höherer Zufriedenheit hinsichtlich der der Anforderung [SPALTE].	Anforderungskategorien	Wandlungsfähigkeit im Zeitverlauf	Usability (Übersichtlichkeit und Nutzbarkeit)	Reibungslose Zusammenarbeit zwischen Akteuren + Leistungen	Sicherheit und Zuverlässigkeit gewährleisten	Vermarktungspotenziale erhöhen	Innovationsfähigkeit unterstützen	Kommunikation zw. Akteuren verbessern	Beurteilung und Selektion von Akteuren	Suche + Identifikation von Leistungen
Lösungsmerkmalskategorien										
G Benutzeroberfläche			3		1					

Tabelle 25: Unterstützung der Anforderungen durch die Lösungsmerkmale der Kategorie Benutzeroberfläche[1000]

Die Lösungskategorie ***G) Benutzeroberfläche*** umfasst die Lösungsmerkmale *einheitliche Benutzeroberfläche (UI) (G.1)*, *Composite-UI-Tool (G.2)* und *Standards für die UI Entwicklung (G.3)*.Ein *Composite-UI-Tool* vereinfacht Entwicklern die Entwicklung der Benutzeroberfläche durch die Kombination vorgefertigter und aus Designsicht optimierter Elemente wie bspw. Darstellungselementen einer grafischen Benutzeroberfläche (z. B. der SWP oder komplementärer Module). Entwickler müssen sich in diesem Fall nicht um die ggf. aufwandsintensive und nicht in ihrem Kompetenzbereich befindliche Entwicklung dieser Elemente kümmern. Durch Vorgaben zu und Wiederverwendung ähnlicher Elemente in einheitlichen Benutzeroberflächen kann darüber hinaus eine Steigerung des Wiedererkennungswerts und eine Vereinfachung der Bedienung und Usability für die Stakeholder prognostiziert werden.[1001] Die Funktionalität zur Designunterstützung einer einheitlichen Oberfläche kann in Entwicklungswerkzeugen wie bspw. Software Development Kits (SDK) integriert werden.[1002]

[1000] Quelle: Eigene Darstellung

[1001] Vgl. Degen (1999), S. 56-58 und Eklund, Bosch (2012), S. 145 m. w. V.

[1002] Vgl. Kapitel 4.5.10. Apple integriert bspw. das Werkzeug des „Interface Builders" zur Vereinfachung der Entwicklung und Vereinheitlichung der Benutzeroberflächen in den jeweiligen Endgeräten in seiner Entwicklungsumgebung XCode. Vgl. Apple (2014c), URL siehe Literaturverzeichnis

4.5.9 Sicherheitsmechanismen

Legende: Die verbesserte Umsetzung von Lösung [ZEILE] führt 9 : zwingend und erheblich 3 : merkbar 1 : eventuell / mäßig 0 : gar nicht oder nur indirekt zu höherer Zufriedenheit hinsichtlich der der Anforderung [SPALTE].	Anforderungskategorien	Wandlungsfähigkeit im Zeitverlauf	Usability (Übersichtlichkeit und Nutzbarkeit)	Reibungslose Zusammenarbeit zwischen Akteuren + Leistungen	Sicherheit und Zuverlässigkeit gewährleisten	Vermarktungspotenziale erhöhen	Innovationsfähigkeit unterstützen	Kommunikation zw. Akteuren verbessern	Beurteilung und Selektion von Akteuren	Suche + Identifikation von Leistungen
Lösungsmerkmalskategorien										
H Sicherheitsmechanismen		1	1		9					

Tabelle 26: Unterstützung der Anforderungen durch die Lösungsmerkmale der Kategorie Sicherheitsmechanismen[1003]

Die Lösungskategorie ***H) Sicherheitsmechanismen*** umfasst die Lösungsmerkmale *Signaturen (Module) (H.1)*, *Single Sign On (H.2)* und *Berechtigungskonzept (H.3)*. Durch *Signaturen* für einzelne Leistungen (Module) von Akteuren soll sichergestellt werden, dass ein komplementäres Softwareprodukt tatsächlich von der ursprünglichen Quelle (dem in der Signatur angegebenen Akteur) stammt, um Risiken (z. B. Manipulation der Software durch Dritte) zu minimieren.[1004] Ein *Single Sign On* bezeichnet ein Authentifizierungskonzept, wobei ein Nutzer den Zugriff auf mehrere (verteilte) Anwendungen durch eine einmalige Authentifizierung (z. B. mittels Benutzername und Passwort) erhält. Die seine Bereitstellung kann die Sicherheit damit verbundener Systeme gesterigert werden (z. B. durch erschwerte Phishing-Attacken, Passwort muss nur einmal übertragen werden). Darüber hinaus kann die Komplexität der Administration dieser Systeme verringert sowie die Nutzerfreundlichkeit für die Nutzer verbessert werden. Dies geschieht durch eine geringere Anzahl an für die jeweiligen Benutzer sichtbaren Anmeldevorgängen bzw. -tätigkeiten mit Benutzereingriff aber auch eine Reduktion in der Anzahl zu verwaltender Zugangsdaten.[1005] *Berechtigungskonzepte* ermöglichen es u.a. IT-Ressourcen vor unbefugtem Zu- bzw. Eingriff zu schützen und verschiedenen Rollen in einer Organisation unterschiedlich ausgeprägte Zugriffs- bzw.

1003 Quelle: Eigene Darstellung

1004 Vgl. Meyer, Seliger (1998), S. 61 und Bellissimo u.a. (2006), S. 37 ff.

1005 Vgl. Linden, Vilpola (2005), S. 243 ff., Louwrens, von Solms, S. H. (1997), S. 9-14, Gang Zhao u.a. (2004), S. 253 sowie Douglas (2014), URL siehe Literaturverzeichnis

Ausführungsberechtigungen zu vergeben.[1006] Die Auswirkungen unberechtigter Modifikationen auf die Stabilität des Gesamtsystems von SWP können eingeschränkt werden.[1007] Berechtigungskonzepte können daher zu einer Resilienz und damit verbundenen Wandlungsfähigkeit von SWP beitragen.[1008] Aus den vorangegangenen Beschreibungen werden insb. eine positive Wirkung auf die Anforderungskategorie Sicherheit und Zuverlässigkeit aber auch potenzielle Auswirkungen auf die Wandlungsfähigkeit und Usability von SWP evident.

4.5.10 Entwicklungswerkzeuge

Legende: Die verbesserte Umsetzung von Lösung [ZEILE] führt 9 : zwingend und erheblich 3 : merkbar 1 : eventuell / mäßig 0 : gar nicht oder nur indirekt zu höherer Zufriedenheit hinsichtlich der der Anforderung [SPALTE].	Anforderungskategorien	Wandlungsfähigkeit im Zeitverlauf	Usability (Übersichtlichkeit und Nutzbarkeit)	Reibungslose Zusammenarbeit zwischen Akteuren + Leistungen	Sicherheit und Zuverlässigkeit gewährleisten	Vermarktungspotenziale erhöhen	Innovationsfähigkeit unterstützen	Kommunikation zw. Akteuren verbessern	Beurteilung und Selektion von Akteuren	Suche + Identifikation von Leistungen
Lösungsmerkmalskategorien										
I Entwicklungswerkzeuge		3	9	1	1		3			1

Tabelle 27: Unterstützung der Anforderungen durch die Lösungsmerkmale der Kategorie Entwicklungswerkzeuge[1009]

Die Lösungskategorie ***I) Entwicklerwerkzeuge*** konstituiert sich aus den Lösungsmerkmalen *Plattform-eigenes SDK (I.1), Vorlagen (Templates, Skeletons, Patterns, Code Database) (I.2), Introduction Package (I.3), Integrierte Datenbasis für Entwicklungswerkzeuge (Repository) (I.4), Unterstützung Entwicklungswerkzeuge Dritter (I.5), Tools zur Dokumentationsunterstützung (I.6), Entwicklerlizenzen (I.7)* und *Versionsverwaltung (I.8)*.

Software Developments Kit (SDK) stellen aus mehreren, gebündelten und aufeinander abgestimmten Werkzeugen wie bspw. Codeeditoren, Compilern, Templates, Entwicklungsklassen oder Oberflächendesignern (Composite UI-Tools)[1010] bestehende, die

---

[1006] Vgl. Tsolkas, Schmidt (2010), S. 212. Sie sind daher mit entsprechenden Rollenmodellen von SECO zu verknüpfen, welche Bestandteil der Determinante „Governance" auf Ebene von SECO im theoretischen Bezugsrahmen sind. Vgl. van Angeren u.a. (2011), S. 29-38 und Kapitel 3.3.3

[1007] Vgl. Eklund, Bosch (2012), S. 146

[1008] Vgl. Kapitel 4.4.2.9 und 4.4.3

[1009] Quelle: Eigene Darstellung

[1010] Vgl. Kapitel 4.5.8

Aktivitäten in Softwareentwicklungsprozessen unterstützende Entwicklungswerkzeuge dar. Sie versetzen die Stakeholder in die Lage, vergleichsweise einfach komplementäre Leistungen für SWP zu entwickeln.[1011] Templates stellen Lösungsschablonen wie bspw. exemplarische Programmstrukturen, Codes oder Algorithmen, Oberflächendesigns, Datenbankstrukturen oder Design Patterns dar. Sie können Entwicklern als Vorlagen für spezifische Implementierungen dienen und durch diese mit Inhalten gefüllt werden. Durch die Wiederverwendung dieses bestehenden Wissens kann die Entwicklung vereinfacht und potenziell Aufwand reduziert werden.[1012] Design Patterns sind Entwurfsmuster zur Lösung wiederkehrender Problemstellungen des Designs im Rahmen der Softwareentwicklung. Durch die Bereitstellung von wiederverwendbaren Design Patterns kann der Entwicklungsaufwand für Komplementoren verringert und darüber hinaus das Design der SWP und darauf aufbauender Komponenten durch die Vorgabe von Rahmenbedingungen strukturiert werden.[1013] Ein weiteres Lösungsmerkmal zur Reduzierung des (Entwicklungs-)Aufwands für Komplementoren stellen Repositories dar. Repositories ermöglichen die Kommunikation zwischen einzelnen Entwicklungswerkzeugen, möglichst ohne manuelle Eingriffe der Entwickler, unterstützen aber auch die verteilte Suche nach und Publikation von Softwareartefakten. Softwareartefakte stellen dabei nicht ausschließlich Codefragmente dar, sondern können darüber hinaus auch Anforderungsdokumente, konzeptionelle Designs und die zuvor genannten Vorlagen umfassen.[1014] Tools zur Dokumentationsunterstützung sollen die Entwickler bei der Dokumentation des Entwicklungsprozesses sowie entstehender Artefakte unterstützen. Durch die Dokumentation werden Dritte in die Lage versetzt, Entwicklungen bzw. Anpassungen nachzuvollziehen und im Rahmen ihrer eigenen Entwicklung einsetzen zu können.[1015] Eine Versionsverwaltung ermöglicht das verteilte Auffinden von Softwareartefakten, die Modifikation dieser, die Nachverfolgbarkeit der Veränderungen sowie die Wiederherstellung älterer Versionsstände. Die Integration solcher Werkzeuge in Softwareentwicklungsprozesse kann zur Komplexitätshandhabung beitragen und die Abstimmung zwischen Akteuren in SECO erleichtern.[1016]

[1011] Vgl. Ludewig, Lichter (2013), S. 335, Jansen u.a. (2012), S. 1507 und Tiwana (2014), S. 143
[1012] Vgl. Meyer, Seliger (1998), S. 65-70 und I-Ling Yen u.a. (2002), S. 403
[1013] Vgl. Gamma (2011), S. 2 f. und Gawer, Henderson (2007), S. 24
[1014] Vgl. Ludewig, Lichter (2013), S. 335 f.
[1015] Vgl. Ludewig, Lichter (2013), S. 335 f. und S. 347
[1016] Vgl. Baerisch (2005), S. 7

Durch die Bereitstellung der vorgenannten Lösungsmerkmale können PA insb. Entwicklern den Einstieg in sowie die Nutzung von SWP vereinfachen, sowie deren plattformspezifische Investitionen fördern.[1017] Ferner ist anzunehmen, dass sie als Werkzeuge zur Veränderung[1018] die Wandlungsfähigkeit von SWP im Zeitverlauf positiv beeinflussen.

4.5.11 Vertrauensfördernde Maßnahmen

<u>Legende:</u> Die verbesserte Umsetzung von Lösung [ZEILE] führt 9 : zwingend und erheblich 3 : merkbar 1 : eventuell / mäßig 0 : gar nicht oder nur indirekt zu höherer Zufriedenheit hinsichtlich der der Anforderung [SPALTE].		Anforderungskategorien	Wandlungsfähigkeit im Zeitverlauf	Usability (Übersichtlichkeit und Nutzbarkeit)	Reibungslose Zusammenarbeit zwischen Akteuren + Leistungen	Sicherheit und Zuverlässigkeit gewährleisten	Vermarktungspotenziale erhöhen	Innovationsfähigkeit unterstützen	Kommunikation zw. Akteuren verbessern	Beurteilung und Selektion von Akteuren	Suche + Identifikation von Leistungen
Lösungsmerkmalskategorien											
J	***Vertrauensfördernde Maßnahmen***				**3**	**3**				**9**	**9**

Tabelle 28: Unterstützung der Anforderungen durch die Lösungsmerkmale der Kategorie Vertrauensfördernde Maßnahmen[1019]

Die Kategorie ***J) Vertrauensfördernde Maßnahmen*** beinhaltet die Lösungsmerkmale *Zertifizierung von Partnern (J.1), Zertifizierung von komplementären Anwendungen (J.2), Treuhandfunktionalität (J.3), Bewertungsfunktion für Leistungen (J.4)* sowie *Bewertungsfunktion für Akteure (J.5)*. Diese können im Zusammenspiel mit der Determinante der Governance auf SECO-Ebene dazu beitragen, die im Rahmen der Transaktionskostentheorie und PAT thematisierten Informationsasymmetrien in SECO bezüglich der Merkmale von Akteuren und deren Leistungen zu reduzieren.[1020] Die Zertifizierung von komplementären Anwendungen durch möglichst unabhängige Organisationen anhand von offengelegter Kriterien soll eine Beurteilung komplementärer Soft-

[1017] Vgl. Meyer, Seliger (1998), S. 65-70, Parker, van Alstyne (2005), S. 1494 ff., Hilkert (2012), S. 98 f., Evans u.a. (2008), S. 79, Gawer, Henderson (2007), S. 6, Tiwana u.a. (2010), S. 681 und Tiwana (2014), S. 143. Sie werden daher von Cusumano und Gawer auch den „enabling technologies" von SWP zugeordnet, denen darüber hinaus ein modularer Aufbau, APIs und Schnittstellen, Standards und Dokumentationen angehören. Vgl. Cusumano, Gawer (2002), S. 55 f.

[1018] Vgl. Cusumano, Gawer (2002), S. 55

[1019] Quelle: Eigene Darstellung

[1020] Vgl. Kapitel 3.3.3, 4.4.2.1 und 4.4.2.2

wareprodukte ermöglichen. Sie kann zusätzlich einen Bestandteil der Qualitätssicherung darstellen.[1021] Entsprechende Zertifizierungsergebnisse können darüber den Komplementär zum Bewerben der zertifizierten Komponente genutzt werden.[1022] Analog kann eine Zertifizierung von Akteuren erfolgen. In diesem Fall werden anstatt der Produkte und Leistungen die Organisationen und Prozesse der Akteure anhand vordefinierter Kriterien zertifiziert. Transaktionspartner können hierdurch auf ein bestimmtes Qualitätsniveau der Leistungen bzw. von Komplementären schließen.[1023] Weitere Lösungsmerkmale wie Bewertungsfunktionalitäten für Leistungen bzw. Akteure in SECO reduzieren Informationsasymmetrien und unterstützen Akteure dabei, auf Basis bisheriger Erfahrungen von Akteuren mit Produkten bzw. Akteuren Entscheidungen hinsichtlich deren Eignung zu treffen. Durch das Vorhandensein einer Treuhandfunktionalität, die einen schrittweisen Leistungsübergang zwischen Vertragsparteien erst bei Erfüllung der jeweiligen Vertragspflichten oder die Hinterlegung von Quellcode (Software Escrow) ermöglicht, kann Vertrauen und Schutz zwischen den Akteuren aufgebaut werden.[1024] Hieraus ergibt sich für diese Lösungskategorie insb. eine Unterstützung der Suche und Auswahl von Leistungen und Akteuren. Zudem lässt sich bspw. durch Kompatibilitätstests bei der Zertifizierung von Softwareprodukten eine Unterstützung der reibungslosen Zusammenarbeit von Leistungen (Interoperabilität) sowie der Sicherheit und Zuverlässigkeit von SWP prognostizieren.

4.5.12 Dokumentation

Legende: Die verbesserte Umsetzung von Lösung [ZEILE] führt 9 : zwingend und erheblich 3 : merkbar 1 : eventuell / mäßig 0 : gar nicht oder nur indirekt zu höherer Zufriedenheit hinsichtlich der der Anforderung [SPALTE].	**Anforderungskategorien**	**Wandlungsfähigkeit im Zeitverlauf**	**Usability (Übersichtlichkeit und Nutzbarkeit)**	**Reibungslose Zusammenarbeit zwischen Akteuren + Leistungen**	**Sicherheit und Zuverlässigkeit gewährleisten**	**Vermarktungspotenziale erhöhen**	**Innovationsfähigkeit unterstützen**	**Kommunikation zw. Akteuren verbessern**	**Beurteilung und Selektion von Akteuren**	**Suche + Identifikation von Leistungen**
Lösungsmerkmalskategorien										
K Dokumentation			**9**				**3**			**3**

Tabelle 29: Unterstützung der Anforderungen durch die Lösungsmerkmale der Kategorie Dokumentation[1025]

[1021] Vgl. Mertens, Back (2001), S. 424 f., Jansen u.a. (2012), S. 1499 f. und Jansen u.a. (2013), S. 10-17
[1022] Vgl. Jansen u.a. (2012), S. 1499 f.
[1023] Vgl. Jansen u.a. (2012), S. 1500 und Sarker u.a. (2012), S. 328
[1024] Vgl. Lenz (2012), S. 310 f. und Siegel (2005), S. 403-406
[1025] Quelle: Eigene Darstellung

Die Kategorie ***K) Dokumentation*** konstituiert sich aus den Lösungsmerkmalen *Quick-Setup-Guides und Tutorials (K.1), Entwickler- und Endanwenderdokumentationen (K.2), (K.3) sowie Übersichtsseiten über die Leistungen von SWP (K.4)*. Tutorials oder Quick-Setup-Guides bezeichnen einfach gehaltene Dokumentationen, welche die (schnelle) Inbetriebnahme und Bedienung von Softwareprodukten schrittweise meist mithilfe von Beispielen erläutern.[1026] Ihr Unterstützungspotenzial kann insbesondere in Bezug auf die Nutzbarkeit von SWP identifiziert werden. Darüber hinaus können weitergehende Entwickler- bzw. Endanwenderdokumentationen dem Wissenstransfer über Merkmale von Softwareartefakten zwischen Akteuren dienen, Veränderungsmöglichkeiten und Fähigkeiten von Leistungen beschreiben und somit deren Transparenz erhöhen.[1027] Übersichtsseiten geben einen Überblick über die durch von SWP angebotenen Leistungen und Möglichkeiten und verweisen ggf. auf weitergehende Informationen.[1028] Somit sind neben den Auswirkungen dieser Lösungskategorie auf die Usability von SWP weitere positive Auswirkungen auf die Innovationsfähigkeit und eine Unterstützung der Suche und Identifikation von Leistungen zu prognostizieren.

4.5.13 Test- und Feedbackmöglichkeiten

Legende: **Die verbesserte Umsetzung von Lösung [ZEILE] führt 9 : zwingend und erheblich 3 : merkbar 1 : eventuell / mäßig 0 : gar nicht oder nur indirekt zu höherer Zufriedenheit hinsichtlich der der Anforderung [SPALTE].**	**Anforderungskategorien**	**Wandlungsfähigkeit im Zeitverlauf**	**Usability (Übersichtlichkeit und Nutzbarkeit)**	**Reibungslose Zusammenarbeit zwischen Akteuren + Leistungen**	**Sicherheit und Zuverlässigkeit gewährleisten**	**Vermarktungspotenziale erhöhen**	**Innovationsfähigkeit unterstützen**	**Kommunikation zw. Akteuren verbessern**	**Beurteilung und Selektion von Akteuren**	**Suche + Identifikation von Leistungen**
Lösungsmerkmalskategorien										
L Testmöglichkeiten		**3**	**1**	**9**	**9**		**3**			**3**

Tabelle 30: Unterstützung der Anforderungen durch die Lösungsmerkmale der Kategorie Testmöglichkeiten[1029]

Die Kategorie ***L) Test- und Feedbackmöglichkeiten*** umfasst Lösungsmerkmale, welche das (frühzeitige) Testen von Leistungen der jeweiligen Stakeholdergruppen von SECO sowie das Erhalten von Rückkopplungen ermöglichen. Dies beinhaltet die *Offenlegung von Testergebnissen für Partner (L.1), Verteilen von Vorabversionen an*

[1026] Bspw. stellt Oracle QuickSetup Guides zur Einrichtung und initialen Nutzung von Funktionalitäten seiner SWP zur Verfügung. Vgl. Oracle (2014), URL siehe Literaturverzeichnis

[1027] Vgl. Meyer, Seliger (1998), S. 65-70, Evans (2005), S. 205, Tiwana (2014), S. 143, Hilkert (2012), S. 62 und Jansen (2013), S. 7-10

[1028] Vgl. bspw. salesforce (2014c), URL siehe Literaturverzeichnis

[1029] Quelle: Eigene Darstellung

Partner (Beta-Versionen, Release-Candidates) (L.2), Möglichkeit zu öffentlichen Beta-Tests für Komplementoren (L.3), Analyse-Tools (z. B. Performance- oder Codeanalyzer) (L.4), Trial/Demo/Test Drive (L.5) und *Usability-Labore (L.6).*

Durch die Bereitstellung von Testergebnissen für Komplementäre und das Verteilen von Vorabversionen an Partner (Beta-Versionen, Release Kandidaten) können SWPA ihre Testprozesse in der Softwareentwicklung öffnen, frühzeitig Feedback erhalten und die Transparenz über Leistungen erhöhen. Darüber hinaus können sich externe Akteure frühzeitig auf Veränderungen von SWP einstellen und eventuelle Anpassungen an eigenen komplementären Softwareprodukten bzw. Dienstleistungen vornehmen.[1030] Dies kann bspw. die Anpassung von Funktionalitäten oder Schnittstellen, aber auch die Schulung von Mitarbeitern für neue Produktversionen bspw. in der Beratungsbranche umfassen. Im Rahmen von Beta-Test werden Vorabversionen von Softwareartefakten durch (ausgewählte) Kunden verwendet bzw. getestet.[1031] Böte ein Plattformanbieter Komplementären die Möglichkeit, möglichst eigenständig Beta-Tests für eigene Artefakte durchzuführen, z. B. indem dedizierte Testumgebungen von SWP für solche Zwecke bereitgestellt würden, so könnten auch Komplementoren frühzeitig Feedback zu diesen Produkten durch Dritte erhalten. Dies könnte den Wissenstransfer sowie die Interoperabilität und Stabilität entsprechender Leistungen fördern.[1032] Das Angebot eines Usability-Labors dient dazu, Anwendungen anhand verschiedener Methoden hinsichtlich der Usability (Nutzbarkeit) durch User zu testen.[1033] Stellt ein Plattformanbieter entsprechende Umgebungen zur Verfügung, können Komplementoren diese Ressource im Rahmen ihrer Softwareentwicklung nutzen. Die Bereitstellung von Analyse-Tools zu Code-Inspektionen oder Performancemessungen- oder -analysen bietet Entwicklern die Möglichkeit, diverse Metriken über das Laufzeitverhalten von Anwendungen zu erhalten, mögliche Fehlerquellen und Sicherheitslü-

[1030] Vgl. Jansen u.a. (2012), S. 1499 und van der Schuur u.a. (2008), S. 1-10

[1031] Vgl. Vgl. Jansen (2007), S. 36 f., Jansen u.a. (2012), S. 1499 und van der Schuur u.a. (2011), S. 76-84

[1032] Vgl. für entsprechende Funktionalitäten in SWP bspw. salesforce (2014b), URL siehe Literaturverzeichnis und Google (2014), URL siehe Literaturverzeichnis

[1033] Vgl. Nielsen (1994), S. 4 und Seffah, Habieb-Mammar (2009), S. 281-291 m. w. V. Beispielhaft für dieses Lösungsmerkmal kann das Apple Usability Lab genannt werden, in Rahmen dessen App Entwickler für das Apple SECO ihre Entwicklungen in Bezug auf ihre Usability überprüfen lassen können. Vgl. Apple (2014b), URL siehe Literaturverzeichnis

cken zu identifizieren und das Leistungsverhalten ihrer Komplemente zu verbessern.[1034] Trial- und Demo-Versionen ermöglichen bspw. Endkunden das kostenlose Testen einer Software. Demo-Versionen bieten in der Regel einen begrenzten Funktionsumfang, sind dafür jedoch nicht zeitlich begrenzt. Trial-Versionen hingegen bieten den vollen Funktionsumfang von Anwendungen für einen bestimmten Zeitraum. Sie ermöglichen es Endkunden, die Informationsasymmetrien bezüglich des Leistungsversprechens von Komplementoren und deren Leistungen zu reduzieren, indem sie im Verhältnis zu Datenblättern o. ä. einen direkteren Einblick in die Leistungen von Akteuren erhalten und können zu gesteigerten Umsätzen führen.[1035] Durch die Realisierung von Lösungsmerkmalen der Kategorie Testmöglichkeiten kann daher eine Verbesserung der Wandlungsfähigkeit, der reibungslosen Zusammenarbeit zwischen Akteuren, der Zuverlässigkeit der SWP sowie einer Steigerung der Innovationsfähigkeit und Suche sowie Identifikation von Leistungen der Akteure prognostiziert werden.

4.5.14 Social Media

Legende: **Die verbesserte Umsetzung von Lösung [ZEILE] führt** **9 : zwingend und erheblich** **3 : merkbar** **1 : eventuell / mäßig** **0 : gar nicht oder nur indirekt** **zu höherer Zufriedenheit hinsichtlich der der Anforderung [SPALTE].**	**Anforderungskategorien**	**Wandlungsfähigkeit im Zeitverlauf**	**Usability (Übersichtlichkeit und Nutzbarkeit)**	**Reibungslose Zusammenarbeit zwischen Akteuren + Leistungen**	**Sicherheit und Zuverlässigkeit gewährleisten**	**Vermarktungspotenziale erhöhen**	**Innovationsfähigkeit unterstützen**	**Kommunikation zw. Akteuren verbessern**	**Beurteilung und Selektion von Akteuren**	**Suche + Identifikation von Leistungen**
Lösungsmerkmalskategorien										
M Social Media			**1**	**1**		**1**	**9**	**9**	**1**	**1**

Tabelle 31: Unterstützung der Anforderungen durch die Lösungsmerkmale der Kategorie Social Media[1036]

Die Kategorie ***M) Social Media*** umfasst die Lösungsmerkmale *Blogs (M.1), Onlineforen (M.2)* und *Wikis (M.3).* (Entwickler-)Blogs können als zusätzliche (direkter) Kommunikationskanäle zu und zwischen den Akteuren in SECO dienen. Ferner können diese Blogs als Multiplikatoren für Wissen dienen.[1037] Onlineforen dienen dem Infor-

[1034] Vgl. Kawakoya u.a. (2013), S. 123-143, Chirilă, Creţu (2012), S. 147-162. Vgl. bspw. die Code Analyzer von Salesforce, salesforce (2014a), URL siehe Literaturverzeichnis und des Developer Gardens der Deutschen Telekom, Developer Garden (2014), URL siehe Literaturverzeichnis

[1035] Vgl. Cheng, Tang (2010), S. 437 und Wenzel u.a. (2012), S. 647 f.

[1036] Quelle: Eigene Darstellung

[1037] Vgl. Ryu, Shi (2010), S. 552, Viljainen, Kauppinen (2013), S. 131 und Jansen u.a. (2012), S. 1505. Beispielhaft kann hier das Blog von salesforce genannt werden, indem bspw. die Kommunikation

mationsaustausch und der Diskussion. Stellt ein Plattformanbieter diese für Komplementoren und Endkunden bereit, so können diese darin Probleme diskutieren und sich gegenseitige Hilfestellung bieten.[1038] Im Unternehmensumfeld können darüber hinaus „Wikis" die Kollaboration innerhalb eines bzw. zwischen mehreren Unternehmen unterstützen. So werden diese im Rahmen der Softwareentwicklung als Mittel zum Wissenstransfer, u. a. zur Anforderungserhebung, Dokumentation, zum Bugtracking, Qualitätsmanagement, zu Lernzwecken oder im Rahmen des technischen Supports genutzt.[1039] Die Bereitstellung von Lösungsmerkmalen dieser Kategorie kann durch Bildung von Communities mit direkten Kommunikationskanälen die Kommunikation zwischen den Akteuren verbessern und durch Mechanismen zum Wissenstransfer positiv auf die Innovationsfähigkeit von SWP sowie umgebender UNSECO wirken.[1040]

4.5.15 Transaktionsunterstützung

Legende: Die verbesserte Umsetzung von Lösung [ZEILE] führt 9 : zwingend und erheblich 3 : merkbar 1 : eventuell / mäßig 0 : gar nicht oder nur indirekt zu höherer Zufriedenheit hinsichtlich der der Anforderung [SPALTE].	Anforderungskategorien	Wandlungsfähigkeit im Zeitverlauf	Usability (Übersichtlichkeit und Nutzbarkeit)	Reibungslose Zusammenarbeit zwischen Akteuren + Leistungen	Sicherheit und Zuverlässigkeit gewährleisten	Vermarktungspotenziale erhöhen	Innovationsfähigkeit unterstützen	Kommunikation zw. Akteuren verbessern	Beurteilung und Selektion von Akteuren	Suche + Identifikation von Leistungen
Lösungsmerkmalskategorien										
N Transaktionsunterstützung			**1**	**3**		**9**			**3**	**9**

Tabelle 32: Unterstützung der Anforderungen durch die Lösungsmerkmale der Kategorie Transaktionsunterstützung[1041]

Die Kategorie ***N) Transaktionsunterstützung*** umfasst die Lösungsmerkmale *Partnerverzeichnis (N.1), AppStore (N.2), Marktplatz (N.3), Partner- und Freelancer Börse (N.4), Abrechnungsfunktionen (N.5), Bezahlsystem (N.6), Lösungsverzeichnis (N.7), Empfehlungsfunktion (N.8)* und *Vorschlagsfunktion für alternative Anwendungen (N.9)*. Sie unterstützen die im Rahmen der TAT genannten Phasen von Transaktionen

zwischen den Entwicklern des SWPA sowie Komplementoren und Endkunden unterstützt wird und bspw. die Entwicklung von Applikationen auf der SWP erläutert wird. Anschließend können die entsprechenden Stakeholdergruppen Rückfragen zu den Inhalten stellen und mit anderen Akteuren in Kontakt treten. Vgl. Specht (2014), URL siehe Literaturverzeichnis.

[1038] Vgl. Jansen u.a. (2012), S. 1501 f., Gottipati u.a. (2011), S. 323 und Gawer, Henderson (2007), S. 44 ff.

[1039] Vgl. Majchrzak u.a. (2006), S. 99 f., Geisser u.a. (2007), S. 202 ff. und Jansen u.a. (2012), S. 1501 f.

[1040] Vgl. Jansen u.a. (2012), S. 1501 ff.

[1041] Quelle: Eigene Darstellung

zwischen Akteuren. Partnerverzeichnisse oder Freelancer-Börsen listen die Partner von PA bzw. Akteure in SECO sowie deren Merkmale auf, erhöhen somit deren Transparenz und ermöglichen anderen Akteuren das Auffinden geeigneter Transaktionspartner.[1042] Lösungsverzeichnisse ähneln diesen, unterscheiden sich aber von den Partnerverzeichnissen durch die Möglichkeiten zur Auflistung bzw. Unterstützung des Auffindens von Leistungen.[1043] Das Unterstützungspotenzial dieser beiden Lösungsmerkmale von SWP ergibt sich insb. in Bezug auf die dadurch ermöglichten Vermarktungspotenziale für Anbieter sowie die Unterstützung der Beurteilung und Selektion von Akteuren sowie deren Leistungen für Nachfrager. Die Abwicklung weiterer Transaktionsphasen erfolgt in diesem Fall direkt zwischen Anbieter und Abnehmer und ohne weitere Unterstützung der entsprechenden Lösungsmerkmale. Während das Lösungsmerkmal der Abrechnungsfunktionalitäten die Leistungsverrechnung in der Abwicklungsphase von Transaktionen unterstützen, können Vorschlagsfunktionen das Auffinden von Akteuren und Leistungen ermöglichen.[1044] Möglichkeiten zur Alternativensuche zeigen darüber hinaus mögliche Alternativen zu identifizierten oder bereits genutzten Leistungen auf und verringern die Abhängigkeiten von den Leistungen bestimmter Anbietern und können somit die Usability und reibungslose Zusammenarbeit in SECO unterstützen.[1045] Darüber hinaus können weitere Lösungsmerkmale wie Freelancer-Börsen, Marktplätze und AppStores, welche sich durch einen steigenden Unterstützungsgrad bzw. Integrationsgrad weiterer Transaktionsphasen auszeichnen, zur Erfüllung der Anforderungen an SWP beitragen.[1046] Ihr Vorteil gegenüber den vorgenannten Einzellösungen ergibt sich durch die integrierte Unterstützung und Vereinfachung der Such-, Verhandlungs- und Vereinbarungsphase (elektronische Marktplätze, Freelancerbörsen) bzw. der kompletten (Rück-)Abwicklungsphase von Transaktionen (AppStores).[1047] Da bei der Komplettabwicklung von Transaktionen jedoch., zumindest

---

[1042] Vgl. Jansen u.a. (2012), S. 1507 und bspw. das Partnerverzeichnis der SAP, vgl. SAP (2014d), URL siehe Literaturverzeichnis

[1043] Beispielhaft hierfür kann das Partner-Lösungsverzeichnis der SAP genannt werden. Vgl. SAP (2014b), URL siehe Literaturverzeichnis

[1044] Vgl. West u.a. (1999), S. 294 f.

[1045] Beispielhaft für eine solche Funktion kann der Dienst „AppSwitch" genannt werden. Diese erlaubt es Akteuren, äquivalente Alternativen zu bestehenden Softwareartefakten (Apps) anhand bestimmter Merkmale zu identifizieren. Vgl. AppSwitch (2014), URL siehe Literaturverzeichnis.

[1046] Vgl. Jansen u.a. (2012), S. 1500 ff. und Jansen u.a. (2013), S. 14

[1047] Ein AppStore soll im Rahmen dieser Arbeit als ein End-to-End-Vertriebskanal für Softwareartefakte (Apps) definiert werden. Er ermöglicht Komplementoren, Apps direkt über eine SWP anzubieten, zu verkaufen und in die Softwareumgebungen von Kunden zu verteilen. Endkunden haben die Möglichkeit Apps direkt aus dem AppStore von SWP zu beschaffen. Die Anwendungen werden am Ende des Beschaffungsprozesses auf der Instanz der SWP des Endkunden installiert. Ferner integriert

lt. derzeitigem Stand der Technik, eine Vorauslieferung relativ einfach gehaltener, standardisierter Softwarepaketen notwendig erscheint, existieren noch Einschränkungen in der Individualisierbarkeit und nachgelagerten Wandlungsfähigkeit von Softwareartefakten, die über AppStores von SWP vertrieben werden. Hier sind ggf. noch Einschränkungen im Kontext von UNSW zu vermuten. Somit erscheint je nach Anwendungsfall eine Abwägung zwischen den verschiedenen Alternativen oder der Kombination von Lösungsmerkmalen der Kategorie Transaktionsunterstützung sinnvoll.

Die Unterstützungspotenziale der erwähnten Lösungsmerkmale lassen sich hinsichtlich der Vereinfachung der Nutzung von SWP, insb. durch die elektronische Unterstützung von verschiedenen Transaktionsphasen, das Entstehen von zusätzlichen Vermarktungspotenzialen, z. B. durch das Listing in AppStores, für Anbieter, sowie das Suchen und Finden von Leistungen bzw. Akteuren für Nachfrager prognostizieren. Zudem kann eine Erhöhung der Transparenz über Akteure und mögliche alternative Leistungen zu einer Reduktion von Abhängigkeiten bzw. einer reibungsloseren Zusammenarbeit zwischen den Akteuren in SECO beitragen.[1048]

4.5.16 Marketing- und Vertriebsunterstützung

Legende: Die verbesserte Umsetzung von Lösung [ZEILE] führt 9 : zwingend und erheblich 3 : merkbar 1 : eventuell / mäßig 0 : gar nicht oder nur indirekt zu höherer Zufriedenheit hinsichtlich der der Anforderung [SPALTE].		Anforderungskategorien	Wandlungsfähigkeit im Zeitverlauf	Usability (Übersichtlichkeit und Nutzbarkeit)	Reibungslose Zusammenarbeit zwischen Akteuren + Leistungen	Sicherheit und Zuverlässigkeit gewährleisten	Vermarktungspotenziale erhöhen	Innovationsfähigkeit unterstützen	Kommunikation zw. Akteuren verbessern	Beurteilung und Selektion von Akteuren	Suche + Identifikation von Leistungen
Lösungsmerkmalskategorien											
O	***Marketing- und Vertriebsunterstützung***						**9**				**3**

Tabelle 33: Unterstützung der Anforderungen durch die Lösungsmerkmale der Kategorie Marketing- und Vertriebsunterstützung[1049]

ein AppStore zusätzlich ein Abrechnungs- und Bezahlsystem und kann unter anderem ein Digitales Rechtemanagement (DRM) beinhalten. Vgl. Wenzel u.a. (2012). S. 639, Jansen u.a. (2012), S. 1500 und Jansen, Bloemendal (2013), S. 196

1048 Vgl. Wenzel u.a. (2012), S. 639 ff., Jansen u.a. (2012), S. 1500, Hilkert (2012), S. 62 und S. 98 f. sowie Tiwana (2014), S. 227. Tiwana prognostiziert durch den Beitrag von transaktionsunterstützenden Lösungsmerkmalen von SWP, insb. im Bereich der Suche von Leistungen, eine langfristige Senkung von Transaktionskosten, liefert jedoch keinen empirischen Beleg hierfür. Vgl. Tiwana (2014), S. 62-67

1049 Quelle: Eigene Darstellung

Die Kategorie ***O) Marketing- und Vertriebsunterstützung*** fasst die Lösungsmerkmale *Gemeinsame Marketingaktionen (O.1), Bereitstellung von Vertriebsunterlagen (O.2), Referral Funktionalitäten (O.3) und Kommunikation von Erfolgsbeispielen (O.4)* zusammen. Die Bereitstellung von Lösungen für Marketingaktionen (bspw. CRM-Funktionalitäten für Mailings an bestehende Kunden, Preisnachlässe) sowie die Bereitstellung von Vertriebsunterlagen mit dem Branding des SWPA (bspw. Präsentationsvorlagen, Flyer oder Datenblätter) kann Akteure dabei unterstützen, Kompatibilität zu Produkten des SWPA zu signalisieren. Sie können somit am Wiedererkennungswert und dem positiven Image partizipieren. Darüber hinaus werden Akteure dabei unterstützt, unter dem gemeinsamen Markennamen Zugang zu neuen Kundengruppen zu erhalten und ihre Vermarktungsmöglichkeiten zu verbessern.[1050] Die Präsentation von Erfolgsbeispielen („customer stories" bzw. „success stories") auf den Internetseiten der SWP bzw. in AppStores kann zu einer potenziellen Reputationssteigerung des SECO sowie der beteiligten Akteuren beitragen. Gekoppelt mit Referral-Funktionalitäten (z. B. eine in SWP integrierte Empfehlungsfunktion für Apps) unterstützt durch Referral-Programme können die Anreize und Möglichkeiten zur gegenseitigen Vertriebsunterstützung aufseiten der Komplementoren verbessert werden. Aber auch werden Endkunden dabei unterstützt, geeignete Leistungen zu identifizieren.[1051] Durch die vorangehenden Ausführungen ist insb. eine positive Wirkung dieser Lösungsmerkmale hinsichtlich der Vermarktungspotenziale und die Suche und Identifikation von Leistungen zu prognostizieren.

[1050] Vgl. Huang u.a. (2010), S. 3, Cusumano, Gawer (2002), S. 55, Gawer, Henderson (2007), S. 21, Sarker u.a. (2012), S. 329 und Meyer, Seliger (1998), S. 67

[1051] Vgl. Popp (2010), S. 181 f. Für weitergehende Erläuterungen von Referral-Programmen sowie der Loyalität darüber gewonnener Kunden vgl. bspw. Schmitt u.a. (2011), S. 46-59

4.5.17 Wissensbasen

Legende: Die verbesserte Umsetzung von Lösung [ZEILE] führt 9 : zwingend und erheblich 3 : merkbar 1 : eventuell / mäßig 0 : gar nicht oder nur indirekt zu höherer Zufriedenheit hinsichtlich der der Anforderung [SPALTE].	Anforderungskategorien	Wandlungsfähigkeit im Zeitverlauf	Usability (Übersichtlichkeit und Nutzbarkeit)	Reibungslose Zusammenarbeit zwischen Akteuren + Leistungen	Sicherheit und Zuverlässigkeit gewährleisten	Vermarktungspotenziale erhöhen	Innovationsfähigkeit unterstützen	Kommunikation zw. Akteuren verbessern	Beurteilung und Selektion von Akteuren	Suche + Identifikation von Leistungen
Lösungsmerkmalskategorien										
P Wissensbasen			1	1		3	9		1	3

Tabelle 34: Unterstützung der Anforderungen durch die Lösungsmerkmale der Kategorie Wissensbasen[1052]

Die Kategorie ***P) Wissensbasen*** umfasst die Lösungsmerkmale *Bereitstellung von Marktinformationen (P.1), Knowledge Base (Wissensdatenbank) (P.2),* sowie *Lösungsdatenbank (P.3)*. Die Verfügbarkeit von (extern bezogenen) durch den PA bereitgestellten Marktinformationen (P.1) unterstützt Akteure von SWP dabei, ihre Vermarktungspotenziale zu erhöhen. Sie erhalten Informationen über das aktuelle Marktgeschehen, Kundenbedarfe und Nutzungsstatistiken, und können somit ggf. Nischen bzw. Möglichkeiten zur Differenzierung vom Wettbewerb erkennen.[1053] Softwareentwicklungsprozesse sind stark von Wissen geprägt. Gemeinsame Wissensdatenbanken (P.2), in der bspw. Kundenkonfigurationen gespeichert werden und von verschiedenen Akteuren (unternehmensübergreifend) abgerufen werden können, stellen dabei nach Jansen geeignete Mittel des Wissensmanagements dar. Sie unterstützen die Innovationsfähigkeit von Akteuren in UNSECO.[1054] Lösungsdatenbanken (Solution Database) sind (oftmals zentrale) Datenbanken, in denen Lösungshinweise oder vollständige Lösungen für typische Problemfälle aufgeführt sind und entsprechend gesucht werden können.[1055] Bspw. für die Lösung von Entwicklungsproblemen beim Einsatz bestimmter Funktionalitäten der SWP oder betrieblicher (branchenspezifischer) Anwendungsfälle. Es ist zu prognostizieren, dass die Lösungsmerkmale aufgrund ihrer Unterstützung des Wissenstransfers insb. die Anforderungen der Innovationsfähigkeit

[1052] Quelle: Eigene Darstellung

[1053] Vgl. Gawer, Henderson (2007), S. 20 f. und Jansen u.a. (2012), S. 1499 ff.

[1054] Vgl. Meyer, Seliger (1998), S. 65-70, Jansen (2007), S. 185 f., Jansen u.a. (2012), S. 1499 ff., Jansen (2013), S. 9, Jansen, Cusumano (2013), S. 23 und Sarker u.a. (2012), S. 329

[1055] Ein Beispiel hierfür stellt bspw. die Datenbankfunktion des SAP Co-Innovation Labs dar. Vgl. SAP (2014c), URL siehe Literaturverzeichnis

unterstützen. Sie können aber durch das Aufzeigen von Lösungen bzw. Lösungsangeboten dazu beitragen, die Vermarktungspotenziale einzelner Akteure zu erhöhen und positiv auf die die Identifikation von Leistungen für bestimmte betriebliche Anwendungsfälle wirken.[1056]

4.5.18 Lizenzierung

Legende: Die verbesserte Umsetzung von Lösung [ZEILE] führt 9 : zwingend und erheblich 3 : merkbar 1 : eventuell / mäßig 0 : gar nicht oder nur indirekt zu höherer Zufriedenheit hinsichtlich der der Anforderung [SPALTE].	Anforderungskategorien	Wandlungsfähigkeit im Zeitverlauf	Usability (Übersichtlichkeit und Nutzbarkeit)	Reibungslose Zusammenarbeit zwischen Akteuren + Leistungen	Sicherheit und Zuverlässigkeit gewährleisten	Vermarktungspotenziale erhöhen	Innovationsfähigkeit unterstützen	Kommunikation zw. Akteuren verbessern	Beurteilung und Selektion von Akteuren	Suche + Identifikation von Leistungen
Lösungsmerkmalskategorien										
Q Lizenzierung		1		3	1					

Tabelle 35: Unterstützung der Anforderungen durch die Lösungsmerkmale der Kategorie Lizenzierung[1057]

Die Kategorie ***Q) Lizenzierung*** besteht aus den Lösungsmerkmalen *einheitliches Lizenzmodell (Q.1), Bereitstellung von Patenten als Schutz vor Patentklagen (Q.2), Formale Regelungen zum Schutz geistigen Eigentums (Q.3)* und *Flexibles Lizenzmodell (Q.4)*. Diese beschreiben die Unterstützungspotenziale von SWP hinsichtlich der (lizenz-)rechtlichen Ausgestaltung der Aktivitäten von Akteuren in SECO. Durch die Bereitstellung und die Wiederverwendung eines rechtlich geprüften einheitlichen Lizenzmodells, kann die Komplexität der Verhandlung und Formulierung von Lizenzbedingungen für Komplementoren und Endkunden verringert und der Einstieg in die SWP erleichtert werden. Dem gegenüber stehen allerdings Einschränkungen in der Wandlungsfähigkeit und ggf. der Anwendbarkeit in verschiedenen Anwendungsfällen.[1058] Diese Wandlungsfähigkeit kann durch die Bereitstellung eines flexiblen Lizenzmodells (Q.4) unterstützt werden, welches z. B. den Komplementoren ermöglicht, verschiedene Preismodelle (bspw. Freemium-Preismodelle) zu verfolgen, Lizenzen partiell still-

[1056] Vgl. Jansen (2007), S. 185 f. und Jansen (2013), S. 9 f.
[1057] Quelle: Eigene Darstellung
[1058] So ist nach Lehmann und Buxmann die Preisdifferenzierung ein wichtiges Marketingwerkzeug für Softwareanbieter und sollte daher durch eine entsprechende Lizenzgestaltung unterstützt werden. Vgl. Lehmann, Buxmann (2009), S. 519-528.

zulegen oder weitere individuelle Vereinbarungen mit bestimmten Kunden zu treffen.[1059] Es ist allerdings zu vermuten, das hieraus wiederum eine höheren Komplexität und ggf. höhere Einstiegshürden in die SWP bzw. das SECO resultieren: Lizenzinhalte müssen erst im Rahmen von Verhandlungsprozessen zwischen den Akteuren abgestimmt werden. Auch wird die Auswahl aus ggf. vielfältigen Lizenzalternativen vergrößert. Somit erscheint in diesem Fall eine Abwägung zwischen Wandlungsfähigkeit und Nutzbarkeit von Lizenzbedingungen notwendig. Es ist jedoch zu erwarten, dass Bereitstellung entsprechender Lizenzvorlagen die Vermarktung von Leistungen bspw. über o. Ä. vereinfachen kann.[1060] Die Bereitstellung von gemeinsamen Patenten kann die Stakeholder des SECO vor möglichen Patentklagen schützen, den Schutz intellektuellen Eigentums ermöglichen und daraus entstehende Risiken reduzieren. Die Vorgabe von formalen Regelungen zum Schutz geistigen Eigentums, z. B. im Rahmen der Lizenzbedingungen durch Plattformanbieter, kann darüber hinaus dazu beitragen, die durch die Öffnung hin zu SECO gefährdeten Interessen von Komplementären hinsichtlich ihrer wertvollen Ressourcen zu wahren und Imitation zu verhindern.[1061]

4.5.19 Community-Veranstaltungen

Legende: Die verbesserte Umsetzung von Lösung [ZEILE] führt 9 : zwingend und erheblich 3 : merkbar 1 : eventuell / mäßig 0 : gar nicht oder nur indirekt zu höherer Zufriedenheit hinsichtlich der der Anforderung [SPALTE].	Anforderungskategorien	Wandlungsfähigkeit im Zeitverlauf	Usability (Übersichtlichkeit und Nutzbarkeit)	Reibungslose Zusammenarbeit zwischen Akteuren + Leistungen	Sicherheit und Zuverlässigkeit gewährleisten	Vermarktungspotenziale erhöhen	Innovationsfähigkeit unterstützen	Kommunikation zw. Akteuren verbessern	Beurteilung und Selektion von Akteuren	Suche + Identifikation von Leistungen
Lösungsmerkmalskategorien										
R Community-Veranstaltungen		**1**	**3**	**1**		**1**	**3**	**9**	**1**	**1**

Tabelle 36: Unterstützung der Anforderungen durch die Lösungsmerkmale der Kategorie Community-Veranstaltungen[1062]

Die Lösungskategorie ***R) Community-Veranstaltungen*** besteht aus den Lösungsmerkmalen *Neuerungsworkshops (R.1), User Groups (R.2) und Entwicklerkonferenzen (R.3)*. Sie umfasst somit (virtuelle) Veranstaltungen, welche zu einer Community-

[1059] Vgl. Hyrynsalmi u.a. (2012), S. 214 ff. für mögliche Realisierungsformen der Lizenzierung und entsprechender Preismodelle in SECO und insb. AppStores.

[1060] Vgl. Baars, Jansen (2012), S. 177

[1061] Vgl. Sarker u.a. (2012), S. 20 und Coccagnoli u.a. (2012), S. 264

[1062] Quelle: Eigene Darstellung

bildung und Vernetzung von Akteuren beitragen sollen. Im Rahmen von Neuerungsworkshops werden Neuerungen bezüglich der SWP meist durch den Plattformanbieter oder auch ausgewählte Komplementoren und Endkunden präsentiert. Dabei können Entwickler und Nutzer praxisorientiert, anhand von Beispielen, Funktionalitäten oder Eigenschaften der SWP kennen- und erlernen.[1063] User Groups sind Interessenvertretungen für die Stakeholder (z. B. Endkunden, Komplementoren und weitere Akteure) der SWP. Diese stellen ein Instrument zur Förderung des Austausches zwischen den Mitgliedern zur Community-Bildung dar. Durch die Unterstützung von User Groups können SWPA eine höhere Kundenloyalität erreichen.[1064] Entwicklerkonferenzen können durch Plattformanbieter genutzt werden, um Komplementoren über Neuerungen und Merkmale von SWP zu informieren. Ferner können im Rahmen von Entwicklerkonferenzen Workshops stattfinden, in denen Funktionalitäten und Anwendungsszenarien für SWP und komplementäre Leistungen präsentiert werden. Die Komplementoren können darüber hinaus entsprechende Veranstaltungen zur direkten Vernetzung untereinander und ggf. als Kanal zur Vermarktung eigener Leistungen nutzen.[1065] Da im Rahmen der vorgenannten Events insb. eine Präsentation von Leistungen der SWP gegenüber Akteuren stattfindet, Wissen transferiert wird und die Akteure darüber hinaus in Kommunikation zueinander treten können, ist zu erwarten, dass die Lösungsmerkmale der Community-Veranstaltungen insb. zur Erfüllung der Usability, der Innovationsfähigkeit, einer Verbesserung der Kommunikation zwischen den Akteuren sowie möglicherweise einer Unterstützung der Suche und Identifikation von Leistungen (insb. der zentralen SWP) beitragen.

4.6 Generische Gestaltungsempfehlungen für Softwareplattformen

Aufbauend auf den vorangegangenen Ausführungen in Kapitel 4.5 kann die FF 3 „Welche potenziellen Lösungsmerkmale existieren, um die Anforderungen an SWP für UNSECO zu erfüllen?“ dahingehend beantwortet werden, dass, ausgehend von den neun Anforderungskategorien an SWP, 18 Kategorien an Lösungsmerkmalen von SWP zur

[1063] Vgl. bspw. den Microsoft Platform Info Day, Microsoft (2014b), URL siehe Literaturverzeichnis. Entsprechende Veranstaltungen können auch virtuell z. B. im Rahmen von Webinaren oder Livestreams angeboten werden, um global verteilten Akteuren die Teilnahme zu ermöglichen.

[1064] Vgl. Baars, Jansen (2012), S. 175-178 und Gawer, Henderson (2007), S. 14 ff.

[1065] Vgl. Gawer, Henderson (2007), S. 14 ff. Beispielhaft kann die Apple Worldwide Developer Conference genannt werden, welche sowohl die physikalische Teilnahme an der Präsenzveranstaltung als auch die virtuelle Teilnahme im Rahmen der SWP erlaubt und im Rahmen derer u. a. Neuigkeiten zu Plattformen und komplementären Produkte sowie Workshops (Labs) zu entsprechenden Technologien angeboten werden. Zur virtuellen Teilnahme stellt Apple Apps und Livestreams auf den Plattformen iTunes bzw. iOS zur Verfügung. Vgl. Apple (2014a), URL siehe Literaturverzeichnis

Unterstützung der Anforderungen identifiziert werden können. Diese stellen potenzielle Lösungsmerkmale von SWP dar und können grundsätzlich für die generische Gestaltung dieser herangezogen werden. Basierend auf den identifizierten Korrelationen zwischen den Anforderungen und Lösungsmerkmalen lassen sich Gestaltungsempfehlungen für SWP zur Unterstützung der Ziele von Akteuren in UNSECO zur Beantwortung von FF 4 ableiten.

Legende: Die verbesserte Umsetzung von Lösung [ZEILE] führt 9 : zwingend und erheblich 3 : merkbar 1 : eventuell / mäßig 0 : gar nicht oder nur indirekt zu höherer Zufriedenheit hinsichtlich der der Anforderung [SPALTE].		*Anforderungskategorien*	Wandlungsfähigkeit im Zeitverlauf	Usability (Übersichtlichkeit und Nutzbarkeit)	Reibungslose Zusammenarbeit zw. Akteuren + Leistungen	Sicherheit und Zuverlässigkeit gewährleisten	Vermarktungspotenziale erhöhen	Innovationsfähigkeit unterstützen	Kommunikation zw. Akteuren verbessern	Beurteilung und Selektion von Akteuren	Suche + Identifikation von Leistungen	Bedeutungsrang (generisch)
	Lösungsmerkmalskategorien	# *Korrel.*	9	11	12	10	8	10	4	5	13	
A	***Kommunikation der Strategie***	5	**1**	**3**	**3**		**1**				**1**	**16**
B	***IT-Support und Services***	6		**9**	**1**	**1**		**9**	**3**		**1**	**3**
C	***Trainings***	3		**9**				**3**			**1**	**13**
D	***APIs und Schnittstellen***	7	**9**	**3**	**9**	**3**	**1**	**9**			**1**	**1**
E	***Standards***	7	**1**	**3**	**9**	**1**	**1**	**3**	**1**			**10**
F	***Modulare Softwarearchitektur***	5	**9**	**1**	**3**	**3**	**1**					**7**
G	***Benutzeroberfläche***	2		**3**		**1**						**17**
H	***Sicherheitsmechanismen***	2	**1**			**9**						**14**
I	***Entwicklungswerkzeuge***	6	**3**	**9**	**1**	**1**		**3**			**1**	**5**
J	***Vertrauensförd. Maßnahmen***	4			**3**	**3**				**9**	**9**	**12**
K	***Dokumentation***	3		**9**				**3**			**3**	**9**
L	***Test- und Feedbackmöglichkeiten***	6	**3**	**1**	**9**	**9**		**3**			**3**	**2**
M	***Social Media***	7		**1**	**1**		**1**	**9**	**9**	**1**	**1**	**6**
N	***Transaktionsunterstützung***	5		**3**	**3**		**9**			**3**	**9**	**4**
O	***Marketing- und Vertriebsunterstützung***	2					**9**				**3**	**15**
P	***Wissensbasen***	6		**1**	**1**		**3**	**9**		**1**	**3**	**8**
Q	***Lizenzierung***	3	**1**		**3**	**1**						**18**
R	***Community-Veranstaltungen***	8	**1**	**3**	**1**		**1**	**3**	**9**	**1**	**1**	**11**

Tabelle 37: House of Quality für die Gestaltung von Softwareplattformen in Unternehmenssoftwareökosystemen (Ausschnitt)[1066]

Diese Gestaltungsempfehlungen ergeben sich durch spaltenweise Analyse des in Tabelle 37 dargestellten, aus Gründen der Lesbarkeit transportierten Ausschnittes des

[1066] Quelle: Eigene Darstellung

HoQ, welches die im vorhergehenden Kapitel identifizierten Unterstützungspotenziale der Anforderungen durch die Kategorien an Lösungsmerkmalen zusammenfasst.[1067] Analog zur Darstellung der Unterstützung von Anforderungen durch Lösungsmerkmale in den Kapiteln 4.5.2 bis 4.5.19 sollen im Nachfolgenden als relevant erachtete Korrelationen auf Kategorienebene beschrieben werden. Zu Illustrationszwecken erfolgt bei Bedarf der Rückgriff auf Beispiele auf Ebene einzelner Lösungsmerkmale.

Auf die **Wandlungsfähigkeit** von SWP kann durch den Aufbau einer modularen Softwarearchitektur mit APIs und Schnittstellen zu komplementären Produkte sowie die Bereitstellung von Entwicklungswerkzeugen sowie entsprechender Test- und Feedbackmöglichkeiten für die Leistungen der Akteure in SECO positiv Einfluss genommen werden.[1068] Eine modulare Architektur erlaubt die Dekomposition des SECO sowie der SWP in relativ autonome Subsysteme. Durch die Kapselung über Schnittstellen kann darüber hinaus die Resilienz des Gesamtsystems positiv beeinflusst werden. Entwicklungswerkzeuge versetzen die Akteure in die Lage, die gekapselten Leistungen möglichst eigenständig weiterzuentwickeln, während Test- und Feedbackmöglichkeiten Wissensrückflüsse und neue Impulse für die (Weiter-) Entwicklung versprechen und daher der Wandlungsfähigkeit zuträglich sind.[1069]

In Bezug auf die **Gestaltung der Usability** von SWP konnten im Rahmen der Analyse vielfältige mögliche Einflussfaktoren aufseiten der Lösungsmerkmale identifiziert werden. Durch die Bereitstellung von Entwicklungswerkzeugen, flankiert durch entsprechende Dokumentationen, Trainings und Support- bzw. Serviceleistungen sowohl für Entwickler als auch für Anwender können Akteure in die Lage versetzt werden, möglichst einfach komplementäre Produkte für SWP zu entwickeln und zu nutzen. Die Anbindung dieser Komplemente sollte hierzu über gekapselte Schnittstellen bzw. APIs erfolgen, um die für die Nutzung von Diensten von SWP oder Dritten benötigten Informationen auf die notwendigen Details zu beschränken und weitergehende, komplexitätstreibende Implementierungsdetails auszublenden. Die Nutzung und Vorgabe von Standards, z. B. in Bezug auf bereitgestellte Basisfunktionalitäten von SWP, Schnitt-

[1067] Bei den nachfolgenden Erläuterungen sollen nicht alle im Rahmen der Literaturanalyse identifizierten Quellen erneut gelistet werden. Vielmehr wird auf die jeweils relevanten Unterkapitel dieser Arbeit referenziert.

[1068] Vgl. Kapitel 4.5.5

[1069] Vgl. Kapitel 4.5.2, 4.5.5, 4.5.6, 4.5.7, 4.5.9, 4.5.10, 4.5.13, 4.5.18, 4.5.19 m. w. V.

stellenbeschreibungen, einheitliche Benutzeroberflächen oder ein gemeinsames Glossar, kann die Nutzung der Leistungen für die Akteure durch die entstehenden Komplexitätsreduktionen zusätzlich vereinfachen. Flankiert werden sollten diese durch Community-Veranstaltungen, wie Workshops, User Groups und Entwicklerkonferenzen. Diese zusätzlichen Veranstaltungen können dazu genutzt werden, interessierten Akteuren die Nutzung von SWP für die eigene Geschäftstätigkeit zu vermitteln und erleichtern.[1070]

Die **reibungslose Zusammenarbeit** zwischen Akteuren bzw. deren Leistungen wird auf technischer Seite durch eine modulare Softwarearchitektur mit wohldefinierten Schnittstellen, die Etablierung von Standards bei der Entwicklung und Nutzung von komplementären Leistungen sowie die Implementierung von Test- und Feedbackmöglichkeiten positiv beeinflusst. Gekoppelt mit entsprechenden Zertifizierungen kann dies zu einer Reduzierung von Interdependenzen zwischen den Leistungen von Akteuren in UNSECO und eventueller negativer Auswirkungen führen. Die Kommunikation der Strategie für die zukünftige Entwicklung von SWP, kann zudem Akteure dabei unterstützen, zukünftige Konfliktsituationen in den Geschäftstätigkeiten frühzeitig zu identifizieren. Sie können mit entsprechenden Maßnahmen wie bspw. einer Anpassung des eigenen Leistungsportfolios, dem Austritt aus dem o. Ä. reagieren. Lösungsmerkmale zur Transaktionsunterstützung wie bspw. AppStores, welche den unterschiedlichen Akteuren die Möglichkeit eines direkten Marktzugangs bieten und Abhängigkeiten von einzelnen, bisher einen Markt- oder Kundenzugang innehabenden Akteuren reduzieren, können darüber hinaus die Wahrscheinlichkeit konfliktären Verhaltens einzelner Akteure verringern.[1071]

Die **Sicherheit und Zuverlässig** von SWP und komplementärer Leistungen in UNSECO kann durch modulare, über Schnittstellen gekapselte Architekturen und Softwareartefakte, welche die Auswirkungen von möglichen Fehlern begrenzen, verbessert werden. Sicherheitsmechanismen wie Softwaresignaturen und Single Sign Ons (SSO), aber insb. durch die Implementierung eines, im Idealfall an ein Rollenkonzept des SECO gekoppelten, Berechtigungskonzept können zudem ein schadhaftes Verhalten von Artefakten aber auch Akteuren begrenzen. Flankierend dazu sollten Test-

[1070] Vgl. Kapitel 4.5.2, 4.5.3, 4.5.4, 4.5.5 , 4.5.6, 4.5.7, 4.5.10, 4.5.12, 4.5.13, 4.5.14, 4.5.15, 4.5.17 und 4.5.19

[1071] Vgl. Kapitel 4.5.2, 4.5.3, 4.5.5, 4.5.6, 4.5.7, 4.5.10, 4.5.11, 4.5.13, 4.5.14, 4.5.15, 4.5.17, 4.5.18 und 4.5.19

und Feedbackmechanismen, wie bspw. Code Analyzer aber auch frühzeitige Beta-Tests zur Sicherheit und Zuverlässigkeit von Softwareartefakten beitragen. Ihre Interoperabilität kann durch Zertifizierungsmaßnahmen überprüft und gegenüber möglichen Käufern signalisiert werden, bevor diese Artefakte, möglichst über Schnittstellen, in Softwaresysteme integriert werden. Durch eine mit der Determinante der Governance abgestimmte Lizenzierung sollten darüber hinaus Schutz- und Sanktionsmechanismen gegenüber schädlichem Verhalten von Akteuren existieren.[1072]

Die Anforderung von Akteuren nach einer **Steigerung der Vermarktungspotenziale** kann insb. durch die Bereitstellung von die einzelnen Transaktionsphasen unterstützenden Lösungsmerkmalen wie bspw. Partner- oder Lösungsverzeichnissen, elektronische Markplätze oder Freelancer-Börsen oder in SWP integrierte AppStores realisiert werden. Sie ermöglichen es den Akteuren, ihre Leistungen direkt anderen Akteuren von SECO, ggf. unter dessen Markennamen, anzubieten und am positiven Image des SWPA oder SECO zu partizipieren. Diese Möglichkeiten sollten durch die Bereitstellung entsprechender Wissensbasen wie bspw. Marktdaten, Nutzungsstatistiken von SWP, aber auch die Bereitstellung von (downloadbaren) Marketingmaterialen, CRM-Funktionalitäten oder Referral-Funktionalitäten in SWP zur Identifikation und Generierung weiterer Umsatzpotenziale unterstützt werden.[1073]

Die **Innovationsfähigkeit von Softwareplattformen** kann durch die Bereitstellung von „enabling technologies" wie Entwicklungswerkzeugen zur Erstellung komplementärer Leistungen, die auf mittels APIs bereitgestellter Funktionalitäten von SWP aufbauen und die Verknüpfungen mit den Leistungen anderer Akteure über Schnittstellen ermöglichen, stimuliert werden. Diese Schnittstellen sollten syntaktisch und semantisch spezifiziert sein und möglichst verbreitete Standards unterstützen, um die Nutzung durch Dritte zu vereinfachen. Darüber hinaus sollten flankierende Dokumentationen, Supportangebote, Trainings, aber auch Möglichkeiten zum Wissensaustausch via Social Media, z. B. im Rahmen von Foren, Blogs, Wikis oder der Anbindung an soziale Netzwerke, existieren. Die vorgenannten Lösungsmerkmale bieten Hilfestellungen bei der Weiterentwicklung und Nutzung von SWP sowie komplementären Leistungen. Darüber hinaus stellen sie Möglichkeiten des Wissensaustauschs und der Wissensgene-

[1072] Vgl. Kapitel 4.5.3, 4.5.5, 4.5.6, 4.5.7, 4.5.8, 4.5.9, 4.5.10, 4.5.11, 4.5.13 und 4.5.18
[1073] Vgl. Kapitel 4.5.2, 4.5.5, 4.5.6, 4.5.7, 4.5.14, 4.5.15, 4.5.16 und 4.5.17

rierung zwischen Akteuren dar. Die Möglichkeit, ein Co-Development mit dem PA einzugehen oder frühzeitig Beta-Tests durchzuführen und Feedbacks zu erhalten, kann durch die möglicherweise entstehenden externe Impulse ebenfalls die Innovationsfähigkeit von SECO sowie deren Akteure steigern.[1074]

Die **Kommunikation** und direkte Abstimmung zwischen Akteuren in SECO kann durch die Bereitstellung zusätzlicher Kommunikationskanäle im Bereich Social Media (bspw. Blogs, Wikis, Foren, Online-Communities), aber auch Community-Veranstaltungen wie (virtuelle) Entwicklerkonferenzen **verbessert** werden. Standards wie bspw. gemeinsame Glossare führen zu einer Harmonisierung von Begrifflichkeiten zwischen den Akteuren und können daher dazu beitragen, Mehrdeutigkeiten in der direkten Kommunikation zu verringern und somit die Kommunikationsqualität zu steigern.[1075]

Die **Beurteilung und Selektion von Akteuren** kann insbesondere durch das Angebot von vertrauensfördernden Maßnahmen wie Zertifizierungen von Akteuren sowie deren Leistungen unterstützt werden. Diese Zertifizierungen signalisieren einerseits die Kompatibilität zwischen den Leistungen unterschiedlicher Akteure und deren Zusammenspiel und erhöhen darüber hinaus das Vertrauen in diese Leistungen. Bewertungsfunktionalitäten in den transaktionsunterstützenden Funktionalitäten von SWP, wie bspw. AppStores, Marktplätzen oder Partnerverzeichnissen, können hierbei die Akteure bei der Auswahl geeigneter Transaktionspartner wie Softwarelieferanten oder IT-Dienstleister unterstützen. Die Möglichkeit, das Fehlverhalten bestimmter Akteure durch Bewertungsfunktionalitäten anzuzeigen, kann ferner dazu beitragen, opportunistisches Verhalten der Akteure zu reduzieren.[1076]

Lösungsverzeichnisse, AppStores, Empfehlungs- oder Vorschlagsfunktionen aus der Lösungsmerkmalskategorie Transaktionsunterstützung ermöglichen die **Suche und Identifikation von Leistungen** von Akteuren in SECO. Analog zur Argumentation der Unterstützung der Beurteilung von Akteuren können Zertifizierungen die Kompatibilität und Eignung von deren Leistungen signalisieren. Lösungsmerkmale aus dem Bereich Test- und Feedbackmöglichkeiten, wie Beta-Programme für Komplementoren, die Bereitstellung von Vorabversionen sowie zeitlich oder funktional eingeschränkter Test-

[1074] Vgl. Kapitel 4.5.3, 4.5.4, 4.5.5, 4.5.6, 4.5.10, 4.5.12, 4.5.13, 4.5.14, 4.5.17 und 4.5.19
[1075] Vgl. Kapitel 4.5.3, 4.5.6, 4.5.14 und 4.5.19
[1076] Vgl. Kapitel 4.5.11, 4.5.14, 4.5.15, 4.5.17 und 4.5.19

versionen („Testdrive“) versetzen des Weiteren die Akteure in die Lage entsprechende, meist softwarebasierte, Leistungen frühzeitig zu testen. Maßnahmen wie die Bereitstellung von (gebündelten) Entwicklungswerkzeugen für Entwickler von SWP, Dokumentation, bspw. über die Funktionalitäten oder die Verfügbarkeit von Leistungen, Roadmaps, Wissensdatenbanken oder Marketingmaterialien unterstützen darüber hinaus das Auffinden geeigneter Leistungen.[1077]

Im vorangegangenen Kapitel wurden, ausgehend von den Anforderungen der Stakeholder in SECO, potenzielle Lösungsmerkmale von SWP sowie deren Wirkungen auf die Anforderungen identifiziert. Sie könnten grundsätzlich als generische Gestaltungsempfehlungen für SWP in UNSECO eingehen. Unter der Annahme von Gleichgewichtungen der Stakeholdergruppen in UNSECO sowie deren Anforderungen könnte anhand der quantifizierten Korrelationen im HoQ eine generische Priorisierung von Lösungsmerkmalen für die Gestaltung von SWP abgeleitet werden. Eine solche Priorisierung ist in Tabelle 37 in der letzten Spalte dargestellt und kann wie folgt interpretiert werden: Da sich bspw. die Lösungsmerkmalskategorie „APIs und Schnittstellen“ durch eine im Vergleich zu den anderen Lösungsmerkmalskategorien größere Anzahl stärker ausgeprägter Korrelationen zu den verschiedenen Anforderungskategorien von SWP auszeichnet, kommt ihnen bei generischer Betrachtung eine höhere relative Gewichtung und Bedeutung als anderen Lösungsmerkmalskategorien, wie bspw. der Lösungsmerkmalskategorie „Benutzeroberfläche“, zu. Unter der Annahme begrenzter Mittel sollten insb. die Lösungsmerkmale dieser Kategorie realisiert werden.

Allerdings ist, dem theoretischen Bezugsrahmen dieser Arbeit (Kapitel 3.4.3) folgend, davon auszugehen, dass nicht alle Stakeholdergruppen in SECO den Anforderungen an SWP die gleiche Bedeutung zumessen. Demnach zeichnen sich nicht alle Lösungsmerkmale über eine identische Effizienz hinsichtlich der jeweils relevanten Anforderungen der Stakeholder aus. Darüber hinaus stellen die zuvor identifizierten Korrelationen zwischen Anforderungen und Lösungen bislang logisch begründete und durch die Nennung entsprechender Literaturquellen gestützte Thesen über die vermuteten Wirkungszusammenhänge zwischen Lösungsmerkmalen und Anforderungen an SWP dar. Bevor stakeholderspezifische Gestaltungsempfehlungen für SWP ausgesprochen werden sollen, erscheint deshalb zunächst eine Priorisierung der Anforderungen durch

[1077] Vgl. Kapitel 4.5.2, 4.5.3, 4.5.4, 4.5.5, 4.5.10, 4.5.11, 4.5.12, 4.5.13, 4.5.14, 4.5.15, 4.5.16, 4.5.17 und 4.5.19

die in Kapitel 4.2 identifizierten Stakeholdergruppen von UNSECO sinnvoll. Anschließend soll eine Evaluation der daraus abzuleitenden Gestaltungsempfehlungen vorgenommen werden, bevor in Hinblick auf die Stakeholdergruppen situativ geeignete Gestaltungsempfehlungen ausgesprochen werden sollen.

5. Evaluation der vorliegenden Ergebnisse

5.1 Konzeption der Evaluation

Die Herleitung von Empfehlungen zur Gestaltung von SWP in UNSECO auf Basis einer an der DSR orientierten Methodik bedingt konsequenterweise eine Evaluation der daraus entstehenden Artefakte.[1078] Hierzu erscheint eine Analyse und Auswahl der in der DSR vorgeschlagenen Evaluierungsmethoden zweckmäßig.[1079]

Design Evaluation Methods	
Observational	Case Study: Study artifact in depth in business environment
	Field Study: Monitor use of artifact in multiple projects
Analytical	Static Analysis: Examine structure of artifact for static qualities (e.g. complexity)
	Architecture Analysis: Study fit of artifact into technical IS architecture
	Optimization: Demonstrate inherent optimal properties of artifact or provide optimality bounds on artifact behavior
	Dynamic Analysis: Study artifact in use for dynamic qualities (e.g. performance)
Experimental	Controlled Experiment: Study artifact in controlled environment for qualities (e.g. usability)
	Simulation: Execute artifact with artificial data
Testing	Functional (Black Box) Testing: Execute artifact interfaces to discover failures and identify defects
	Structural (White Box) Testing: Perform coverage testing of some metric (e.g. execution paths) in the artifact implementation
Descriptive	Informed Argument: Use information from the knowledge base (e.g. relevant research) to build a convincing argument for the artifact's utility
	Scenarios: Construct detailed scenarios around the artifact to demonstrate its utility

Tabelle 38: Evaluationsmethoden der Design Science Research[1080]

Hevner u.a. schlagen, die in Tabelle 38 dargestellten, zwölf Evaluationsmethoden für Artefakte vor. Diese können fünf Methodenklassen zugeordnet werden: Der Evaluation mittels Beobachtung im Rahmen qualitativer Fallstudien oder vergleichender Feldstudien, formal geprägten Analysen durch kontrollierte Experimente oder Simulationen, dem (formalen) Testen von Artefakten anhand funktionaler (Black Box) oder struktureller (White Box) Tests oder deskriptiven Methoden, bspw. mittels argumentativer

[1078] Vgl. Österle u.a. (2010), S. 668 sowie die Ausführungen zur Forschungsmethodik in Kapitel 1.4
[1079] Vgl. Hevner u.a. (2004), S. 75 ff. und Peffers u.a. (2007), S. 55 f.
[1080] Quelle: Hevner u.a. (2004), S. 83

oder auf Szenarien basierender Vorgehensweisen. Die zu wählenden Evaluationsmethoden sollten sich durch eine Kompatibilität hinsichtlich der zu entwickelnden Artefakt auszeichnen,[1081] deskriptive Methoden jedoch nach Möglichkeit nur bei innovativen Artefakten oder Einschränkungen hinsichtlich der Anwendbarkeit anderer Evaluationsmethoden in Betracht gezogen werden. In solchen Fällen könnten diese jedoch durch weitere, geeignetere (innovative) Formen der Evaluation als die von Hevner u.a. vorgeschlagenen, ergänzt oder ersetzt werden.[1082]

Die zu **evaluierenden Artefakte** dieser Arbeit sind die sich aus den Bestandteilen der Anforderungen an SWP, sowie Lösungsmerkmalen zur Erfüllung dieser Anforderungen konstituierenden **Gestaltungsempfehlungen**. Dabei wird evident, dass diese **Artefakte** einen **qualitativen, normativen Charakter** haben.[1083] Die Evaluation dieser Gestaltungsempfehlungen mittels formaler Analysen bzw. softwarebasierter Tests erscheint ungeeignet, da diese Methoden (semi-)formal spezifizierte Artefakte wie bspw. Modelle oder Softwareartefakte voraussetzen.[1084] Auch die Durchführung von Labor- bzw. Feldexperimenten oder Simulationen setzen präzise formulierte Hypothesen oder codierte bzw. formal spezifizierte Softwareartefakte voraus. Diese Methoden scheiden daher aufgrund von Inkompatibilitäten zu den Ergebnistypen dieser Arbeit aus.[1085] Als verbleibende Evaluationsmethoden sind somit nach dem in Tabelle 38 dargestellten Schema Hevner u.a. Fallstudien oder (komparative) Feldstudien sowie die deskriptive Formen der Evaluation in Betracht zu ziehen.[1086] Der Einsatz qualitativer Fallstudien bedingt die Verfügbarkeit geeigneter und zudem zur Teilnahme bereiter Praxispartner, welche aufgrund der Innovativität der Aufgabenstellung sowie der Bedeutung der Problemstellung zum Trotz derzeit nur in geringer Zahl vorhanden sind. Die Partizipation

---

[1081] Vgl. Hevner u.a. (2004), S. 85 f.

[1082] Vgl. Hevner u.a. (2004), S. 86. Hevner bemerkt, dass diese Formen der Evaluation durch innovative und im jeweiligen Kontext als geeignet erachtete Formen der Evaluation ergänzt bzw. subsituiert werden können. Vgl. Hevner u.a. (2004), S. 97

[1083] Vgl. diesbezüglich die forschungsmethodische Einstufung in den Kapiteln 1.4, 4.1 und 4.5.1

[1084] Vgl. Hevner u.a. (2004), S. 83

[1085] Vgl. Friedrichs (1990), S. 344. Lt. Herzwurm sind die Leistungsvarianzen des wichtigsten Produktionsfaktors „Mensch" in der Softwareentwicklung so stark ausgeprägt, dass selbst bei Ausschaltung aller in der Praxis denkbarer Störfaktoren in Experimenten bei der Wiederholung letzterer keine identischen Ergebnisse zu erwarten sind. Somit erscheinen Experimente für die Evaluation im Rahmen dieser Arbeit ungeeignet. Vgl. Herzwurm (2000), S. 27

[1086] In dieser Arbeit wird die Ansicht vertreten, dass der Einsatz von Fallstudien oder Feldstudien zur Evaluation der erarbeiteten Gestaltungsempfehlungen aufgrund ihrer zu erwartenden gesteigerten Rigorisität im vorliegenden Fall den deskriptiven Formen der Evaluation grundsätzlich vorzuziehen wäre. Aufgrund der Rahmenbedingungen ist ein solches Vorgehen jedoch nicht realisierbar.

von Praxispartnern geht darüber hinaus mit einem zu prognostizierenden hohen Aufwand seitens der Teilnehmer einher. Da entsprechende Anfragen an potenzielle Fallstudienpartner negativ beschieden wurden, wird im Rahmen dieser Arbeit von einer fallstudienbasierten Evaluation Abstand genommen.[1087] In Feldstudien könnten die Gestaltungsempfehlungen, unter Zuhilfenahme des Bezugsrahmens, wie folgt evaluiert werden: Zu vergleichende SWP, welche die im Rahmen der Gestaltungsempfehlungen ausgesprochenen Lösungsmerkmale besser unterstützen, sollten sich durch eine höhere Effizienz hinsichtlich der Erfüllung der Effizienzkriterien, im Falle dieser Arbeit der Erfüllung der Anforderungen und nachgelagert der Ziele von Akteuren in UNSECO, auszeichnen. Bspw. sollten SWP mit einer verbesserten Umsetzung von Lösungsmerkmalen der Kategorie Transaktionsunterstützung, wie bspw. eines AppStores, die Vermarktungsmöglichkeiten der Akteure verbessern und nachgelagert erhöhte Absatzzahlen der SWP sowie darauf aufbauender Leistungen ermöglichen. Eine solche, aus einer komparativen Feldstudie abgeleitete Aussage könnte einerseits Argumente für die Anwendbarkeit der Gestaltungsempfehlung in der Praxis liefern[1088] sowie darüber hinaus als potenzieller Indikator für deren Effizienz dienen. Zur Verfolgung dieser Vorgehensweise würden einerseits vergleichbare Informationen über die Ausprägungen der Effizienzkriterien bei den jeweiligen Akteuren von UNSECO, auf den relevanten Märkten aber auch über die Ausgestaltung der jeweiligen SWP benötigt. Allerdings resultieren aus einem solchen Vorgehen verschiedene, nur schwer zu überwindende Herausforderungen. Insb. existiert beim Versuch des Nachweises einer positiven Korrelation zwischen dem Einsatz der im Rahmen dieser Arbeit präsentierten Gestaltungsempfehlungen und dem Erfolg von SWP im Umfeld von UNSECO eine Erfolgsmessungsproblematik. Diese kannunter Zuhilfenahme des theoretischen Bezugsrahmens dargestellt werden:[1089] Durch die im Bezugsrahmen dargestellte Über-

[1087] Im Verlauf dieser Arbeit gestellte Anfragen an (potenzielle) SWPA und Komplementoren hatten, dem grundsätzlichen Interesse hinsichtlich des Themas zum Trotz, eine Ablehnung seitens der Akteure mit der Begründung eines zu hohen Aufwandes zur Folge. Auch im Rahmen von Fallstudien ergeben sich Praktikabilitätsprobleme. So sind SWP umfangreiche, meistens in der Praxis über Jahre hinweg entstehende und genutzte Artefakte, welche unter intensiven Kapital- und Mitteleinsatz und unternehmerischen Risiko entwickelt werden. Vgl. Cusumano (2010b), S. 63-65. Die Evaluation von Gestaltungsempfehlungen im Rahmen von Fallstudien geht somit mit einem zu hohen Aufwand aufseiten möglicher Fallstudienpartner einher. Entsprechende Anfragen wurden vergleichbar beantwortet.

[1088] Die zugehörige Argumentation lautet, dass sich die Anwendbarkeit der Gestaltungsempfehlungen aus der Manifestation entsprechender Lösungsmerkmale in real existierenden SWP ergibt.

[1089] Vgl. Kapitel 3.3

lagerung der Ebenen der Geschäftstätigkeit von Unternehmungen auf Einzelorganisations- und SECO-Ebene ist eine trennscharfe Zuordnung von Ursache-Wirkungsbeziehungen schwer möglich. So könnte bspw. ein Erfolg bei der Zielerreichung von Vermarktungsmöglichkeiten auf SECO-exogene Einflussfaktoren, bspw. durch eine erfolgreiche Gestaltung von Determinanten einer einzelnen Organisation, zurückzuführen sein. Somit könnten, auch durch die zusätzlichen vorgenommenen Abgrenzungen im Rahmen der Untersuchung bedingt,[1090] entsprechende Messungen und Analysen zwar auf einen statistischen Zusammenhang zwischen Gestaltungsempfehlungen und Effizienzkriterien hinweisen. Die Ableitung von Rückschlüssen auf kausale Zusammenhänge könnte sich aber als kritisch erweisen. Bspw. aufgrund der Möglichkeit des Einflusses von Drittgrößen, wie den in Kapitel 3.4.1 abgegrenzten Determinanten, den in Kapitel 2.4.2 dargestellen Netzeffekten sowie weiterer Reziprozitäten. Ein Ausblenden dieser Faktoren könnte zu einer unreflektierten Verallgemeinerung der ermittelten Beziehungen führen. Darüber hinaus ist ein Mangel an notwendigen objektiven Daten zu den Ausprägungen der Effizienzkriterien und Lösungsmerkmalen zu konstatieren. Dieser ist einerseits in der Nichtverfügbarkeit bzw. Nichtbereitstellung entsprechender Daten und andererseits auch in der Subjektivität und mangelnden Vergleichbarkeit der Erfolgsbeurteilung durch die unterschiedlichen Akteure in UNSECO begründet.[1091] Auch können die Rahmenbedingungen im turbulenten Umfeld von Unternehmenssoftware mit zahlreichen Interdependenzen über einen langen Zeitraum nicht stabil gehalten werden,[1092] was zu methodischen Problemen insb. hinsichtlich der Vergleichbarkeit von Ergebnissen bspw. innerhalb von auf Längsschnittanalysen basierenden Feldstudien führen kann. Da dem Einsatz von Feldstudien neben den zuvor genannten,

---

[1090] Vgl. die Beschränkungen des Untersuchungsbereichs in Kapitel 3.4.1 sowie der als relevant erachteten Lösungsmerkmale in Kapitel 4.5

[1091] So ist anzunehmen, dass nicht alle Akteure in UNSECO über eine Erfolgsmessung sowie (vergleichbare) Zahlen hinsichtlich der Ausprägungen insb. potenzialorientierter Ziele wie bspw. „strategischer Flexibilität" verfügen. Die unter Rückgriff auf den nach dem theoretischen Bezugsrahmen heranzuziehenden Hilfsmetriken der markterfolgsbezogenen Ziele auf SECO-Ebene, wie bspw. der Teilnehmerzahlen in UNSECO, Markanteile oder Umsatzzahlen sind darüber hinaus mangels Mitwirkung der SWPA nicht verfügbar. Zudem werden diese durch die Akteure stark unterschiedlich bewertet. Vgl. bspw. Weiss (2014), URL siehe Literaturverzeichnis. Nachdem im Rahmen dieser Arbeit vergeblich versucht wurde, anhand in einem Zeitraum von sechs Monaten eigens erhobener, aber nicht vollständig frei verfügbarer Daten entsprechende Zusammenhänge zwischen den Effizienzkriterien sowie Gestaltungsempfehlungen zu identifizieren, kam die Einstufung der Nichtverfügbarkeit bzw. Nichtbereitstellung von Daten im Rahmen dieser Arbeit zustande. Dabei ist anzumerken, dass dies nicht zwingend auch für vergleichbare Arbeiten gelten muss und an dieser Stelle weiterer (falsifizierender) Forschungsbedarf identifiziert werden kann.

[1092] Vgl. Kapitel 1.1

insb. die Aussagefähigkeit einschränkenden Gründen, zudem triftige Praktikabilitätsgründe (Zeitbedarf, mangelnde Teilnahmebereitschaft bzw. Informationsbereitstellung seitens der Akteure in UNSECO) entgegenstehen, wird auf den Einsatz vergleichender Feldstudien verzichtet. Dies geschieht trotz bereits geleisteter Vorarbeiten, die im Anhang dieser Arbeit skizziert sind,[1093] und einer grundsätzlichen Präferenz hinsichtlich dieser Evaluationsform.

Basierend auf den Einschränkungen der jeweiligen Methoden im konkreten Fall, soll die Evaluation der Ergebnisse dieser Arbeit durch Zuhilfenahme verschiedener Methoden erfolgen. Das dabei verfolgte Vorgehen wird an den konstituierenden Bestandteilen von Gestaltungsempfehlungen aufgezeigt:

- **Evaluation der Ziele und Anforderungen:** Da die Ziele von Stakeholdern für die Partizipation in UNSECO sowie die Anforderungen an SWP Effizienzkriterien für die Entwicklung von SWP darstellen,[1094] sollen diese zunächst durch eine fragebogenbasierte Priorisierung überprüft werden.[1095] Die aus diesem Schritt neben der Evaluation der Ziele und Anforderungen resultierende Kenntnis der prognostizierten unterschiedlichen Priorisierungen durch die Stakeholdergruppen ermöglicht die Herleitung von situativ geeigneten Gestaltungsempfehlungen.[1096] Der Schritt der Priorisierung von Zielen und Anforderungen mittels einer internetbasierten Befragung, welche als quantitative Erhebung und Querschnittsanalyse klassifiziert werden kann, wird in Kapitel 5.2 beschrieben.

[1093] Als im Rahmen der vorliegenden Ausarbeitung geleistete Vorarbeit existiert eine qualitative Analyse über die Erfüllung von Lösungsmerkmalen durch SWP im Bereich CRM: Microsoft Dynamics CRM, SAP CRM, salesforce1 und Oracle Fusion CRM im Zeitraum Juni 2013 bis Juni 2014. Die Ergebnisse sind im Anhang dieser Arbeit dargestellt (vgl. Tabelle 49). Hierbei lassen sich im Bereich CRM als erste Indikatoren für die Eignung der Gestaltungsempfehlungen Korrelationen zwischen einem steigenden Erfüllungsgrad der Lösungsmerkmale und einer Steigerung des relativen Marktanteils dieser SWP identifizieren, welche auf eine positive Wirkung der Gestaltungsempfehlungen hinsichtlich der Effizienzkriterien hindeuten können. Allerdings sollen diese aufgrund der zuvor genannten Einschränkungen, insb. in der Verfügbarkeit von Informationen über die SWP und Abgrenzungs- und Messproblematiken hinsichtlich des Markterfolges dieser SWP nicht als Beleg für die Eignung der Ergebnisse dieser Arbeit herangezogen werden.

[1094] Vgl. Kapitel 3.4

[1095] Die Logik hinsichtlich dieser Form der Evaluation lautet, dass Anforderungen, welche durch die Stakeholder priorisiert werden, eine gewisse Relevanz für diese zur Erfüllung ihrer Ziele besitzen und somit als deren (unterschiedlich gewichtete) Anforderungen an SWP interpretiert werden können. Wie in Kapitel 3.4.3 erläutert, ist eine unterschiedliche Relevanz der AF zur Unterstützung der unterschiedlich priorisierten Ziele bei den jeweiligen Stakeholdergruppen zu prognostizieren.

[1096] Vgl. Kapitel 4.1

- **Evaluation der Korrelationen zwischen Anforderungen und Lösungsmerkmalen:** Die Evaluation der Korrelationen zwischen Anforderungen und Lösungen fand durch Diskussion mit ausgewählten Fachvertretern und Hinzuziehen existierender Literaturquellen statt. Dies stellt eine einfache Form der deskriptiven, argumentativen Evaluation dar, deren Ergebnisse bereits in die Ausführungen in Kapitel 4.5 eingeflossen sind.[1097]
- **Evaluation der Gestaltungsempfehlungen:** Die daraus resultierenden Gestaltungsempfehlungen, welche Ziel-Mittel-Beziehungen von Lösungsmerkmalen zur Erfüllung der Anforderungen von Stakeholdern darstellen, sollen methodisch unter Zuhilfenahme von Experteninterviews evaluiert werden. Von diesem Schritt werden Aussagen hinsichtlich der grundsätzlichen Nachvollziehbarkeit, Anwendbarkeit aber auch Effizienz der Ergebnisse aus Perspektive der relevanten Stakeholder erwartet. Es ist anzumerken, dass diese methodische Form der Evaluation in Bezug auf ihre Aussagekraft und Übertragbarkeit schwächer als die im Rahmen einer vergleichenden Feldstudie einzustufen ist.[1098] Sie wird jedoch aus den angeführten Gründen dennoch als sinnvoll erachtet.[1099]

Die Ergebnisse dieser zusammenfassenden Evaluation aller Artefakte werden in Kapitel 5.3 dargestellt.

5.2 Priorisierung und empirische Überprüfung der Ziele und Anforderungen

Um zu klären, inwiefern die zuvor erarbeiteten Ziele und diese unterstützenden Anforderungen an SWP in UNSECO durch die in Kapitel 4.2 identifizierten Stakeholder beurteilt werden, bedient sich diese Arbeit einer internetbasierten Befragung. Darin soll eine beurteilende Priorisierung von Zielen und Anforderungen stattfinden.

[1097] Vgl. Hevner u.a. (2004), S. 79 ff. Das in Kapitel 4.5 dargestellte Vorgehen stellt im Sinne von Hevner eine deskriptive, argumentative Evaluation unter Zuhilfenahme der bestehenden Wissensbasis einer Wissenschaftsdomäne dar, in diesem Fall insb. der mittels Querschnittsanalysen identifizierten Literatur im Kontext von SWP und plattformzentrierten SECO sowie des Wissens von Experten dieser Domäne.

[1098] Vgl. Hevner u.a. (2004), S. 86

[1099] Vgl. zu ähnlichen Überlegungen beim Einsatz von Experteninterviews Kaiser (2014), S. 126 f.

5.2.1 Konzeption der Befragung

Die Befragung fand im Zeitfenster vom 29. Mai 2013 bis einschließlich zum 01. Juli 2014 statt.[1100] Aus nachvollziehbaren Gründen, wie der durch die Offenheit von UNSECO bedingten Abgrenzungsproblematik,[1101] kann nur schwerlich die Gesamtheit aller Experten bei Stakeholdern in allen UNSECO befragt werden. Daher wurde eine als relevant erachtete Auswahl an Experten herangezogen,[1102] welche in zwei Phasen befragt wurden. Diese zweigeteilte Vorgehensweise begründet sich darin, dass aufgrund der Neuartigkeit des untersuchten Phänomens von SWP in UNSECO zunächst Erfahrungen mit einer ersten vergleichsweise homogenen Stakeholdergruppe für bestimmte UNSECO gesammelt werden (Phase 1). Ggf. daraus abgeleitete Erkenntnisse sollen Berücksichtigung bei der ausgeweiteten Befragung weiterer Teilnehmer (Phase 2) finden.[1103] Zunächst wurden daher im Zeitraum vom 29. Mai 2013 bis zum 28 Juni 2013 jeweils 100 Komplementoren aus dem SAP bzw. Microsoft Dynamics ERP-Partnernetzwerken mittels der öffentlich zugänglichen Partnerverzeichnisse der beiden SPWA herangezogen.[1104] Auf der Basis der Kenntnis dieser Komplementoren und Kombination von entsprechenden Abfragen des Impressums bzw. des sozialen Netzwerks XING wurde jeweils mindestens eine geeignete Person auf Geschäftsführungsebene als Experte identifiziert.[1105] Die Experten wurden persönlich via E-Mail eingeladen und ca. zur Hälfte des Befragungszeitraums nochmals via E-Mail und Telefon zur

[1100] Der vergleichsweise lange Zeitraum zur Befragung wurde gewählt, um eine ausreichende Datenbasis für die Evaluation und Priorisierung von Zielen und Anforderungen zu erhalten.

[1101] Nach Sydow lassen sich die Grenzen von interorganisationalen Netzwerkstrukturen und somit auch SECO insb. aufgrund ihres offenen Charakters nicht eindeutig bestimmen. Vgl. Sydow (1992), S. 97

[1102] U.a. ergibt sich durch die Eigenschaft der Offenheit von interorganisationalen Netzwerkstrukturen sowie die Neuigkeit des Phänomens von UNSECO eine Abgrenzungsproblematik. Diese verhindert eine Vollerhebung bzw. belastbare Auswahl einer repräsentativen Zufallsstichprobe und führt zu Einschränkungen in der Repräsentativität der Ergebnisse.

[1103] Hieraus ergaben sich insb. Änderungen in Bezug auf das Wording und Layout des Fragebogens (u. a. Optimierungen der Anzeige sowie Beantwortung bestimmter Fragetypen auf mobilen Endgeräten) und eine Beseitigung kleinerer technischer Fehler, welche im Rahmen des Pre-Tests unentdeckt geblieben waren. Darüber hinaus wurde eine weitere Form der Priorisierung mittels des Kano-Modells sowie eine Möglichkeit, als Teilnehmer Dritte zur Befragung einzuladen, in den Fragebogen aufgenommen. Die Fälle der Nichtbeantwortbarkeit von Fragen oder eines deutlichen Überschreitens der durchschnittlichen Bearbeitungszeit, die zu einem kompletten Redesign des Fragebogens hätten führen können, traten nicht ein.

[1104] Vgl. SAP (2014d), URL siehe Literaturverzeichnis und Microsoft (2014a), URL siehe Literaturverzeichnis

[1105] Die Auswahl von Experten wird so vorgenommen, dass bei diesen Wissen zur strategischen Ausrichtung des eigenen Unternehmens, die Fähigkeit die Rolle des Unternehmens in SECO abstrahieren zu können sowie Wissen im Umfeld von Unternehmenssoftware antizipiert werden können. Für ein vergleichbares Vorgehen vgl. Tauterat u.a. (2012), S. 268. Darüber hinaus sollen Experten grundsätzlich über die Entscheidungskompetenz über den Auf- und Ausbau von bzw. die Partizipation an UNSECO verfügen, um u.a. Fragen zu den möglichen Zielen und Anforderungen an SWP

Teilnahme aufgefordert.[1106] In der ersten Phase der Befragung konnten 41 Rückläufer generiert werden. Darauf aufbauend wurde die Befragung in der zweiten Phase im Zeitraum vom 15. Juli 2013 bis zum 02. Juli 2014 mit einer vergleichbaren Vorgehensweise auf alle identifizierten Stakeholdergruppen sowie weitere UNSECO ausgeweitet.[1107] Im Rahmen dieser Phase antworteten weitere 101 Teilnehmer (TN), was zu insgesamt 142 Rückläufern beider Phasen führte.[1108]

5.2.2 Aufbau des Fragebogens

Der Fragebogen wurde mit dem Onlinetool Globalpark EFSSurvey in der Version 10 erstellt und vor dem Versand einem ausführlichen Pretest unterzogen. Der Fragebogen ist im Anhang dieser Arbeit dargestellt.[1109] Er enthält sowohl offene als auch geschlossene Fragetypen,[1110] wurde aufgrund eines zu erwartenden internationalen Teilnehmerkreises sowohl in deutscher als auch in englischer Sprache angeboten und soll im Nachfolgenden skizziert werden.[1111]

---

in entsprechenden Entscheidungssituationen beantworten zu können. Um das Erfüllen dieser Anforderungen an die Experten möglichst zu gewährleisten, findet, falls möglich, vor Versenden einer Einladung ein Abgleich der Kandidaten mit ihren jeweiligen Kompetenzprofilen auf der sozialen Plattform XING bzw. bei englischsprachigen Akteuren auf LinkedIn statt. Suchterme waren: Vorstand, Geschäftsführer, Geschäftsführender Gesellschafter, IT-Leiter, CIO, Platform Evangelist, Partnermanager, Entwicklungsleiter, IT-Projektleiter, IT-Produktmanager und Software Produktmanager.

[1106] Vgl. hinsichtlich dieses Vorgehens bspw. Faught u.a. (2004), S. 26 ff.

[1107] Da die Identifikation von Teilnehmern bei Stakeholderfirmen wie Kunden oder SWPA nicht über die Partnerverzeichnisse der SWPA möglich ist und nicht auf möglicherweise das Ergebnis verfälschende, auf den Websiten der SPWA oder Komplementoren genannte Referenzen, zurückgegriffen werden soll (nicht einsehbare Vorselektion durch Dritte), werden diese vornehmlich direkt über die Plattformen XING sowie LinkedIn identifiziert und nach Sichtung bzw. Beurteilung des Expertenstatus via E-Mail eingeladen. Der Aufruf zu dieser offenen Befragung wird auch in entsprechenden Internetforen der Plattformanbieter publiziert. Es ist zu berücksichtigen, dass in diesem Fall eine ex-ante Bewertung der Expertenrolle von möglichen Teilnehmern nicht möglich ist und somit bei der Beurteilung der dieser Umfrage zugrunde liegenden Datenbasis besonders zu kontrollieren ist. Vgl. Kapitel 5.2.3

[1108] Aufgrund der vorangegangenen Erläuterungen und dem daraus ersichtlichen Mangel einer Vollerhebung bzw. Auswahl einer nicht repräsentativen Stichprobe ergeben sich Einschränkungen im Hinblick auf die Repräsentativität sowie Übertragbarkeit der Ergebnisse sowie die Übertragbarkeit.

[1109] Vgl. hinsichtlich der Bedeutung von Pre-Tests bspw. Babbie (2013), S. 257. Für den Pretest wurden drei jeweils bei einem SWPA, Komplementoren bzw. Endkunden tätige Teilnehmer via Telefon kontaktiert, durch den Fragebogen geleitet und gebeten, Feedback hinsichtlich des Fragebogens zu geben. Zusätzlich fanden verschiedene, vorgelagerte Pretests (u.a. mit Wissenschaftlern mit Erfahrung im Kontext von Onlinebefragungen, der Priorisierung von Anforderungen und von UNSW) statt, bei denen die Akteure die Möglichkeit hatten, persönlich bzw. via Kommentarfunktion in EFSSurvey Feedback zu hinterlassen. Darüber hinaus wurde der Import sowie die Auswertung der aus der Umfrage resultierenden Daten im Statistiktool SPSS getestet, um mögliche Auswertungsproblematiken zu reduzieren. Nach Beendigung der jeweiligen Pretests wurde der Fragebogen überarbeitet.

[1110] Vgl. Moosbrugger (2012), S. 40-43

[1111] Vgl. Abbildung 43. Die Annahme der zu erwartenden Internationalität der Teilnehmer begründet sich einerseits in den in Kapitel 1 dargestellten Megatrends der Globalisierung und andererseits

Nach einer einleitenden Begrüßung und der Zusicherung der Vertraulichkeit erhobener persönlicher Daten,[1112] werden allgemeine, statistisch relevante Rahmendaten (Position der TN im Unternehmen, Erfahrung im Umfeld von UNSW, Größe der zugehörigen Organisation, geografische Ansiedlung) abgefragt. Die Erhebung dieser Daten ermöglicht neben einer späteren Auswertung der Datenbasis anhand der abgefragten Dimensionen auch eine Überprüfung des Expertenstatus der Teilnehmer zur Sicherstellung der Datenqualität.[1113] Anschließend werden die Teilnehmer anhand einer einfach zu beantwortenden Einstiegsfrage, zum Scheitern von RIM im Kontext mobiler SECO für das Thema der Umfrage sensibilisiert und deren Relevanz aufgezeigt.

Darauf aufbauend findet eine Definition sowie grafischen Visualisierung der Begrifflichkeiten von UNSECO, von SWP sowie der relevanten Stakeholder statt, um unter Berücksichtigung der zeitlichen Verfügbarkeit der TN ein einheitliches Begriffsverständnis innerhalb der Teilnehmergruppe zu schaffen.[1114] Anschließend werden die TN befragt, ob sie ihre Organisation als Stakeholder eines SECO betrachten und falls ja, welches SECO und welche Rolle dieses bzw. der jeweils relevante Geschäftsbereich vorrangig ausfüllt.[1115] Zur Beantwortung stehen die in Kapitel 4.2 identifzierten Stakeholderrollen: SWPA, Komplementoren mit Fokus auf Dienstleistungen bzw. Softwareprodukten, (End-)Kunden sowie ein offenes Antwortfeld zur Auswahl. Teilnehmer, die sich bisher nicht als Bestandteil eines SECO betrachten, werden nach ihrem grundsätzlichen Interesse sowie der dann zu erwartenden Rolle befragt. In Abhängigkeit von der (angedachten) Rolle wird dabei in der nachfolgenden Umfrage eine auf die Rolle angepasste Frageformulierung verfolgt, um eine Beantwortung aus dieser Perspektive zu unterstützen.

---

auch durch Ansiedlung großer SWPA in den USA. Internationale Teilnehmer sollten nicht ex-ante aufgrund von Sprachbarrieren von der Beantwortung der Umfrage ausgeschlossen werden. Daher wurde der Fragebogen ebenfalls in englischer Sprache angeboten.

[1112] Die verhältnismäßig ausführliche Begrüßung, Einleitung, Zusicherung der Vertraulichkeit und Darstellung der Motivation des Forschungsvorhabens im Rahmen dieses Fragebogens soll der Antwortqualität zuträglich sein. Vgl. Wright, Schwager (2008), S. 258 f.

[1113] So führt die Antwort „Position ohne IT-Bezug" auf die Frage nach der Position im Unternehmen zu einem Abbruch der Umfrage, da nicht zu erwarten ist, dass der Teilnehmer fundiert als Experte die Fragen hinsichtlich der Anforderungen an SWP in UNSECO beantworten kann.

[1114] Die Basis hierfür bilden die Ausführungen in Kapitel 2 und 4.2.

[1115] Für den Fall von Mehrfachnennungen erfolgt eine Aufforderung zur Angabe des primären SECO.

Auf Basis der Kenntnis der Rolle werden anschließend die Teilnehmer gebeten, ihre Ziele für die Partizipation an UNSECO mittels einer fünfstufigen Likert-Skala (von „unwichtig“ bis „wichtig“) zu priorisieren.[1116] Zur Auswahl stehen dabei die Zielausprägungen aus Kapitel 4.3 sowie die Möglichkeit, per Freitext weitere Ziele zu ergänzen.

Nach Priorisierung der Ziele werden die TN gebeten, die von ihnen in das SECO eingebrachten Leistungen mittels einer Umordnungsaufgabe auszuwählen und anhand deren Wichtigkeit für den jeweiligen Akteur zu sortieren. Dies erlaubt einerseits eine mögliche Auswertung anhand (der Bedeutung) dieser Leistungen und zudem Plausibilitätschecks hinsichtlich der von den Akteuren angegebenen Rolle bzw. Zuordnung im Falle von Freitexteingaben der Rolle in SECO.[1117]

Anschließend werden die Teilnehmer gebeten, eine Priorisierung der in Kapitel 4.4 dargestellten Anforderungen an SWP auf Kategorienebene mittels des Kano-Models sowie einer Konstantsummenpriorisierung durchzuführen.[1118] Um die Bearbeitung des Fragebogens nicht zu umfangreich zu gestalten, findet anschließend bei der Priorisierung der Einzelanforderungen eine Konzentration auf die jeweils durch den Teilnehmer am höchsten gewichteten Anforderungskategorie mittels Bildung von Rangfolgen im Rahmen einer Umordnungssaufgabe statt.[1119] Desweiteren wird den TN die Möglichkeit gegeben, eigene Anforderungen zu formulieren bzw. die vorgegebenen Anforderungen zu kritisieren.[1120]

Der letzte Teil des Fragebogens beginnt mit der Bitte an die Teilnehmer, die Erfüllung der Anforderungen durch die zuvor genannten SWP zu bewerten. Hierfür steht analog zur Bewertung der Ziele eine fünfstufige Likert-Skala (Abstufungen: sehr zufrieden,

[1116] Vgl. Brosius u.a. (2012), S. 47 f.

[1117] So ist davon auszugehen, dass Komplementoren mit einem Fokus auf eine bestimmte Leistungsart auch diese in SECO einbringen. Sollte eine entsprechende Angabe unterbleiben, so wären die Antworten kritisch zu prüfen. Diese Frage sowie die nachfolgenden Umordnungsaufgaben dienen zusätzlich der Vermeidung von Monotonie bei der Fragestellung.

[1118] Vgl. Pohl (2008), S. 532 f. und Herzwurm (2000), S. 211 f. Die Auswahl des Konstantsummenverfahrens zur Priorisierung der AF ergibt sich aus dessen Eignung im Rahmen harten Zeitrestriktionen unterliegender internetbasierter Umfragen. Der in der Literatur genannten Gefahr der Falschvergabe von Punktzahlen bei dieser Priorisierungsmethode (vgl. Herzwurm (2000), S. 212) wurde durch eine eigenentwickelten Unterstützungfunktion mit einer klaren Signalisierung von Fehleingaben (Ampelfunktion) im Fragebogen entgegengewirkt. Um einen Einfluss der Reihenfolge bei der Nennung von Anforderungen auf die Priorisierung zu vermeiden, findet eine Randomisierung der Reihenfolgen statt. Vgl. Moosbrugger (2012), S. 68

[1119] Vgl. Pohl (2008), S. 532 f. und Moosbrugger (2012), S. 44

[1120] Dieser Schritt sollte insb. der Evaluation der dargestellten Anforderungen, auch in Bezug auf die Vollständigkeit dieser, dienen.

zufrieden, neutral, unzufrieden und sehr unzufrieden) zur Verfügung.[1121] Zudem besteht die Möglichkeit, die Antwort aufgrund ihrer Nichtbeantwortbarkeit zu verweigern. Dies sollte es insb. zukünftigen Stakeholder von UNSECO, welche nur begrenzte Aussagen zur Zufriedenheit tätigen können, die Beantwortung erleichtern. Eine abschließende Erhebung von „critical incidents", d.h. positiver oder negativer Ereignisse in Verbindung mit der SWP sowie der Möglichkeit, Vorschläge zur Lösung von Problemen bzw. zur Verbesserung zu unterbreiten, schließt inhaltlich den letzten Teil.[1122] Diese eher explorativ gehaltene Frage soll der Identifikation ggf. bisher unentdeckter Anforderungen, Lösungsmerkmale oder auch Herausforderungen der Forschung dienen. Der Fragebogen wird mit Fragen nach Verbesserungsvorschlägen hinsichtlich der Untersuchung, der Erhebung möglicher Kontaktdaten für Rückfragen sowie einem Dank für die Teilnahme abgeschlossen.

5.2.3 Datenbasis

Insgesamt ist eine vollständige Bearbeitung des Fragebogens durch 154 Teilnehmer zu konstatieren. Zwölf Teilnehmer geben dabei an, dass sie entweder keine Erfahrung im Kontext haben oder ihr Unternehmen kein Stakeholder von UNSECO darstellt und zudem kein Interesse an einer zukünftigen Partizipation in UNSECO besteht. Da sie keine weiteren verwertbaren Gründe für die Ablehnung der Partizipation nennen, können sie nicht als Experten im Sinne der Befragung verstanden werden. Ihre Antworten werden im Nachfolgenden nicht interpretiert. Hieraus resultiert eine zu analysierende Datenbasis von 142 verwertbaren, vollständig beantworteten Fragebögen.

Die durchschnittliche Bearbeitungsdauer des Fragebogens durch diese Teilnehmer beträgt 19,25 Minuten. Dieser Wert deckt sich mit den Erfahrungswerten aus dem Pre-Test sowie den Probanden angekündigten durchschnittlichen zwanzig Minuten Zeitaufwand für eine sinnvolle und intensive Beschäftigung mit der Fragestellung. Hierbei

[1121] Hinsichtlich der Durchführung einer Kundenzufriedenheitsmessung mittels Fragebogen vgl. Herzwurm (2000), S. 220-223. Die Möglichkeit „neutral" zu antworten (ungerade Anzahl an Antwortmöglichkeiten auf der Skala) wird in der Literatur teilweise kritisch betrachtet, da beobachtet werden kann, dass Teilnehmer dazu tendieren, diese Antwort auch zur Antwortverweigerung oder als Bewertung als „unpassend" zu nutzen. Dem entgegen steht der Vorteil, dass die Teilnehmer, die tatsächlich eine neutrale Meinung haben, nicht zu einer anderen Antwort gedrängt werden. Vgl. Raab-Steiner, Benesch (2012), S. 55 f. Letzterer Vorteil wurde nach Abwägung bei der Gestaltung des Fragebogens höher gewichtet.

[1122] Vgl. zur Critical Incidents Technique Flanagan (1954). Zu deren Einsatz zur Kundenzufriedenheitsmessung in der kundenorientierten Softwareproduktentwicklung Herzwurm (2000), S. 222 m. w. V.

stufen 24 der Umfrageteilnehmer sich und ihr Unternehmen als SWPA; 108 Teilnehmer als Komplementoren (darunter 87 mit Fokus auf Dienstleistungen, 21 mit Fokus auf Softwareprodukten) und 10 Teilnehmer als Kunden in UNSECO ein. Die Teilnehmer können überwiegend leitenden Positionen mit strategischen Einsichten in die (Weiter-)Entwicklung der eigenen Geschäftstätigkeit bzw. der Entwicklung von SWP zugeordnet werden. Bspw. haben sie Posten als Geschäftsführer, CIO, Software- bzw. IT-Produktmanager, Projektleiter, leitender Softwareentwickler, Softwarearchitekten, Partnermanager oder Evangelist von SWP inne. 94,37% der Teilnehmer geben an, über mehr als 5 Jahre Berufserfahrung zu verfügen, 79,58% verfügen über mehr als 10 Jahre Berufserfahrung. Diese Werte können unter Berücksichtigung der genannten Berufsbezeichnungen als plausibel eingestuft werden. Somit wurde die nach Ausschluss der bereits genannten zwölf Teilnehmer verbliebene Stichprobe als valide und aussagekräftig in Hinblick auf die angestrebte Evaluation von Zielen und Anforderungen angesehen. Obwohl diese nicht rigorosen Anforderungen der Repräsentativität für das komplette Umfeld von Unternehmenssoftware genügt. Sie soll somit die Datenbasis für die Analyse der Priorisierung von Zielen, Anforderungen sowie die Zufriedenheit mit der Erfüllung der Anforderungen durch existierende SWP bilden.

5.2.4 Priorisierung der Ziele durch die Stakeholdergruppen

Die Ergebnisse der Zielpriorisierung durch die jeweiligen Stakeholder, welche aus Komplexitätsgründen bei der Fragebogengestaltung durch eine Ein-Kriterien-Klassifikation (Lickert-Skala) erfolgte, sind in Tabelle 39 dargestellt.[1123] Bei deren Analyse wird erkennbar, dass das Ziel der *Flexibilität* für die Gesamtheit der Teilnehmer (Zeile „Gesamt") das bei der Partizipation in UNSECO am höchsten priorisierte Ziel ist. Die Ziele *Markt- bzw. Kundenzugang*, *Know-how-Vorteile, Zeitvorteile* und *Ressourcenvorteile* wurden durchschnittlich als etwas geringer, aber durch alle Stakeholdergruppen dennoch als bedeutsam eingestuft. Erkennbare Unterschiede bestehen gegenüber der niedrigeren Bewertung der Ziele der *Imageverbesserung*, *Wettbewerbsbeeinflussung* und *Risikoteilung*. Darüber hinaus existieren Differenzen hinsichlich der

[1123] Für die Vergabe von Wichtigkeiten auf Ordinalskalen im Rahmen von QFD vgl. Herzwurm (2000), S. 211 m. w. V. sowie hinsichtlich Auswahl dieser Priorisierungstechnik in Bezug auf das Kriterium des Aufwandes Pohl (2008), S. 532 f. Allerdings besteht durch dieses Vorgehen ein Risiko der Anspruchsinflation, da die TN dazu tendieren, alles als wichtig einzustufen. Dies ist bei der Analyse und Interpretation der Ergebnisse zu berücksichtigen. Vgl. Herzwurm (2000), S. 211

Bewertung der jeweiligen Zielausprägungen durch die unterschiedlichen Stakeholdergruppen, was als Bestätigung der in Kapitel 3.4.3 aufgestellten Annahmen interpretiert werden kann. Gleichzeitig wird evident, dass keines der in Kapitel 3.4.2 dargestellten Ziele als unwichtig (Wertung =1) eingestuft wurde. Somit kann das Ergebnis als Bestätigung der grundsätzlichen Relevanz der Ziele gewertet werden. Im Rahmen der Umfrage wird neben der Bewertung der vorgegebenen Ziele den TN zudem die Möglichkeit gegegeben, mittels Freitextfeldern weitere Ziele zu nennen und zu priorisieren. Die dabei genannten zusätzlichen Ziele konnten nach einer Analyse den bereits bestehenden Zielkategorien zugeordnet und in der Analyse der Bewertung durch die Stakeholder berücksichtigt werden.[1124] Die Ergebnisse der Bewertung werden nachfolgend dargestellt.

Priorisierung der Ziele durch die Stakeholdergruppen (Likert-Skala, 1 = unwichtig bis 5 = sehr wichtig)		**Flexibilität**	**Markt- bzw. Kunden-zugang**	**Zeitvorteile**	**Know-how-Vorteile**	**Ressourcenvorteile**	**Kostenreduktion**	**Wettbewerbsbeein-flussung**	**Imageverbesserung**	**Risikoteilung**	**n**
Stakeholder gesamt	Rang	1	2	3	3	3	6	7	8	8	
	Prio	4,3	4,2	4,0	4,0	4,0	3,7	3,5	3,3	3,3	142
Plattformanbieter	Rang	2	1	2	2	2	8	2	2	9	
	Prio	4	4,5	4	4	4	3,5	4	4	3	24
Komplementoren gesamt	Rang	2	1	2	2	2	6	6	6	9	
	Prio	4,0	4,5	4,0	4,0	4,0	3,5	3,5	3,5	3,0	108
Fokus Software	Rang	1	1	1	1	1	1	1	8	8	
	Prio	4	4	4	4	4	4	4	3	3	21
Fokus Dienstleistung	Rang	3	1	3	3	3	8	2	3	8	
	Prio	4	5	4	4	4	3	3	4	3	87
Endkunden	Rang	1	7	2	2	2	2	8	9	2	
	Prio	5	3,5	4	4	4	4	3	2,5	4	10

Tabelle 39: Priorisierung der Ziele durch die Stakeholdergruppen[1125]

[1124] Beispielhaft können zusätzlich formulierten Ziele „Zugriff auf ein sehr breites Publikum", „Kosteneinsparungen durch Wiederverwertbarkeit in mehreren Projekten" oder „Zugriff auf Innovationen" genannt werden. Sie können nach Rücksprache mit den Teilnehmern den Zielen „Markt- bzw. Kundenzugang und "Kostenreduktion" und „Know-How-Vorteile" zugeordnet werden.

[1125] Quelle: Eigene Darstellung. Die Wichtigkeit der Ziele für „Stakeholder gesamt" wird mittels des arithmetischen Mittels bei Gleichgewichtung der Stakeholdergruppen der SWPA, Komplementoren gesamt und Kunden berechnet, da diese Stakeholdergruppen auf einer Hierarchieebene anzusiedeln sind. Die Berechnung der Priorisierung der Ziele durch die einzelnen Stakeholdergruppen erfolgt

Die **SPWA** bewerten das **Ziel** des *Markt- bzw. Kundenzugangs* am Wichtigsten, darauf folgen die Ziele der *Flexibilität*, *Zeitvorteile*, *Know-how-Vorteile*, *Ressourcenvorteile*, *Wettbewerbsbeeinflussung* und *Imageverbesserung*. Die Ziele *Risikoteilung* sowie *Kosteneinsparungen* haben für diese Stakeholdergruppe die geringste Bedeutung.[1126] Aus Sichtweise der **Komplementoren** ist der „Markt- bzw. Kundenzugang" im Rahmen der Partizipation in UNSECO ebenfalls das am Wichtigsten eingestufte Ziel. Es folgen die ähnlich bedeutsam eingestuften Ziele *Know-how-Vorteile*, *Flexibilität*, *Ressourcenvorteile* und *Zeitvorteile* sowie mit merkbaren Abstand die Ziele *Kostenreduktion*, *Wettbewerbsbeeinflussung*, *Imageverbesserung* sowie an letzter Stelle *Risikoreduktion*. Es fällt auf, dass das im Rahmen von Veröffentlichungen oftmals als Hauptmotiv für die Partizipation in SECO genannte Ziel der *Imageverbesserung* vergleichsweise niedrig gewichtet wird, was ein vermeintlich kontraintuitives Ergebnis darstellt.[1127] Allerdings ist eine Wertung von durchschnittlich 3,5 kein Indikator für eine Irrelevanz dieses Zieles, sondern stellt vielmehr eine verhältnismäßig neutrale Bewertung durch die Komplementoren dar.[1128] **Die Unterschiede zwischen** der Gewichtung der Ziele durch **Komplementoren mit Fokus auf Dienstleistungen** sowie deren Gewichtung durch **Komplementoren mit Fokus auf Softwareprodukten** sind bei Betrachtung des Medians als **gering einzustufen**. Sie sind bei der Bewertung der Ziele des *Kunden- und Marktzugangs*, der *Kostenreduktion*, *Wettbewerbsbeeinflussung* und der *Imageverbesserung* zu identifizieren. Letzteres könnte möglicherweise mit der höheren Bedeutung des Images des SPWA für Komplementoren, die über keine eigenen Softwareprodukte verfügen, und somit auf das Vertrauen der Vertragsparteien stärker angewiesen sind, erklärt werden. Der antizipierte Unterschied zwischen der Gewichtung der Ziele durch Komplementoren mit Fokus auf Dienstleistungen sowie einem Fokus auf Softwareprodukten konnte aufgrund der Ergebnisse im Rahmen dieser Studie nur in geringem Maße nachvollzogen werden.[1129] Bei der Stakeholdergruppe der

---

aufgrund der Ordinalskalierung der Lickert-Skalen der Umfrage mittels des Medians. Vgl. Fahrmeir u.a. (2011), S. 56

1126 An dieser Stelle ist, seiner statistischen Korrektheit zum Trotz, auf die glättende Wirkung des Medians im Rahmen des vorliegenden kleinen Stichprobenumfangs hinzuweisen, welche keine weitere Differenzierung der Bedeutung der Ziele mit einem Median von „4" für die Stakeholdergruppe der SWPA erlaubt. Dies gilt analog für die Ausführungen zu den anderen Stakeholdergruppen.

1127 Vgl. bspw. Huang u.a. (2010), S. 2 f.

1128 Vgl. Abbildung 13 sowie die erläuternden Ausführungen in Kapitel 3.3

1129 Vgl. Kapitel 3.4.3 und 4.2. Dieser geringe Unterschied kann möglicherweise mit einer vergleichsweise geringen Teilnehmerzahl auf Seiten der Komplementoren mit Fokus auf Softwareprodukten bzw. der in der Realität durch die TN nicht ganz trennscharf vornehmbaren Unterteilung und sich daraus ergebenden Abweichungen erklärt werden.

Endkunden sind als bedeutendste Ziele die der *Flexibilität*, das Erreichen einer *Risikoteilung* sowie von *Ressourcen-, Know-how- und Zeitvorteilen sowie Kostenreduktionen* zu nennen. Hingegen werden die Ziele des *Markt- und Kundenzugangs*, der *Imageverbesserung* oder der Möglichkeiten zur *Wettbewerbsbeeinflussung* durch diese erwartungsgemäß niedriger, jedoch nicht als unwichtig, priorisiert.

Aufgrund der Ergebnisse der Befragung und Priorisierung lässt sich somit einerseits eine grundsätzliche Relevanz der im Rahmen dieser Arbeit dargestellten Ziele konstatieren.[1130] Darüber hinaus lassen sich mit diesen Ergebnissen die prognostizierten Unterschiede in der Bewertung dieser Ziele durch die Stakeholdergruppen begründen. Beispielhaft kann das für die Komplementoren und SWPA als wichtigstes Ziel genannte Beispiel des *Markt- bzw. Kundenzugangs* genannt werden, welches für Endkunden weniger interessant erscheint. Der umgekehrte Fall tritt beim Ziel der *Kostenreduktion* ein. Diese Unterschiede spiegeln sich, der Argumentation dieser Arbeit folgend, auch in der Priorisierung der Anforderungen an SWP in UNSECO wider, welche Einfluss auf die situativ angepasste Gestaltung von SWP haben sollte. Die Ergebnisse dieser Priorisierung der AF werden nachfolgend dargestellt.

5.2.5 Priorisierung der Anforderungen durch die Stakeholdergruppen

Tabelle 40 zeigt die Ergebnisse der Anforderungskategorienpriorisierung nach dem Konstantsummenverfahren (Berechnung des arithmetischen Mittels der Priorisierung).[1131] Die Teilnehmer sollten im Rahmen dessen genau 100 Punkte auf die vorgegebenen Anforderungskategorien verteilen.[1132],[1133] Da sich bei der Analyse gegenüber

[1130] Bei der Bewertung von Zielen mittels Vergabe von Wichtigkeiten auf Ordinalskalen, wie sie bei der internetbasierten Befragung aus Zeitgründen vorgenommen wird, ist die Möglichkeit einer inflationär hohen Bewertung der Ziele zu berücksichtigen, Vgl. Herzwurm (2000), S. 211. Nach Berücksichtigung dieses Bewertungsverhaltens und Analyse der Einzelergebnisse der Umfrage kann dennoch eine Relevanz der erarbeiteten Ziele von Akteuren in UNSECO konstatiert werden.

[1131] Vgl. Herzwurm (2000), S. 211 f. m. w. V. für weitere Erläuterungen zum Konstantsummenverfahren.

[1132] Die zugehörige Fragestellung im Rahmen des Fragebogens lautete: „Ihnen steht ein begrenztes Budget von 100 Punkten zur Auswahl (oder Entwicklung einer) Softwareplattform, welche Ihre Ziele für die Partizipation im Softwareökosystem unterstützen soll, zur Verfügung. Wie würden Sie dieses Budget zur Erfüllung der untenstehenden Anforderungen verteilen?“

[1133] Die Zeile „Stakeholder gesamt“ in Tabelle 40 enthält die gleichgewichteten Durchschnittswerte der Plattformanbieter, Komplementoren und Endkunden. Die Zeile „Komplementoren gesamt“ berechnet sich aus dem arithmetischen Mittel der Priorisierungen der untergeordneten Komplementorengruppen. Dieses Vorgehen ist darin begründet, dass eine Beeinflussung durch die unterschiedlichen Teilnehmerzahlen innerhalb der Stakeholdergruppen reduziert werden sollte. Die Berechnung von „Stakeholder gesamt“ durch das arithmetischen Mittel der Priorisierungen über alle Einzelteilnehmer hinweg, hätte zu einer Verfälschung der Ergebnisse durch die zahlenmäßig über- bzw. unterrepräsentierten Gruppen geführt.

der Priorisierung der Kategorien mittels Kano-Klassfikation sowie der Einzelanforderungen keine signifikanten Unterschiede ergeben, erfolgt die Präsentation der Anforderungen ausschließlich anhand der Konstantsummenpriorisierung auf Kategorienebene.

Priorisierung der Anforderungskategorien durch die Stakeholdergruppen (Konstantsummenverfahren, 100 Punkte)		**Sicherheit und Zuverlässigkeit gewährleisten**	**Usability (Übersichtlichkeit und Nutzbarkeit)**	**Innovationsfähigkeit unterstützen**	**Wandlungsfähigkeit im Zeitverlauf**	**Vermarktungspotenziale der Akteure erhöhen**	**Kommunikation zwischen den Akteuren verbessern**	**Reibungslose Zusammenarbeit und Leistungen**	**Suche und Identifikation von Leistungen**	**Beurteilung und Selektion von Akteuren ermöglichen**	**n**
Stakeholder gesamt	Rang	1	2	3	4	5	6	7	8	9	
	Punkte	15,71	14,93	13,31	12,66	11,86	9,26	8,98	7,71	5,61	142
Plattformanbieter	Rang	4	3	2	5	1	7	6	8	9	
	Punkte	13,50	13,71	14,54	13,46	15,29	8,13	8,79	6,71	5,88	24
Komplementoren gesamt	Rang	1	4	3	5	2	7	6	8	9	
	Punkte	16,62	13,58	14,48	11,62	14,98	7,64	9,35	6,91	4,86	108
Fokus Software	Rang	1	4	3	5	2	7	6	8	9	
	Punkte	16,43	13,10	14,10	11,33	16,29	7,95	9,67	6,71	4,43	21
Fokus Dienstleistung	Rang	1	3	2	5	4	7	6	8	9	
	Punkte	16,80	14,06	14,85	11,9	13,66	7,33	9,02	7,10	5,28	87
Endkunden	Rang	2	1	5	3	9	4	7	6	9	
	Punkte	17,00	17,50	10,90	12,90	5,30	12,00	8,80	9,50	6,10	10

Tabelle 40: Priorisierung der Anforderungskategorien durch die Stakeholdergruppen[1134]

Die durchschnittliche Priorisierung der Anforderungskategorie *Sicherheit und Zuverlässigkeit gewährleisten*, ist mit knapp unter 16% der vergebenen Punkte über alle Stakeholdergruppen am höchsten. Etwas niedriger werden die Anforderungskategorien *Usability (Übersichtlichkeit und Nutzbarkeit)* (14,93%), *Innovationsfähigkeit unterstützen* (13,31%) und *Wandlungsfähigkeit im Zeitverlauf* (12,66%) gewichtet. Für die Kategorie *Vermarktungspotenziale der Akteure erhöhen* wurden im Schnitt 11,86% verteilt. Deutlich weniger Prozentpunkte wurden für *Kommunikation zwischen den Akteuren verbessern* (9,26%), *Reibungslose Zusammenarbeit zwischen den Akteuren*

[1134] Quelle: Eigene Darstellung. Die Priorisierungen über alle Stakeholder (gesamt) sowie Komplementoren ergibt sich aus dem Mittelwert der gleichgewichteten Priorisierung der einzelnen konstitutierenden Stakeholdergruppen. D.h. „Priorisierung aller Stakeholder“ = („Priorisierung Plattformanbieter“ + „Priorisierung Komplementoren gesamt“ + „Priorisierung Endkunden“) / 3 sowie „Priorisierung Komplementoren gesamt“ = („Priorisierung Komplementoren Fokus DL“ + „Priorisierung Komplementoren Fokus SW“) / 2. Es erfolgt eine Rundung der Durchschnittswerte auf zwei Nachkommastellen.

und ihren Leistungen Interaktion und Interoperabilität) gewährleisten (8,98%) und *Suche und Identifikation von Leistungen bzw. Ressourcen* (7,71%) vergeben. Am geringsten bewertet wurde die Anforderungskategorie *Beurteilung und Selektion von Akteuren ermöglichen* mit lediglich 5,61 Prozent. Insgesamt beträgt die Spanne zwischen der am höchsten und der am niedrigsten bewerteten Anforderungskategorie ca. 10 Prozentpunkte.[1135]

Wie bei den Zielen konnten auch im Rahmen der Priorisierung von AF größere Unterschiede in deren Gewichtung durch die Stakeholder identifiziert werden. Die der Arbeit zugrunde liegende Annahme einer unterschiedlichen Bewertung von Zielen und Anforderungen durch die Stakeholder kann somit, unter Berücksichtigung der Einschränkung der Repräsentativität der Stichprobe, bestätigt werden.

So gewichten **SWPA** die Anforderungskategorie *Vermarktungspotenziale erhöhen* am höchsten, während die Anforderungskategorie *Selektion und Beurteilung von Akteuren* am niedrigsten priorisiert wird. Dahingegen bewerten Komplementoren, bei der niedrigsten Bewertung noch mit der Wertung durch die SWPA übereinstimmend, die Anforderungskategorie *Sicherheit und Zuverlässigkeit gewährleisten* am höchsten. Diese Bewertung ließe sich möglicherweise mit der Tatsache erklären, dass **Komplementoren** oftmals die Entwicklung eigenständiger Produkte einstellen und mit ihren Leistungen (vollständig) auf SWPA aufsetzen. Dies schafft ein besonderes Abhängigkeitsverhältnis, welches u. a. durch eine hohe Sicherheit und Zuverlässigkeit der zentralen SWPA abgesichert werden sollte.[1136] Es folgt die Anforderungskategorie *Vermarktungspotenziale erhöhen*, welcher somit wie bei den SWPA eine hohe Relevanz seitens der Komplementoren eingeräumt wird. Diese Anforderungskategorie wird durch die **Endkunden** niedrig priorisiert, während diese insb. der *Usability* (*Übersichtlichkeit und Nutzbarkeit)* aber auch *der Sicherheit und Zuverlässigkeit* von SWP eine hohe Priorität einräumen. Diese Wertung erscheint plausibel, da anzunehmen ist, dass für Endkunden insb. eine einfache und zuverlässige Nutzung von SWP zur Unterstützung eigener betrieblicher Prozesse und weniger die Vermarktung von Leistungen über SWP im Vordergrund steht.

1135 Im Fragebogen sind die Anforderungskategorien zum besseren Verständnis der Akteure leicht modifiziert und mit zusätzlichen textlichen Erläuterungen versehen. Vgl. Abbildung 43 im Anhang

1136 Diese These stützend existieren Vorarbeiten insb. von Cusumano und Gawer, welche nicht nur softwarespezifische Abhängigkeiten und daraus resultierende Risiken darstellen und darauf aufbauend eine entsprechende Absicherung empfehlen. Vgl. Cusumano, Gawer (2002), S. 53 f.

Neben deren Priorisierung kann bei der Interpretation der Bedeutung von Anforderungen für die (Weiter-)Entwicklung aber auch den Vergleich von SWP die **Zufriedenheit von Stakeholdergruppen mit der Erfüllung der Anforderungen** ins Kalkül gezogen werden.[1137] Da die ursprünglich mit deren Erhebung verbundene Idee, eines Vergleichs zwischen Kundenzufriedenheit und Lösungsmerkmalserfüllung im Rahmen von Querschnittsanalysen, wie in Kapitel 5.1 erläutert, verworfen wird, werden diese Ergebnisse im Anhang dargestellt.[1138] Sie könnten im Rahmen weiterer Arbeiten herangezogen werden und lassen sich wie folgt zusammenfassen: Grundsätzlich sind die Stakeholdergruppen mit der Erfüllung der Anforderungen durch die primär genutzten SWP zufrieden. Über alle Stakeholdergruppen hinweg ist die Zufriedenheit mit der Erfüllung der Anforderungskategorie *Vermarktungspotenziale erhöhen* am niedrigsten. Auf Ebene der Bewertung der Erfüllung von Anforderungen durch einzelne SWP lassen sich in einem Eigen-Fremdbilds-Vergleich erkennbare Unterschiede zwischen SWPA und den anderen Stakeholdern identifizieren. So interpretieren die TN einzelner SWPA die Erfüllung der Anforderungen durchweg positiver als die TN anderer Stakeholdergruppen.[1139] Diese Ergebnisse könnten zu einem kritischeren Umgang mit der Beurteilung der eigenen SWP und Identifikation von Verbesserungspotenzialen führen.[1140] Einschränkend ist hierbei allerdings der geringe Stichprobenumfang zu berücksichtigen. Es wird daher empfohlen, die Ergebnisse vor Ableitung von individuellen Weiterentwicklungsempfehlungen durch weitere Arbeiten zu ergänzen.

Die ausreichende Priorisierung aller AF sowie die angebotene, aber nicht wahrgenommene Möglichkeit des Widerspruchs durch die Teilnehmer im Rahmen der Studie können als eine Bestätigung der Relevanz der deduktiv hergeleiteten Anforderungen an SWP interpretiert werden. Die unterschiedliche Priorisierung der Anforderungskategorien durch die Stakeholdergruppen bildet die Grundlage für die Aussprache differenzierter, je nach Bedeutung dieser Stakeholdergruppen situativ geeigneter Gestaltungsempfehlungen.[1141] Aus Darstellungsgründen soll zunächst deren Diskussion und Evaluation im Rahmen von Experteninterviews präzisiert werden, bevor diese in Kapitel 6 dargestellt werden.

[1137] Vgl. Herzwurm (2000), S. 248 ff.
[1138] Vgl. Tabelle 47 im Anhang
[1139] Vgl. Tabelle 48 im Anhang
[1140] Vgl. Herzwurm (2000), S. 256
[1141] Vgl. Kapitel 3.4.3 und 4.1

5.3 Überprüfung der Gestaltungsempfehlungen im Rahmen von Experteninterviews

Zur Überprüfung der Empfehlungen zur Gestaltung bzw. Auswahl von SWP in UNSECO bedient sich diese Arbeit, gestützt auf die Ausführungen in Kapitel 5.1, qualitativer Experteninterviews.[1142] Hierzu wurden im Zeitraum August bis September 2014 acht Experten aus dem Kontext von UNSECO hinsichtlich einer Bewertung der vorliegenden Ergebnisse befragt.

5.3.1 Auswahl der Experten

#	Position Experte	Kurzbeschreibung Organisationseinheit	Rolle im UNSECO
1	Produktmanager Softwareplattform	Für die Ausgestaltung einer SWP zuständige Organisationseinheit seitens eines SWPA, die zudem komplementäre Leistungen anbietet	SWPA und Komplementor
2	Leiter IT/CIO	Für die Auswahl und Einführung von SWPA zuständige Organisationseinheit einer Endkundenorganisation	Endkunde
3	Geschäftsführer	Komplementor mit Fokus auf IT-Dienstleistungen im Krankenhaus- und Healthcare-Bereich	Komplementor
4	Vorstand und Produktmanager Softwareplattform	Zentraler SWPA einer cloudbasierten Unternehmenssoftwarelösung	SWPA
5	Geschäftsführer und Entwicklungsleiter	SWPA einer On-Premise Unternehmenssoftwarelösung für den Healthcare-Bereich. Parallel dazu Angebot komplementärer Leistungen (Produkte und Dienstleistungen) für andere SWP	SWPA und Komplementor
6	Leiter Marketing und Geschäftsentwicklung	Komplementor mit auf verschiedenen SWP aufbauenden komplementären Softwareprodukten und IT-nahen Dienstleistungen. Darüber hinaus Einsatz verschiedener SWP als Endkunde.	Komplementor und Endkunde
7	Leiter Business Development	Komplementor mit eigenen, auf verschiedenen SWP aufbauenden komplementären Softwareprodukten und IT-nahen Dienstleistungen	Komplementor
8	Leiter IT/CIO	Endkundenorganisation der Dienstleistungsbranche, welcher verschiedene SWP als Basis für die Unterstützung eigener betrieblicher Prozesse einsetzt	Endkunde

Tabelle 41: Profile der Teilnehmer der Experteninterviews[1143]

Aus Konsistenzgründen erfolgt die Auswahl von Experten für die Interviews anhand derselben Kriterien, wie sie im Rahmen der internetbasierten Befragung herangezo-

[1142] Zum Einsatz qualitativer Experteninterviews vgl. bspw. Hopf (2013), S. 349-360 m. w. V.

[1143] Quelle: Eigene Darstellung. Die in Kapitel 4.2 andiskutierte Überlappung der idealtypischen Rollen von Akteuren in UNSECO wird auch im Rahmen der Experteninterviews evident.

gen werden. Als Quellen zur Identifikation möglicher Experten werden soziale Plattformen wie XING, LinkedIn sowie Kontakte in der Datenbank des Lehrstuhls, ergänzt um Internetrecherchen zu den Kandidaten und persönliche Vorabgespräche mit diesen, herangezogen.[1144] Zudem wird, um logische Zirkelschlüsse zu vermeiden, darauf geachtet, potenzielle Experten, welche bereits an der internetbasierten Befragung teilgenommen hatten, auszuschließen.[1145] Um mögliche stakeholderspezifische Verzerrungen in der Evaluation zu reduzieren, werden Vertreter aller Stakeholdergruppen, d.h. der Komplementoren, SWPA und Endkunden als Experten befragt, um ihre Wertung gleichgewichtet in die Betrachtung der Ergebnisse einfließen zu lassen. Anhand der in Tabelle 41 dargestellten Auswahl wird allerdings evident, dass eine zahlenmässige Ungleichverteilung der Experten vorliegt, welche potenziell zu Verzerrungen in der Aussagefähigkeit der Ergebnisse führen könnten die in weiterführenden Forschungsarbeiten ausgeschlossen werden sollten.[1146] Nach der Befragung der in Tabelle 41 dargestellten Experten wird eine theoretische Sättigung konstatiert und die Evaluation aus forschungsökonomischen Gründen für beendet erklärt.[1147]

5.3.2 Vorgehen bei der Befragung

Zur Vorbereitung auf das Interview wird den Experten, neben einer einleitenden Präsentation, welche der inhaltlichen Hinführung zur Thematik und Beschreibung der Methodik dient, eine Beschreibung der Gestaltungsempfehlungen sowie das House of Quality zusammen mit einem auch für das spätere Interview als Gesprächsleitfaden dienenden Fragebogen zugesandt. Diese Zusendung ist mit der Bitte verbunden, die Inhalte zu sichten und den Fragebogen vorab selbstständig auszufüllen und zurückzusenden.[1148] Anschließend wird in Abhängigkeit von den Vorarbeiten des Experten ein

---

1144 Vgl. Kapitel 5.2

1145 Vgl. Joerden (2010), S. 334 f. Es soll konkret vermieden werden, dass Experten im Rahmen der Interviews die durch sie selbst beeinflussten Ergebnisse der internetbasierten Priorisierung von Anforderungen auf Plausibilität prüfen und bewerten.

1146 Dieser Einschränkung der Ergebnisse in Hinblick auf ihre Repräsentativität zum Trotz, wird die Befragung einer für den Kontext von UNSECO repräsentativen Stichprobe bzw. Durchführung einer Vollerherbung im Rahmen qualitativer Interviews, insb. unter Berücksichtigung der dargestellten eingeschränkten Verfügbarkeit und Teilnahmebereitschaft entsprechender Experten aus forschungsökonomischen Gründen, als wenig sinnvoll erachtet.

1147 Vgl. hinsichtlich dieses Vorgehens bspw. Flick (2013b), S. 317 f.

1148 Letzteres soll die Vorbereitung auf Seiten der von Experten sowie des Forschers verbessern. Darüber hinaus wird den Experten die Möglichkeit geboten, bei Rückfragen zur einzelnen Fragen vorab den Forscher zu kontaktieren. Vgl. Flick (2013a), S. 262 f.

ca. eineinhalb- bis zweieinhalbstündiges Experteninterview vereinbart. In diesem werden die bestehenden Ergebnisse nochmals diskutiert sowie Antworten der Experten ergänzt. Zur besseren Nachvollziehbarkeit, aber auch inhaltlichen Ausnutzung des Zeitfensters während der Interviews, werden die Gespräche, insofern das Einverständnis der Experten vorhanden ist, neben einer schriftlichen Fixierung der Antworten, zusätzlich aufgezeichnet und transkribiert.[1149]

5.3.3 Aufbau des Interviewleitfadens

Kriterien für die Evaluation von Gestaltungsempfehlungen in den Experteninterviews
Nachvollziehbarkeit und Praktikabilität der Gestaltungsempfehlungen
Vollständigkeit der Gestaltungsempfehlungen, inkl. Anforderungen und Lösungsmerkmalen
Zustimmung zu Priorisierungen von Anforderungen und Lösungsmerkmalen (Basis für stakeholderspezifische Gestaltungsempfehlungen)
Unterstützung der Ziele von Stakeholdern durch die Gestaltungsempfehlungen
Weiterempfehlung der Gestaltungsempfehlungen
Verbesserungspotenziale

Tabelle 42: Kriterien für die Evaluation von Gestaltungsempfehlungen[1150]

Der Fragebogen wird aufgrund des vergleichsweise geringen Kenntnisstandes des Forschungsumfeldes von SWP und Unternehmenssoftwareökosystemen mittels einer intuitiven Konstruktionsstrategie erstellt. Er konzentriert sich insb. auf die Beurteilung der im Rahmen des gestaltungsorientierten Vorgehens dieser Arbeit erarbeiteten Ergebnisse durch die Experten.[1151] Neben einleitenden Fragen, welche den Expertenstatus der Interviewpartner sicherstellen, eine Beschreibung des Umfeldes des Experten, die Zuordnung der Rolle in UNSECO sowie der Erhebung weiterer Hintergrundinformationen bezüglich genutzter SWP und der Beteiligung an UNSECO ermöglichen sollen, erfolgt im Hauptteil eine detailliertere Auseinandersetzung mit den Gestaltungsempfehlungen der vorliegenden Arbeit. Dabei soll eine Überprüfung, Diskussion und

[1149] Vgl. Flick (2013a), S. 262 f.
[1150] Quelle: Eigene Darstellung
[1151] Vgl. hinsichtlich der gestaltungsorientierten Zielsetzung Kapitel 1. Zur intuitiven Konstruktionsstrategie sowie den Ausführungen zur Fragebogenkonstruktion vgl. Moosbrugger (2012), S. 36 ff.

abschließende Bewertung der vorliegenden Ergebnisse anhand der in Tabelle 42 dargestellten Kriterien erfolgen.[1152] Um einen Abgleich mit den im Rahmen der Internetbefragung identifizierten Priorisierung von Anforderungen sowie den damit verbundenen Bedeutungen der Lösungsmerkmalen für die jeweiligen Stakeholdergruppen vorzunehmen, werden die Experten zu Beginn des Hauptteils gebeten, sich mit den Anforderungen auseinanderzusetzen und analog zur internetbasierten Befragung eine Priorisierung der Anforderungen aus ihrer Stakeholderrolle heraus vorzunehmen.[1153] Anschließend findet eine Diskussion der daraus resultierenden Bedeutung von Lösungsmerkmalen statt. Diese Diskussion wird durch die im Rahmen der vorliegenden Arbeit erarbeiteten HoQ-Matrix gestützt. Zur Analyse und Bewertung der Gestaltungsempfehlungen anhand der geannten Kriterien stehen den Experten größtenteils Auswahlfragen mit einer verbalen, bipolaren Bewertungsskala zur Verfügung. Desweiteren werden präzisierende Ergänzungsfragen mit einer freien Antwortmöglichkeit hinzugefügt, um tiefergehende Informationen über den Hintergrund der Antwort oder mögliche Verbesserungspotenziale der Ergebnisse in weiteren Forschungsiterationen zu erhalten.[1154] Um eine möglichst ehrliche Einschätzung hinsichtlich der möglichen Verbesserungspotenziale (und Vergleich der Effizienz) der Gestaltungsempfehlungen gegenüber dem Status quo in ihrer eigenen Organisation zu ermöglichen, wird den Experten vollständige Anonymität zugesichert, welche sich in der nachfolgenden Präsentation der Ergebnisse sowie der Beschreibung der Experten in Tabelle 41 widerspiegelt.[1155]

[1152] Die Kriterien sind wie folgt motiviert: Grundsätzliche Voraussetzung für die Bewertbarkeit der Artefakte der vorliegenden Arbeit ist deren Nachvollziehbarkeit durch die späteren Anwender. Darauf aufbauend soll eine Vollständigkeit der Ergebnisse sichergestellt werden. Die Priorisierung von Anforderungen und daraus resultierende Bedeutung von Lösungsmerkmalen soll der Überprüfung und Bestätigung der in Kapitel 5.2 erhobenen Informationen und in Kapitel 6 dargestellten stakeholderspezifischen Gestaltungsempfehlungen dienen. Die Bewertung der Praktikabilität soll der grundsätzlichen Anwendbarkeit der Artefakte sowie deren Unterstützung für die Praxis dienen. Darauf aufbauen soll die Effizienz der Artefakte im Vergleich zu möglicherweise in der Praxis existierenden, individuellen alternative Lösungen beurteilt werden, um deren Beitrag zu motivieren. Die Weiterempfehlung von Ergebnissen durch die Experten soll als weiterer Indikator für deren Nützlichkeit dienen.

[1153] Aus Konsistenzgründen wir an dieser Stelle ebenfalls eine Konstantsummenpriorisierung auf Anforderungskategorienebene vorgenommen.

[1154] Rückflüsse und Iterationen sind in der gestaltungsorientierten DSRM sowie der daran angelehnten Forschungsmethodik dieser Arbeit explizit vorgesehen. Vgl. Kapitel 1.4 und Peffers u.a. (2007)

[1155] Vgl. zur Erläuterung eines vergleichbaren Vorgehens Herzwurm (2000), S. 295.

5.3.4 Bewertung der Gestaltungsempfehlungen durch die Experten

Aus Tabelle 43 wird ersichtlich, dass die Evaluation der zu bewertenden Gestalungsempfehlungen dieser Arbeit durch die Experten ein überwiegend positives Ergebnis hat. Hinsichtlich der Fragestellung nach der **Nachvollziehbarkeit** und **Praktikabilität** der erarbeiteten Gestaltungsempfehlungen stimmen alle Experten entweder voll oder mit kleinen Abstrichen zu. Vereinzelte Kritikpunkte werden hinsichtlich der Quantifizierungen einzelner Korrelationen zwischen Lösungsmerkmalen und Anforderungen genannt, welche von zwei der Experten teilweise als weniger stark bzw. stärker eingestuft werden.[1156] Die Abstriche in der Wertung bei der Praktikabilität durch die Experten resultieren einerseits aus deren Forderung nach einer weitergehenden Tool-Unterstützung, als dies die in Excel realisierte QFD-basierte House of Quality-Matrix der vorliegenden Arbeit mit den darin kodierten Gestaltungsempfehlungen leisten kann. Als Verbesserungsvorschlag wird ein internetbasiertes Tool genannt, welches als Art „Konfigurator" für die vorliegenden Gestaltungsempfehlungen fungiert und ausgehend von einer Priorisierung der Anforderungen sowie der Bestimmung weiterer Variablen, wie der Branchenzugehörigkeit, der Rolle im UNSECO oder Größe der jeweiligen Unternehmung Handlungsempfehlungen zur stakeholderspezifischen Auswahl oder Gestaltung von SWP ausspricht bzw. ggf. im Tool hinterlegte SWP zur Auswahl vorschlägt. Da die Erstellung eines solchen Tools neben Komplexitätsgründen im Rahmen dieser Arbeit an der Nichtverfügbarkeit der volatilen Daten real existierender SWP scheitert, soll die Erstellung eines entsprechenden Tools als weiterer, praxisnaher, aber nicht im Rahmen dieser Arbeit zu leistender Forschungsbedarf aufgenommen werden. Zusammenfassend kann jedoch eine grundsätzliche Zustimmung zu den dargestellten Korrelationen zwischen Anforderungen und Lösungsmerkmalen der HoQ-Matrix und somit eine grundlegende Nachvollziehbarkeit und Praktikabilität der dargestellten Handlungsempfehlungen konstatiert werden.

Hinsichtlich des Kriteriums der **Vollständigkeit** wird insb. die Anforderungsseite besonders positiv bewertet. Ein Experte bemerkt, dass hinsichtlich der Lösungsmerkmale auf Detailebene weitere Merkmale vorstellbar sind, aus seiner Perspektive allerdings

[1156] Beispielhaft kann die Korrelation zwischen der Lösungsmerkmalskategorie *APIs und Schnittstellen* sowie der Anforderungskategorie *Usability* genannt werden, welche ein Experte höher, ein weiterer Experte niedriger als im HoQ dargestellt, eingestuft hätte. Diese Diskussion hat bereits im Rahmen der Gruppensitzungen zur Erarbeitung des HoQ stattgefunden und zu einer Konsensentscheidung „in der Mitte der Skala" geführt.

die wichtigsten Aspekte genannt werden. Eine ggf. unvollständige Lösungsmerkmalsseite ist aufgrund des technischen Fortschritts sowie der im Rahmen der durch den Einsatz der Methode QFD bedingten Herangehensweise der intendierten Begrenzung auf die zur Erfüllung der Anforderungen an SWP wichtigsten Lösungsmerkmale zu prognostizieren gewesen. Da die Experten angeben, dass aus ihrer Sichtweisen die relevanten Aspekte abgedeckt sind, liegt das Resultat der Befragung nicht außerhalb akzeptabler Parameter.[1157]

Befragter Experte #	Nachvollziehbarkeit und Praktikabilität	Vollständigkeit Anforderungen	Vollständigkeit Lösungsmerkmale	Zustimmung zu Priorisierungen von Anforderungen+ Lösungsmerkmalen	Unterstützung der Ziele von Stakeholdern	Weiterempfehlung	Nennung von Verbesserungs-potenzialen
1	1	2	2	2	1	1	Ja
2	2	1	1	2	2	1	Ja
3	2	1	1	2	1	1	Ja
4	2	2	3	1	2	2	Ja
5	2	2	1	2	1	3	Ja
6	2	1	1	1	1	2	Ja
7	1	1	2	2	1	2	Nein
8	1	2	2	1	2	1	Ja
Bewertungsskala: 1: stimme vollständig zu, 2: stimme zu, 3: weder noch, 4: lehne ab, 5: lehne vollkommen ab, 6: keine Antwort							

Tabelle 43: Bewertung der Gestaltungsempfehlungen durch Experten[1158]

In Bezug auf die im Rahmen der Experteninterviews vorgenommene **Priorisierung von Anforderungen** und der daraus resultierende **Bedeutung von Lösungsmerkmalen** kann eine zu weiten Teilen mit der internetbasierenden Befragung übereinstimmende Wertung der Experten konstatiert werden.[1159] Bei zwei Teilnehmern wurden im

[1157] Durch die Option, die HoQ-Matrix bei Bedarf für den jeweiligen Anwendungsfall zu erweitern, kann diesem Umstand bei der praktischen Gestaltung von SWP Rechnung getragen werden.

[1158] Quelle: Eigene Darstellung

[1159] Ein zu den nicht ganzzahligen Durchschnittswerten der Internetbefragung identisches Ergebnis der Priorisierung von Anforderungen durch die Experten ist aufgrund der Priorisierungsform (Vergabe von ganzzahligen Werten) nicht möglich. Zudem sind Abweichungen vom Mittelwert möglich. Die Ergebnisse der Priorisierung befinden sich jedoch im Rahmen der Varianzen der internetbasierten Umfrage, entsprechen darüber hinaus den Einzelwerten bestimmter Teilnehmer der Umfrage und wurden darüber hinaus qualitativ in den Interviews durch die Experten als vergleichbar bewertet.

Rahmen des Gesprächs stärker vom Durchschnitt der internetbasierten Befragung abweichenden Ergebnisse hinsichtlich der Priorisierung von Anforderungen identifiziert. Diese können mit firmenspezifischen Ereignissen (bspw. der negativen Erfahrungen mit einzelnen Partnern in der jüngeren Vergangenheit sowie der subjektiv bereits als ausreichend empfundenen Erfüllung der Anforderungen sowie der bewussten Abgrenzung vom Wettbewerb) erklärt werden. Sowohl den aus der internetbasierten als auch ihrer eigenen Befragung resultierenden Bedeutungsrängen von Lösungsmerkmalen der SWP können die Experten jedoch prinzipiell zustimmen. Ein Teilnehmer aufseiten der SWPA gibt darüber hinaus an, dass er überrascht von der hohen Zahl an Übereinstimmungen der dargestellten Ergebnissen mit unabhängig davon intern durchgeführten Befragungen von Stakeholdergruppen sei.

Die teilnehmenden Experten stimmen größtenteils zu, dass sie die Empfehlungen dieser Arbeit dabei unterstützen können, die eigene Situation bei der Gestaltung oder Auswahl von SWP zu diskutieren. Darauf aufbauend können diese dazu beitragen, die **Effizienz** zu verbessern und die mit der Teilnahme an UNSECO **verknüpften Ziele zu unterstützen**. Ein Experte aufseiten der SWPA gibt an, dass das Vorhandensein einer nach Bedeutung sortierten Liste an Lösungsmerkmalen als eine Art Checkliste dabei unterstützen kann, die Ausgestaltung eigener SWP zu überprüfen. Die QFD-Matrix könne darüber hinaus die Diskussionsgrundlage für die jeweilige, oftmals Restriktionen unterliegenden, priorisierte Ausgestaltung von SWP mit externen Stakeholdergruppen darstellen. Ein Experte aufseiten von Kundenunternehmen gibt an, dass dadurch die Auswahl von SWP als Basis für die IT-seitige Bereitstellung unternehmensinterner Dienste vereinfacht werden könnte. Nahezu alle Experten stimmen zu, dass eine den Handlungsempfehlungen der vorliegenden Arbeit folgende Ausgestaltung, unter Berücksichtigung individueller Rahmenbedingungen, die Geschäftstätigkeit von Akteuren in UNSECO verbessern könnte. Die Abweichungen von der Höchstwertung sind meist aus einer Unsicherheit auf Seiten der Experten heraus, die gesamte Situation im Umfeld von Unternehmenssoftware einschätzen zu können oder den im Rahmen der Interviews identifizierten weiteren Forschungsbedarfen bzw. Verbesserungspotenzialen geschuldet. Insb. hinsichtlich der spezifischen Situation im eigenen Unternehmen oder der in Kapitel 3.4.1 begründeten Ausblendung von Gestaltungsdeterminanten des theoretischen Bezugsrahmens. Während eine entsprechende firmenspezifische Anpassung allerdings insb. in Hinsicht auf das Forschungsziel der Erarbeitung übertragbarer Handlungsempfehlungen als kontraproduktiv eingestuft wird, deutet letztere Einstufung durch die Experten auf weitere Forschungsbedarfe im Kontext von UNSECO hin. So könnten Determinanten des theoretischen Bezugsrahmens, wie bspw. die Strategie zentraler SWPA oder die Branchenausrichtung von Teilnehmern, die Effizienz von Maßnahmen zur Ausgestaltung von SWP beeinflussen. Dieser Einfluss könnte in weiteren Forschungsarbeiten untersucht werden.[1160] Das Aufzeigen entsprechender Determinanten im vorliegenden Bezugsrahmen dieser Arbeit wurde von den Experten positiv bewertet.

Ein Großteil der Interviewpartner gibt zudem an, die vorliegenden Handlungsempfehlungen an Dritte **weiter zu empfehlen**. Die Abweichungen von der Bestwertung durch die Experten ist in der bereits angeführten Forderung nach einer weiteren Toolunterstützung, besseren Visualisierung der Ergebnisse in diesem bzw. dem Bedarf an weiteren Beratungsleistungen zum strategichen Aufbau einer SWPA begründet. Aus dieser Sichtweise heraus wird eine vorbehaltlose Weiterempfehlung ohne flankierende Maßnahmen verhindert.

Als mögliche **Verbesserungspotenziale**, welche im Rahmen weiterer Forschungsbemühen adressiert werden können, werden die bereits diskutierte Einbeziehung weiterer Determinanten des Bezugsrahmens, die Erstellung eines „Konfigurators“ sowie Präzisierungen auf Anforderungs- und Lösungsmerkmalsseite und Vorschläge hinsichtlich der Präzisierung von Begrifflichkeiten genannt. Letztere sind im Rahmen des DSRM basierten Vorgehen dieser Arbeit bereits in weitere Iterationen des House of Quality eingeflossen. Die Tatsache, dass jeder Teilnehmer Hinweise auf Verbesserungspotenziale gibt, kann als Indikator für deren intensive Beschäftigung mit der Thematik vor und in den Interviews interpretiert werden.

5.4 Zusammenfassung der Evaluationsergebnisse

Anhand der Ausführungen in den Abschnitten 5.1 bis 5.3 wird evident, dass die empirische Überprüfung der Artefakte dieser Arbeit ein grundsätzlich positives Ergebnis liefert. Allerdings sind Einschränkungen in der Aussagefähigkeit, bspw. aufgrund der gewählten Evaluationsformen, der dargestellten Einschränkung des Stichprobenum-

[1160] Als Grundlage für die Diskussion weiterer Einflussfaktoren mit den Experten diente der in Kapitel 3 erarbeitete theoretische Bezugsrahmen der Arbeit.

fangs oder das Ausblenden einzelner Determinanten des theoretischen Bezugsrahmens, identifizierbar. Die Ergebnisse der empirischen Überprüfung stellen somit eine Begründung für die grundsätzliche Eignung der im Rahmen dieser erarbeiteten Gestaltungsempfehlungen dar. Ein endgültiger Nachweis über deren Effizienz im Hinblick auf die Ziele von Stakeholdern in UNSECO kann jedoch nicht erfolgen. Allerdings stützen insb. die Ergebnisse der internetbasierten Priorisierung sowie deren Bestätigung im Rahmen der Experteninterviews die Annahme der unterschiedlichen Bedeutung von Anforderungen an SWP und Lösungsmerkmalen zur Realisierung dieser. Auch liefern die Experteninterviews fundierte Argumente für die Eignung der hergeleiteten Gestaltungsempfehlungen. Die aus der Kombination dieser Erkenntnisse resultierenden stakeholderspezifischen Gestaltungsempfehlungen werden im Nachfolgenden dargestellt. Sie stellen somit begründete Heuristiken zur Gestaltung von SWP dar. Sie bedürfen im praktischen Einsatz aus den genannten Gründen eine einzelfallspezifische Ausgestaltung (bzw. Priorisierung). Aber auch im Rahmen weiterer Forschungsbemühungen kann eine Ergänzung (bspw. durch die Einbeziehung von Branchenspezifika und weiterer Determinanten als situativen Einflussfaktoren) erfolgen.

6. Stakeholderspezifische Gestaltungsempfehlungen für Softwareplattformen

Anhand der in Kapitel 4 in der HoQ-Matrix dargestellten Korrelationen zwischen den Anforderungen an SWP zur Unterstützung der Ziele von Stakeholdern in UNSECO (Kapitel 4.4) und Lösungsmerkmalen zur Erfüllung dieser Anforderungen (Kapitel 4.5) sowie der Kenntnis der in Kapitel 5.2 dargestellten Priorisierungen von Anforderungskategorien lassen sich, in Bezug auf die Stakeholdergruppen, situativ geeignete Empfehlungen herleiten. Diese stellen die, aus der Sichtweise der jeweils relevanten Stakeholdergruppe, aufgrund deren Zielsetzung und Priorisierung von Anforderungen, bevorzugt zu realisierenden Lösungsmerkmale von SWP dar. Die Identifikation der Bedeutung dieser Lösungsmerkmale kann durch die folgende Berechnung vorgenommen werden: Die Multiplikation des Vektors des Unterstützungsgrades von Anforderungen durch Lösungsmerkmale mit dem Vektor der Gewichtungen der jeweiligen Anforderungen führt zur Berechnung der relativen Bedeutung von Lösungsmerkmalen.[1161] Werden diese relativen Bedeutungen in eine Rangfolge gesetzt, so kann eine priorisierte Liste der situativ umzusetzenden Lösungsmerkmale von SWP herbeigeführt werden, die in weiteren QFD Deployments im Rahmen von Auswahl- bzw. Gestaltungsprozessen aber auch Forschungsarbeiten präzisiert werden können (Anschlussfähigkeit der Ergebnisse).[1162] Die identifizierten Rangfolgen der Lösungsmerkmale über alle Stakeholder hinweg (Gleichgewichtung der Stakeholdergruppen) sowie für die jeweiligen Stakeholdergruppen sind in der transponierten HoQ-Matrix in Tabelle 44 in den vier rechten Spalten dargestellt.[1163]

1161 Vgl. Cohen (1995), S. 12 f.

1162 Vgl. Herzwurm u.a. (2000), S. 25-27

1163 Die stakeholderspezifischen Rangfolgen sind in den rechten Spalten beginnend mit „Bedeutungsrang" dargestellt. Aus Darstellungsgründen sind in Tabelle 44 die relativen Gewichtungen der Lösungsmerkmalskategorien durch die Stakeholdergruppen ausgeblendet. Sie sind in den im Anhang dieser Arbeit befindlichen einzelnen stakeholderspezifischen Matrizen dargestellt. Vgl. Tabelle 52 bis Tabelle 54. Die Darstellung von Korrelationen soll aus Konsistenz- und Komplexitätsgründen zu den bisherigen Ausführungen auf Ebene der Stakeholdergruppen der SWPA, Komplementoren und Endkunden sowie auf der Kategorieebene von Anforderungen und Lösungsmerkmalen erfolgen.

Legende: Die verbesserte Umsetzung von Lösung [ZEILE] führt 9 : zwingend und erheblich 3 : merkbar 1 : eventuell / mäßig 0 : gar nicht oder nur indirekt zu höherer Zufriedenheit hinsichtlich der der Anforderung [SPALTE].		*Anforderungskategorien*	Wandlungsfähigkeit im Zeitverlauf	Usability (Übersichtlichkeit + Nutzbarkeit)	Reibungslose Zusammenarbeit zw. Akteuren + Leistungen	Sicherheit + Zuverlässigkeit gewährleisten	Vermarktungspotenziale erhöhen	Innovationsfähigkeit unterstützen	Kommunikation zw. Akteuren verbessern	Beurteilung + Selektion von Akteuren	Suche + Identifikation von Leistungen	Bedeutungsrang Gesamt	Bedeutungsrang SWPA	Bedeutungsrang Kompl.	Bedeutungsrang Endkunden
Lösungsmerkmals-kategorien		# *Korrel.*	9	11	12	10	8	10	4	5	13				
D	***APIs und Schnittstellen***	7	**9**	**3**	**9**	**3**	**1**	**9**			**1**	**1**	**1**	**1**	**1**
L	***Test- und Feedbackmöglichkeiten***	6	**3**	**1**	**9**	**9**		**3**			**3**	**2**	**2**	**2**	**2**
B	***IT-Support und Services***	6		**9**	**1**	**1**		**9**	**3**		**1**	**3**	**3**	**3**	**3**
M	***Social Media***	7		**1**	**1**		**1**	**9**	**9**	**1**	**1**	**4**	**5**	**5**	**5**
I	***Entwicklungswerkzeuge***	6	**3**	**9**	**1**	**1**		**3**			**1**	**5**	**6**	**6**	**4**
N	***Transaktionsunterstützung***	5		**1**	**3**		**9**			**3**	**9**	**6**	**4**	**4**	**12**
E	***Standards***	7	**1**	**3**	**9**	**1**	**1**	**3**	**1**			**7**	**9**	**8**	**10**
R	***Community-Veranstaltungen***	8	**1**	**3**	**1**		**1**	**3**	**9**	**1**	**1**	**8**	**10**	**10**	**6**
F	***Modulare Softwarearchitektur***	5	**9**	**1**	**3**	**3**	**1**					**9**	**8**	**9**	**9**
P	***Wissensbasen***	6		**1**	**1**		**3**	**9**		**1**	**3**	**10**	**7**	**7**	**14**
K	***Dokumentation***	3		**9**				**3**			**3**	**11**	**11**	**11**	**7**
J	***Vertrauensfördernde Maßnahmen***	4			**3**	**3**				**9**	**9**	**12**	**12**	**12**	**8**
C	***Trainings***	3		**9**				**3**			**1**	**13**	**13**	**14**	**11**
H	***Sicherheitsmechanismen***	2	**1**	**1**		**9**						**14**	**15**	**13**	**13**
O	***Marketing- und Vertriebsunterstützung***	2					**9**				**3**	**15**	**14**	**15**	**16**
A	***Kommunikation der Strategie***	5	**1**	**3**	**3**		**1**				**1**	**16**	**16**	**16**	**15**
G	***Benutzeroberfläche***	2		**3**		**1**						**17**	**17**	**17**	**16**
Q	***Lizenzierung***	3	**1**		**3**	**1**						**18**	**18**	**18**	**18**
	Anforderungsgewichtung Gesamt in %		**12,66**	**14,93**	**8,98**	**15,71**	**11,86**	**13,31**	**9,26**	**5,61**	**7,71**				
	Anforderungsgewichtung SWPA in %		**13,46**	**13,71**	**8,79**	**13,50**	**15,29**	**14,54**	**8,13**	**5,88**	**6,71**				
	Anforderungsgewichtung Komplementoren in %		**11,62**	**13,58**	**9,35**	**16,62**	**14,98**	**14,48**	**7,64**	**4,86**	**6,91**				
	Anforderungsgewichtung Kunden in %		**12,90**	**17,50**	**8,80**	**17,00**	**5,30**	**10,90**	**12,00**	**6,10**	**9,50**				

Tabelle 44: House of Quality zur situativen Gestaltung von Softwareplattformen unter Berücksichtigung der Perspektiven der Stakeholder[1164]

[1164] Quelle: Eigene Darstellung

Es wird evident, dass über die Stakeholdergruppen hinweg den Lösungsmerkmalskategorien ***APIs und Schnittstellen***, ***Test- und Feedbackmöglichkeiten***, ***IT-Support und Services***, ***Social Media***, ***Entwicklungswerkzeuge*** sowie ***Modulare Softwarearchitektur*** eine hohe Bedeutung bei der Gestaltung von SWP beigemessen werden sollte.[1165] Diese ist, aus einer QFD-Perspektive betrachtet, formal in der verhältnissmäßig starken Unterstützung einer Mehrzahl hoch priorisierter Anforderungskategorien durch diese Lösungsmerkmalskategorien begründet. Inhaltlich lässt sich die Bedeutung in der essentiellen Funktion dieser Lösungsmerkmale für das Zusammenspiel der verschiedenen Akteure in UNSECO begründen. So ist bspw. die Nutzung von SWP durch Dritte sowie die Verknüpfung und Integration von Leistungen verschiedener Akteure ohne die Existenz von *APIs oder Schnittstellen (Kategorie D)* schwierig realisierbar.[1166] Die Kapselung von Modulen über syntaktisch und semantisch wohl definierte Schnittstellen kann der Stakeholdergruppen übergreifend am höchsten bewerteten Anforderungskategorie der Sicherheit und Zuverlässigkeit dienen. Zudem kann eine dem Prinzip der losen Kopplung folgende Gestaltung von Schnittstellen die reibungslose Zusammenarbeit sowie, insb. durch das Aufteilen und Einbinden von Leistungen, die Wandlungsfähigkeit von SWP fördern.[1167] Diese Schnittstellen nutzende *Entwicklungswerkzeuge (Kategorie I)* vereinfachen den verschiedenen Akteuren die Entwicklung und Anpassung darauf aufbauender Leistungen und reduzieren somit, insb. bei einer Bündlung mit möglichen Vorlagen, Eintrittsbarrieren in UNSECO. Die in der Softwareentwicklung unbestrittene Bedeutung von *Test- und Feedbackmöglichkeiten (Kategorie L)* für die (Weiter-)Entwicklung geeigneter, sicherer und zuverlässiger Leistungen[1168] wird durch Szenarien der verteilten Wertschöpfung (Cocreation) in UNSECO verstärkt.[1169] Dies bedingt auch eine Unterstützung der Akteure durch Help-Desks, gemeinsame Ticketdatenbanken *(Kategorie B)* oder entsprechender Kommunikationskanäle sozialer Medien, wie Foren, Blogs oder Wikis *(Kategorie M)*. Ähnlich, wenn auch im Vergleich zu den zuvor genannten Lösungsmerkmalskategorien mit geringerer Be-

[1165] Es wird darauf hingewiesen, dass für den jeweiligen Anwendungsfall eine, im Rahmen dieser Ausführungen aus Komplexitätsgründen nicht vorgenommener, Betrachtung auf die Ebene der Einzelanforderungen bzw. einzelner Lösungsmerkmale erfolgen sollte.

[1166] Es ist darauf hinzuweisen, dass weitere technische Möglichkeiten bspw. durch Codemodifikationen bestehen, welche jedoch mit zahlreichen Nachteilen einhergehen. Vgl. Brehm u.a. (2001), S. 2 ff.

[1167] Vgl. die Ausführungen zu den Konstruktionsprinzipien von KAS in Kapitel 4.4.2.9.

[1168] Vgl. Spillner, Liggesmeyer (2000), S. 119

[1169] Vgl. Kapitel 2.4.1

deutung, lässt sich für eine *modulare Softwarearchitektur (Kategorie F)* sowie die Kategorien ab Bedeutungsrang 14 in Tabelle 44 argumentieren.[1170] Hinsichtlich dieser Lösungsmerkmalskategorien gilt es zu betonen, dass sich diese nicht durch eine Irrelevanz auszeichnen und daher bei der Gestaltung bzw. Auswahl von SWP vernachlässigt werden sollten. Vielmehr haben sie auf Basis der Ergebnisse der empirischen Überprüfung eine gegenüber den anderen Kategorien untergeordnete Bedeutung, welche allerdings, bspw. aufgrund des Einflusses nicht im Rahmen dieser Arbeit betrachteter Determinanten, im Einzelfall abweichend ausgeprägt sein kann.

Bei Analyse der Rangfolgen der verbleibenden Lösungsmerkmalskategorien im HoQ lassen sich Unterschiede in der Bedeutung dieser für die Stakeholdergruppen in UNSECO identifizieren. Die wesentlichen Unterschiede und deren Implikationen für die stakeholderspezifische Gestaltung von SWP werden in den nachfolgenden Abschnitten dargestellt. Aufgrund der Beschränkung dieser Arbeit auf eine als sinnvoll erachtete Anzahl an Lösungsmerkmalen ist zu erwarten, dass im Zeitverlauf zusätzliche, für einzelne Stakeholdergruppen oder übergreifend bedeutsame Lösungsmerkmale identifiziert und bei der Gestaltung von SWP umgesetzt werden können. Diesem Umstand wird konstruktionsbedingt Rechnung getragen, indem die HoQ-Matrix (im Rahmen weiterer Forschung) lösungsseitig erweitert werden kann.

6.1 Gestaltungsempfehlungen aus der Perspektive von Softwareplattformanbietern

Aus Perspektive von SWPA kommt insb. der Umsetzung von Lösungsmerkmalen der Kategorien ***Transaktionsunterstützung***, ***Wissensbasen*** und ***Community-Veranstaltungen*** eine gesteigerte Bedeutung bei der Gestaltung von SWP zu.

Die Lösungsmerkmale der Kategorie ***Transaktionsunterstützung*** wirken besonders positiv auf die Erfüllung der durch SWPA am höchsten priorisierten Anforderungskategorien der Steigerung von Vermarktungspotenzialen sowie der niedriger gewichteten Suche und Identifikation von Leistungen. Auch tragen einzelne Lösungsmerkmale die-

[1170] Zur Vermeidung von weiteren Redundanzen wird an dieser Stelle auf die Ausführungen in den Kapiteln 4.5.2 bis 4.5.19 verwiesen. Die geringe Bedeutung der Kategorien der „Lizenzierung“ bzw. „Benutzeroberfläche“ ist in der relativ geringen Anzahl darin enthaltener Lösungsmerkmale geschuldet. Die Identifikation zusätzlicher Lösungsmerkmale in der Praxis oder Forschung kann ggf. zu einer höheren Bedeutung dieser Kategorie führen, als diese im Moment existent ist.

ser Kategorie, wie bspw. *Partnerzeichnisse (N.1)* oder *AppStores (N.2)*, zur Unterstützung der Anforderung einer reibungslosen Zusammenarbeit bei. Dies ist darin begründet, dass sie alternative Leistungen oder weitere Anbieter aufzeigen und somit die Abhängigkeiten von einzelnen Akteuren in UNSECO zu reduzieren versprechen. Darüber hinaus ermöglichen sie die Selektion von geeigneten Geschäftspartnern.[1171]

Die hohe Bedeutung von Lösungsmerkmalen der Kategorie ***Wissensbasen*** ergibt sich durch deren positive Wirkung hinsichtlich der Innovationsfähigkeit von Akteuren und SWP in UNSECO, welche durch die an der Priorisierung teilnehmenden SWPA ebenfalls hoch priorisiert wird. So können *gemeinsame Wissensdatenbanken (P.1)*, durch die SWPA den anderen Stakeholdern Lösungsschablonen, Domänen-Know-how oder anderes Realisierungswissen bereitstellen, u. a. durch Verknüpfung dieser Wissensbausteine, zur Innovationsfähigkeit der Stakeholder in UNSECO beitragen. Darüber hinaus kann die *Bereitstellung von Informationen über das Kauf- oder Nutzungsverhalten von Akteuren auf Märkten oder Trends (P.2)* auch die Vermarktungspotenziale der in UNSECO partizipierenden Akteure, insb. der SWPA und Komplementoren positiv beeinflussen.[1172]

Die Bedeutung von ***Community-Veranstaltungen*** aus Sichtweise von SWPA ergibt sich durch den Beitrag dieser *(virtuellen) Veranstaltungen (R.1,R.2, R.3)*, wie bspw. von Einführungsschulungen, Ankündigungs- bzw. Einführungsworkshops, Hands-On-Trainings zur Usability von SWP. Sie führen zu einer möglichen Reduzierung von Einstiegshürden für externe Akteure. Da diese in ausreichender Zahl als Stakeholder dem UNSECO beitreten sollen, liegt ihr Beitritt, u. a. zur Generierung von Netzeffekten, im Interesse von SWPA.[1173] Darüber hinaus können entsprechende Veranstaltungen zur ebenfalls als wichtig eingestuften Innovationsfähigkeit sowie User-Group-Meetings zur Verbesserung der Kommunikation zwischen den Akteuren beitragen. Letzteres, indem sie diesen Foren zum Ideenaustausch und zur informellen Kommunikation mit anderen

[1171] Hinter den jeweiligen Lösungsmerkmalen werden in Klammern ihre jeweiligen Nummerierungen aus Kapitel 4.5 sowie in der im Anhang befindlichen ausführlichen QFD HoQ-Matrix (Tabelle 50 und Tabelle 51) genannt, um die Nachvollziehbarkeit bei Detailfragen zu erhöhen.

[1172] Vgl. Kapitel 4.5.17

[1173] Vgl. Kapitel 2.4.2

Akteuren bieten. Zudem bestehen auf Community-Veranstaltungen, innerhalb gewisser Grenzen, Potenziale zur Vermarktung von Leistungen, insb. für den diese Veranstaltung organisierende Akteure (oftmals SWPA oder Komplementoren).[1174]

6.2 Gestaltungsempfehlungen aus der Perspektive von Komplementoren

Zur Unterstützung der Ziele von Komplementoren kommt bei der Gestaltung von SWP neben den Stakeholder übergreifenden Lösungsmerkmalskategorien insb. den Kategorien ***Transaktionsunterstützung, Wissensbasen, Standards*** sowie ***Community-Veranstaltungen*** eine hohe Bedeutung zu. Diese mit den SWPA vergleichbare Situation lässt sich mit einer ähnlichen Priorisierung der Anforderungskategorien an SWP durch die Stakeholdergruppen von SWPA und Komplementoren begründen. Beide Gruppen messen der Vermarktungsfähigkeit, der Sicherheit und Zuverlässigkeit sowie der Innovationsfähigkeit von SWPA eine hohe Priorität bei. Während zur Vermeidung von Redundanz die Ausführungen aus Kapitel 6.1 nicht wiederholt werden sollen, ist jedoch darauf hinzuweisen, dass einzelne Lösungsmerkmale dieser Kategorien eine spezifische Ausgestaltung für Komplementoren erfahren können.

Aus der Kategorie ***Transaktionsunterstützung*** sind bspw. die Lösungsmerkmale *Partnerverzeichnisse (N.1)* und *Lösungsverzeichnisse (N.7)* hervorzuheben, welche den Komplementoren einen direkten Marktzugang bieten und durch Möglichkeiten zur Präsentation sowie des Auffindens ihrer Leistungen positiv auf die Vermarktungspotenziale von Komplementoren wirken können. Als Lösungsmerkmale der Kategorie ***Wissensbasen*** können zur Verbesserung der Vermarktungspotenziale für Komplementoren insb. die Bereitstellung von *zentralen Informationen über das Markt- bzw. Nutzerverhalten der Akteure (P.3)*, unterstützt durch *Analyse- und Auswertungstools (P.2)*, genannt werden. Eine spezifische Ausgestaltung kann insb. das Sammeln und Bereitstellen von Informationen über die Nutzung von Leistungen über APIs oder das Kaufverhalten von Kunden hinsichtlich Komplementoren-spezifischer Leistungen in

[1174] Bei der Analyse der HoQ-Matrix in Tabelle 44 wird evident, dass Community-Veranstaltungen für die Stakeholdergruppen der SWPA und Komplementoren eine vermeintlich geringere Bedeutung als für die Gruppe der Endkunden besitzen. Nichtsdestotrotz verfügen diese über eine gesteigerte Bedeutung gegenüber anderen, in der Rangfolge schlechter gestellen Lösungsmerkmalskategorien. Diese Bedeutung wird auch im Rahmen der qualitativen Experteninterviews betont. Sie werden daher in den Kapiteln 6.1 bis 6.2, abweichend von einer rein algorithmischen Vorgehensweise bei der Interpretation der HoQ-Matrix, als bedeutsames und stakeholderspezifisch auszuprägendes Lösungsmerkmal präsentiert.

AppStores oder bei einer Vermarktung über den zentralen SWPA enthalten. Die Bereitstellung weiterer Wissensbasen im Bereich der Entwicklung (*Knowledge Base, P.1*) kann positiv auf die Innovationsfähigkeit und Usability von SWP wirken. Die Bereitstellung dieses Wissens erscheint insb. von Belang, da diese Informationen (Umsatzzahlen in AppStores, Cross-Selling-Analysen oder internes Entwicklungs-Know-how) oftmals durch einzelne Komplementoren ohne Mitwirkung des SWPA mangels Zugriff auf diese Informationen nicht eigenständig oder nur schwer erhoben werden können.

Aus der Lösungsmerkmalskategorie ***Standards*** sind insb. die Bereitstellung zuverlässiger und vergleichsweise aufwandsarm zu implementierender *Standardfunktionalitäten von SWP und vertikaler Branchenfunktionalitäten (E.1)*, aber auch *standardisierte Schnittstellen (E.2)* auf welche Komplementoren mit ihren Leistungen aufsetzen, zu nennen.[1175] Die Realisierung dieser Merkmale kann einerseits einer Erhöhung der Sicherheit und Zuverlässigkeit dienen und darüber hinaus für die Komplementoren die Einarbeitungs- und Realisierungszeiten und -kosten für Lösungen reduzieren (Usability) sowie zur reibungslosen Zusammenarbeit mit anderen Stakeholdern in UNSECO, aus denen weitere Innovationen entstehen können, beitragen.

In der Kategorie ***Community-Veranstaltungen*** kann durch eine Komplementoren-spezifische Ausgestaltung, z. B. durch spezielle *Vorträge oder das Angebot von Partnerforen für Komplementoren (R.2, R.3)*, deren Bedarf an Kommunikation, gegenseitiger Innovationsunterstützung sowie Usability von SWP erfüllt werden. Desweiteren können Komplementoren dabei Vermarktungsmöglichkeiten zur Präsentationen eigener Leistungen und Projekten, z. B. in (virtuellen) Vorträgen oder auf Messeständen, angeboten werden. Diese ermöglichen es ihnen, u.a. die Aufmerksamkeit für sich und ihre Leistungen zu erhöhen und nachgelagert das Anwerben von Kunden oder geeigneten Humankapitals zu unterstützen. Diese Community-Veranstaltungen können sowohl virtuell als auch als Präsenzveranstaltungen angeboten werden.[1176]

Auch innerhalb der Stakeholdergruppen übergreifend mit einer hohen Bedeutung versehenen Lösungsmerkmalskategorien lassen sich spezifische Lösungsmerkmale identifizieren, welche für Komplementoren von besonderem Belang sind. Bspw. sollten

[1175] Die Wirkung der Lösungsmerkmalskategorie „Standards" auf die Usability, Innovationsfähigkeit und eine reibungslose Zusammenarbeit wird in Abschnitt 4.5.6 dargestellt

[1176] Vgl. Kapitel 4.5.19

bei den ***Test- und Feedbackmöglichkeiten*** neben der Bereitstellung von Vorabversionen durch den zentralen SWPA spezielle Möglichkeiten für Komplementoren geschaffen werden, *eigene Betatests für ihre Leistungen anzubieten (L.3)*. Auch sollten diese in die Lage versetzt werden, Erweiterungsmodule (eher technisch) auf das Zusammenspiel mit der SWP zu testen oder diese in Bezug auf die Nutzbarkeit und zur Generierung von Feedback in Usability-Labs überprüfen und verbessern zu lassen. Letzteres kann als möglicher Input für Innovationen von Komplementoren dienen.[1177]

6.3 Gestaltungsempfehlungen aus der Perspektive von Endkunden

Aus der Perspektive von Endkunden kommt neben den Stakeholder übergreifenden Kategorien insb. den Lösungsmerkmalskategorien ***Community-Veranstaltungen, Dokumentation, vertrauensfördernden Maßnahmen*** sowie ***Trainings*** eine besondere Bedeutung zu.

Neben den bereits erläuternden Wirkungen von ***Community-Veranstaltungen*** auf die Steigerung von Vermarktungspotenzialen sind diese insb. hinsichtlich der Steigerung der Usability (Senkung von Einstiegsbarrieren) und der Verbesserung der Kommunikation zwischen den Akteuren förderlich. Letztere wurde von den Endkunden als viertwichtigste Anforderungskategorie benannt. Eine vergleichbare Wirkung auf die hoch bewertete Anforderungskategorie der Usability haben, ggf. mit Community-Veranstaltungen zu kombinierende, ***Trainings***. Diese haben daher ebenfalls eine exponierte Bedeutung für Endkunden.

Die ***Bereitstellung von Dokumentationen*** erhöht sowohl die Übersichtlichkeit als auch Nutzbarkeit von SWP durch Dritte und kann dazu beitragen, Einstiegsbarrieren zu senken (Usability). Eine entsprechende Ausgestaltung von SWP für Endkunden kann einerseits die Bereitstellung funktionaler Beschreibungen und Anleitungen im Sinne klassischer *Softwaredokumentation für Anwender bzw. Entwickler (K.2, K.3)* beinhalten. Andererseits kann die Verfügbarkeit von *Tutorials und Quick-Setup-Guides (K1)* sowie die Bereitstellung von verlässlichen *Übersichten zu Leistungen der SWP (K.4)*, deren Usability steigern. Letztere müssen somit nicht erst durch die Endkunden

[1177] Aus Komplexitätsgründen sollen nicht alle potenziellen, spezifisch auf die Stakeholder auszuprägenden Lösungsmerkmale der stakeholderübergreifend hoch bewerteten Lösungsmerkmalskategorien diskutiert werden. Zur Identifikation entsprechender Lösungsmerkmale kann die in dieser Arbeit entwickelte, detaillierte HoQ-Matrix im Anhang als Basis dienen.

eigenständig erstellt werden. Sie können, über die zuvor genannten positiven Wirkungen hinaus, die der Nutzung vorgelagerten Auswahlentscheidungen von Endkunden unterstützen.[1178]

Vertrauensfördernde Maßnahmen wirken besonders positiv auf die Erfüllung der Anforderungskategorien Beurteilung und Selektion von Akteuren sowie Suche und Selektion von Leistungen. Beide Anforderungskategorien werden von den Endkunden in Relation zu den anderen Stakeholdergruppen am höchsten priorisiert. Des Weiteren wirken die Lösungsmerkmale dieser Kategorie auf die über alle Stakeholdergruppen am höchsten priorisierte Anforderungskategorie Sicherheit und Zuverlässigkeit gewährleisten. Konkrete Lösungsmerkmale wie *Zertifizierungen von Akteuren (J.1) sowie deren Produkte und Dienstleistungen (J.2)* aber auch ex-post *Bewertungsmöglichkeiten für Transaktionen (J.4, J.5)* können die Transparenz erhöhen und die für Endkunden mangels ausreichender Expertise und Informationsasymmetrien oftmals herausfordernde Auswahl von Akteuren und deren auf SWP aufbauender Leistungen unterstützen. Die Hinterlegung von *Quellcode (z. B. mittels eines Escrow-Services) (J.3)* bei vertrauenswürdigen und neutralen Stellen kann die Risiken schädlichen Verhaltens oder des (bspw. durch Insolvenzen verursachten) Ausscheidens von Akteuren verringern und die Vertrauenswürdigkeit von SWP und UNSECO erhöhen. Die im Rahmen von Zertifizierungen vorgenommen (technischen) Überprüfungen von Leistungen zur Sicherstellung eines gewissen Qualitätsniveaus führen zudem zu einer potenziellen Steigerung der Zuverlässigkeit dieser sowie damit interagierender komplementärer Komponenten, insb. der zentralen SWP. Nachgelagert kann durch eine entsprechende Gestaltung ebenfalls eine positive Wirkung auf die Anforderung der reibungslosen Zusammenarbeit zwischen Akteuren und ihren Leistungen erreicht werden.

[1178] Dieses Lösungsmerkmal wurde von den Komplementoren im Rahmen von Experteninterviews ebenfalls gefordert.

7. Kritische Würdigung von Vorgehensweise und erzielten Ergebnissen

7.1 Zusammenfassung

Die vorliegende Arbeit hat die Herleitung von Handlungsempfehlungen zur Gestaltung bzw. Auswahl von Softwareplattformen zur Unterstützung der Geschäftstätigkeit von Stakeholdern in plattformzentrierten Unternehmenssoftwareökosystemen zum Ziel. Diese Zielsetzung spiegelt sich in der übergeordneten Fragestellung sowie den konkretisierenden Forschungsfragen dieser Arbeit wider.

- *Wie sollten Softwareplattformen für Unternehmenssoftwareökosysteme gestaltet sein?*
  - *FF 1: Welche Ziele verfolgen die Stakeholder durch die Teilnahme in Unternehmenssoftwareökosystemen?*
  - *FF 2: Welche Anforderungen sollen Softwareplattformen für UNSECO erfüllen?*
  - *FF 3: Welche potenziellen Lösungsmerkmale existieren, um diese Anforderungen zu erfüllen?*
  - *FF 4: Welche Gestaltungsempfehlungen für Softwareplattformen für UNSECO lassen sich daraus ableiten?*

Aufgrund des Neuheitsgrades und Forschungsstandes der Themenstellung wird zur Strukturierung des existierenden Vorwissens und Identifikation von Determinanten der Gestaltung von SWP sowie Zusammenhängen zwischen diesen in Kapitel 3 ein theoretischer Bezugsrahmen erarbeitet. Diesem Bezugsrahmen zufolge stellen die Ziele von Stakeholdern sowie diese Ziele unterstützenden Anforderungen an SWP Effizienzkriterien dar, an denen die Gestaltung von SWP ausgerichtet werden sollte. Zusätzlich wird die Rolle der jeweils in UNSECO teilnehmenden bzw. relevanten Stakeholder von Komplementoren, SWPA bzw. Endkunden als situativer Einflussfaktor auf die Eignung verschiedener Gestaltungsmaßnahmen identifiziert.

Auf Basis der Erkenntnisse des theoretischen Bezugsrahmens findet in Kapitel 4 die Herleitung von Gestaltungsempfehlungen für SWP in UNSECO mittels einer an die Methode QFD angelehnten Vorgehensweise statt. Diese soll die konsequente Ausrichtung von Gestaltungsmaßnahmen an den Effizienzkriterien sicherstellen. Hierzu werden zunächst die Stakeholder von SWP (Kapitel 4.2) sowie deren Ziele für die Partizipation in UNSECO (4.3) mittels Querschnittsanalysen der Literatur als übergeordnete Effizienzkriterien identifiziert. Dies dient der Beantwortung von FF 1.

Alsdann findet die Herleitung von diese Ziele unterstützenden Anforderungen an SWP in Kapitel 4.4 über den Zugang einer qualitativen Querschnittsanalyse und darauf aufbauenden argumentativ-deduktiven Analyse sowie Triangulation theoretischer Ansätze zur Erklärung der Netzwerkformierung und -evolution statt. Dieser Konkretisierungsschritt dient der Herleitung der Ersatzeffizienzkriterien von Anforderungen an SWP und der Beantwortung von FF 2.

Zur Beantwortung von FF 3 werden in Kapitel 4.5 Lösungsmerkmale von SWP durch Triangulation der Erkenntnisse qualitativer Querschnittsanalysen der Literatur sowie existierender SWP identifiziert. Anschließend werden die prognostizierten Wirkungen dieser Lösungsmerkmale auf die Erfüllung der Anforderungen mittels einer QFD-basierten Korrelationsanalyse aufgezeigt. Sie resultieren in einer QFD-spezifischen HoQ-Matrix, welche die Planung bzw. Auswahl von SWP in UNSECO unterstützt. Diese Ergebnisse könnten, eine erfolgreiche Validierung vorausgesetzt, bereits die begründete Formulierung generischer Empfehlungen zur Gestaltung von SWP ermöglichen. Gestützt auf die Erkenntnisse des theoretischen Bezugsrahmens wird jedoch die Annahme vertreten, dass je nach Relevanz bestimmter Stakeholdergruppen in UNSECO und deren Priorisierung von Anforderungen an SWP unterschiedliche Bedeutungen von Lösungsmerkmalen resultieren. Diese bedingen wiederum differenziertere Empfehlungen im Sinne der bei der Gestaltung von SWP je nach Relevanz bestimmer Stakeholdergruppen umzusetzenden Lösungsmerkmale.[1179]

Diese Annahme wird durch die Erkenntnisse der empirischen Überprüfung in Kapitel 5 gestützt. Sie bestätigt, neben der grundsätzlichen Eignung der Artefakte der Arbeit, die vermuteten Unterschiede in der Bewertung der Anforderungen, aber auch der Lösungsmerkmale durch die Stakeholder. Darauf aufbauend werden in Kapitel 6 Gestaltungsempfehlungen für SWP ausgesprochen, welche sowohl stakeholderübergreifend als auch stakeholderspezifisch bedeutsame Lösungsmerkmale aufzeigen. Sie können, je nach Relevanz bestimmter Stakeholdergruppen in plattformzentrierten UNSECO, als Heuristiken für die zielgruppenspezifische Gestaltung von SWP herangezogen

[1179] Vgl. Kapitel 3.4.3

werden, die jedoch durch eine Einzelfallbetrachtung ergänzt werden sollten. Die Formulierung dieser wissenschaftliche fundierten Gestaltungsempfehlungen dient der Beantwortung von FF 4 und der abschließenden Beantwortung der übergeordneten Fragestellung dieser Arbeit.

7.2 Bewertung der Ergebnisse und weiterer Forschungsbedarf

Als wichtigste Ergebnisse der vorliegenden Arbeit sind zusammenfassend zu nennen:

- Der theoretische Bezugsrahmen stellt ein konzeptionelles Modell zur Gestaltung von UNSECO sowie darin befindlicher Determinanten wie SWP zur Verfügung. Er ermöglicht Untersuchungen und Bewertungen der Effizienz von Gestaltungsmaßnahmen im Kontext. Durch das Aufzeigen und Strukturieren relevanter Determinanten des Umfeldes sowie (wechselseitigen) Beziehungen zwischen diesen kann er bspw. zur Identifikation weiterer situativer Einflussfaktoren und darauf aufbauend zu einer weiteren Theoriebildung im emergenten Forschungsfeld von (Unternehmens-)Softwareökosystemen beitragen.
- Durch die systematische, argumentativ-deduktive Herleitung von Anforderungen anhand theoretischer Ansätze zur Erklärung der Formierung und Evolution von organisatorischen Netzwerkstrukturen werden für die Softwareindustrie relevante theoretische Ansätze aufgezeigt.[1180] Die daraus resultierende, bisher in dieser Form nicht existente, Übersicht, kann als Grundlage für die Auswahl einer theoretischen Basis im Rahmen weiterer Forschungsarbeiten dienen.
- Es werden wissenschaftlich begründete, nach Stakeholdern differenzierte und in der Praxis verwertbare Empfehlungen zur Gestaltung bzw. Auswahl von Softwareplattformen in plattformzentrierten Unternehmenssoftwareökosystemen bereitgestellt. Diese können aufgrund der gewählten QFD-basierten Methodik durch zukünftige Untersuchungen (bspw. durch zusätzliche Informationen hinsichtlich von Anforderungen oder Lösungsmerkmalen) ergänzt und konkretisiert werden. Die im Rahmen der Herleitung von Gestaltungsempfehlungen vorgenommene Trennung in Anforderungen und Lösungsmerkmale und intensivere Beschäftigung mit der Anforderungsseite trägt aufgrund ihrer im Vergleich zur Lösungsseite höheren Stabilität im Zeitverlauf zu einer Erhöhung der Weiterverwendbarkeit der Ergebnisse bei.

[1180] Vgl. Kapitel 4.4.1

- Die aus der Herleitung von Gestaltungsempfehlungen entstandene QFD-spezifische House-of-Quality-Matrix kann Stakeholdern als unterstützendes Werkzeug dienen, entsprechende Gestaltungsmaßnahmen bzw. Auswahlprozesse von Softwareplattformen zu diskutieren und zu planen.

Gleichzeitig weist die vorliegende Arbeit allerdings Schwächen auf, welche die Aussagefähigkeit bzw. Übertragbarkeit der Ergebnisse einschränken. Sie kennzeichnen zugleich zukünftige Forschungsaufgaben:

- Sowohl die Auswahl der einzelnen Elemente des theoretischen Bezugsrahmens als auch die Auswahl der im weiteren Verlauf der Arbeit herangezogenen Anforderungs- und Lösungsmerkmalsquellen beinhalten zwangsläufig eine subjektive Prägung und Unvollständigkeit. Diese resultieren aus einem Kompromiss zwischen Vollständigkeit und Handhabbarkeit sowie der aktiven Beteiligung des Forschers am Forschungsprozess.[1181] Insb. ist zu kritisieren, dass im theoretischen Bezugsrahmen aus Gründen der Komplexitätshandhabung, aber auch praktischen Anwendbarkeit der Resultate dieser Arbeit, verschiedene, möglicherweise die Gestaltung von SWP beeinflussende, Betrachtungsebenen, Determinanten und im Zeitverlauf entstehende Reziprozitäten ausgeblendet werden. Bspw. könnten die durch die Akteure auf Einzelorganisationsebene (bspw. des SWPA) verfolgten Strategien, deren Unternehmensgröße, Branchenzugehörigkeiten oder aber auch regulatorische Rahmenbedingungen zur Vermeidung von Monopolstrukturen auf den UNSECO umgebenden Marktebenen Auswirkungen auf die (Effizienz von) Gestaltungsmaßnahmen für SWP haben.[1182] Die Ergebnisse der Evaluation liefern Hinweise auf weitere mögliche situative Einflussfaktoren wie Branchenzugehörigkeit und/oder Unternehmensgröße. Hieraus ergibt sich ein Bedarf an weitergehenden Untersuchungen dieser Determinanten sowie bestehender (Wechsel-)Wirkungen auf die Gestaltung von SWP.
- Die aus den Rahmenbedingungen des Forschungsvorhabens resultierende Einschränkung von bestimmte Anforderungs- bzw. Lösungsmerkmalsquellen

[1181] Somit könnte die Auswahl auch als „Willkür" des Forschers bezeichnet werden. Dieser Kompromiss wurde jedoch bewusst eingegangen.

[1182] Vgl. Iansiti, Levien (2004a), S. 68 ff. Im Rahmen der Experteninterviews konnten entsprechende, diese Annahme stützende, Hinweise identifiziert werden.

verhindert eine vollumfängliche Betrachtung der Gestaltung von Softwareplattformen. Somit kann nicht ausgeschlossen werden, dass bspw. nicht im Rahmen der vorliegenden Arbeit identifizierte, besser geeignete Lösungsmerkmale zur Umsetzung der Anforderungen an SWP existieren. Dieser Tatsache wird durch die QFD-basierte Methodik, die eine spätere Integration weiterer Erkenntnisse ermöglicht, Rechnung getragen. Sie bietet Anknüpfungspunkte für zukünftige Forschungsergebnisse. Die Befragung (weiterer) Stakeholdergruppen bspw. auf Marktebene, die Analyse von im Rahmen dieses Forschungsprojektes nicht zur Verfügung stehender Entwicklungsdokumentationen seitens der SWPA, die Integration weiterer theoretischer Erklärungsansätze im Netzwerkkontext oder der Transfer von Erkenntnissen aus anderen Disziplinen und Forschungsbereichen, wie bspw. des in Entstehung befindlichen Forschungsfelds von Cyber-Physikalischen-Systemen, könnten weitergehende Einsichten gewähren.[1183]

- Im Rahmen der QFD-basierten Methodik zur Herleitung von Gestaltungsempfehlungen werden aus Komplexitätsgründen nicht sämtliche, möglicherweise den Erfolg von Gestaltungsmaßnahmen beeinflussende, Aspekte behandelt. So bleiben weitere, durch QFD-Matrizenketten transportierbare Informationen, wie positive und negative Wechselwirkungen zwischen Anforderungen und Lösungsmerkmalen, die Zufriedenheit mit der Erfüllung von Anforderungen, Wettbewerbsvergleiche oder die Quantifizierung entsprechenden Realisierungsaufwandes für Lösungsmerkmale unberücksichtigt. Sie könnten zu einer differenzierten Betrachtung von Gestaltungsempfehlungen und einer weitergehenden Entscheidungsunterstützung in der Praxis beitragen.
- Durch die im Rahmen der Evaluation vorgenommene Priorisierung von Anforderungen und Diskussion von Lösungsmerkmalen auf Kategorienebene resultiert ein Ausblenden möglicherweise existierender Differenzen zwischen Elementen auf der untergeordneten Einzelelementebene. Es besteht die Möglichkeit, dass die verschiedenen Stakeholdergruppen von SWP einer Anforderungskategorie eine vergleichbare Bedeutung beimessen, jedoch ihre Bewertung auf der zugeordneten Einzelanforderungsebene abweicht. Dies könnte eine Notwendigkeit zur Differenzierung der Gestaltungsempfehlungen begründen.

[1183] Vgl. exemplarisch die Beiträge in Broy, Geisberger (2012)

- Der positiven Beurteilung der Gestaltungsempfehlungen in der Evaluationsphase zum Trotz stellen diese Untersuchungsergebnisse bestenfalls eine Begründung, nicht aber einen Nachweis für deren tatsächliche Effizienz in Bezug auf die Ziele von Stakeholdern in UNSECO dar. Ein Nachweis kann aufgrund der nicht repräsentativen Auswahl von Experten, der ausgeblendeten Determinanten des Bezugsrahmens, der in Kapitel 5.1 diskutierten Realisierungsproblematiken,[1184] sowie den Messproblemen bei der Erfassung von Elementen des theoretischen Bezugsrahmens und bei der Ermittlung von Ursache-Wirkungsbeziehungen im Rahmen dieser Arbeit nicht vollständig erbracht werden. Eine Verbesserung der Aussagekraft der Ergebnisse könnte bspw. durch eine Ausweitung auf weitere Determinanten und die Verbesserung der Repräsentativität von Stichproben, vertiefende Fallstudien, aber auch durch die Anwendung der im Rahmen von Kapitel 5.1 diskutierten Methode vergleichender Feldstudien erfolgen. In letzteren könnte eine Evaluation von empfohlenen Gestaltungsmaßnahmen hinsichtlich der im theoretischen Bezugsrahmen identifizierten und zu operationalisierenden Effizienzkriterien erfolgen.[1185]

Es wird evident, dass die Übertragbarkeit der Erkenntnisse nicht vollständig gesichert ist und ein Bedarf an weitergehenden Forschungsaktivitäten existiert. Nichtsdestotrotz trägt die vorliegende Arbeit aufgrund ihrer holistischen Sichtweise auf bisher nur fragmentiert vorliegende Erkenntnisse zur Schließung der eingangs der Arbeit dargestellten Forschungslücke bei. Durch die aufgezeigten Anknüpfungspunkte für weitere Forschungsaktivitäten kann sie über ihre Ergebnisse hinaus zu einer Theoriebildung im Forschungsfeld plattformzentrierter Unternehmenssoftwareökosysteme beitragen.

[1184] Vgl. Kapitel 5.1

[1185] Vgl. für eine mögliche Analyse beispielhaft Tabelle 49 im Anhang, welche aufgrund der Ausführungen in Kapitel 5.1 bei der Evaluation der Ergebnisse dieser Arbeit keine Berücksichtigung findet, aber im Rahmen weiterer Forschungsarbeiten herangezogen werden könnte.

Anhang

Der Anhang ist für eine nähere Betrachtung unter folgendem Link zum Download bereitgestellt: http://www.eul-verlag.de/pdf-wz/9783844104028.pdf

A. Übersicht der Anforderungskategorien und Einzelanforderungen an Softwareplattformen aus multitheoretischer Perspektive

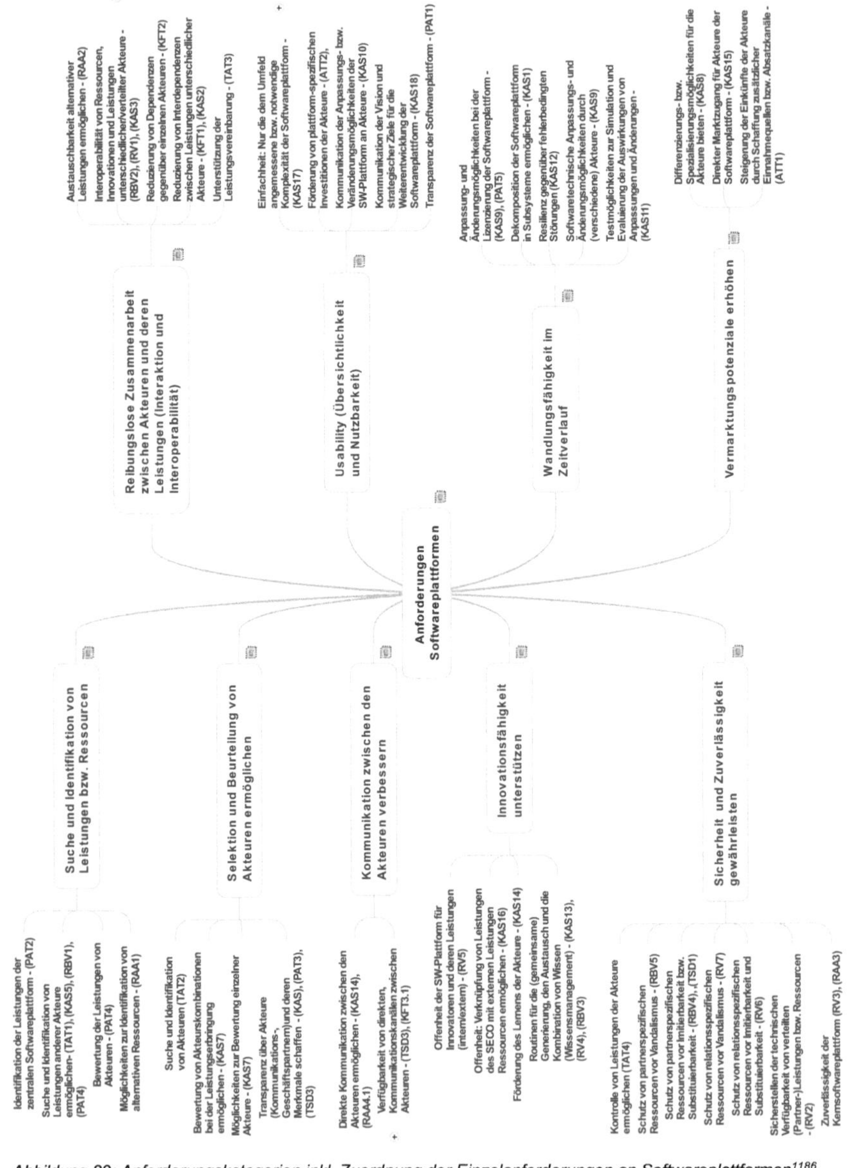

Abbildung 29: Anforderungskategorien inkl. Zuordnung der Einzelanforderungen an Softwareplattformen[1186]

[1186] Quelle: Eigene Darstellung

B. Quellen der Literaturrecherchen zur Identifikation von Lösungsmerkmalen

#	Jahr	Autor(en)	Titel des Artikels	Schlüsselbegriff	Ranking
1	1999	Jutla u.a. (1999)	Developing internet e-commerce benchmarks	software platform	A
2	2000	Bevington (2000)	Technical note - Business function specification of commercial applications	software platform	B
3	2001	Hamann E. M. u.a. (2001)	Securing e-business applications using smart-cards	software platform	B
4	2002	Bardon u.a. (2002)	Crafting the compelling user experience	software platform	B
5	2002	Payne (2002)	On the security of open source software	software platform	A
6	2002	Yoo u.a. (2002)	A model of neutral B2B intermediaries	two-sided market	A
7	2002	Gallaugher, Wang (2002)	Understanding network effects in software markets: evidence from web server pricing	two-sided market	A
8	2002	Cusumano, Gawer (2002)	The Elements of Platform Leadership	product platform	B
9	2003	Marsic, Dorohonceanu (2003)	Flexible user interfaces for group collaboration	software platform	B
10	2003	Iyer (2003)	Web Services: Enabling Dynamic Business Networks	software platform	B
11	2004	Hovav u.a. (2004)	A model of Internet standards adoption the case of IPv6	software platform	A
12	2004	Pries-Heje (2004)	The High Speed Balancing Game: How Software Companies Cope with Internet Speed	software platform	B
13	2004	Bhargava, Choudhary (2004)	Economics of an Information Intermediary with Aggregation Benefits	two-sided market	A
14	2005	Hoffman u.a. (2005)	Designing software architectures to facilitate accessible Web applications	software platform	B
15	2005	Kempa, Mann (2005)	Model Driven Architecture	software platform	B
16	2005	Parker, van Alstyne (2005)	Two-sided network effects: A theory of information product design	two-sided market	A

#	Jahr	Autor(en)	Titel des Artikels	Schlüssel-begriff	Ran-king
17	2006	Dourish, Anderson (2006)	Collective Information Practice: Exploring Privacy and Security as Social and Cultural Phenomena	software ecosystem	A
18	2006	Eisenmann u.a. (2006)	Strategies For Two-Sided Markets	two-sided market	B
19	2006	Economides, Katsamakas (2006)	Two-sided competition of proprietary vs. open source source technology platforms and the implications for the software industry	two-sided market	A
20	2006	Yoffie, Kwak (2006)	With Friends Like These	Complementor	A
21	2007	Hagiu, Eisenmann (2007)	A Staged Solution to the Catch-22	multi-sided platform	B
22	2007	Iyer (2007)	Monitoring Platform Emergence: Guidelines from Software Networks	multi-sided platform	B
23	2007	Cortellessa u.a. (2007)	Integrating software models and platform models for performance analysis	software platform	A
24	2007	Wagelaar, Van Der Straeten (2007)	Platform ontology for the model-driven architecture	software platform	A
25	2008	Iyer, Davenport (2008)	Reverse Engineering Google's Innovation Machine	platform ecosystem	B
26	2008	Wulf u.a. (2008)	Component-based tailorability: Enabling highly flexible software applications	software platform	B
27	2008	Lin (2008)	Impact of user skills and network effects on the competition between open source and proprietary software	software platform	B
28	2008	Demirkan u.a. (2008)	Service-oriented technology and management: Perspectives on research and practice for the coming decade	software platform	B
29	2008	Geihs (2008)	Selbst-adaptive Software	Software Plattform	B
30	2008	Buxmann u.a. (2008)	Software as a Service	Software Plattform	A
31	2008	Bakos, Katsamakas (2008)	Design and ownership of two-sided networks: Implications for Internet platforms	two-sided market	A

#	Jahr	Autor(en)	Titel des Artikels	Schlüssel-begriff	Ran-king
32	2008	Cusumano (2008)	Technology Strategy and Management: The Puzzle of Apple	product platform	A
33	2008	Tarnacha, Maitland (2008)	Structural Effects of Platform Certification in a Complementary Product Market: The Case of Mobile Applications	platform ecosystem	B
34	2009	Hagiu, Yoffie (2009)	What's Your Google Strategy?	multi-sided platform	B
35	2009	Lehmann, Buxmann (2009)	Preisstrategien von Softwareanbietern	Plattformbasierte Software	A
36	2009	O´Reilly, Finnegan (2009)	Electronic Marketplaces: Focus and operational characteristics	software platform	B
37	2009	Gao, Iyer (2009)	Value creation using alliances within the software industry	software platform	A
38	2010	Colapinto (2010)	Moving to a Multichannel and Multiplatform Company in the Emerging and Digital Media Ecosystem: The Case of Mediaset Group	multi-sided market	B
39	2010	Li u.a. (2010)	Network effects in online two-sided market platforms: A research note	multi-sided platform	A
40	2010	Mantena u.a. (2010)	Platform-based information goods: The economic of exclusivity	multi-sided platform	A
41	2010	Xu u.a. (2010)	Model of Migration and Use of Platforms: Role of Hierarchy, Current Generation and Complementarities in Consumer Settings	software platform	A
42	2010	Boudreau (2010)	Open Platform Strategies and Innovation: Granting Access vs. Devolving Control	software platform	A
43	2010	Tiwana u.a. (2010)	Platform Evolution: Coevolution of Platform Architecture, Governance, and Environmental Dynamics	software platform	A
44	2010	Casaló u.a. (2010)	Relationship quality, community promotion and brand loyalty in virtual communities: Evidence from free software communities	software platform	A
45	2010	Koch (2010)	Developing dynamic capabilities in electronic marketplaces: A cross-case study	two-sided market	A
46	2010	Schindler, Schjelderup (2010)	Profit Shifting in Two-Sided Markets	two-sided market	B

#	Jahr	Autor(en)	Titel des Artikels	Schlüssel-begriff	Ran-king
47	2010	Srinivasan, Venkatraman (2010)	Indirect Network Effects and Platform Dominance in the Video Game Industry: A Network Perspective	Industry platform	A
48	2011	Beimborn u.a. (2011)	Platform as a Service (PaaS)	Mehrseitige Märkte	A
49	2011	Basole, Karla (2011)	Entwicklung von Mobile-Platform-Ecosystem-Strukturen und - Strategien	Mehrseitige Plattform	A
50	2011	Prechelt (2011)	Plat_forms:A Web Development Platform Comparison by an Exploratory Experiment Searching for Emergent Platform Properties	platform ecosystem	A
51	2011	Katzmarzik (2011)	Produktdifferenzierung für Software-as-a-Service-Anbieter	Plattformbasierte Software	A
52	2011	Zheng, Prehofer (2011)	Autonomic Trust Management for a Component-Based Software System	software platform	A
53	2011	Bergvall-Kareborn B., Howcroft D. (2011)	Mobile Applications Development on Apple and Google Platforms	software platform	B
54	2011	Endres (2011)	Offene Innovationen und die sie begünstigende Systeme	Software Plattform	B
55	2011	Gwebu, Wang (2011)	Adoption of Open Source Software: The role of social identification	two-sided market	A
56	2011	Hossain u.a. (2011)	Competing Matchmakers: An Experimental Analysis	two-sided market	A
57	2011	Sen u.a. (2011)	Functionality-rich versus minimalist platforms: a two-sided market analysis	two-sided market	A
58	2011	Lin u.a. (2011)	Innovation and Price Competition in a Two-Sided Market	two-sided market	A
59	2012	Bortenschlager u.a. (2012)	Ökosysteme für mobile Anwendungen	Software Ökosystem	B
60	2012	Hanssen (2012)	A longitudinal case study of an emerging software ecosystem: Implications for practice and theory	software platform	B
61	2012	Aggarwal u.a. (2012)	Are open standards good business?	software platform	A
62	2012	Abate u.a. (2012)	Dependency solving: A separate concern in component evolution management	software platform	B

#	Jahr	Autor(en)	Titel des Artikels	Schlüssel-begriff	Ran-king
63	2012	Kilamo u.a. (2012)	From proprietary to open source - Growing an open source ecosystem	software platform	B
64	2012	Boudreau (2012)	Let a Thousand Flowers Bloom? An Early Look at Large Numbers of Software App Developers and Patterns of Innovation	software platform	A
65	2012	Jansen u.a. (2012)	Shades of gray: Opening up a software producing organization with the open software enterprise model	software platform	B
66	2012	Bosch (2012)	Software ecosystems: Taking software development beyond the boundaries of the organization	software platform	B
67	2012	Clemmensen (2011)	Usability problem identification in culturally diverse settings	software platform	A
68	2012	Burkard u.a. (2012)	Software Ecosystems	Software Plattform	A
69	2012	Ceccagnoli (2012)	Cocreation of value in a platform ecosystem: the case of enterprise software	two-sided market	A
70	2012	Mantena, Saha (2012)	Co-opetition Between Differentiated Platforms In Two-Sided Markets	two-sided market	A
71	2012	Kude u.a. (2012)	Why do Complementors Participate? An Analysis of Partnership Networks in the Enterprise Software Industry	software platform	A
72	2012	Alspaugh u.a. (2010)	Software Licenses in Context: The Challenge of Heterogeneously-Licensed Systems	software ecosystem	B
73	2012	Scacchi, Alspaugh (2012)	Understanding the role of licences and evolution in open architecture software ecosystems	software ecosystem	B
74	2013	Hsieh, Hsieh (2013)	Appealing to Internet-based freelance developers in smartphone application marketplaces	multi-sided platform	B
75	2013	Ghazawneh, Henfridsson (2013)	Balancing platform control and external contribution in third-party development: the boundary resources model	software ecosystem	A

Tabelle 45: Ergebnisse der initialen Literaturrecherche zur Identifikation von Lösungsmerkmalen[1187]

[1187] Quelle: Eigene Darstellung

#	Jahr	Autor(en)	Titel des Artikels	Schlüssel-begriff
1	1998	Meyer, Seliger (1998)	Product Platforms in Software Development	product platforms
2	2000	Baldwin, Clark (2000)	Design Rules – The Power of Modularity	Comple-ments
3	2002	Gawer, Cusumano (2002)	Platform leadership - How Intel, Microsoft, and Cisco drive industry innovation	product platform
4	2003	Cusumano, Gawer (2002)	The elements of platform leadership	product platform
5	2003	Messerschmitt, Szyperski (2003)	Software ecosystem - Understanding an indispen-sable technology and industry	software ecosystem
6	2005	Evans (2005)	A Survey of the Economic Role of Software Plat-forms in Computer-based Industries	software platform
7	2005	Parker, van Alstyne (2005)	Two-Sided Network Effects: A Theory of Infor-mation Product Design	two-sided markets
8	2006	Arndt, Dibbern (2006)	The Tension between Integration and Fragmenta-tion in a Component Based Software Development Ecosystem	software ecosystem
9	2006	Baldwin, Clark (2006)	The Architecture of Participation: Does Code Ar-chitecture Mitigate Free Riding in the Open Source Development Model?	software platform
10	2007	Gawer, Hender-son (2007)	Platform Owner Entry and Innovation in Comple-mentary Markets	platform markets
11	2007	Jansen (2007)	Customer Configuration Updating in a Software Supply Network	software platform
12	2008	Evans u.a. (2008)	Invisible engines - How software platforms drive in-novation and transform industries	software platform
13	2009	Baldwin, Woodard (2009)	The Architecture of Platforms: A Unified View	software platform
14	2009	Bannerman, Zhu (2009)	Standardization as a Business Ecosystem Enabler	platform ecosystem
15	2009	Bosch (2009)	From software product lines to software ecosys-tems	software ecosystem
16	2009	Huang u.a. (2010)	When Do ISVs Join a Platform Ecosystem? Evi-dence from the Enterprise Software Industry	platform ecosystem
17	2009	Suarez, Cusu-mano (2009)	The role of services in platform markets	platform markets

#	Jahr	Autor(en)	Titel des Artikels	Schlüssel-begriff
18	2010	Bosch (2010)	Architecture challenges for software ecosystems	software ecosystem
19	2010	Chellappa u.a. (2010)	Alliances, Rivalry, and Firm Performance in Enterprise Systems Software Markets	multi-sided markets
20	2010	Popp (2010)	Profit from software ecosystems - Business models ecosystems and partnerships in the software industry	software ecosystem
21	2010	Tiwana u.a. (2010)	Research Commentary -Platform Evolution: Co-evolution of Platform Architecture, Governance, and Environmental Dynamics	platform ecosystem
22	2011	van Angeren u.a. (2011)	A Survey of Associate Models used within Large Software Ecosystems	software ecosystem
23	2012	Baars, Jansen (2012)	A Framework for Software Ecosystem Governance	Software ecosystem
24	2012	Ceccagnoli u.a. (2012)	Cocreation of Value in a Platform Ecosystem: The Case of Enterprise Software	platform ecosystem
25	2012	Eklund, Bosch (2012)	Using architecture for multiple levels of access to an ecosystem platform	platform ecosystem
26	2012	Hilkert (2012)	Das Partnermanagement in Softwareplattformen - Empirische Studien zur Perspektive von Partnern	Software-plattform
27	2012	Hyrynsalmi u.a. (2012)	Revenue Models of Application Developers in Android Market Ecosystem	platform ecosystem
28	2012	Jansen u.a. (2012)	Shades of gray: Opening up a software producing organization with the open software enterprise model	software ecosystem
29	2012	Sarker u.a. (2012)	Exploring Value Cocreation in Relationsships Between an ERP Vendor and its Partners	product platform
30	2012	Wenzel u.a. (2012)	New Sales and Buying Models in the Internet: App Store Model for Enterprise Application Software	multi-sided market
31	2013	Jansen (2013)	How quality attributes of software platform architectures influence software ecosystems	software ecosystem
32	2013	Jansen, Bloemendal (2013)	Defining App Stores - The Role of Curated Marketplaces in Software Ecosystems	software ecosystem
33	2013	Jansen, Brinkkemper (2013)	Business network management as a survival strategy	software ecosystem
34	2013	Jansen u.a. (2013)	From Software Product Management to Software Platform Management	software platform

#	Jahr	Autor(en)	Titel des Artikels	Schlüsselbegriff
35	2013	Patsch, Zerfass (2013)	Co-Innovation and Communication: The Case of SAP's Global Co-Innovation Lab Network	software ecosystem
36	2013	Viljainen, Kauppinen (2013)	Framing management practices for keystones in platform ecosystems	platform ecosystem
37	2013	Waltl (2013)	IP Modularity in Software Products and Software Platform Ecosystems	software platform
38	2013	Waltl u.a. (2013)	IP Requirements in Platform Architecture - Evidence of IP Modularity from SAP and SugarCRM	software platform
39	2013	van Angeren u.a. (2013)	Managing software ecosystems through partnering	software ecosystem
40	2013	Joshua u.a. (2013)	Software Ecosystem: Features, Benefits and Challenges	software ecosystem
41	2013	Kouris (2013)	App platforms as two-sided markets: Analysis and modeling of application distribution platforms for mobile devices	two-sided markets
42	2013	Manikas, Hansen (2013b)	Software ecosystems – a systematic literature review	software ecosystem
43	2013	Amorim u.a. (2013)	Extensibility in ecosystem architectures: an initial study	software platform
44	2013	Maurer (2013)	Realized Control in Software Platforms	Software platform
45	2013	Bosch (2013)	Achieving Simplicity with the Three-Layer Product Model	Software platform
46	2014	Berger u.a. (2014)	Variability mechanism in software ecosystems	software ecosystem
47	2014	Hyrynsalmi u.a. (2014)	Sources of value in application ecosystems	platform ecosystem
48	2014	Tiwana (2014)	Platform Ecosystems	platform ecosystem
49	2014	Geiger (2014)	Bots, bespoke, code and the materiality of software platforms	software platform

Tabelle 46: Ergebnisse der Literaturrecherche in Google Scholar zur Identifikation von Lösungsmerkmalen[1188]

[1188] Quelle: Eigene Darstellung

C. Fragebogen der Onlinebefragung

Druckversion

Fragebogen

Haben Sie Fragen?
Ich freue mich über
Ihre Kontaktaufnahme.

Telefon: +49 (0)711/685-83697
E-Mail: Lars Oliver Mautsch

1 1. Willkommen

Studie zu Softwareplattformen für Unternehmenssoftware

Sehr geehrte Teilnehmerin, sehr geehrter Teilnehmer,

vielen Dank, dass sie sich **ca. 20 Minuten Zeit** nehmen, um Ihr Expertenwissen in diese Umfrage einzubringen. Diese Umfrage findet im Rahmen des Forschungsprojektes "Softwareplattformen für Unternehmenssoftware-Ökosysteme" unseres Lehrstuhls an der Universität Stuttgart statt.

Die Ziele dieser Umfrage sind:

- Die Identifikation der Ziele von Akteuren für die Teilnahme in Softwareökosystemen.
- Die Identifikation und Priorisierung von Anforderungen, welche unterschiedliche Akteure von Softwareökosystemen an zentrale Softwareplattformen stellen.

Bitte beantworten Sie die Fragen dieser Umfrage möglichst vollständig und aus Ihrer persönlichen Sichtweise heraus. Ihre Antworten werden dabei selbstverständlich **anonym und vertraulich** behandelt.

Die Ergebnisse der Studie stellen wir Teilnehmern nach Abschluss gerne zur Verfügung. Bei Interesse Ihrerseits erklären wir uns darüber hinaus bereit, Ihnen die Resultate vor dem Hintergrund Ihres Unternehmens genauer unter persönlicher Rücksprache zu durchleuchten.

Für Rückfragen oder weitere Auskünfte, die Ihnen unser Studienexposé nicht beantwortet, stehen wir Ihnen jederzeit gerne zur Verfügung. Bitte starten Sie die Umfrage nun mit einem Klick auf "Weiter"!

Mit freundlichen Grüßen von der Universität Stuttgart

Lars Oliver Mautsch und Prof. Dr. Georg Herzwurm

Prof. Dr. Georg Herzwurm

Lars Oliver Mautsch

Universität Stuttgart
Betriebswirtschaftliches Institut
Lehrstuhl für Allgemeine Betriebswirtschaftslehre und Wirtschaftsinformatik II
Keplerstrasse 17
70174 Stuttgart
Telefon +49 (0)711/685-83697
E-Mail: mautsch@wius.bwi.uni-stuttgart.de

2 2 Statistische Fragen

Allgemeine Angaben

Zunächst bitten wir Sie, uns ein paar Fragen zu Ihrer Person und Ihrem Unternehmen zu beantworten.

Welche Position bekleiden Sie derzeit in Ihrem Unternehmen?

- Geschäftsführung / Vorstand
- CIO / Leiter IT
- IT-Projektleiter
- IT-Consultant
- Softwareentwickler
- IT-Administrator / IT-Support
- Position ohne IT-Bezug
- Andere Position:

Wie viele Personen sind ungefähr in Ihrem Unternehmen angestellt?

- Anzahl Personen:
- Keine Angabe

In welchem Land ist der Sitz Ihres Unternehmens bzw. Ihrer Division?

Wie viele Jahre Erfahrung haben Sie persönlich im Umfeld von Unternehmenssoftware?

- 1-5 Jahre
- 5-7 Jahre
- 7-10 Jahre

Abbildung 30: Druckversion des Fragebogens zur Onlinebefragung (1/14)[1189]

[1189] Quelle: Eigene Darstellung. Die Druckversion des Fragebogens weicht aufgrund des anderen Mediums in Bezug auf das Layout von der Onlinevariante ab und stellt die Fragenbäume für alle Stakeholdergruppen dar.

- Mehr als 10 Jahre
- keine Erfahrung

3 3. Aufwärmfrage RIM/Blackberry

Die Blackberry Story

Zunächst möchten wir Ihnen ein einführendes Beispiel zum Themenkomplex "Softwareplattformen und Softwareökosysteme" geben.

Im Jahr **1999** präsentierte Research In Motion (RIM) sein erstes Smartphone – den BlackBerry. Ein sicheres Protokoll zur Übermittlung sensibler Daten und die allgemein fortschrittliche Technik machten die Geräte insbesondere bei Geschäftskunden für lange Zeit sehr beliebt.

Im Jahr **2008** stellte Apple das iPhone vor. Der integrierte AppStore ermöglicht es, kleinen Softwareherstellern ihre mittels einer frei verfügbaren Entwicklungsumgebung erstellten Applikationen einer großen Basis an iPhone-Benutzern anbieten zu können. Apple übernimmt dabei den Vertrieb der Apps über seinen Appstore. Die App-Entwickler steuern Zusatzfunktionalität im Rahmen von Apps bei. Kurze Zeit später folgte Google mit der Veröffentlichung seines Smartphone-Betriebssystem Android und dem Google playstore.

2012: Seit dem Markteintritt Apples, Googles und anderen ist der Marktanteil des ehemaligen Platzhirsches RIM und dessen Endgeräten stetig gefallen. Als Antwort darauf stellt die Firma das Modell Z10 vor, das sich weder optisch noch funktionell vor den etablierten Konkurrenzmodellen verstecken muss. Zudem wurden existierende Stärken wie die sichere Kommunikation zwischen den Geräten ausgebaut. Bedeutend Marktanteile konnte RIM allerdings bislang nicht zurückgewinnen.

Als ein **Grund für den Niedergang** von RIM wird dabei der wenig frequentierte integrierte Marktplatz „App World Store" und der misslungene Aufbau eines Softwareökosystems genannt. Aufgrund der verlorenen Marktanteile ist BlackBerry für die App-Entwickler weniger attraktiv. Dies setzt aus Sicht von RIM einen Teufelskreis in Gang: Wenige Entwickler sorgen für weniger Apps. Und da eine große Auswahl dieser kleinen Programme für die Käufer sehr wichtig ist, entscheiden Sie sich eher für die Konkurrenz. Weitere Benutzer gehen verloren und verringern damit nochmals die Attraktivität für die App-Entwickler.

Können Sie sich vorstellen, dass die Hersteller verbreiteter Softwareprodukte im Bereich für Unternehmenssoftware langfristig in ähnliche Schwierigkeiten wie RIM geraten könnten, falls diese die Bedeutung von Anbietern komplementärer Leistungen unterschätzen?

	Auf jeden Fall	Unter Umständen	Eher nicht	Auf gar keinen Fall
Eine ähnliche Situation ist für mich vorstellbar:	☐	☐		☐

4 4. Definition SECO und Softwareplattform

Softwareökosysteme und Softwareplattformen

Diese Studie thematisiert Softwareplattformen und Softwareökosysteme im Umfeld von Unternehmenssoftware. Daher erläutern wir diese Begriffe zunächst kurz und fragen Sie anschließend, ob Ihr Unternehmen ebenfalls Leistungen auf Basis einer Softwareplattform anbietet und Bestandteil eines Softwareökosystems ist.

Softwareplattformen: Auf ihnen entwickeln bzw. vermarkten Akteure ihre eigenen Leistungen, wie z. B. Branchenlösungen, Add-Ons oder Dienstleistungen. Hierbei kann es sich bei der Plattform um ERP oder CRM-Software mit Schnittstellen für Erweiterungsmodule (z.B. von SAP, Microsoft oder anderen Anbietern), eine cloud-basierte CRM-Lösung wie salesforce oder einen AppStore handeln.

Softwareökosystem: Um diese zentralen Softwareplattformen entstehen Softwareökosysteme mit Partnern, wie bspw. Value-Added-Resellern, Systemhäusern oder proaktiven Kunden. Die Anbieter ergänzender Produkte und Dienstleistungen werden Komplementoren genannt.

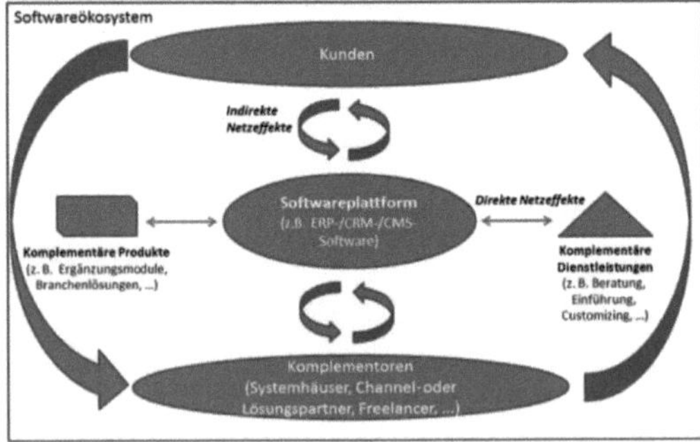

Abbildung 31: Druckversion des Fragebogens zur Onlinebefragung (2/14)[1190]

[1190] Quelle: Eigene Darstellung

Ist Ihr Unternehmen bereits Bestandteil eines solchen Softwareökosystems im Bereich für Unternehmenssoftware?

Sind Sie z.B. ein Plattformanbieter oder Anwender- bzw. Anbieterunternehmen, welches mit eigenen Leistungen auf einer Softwareplattform aufbaut?

Ja
Nein

5 4a. Interessensabfrage

Unternehmenssoftware Ökosysteme

Besteht ein grundsätzliches Interesse in Ihrem Unternehmen, Teil eines Softwareökosystems (z.B. eines Partnernetzwerkes) zu werden?

- Ja
- Nein

6 4aa. Interesse an Beitritt in Softwareökosysteme

Unternehmenssoftware Ökosysteme

Sie gaben an, Interesse an der Partizipation an einem Softwareökosystem zu haben. Was hat Sie bisher davon abgehalten, einem Softwareökosystem beizutreten bzw. Ihre Produkte für die Leistungen Dritter zu öffnen?

7 5. Softwareökosystem und Plattformfrage

Softwareökosysteme und Softwareplattformen

Als Bestandteil welches Softwareökosystems würden Sie Ihr Unternehmen hauptsächlich sehen? Bitte nennen Sie uns, falls möglich, die vollständige Bezeichnung:

Beispiele: SAP Ökosystem, Microsoft Partnernetzwerk, TYPO3 Community, salesforce Partner-Ökosystem

Auf welcher Softwareplattform bauen Sie dabei hauptsächlich mit Ihren Leistungen auf? Nennen Sie uns bitte den Namen der Softwareplattform und des Herstellers.

Beispiele: SAP Business Suite, SAP Hana, BusinessbyDesign, salesforce1, force.com, Microsoft Dynamics AX/NAV/CRM, Microsoft SharePoint, Oracle Fusion, TYPO3

8 6. Rolle im SECO

Rolle des Unternehmens im Softwareökosystem

Wie würden Sie die von Ihrem Unternehmen hauptsächlich eingenommene Rolle im Softwareökosystem beschreiben?

Sollten mehrere Rollen auf Ihr Unternehmen zutreffen, dann wählen Sie bitte die Rolle, welche am ehesten auf Ihre Geschäftseinheit zutrifft. Sollten Sie noch kein Teilnehmer eines Softwareökosystem sein, dann wählen Sie bitte die von Ihnen angestrebte Rolle. Bitte beantworten Sie die nachfolgenden Fragen dann aus Sicht dieser Rolle.

- Plattformanbieter
- Anwenderunternehmen / Endkunde
- Komplementor mit Fokus auf Softwareprodukten
- Komplementor mit Fokus auf IT-Dienstleistungen
- Sonstige:

9 7. Ziele

9.1 7.1 Ziele Plattformanbieter

Abbildung 32: Druckversion des Fragebogens zur Onlinebefragung (3/14)[1191]

[1191] Quelle: Eigene Darstellung

Ziele bei Schaffung des Softwareökosystemes

Wie relevant sind die folgenden Ziele für Sie bei der Entscheidung, Ihre Produkte als Softwareplattform für die Leistungen Dritter zu öffnen und ein Softwareökosystem um diese Plattform aufzubauen?

	Unwichtig				Extrem wichtig
Zeitvorteile	○	○	○	○	○
Flexibilität	○	○	○	○	○
Imageverbesserung	○	○	○	○	○
Ressourcenvorteile	○	○	○	○	○
Wettbewerbsbeeinflussung	○	○	○	○	○
Kostenreduktion	○	○	○	○	○
Risikoteilung	○	○	○	○	○
Know-how Vorteile	○	○	○	○	○
Markt- bzw. Kundenzugang	○	○	○	○	○
Anderes:	○	○	○	○	○

9.2 7.2 Ziele Komplementor

Ziele beim Beitritt zu Softwareökosystemen

Wie relevant sind die folgenden Ziele für Sie beim Entschluss dem Softwareökosystem eines Anbieters beizutreten und Leistungen auf Basis einer Softwareplattform anzubieten?

	Unwichtig				Wichtig
Wettbewerbsbeeinflussung	○	○	○	○	○
Flexibilität	○	○	○	○	○
Kostenreduktion	○	○	○	○	○
Markt- bzw. Kundenzugang	○	○	○	○	○
Know-how Vorteile	○	○	○	○	○
Ressourcenvorteile	○	○	○	○	○
Imageverbesserung	○	○	○	○	○
Risikoteilung	○	○	○	○	○
Zeitvorteile	○	○	○	○	○
Anderes:	○	○	○	○	○

9.3 7.3 Ziele Endkunde

Ziele beim Beitritt zu Softwareökosystemen

Welche Relevanz haben für Sie die nachfolgenden Ziele bei der Entscheidung, die Leistungen einer Softwareplattform und des umgebenden Softwareökosystems zu nutzen?

	Unwichtig				Wichtig
Wettbewerbsbeeinflussung	○	○	○	○	○
Flexibilität	○	○	○	○	○
Risikoteilung	○	○	○	○	○
Imageverbesserung	○	○	○	○	○
Know-how Vorteile	○	○	○	○	○
Markt- bzw. Kundenzugang	○	○	○	○	○
Kostenreduktion	○	○	○	○	○
Ressourcenvorteile	○	○	○	○	○
Zeitvorteile	○	○	○	○	○
Anderes:	○	○	○	○	○

Abbildung 33: Druckversion des Fragebogens zur Onlinebefragung (4/14)[1192]

[1192] Quelle: Eigene Darstellung

10 8. Leistung

10.1 8.1 Leistung Plattformanbieter

Beitrag zum Softwareökosystem

Welche Leistungen bringen Sie in Ihr Softwareökosystem ein?

Verschieben Sie bitte die Leistungen, welche Sie in das Softwareökosystem einbringen, per Drag&Drop auf die rechte Seite.

Gibt es weitere Leistungen, die Sie in das Softwareökosystem einbringen? (optionale Antwort)

10.2 8.2 Leistung Komplementor

Beitrag zum Softwareökosystem

Welche Leistungen bringen Sie in das Softwareökosystem ein?

Verschieben Sie bitte die Leistungen, welche Sie in das Softwareökosystem einbringen, per Drag&Drop auf die rechte Seite.

Gibt es weitere Leistungen, die Sie in das Softwareökosystem einbringen? (optionale Antwort)

Abbildung 34: Druckversion des Fragebogens zur Onlinebefragung (5/14)[1193]

[1193] Quelle: Eigene Darstellung

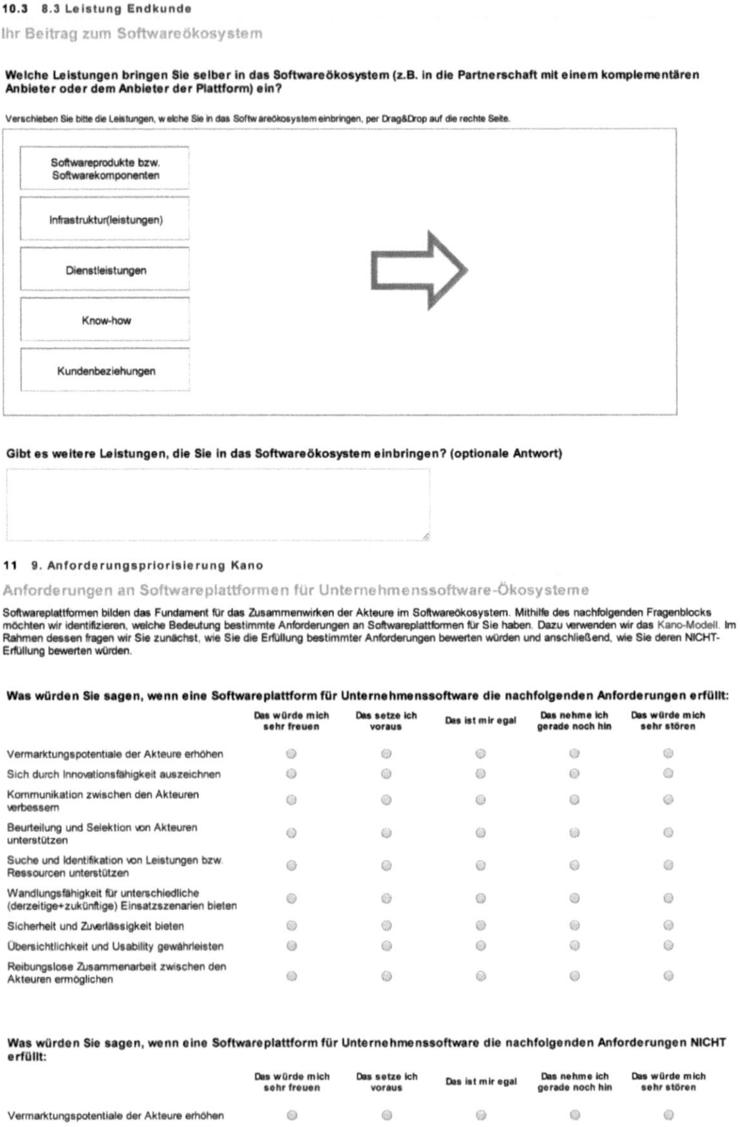

10.3 8.3 Leistung Endkunde

Ihr Beitrag zum Softwareökosystem

Welche Leistungen bringen Sie selber in das Softwareökosystem (z.B. in die Partnerschaft mit einem komplementären Anbieter oder dem Anbieter der Plattform) ein?

Verschieben Sie bitte die Leistungen, welche Sie in das Softwareökosystem einbringen, per Drag&Drop auf die rechte Seite.

- Softwareprodukte bzw. Softwarekomponenten
- Infrastruktur(leistungen)
- Dienstleistungen
- Know-how
- Kundenbeziehungen

Gibt es weitere Leistungen, die Sie in das Softwareökosystem einbringen? (optionale Antwort)

11 9. Anforderungspriorisierung Kano

Anforderungen an Softwareplattformen für Unternehmenssoftware-Ökosysteme

Softwareplattformen bilden das Fundament für das Zusammenwirken der Akteure im Softwareökosystem. Mithilfe des nachfolgenden Fragenblocks möchten wir identifizieren, welche Bedeutung bestimmte Anforderungen an Softwareplattformen für Sie haben. Dazu verwenden wir das Kano-Modell. Im Rahmen dessen fragen wir Sie zunächst, wie Sie die Erfüllung bestimmter Anforderungen bewerten würden und anschließend, wie Sie deren NICHT-Erfüllung bewerten würden.

Was würden Sie sagen, wenn eine Softwareplattform für Unternehmenssoftware die nachfolgenden Anforderungen erfüllt:

	Das würde mich sehr freuen	Das setze ich voraus	Das ist mir egal	Das nehme ich gerade noch hin	Das würde mich sehr stören
Vermarktungspotentiale der Akteure erhöhen	○	○	○	○	○
Sich durch Innovationsfähigkeit auszeichnen	○	○	○	○	○
Kommunikation zwischen den Akteuren verbessern	○	○	○	○	○
Beurteilung und Selektion von Akteuren unterstützen	○	○	○	○	○
Suche und Identifikation von Leistungen bzw. Ressourcen unterstützen	○	○	○	○	○
Wandlungsfähigkeit für unterschiedliche (derzeitige+zukünftige) Einsatzszenarien bieten	○	○	○	○	○
Sicherheit und Zuverlässigkeit bieten	○	○	○	○	○
Übersichtlichkeit und Usability gewährleisten	○	○	○	○	○
Reibungslose Zusammenarbeit zwischen den Akteuren ermöglichen	○	○	○	○	○

Was würden Sie sagen, wenn eine Softwareplattform für Unternehmenssoftware die nachfolgenden Anforderungen NICHT erfüllt:

	Das würde mich sehr freuen	Das setze ich voraus	Das ist mir egal	Das nehme ich gerade noch hin	Das würde mich sehr stören
Vermarktungspotentiale der Akteure erhöhen	○	○	○	○	○

Abbildung 35: Druckversion des Fragebogens zur Onlinebefragung (6/14)[1194]

[1194] Quelle: Eigene Darstellung

Sich durch Innovationsfähigkeit auszeichnen	○	○	○	○	○
Kommunikation zwischen den Akteuren verbessern	○	○	○	○	○
Beurteilung und Selektion von Akteuren unterstützen	○	○	○	○	○
Suche und Identifikation von Leistungen bzw. Ressourcen unterstützen	○	○	○	○	○
Wandlungsfähigkeit für unterschiedliche (derzeitige+zukünftige) Einsatzszenarien bieten	○	○	○	○	○
Sicherheit und Zuverlässigkeit bieten	○	○	○	○	○
Übersichtlichkeit und Usability gewährleisten	○	○	○	○	○
Reibungslose Zusammenarbeit zwischen den Akteuren ermöglichen	○	○	○	○	○

12 10. Anforderungspriorisierung Konstantsummenverfahren

Anforderungen an Softwareplattformen für Unternehmenssoftware-Ökosysteme

Wir bitten Sie nun, die bereits zuvor kennengelernten Anforderungen mittels des so genannten Konstantsummenverfahrens zu priorisieren. Stellen Sie sich dazu bitte folgende Situation vor:

Ihnen steht ein begrenztes Budget von 100 Punkten zur Auswahl oder Entwicklung einer Softwareplattform, welche Ihre Ziele im Softwareökosystem unterstützen soll, zur Verfügung. Wie würden Sie dieses Budget zur Erfüllung der untenstehenden Anforderungen verteilen? Bitte verteilen Sie exakt 100 Punkte. Als Hilfestellung blenden wir Ihnen am Ende der Tabelle die jeweils aktuell vergebene Punktzahl ein.

Reibungslose Zusammenarbeit zwischen den Akteuren ermöglichen	
Wandlungsfähigkeit für unterschiedliche (derzeitige+zukünftige) Einsatzszenarien bieten	
Sich durch Innovationsfähigkeit auszeichnen	
Sicherheit und Zuverlässigkeit bieten	
Suche und Identifikation von Leistungen bzw. Ressourcen unterstützen	
Kommunikation zwischen den Akteuren verbessern	
Beurteilung und Selektion von Akteuren unterstützen	
Übersichtlichkeit und Usability gewährleisten	
Vermarktungspotentiale der Akteure erhöhen	
Summe	

13 11. Top Anforderungen

13.1 11.1 Vermarktungspotentiale

Vertiefte Fragen zu Anforderungen

Sie haben eben die Erhöhung der Vermarktungspotentialen von Akteuren durch eine Softwareplattform als Ihre wichtigste Anforderung angegeben. Dies kann unterschiedliche Ausprägungen haben, welche sind Ihnen hierbei am wichtigsten?

Bitte verschieben Sie die jeweiligen Elemente von der linken auf die rechte Seite und sortieren Sie die Elemente nach der Wichtigkeit. Hierbei sollte das wichtigste Element oben stehen und das unwichtigste Element unten.

Haben Sie andere oder zusätzliche Anforderungen an eine Softwareplattform, die bisher nicht genannt wurden?

Abbildung 36: Druckversion des Fragebogens zur Onlinebefragung (7/14)[1195]

[1195] Quelle: Eigene Darstellung

13.2 11.2 Innovationsfähigkeit

Vertiefte Fragen zu Anforderungen

Sie haben eben die Innovationsfähigkeit als Ihre wichtigste Anforderung an eine Softwareplattform für Softwareökosysteme angegeben. Die Innovationsfähigkeit kann dabei unterschiedliche Ausprägungen haben, welche sind Ihnen hierbei am wichtigsten?

Interorganisationale Routinen für die gemeinsame Generierung, den Austausch und die Kombination von Wissen

Routinen für die Generierung, den Austausch und die Kombination von Wissen durch einzelne Akteure

Förderung des Lernens der Akteure

Offenheit: Verknüpfung von Ressourcen des Software Ökosystems mit Ressourcen außerhalb des Software

Offenheit der SW-Plattform für (interne und externe) Innovatoren und deren Leistungen

Haben Sie andere oder zusätzliche Anforderungen an eine Softwareplattform, die bisher nicht genannt wurden?

13.3 11.3 Kommunikation

Vertiefte Fragen zu Anforderungen

Sie haben eben die Verbesserung der Kommunikation zwischen den Akteuren durch eine Softwareplattform als Ihre wichtigste Anforderung angegeben. Dies kann unterschiedliche Ausprägungen haben, welche sind Ihnen hierbei am wichtigsten?

Bitte verschieben Sie die jew eiligen Elemente von der linken auf die rechte Seite und sortieren Sie die Elemente nach der Wichtigkeit. Hierbei sollte das w ichtigste Element oben stehen und das unw ichtigste Element unten.

Haben Sie andere oder zusätzliche Anforderungen an eine Softwareplattform, die bisher nicht genannt wurden?

Abbildung 37: Druckversion des Fragebogens zur Onlinebefragung (8/14)[1196]

[1196] Quelle: Eigene Darstellung

13.4 11.4 Vertrauen

Vertiefte Fragen zu Anforderungen

Sie haben eben die Möglichkeiten der Selektion und Beurteilung von (zuvor unbekannten) Akteuren als Ihre wichtigste Anforderung an eine Softwareplattform angegeben. Dies kann unterschiedliche Ausprägungen haben, welche sind Ihnen hierbei am wichtigsten?

Bitte verschieben Sie die jew eiligen Elemente von der linken auf die rechte Seite und sortieren Sie die Elemente nach der Wichtigkeit. Hierbei sollte das w ichtigste Element oben stehen und das unw ichtigste Element unten.

Haben Sie andere oder zusätzliche Anforderungen an eine Softwareplattform, die bisher nicht genannt wurden?

13.5 11.5 Suche und Identifikation von Leistungen bzw. Ressourcen

Vertiefte Fragen zu Anforderungen

Sie haben eben Unterstützung der Suche und Identifikation von Leistungen bzw. Ressourcen durch eine Softwareplattform als Ihre wichtigste Anforderung angegeben. Dies kann unterschiedliche Ausprägungen haben, welche sind Ihnen hierbei am wichtigsten?

Bitte verschieben Sie die jew eiligen Elemente von der linken auf die rechte Seite und sortieren Sie die Elemente nach der Wichtigkeit. Hierbei sollte das w ichtigste Element oben stehen und das unw ichtigste Element unten.

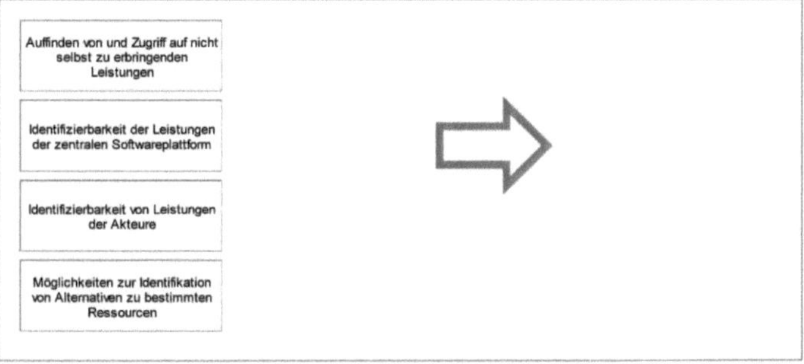

Abbildung 38: Druckversion des Fragebogens zur Onlinebefragung (9/14)[1197]

[1197] Quelle: Eigene Darstellung

Haben Sie andere oder zusätzliche Anforderungen an eine Softwareplattform, die bisher nicht genannt wurden?

13.6 11.6 Wandlungsfähigkeit

Vertiefte Fragen zu Anforderungen

Sie haben eben die meisten Punkte für die Verbesserung der Wandlungsfähigkeit der Softwareplattform ausgegeben. Dies kann viele Ausprägungen haben, welche sind Ihnen am wichtigsten?

Bitte verschieben Sie die jew eiligen Elemente von der linken auf die rechte Seite und sortieren Sie die Elemente nach der Wichtigkeit. Hierbei sollte das w ichtigste Element oben stehen und das unw ichtigste Element unten.

- Softwaretechnische Anpassungs- und Änderungsmöglichkeiten durch (verschiedene) Akteure
- Testmöglichkeiten zur Simulation und Evaluierung von Anpassungen und Änderungen
- Anpassung- und Änderungsmöglichkeiten bei der Lizenzierung
- Berechtigungskonzept für Anpassungen- bzw. Änderungen
- Dekomposition der Softwareplattform in Subsysteme ermöglichen
- Fehlertoleranz bei (ggf. misslungenen) Veränderungen

Haben Sie andere oder zusätzliche Anforderungen an eine Softwareplattform, die bisher nicht genannt wurden?

13.7 11.7 Zuverlässigkeit

Vertiefte Fragen zu Anforderungen

Sie haben eben die Sicherheit und Zuverlässigkeit der Softwareplattform als Ihre wichtigste Anforderung angegeben. Dies kann unterschiedliche Ausprägungen haben, welche sind Ihnen hierbei am wichtigsten?

Bitte verschieben Sie die jew eiligen Elemente von der linken auf die rechte Seite und sortieren Sie die Elemente nach der Wichtigkeit. Hierbei sollte das w ichtigste Element oben stehen und das unw ichtigste Element unten.

- Schutz von partnerspezifischen Ressourcen vor Imitierbarkeit bzw. Substituierbarkeit
- Schutz von partnerspezifischen Ressourcen vor Vandalismus
- Schutz von gemeinsamen Ressourcen vor Vandalismus

Abbildung 39: Druckversion des Fragebogens zur Onlinebefragung (10/14)[1198]

[1198] Quelle: Eigene Darstellung

Schutz von gemeinsamen Ressourcen vor Imitierbarkeit bzw. Substituierbarkeit

Hohe Zuverlässigkeit des Kerns der Softwareplattform

Sicherstellen der technischen Verfügbarkeit von verteilten (Partner-)Leistungen bzw. Ressourcen

Möglichkeit zur Kontrolle von Leistungen der Akteure

Haben Sie andere oder zusätzliche Anforderungen an eine Softwareplattform, die bisher nicht genannt wurden?

13.8 11.8 Usability

Vertiefte Fragen zu Anforderungen

Sie haben eben die Usability (Übersichtlichkeit und Nutzbarkeit) einer Softwareplattform als Ihre wichtigste Anforderung angegeben. Dies kann unterschiedliche Ausprägungen haben, welche sind Ihnen hierbei am wichtigsten?

Bitte verschieben Sie die jew eiligen Elemente von der linken auf die rechte Seite und sortieren Sie die Elemente nach der Wichtigkeit. Hierbei sollte das w ichtigste Element oben stehen und das unw ichtigste Element unten.

Einfachheit: Nur die dem Umfeld angemessene Komplexität der Softwareplattform

Transparenz bezüglich der Merkmale der zentralen Softwareplattform

Kommunikation strategischer Ziele für die Weiterentwicklung der Softwareplattform

Förderung von plattform-spezifischen Investitionen der Akteure

Kommunikation von Anpassungs- bzw. Veränderungsmöglichkeiten der Softwareplattform

Haben Sie andere oder zusätzliche Anforderungen an eine Softwareplattform, die bisher nicht genannt wurden?

13.9 11.9 Zusammenarbeit

Vertiefte Fragen zu Anforderungen

Sie haben eben die Sicherstellung der reibungslosen Zusammenarbeit zwischen den Akteuren eines Softwareökosystems

Abbildung 40: Druckversion des Fragebogens zur Onlinebefragung (11/14)[1199]

[1199] Quelle: Eigene Darstellung

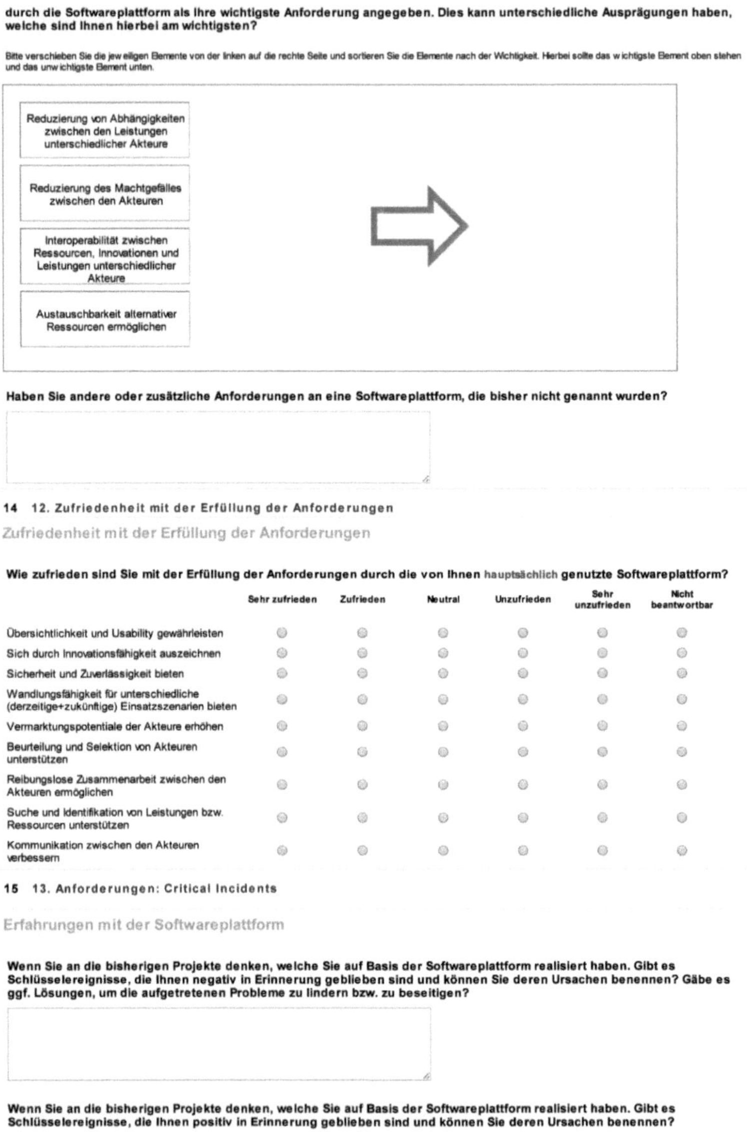

durch die Softwareplattform als Ihre wichtigste Anforderung angegeben. Dies kann unterschiedliche Ausprägungen haben, welche sind Ihnen hierbei am wichtigsten?

Bitte verschieben Sie die jeweiligen Elemente von der linken auf die rechte Seite und sortieren Sie die Elemente nach der Wichtigkeit. Hierbei sollte das wichtigste Element oben stehen und das unwichtigste Element unten.

- Reduzierung von Abhängigkeiten zwischen den Leistungen unterschiedlicher Akteure
- Reduzierung des Machtgefälles zwischen den Akteuren
- Interoperabilität zwischen Ressourcen, Innovationen und Leistungen unterschiedlicher Akteure
- Austauschbarkeit alternativer Ressourcen ermöglichen

Haben Sie andere oder zusätzliche Anforderungen an eine Softwareplattform, die bisher nicht genannt wurden?

14 12. Zufriedenheit mit der Erfüllung der Anforderungen

Zufriedenheit mit der Erfüllung der Anforderungen

Wie zufrieden sind Sie mit der Erfüllung der Anforderungen durch die von Ihnen hauptsächlich genutzte Softwareplattform?

	Sehr zufrieden	Zufrieden	Neutral	Unzufrieden	Sehr unzufrieden	Nicht beantwortbar
Übersichtlichkeit und Usability gewährleisten	○	○	○	○	○	○
Sich durch Innovationsfähigkeit auszeichnen	○	○	○	○	○	○
Sicherheit und Zuverlässigkeit bieten	○	○	○	○	○	○
Wandlungsfähigkeit für unterschiedliche (derzeitige+zukünftige) Einsatzszenarien bieten	○	○	○	○	○	○
Vermarktungspotentiale der Akteure erhöhen	○	○	○	○	○	○
Beurteilung und Selektion von Akteuren unterstützen	○	○	○	○	○	○
Reibungslose Zusammenarbeit zwischen den Akteuren ermöglichen	○	○	○	○	○	○
Suche und Identifikation von Leistungen bzw. Ressourcen unterstützen	○	○	○	○	○	○
Kommunikation zwischen den Akteuren verbessern	○	○	○	○	○	○

15 13. Anforderungen: Critical Incidents

Erfahrungen mit der Softwareplattform

Wenn Sie an die bisherigen Projekte denken, welche Sie auf Basis der Softwareplattform realisiert haben. Gibt es Schlüsselereignisse, die Ihnen negativ in Erinnerung geblieben sind und können Sie deren Ursachen benennen? Gäbe es ggf. Lösungen, um die aufgetretenen Probleme zu lindern bzw. zu beseitigen?

Wenn Sie an die bisherigen Projekte denken, welche Sie auf Basis der Softwareplattform realisiert haben. Gibt es Schlüsselereignisse, die Ihnen positiv in Erinnerung geblieben sind und können Sie deren Ursachen benennen?

Abbildung 41: Druckversion des Fragebogens zur Onlinebefragung (12/14)[1200]

[1200] Quelle: Eigene Darstellung

16 13a. Keine Erfahrung

Information

Leider entsprechen Sie nicht der Zielgruppe für unsere Umfrage. Trotzdem möchten wir uns herzlich bei Ihnen für Ihre Bereitschaft zur Teilnahme bedanken. Auf der nächsten Seite finden Sie noch einige Möglichkeiten zur Kontaktaufnahme. Wir würden uns über Fragen und Kommentare freuen.

17 13aa. Gründe für mangelndes Interesse

Hindernisse für den Beitritt zu Softwareökosystemen

Welche Gründe verhindern derzeit, dass Sie am Softwareökosystem eines bestimmten Herstellers teilnehmen?

Möchten Sie uns den Namen des Softwareökosystems nennen (freiwillige Angabe)?

Was müsste eine Softwareplattform leisten können, damit Sie mit Ihren Produkten und Dienstleistungen darauf aufsetzen?

18 14. Abschließende Angaben

Abschließende Angaben

Sollten Sie Fragen oder Anregungen inhaltlicher Art aber auch zur Gestaltung des Fragebogens haben, dann können Sie diese an dieser Stelle hinterlassen. Gerne freuen wir uns aber auch im Nachgang zur Studie über Ihr Feedback!

Dürfen wir Sie im Nachgang zu dieser Befragung (z.B. bei inhaltlichen Rückfragen oder ein vertiefendes Experteninterview im Kontext der Studie) nochmals kontaktieren?

Ja Nein

Möchten Sie nach Abschluss der Studie mit uns in Kontakt bleiben und unverbindliche Einladungen zu Studien oder Veranstaltungen unseres Lehrstuhls (z.B. Workshops, Arbeitskreise oder Tagungen) unseres Lehrstuhls erhalten?

Ja Nein

Möchten Sie nach Abschluss der Studie die Ergebnisse per E-Mail zugesandt bekommen? Dann hinterlassen Sie uns an dieser Stelle bitte Ihre E-Mail-Adresse, damit wir Ihnen die Ergebnisse zukommen lassen können.

19 15. Endseite

Vielen Dank für Ihre Teilnahme!

An dieser Stelle möchten wir uns nochmals ausdrücklich bei Ihnen für die Teilnahme an unserer Studie bedanken: Vielen Dank!

Da die Qualität der erhobenen Daten i.d.R. mit der Anzahl der Teilnehmer steigt, würden wir uns sehr freuen, wenn Sie unsere Umfrage auch bei weiteren Experten im Umfeld von Unternehmenssoftware bekannt machen könnten.

Der Link zur Umfrage lautet: http://www.unipark.de/uc/softwareplattformen/?a=1

Abbildung 42: Druckversion des Fragebogens zur Onlinebefragung (13/14)[1201]

[1201] Quelle: Eigene Darstellung

Falls Sie uns Ihre E-Mail-Adresse hinterlassen haben, dann erhalten Sie nach Abschluss der Studie die Ergebnisse zugesandt. Sollten Sie Anregungen, Kommentare oder Rückfragen zu dieser Studie haben, so freuen wir uns auf Ihr Feedback!

Schöne Grüße von der Universität Stuttgart

Lars Oliver Mautsch und Prof. Dr. Georg Herzwurm

Universität Stuttgart
Betriebswirtschaftliches Institut
Lehrstuhl für Allgemeine Betriebswirtschaftslehre und Wirtschaftsinformatik II Keplerstrasse 17
70174 Stuttgart
Telefon +49 (0)711/685-83697
Telefax +49 (0)711/685-73697
E-Mail: mautsch@wius.bwi.uni-stuttgart.de
Website: http://www.wius.bwi.uni-stuttgart.de

Abbildung 43: Druckversion des Fragebogens zur Onlinebefragung (14/14)[1202]

D. Zufriedenheit der Stakeholder mit der Erfüllung ihrer Anforderungen an Softwareplattformen

Im Nachfolgenden wird die Plattform-unspezifische (Tabelle 47) und plattformspezifische Bewertung (Tabelle 48) der Erfüllung von Anforderungen an SWP durch die Stakeholdergruppen präsentiert. Letztere findet Einfluss in die Analyse bestehender SWP (Tabelle 49) im Anschluss.

Zufriedenheit mit der Erfüllung der Anforderungen (Skala: 1: „sehr zufrieden" bis 5: „sehr unzufrieden", sowie „nicht beantwortbar")		**Sicherheit und Zuverlässigkeit gewährleisten**	**Innovationsfähigkeit unterstützen**	**Wandlungsfähigkeit im Zeitverlauf**	**Usability (Übersichtlichkeit und Nutzbarkeit)**	**Reibungslose Zusammenarbeit zwischen den Akteuren und Leistungen**	**Kommunikation zwischen den Akteuren verbessern**	**Suche und Identifikation von Leistungen bzw. Ressourcen**	**Beurteilung und Selektion von Akteuren ermöglichen**	**Vermarktungspotentiale der Akteure erhöhen**	**n**
Stakeholder gesamt	Rang	1	2	2	4	5	6	7	8	9	
	Note	1,85	2,06	2,06	2,14	2,32	2,43	2,54	2,64	2,68	136
Plattformanbieter	Rang	1	3	2	4	6	7	5	9	7	
	Note	1,76	2,05	2	2,14	2,52	2,62	2,33	2,71	2,62	21
Komplementoren ges.	Rang	1	2	3	4	5	9	8	6	7	
	Note	2,00	2,02	2,07	2,29	2,34	2,77	2,59	2,50	2,54	105
Fokus Software	Rang	1	2	3	4	6	9	7	5	8	
	Note	1,81	1,9	1,95	2,19	2,24	2,67	2,4	2,2	2,43	21
Fokus Dienstleistung	Rang	2	1	3	4	5	9	7	8	6	
	Note	2,18	2,13	2,19	2,38	2,44	2,87	2,77	2,8	2,65	84
Endkunden	Rang	1	4	4	3	4	2	7	7	9	
	Note	1,8	2,1	2,1	2	2,1	1,9	2,7	2,7	2,89	10

Tabelle 47: Zufriedenheit der Stakeholdergruppen mit der Erfüllung ihrer Anforderungen an Softwareplattformen[1203]

1202 Quelle: Eigene Darstellung

1203 Quelle: Eigene Darstellung. Die zur Gesamtteilnehmerzahl von 142 fehlende Anzahl von 6 Antworten resultiert aus der Angabe einer „Nichtbeantwortbarkeit" durch die Teilnehmer.

Zufriedenheit mit der Anforderungserfüllung durch existierende SWP in UNSECO, Bewertung durch die Stakoholdergruppen **(Skala: 1: „sehr zufrieden" bis 5: „sehr unzufrieden", sowie „nicht beantwortbar"), n=128**	**Vermarktungspotentiale der Akteure**	**Innovationsfähigkeit unterstützen**	**Kommunikation zw. den Akteuren verbessern**	**Beurteilung und Selektion von Akteuren**	**Suche und Identifikation von Leistungen**	**Wandlungsfähigkeit im Zeitverlauf**	**Sicherheit und Zuverlässigkeit gewährleisten**	**Usability (Übersichtlichkeit und Nutzbarkeit)**	**Reibungslose Zusammenarbeit**	**Mittelwert Zufriedenheit**	**n**
Plattformanbieter											
SAP Business Suite	2,67	1,83	2,67	2,5	2,17	1,67	1,83	2,17	2,17	2,19	7
Sage CRM	3	3	2,67	3,33	1,67	2,33	2	2,67	2,67	2,59	3
Atlassian	3	3	3	3	3	3	3	3	3	3,00	1
Godesys	3	1	2	2	2	2	1	1	2	1,78	1
IFS ERP	1	1	1	1	1	1	1	1	1	1,00	1
Concentrix	3	1	3	3	3	1	1	1	3	2,11	1
MS Dynamics CRM	2	3	3	4	3	2	2	2	3	2,67	1
MS Dynamics	2	1	3	3	3	1	1	2	3	2,11	1
MS Exchange	3	3	2	2	2	2	1	1	2	2,00	1
MS Office	4	4	4	4	4	3	2	4	4	3,67	1
Oracle Fusion	2	1	2	3	2	1	1	1	2	1,67	1
Symphony EYC	4	1	3	1	4	3	3	3	4	2,89	1
Komplementoren											
SAP Business Suite	2,81	2,65	3,3	2,9	2,95	2,5	2,1	2,67	2,8	2,74	23
MS Dynamics AX	2,65	1,47	2,9	2,61	2,74	2	2,1	2,1	2,25	2,31	20
MS Dynamics NAV	2,61	2,22	3,11	2,88	3	2,22	2,39	2,44	2,44	2,59	18
MS Dynamics CRM	2,6	1,6	2,8	2,8	2,8	2	2	2,2	3	2,42	5
MS SharePoint	1,8	2,6	2,4	2,6	2,2	2,2	2,2	3	2,2	2,36	5
Salesforce1	1,67	1,3	1,9	2,11	1,9	1,7	1,3	1,8	1,8	1,72	10
Sage ERP X3	2,5	2	2,75	2,75	2	2	1,75	2,25	2,5	2,28	4
TYPO3	3,33	2,33	3	3	2,67	2	2,67	2,67	2,67	2,70	1
Oracle Fusion	2,5	2,5	2,5	3	3	2	3	3	3	2,72	2
Candor	3	3	3	3	2	2	2	2	2	2,44	1
Cobra	4	2	4	-	3	2	3	3	2	2,88	1
IBM BI	2	2	2	4	3	2	2	2	3	2,44	1
IBM Notes	3	4	1	3	3	3	2	2	2	2,56	1
IBM WebSphere	4	3	3	5	5	2	3	3	3	3,44	1
IFS ERP	3	3	2	3	3	3	2	3	2	2,67	1
Infor	2	2	2	2	2	2	2	2	2	2,00	1
Joomla	2	1	2	2	2	1	2	1	2	1,67	1
MES	2	1	2	2	2	2	1	2	1	1,67	1
MS Azure	2	1	2	2	2	2	1	2	2	1,78	1
SalesLogix	4	3	2	-	-	2	2	1	2	2,29	1
Endkunden											
Salesforce1	2,67	1	1,75	2,25	2	1,5	1,25	1,25	1,5	1,69	4
Typo3	2,5	2	2	3,5	3	1,5	2	2	2,5	2,33	2
SAP Business Suite	4	4	2	3	4	3	3	3	2	3,11	1
Oracle Fusion	3	3	1	2	3	4	2	1	2	2,33	1

Tabelle 48: Bewertung der Zufriedenheit mit der Erfüllung von Anforderungen durch Softwareplattformen[1204]

[1204] Quelle: Eigene Darstellung. Die zur Gesamtteilnehmerzahl fehlende Antwortzahl resultiert aus der unpräzisen Angabe der SWP durch die Teilnehmer. Diese werden bei der Darstellung ausgelassen.

E. Analyse existierender CRM-Softwareplattformen

	Lösungsmerkmale / Softwareplattformen	SAP CRM	Salesforce1	Oracle Fusion CRM	Microsoft Dynamics CRM
A	Kommunikation der Strategie	3	2	0	4
B	IT-Support	3	4	2	2
C	Trainings	3	4	0	2
D	APIs und Schnittstellen	4	3	3	3
E	Standards	4	4	2	3
F	Software Architektur	4	4	3	3
G	User Interface (GUI)	4	4	2	3
H	Softwaresicherheit	4	4	2	3
I	Entwicklungswerkzeuge	4	4	3	3
J	Vertrauensfördernde Maßnahmen	2	3	2	4
K	Dokumentation	4	4	1	4
L	Testmöglichkeiten	4	4	1	3
M	Social Media-Unterstützung	3	4	3	3
N	Transaktionsunterstützung	2	4	2	2
O	Marketing- und Vertriebsunterstützung	3	4	1	3
P	Wissensbasen	3	4	0	3
Q	Lizenzierung	0	0	0	0
R	Community-Veranstaltungen	3	4	4	4
	Gesamtwertung (Punktzahl: max. 4 je Kategorie, max. 78 Gesamt)	57	64	31	52
	Markterfolgsbezogene Kennzahlen (Quelle: Gartner)				
	Marktanteil 2013 am CRM Markt	12,80%	16,10%	10,20%	6,80%
	Umsatz 2013	2,621.5	3,290.3	2,096.5	1,392.4
	Umsatzwachstum 2012-2013	12,70%	30,30%	4%	22,80%
	Marktanteil 2012 am CRM Markt	12,90%	14%	11,10%	6,30%
	Umsatz 2012	2327,1	2525,6	2015,2	1135,3
	Umsatzwachstum 2011-2012	0,10%	26%	7,80%	26%
	Zufriedenheit der Stakeholder (Quelle: eigene Umfrage, Tabelle 48)				
	Mittelwert Zufriedenheit Anforderungserfüllung	2,20	1,70	2,24	2,54
	Anzahl befragter Stakeholder	33	14	4	6

Tabelle 49: Ergebnisse der Querschnittsanalyse von CRM-Softwareplattformen hinsichtlich der Erfüllung der Lösungsmerkmale, des Erreichens markterfolgsbezogener Zielgrößen sowie der Zufriedenheit.[1205]

[1205] Quelle: Eigene Darstellung. Anmerkungen: Es wird eine Korrelation zwischen Anforderungs- und Lösungsmerkmalserfüllung sowie dem Erfolg von SWP evident. Detaillierte Ergebnisse können zur Verfügung gestellt werden. Aufgrund des SWP-übergreifenden Mangels an Daten erfolgt für die Lösungsmerkmalskategorie Lizensierung keine Wertung (Vergabe von 0 Punkten). Hinsichtlich der markterfolgsbezogenen Zielausprägungen vgl. Gartner (2013), URL siehe Literaturverzeichnis und Gartner (2014), URL siehe Literaturverzeichnis. Allerdings ist darauf hinzuweisen, dass die Gartner-Werte für alle SWP der jeweiligen Hersteller im CRM-Kontext gelten. Da z. B. von Oracle auch weitere On-Premise SWP (bspw. Siebel) im CRM-Kontext existieren, ist eine eindeutige Zuordnung zu den SWP, wie in Ermangelung besser geeigneter Informationen hier vorgenommen, bei der Bewertung kritisch zu berücksichtigen. Ähnliches gilt für die Bewertung der Zufriedenheit mit der Erfüllung der Anforderungen durch die Stakeholder. Diese ergibt sich aus der Mittelwert der Wertungen der Stakeholdergruppen in Tabelle 48, lässt aber sich nicht trennscharf einzelnen SWP (Angabe von „SAP CRM und Business Suite") zuordnen und unterliegt Einschränkungen hinsichtlich der Repräsentativität (vgl. die Erläuterungen in Kapitel 5.2).

F. Interviewleitfaden der Experteninterviews

BETRIEBSWIRTSCHAFTLICHES INSTITUT DER UNIVERSITÄT STUTTGART

ABTEILUNG VIII
LEHRSTUHL FÜR ALLGEMEINE BETRIEBSWIRTSCHAFTSLEHRE UND WIRTSCHAFTSINFORMATIK II (UNTERNEHMENSSOFTWARE)
PROF. DR. GEORG HERZWURM

Interviewleitfaden für Gespräch am _______ mit Experte:

Name: ___________________ Firma: ______________________

E-Mail: ___________________ Telefon: ______________________

Einleitende Fragen:

1. Darf das Gespräch zu Dokumentationszwecken aufgezeichnet werden? (Wichtig: Ihre Antworten werden anonymisiert wiedergegeben)

☐Ja	☐Nein

2. Welche Position bekleiden Sie derzeit in Ihrem Unternehmen? (seit wann ca.?)

3. Über wie viele Jahre Berufserfahrung im Bereich der IT, insb. im Umfeld von Unternehmenssoftware (ERP, CRM, ...) verfügen Sie?

4. Können Sie Ihr Unternehmen bzw. Ihren Geschäftsbereich kurz charakterisieren

Beispielsweise: Name, Gründung, Anzahl Mitarbeiter, Standorte, Leistungen/Geschäftsmodell, Alleinstellungsmerkmale, Kundengruppen, o.ä. Gerne auch Verweis auf Internetseite mit Daten.

5. Als Bestandteil welches Unternehmenssoftwareökosystems und Stakeholder welcher Softwareplattform sehen Sie Ihr Unternehmen (bzw. Geschäftseinheit) primär?

Beispiele:
- *SW-Ökosysteme: Microsoft / SAP / salesforce-Ökosystem, eigenes Partnernetzwerk*
- *Softwareplattformen: MS Dynamics AX/CRM/NAV, salesforce1, SAP Business Suite, HANA*

Abbildung 44: Interviewleitfaden für Experteninterviews (1/7)[1206]

[1206] Quelle: Eigene Darstellung

6. **Welche idealtypische Rolle nehmen Sie hierbei in einem solchen Softwareökosystem ein?**

Nehmen Sie ggf. mehrere Rollen ein? Bitte nennen Sie die hauptsächlich von Ihnen eingenommene Rolle und beantworten Sie die nachfolgenden Fragen aus dieser Perspektive.

☐ Softwareplattformanbieter	☐ Komplementor (Dienstleistungen / SW-Produkte)	☐ Endkunde

7. **Sind sie [in der Vergangenheit/aktuell/zukünftig] an der Auswahl, Gestaltung, Management oder dem Vertrieb einer SWP beteiligt (gewesen)? Falls ja, wann und welche Art von SWP? In welcher Rolle?**

Beispiele: Auswahl eines ERP-Systems zu Unterstützung der eigenen Geschäftsprozesse, Auswahl einer SWP und eines Partnernetzwerkes als Basis für eigene Produkte und Dienstleistungen, Aufbau, Management oder Vertrieb einer Plattform für ein Ökosystem.

Hauptteil: Evaluation der Gestaltungsempfehlungen für Softwareplattformen

Im Rahmen dieser Arbeit wurden Anforderungen und davon abgeleitete Gestaltungsempfehlungen für Softwareplattformen erarbeitet. Gestaltungsempfehlungen bedeutet hierbei, dass zur Erfüllung bestimmter Anforderungen von Stakeholdern bestimmte damit in Verbindung bestehende Lösungsmerkmale zu realisieren sind. Bspw. Anforderung: Usability → Lösungsmerkmal: Dokumentation oder Schulungen bereitstellen. Hierbei wird die Sichtweise vertreten, dass die Anforderungen für die jeweiligen Stakeholdergruppen eine unterschiedliche Relevanz besitzen. Darauf aufbauend sollte je nach Stakeholdergruppe die Umsetzung unterschiedlicher Merkmale von Softwareplattformen im Vordergrund stehen. Zur Evaluation der Ergebnisse sollen daher zunächst die Anforderungen durch die Experten geprüft und priorisiert werden (Aufgabe 8), bevor Gestaltungsempfehlungen präsentiert werden, welche von den Experten ebenfalls bewertet werden sollen.

8. **Priorisierungsaufgabe**

Szenario: Sie möchten eine neue Softwareplattform auswählen oder (weiter-) entwickeln, welche die mit ihrer Teilnahme in einem Softwareökosystem verfolgten Ziele unterstützen soll. Ihnen steht hierfür eine begrenzte Anzahl an Ressourcen (z.B. Budget, Entwicklungskapazitäten, Zeit) zur Verfügung, die sich in Geldeinheiten abbilden lassen. Sie haben 100 EUR zur Verfügung, welche Sie entsprechend Ihrer Prioritäten für dieses Vorhaben auf die verschiedenen Anforderungen an Softwareplattform verteilen können. Bitte füllen Sie in der Tabelle auf der Folgeseite die Felder in der rechten Spalte mit den jeweiligen EUR-Beträgen, welche Sie auf die einzelnen Anforderungen zur Unterstützung Ihrer Ziele in Softwareökosystemen verteilen würden.

Anmerkung: Die nachfolgene Priorisierung geht anschließend in die Ableitung von Gestaltungsempfehlungen (=Auswahl geeigneter Lösungsmerkmale ein).

Abbildung 45: Interviewleitfaden für Experteninterviews (2/7)[1207]

[1207] Quelle: Eigene Darstellung

Anforderungs-gruppe	Erläuterung	EUR
Wandlungsfähigkeit	Eine SWP sollte sowohl unterschiedliche Einsatzszenarien in aktuellen Projekten als auch zukünftige Anforderungen des Umfeldes abdecken können. Dies betrifft u.A. die Anpassungsfähigkeit der Softwarestruktur (z.B. durch Modularisierung oder Schnittstellen) aber auch Flexibilität in der Lizenzierung.	
Usability (Übersichtlichkeit und Nutzbarkeit)	Die Softwareplattform sollte übersichtlich gestaltet und benutzbar sein. Dies betrifft z.B. Aspekte der Software-Ergonomie, die Kommunikation von Anpassungs- bzw. Veränderungsmöglichkeiten der Plattform (z.B. durch Dokumentationen), eine angemessene, nicht zu hohe Komplexität sowie die Förderung von Investitionen und Senkung von Einstiegsbarrieren (z.B. durch Schulungen).	
Reibungsloses Zusammenspiel von Akteuren und Leistungen (Interaktion + Interoperabilität)	Das reibungslose Zusammenspiel von Leistungen (z.B. Modulen) verschiedener Akteure sollte ermöglicht werden. Dies betrifft z.B. die Verfügbarkeit von definierten Schnittstellen, die Sicherstellung der Kompatibilität dieser Leistungen und die Reduzierung von Abhängigkeiten zwischen den Akteuren.	
Sicherheit und Zuverlässigkeit	Die Sicherheit, Verfügbarkeit und Zuverlässigkeit von SWP und darauf aufbauenden Leistungen sollten gewährleistet sein. Dies betrifft sowohl den Schutz eigener Leistungen vor Vandalismus, Imitation bzw. Diebstahl intellektuellen Eigentums als auch die technische Verfügbarkeit und Zuverlässigkeit der Softwareplattform als kritischer Komponente.	
Vermarktungs-potenziale erhöhen	Die Softwareplattform sollte den Akteuren neue Vermarktungspotentiale eröffnen. Dies umfasst zusätzliche Absatzkanäle (z. B. AppStores), einen direkten Marktzugang und Möglichkeiten zur Differenzierung gegenüber anderen Akteuren.	
Innovationsfähigkeit	Die Innovationsfähigkeit der Softwareplattform sollte sichergestellt sein, um Trends (z.B. Cloud Computing) im Umfeld rechtzeitig erkennen und aufgreifen zu können. Dies umfasst auch Offenheit der Softwareplattform für neue Innovationen und die Unterstützung des Wissensmanagements von Akteuren.	
Kommunikation verbessern	Die Softwareplattform sollte die Kommunikation zwischen den Akteuren im Softwareökosystem verbessern. Dies beinhaltet u.a. die Unterstützung der direkten aber auch der informellen Kommunikation zwischen den Akteuren (z.B. unterstützt durch Web 2.0, ...).	
Auswahl und Beurteilung von einzelnen Partnern	Die Softwareplattform sollte Akteure bei der Auswahl und Beurteilung von einzelnen Geschäftspartnern im Softwareökosystem unterstützen. Dies betrifft die Herstellung von Transparenz über deren Merkmale, angebotene Leistungen oder Möglichkeiten zur Bewertung der Leistungsfähigkeit der Akteure.	
Suche und Identifikation von Leistungen	Die Suche und Identifikation von Leistungen, die nicht selbst erbracht werden, sollte unterstützt werden. Die Identifikation alternativer Ressourcen (z.B. eines Softwarepakets) als Ersatz für bereits genutzte Leistungen sollte ermöglicht werden, um möglichweise die Abhängigkeit von bestimmten Akteuren zu reduzieren.	
	Kontrollsumme:	0

Tabelle 1: Priorisierung der identifizierten Anforderungen an Softwareplattformen

Abbildung 46: Interviewleitfaden für Experteninterviews (3/7)[1208]

[1208] Quelle: Eigene Darstellung

9. **Werden die Anforderungen, welche Sie an eine Softwareplattform zur Unterstützung Ihrer Geschäftstätigkeit in UNSECO stellen, durch die vorgenannten Anforderungskategorien vollständig erfasst?**

Existieren Anforderungen Ihrerseits, welche Sie an eine SWP formulieren würden, welche aber insbesondere nicht den o.g. Anforderungskategorien zugeordnet werden können?

Stimme vollständig zu (1)	Stimme zu (2)	Weder noch (3)	Lehne ab (4)	Lehne vollkommen ab (5)	Keine Antwort (6)

Lösungsmerkmalskategorie	**Ausprägungen (Beispiele)**
A. Kommunikation der Strategie	Entwicklungsroadmap (A.1) Definition und Kommunikation des Scopes / Whitespaces der Kernplattform (A.2) Statement of Direction (A.3) Kommunikation von Richtlinien zum Produktlebenszyklus und Produktsupport" (A.4) Release Notes (A.5)
B. IT-Support und Services	Bug Tracking System" (B.1) Gemeinsame Support-Ticket-Datenbank" (B.2) Bereitstellung von Co-Developern" (B.3) „Helpdesk für Komplementoren" (B.4)
C. Trainings (virtuell/präsenz)	Entwickler- bzw. Komplementorentrainings User- bzw. Kundentrainings Virtuelle Walktroughs
D. APIs und Schnittstellen	Programmierschnittstellen (APIs) zur Anpassung bzw. Erweiterung (D.2) Schnittstellenabstraktionslayer (D.3) Schnittstellen zu anderen Plattformen (D.1) Syntaktische Schnittstellenbeschreibungen (D.4) Semantische Schnittstellenbeschreibungen (D.5)
E. Standards	Standardisierte Basisfunktionalitäten/ Verticals (E.1) Unterstützung verschiedener Standardformate zum Datenaustausch (E.2) Standardisierte Schnittstellen (E.3) Unterstützung offener Standards (E.4) Gemeinsames Glossar (E.5)
F. (Modulare) Software-Architektur	Vorgabe von Designprinzipien (F.1) Parametrisierungsmöglichkeiten (z.B. Funktionalität, Prozessschritte, Vokabular) (F.2) Modularer Aufbau (F.3) App-Konzept (Modular, Sandbox, ...) (F.4)
G. Benutzeroberfläche (UI)	Einheitliche Benutzeroberfläche (UI) (G.1) Composite UI tool (G.2) Standards für UI Entwicklung (G.3)
H. Sicherheitsmechanismen	Signaturen (auf Softwarebene z.B. für Module) (H.1) Single Sign On / Identity Management (H.2) Berechtigungskonzept (H.3)
I. Entwicklungswerkzeuge	Plattform-eigenes SDK (I.1) Vorlagen (Templates, Skeletons, Patterns, Code Database) (I.2) Introduction Package (I.3) Integrierte Datenbasis für Entwicklungswerkzeuge (Repository) (I.4) Support von Entwicklungswerkzeugen Dritter (I.5) Tools zur Dokumentationsunterstützung (I.6) Versionsverwaltung (I.8)

Abbildung 47: Interviewleitfaden für Experteninterviews (4/7)[1209]

[1209] Quelle: Eigene Darstellung

J. Vertrauensfördernde Maßnahmen	Zertifizierung von Akteuren (J.1) Zertifizierung von Komponenten Dritter (J.2) Software Escrow – Treuhandfunktionalität (J.3) Bewertungsfunktion/-system für Leistungen (J.4) Bewertungsfunktion/-system für Akteure (J.5)
K. Dokumentation	Quick-Setup-Guides und Tutorials (K.1) Entwicklerdokumentation (K.2) Endbenutzerdokumentation (K.3) Übersichtsseite über Plattformleistungen (K.4)
L. Test- und Feedbackmöglichkeiten	Offenlegung von Testergebnissen für Komplementoren (L.1) Verteilen von Vorabversionen an Komplementoren und Endkunden (L.2) Möglichkeit öffentlicher Beta-Tests für Komplementoren (L.3) Analyse-Tools (z.B. Performance- oder Codeanalyzer) (L.4) Bereitstellung von Trials, Demos, oder Test Drives (L.5) Usability-Labor (L.6)
M. Social-Media-Unterstützung	Blogs (Entwickler) (M.1) Foren (Partner-, bzw. Partnercommunity) (M.2) Wikis (M.3)
N. Transaktionsunterstützung	Partnerverzeichnis (N.1) Partner- und Freelancer Börse (N.4) Marktplatz (N.3) AppStore (N.2) Abrechnungsfunktionen (N.5) Bezahlsystem (N.6) Lösungsverzeichnis (N.7) Empfehlungsfunktion (N.8) Vorschlagsfunktion für Alternativen (N.9)
O. Marketing- und Vertriebsunterstützung	Gemeinsame Marketingaktionen (O.1) Bereitstellung von Vertriebsunterlagen (Logos, Powerpoints/Broschüren/Produktinformationen,Funktionsbeschreibungen) zum Download (O.2) Referral Program bzw. -Incentives (O.3) Kommunikation von Erfolgsbeispielen (Customer-Stories, Projekte, ...) auf Website des Plattformanbieters (O.4)
P. Wissensbasen	Knowledge Base (Wissensdatenbank ,...) (P.1) Bereitstellung Marktdaten (externer Marktforschungsinstute, Nutzungsstatistiken, o.ä.) (P.2) Lösungsdatenbank (P.3)
Q. Lizenzierung	Einheitliches Lizenzmodell (Q.1) Bereitstellung von Patenten als Schutz vor Patentklagen (Q.2) Formale Regelungen zum Schutz geistigen Eigentums (Q.3) Flexibles Lizenzmodell (z.B. Freemium, Stillegung, Teilnutzung) (Q.4)
R. Community-Veranstaltungen	Neuerungsworkshops (R.1) User Groups (R.2) Entwicklerkonferenzen (R.3)

Tabelle 2: Potenzielle Lösungsmerkmale von Softwareplattformen zur Erfüllung der Anforderungen

Abbildung 48: Interviewleitfaden für Experteninterviews (5/7)[1210]

[1210] Quelle: Eigene Darstellung

10. **Werden die Lösungsmerkmale, welche Sie von einer Softwareplattform zur Unterstützung Ihrer Geschäftstätigkeit in UNSECO erwarten, vollständig erfasst?**

Existieren Lösungsmerkmale, über welche SWP ihrer Meinung nach verfügen sollten, die aber durch die Gestaltungsempfehlungen nicht abgedeckt werden?

Stimme vollständig zu (1)	Stimme zu (2)	Weder noch (3)	Lehne ab (4)	Lehne vollkommen ab (5)	Keine Antwort (6)

11. **Konnten Sie den im Rahmen des Gesprächs dargestellten Priorisierungen von Anforderungen und daraus abgeleiteten Priorisierung von Lösungsmerkmalen zustimmen?**

Wurden Ihnen Priorisierungen oder Implikationen zur Gestaltung von SWP (→ Auswahl von Lösungsmerkmalen) präsentiert, denen Sie widersprechen?

Stimme vollständig zu (1)	Stimme zu (2)	Weder noch (3)	Lehne ab (4)	Lehne vollkommen ab (5)	Keine Antwort (6)

12. **Halten Sie die ausgesprochenen Empfehlungen zur Gestaltung bzw. Auswahl von Softwareplattformen für nachvollziehbar und praktikabel?**

Existieren aus ihrer persönlichen Perspektive heraus Probleme hinsichtlich der Verständlichkeit und Praktikabilität?

Stimme vollständig zu (1)	Stimme zu (2)	Weder noch (3)	Lehne ab (4)	Lehne vollkommen ab (5)	Keine Antwort (6)

13. **Können die Empfehlungen aus Ihrer Sichtweise dazu beitragen, je nach ihrer Rolle im SECO, die Ausgestaltung, Entwicklung bzw. Auswahl von Softwareplattformen zu verbessern und somit Ihre Ziele zu erreichen?**

Könnten Sie ein mögliches Einsatzszenario (z.B. Auswahl oder (Weiter-)Entwicklung einer Plattform in der Vergangenheit, Zukunft) nennen? Wären die Empfehlungen hierbei hilfreich gewesen? An welchen Stellen könnten sich Ihrer Meinung nach Verbesserungen der Situation für die jeweiligen Akteure durch die Anwendung der Empfehlungen ergeben?

Stimme vollständig zu (1)	Stimme zu (2)	Weder noch (3)	Lehne ab (4)	Lehne vollkommen ab (5)	Keine Antwort (6)

Abbildung 49: Interviewleitfaden für Experteninterviews (6/7)[1211]

[1211] Quelle: Eigene Darstellung

14. Würden Sie die Gestaltungsempfehlungen zur Auswahl bzw. Entwicklung von Softwareplattformen an Dritte weiterempfehlen?

Gibt es Aspekte, welche Sie bezüglich der dargestellten Ergebnisse als besonders positiv bzw. negativ empfinden, so dass diese eine Weiterempfehlung begründen oder verhindern?

Stimme vollständig zu (1)	Stimme zu (2)	Weder noch (3)	Lehne ab (4)	Lehne vollkommen ab (5)	Keine Antwort (6)

15. Gibt es aus Ihrer Sicht Verbesserungspotenziale hinsichtlich der Gestaltungsempfehlungen (Vorgehen, Konkretisierungsgrad, ...)?

Was empfinden Sie bezüglich der dargestellten Ergebnisse als besonders positiv bzw. negativ? Gibt es überraschende Ergebnisse?

16. Platz für weitere Anmerkungen zum Forschungsvorhaben:

Bspw. Kommentare zum Ablauf oder Dauer der Befragung, Interesse der Mitwirkung an weiteren Forschungsvorhaben?

17. Dürfen wir Sie bei Bedarf im Rahmen der aus diesem Forschungsprojekt entstehenden Dissertation wörtlich zitieren?

☐ Ja	☐ Nein

18. Dürfen wir Sie im Nachgang zu diesem Gesprächnochmals kontaktieren (z.B. bei inhaltlichen Rückfragen via E-Mail)?

☐ Ja	☐ Nein

VIELEN DANK FÜR IHRE UNTERSTÜTZUNG!

Abbildung 50: Interviewleitfaden für Experteninterviews (7/7)[1212]

[1212] Quelle: Eigene Darstellung

G. Vollständiges House of Quality

Legende:
Die verbesserte Umsetzung von Lösung [ZEILE] führt
9 : zwingend und erheblich
3 : merkbar
1 : eventuell / mäßig
0 : gar nicht oder nur indirekt
zu höherer Zufriedenheit hinsichtlich der der

	Lösungsmerkmale von SWP	Anforderungen an SWP	Wandlungsfähigkeit im Zeitverlauf	… 1.1	… 1.2	… 1.3	… 1.4	… 1.5	Usability (Übersichtlichkeit und Nutzbarkeit)	… 2.1	… 2.2	… 2.3	… 2.4	… 2.5	Reibungslose Zusammenarbeit zw. Akteuren + Leistungen	… 3.1	… 3.2	… 3.3	… 3.4	Sicherheit und Zuverlässigkeit gewährleisten	… 4.1	… 4.2
		# Korrel.	9	24	10	1	11	10	13	47	39	10	48	22	12	24	33	38	20	10	7	6
A	*Kommunikation der Strategie*	5	1						3						3							
1	Entwicklungsroadmap A.1	9		3				1			3	9	3				3	1				
2	Kommunikation von Scope und Whitespaces A.2	13		1				1			9	9	3				3	1				
3	Statement of Direction A.3	6									1	9	1				1	3				
B	*IT-Support and Services*	6							9						1					1		
1	Bug-Tracking System B.1	7									3					3		1				
2	Gemeinsame Support-Ticket-Datenbank B.2	9									3							1				
3	Bereitstellung von Co-Developern (Co-Innovation) B.3	18								1	9	3	9	9				1				
4	Service Desk für Komplementoren B.4	14								1	3			1								
C	*Trainings*	3							9													
1	Entwickler-Trainings C.1	13								3	9	1	9	9				1				
2	Virtuelle Walkthroughs durch die Plattform C.2	4								9	9			3								
3	Endanwender-Trainings C.3																					
D	*APIs und Schnittstellen*	7	9						3						9					3		
1	Schnittstellen zu anderen Plattformen D.1	12		3									3				9	3	3			
2	Programmierschnittstellen (APIs) D.2	23		9	1			3		3			3			3	3	9	9		3	3
3	Schnittstellenabstraktionslayer D.3	16		9	1		3	9		9			3			9		9	9		3	3
4	Syntaktische Schnittstellenbeschreibungen D.4	13		9	1					3	3		1	9		3	1	9	9			
5	Semantische Schnittstellenbeschreibungen D.5	18		9	1					3	9		1	9		3	3	9	9			
E	*Standards*	7	1						3						9					1		
1	Bereitstellung Basisfunktionalitäten/ Vertikallösungen E.1	13		1						9	1		3			9		3	3			
2	Unterstützung verschiedener Formate zum Datenaustausch E.2	11		3						1						3	3	9	9			
3	Standardisierte Schnittstellen E.3	12		1						9	1		1			9	3	9	9			
4	Unterstützung offener Standards E.4	12								9	1		3			9	9	3	3			
5	Gemeinsames Glossar E.5	12		1						9	1			1		3		3	3			
F	*Modulare Softwarearchitektur*	5	9						1						3					3		
1	Vorgabe von Designprinzipien bzw. -regeln F.1	6						1		3								9				
2	Parametrisierungsmöglichkeiten (Funktionalität, Vokabular) F.2	8		9				1		1	1		3				1					
3	Modularer Aufbau F.3	17		9			3	9		3	1		1			9	3		3		3	1
4	App-Konzept (Modular, Sandbox, ...) F.4	16		9			9			9	1		3			9	3		3		1	
G	*Benutzeroberfläche (GUI)*	2							3											1		
1	Einheitliche Benutzeroberfläche (UI) G.1	3								9								1				
2	Composite UI tool G.2	7		3						9			3	1		1		1				
3	Standards für UI Entwicklung G.3	6								3				3				1				
H	*Sicherheitsmechanismen*	2	1																	9		
1	Signaturen (auf Softwareebene z.B. für Module) H.1	5																3			9	9
2	Single Sign On / Identity Management H.2	5								1												
3	Berechtigungskonzept H.3	12					3	9		1	1							1			9	9
I	*Entwicklungswerkzeuge*	6	3						9						1					1		
1	Plattform-eigenes SDK I.1	15		9	9					9	3		3	9				1				
2	Vorlagen (Templates, Skeletons, Patterns, Code Database) I.2	8								9	1		1	1		3						
3	Introduction Package I.3	7								9	3		1	3								
4	Integrierte Datenbasis für Entwicklungswerkzeuge (Repository) I.4	3								3				3								
5	Unterstützung Entwicklungswerkzeuge Dritter I.5	10		3						3	1		1			3	1		1			
6	Tools zur Dokumentationsunterstützung I.6	7		3				3		1							1	1				
7	Versionsverwaltung I.7	4					3	9		1												
J	*Vertrauensfördernde Maßnahmen*	4													3					3		
1	Zertifizierung von Akteuren J.1	9											1									
2	Zertifizierung von Komponenten Dritter J.2	13											1					3	3			
3	Treuhandfunktionalität (Software Escrow) J.3	5								1			1			1	1					
4	Bewertungsfunktion/-system für Leistungen J.4	6																	3			
5	Bewertungsfunktion/-system für Akteure J.5	8									1		1			1	1					
K	*Dokumentation*	3							9													
1	Quick-Setup-Guides und Tutorials K.1	6		1			1			3			1									
2	Entwicklerdokumentation K.2	8								1	9			9								
3	Endbenutzerdokumentation K.3	8								1	9			9								
4	Überblick über Leistungen der SWP K.4	5								9	9			9				1				
L	*Test- und Feedbackmöglichkeiten*	6	3						1						9					9		
1	Offenlegung von Testergebnissen für Partner L.1	13			3		1				3					1	3	9				
2	Verteilen von Vorabversionen an Partner L.2	17		1	9		1				3			3		1	3	9				
3	Möglichkeit zu öffentlichen Beta-Tests für Komplementoren L.3	14			3		1						1					3				
4	Analyse-Tools (z.B. Performance- oder Codeanalyzer) L.4	12			3		1			1			1			1		1				
5	Trials/Demos/Test Drives L.5	16								1			1				3	3	1			
6	Usability-Labor L.6	8			9		1			3			1					3				
M	*Social Media*	7							1						1							
1	Blogs (Entwickler) M.1	10									1	1		3								
2	Foren M.2	16									1			3			3					
3	Wikis M.3	11									3			3			3					
N	*Transaktionsunterstützung*	5							1						3							
1	Partnerverzeichnis N.1	9								1			1				3					
2	AppStore N.2	13								9			3				3	3	3			
3	Marktplatz N.3	9								3			1				3					
4	Partner- und Freelancer Börse N.4	10								3			1				3					
5	Abrechnungsfunktionen N.5	4								9			1			3		1				
6	Bezahlsystem N.6	4								9			1			3		1				
7	Lösungsverzeichnis N.7	10								1	1		1				3					
8	Empfehlungsfunktion N.8	10								1	1		1				3					
9	Vorschlagsfunktion für Alternativen N.9	9								3	1		1				9		9			
O	*Marketing- und Vertriebsunterstützung*	2																				
1	Gemeinsame Marketingaktionen O.1	6											3									
2	Bereitstellung Vertriebsunterlagen (Powerpoint, Datenblättern) O.2	3																				
3	Referral Program bzw. Incentives O.3	2																				
4	Kommunikation Customer Stories, Referenzlisten O.4	5											1									
P	*Wissensbasen*	6							1						1							
1	Knowledge Base (Wissensdatenbank) P.1	11		1							9		9			3	1					
2	Bereitstellung Marktdaten (Nutzungsstatistiken o.ä.) P.2	9										3										
3	Lösungsdatenbank P.3	12		3							9		9			3	1					
Q	*Lizenzierung*	3	1												3					1		
1	Einheitliches Lizenzmodell Q.1	3								3			1						3			
2	Bereitstellung von Patenten als Schutz vor Patentklagen Q.2	1											1									
3	Formale Regelungen zum Schutz geistigen Eigentums Q.3	4											3				3				9	9
4	Flexibles Lizenzmodell (z.B. Freemium, Stillegung) Q.4	4				9							3						1			
R	*Community-Veranstaltungen*	8	1						3						1							
1	Neuerungsworkshops R.1	[illegible]		1							3	1	1	9				1				
2	User Groups R.2	[illegible]										1					3					
3	Entwicklerkonferenzen R.3	[illegible]		1							3	3	3	9				1				
	Endkunden		0,13	0,03	0,03	0,03	0,03	0,03	0,18	0,04	0,04	0,04	0,04	0,04	0,09	0,02	0,02	0,02	0,02	0,17	0,02	0,02
	Komplementoren		0,12	0,02	0,02	0,02	0,02	0,02	0,14	0,03	0,03	0,03	0,03	0,03	0,09	0,02	0,02	0,02	0,02	0,17	0,02	0,02
	Plattformbetreiber/-anbieter		0,13	0,03	0,03	0,03	0,03	0,03	0,14	0,03	0,03	0,03	0,03	0,03	0,09	0,02	0,02	0,02	0,02	0,14	0,02	0,02
	Anforderungswichtigkeit (gew. Gruppen)		12,56%	2,53%	2,53%	2,53%	2,53%	2,53%	14,93%	2,99%	2,99%	2,99%	2,99%	2,99%	8,98%	2,25%	2,25%	2,25%	2,25%	15,71%	2,34%	2,34%
	Rang (Anforderungswichtigkeit)		4						2						7					1		

Tabelle 50: Vollständiges House of Quality (1/2)[1213]

1213 Quelle: Eigene Darstellung. Hochauflösend: Mautsch (2014), URL siehe Literaturverzeichnis

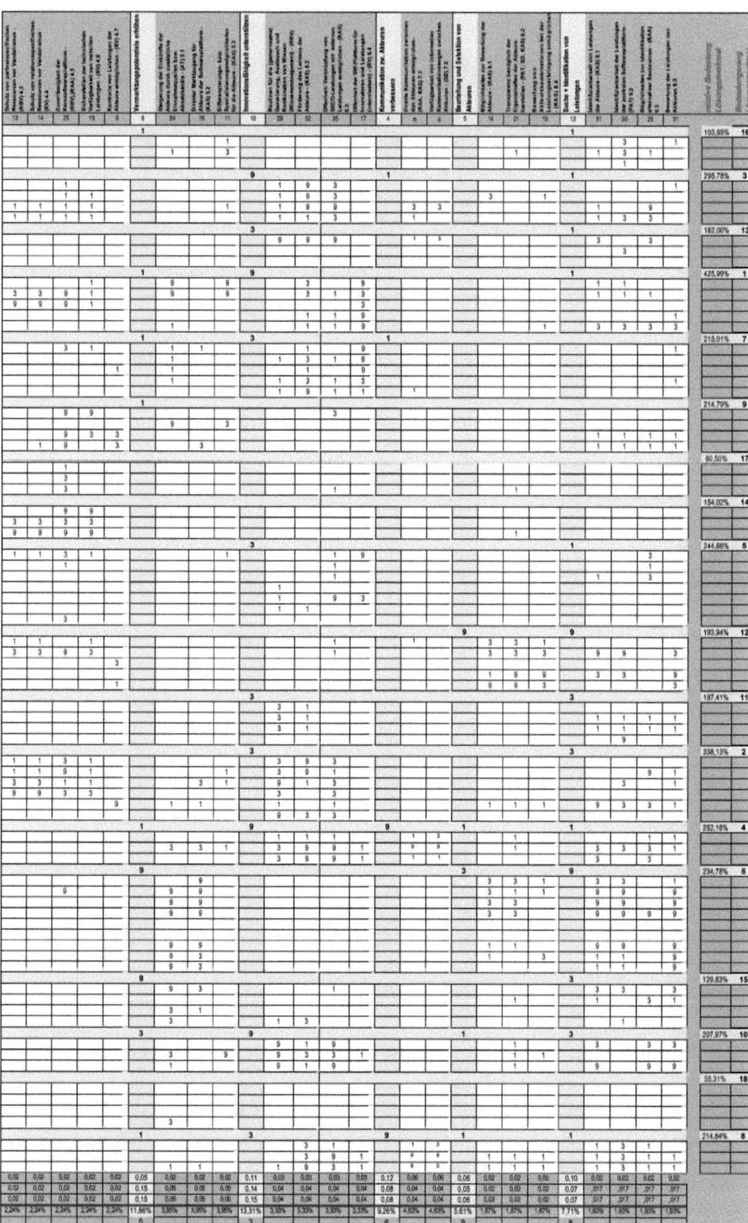

Tabelle 51: Vollständiges House of Quality (2/2)[1214]

[1214] Quelle: Eigene Darstellung. Hochauflösend: Mautsch (2014), URL siehe Literaturverzeichnis

H. Stakeholderspezifische House of Quality-Matrizen

Legende:
Die verbesserte Umsetzung von Lösung [ZEILE] führt
9 : zwingend und erheblich
3 : merkbar
1 : eventuell / mäßig
0 : gar nicht oder nur indirekt
zu höherer Zufriedenheit hinsichtlich

	Lösungsmerkmale von SWP	# Korrel.	Wandlungsfähigkeit im Zeitverlauf	Usability (Übersichtlichkeit und Nutzbarkeit)	Reibungslose Zusammenarbeit zw. Akteuren + Leistungen	Sicherheit und Zuverlässigkeit gewährleisten	Vermarktungspotenziale erhöhen	Innovationsfähigkeit unterstützen	Kommunikation zw. Akteuren verbessern	Beurteilung und Selektion von Akteuren	Suche + Identifikation von Leistungen	relative Bedeutung Lösungsmerkmal	Bedeutungsrang
	Anforderungen an SWP		9	14	12	10	8	10	4	5	13		
A	Kommunikation der Strategie	5	1	3	3		1				1	102,96%	16
B	IT-Support und Services	6		9	1	1		9	1		1	291,38%	3
C	Trainings	3		9				3			1	173,72%	13
D	APIs und Schnittstellen	7	9	3	9	3	1	9			1	434,74%	1
E	Standards	7	1	3	9	1	1	3	1			214,24%	9
F	Modulare Softwarearchitektur	5	9	1	3	3	1					217,01%	8
G	Benutzeroberfläche (GUI)	2		3		1						54,63%	17
H	Sicherheitsmechanismen	3	1	1		9						148,67%	15
I	Entwicklungswerkzeuge	6	3	9	1	1		3			1	236,39%	6
J	Vertrauensfördernde Maßnahmen	4			3	3				9	9	180,18%	12
K	Dokumentation	3		9				3			3	187,14%	11
L	Test- und Feedbackmöglichkeiten	6	3	1	9	9		3			3	318,45%	2
M	Social Media	7		1	1		1	9	9	1	1	254,41%	5
N	Transaktionsunterstützung	5		1	3		9			3	9	255,72%	4
O	Marketing- und Vertriebsunterstützung	2					9				3	157,74%	14
P	Wissensbasen	6		1	1		3	9		1	3	225,24%	7
Q	Lizenzierung	3	1		3	1						53,33%	18
R	Community-Veranstaltungen	8	1	3	1		1	3	9	1	1	208,05%	10
	Plattformbetreiber/-anbieter		0,13	0,14	0,09	0,14	0,15	0,15	0,08	0,06	0,07		
	Anforderungswichtigkeit (gew. Gruppen)		13,46%	13,71%	8,79%	13,50%	15,29%	14,54%	8,13%	5,88%	6,71%		
	Rang (Anforderungswichtigkeit)		5	3	6	4	1	2	7	9	8		

Tabelle 52: House of Quality für Softwareplattformanbieter[1215]

Legende:
Die verbesserte Umsetzung von Lösung [ZEILE] führt
9 : zwingend und erheblich
3 : merkbar
1 : eventuell / mäßig
0 : gar nicht oder nur indirekt
zu höherer Zufriedenheit hinsichtlich der

	Lösungsmerkmale von SWP	# Korrel.	Wandlungsfähigkeit im Zeitverlauf	Usability (Übersichtlichkeit und Nutzbarkeit)	Reibungslose Zusammenarbeit zw. Akteuren + Leistungen	Sicherheit und Zuverlässigkeit gewährleisten	Vermarktungspotenziale erhöhen	Innovationsfähigkeit unterstützen	Kommunikation zw. Akteuren verbessern	Beurteilung und Selektion von Akteuren	Suche + Identifikation von Leistungen	relative Bedeutung Lösungsmerkmal	Bedeutungsrang
	Anforderungen an SWP		9	14	12	10	8	10	4	5	13		
A	Kommunikation der Strategie	5	1	3	3		1				1	102,30%	16
B	IT-Support und Services	6		9	1	1		9	1		1	293,06%	3
C	Trainings	3		9				3			1	172,57%	14
D	APIs und Schnittstellen	7	9	3	9	3	1	9			1	431,54%	1
E	Standards	7	1	3	9	1	1	3	1			219,19%	8
F	Modulare Softwarearchitektur	5	9	1	3	3	1					211,05%	9
G	Benutzeroberfläche (GUI)	2		3		1						57,36%	17
H	Sicherheitsmechanismen	3	1	1		9						174,78%	13
I	Entwicklungswerkzeuge	6	3	9	1	1		3			1	233,40%	6
J	Vertrauensfördernde Maßnahmen	4			3	3				9	9	183,84%	12
K	Dokumentation	3		9				3			3	186,39%	11
L	Test- und Feedbackmöglichkeiten	6	3	1	9	9		3			3	346,34%	2
M	Social Media	7		1	1		1	9	9	1	1	248,76%	5
N	Transaktionsunterstützung	5		1	3		9			3	9	253,22%	4
O	Marketing- und Vertriebsunterstützung	2					9				3	155,55%	15
P	Wissensbasen	6		1	1		3	9		1	3	223,78%	7
Q	Lizenzierung	3	1		3	1						56,29%	18
R	Community-Veranstaltungen	8	1	3	1		1	3	9	1	1	200,66%	10
	Komplementoren		0,12	0,14	0,09	0,17	0,15	0,14	0,08	0,05	0,07		
	Anforderungswichtigkeit (Komplementoren)		11,62%	13,58%	9,35%	16,62%	14,98%	14,48%	7,64%	4,86%	6,91%		
	Rang (Anforderungswichtigkeit)		5	4	6	1	2	3	7	9	8		

Tabelle 53: House of Quality für Komplementoren[1216]

[1215] Quelle: Eigene Darstellung

[1216] Quelle: Eigene Darstellung

Legende:
Die verbesserte Umsetzung von Lösung [ZEILE] führt
9 : zwingend und erheblich
3 : merkbar
1 : eventuell / mäßig
0 : gar nicht oder nur indirekt
zu höherer Zufriedenheit hinsichtlich

	Lösungsmerkmale von SWP \ Anforderungen an SWP	# Korrel.	Wandlungsfähigkeit im Zeitverlauf	Usability (Übersichtlichkeit und Nutzbarkeit)	Reibungslose Zusammenarbeit zw. Akteuren + Leistungen	Sicherheit und Zuverlässigkeit gewährleisten	Vermarktungspotenziale erhöhen	Innovationsfähigkeit unterstützen	Kommunikation zw. Akteuren verbessern	Beurteilung und Selektion von Akteuren	Suche + Identifikation von Leistungen	relative Bedeutung Lösungsmerkmal	Bedeutungsrang
			9	14	12	10	8	10	4	5	13		
A	Kommunikation der Strategie	5	1	3	3		1				1	106,60%	15
B	IT-Support und Services	6		9	1	1		9	1		1	302,90%	3
C	Trainings	3		9				3			1	199,70%	11
D	APIs und Schnittstellen	7	9	3	9	3	1	9			1	411,70%	1
E	Standards	7	1	3	9	1	1	3	1			211,60%	10
F	Modulare Softwarearchitektur	5	9	1	3	3	1					216,30%	9
G	Benutzeroberfläche (GUI)	2		3		1						69,50%	17
H	Sicherheitsmechanismen	3	1	1		9						183,40%	13
I	Entwicklungswerkzeuge	6	3	9	1	1		3			1	264,20%	4
J	Vertrauensfördernde Maßnahmen	4			3	3				9	9	217,80%	8
K	Dokumentation	3		9				3			3	218,70%	7
L	Test- und Feedbackmöglichkeiten	6	3	1	9	9		3			3	349,60%	2
M	Social Media	7		1	1		1	9	9	1	1	253,30%	5
N	Transaktionsunterstützung	5		1	3		9			3	9	195,40%	12
O	Marketing- und Vertriebsunterstützung	2					9				3	76,20%	16
P	Wissensbasen	6		1	1		3	9		1	3	174,90%	14
Q	Lizenzierung	3	1		3	1						56,30%	18
R	Community-Veranstaltungen	8	1	3	1		1	3	9	1	1	235,80%	6
	Endkunden		0,13	0,18	0,09	0,17	0,05	0,11	0,12	0,06	0,10		
	Anforderungswichtigkeit (gew. Gruppen)		12,90%	17,50%	8,80%	17,00%	5,30%	10,90%	12,00%	6,10%	9,50%		
	Rang (Anforderungswichtigkeit)		3	1	7	2	9	5	4	8	6		

Tabelle 54: House of Quality für Endkunden[1217]

[1217] Quelle: Eigene Darstellung

Literaturverzeichnis

Aalst, W., Mylopoulos, J., Rosemann, M., Shaw, M. J., Szyperski, C., Abramowicz, W., Kriksciuniene, D. und Sakalauskas, V. (2012), Business Information Systems, Berlin, Heidelberg 2012

Abate, P., Di Cosmo, R., Treinen, R. und Zacchiroli, S. (2012), Dependency solving: A separate concern in component evolution management, in: Journal of Systems and Software, 85, 2012, 10, S. 2228-2240

Acedo, F.J., Barroso, C. und Galan, J.L. (2006), The resource-based theory: dissemination and main trends, in: Strategic Management Journal, 27, 2006, 7, S. 621-636

Achrol, R.S. und Gundlach, G.T. (1999), Legal and social safeguards against opportunism in exchange, in: Journal of Retailing, 75, 1999, 1, S. 107-124

Adler, J. (2007), Agentenbasierte Modellierung im Marketing - Eine Illustration am Beispiel der Diffusion von Produktinnovationen mit direkten Netzeffekten, in: Schuckel, Toporowski (Hrsg., 2007), S. 235-256

ADV Arbeitsgemeinschaft für Datenverarbeitung und European Conference on Software Quality (1999), Software quality - the way to excellence - Proceedings of the Sixth European Conference on Software Quality, April 12-16, 1999 in Wien, Wien 1999

Aggarwal, N., Dai, Q. und Walden, E.A. (2012), Are open standards good business?, in: Electronic Markets, 22, 2012, 1, S. 63-68

Akao, Y. (1992), QFD - quality function deployment - Wie die Japaner Kundenwünsche in Qualität umsetzen, Landsberg am Lech 1992

Albach, H. und Wildemann, H. (2002), Wertschöpfungsmanagement als Kernkompetenz - Festschrift für Horst Wildemann zum 60. Geburtstag, Wiesbaden 2002

Albanese, R. und van Fleet, D.D. (1985), Rational Behavior in Groups: The Free-Riding Tendency, in: The Academy of Management Review, 10, 1985, 2, S. 244-255

Alexander, P. (2011), Proceedings of the 2011 26th IEEE/ACM International Conference on Automated Software Engineering, Washington, DC 2011

Alspaugh, T.A., Scacchi, W. und Asuncion, H.U. (2010), Software Licenses in Context: The Challenge of Heterogeneously-Licensed Systems, in: Journal of the Association of Information Systems, 11, 2010, 11, S. 730-755

Alves, C. F., Hanssen, G. K., Bosch, J. und Jansen, S. (2013), Proceedings of the 5th International Workshop on Software Ecosystems 2013 (IWSECO 2013) 2013

American Supplier Institute (ASI) (1990), Quality Function Deployment: Excerpts from the Implementation Manual for Three Day QFD Workshop, in: QFD Institute (Hrsg., 1990), S. 21-85

Amorim, S., Almeida, E.S. de und McGregor, J.D. (2013), Extensibility in ecosystem architectures: an initial study, in: Knauber, Knodel, Lungu (Hrsg., 2013), S. 11-15

Andresen, K., Brockmann, C. und Drager, C. (2013), A Classification of Ecosystems of Enterprise System Providers - An Empirical Analysis, in: Sprague (Hrsg., 2013), S. 4034-4044

Apple (2014a), Apple World Wide Developers Conference (WWDC 2014), Auf den Seiten von: Apple, https://developer.apple.com/wwdc/more, Stand: 02.06.2014

Apple (2014b), Labs, Auf den Seiten von: Apple, https://developer.apple.com/wwdc/labs, Stand: 02.06.2014

Apple (2014c), Xcode Overview: Build a User Interface, Auf den Seiten von: Apple, https://developer.apple.com/library/ios/documentation/ToolsLanguages/Conceptual/Xcode_Overview/Edit_User_Interfaces/edit_user_interface.html#//apple_ref/doc/uid/TP40010215-CH6-SW1, Stand: 10.03.2014

AppSwitch (2014), AppSwitch - Get your Windows apps noticed, Auf den Seiten von: AppSwitch, http://www.appswitch.co.uk, Stand: 05.06.2014

Arndt, J. und Dibbern, J. (2006), The Tension between Integration and Fragmentation in a Component Based Software Development Ecosystem, in: Sprague (Hrsg., 2006), S. 228-237

Arnold, B. (1996), Customizing - Erfolgsfaktor für PPS - Standardsoftware-Lösungen der Marktführer, München 1996

Arthur, W.B. (1989), Competing Technologies, Increasing Returns, and Lock-In by Historical Events, in: The Economic Journal, 99, 1989, 394, S. 116

Artz, M. und Wagner, U. (2011), Das Internet der Zukunft - Bewährte Erfolgstreiber und neue Chancen, Wiesbaden 2011

Ashmos, D.P., Duchon, D., McDaniel, J., Reuben, R. und Huonker, J.W. (2002), What a Mess! Participation as a Simple Managerial Rule to 'Complexify' Organizations, in: Journal of Management Studies, 39, 2002, 2, S. 189-206

Association for Information Systems (AIS) (2014), Proceedings of the 20th Americas Conference on Information Systems (AMCIS 2014), Savannah 2014

Astley, W.G. und van de Ven, A.H. (1983), Central Perspectives and Debates in Organization Theory, in: Administrative Science Quarterly, 28, 1983, 2, S. 245-273

Athenstaedt, U., Freudenthaler, H.H. und Mikula, G. (2002), Die Theorie sozialer Interdependenz, in: Frey (Hrsg., 2002), S. 62-91

Aurum, A. und Wohlin, C. (2005), Engineering and Managing Software Requirements, Berlin, Heidelberg 2005

Baars, A. und Jansen, S. (2012), A Framework for Software Ecosystem Governance, in: Cusumano, Iyer, Venkatraman (Hrsg., 2012), S. 168-180

Babbie, E.R. (2013), The Practice of social research, 13. Auflage, Belmont, CA 2013

Bacellar, L., Puschner, P. und Hong, S. (2002), ISORC 2002 - 5th International Symposium on Object Oriented Real-Time Distributed Computing, Washington, DC 2002

Baerisch, S. (2005), Versionskontrollsysteme in der Softwareentwicklung, Arbeitsbericht Nr. 36, Informationszentrum Sozialwissenschaften, Arbeitsgemeinschaft Sozialwissenschaftlicher Institute e.V., Bonn 2005

Bakos, Y. und Katsamakas, E. (2008), Design and Ownership of Two-Sided Networks: Implications for Internet Platforms, in: Journal of Management Information Systems, 25, 2008, 2, S. 171-202

Baldegger, R. (2012), Management in a Dynamic Environment - Concepts, Methods and Tools, Wiesbaden 2012

Balderjahn, I. (1995), Bedürfnis, Bedarf, Nutzen, in: Tietz, Köhler, Zentes (Hrsg., 1995), S. 179-190

Baldwin, C.Y. und Clark, K.B. (2000), Design rules - The Power of Modularity, Cambridge, MA 2000

Baldwin, C.Y. und Clark, K.B. (2006), The Architecture of Participation: Does Code Architecture Mitigate Free Riding in the Open Source Development Model?, in: Management Science, 52, 2006, 7, S. 1116-1127

Baldwin, C.Y. und Woodard, C.J. (2009), The Architecture of Platforms: A Unified View, in: Gawer (Hrsg., 2009), S. 19-44

Ballejos, L.C. und Montagna, J.M. (2008), Method for stakeholder identification in interorganizational environments, in: Requirements Engineering, 13, 2008, 4, S. 281-297

Bamberger, I. und Wrona, T. (1996), Der Ressourcenansatz und seine Bedeutung für die Strategische Untemehmensführung, in: Zeitschrift für betriebswirtschaftliche Forschung, 48, 1996, 2, S. 130-153

Bandte, H. (2007), Komplexität in Organisationen - Organisationstheoretische Betrachtungen und agentenbasierte Simulation, Wiesbaden 2007

Bannerman, P. und Zhu, L. (2009), Standardization as a Business Ecosystem Enabler, in: Feuerlicht, Lamersdorf (Hrsg., 2009), S. 298-303

Bardon, D., Berry, D., Bjerke, C. und Roberts, D. (2002), Crafting the Compelling User Experience, in: International Journal of Human-Computer Interaction, 14, 2002, 3-4, S. 535-558

Barney, J.B. (1986), Strategic factor markets - Expectations, luck, and business strategy, in: Management science: journal of the Institute for Operations Research and the Management Sciences, 15, 1986, 1, S. 1231-1241

Barney, J.B. (1991), Firm Resources and Sustained Competitive Advantage, in: Journal of Management, 17, 1991, 1, S. 99-120

Barney, J.B. (2001), Is The Resource-Based "View" a Useful Perspective for Stratehic Management Research? Yes, in: Academy of Management Review, 26, 2001, 1, S. 41-56

Barry, C. (2009), Information systems development - challenges in practice, theory, and education, New York, NY 2009

Basole, R.C. und Karla, J. (2011), Entwicklung von Mobile-Platform-Ecosystem-Strukturen und -Strategien, in: Wirtschaftsinformatik, 53, 2011, 5, S. 301-311

Battram, A. (1999), Navigating complexity - The essential guide to complexity theory in business and management, London, Dover, NH 1999

Bea, F.X. (2010), Organisation - Theorie und Gestaltung, 4. Auflage, Stuttgart 2010

Bea, F.X. und Haas, J. (2013), Strategisches Management, 6. Auflage, Konstanz, München 2013

Bea, F.X., Helm, R. und Schweitzer, M. (2009), BWL-Lexikon, Stuttgart 2009

Becker, J., Krcmar, H. und Niehaves, B. (2009), Wissenschaftstheorie und gestaltungsorientierte Wirtschaftsinformatik, Heidelberg 2009

Becker, J., Niehaves, B., Olbrich, S. und Pfeiffer, D. (2009), Forschungsmethodik einer Integrationsdisziplin - Fortführung und Ergänzung zu Lutz Heinrichs "Beitrag zur Geschichte der Wirtschaftsinformatik" aus gestaltungsorientierter Perspektive, in: Becker, Krcmar, Niehaves (Hrsg., 2009), S. 1-22

Beimborn, D., Miletzki, T. und Wenzel, S. (2011), Platform as a Service (PaaS), in: Wirtschaftsinformatik, 53, 2011, 6, S. 371-375

Bell, W. (2007), Foundations of futures studies - Human science for a new era, New Brunswick 2007

Bellissimo, A., Burgess, J. und Fu, K. (2006), Secure software updates: disappointments and new challenges, in: Blaze, Gligor, Keromytis, van Oorschot, Provos, Wallach (Hrsg., 2006), S. 37-46

Bendt, A. (2000), Wissenstransfer in multinationalen Unternehmen, Wiesbaden 2000

Berger, T., Pfeiffer, R.-H., Tartler, R., Dienst, S., Czarnecki, K., Wąsowski, A. und She, S. (2014), Variability mechanisms in software ecosystems, in: Information and Software Technology, 56, 2014, 11, S. 1520-1535

Bergvall-Kareborn B. und Howcroft D. (2011), Mobile Applications Development on Apple and Google Platforms, in: Communications of thc Association for Information Systems, 29, 2011, 1, S. 564-581

Berke, J. (2014), Echte Zerreißprobe, in: Wirtschaftswoche, 2014, 8, S. 52-54

Berkel, K. (1987), Zur Sozialpsychologie des Konflikts in Organisationen, in: Schultz-Gambard (Hrsg., 1987), S. 153-167

Bernecker, T. (2005), Entwicklungsdynamik organisatorischer Netzwerke - Konzeption, Muster und Gestaltung, Wiesbaden 2005

Bertschek, I., Engelstätter, B., Müller, B., Ohnemus, J. und Vogelmann, T. (2008), Unternehmenssoftware und Eingebettete Systeme - Unternehmensbefragung Herbst/Winter 2007 in Baden-Württemberg, FAZIT Schriftenreihe Band 11, MFG-Stiftung Baden-Württemberg, Stuttgart 2008

Bevington, D. (2000), Business function specification of commercial applications, in: IBM Systems Journal, 39, 2000, 2, S. 315-335

Bhargava, H.K. und Choudhary, V. (2004), Economics of an Information Intermediary with Aggregation Benefits, in: Information System Research, 15, 2004, 1, S. 22-36

Bieger, T., Knyphausen-Aufseß, D. z. und Krys, C. (2011), Innovative Geschäftsmodelle, Berlin, Heidelberg 2011

Bing-Sheng, T. (2003), Collaborative Advantage of Strategic Alliances: Value Creation in the Value Net, in: Journal of General Management, 29, 2003, 2, S. 1-22

BITKOM - Bundesverband Informationswirtschaft, Telekommunikation und neue Medien e.V. (2014), ITK-Marktzahlen, Auf den Seiten von: BITKOM - Bundesverband

Informationswirtschaft, Telekommunikation und neue Medien e.V., http://www.bitkom.org/files/documents/BITKOM_ITK-Marktzahlen_Maerz_2014_Kurzfassung.pdf, Stand: 01.03.2014

Blau, P.M. (1964), Exchange and power in social life, New York 1964

Blaze, M., Gligor, V., Keromytis, A. D., van Oorschot, P., Provos, N. und Wallach, D. (2006), Proceedings of the 1st USENIX Workshop on Hot Topics in Security, Vancouver, B.C., Canada 2006

Blecker, T., Kersten, W. und Huang, G. Q. (2006), Operations and Technology Management, Berlin 2006

Bliemel, F. (2000), Electronic Commerce - Herausforderungen - Anwendungen - Perspektiven, 3. Auflage, Wiesbaden 2000

Bonacker, T. (2003a), Sozialwissenschaftliche Konflikttheorien, Wiesbaden 2003

Bonacker, T. (2003b), Sozialwissenschaftliche Konflikttheorien - Einleitung und Überblick, in: Bonacker (Hrsg., 2003), S. 9-29

Bortenschlager, M., Bortenschlager, S. und Seyff, N. (2012), Ökosysteme für mobile Anwendungen, in: HMD Praxis der Wirtschaftsinformatik, 49, 2012, 4, S. 43-51

Bortz, J., Bortz-Döring und Döring, N. (2009), Forschungsmethoden und Evaluation - Für Human- und Sozialwissenschaftler; mit 87 Tabellen, 4. Auflage, Heidelberg 2009

Bosch, J. (2006), The Challenges Of Broadening The Scope Of Software Product Families - Addressing the challenges involved in broadening the scope of software product families., in: Communications of the ACM, 49, 2006, 12, S. 41-44

Bosch, J. (2009), From software product lines to software ecosystems, in: McGregor (Hrsg., 2009), S. 111-119

Bosch, J. (2010), Architecture challenges for software ecosystems, in: Gorton, Ali Babar, Cuesta (Hrsg., 2010), S. 93

Bosch, J. (2012), Software ecosystems: Taking software development beyond the boundaries of the organization, in: Journal of Systems and Software, 85, 2012, 7, S. 1453-1454

Bosch, J. (2013), Achieving Simplicity with the Three-Layer Product Model, in: Computer, 46, 2013, 11, S. 34-39

Bosch, J. und Bosch-Sijtsema, P. (2010), From integration to composition: On the impact of software product lines, global development and ecosystems, in: Journal of Systems and Software, 83, 2010, 1, S. 67-76

Bosch, J., Jansen, S. und Alves, C. F. (2012), Proceedings of the Fourth International Workshop on Software Ecosystems (IWSECO 2012), Cambridge, MA 2012

Boudreau, K. (2010), Open Platform Strategies and Innovation: Granting Access vs. Devolving Control, in: Management Science, 56, 2010, 10, S. 1849-1872

Boudreau, K. (2012), Let a Thousand Flowers Bloom? An Early Look at Large Numbers of Software App Developers and Patterns of Innovation, in: Organization Science, 23, 2012, 5, S. 1409-1427

Boutellier, R., Schuh, G. und Seghezzi, H.D. (1997), Industrielle Produktion und Kundennähe — Ein Widerspruch?, in: Schuh, Wiendahl (Hrsg., 1997), S. 37-63

Brandenburger, A.M. und Nalebuff, B.J. (2008), Coopetition - Kooperativ konkurrieren; mit der Spieltheorie zum Geschäftserfolg, 3. Auflage, Eschborn 2008

Brehm, L., Heinzl, A. und M. Lynne, M. (2001), Tailoring ERP Systems: A Spectrum of Choices and their Implications, in: Sprague (Hrsg., 2001), S. 1-9

Bresser, R.K.F. (2010), Strategische Managementtheorie, 2. Auflage, Stuttgart 2010

Brinkkemper, S., van Soest, I. und Jansen, S. (2009), Modeling of product software businesses: Investigation into industry product and channel typologies., in: Barry (Hrsg., 2009), S. 677-686

Brock, D. (2009), Konflikttheorie, in: Brock (Hrsg., 2009), S. 215-238

Brock, D. (2009), Soziologische Paradigmen nach Talcott Parsons - Eine Einführung, Wiesbaden 2009

Brosius, H.-B., Haas, A. und Koschel, F. (2012), Methoden der empirischen Kommunikationsforschung - Eine Einführung, 6. Auflage, Wiesbaden 2012

Brown, S.L. und Eisenhardt, K.M. (2007), Competing on the edge - Strategy as structured chaos, Boston, MA 2007

Broy, M. und Geisberger, E. (2012), AgendaCPS - Integrierte Forschungsagenda; Cyber-Physical Systems, Berlin, Heidelberg 2012

Brüderl, J. und Preisendörfer, P. (1998), Network Support and the Success of Newly Founded Business, in: Small Business Economics, 10, 1998, 3, S. 213-225

Brunner, M. (2009), Resource-Dependence-Ansatz, in: Schwaiger (Hrsg., 2009), S. 29-40

Buhl, H.U. (1993), Betriebswirtschaftliche Determinanten von Software-Entscheidungen, in: Kurbel (Hrsg., 1993), S. 154-168

Buhl, H.U. und Lehnert, M. (2012), Information Systems and Business & Information Systems Engineering: Status Quo and Outlook, in: Aalst, Mylopoulos, Rosemann, Shaw, Szyperski, Abramowicz, Kriksciuniene, Sakalauskas (Hrsg., 2012), S. 1-10

Burgelman, R.A. (2002), Strategy as Vector and the Inertia of Coevolutionary Lock-in, in: Administrative Science Quarterly, 47, 2002, 2, S. 325-357

Burkard, C., Widjaja, T. und Buxmann, P. (2012), Software Ecosystems, in: Wirtschaftsinformatik, 54, 2012, 1, S. 43-47

Burrell, G. und Morgan, G. (2011), Sociological paradigms and organisational analysis - Elements of the sociology of corporate life, Farnham 2011

Buxmann, P., Diefenbach, H. und Hess, T. (2011), Die Softwareindustrie, 2. Auflage, Berlin, Heidelberg 2011

Buxmann, P., Diefenbach, H. und Hess, T. (2013), The software industry - Economic principles, strategies, perspectives, Heidelberg, New York 2013

Buxmann, P., Hess, T. und Lehmann, S. (2008), Software as a Service, in: Wirtschaftsinformatik, 50, 2008, 6, S. 500-503

Camarinha-Matos, L. M., Afsarmanesh, H., Novais, P. und Analide, C. (2007), Establishing the foundation of collaborative networks - IFIP TC 5 Working Group 5.5 Eighth IFIP Working Conference on Virtual Enterprises, September 10-12, 2007, Guimarães, Portugal, New York, NY 2007

Casaló, L.V., Flavián, C. und Guinalíu, M. (2010), Relationship quality, community promotion and brand loyalty in virtual communities: Evidence from free software communities, in: International Journal of Information Management, 30, 2010, 4, S. 357-367

Ceccagnoli, M. (2012), Cocreation of value in a platform ecosystem: the case of enterprise software, in: Management Information Systems Quarterly, 36, 2012, 1, S. 263-290

Ceccagnoli, M., Forman, C., Huang, P. und Wu, D.J. (2012), Cocreation of Value in a Platform Ecosystem: The Case of Enterprise Software, in: MIS Quarterly, 36, 2012, 1, S. 263-290

Cennamo, C. und Santalo, J. (2013), Platform competition: Strategic trade-offs in platform markets, in: Strategic Management Journal, 34, 2013, 11, S. 1331-1350

Chan, L.-K. und Wu, M.-L. (2002), Quality function deployment: A literature review, in: European Journal of Operational Research, 143, 2002, 3, S. 463-497

Chellappa, R.K., Sambamurthy, V. und Saraf, N. (2010), Competing in Crowded Markets: Multimarket Contact and the Nature of Competition in the Enterprise Systems Software Industry, in: Information System Research, 21, 2010, 3, S. 614-630

Chellappa, R.K. und Saraf, N. (2010), Alliances, Rivalry, and Firm Performance in Enterprise Systems Software Markets: A Social Network Approach, in: Information System Research, 21, 2010, 4, S. 849-871

Chen, H. und Slaughter, S. (2010), 30th International Conference on Information Systems 2009 (ICIS 2009), Red Hook, NY 2010

Cheng, H.K. und Tang, Q.C. (2010), Free trial or no free trial: Optimal software product design with network effects, in: European Journal of Operational Research, 205, 2010, 2, S. 437-447

Chesbrough, H. und Schwartz, K. (2007), Innovating Business Models with Co-Development Partnerships, in: Research Technology Management, 50, 2007, 1, S. 55-59

Child, J. (1972), Organizational Structure, Environment and Performance: The Role of Strategic Choice, in: Sociology, 6, 1972, 1, S. 1-22

Chirilă, C.-B. und Creţu, V. (2012), A Set of Java Metrics for Software Quality Tree Based on Static Code Analyzers, in: Precup, Kovács, Preitl, Petriu (Hrsg., 2012), S. 147-162

Cifuentes, C. und Fitzgerald, A. (2000), The legal status of reverse engineering of computer software, in: Annals of Software Engineering, 9, 2000, 1-2, S. 337-351

Clemmensen, T. (2011), Usability problem identification in culturally diverse settings, in: Information Systems Journal, 22, 2011, 2, S. 151-175

Coase, R.H. (1937), The Nature of the Firm, in: Economica, 4, 1937, 16, S. 386-405

Cohen, L. (1995), Quality function deployment - How to make it work, Reading, MA 1995

Cohen, W.M. und Levinthal, D.A. (1990), Absorptive Capacity: A New Perspective on Learning and Innovation, in: Administrative Science Quarterly, 35, 1990, 1, S. 128-152

Colapinto, C. (2010), Moving to a Multichannel and Multiplatform Company in the Emerging and Digital Media Ecosystem: The Case of Mediaset Group, in: International Journal on Media Management, 12, 2010, 2, S. 59-75

Copeland, R. (2010), Telco app stores - friend or foe?, in: IEEE (Hrsg., 2010), S. 1-7

Corsten, H. (1998), Grundlagen der Wettbewerbsstrategie, Stuttgart, Leipzig 1998

Corsten, H. (2001), Unternehmungsnetzwerke - Formen unternehmungsübergreifender Zusammenarbeit, München, Wien 2001

Corsten, H. und Corsten, M. (2012), Einführung in das Strategische Management, Konstanz, München 2012

Cortellessa, V., Pierini, P. und Rossi, D. (2007), Integrating Software Models and Platform Models for Performance Analysis, in: IEEE Transactions on Software Engineering, 33, 2007, 6, S. 385-401

Coser, L.A. (1965), Theorie sozialer Konflikte, Neuwied am Rhein 1965

Cropanzano, R. (2005), Social Exchange Theory: An Interdisciplinary Review, in: Journal of Management, 31, 2005, 6, S. 874-900

Currall, S.C. und Inkpen, A.C. (2006), On the complexity of organizational trust: a multilevel co-evolutionary perspective and guidelines for future research, in: Zaheer, Bachmann (Hrsg., 2006), S. 235-246

Cusumano, M. A., Iyer, B. und Venkatraman, N. (2012), Software Business - Third International Conference, ICSOB 2012, Cambridge, MA, USA, June 18-20, 2012. Proceedings, Berlin, Heidelberg 2012

Cusumano, M.A. (2008), Technology strategy and management: The puzzle of Apple, in: Communications of the ACM, 51, 2008, 9, S. 22

Cusumano, M.A. (2010a), Platforms and services, in: Communications of the ACM, 53, 2010, 10, S. 22

Cusumano, M.A. (2010b), Staying power - Six enduring principles for managing strategy and innovation in an uncertain world (lessons from Microsoft Apple Intel Google Toyota and more), Oxford 2010

Cusumano, M.A. (2010c), Technology Strategy and Management: The Evolution of Platform Thinking, in: Communications of the ACM, 53, 2010, 1, S. 32-34

Cusumano, M.A. (2010d), The evolution of platform thinking - How platform adoption can be an important determinant of product and technological success, in: Communications of the ACM, 53, 2010, 1, S. 32

Cusumano, M.A. (2011), The platform leader's dilemma, in: Communications of the ACM, 54, 2011, 10, S. 21

Cusumano, M.A. und Gawer, A. (2002), The elements of platform leadership, in: MIT Sloan Management Review, 43, 2002, 3, S. 51-58

Dahrendorf, R. (1958), Toward a Theory of Social Conflict, in: The Journal of Conflict Resolution, 2, 1958, 2, S. 170-183

Das, T.K. und Teng, B.-S. (1998), Between Trust and Control: Developing Confidence in Partner Cooperation in Alliances, in: The Academy of Management Review, 23, 1998, 3, S. 491-512

Das, T.K. und Teng, B.-S. (2002), The Dynamics of Alliance Conditions in the Alliance Development Process, in: Journal of Management Studies, 39, 2002, 5, S. 725-746

Das, T.K. und Teng, B.-S. (2003), Partner analysis and alliance performance, in: Scandinavian Journal of Management, 19, 2003, 3, S. 279-308

Dawes, R.M. (1980), Social Dilemmas, in: Annual Review of Psychology, 31, 1980, 1, S. 169-193

Degen, H. (1999), Kundenorientierte Softwareproduktion, Wiesbaden 1999

Demirkan, H., Kauffman, R.J., Vayghan, J.A., Fill, H.-G., Karagiannis, D. und Maglio, P.P. (2008), Service-oriented technology and management: Perspectives on research and practice for the coming decade, in: Electronic Commerce Research and Applications, 7, 2008, 4, S. 356-376

Deng, R., Bao, F., Pang, H. und Zhou, J. (2005), Information Security Practice and Experience, Berlin, Heidelberg 2005

Denzin, N.K. (1989), The research act - A theoretical introduction to sociological methods, Englewood Cliffs 1989

Developer Garden (2014), Code Analyzer, Auf den Seiten von: Deutsche Telekom, https://www.developergarden.com/de/apis/apis-sdks/code-analyzer, Zugriff am 13.06.2014

Di Cosmo, R. und Inverardi, P. (2009), IWOCE'09 - Proceedings of the 1st International Workshop on Open Component Ecosystems, August 24, 2009, Amsterdam, New York 2009

Di Cosmo, R., Inverardi, P., Boucharas, V., Jansen, S. und Brinkkemper, S. (2009), Formalizing software ecosystem modeling, in: Di Cosmo, Inverardi (Hrsg., 2009), S. 41-50

Donohoe, P. (2000), Software Product Lines - Experience and Research Directions, Boston, MA 2000

Doppler, K. und Lauterburg, C. (2002), Change Management - Den Unternehmenswandel gestalten, 10. Auflage, Frankfurt/Main, New York 2002

Doty, D.H. und Glick, W.H. (1994), Typologies As A Unique Form of Theory Building: Toward Improved Understanding And Modeling, in: Academy of Management Review, 19, 1994, 2, S. 230-251

Douglas, J. (2014), Single Sign-On with SAML on Force.com, Auf den Seiten von: salesforce, https://developer.salesforce.com/page/Single_Sign-On_with_SAML_on_Force.com, Stand: 28.09.2014

Dourish, P. und Anderson, K. (2006), Collective Information Practice: Exploring Privacy and Security as Social and Cultural Phenomena, in: Human-Computer Interaction, 21, 2006, 3, S. 319-342

Duschek, S. (2004), Inter-firm resources and sustained competitive advantage, in: Management Revue, 15, 2004, 1, S. 53-73

Duschek, S. und Sydow, J. (2013), Netzwerkzeuge – Einführung und Überblick, in: Sydow, Duschek (Hrsg., 2013), S. 1-7

Dyer, J.H., Kale, P. und Singh, H. (2004), When to Ally & When to Acquire, in: Harvard Business Review, 82, 2004, 7/8, S. 108-115

Dyer, J.H. und Singh, H. (1998), The Relational View: Cooperative Strategy and Sources of Interorganizational Competitive Advantage, in: Academy of Management Review, 23, 1998, 4, S. 660-679

Ebers, M. und Gotsch, W. (2006), Institutionenökonomische Theorien der Organisation, in: Kieser (Hrsg., 2006), S. 247-308

Ebert, C. (2012), Systematisches Requirements Engineering - Anforderungen ermitteln, spezifizieren, analysieren und verwalten, 4. Auflage, Heidelberg 2012

Economides, N. und Katsamakas, E. (2006), Two-Sided Competition of Proprietary vs. Open Source Technology Platforms and the Implications for the Software Industry, in: Management Science, 52, 2006, 7, S. 1057-1071

Edelman, B. (2014), Leveraging Market Power Through Tying and Bundling - Does Google Behave Anti-Competitively? Working Paper 14-112, Harvard Business School, Boston, MA 2014

Eisenmann, T., Parker, G. und van Alstyne, M. (2011), Platform envelopment, in: Strategic Management Journal, 32, 2011, 12, S. 1270-1285

Eisenmann, T., Parker, G.G. und van Alstyne, M.W. (2006), Strategies for Two-Sided Markets, in: Harvard Business Review, 84, 2006, 10, S. 92-101

Eisenmann, T.R., Parker, G.G. und van Alstyne, M.W. (2009), Opening Platforms: How, When and Why?, in: Gawer (Hrsg., 2009), S. 131-162

Eklund, U. und Bosch, J. (2012), Using architecture for multiple levels of access to an ecosystem platform, in: Grassi, Mirandola (Hrsg., 2012), S. 143

Emerson, R.M. (1962), Power-Dependence Relations, in: American Sociological Review, 27, 1962, 1, S. 31-41

Endres, A. (2011), Offene Innovationen und die sie begünstigenden Systeme, in: Informatik Spektrum, 34, 2011, 4, S. 391-399

Engelkamp, P. und Sell, F.L. (2013), Einführung in die Volkswirtschaftslehre, 6. Auflage, Berlin, Heidelberg 2013

Evans, D.S. (2005), A Survey of the Economic Role of Software Platforms in Computer-based Industries, in: CESifo Economic Studies, 51, 2005, 2-3, S. 189-224

Evans, D.S., Hagiu, A. und Schmalensee, R. (2008), Invisible engines - How software platforms drive innovation and transform industries, Cambridge, MA, London 2008

Fahrmeir, L., Künstler, R., Pigeot, I. und Tutz, G. (2011), Statistik - Der Weg zur Datenanalyse, 7. Auflage, Berlin 2011

Faught, K., Whitten, D. und Green, K. (2004), Doing Survey Research on the Internet: Yes, Timing does Matter, in: Journal of Computer Information Systems, 44, 2004, 3, S. 26-34

Ferstl, O. K., Sinz, E. J., Eckert, S. und Isselhorst, T. (2005), Wirtschaftsinformatik 2005: eEconomy, eGovernment, eSociety, Heidelberg 2005

Feuerlicht, G. und Lamersdorf, W. (2009), Service-oriented computing - ICSOC 2008 Workshops, Berlin 2009

Flanagan, J.C. (1954), The Critical Incident Technique, in: Psychological Bulletin, 51, 1954, 4, S. 327-358

Flick, U. (2011), Triangulation - Eine Einführung, 3. Auflage, Wiesbaden 2011

Flick, U. (2013a), Design und Prozess qualitativer Forschung, in: Flick, Kardorff, Steinke (Hrsg., 2013), S. 252-264

Flick, U. (2013b), Triangulation in der qualitativen Forschung, in: Flick, Kardorff, Steinke (Hrsg., 2013), S. 309-318

Flick, U., Kardorff, E. v. und Steinke, I. (2013), Qualitative Forschung - Ein Handbuch, 10. Auflage, Reinbek 2013

Foschiani, S. und Zahn, E. (2000), Strategisches Management im Zeichen von Umbruch und Wandel - Festschrift für Professor Dr. Erich Zahn zum 60. Geburtstag, Stuttgart 2000

Freiling, J. (2001), Ressourcenorientierte Reorganisationen - Problemanalyse und Change Management auf der Basis des Resource-based View, Wiesbaden 2001

Frese, E. (1992), Organisationstheorie - Historische Entwicklung, Ansätze, Perspektiven, 2. Auflage, Wiesbaden 1992

Frese, E. (1995), Grundlagen der Organisation - Konzept - Prinzipien - Strukturen, 6. Auflage, Wiesbaden 1995

Frey, D. (2002), Theorien der Sozialpsychologie, 2. Auflage, Bern, Göttingen 2002

Friedli, T. und Schuh, G. (2005), Die operative Allianz, in: Zentes (Hrsg., 2005), S. 429

Friedrichs, J. (1990), Methoden empirischer Sozialforschung, 14. Auflage, Opladen 1990

Fritsch, W. (2013), Der Channel steuert bei SAP 34 Prozent zum Umsatz bei - Neue Geschäftsfelder eröffnen Möglichkeiten, Auf den Seiten von: WEKA Fachmedien GmbH, http://www.crn.de/software/artikel-97911.html, Stand: 14.01.2013

Frühauf, K. und Schweizerische Arbeitsgemeinschaft für Qualitätsförderung (1994), Software Quality Concern for People - Proceedings of the Fourth European Conference on Software Quality, Zürich 1994

Galaskiewicz, J. und Marsden, P.V. (1978), Interorganizational resource networks: Formal patterns of overlap, in: Social Science Research, 7, 1978, 2, S. 89-107

Gallaugher, J.M. und Wang, Y.-M. (2002), Understanding Network Effects in Software Markets: Evidence from Web Server Pricing, in: MIS Quarterly, 26, 2002, 4, S. 303

Gamma, E. (2011), Entwurfsmuster - Elemente wiederverwendbarer objektorientierter Software, 6. Auflage, München 2011

Gang Zhao, Dong Zheng und Kefei Chen (2004), Design of single sign-on, in: IEEE (Hrsg., 2004), S. 253-256

Gao, L.S. und Iyer, B. (2009), Value creation using alliances within the software industry, in: Electronic Commerce Research and Applications, 8, 2009, 6, S. 280-290

Gartner (2013), Gartner Says Worldwide Customer Relationship Management Software Market Grew 12.5 Percent in 2012, Auf den Seiten von: Gartner, http://www.gartner.com/newsroom/id/2459015, Stand: 29.04.2013

Gartner (2014), Gartner Says Customer Relationship Management Software Market Grew 13.7 Percent in 2013, Auf den Seiten von: Gartner, http://www.gartner.com/newsroom/id/2730317, Stand: 06.05.2014

Gatterer, H. (2012), Megatrends bezeugen den Wandel, in: Granig, Hartlieb (Hrsg., 2012), S. 25-39

Gawer, A. (2009a), Platform Dynamics and Strategies: From Products to Services, in: Gawer (Hrsg., 2009),

Gawer, A. (2009b), Platforms, markets and innovation, Cheltenham 2009

Gawer, A. (2014), Bridging differing perspectives on technological platforms: Toward an integrative framework, in: Research Policy, 43, 2014, 7, S. 1239-1249

Gawer, A. und Cusumano, M.A. (2002), Platform leadership - How Intel, Microsoft, and Cisco drive industry innovation, Boston, MA 2002

Gawer, A. und Henderson, R. (2007), Platform Owner Entry and Innovation in Complementary Markets: Evidence from Intel, in: Journal of Economics & Management Strategy, 16, 2007, 1, S. 1-34

Geiger, R.S. (2014), Bots, bespoke, code and the materiality of software platforms, in: Information, Communication & Society, 2014, S. 1-15

Geihs, K. (2008), Selbst-adaptive Software, in: Informatik-Spektrum, 31, 2008, 2, S. 133-145

Geisser, M., Heinzl, A., Hildenbrand, T. und Rothlauf, F. (2007), Verteiltes, internetbasiertes Requirements-Engineering, in: Wirtschaftsinformatik, 49, 2007, 3, S. 199-207

Gell-Mann, M. (1994), Das Quark und der Jaguar: Vom Einfachen zum Komplexen - die Suche nach einer neuen Erklärung der Welt, München 1994

Ghazawneh, A. und Henfridsson, O. (2013), Balancing platform control and external contribution in third-party development: the boundary resources model, in: Information Systems Journal, 23, 2013, 2, S. 173-192

Giddens, A. (1997), Die Konstitution der Gesellschaft - Grundzüge einer Theorie der Strukturierung, 3. Auflage, Frankfurt am Main 1997

Gimmler, A. (1998), Institution und Individuum, Dissertation, Universität Frankfurt, Frankfurt/Main, Bamberg 1998

Glückler, J. (2012), Organisierte Unternehmensnetzwerke: Eine Einführung, in: Glückler, Dehning, Janneck, Armbrüster (Hrsg., 2012), S. 1-18

Glückler, J., Dehning, W., Janneck, M. und Armbrüster, T. (2012), Unternehmensnetzwerke, Berlin, Heidelberg 2012

Glunde, J. und Herrmann, A. (2013), Wie Sie herausfinden, was Ihre Stakeholder erwarten, in: Valentini, Weißbach, Fahney, Gartung, Glunde, Herrmann, Hoffmann, Knauss (Hrsg., 2013), S. 41-46

Goldsby, T.J. und Eckert, J.A. (2003), Electronic transportation marketplaces: a transaction cost perspective, in: Industrial Marketing Management, 32, 2003, 3, S. 187-198

Gomez, P., Hahn, D., Müller-Stewens, G. und Wunderer, R. (1994), Unternehmerischer Wandel - Konzepte zur organisatorischen Erneuerung, Wiesbaden 1994

Goodwin, B. (2000), Out of Control into Participation, in: Emergence, 2, 2000, 4, S. 40-49

Google (2014), Alpha and Beta Testing, Auf den Seiten von: Google, http://developer.android.com/distribute/googleplay/developer-console.html#alpha-beta, Zugriff am 05.06.2014

Gorton, I., Ali Babar, M. und Cuesta, C. E. (2010), Proceedings of the Fourth European Conference on Software Architecture (ECSA) 2010, New York 2010

Gorton, I., Babar, M.A., Cuesta, C.E., van den Berk, I.M., Jansen, S. und Luinenburg, L. (2010), Software ecosystems, in: Gorton, Ali Babar, Cuesta (Hrsg., 2010), S. 127

Gottipati, S., Lo, D. und Jing Jiang (2011), Finding relevant answers in software forums, in: Alexander (Hrsg., 2011), S. 323-332

Götze, U. (1993), Szenario-Technik in der strategischen Unternehmensplanung, 2. Auflage, Wiesbaden 1993

Götze, U. und Rainhart, L. (2008), Strategisches Management zwischen Globalisierung und Regionalisierung, Wiesbaden 2008

Granig, P. und Hartlieb, E. (2012), Die Kunst der Innovation, Wiesbaden 2012

Grant, R.M. (1991), The Resource-Based Theory of Competitive Advantage: Implications for Strategy Formulation, in: California Management Review, 33, 1991, 3, S. 114-135

Grant, R.M. (1996), Toward a knowledge-based theory of the firm, in: Strategic Management Journal, 17, 1996, S2, S. 109-122

Grant, R.M. (2013), Contemporary strategy analysis - Text and cases, 8. Auflage, Chichester 2013

Grassi, V. und Mirandola, R. (2012), QoSA'12 - Proceedings of the 8th International ACM SIGSOFT Conference on Quality of Software Architectures: June 25-28, 2012, Bertinoro, Italy, New York 2012

Grochla, E. (1982), Grundlagen der organisatorischen Gestaltung, Stuttgart 1982

Gronau, N. (2001), Industrielle Standardsoftware - Auswahl und Einführung, München 2001

Gronau, N. (2012), Handbuch der ERP-Auswahl, Berlin 2012

Gronau, N. (2014), Enterprise resource planning - Architektur, Funktionen und Management von ERP-Systemen, 3. Auflage, München 2014

Gronau, N. und Fohrholz, C. (2012), Höhere Produktivität durch moderne ERP-Systeme, Berlin 2012

Grosky, W. I. (2011), Proceedings of the International Conference on Management of Emergent Digital EcoSystems - San Francisco, CA, USA, November 21 - 24, 2011, New York 2011

Grover, V. und Kohli, R. (2012), Cocreating IT Value: New Capabilities and Metrics for Multifirm Environments, in: MIS Quarterly, 36, 2012, 1, S. 225-232

Gulati, R., Nohria, N. und Zaheer, A. (2000), Strategic Networks, in: Strategic Management Journal, 21, 2000, 3, S. 203-215

Gulati, R., Puranam, P. und Tushman, M. (2012), Meta-organization design: Rethinking design in interorganizational and community contexts, in: Strategic Management Journal, 33, 2012, 6, S. 571-586

Gull, D. (2011), Bewertung von Discountoptionen bei Softwarelizenzverträgen, in: Wirtschaftsinformatik, 53, 2011, 4, S. 213-223

Gull, D. und Wehrmann, A. (2009), Optimierte Softwarelizenzierung – Kombinierte Lizenztypen im Lizenzportfolio, in: Wirtschaftsinformatik, 51, 2009, 4, S. 324-334

Gwebu, K.L. und Wang, J. (2011), Adoption of Open Source Software: The role of social identification, in: Decision Support Systems, 51, 2011, 1, S. 220-229

Hagiu, A. und Eisenmann, T. (2007), A Staged Solution to the Catch-22, in: Harvard Business Review, 85, 2007, 11, S. 25-26

Hagiu, A. und Yoffie, D.B. (2009), What's Your Google Strategy?, in: Harvard Business Review, 87, 2009, 4, S. 74-81

Hall, R. (1992), The strategic analysis of intangible resources, in: Strategic Management Journal, 13, 1992, 2, S. 135-144

Hamann E. M., Henn, H.H., Schäck, T. und Sellinger, F. (2001), Securing e-business applications using smart-cards, in: IBM Systems Journal, 40, 2001, 3, S. 635-647

Hamel, G. (1991), Competition for competence and interpartner learning within international strategic alliances, in: Strategic Management Journal, 12, 1991, S1, S. 83-103

Handoyo, E., Jansen, S. und Brinkkemper, S. (2013), Software Ecosystem Roles Classification, in: Herzwurm, Margaria (Hrsg., 2013), S. 212-216

Hannan, M. und Freeman, J. (1977), The Population Ecology of Organizations, in: The American Journal of Sociology, 82, 1977, 5, S. 929-964

Hansen, H. R. und Neumann, G. (2009), Wirtschaftsinformatik, 10. Auflage, Stuttgart 2009

Hanssen, G.K. (2012), A longitudinal case study of an emerging software ecosystem: Implications for practice and theory - Software Ecosystems, in: Journal of Systems and Software, 85, 2012, 7, S. 1455-1466

Hanssen, G.K. und Dybå, T. (2012), Theoretical foundations of software ecosystems, in: Bosch, Jansen, Alves (Hrsg., 2012), S. 6-17

Hartmann, H., Trew, T. und Bosch, J. (2012), The changing industry structure of software development for consumer electronics and its consequences for software architectures, in: Journal of Systems and Software, 85, 2012, 1, S. 178-192

Hatch, M.J. und Cunliffe, A.L. (2013), Organization Theory - Modern, Symbolic and Postmodern Perspectives, 3. Auflage, Oxford 2013

Heinrich, L.J. (2007), Wirtschaftsinformatik - Einführung und Grundlegung, 3. Auflage, München, Wien 2007

Heinrich, L.J. (2012), Geschichte der Wirtschaftsinformatik - Entstehung und Entwicklung einer Wissenschaftsdisziplin, 2. Auflage, Berlin, Heidelberg 2012

Heinzl, A., Schoder, D. und Frank, U. (2008), WI-Orientierungslisten, in: Wirtschaftsinformatik, 50, 2008, 2, S. 155-163

Helferich, A. (2010), Software Mass Customization, Lohmar, Köln 2010

Herzwurm, G. (2000), Kundenorientierte Softwareproduktentwicklung, Stuttgart, Leipzig, Wiesbaden 2000

Herzwurm, G. (2012), Transformation des Markts für ERP-Software: Vom Markt zum plattformbasierten Öko-System?!, in: Gronau, Fohrholz (Hrsg., 2012), S. 31-72

Herzwurm, G. und Margaria, T. (2013), Software Business. From Physical Products to Software Services and Solutions - 4th International Conference, ICSOB 2013, Potsdam, Germany, June 11-14, 2013, Proceedings, Berlin, Heidelberg 2013

Herzwurm, G., Mellis, W. und Schockert, S. (1997), Qualitätssoftware durch Kundenorientierung - Die Methode Quality Function Development (QFD); Grundlagen, Praxis und SAP R/3 Fallbeispiel, Braunschweig, Wiesbaden 1997

Herzwurm, G. und Mikusz, M. (2008), Industrialisierung des Software-Managements - Fachtagung des GI-Fachausschusses Management der Anwendungsentwicklung und -wartung im Fachbereich Wirtschaftsinformatik (WI-MAW) 12.-14. November 2008 in Stuttgart, Bonn 2008

Herzwurm, G. und Pietsch, W. (2009), Management von IT-Produkten - Geschäftsmodelle, Leitlinien und Werkzeugkasten für softwareintensive Systeme und Dienstleistungen, Heidelberg 2009

Herzwurm, G., Schockert, S. und Mellis, W. (1999), Higher Customer Satisfaction with Prioritizing and Focused Software Quality Function Deployment, in: ADV Arbeitsgemeinschaft für Datenverarbeitung, European Conference on Software Quality (Hrsg., 1999), S. 71-93

Herzwurm, G., Schockert, S. und Mellis, W. (2000), Joint requirements engineering - QFD for rapid customer focused software and Internet development, Braunschweig 2000

Herzwurm, G. und Stelzer, D. (2008), Wirtschaftsinformatik versus Information Systems - Eine Gegenüberstellung, Stuttgarter Schriften zur Unternehmenssoftware - Arbeitsbericht Nr. 2, Lehrstuhl für Allgemeine Betriebswirtschaftslehre und Wirtschaftsinformatik II, Betriebswirtschaftliches Institut, Universität Stuttgart, Stuttgart 2008

Hess, T. (1999), Implikationen der Prinzipal-Agent-Theorie für das Management von Unternehmensnetzwerken, Arbeitsbericht Nr. 3, Abteilung Wirtschaftsinformatik II, Universität Göttingen, Göttingen 1999

Hess, T. (2002), Netzwerkcontrolling - Instrumente und ihre Werkzeugunterstützung, Wiesbaden 2002

Heß, W. (2008), Ein Blick in die Zukunft - acht Megatrends, die Wirtschaft und Gesellschaft verändern, Working Paper Nr. 103, Allianz Dresdner Economic Research, Frankfurt am Main 2008

Hesseler, M. und Görtz, M. (2008), Basiswissen ERP-Systeme - Auswahl, Einführung & Einsatz betriebswirtschaftlicher Standardsoftware, Herdecke 2008

Hevner, A.R., March, S.T., Park, J. und Ram, S. (2004), Design science in information systems research, in: MIS Quarterly, 28, 2004, 1, S. 75-105

Hieke, S. (2009), Der Ressourenorientierte Ansatz, in: Schwaiger (Hrsg., 2009), S. 61-82

Hilkert, D. (2012), Das Partnermanagement in Softwareplattformen - Empirische Studien zur Perspektive von Partnern, Berlin 2012

Hilkert, D., Wolf, C.M., Benlian, A. und Hess, T. (2010), The "As-a-Service"-Paradigm and Its Implications for the Software Industry – Insights from a Comparative Case Study in CRM Software Ecosystems, in: Tyrväinen, Jansen, Cusumano (Hrsg., 2010), S. 125-137

Hochhold, S. und Rudolph, B. (2009), Principal-Agent-Theorie, in: Schwaiger (Hrsg., 2009), S. 131-145

Hoffman, D., Grivel, E. und Battle, L. (2005), Designing software architectures to facilitate accessible Web applications, in: IBM Systems Journal, 44, 2005, 3, S. 467-483

Hoffmann, W.H. (2010), Allianzmanagementkompetenz - Entwicklung und Institutionalisierung einer strategischen Ressource, in: Sydow (Hrsg., 2010), S. 236-293

Holland, J.H. (1995a), Can There Be a Unified Theory of Complex Adaptive Systems?, in: Morowitz, Singer (Hrsg., 1995), S. 45-50

Holland, J.H. (1995b), Hidden order - How adaptation builds complexity, Reading, MA 1995

Holland, J.H. (2006), Studying Complex Adaptive Systems, in: Journal of Systems Science and Complexity, 19, 2006, 1, S. 1-8

Homans, G.C. und Prokop, D. (1972), Elementarformen sozialen Verhaltens - Social behavior its elementary forms, 2. Auflage, Opladen 1972

Homburg, C. (2009), Marketingmanagement - Strategie - Instrumente - Umsetzung - Unternehmensführung, 3. Auflage, Wiesbaden 2009

Homburg, C. und Artz, M. (2011), Erfolgsfaktoren der Steuerung der Marktbearbeitung, in: Artz, Wagner (Hrsg., 2011), S. 3-24

Homburg, C. und Krohmer, H. (2009), Grundlagen des Marketingmanagements - Einführung in Strategie Instrumente Umsetzung und Unternehmensführung, 2. Auflage, Wiesbaden 2009

Homma, N. und Bauschke, R. (2010), Unternehmenskultur – Ein unterschätzter Erfolgsfaktor?, in: Homma, Bauschke (Hrsg., 2010), S. 15-31

Homma, N. und Bauschke, R. (2010), Unternehmenskultur und Führung, Wiesbaden 2010

Hopf, C. (2013), Qualitative Interviews - ein Überblick, in: Flick, Kardorff, Steinke (Hrsg., 2013), S. 349-360

Horváth, P. (2012), Controlling, 12. Auflage, München 2012

Hossain, T., Minor, D. und Morgan, J. (2011), Competing Matchmakers: An Experimental Analysis, in: Management Science, 57, 2011, 11, S. 1913-1925

Hovav, A., Patnayakuni, R. und Schuff, D. (2004), A model of Internet standards adoption the case of IPv6, in: Information Systems Journal, 15, 2004, 3, S. 265-294

Hsieh, J.-K. und Hsieh, Y.-C. (2013), Appealing to Internet-based freelance developers in smartphone application marketplaces, in: International Journal of Information Management, 33, 2013, 2, S. 308-317

Huang, P., Ceccagnoli, M., Forman, C. und Wu, D.J. (2010), When Do ISVs Join a Platform Ecosystem? Evidence from the Enterprise Software Industry, in: Chen, Slaughter (Hrsg., 2010), S. 1-18

Hull, E., Jackson, K. und Dick, J. (2011), Requirements Engineering, 3. Auflage, London 2011

Hungenberg, H. (2012), Strategisches Management in Unternehmen - Ziele - Prozesse - Verfahren, 7. Auflage, Wiesbaden 2012

Hunt, K.A. (1995), The relationship between channel conflict and information processing, in: Journal of Retailing, 71, 1995, 4, S. 417-436

Hutchison, D., Kanade, T., Kittler, J., Kleinberg, J. M., Mattern, F., Mitchell, J. C., Naor, M., Nierstrasz, O., Pandu Rangan, C., Steffen, B., Sudan, M., Terzopoulos, D., Tygar, D., Vardi, M. Y., Weikum, G., Peffers, K., Rothenberger, M. und Kuechler, B. (2012), Design Science Research in Information Systems. Advances in Theory and Practice, Berlin, Heidelberg 2012

Hutchison, D., Kanade, T., Kittler, J., Kleinberg, J. M., Mattern, F., Mitchell, J. C., Naor, M., Nierstrasz, O., Pandu Rangan, C., Steffen, B., Sudan, M., Terzopoulos, D., Tygar, D., Vardi, M. Y., Weikum, G., Stolfo, S. J., Stavrou, A. und Wright, C. V. (2013), Research in Attacks, Intrusions, and Defenses, Berlin, Heidelberg 2013

Hutchison, D., Kanade, T., Kittler, J., Kleinberg, J. M., Mattern, F., Mitchell, J. C., Naor, M., Nierstrasz, O., Pandu Rangan, C., Steffen, B., Sudan, M., Terzopoulos, D., Tygar, D., Vardi, M. Y., Weikum, G., Winter, R., Zhao, J. L. und Aier, S. (2010), Global Perspectives on Design Science Research, Berlin, Heidelberg 2010

Hutzschenreuter, T., Pedersen, T. und Volberda, H.W. (2007), The Role of Path Dependency and Managerial Intentionality: A Perspective on International Business Research, in: Journal of International Business Studies, 38, 2007, 7, S. 1055-1068

Hyrynsalmi, S., Seppänen, M. und Suominen, A. (2014), Sources of value in application ecosystems, in: Journal of Systems and Software, 96, 2014, S. 61-72

Hyrynsalmi, S., Suominen, A., Mäkilä, T., Järvi, A. und Knuutila, T. (2012), Revenue Models of Application Developers in Android Market Ecosystem, in: Cusumano, Iyer, Venkatraman (Hrsg., 2012), S. 209-222

Hyrynsalmi, S., Wnuk, K., Daneva, M., Mäkilä, T. und Herrmann, A. (2013), Proceedings of the From Start-ups to SaaS Conglomerate: Life Cycles of Software Products Workshop 2013 co-located with 4th International Conference on Software Business (ICSOB 2013), Potsdam, Germany, June 11, 2013, Potsdam 2013

Iansiti, M. und Levien, R. (2004a), Strategy as ecology, in: Harvard Business Review, 82, 2004, 3, S. 68-78

Iansiti, M. und Levien, R. (2004b), The keystone advantage - What the new dynamics of business ecosystems mean for strategy, innovation, and sustainability, Boston, MA 2004

IDC (2012), IDC Predictions 2013: Competing on the 3rd Platform, Auf den Seiten von: IDC, http://www.idc.com/research/Predictions13/downloadable/238044.pdf, Stand: 2012, Zugriff am 30.06.2014

IDC (2013), IDC Predictions 2014 - Battles for Dominance - and Survival - on the 3rd Platform, Auf den Seiten von: IDC, https://wcc.on24.com/event/69/22/32/rt/1/documents/resourceList1386369514564/wc20131203.pdf, Zugriff am 27.01.2014

IEEE (2004), Proceedings of the IEEE International Conference on E-Commerce Technology for Dynamic E-Business, Washington, DC 2004

IEEE (2008), Proceedings of the Automated Software Engineering - Workshops, 2008, Piscataway, NJ 2008

IEEE (2008), Services-2 - IEEE Congress on Services - part II, 23 - 26 Sept. 2008, Beijing, China, Piscataway, NJ 2008

IEEE (2009), Proceedings of the IEEE 31st International Conference on Software Engineering 2009 - ICSE 2009, 16 - 24 May 2009, Vancouver, Canada, Piscataway, NJ 2009

IEEE (2010), Proceedings of the 14th International Conference on Intelligence in Next Generation Networks 2010 - "Weaving Applications into the Network Fabric" (ICIN 2010), Berlin, 11-14 October 2010, International Workshop on Business Models for Mobile Platforms (BMMP 2010), Berlin, 14 October 2010, Piscataway, N.J. 2010

IEEE (2012), Proceedings of the 2012 Brazilian Symposium on Software Engineering - SBES 2012 : proceedings : 23-28 September 2012, Natal, Brazil, Los Alamitos 2012

IEEE (2013), Proceedings of the 2013 22nd Australian Conference on Software Engineering - ASWEC 2013, Melbourne, Australia, 4-7 June 2013, Red Hook, NY 2013

I-Ling Yen, Goluguri, J., Bastani, F., Khan, L. und Linn, J. (2002), A component-based approach for embedded software development, in: Bacellar, Puschner, Hong (Hrsg., 2002), S. 402-410

Inkpen, A.C. und Currall, S.C. (2004), The Coevolution of Trust, Control, and Learning in Joint Ventures, in: Organization Science, 15, 2004, 5, S. 586-599

ISO/CD 16355-1 (2014), Application of statistical and related methods to New technology and Product Development Process - Part 1: General Principle and Perspective of QFD Process, ICS 03.120.30, Genf 2014

Iyer, B. (2003), Web Services: Enabling Dynamic Business Networks, in: Communications of the Association for Information Systems, 22, 2003, 1, S. 66-76

Iyer, B. (2007), Monitoring Platform Emergence: Guidelines from Software Networks, in: Communications of the Association for Information Systems, 19, 2007, 1, S. 1-13

Iyer, B. und Davenport, T.H. (2008), Reverse Engineering Google's Innovation Machine, in: Harvard Business Review, 86, 2008, 4, S. 58-69

Jansen, S. (2007), Customer Configuration Updating in a Software Supply Network, Utrecht 2007

Jansen, S. (2009), Proceedings of the First International Workshop on Software Ecosystems (IWSECO 2009), Virgina 2009

Jansen, S. (2013), How quality attributes of software platform architectures influence software ecosystems, in: Knauber, Knodel, Lungu (Hrsg., 2013), S. 6-10

Jansen, S. und Bloemendal, E. (2013), Defining App Stores - The Role of Curated Marketplaces in Software Ecosystems, in: Herzwurm, Margaria (Hrsg., 2013), S. 195-206

Jansen, S., Bosch, J., Campbell, P. und Ahmed, F. (2011), Proceedings of the Third International Workshop on Software Ecosystems (IWSECO 2011), Brüssel 2011

Jansen, S. und Brinkkemper, S. (2013), Business network management as a survival strategy, in: Jansen, Cusumano, Brinkkemper (Hrsg., 2013), S. 29-42

Jansen, S., Brinkkemper, S. und Finkelstein, A. (2007), Providing Transparency In The Business Of Software: A Modeling Technique For Software Supply Networks, in: Camarinha-Matos, Afsarmanesh, Novais, Analide (Hrsg., 2007), S. 677-686

Jansen, S., Brinkkemper, S. und Finkelstein, A. (2009a), Business Network Management as a Survival Strategy: A Tale of Two Software Ecosystems, in: Jansen (Hrsg., 2009), S. 34-48

Jansen, S., Brinkkemper, S., Souer, J. und Luinenburg, L. (2012), Shades of gray: Opening up a software producing organization with the open software enterprise model, in: Journal of Systems and Software, 85, 2012, 7, S. 1495-1510

Jansen, S., Cusumano, M. A. und Brinkkemper, S. (2013), Software ecosystems - Analyzing and managing business networks in the software industry, Cheltenham, Northampton 2013

Jansen, S. und Cusumano, M.A. (2013), Defining software ecosystems: a survey of software platforms and business network governance, in: Jansen, Cusumano, Brinkkemper (Hrsg., 2013), S. 13-28

Jansen, S., Finkelstein, A. und Brinkkemper, S. (2009b), A Sense of Community: A Research Agenda for Software Ecosystems, in: IEEE (Hrsg., 2009), S. 187-190

Jansen, S., Peeters, Peters, S. und Brinkkemper, S. (2013), Software Ecosystems: From Software Product Management to Software Platform Management, in: Hyrynsalmi, Wnuk, Daneva, Mäkilä, Herrmann (Hrsg., 2013), S. 5-18

Jarjour, M. (2012), Krieg um Entwickler - Microsoft erkauft sich die Zuwendung von App-Machern, Auf den Seiten von: Handelsblatt, http://www.handelsblatt.com/technologie/it-tk/mobile-welt/krieg-um-entwickler-microsoft-erkauft-sich-die-zuwendung-von-app-machern-seite-all/6486200-all.html, Stand: 07.04.2012

Jensen, M.C. und Meckling, W.H. (1976), Theory of the firm: Managerial behavior, agency costs and ownership structure, in: The Distribution of Power Among Corporate Managers, Shareholders, and Directors, 3, 1976, 4, S. 305-360

Joerden, J.C. (2010), Logik im Recht - Grundlagen und Anwendungsbeispiele, 2. Auflage, Berlin 2010

Johnson, B.L. (1995), Resource Dependence Theory - A Political Economy Model of Organizations, Eassy of the Department of Educational Administration, University of Utah, Utah 1995

Joshua, J.V., Alao, D.O., Okolie, S.O. und Awodele, O. (2013), Software Ecosystem: Features, Benefits and Challenges, in: International Journal of Advanced Computer Science and Applications (IJACSA), 4, 2013, 8, S. 242-247

Jutla, D., Bodorik, P. und Wang, Y. (1999), Developing internet e-commerce benchmarks, in: Information Systems, 24, 1999, 6, S. 475-493

Käfer, T.M. (2007), Dezentralisierung im Konzern - Eine Mehr-Ebenen-Analyse strategischer Restrukturierung, Wiesbaden 2007

Kahle, E. und Wilms, F. (2005), Effektivitat und Effizienz durch Netzwerke, Berlin 2005

Kaiser, R. (2014), Qualitative Experteninterviews - Konzeptionelle Grundlagen und praktische Durchführung, Wiesbaden 2014

Kaluza, B. und Blecker, T. (2000), Produktions- und Logistikmanagement in Virtuellen Unternehmen und Unternehmensnetzwerken, Berlin, Heidelberg 2000

Kappelhoff, P. (2000), Komplexitatstheorie und Steuerung von Netzwerken, in: Sydow (Hrsg., 2000), S. 347-389

Kappelhoff, P. (2002), Komplexitatstheorie: Neues Paradigma für die Managementforschung?, in: Schreyögg, Conrad (Hrsg., 2002), S. 49-101

Kappelhoff, P. (2009), Die evolutionäre Organisationstheorie im Lichte der Komplexitätstheorie, in: Weyer, Schulz-Schaeffer (Hrsg., 2009), S. 73-90

Katz, M.L. und Shapiro, C. (1985), Network Externalities, Competition, and Compatibility, in: The American Economic Review, 75, 1985, 3, S. 424-440

Katzmarzik, A. (2011), Produktdifferenzierung für Software-as-a-Service-Anbieter, in: Wirtschaftsinformatik, 53, 2011, 1, S. 21-35

Kauffmann, S.A. (1993), The Origins of Order - Self-Organization and Selection in Evolution, Oxford 1993

Kauffmann, S.A. (1995), Escaping the Red Queen Effect, in: The McKinsey Quarterly, 1995, 1, S. 119-129

Kawakoya, Y., Iwamura, M., Shioji, E. und Hariu, T. (2013), API Chaser: Anti-analysis Resistant Malware Analyzer, in: Hutchison, Kanade, Kittler, Kleinberg, Mattern, Mitchell, Naor, Nierstrasz, Pandu Rangan, Steffen, Sudan, Terzopoulos, Tygar, Vardi, Weikum, Stolfo, Stavrou, Wright (Hrsg., 2013), S. 123-143

Kelly, K. (2009), Out Of Control - The New Biology of Machines, Social Systems, and the Economic World, Reading, MA 2009

Kempa, M. und Mann, Z.A. (2005), Model Driven Architecture, in: Informatik-Spektrum, 28, 2005, 4, S. 298-302

Kemper, H.-G. (2011), Management vernetzter Produktionssysteme - Innovation Nachhaltigkeit und Risikomanagement, München 2011

Kemper, H.-G., Pedell, B. und Schäfer, H. (2011), Einführung, in: Kemper (Hrsg., 2011), S. 1-5

Kempf, D. (2013), Die Entwicklung der ITK-Märkte 2013/2014, Auf den Seiten von: BITKOM - Bundesverband Informationswirtschaft, Telekommunikation und neue Medien e.V., http://www.bitkom.org/files/documents/BTIKOM_Charts_Herbst-PK_Konjunktur_22_10_2013.pdf, Stand: 2013, Zugriff am 30.06.2014

Keuper, F., Wagner, B. und Wysuwa, H.-D. (2009), Managed Services - IT-Sourcing der nächsten Generation, Wiesbaden 2009

Kieser, A. (2006a), Der Situative Ansatz, in: Kieser (Hrsg., 2006), S. 215-245

Kieser, A. (2006b), Organisationstheorien, 6. Auflage, Stuttgart 2006

Kieser, A. und Kubicek, H. (1992), Organisation, 3. Auflage, Berlin 1992

Kieser, A. und Walgenbach, P. (2010), Organisation, 6. Auflage, Stuttgart 2010

Kieser, A. und Woywode, M. (2006), Evolutionstheoretische Ansätze, in: Kieser (Hrsg., 2006), S. 309-352

Kilamo, T., Hammouda, I., Mikkonen, T. und Aaltonen, T. (2012), From proprietary to open source - Growing an open source ecosystem, in: Journal of Systems and Software, 85, 2012, 7, S. 1467-1478

Kim, H., Lee, J.-N. und Han, J. (2010), The role of IT in business ecosystems, in: Communications of the ACM, 53, 2010, 5, S. 151-156

King, B. (1994), Doppelt so schnell wie die Konkurrenz, St. Gallen 1994

Kirchhof, R. (2003), Ganzheitliches Komplexitätsmanagement, Wiesbaden 2003

Kirsch, W. (1997), Wegweiser zur Konstruktion einer evolutionären Theorie der strategischen Führung - Kapitel eines Theorieprojekts, 2. Auflage, München 1997

Kirsch, W., Esser, W.-M. und Gabele, E. (1979), Das Management des geplanten Wandels von Organisationen, Stuttgart 1979

Kittlaus, H.-B. und Clough, P.N. (2009), Software product management and pricing - Key success factors for software organizations, Berlin 2009

Kittlaus, H.-B., Rau, C. und Schulz, J. (2004), Software-Produkt-Management - Nachhaltiger Erfolgsfaktor bei Herstellern und Anwendern, Berlin 2004

Knauber, P., Knodel, J. und Lungu, M. F. (2013), Proceedings of the 2013 1st International Workshop on Software Ecosystem Architectures (WEA), New York 2013

Knyphausen-Aufseß, D.z. (1993), Überleben in turbulenten Umwelten - Zur Behandlung der Zeitproblematik im Strategischen Management, in: Zeitschrift für Planung & Unternehmenssteuerung, 3, 1993, 4, S. 143-162

Ko, D.-G., Kirsch, L.J. und King, W.R. (2005), Antecedents of Knowledge Transfer from Consultants to Clients in Enterprise System Implementations, in: MIS Quarterly, 29, 2005, 1, S. 59-85

Koch, H. (2010), Developing dynamic capabilities in electronic marketplaces: A cross-case study, in: The Journal of Strategic Information Systems, 19, 2010, 1, S. 28-38

Koch, S. und Kerschbaum, M. (2014), Joining a smartphone ecosystem: Application developers' motivations and decision criteria, in: Information and Software Technology, 56, 2014, 11, S. 1423-1435

Koch, W. (2006), Zur Wertschöpfungstiefe von Unternehmen - Die strategische Logik der Integration, Wiesbaden 2006

Kollmann, T. (2000), Elektronische Marktplätze - Die Notwendigkeit eines bilateralen One to One-Marketingansatzes, in: Bliemel (Hrsg., 2000), S. 123-144

Koslowski, T. und Strüker, J. (2011), ERP-On-Demand-Plattform, in: Wirtschaftsinformatik, 53, 2011, 6, S. 347-356

Kouris, I. (2013), App platforms as two-sided markets - Analysis and modeling of application distribution platforms for mobile devices, Dissertation, RWTH Aachen, Aachen 2013

Koza, M.P. und Lewin, A.Y. (1998), The Co-Evolution of Strategic Alliances, in: Organization Science, 9, 1998, 3, S. 255-264

Kräkel, M. (1999), Organisation und Management, Tübingen 1999

Krcmar, H. (2005), Informationsmanagement - Mit 41 Tabellen, 4. Auflage, Berlin, Heidelberg 2005

Krys, C. (2011), Ausblick – Megatrends und ihre Implikationen auf Geschäftsmodelle, in: Bieger, Knyphausen-Aufseß, Krys (Hrsg., 2011), S. 369-384

Kubicek, H. (1975), Empirische Organisationsforschung - Konzeption und Methodik, Stuttgart 1975

Kude, T. (2012), The Coordination of Inter-Organizational Networks in the Enterprise Software Industry - The Perspective of Complementors, Frankfurt 2012

Kude, T., Dibbern, J. und Heinzl, A. (2012), Why Do Complementors Participate? An Analysis of Partnership Networks in the Enterprise Software Industry, in: IEEE Transactions on Engineering Management, 59, 2012, 2, S. 250-265

Kumar, K. und van Dissel, H.G. (1996), Sustainable Collaboration: Managing Conflict and Cooperation in Interorganizational Systems, in: MIS Quarterly, 20, 1996, 3, S. 279-300

Kurbel, K. (1987), Wirtschaftsinformatik = Betriebswirtschaftslehre und/oder Informatik? - Rückblick, Bestandsaufnahme, Tendenzen, in: Journal für Betriebswirtschaft, 37, 1987, 2, S. 90-106

Kurbel, K. (1993), Wirtschaftsinformatik '93, Heidelberg 1993

Kurbel, K. (2014), Software, Auf den Seiten von: Enzklopädie der Wirtschaftsinformatik, 8. Auflage, http://www.enzyklopaedie-der-wirtschaftsinformatik.de/wi-enzyklopaedie/lexikon/technologien-methoden/Software/software/?searchterm=Software, Stand: 17.04.2014

Lamnek, S. (2010), Qualitative Sozialforschung, 5. Auflage, Weinheim 2010

Lassmann, W. (2006), Wirtschaftsinformatik - Nachschlagewerk für Studium und Praxis, Wiesbaden 2006

Latifi, S. (2010), Seventh International Conference on Information Technology: New Generations (ITNG), 2010 - Las Vegas, Nevada, USA, 12 - 14 April 2010, Piscataway, NJ 2010

Lauer, T. (2010), Change Management - Grundlagen und Erfolgsfaktoren, Heidelberg 2010

Lavie, D. (2006), The Competitive Advantage of Interconnected Firms: An Extension of the Resource-Based View, in: Academy of Management Review, 31, 2006, 3, S. 638-658

Lee, H.G. und Clark, T.H. (1996), Impacts of the Electronic Marketplace on Transaction Cost and Market Structure, in: International Journal of Electronic Commerce, 1, 1996, 1, S. 127-149

Lehmann, S. und Buxmann, P. (2009), Preisstrategien von Softwareanbietern, in: Wirtschaftsinformatik, 51, 2009, 6, S. 519-529

Lehner, F., Wildner, S. und Scholz, M. (2008), Wirtschaftsinformatik - Eine Einführung, 2. Auflage, München 2008

Leimbach, T. (2010), Software und IT-Dienstleistungen - Kernkompetenzen der Wissensgesellschaft Deutschland, Forschungsbericht, Fraunhofer ISI, Karlsruhe 2010

Leimeister, J. M., Krcmar, H., Koch, M. und Möslein, K. (2011), Gemeinschaftsgestützte Innovationsentwicklung für Softwareunternehmen, Lohmar, Rheinl 2011

Leimstoll, U. und Schubert, P. (2005), Integration von Business Software – Eine Studie zum aktuellen Stand in Schweizer KMU, in: Ferstl, Sinz, Eckert, Isselhorst (Hrsg., 2005), S. 983-1002

Leiting, A. (2012), Unternehmensziel ERP-Einführung - IT muss Nutzen stiften, Wiesbaden 2012

Lenz, T. (2012), Die Rechtsabteilung, Wiesbaden 2012

Lenz, T. (2012), IT-Recht, in: Lenz (Hrsg., 2012), S. 301-321

Lewin, A.Y., Long, C.P. und Carroll, T.N. (1999), The Coevolution of New Organizational Forms, in: Organization Science, 10, 1999, 5, S. 535-550

Lewin, A.Y. und Volberda, H.W. (1999), Prolegomena on Coevolution: A Framework for Research on Strategy and New Organizational Forms, in: Organization Science, 10, 1999, 5, S. 519-534

Lewin, R. (1999), Complexity - Life at the edge of chaos, 2. Auflage, Chicago, Ill 1999

Lewin, R. und Regine, B. (1999), Afterword: On the Edge in the World of Business, in: Lewin (Hrsg., 1999), S. 197-211

Li, S., Liu, Y. und Bandyopadhyay, S. (2010), Network effects in online two-sided market platforms: A research note, in: Decision Support Systems, 49, 2010, 2, S. 245-249

Lichtenstein, B. (2000), Emergence as a process of self-organizing - New assumptions and insights from the study of non-linear dynamic systems, in: Journal of Organizational Change Management, 13, 2000, 6, S. 526-544

Lim, J.-H., Stratopoulos, T.C. und Wirjanto, T.S. (2011), Path Dependence of Dynamic Information Technology Capability: An Empirical Investigation, in: Journal of Management Information Systems, 28, 2011, 3, S. 45-84

Lin, L. (2008), Impact of user skills and network effects on the competition between open source and proprietary software, in: Electronic Commerce Research and Applications, 7, 2008, 1, S. 68-81

Lin, M., Li, S. und Whinston, A.B. (2011), Innovation and Price Competition in a Two-Sided Market, in: Journal of Management Information Systems, 28, 2011, 2, S. 171-202

Linden, M. und Vilpola, I. (2005), An Empirical Study on the Usability of Logout in a Single Sign-on System, in: Deng, Bao, Pang, Zhou (Hrsg., 2005), S. 243-254

Lissack, M.R. (1999), Complexity: the Science, its Vocabulary, and its Relation to Organizations, in: Emergence, 1, 1999, 1, S. 110-126

Lockett, A. (2005), Edith Penrose's legacy to the resource-based view, in: Managerial and Decision Economics, 26, 2005, 2, S. 83-98

Loos, P. und Krcmar, H. (2007), Architekturen und Prozesse, Berlin, Heidelberg 2007

Louwrens, C.P. und von Solms, S. H. (1997), Selection of secure single sign-on solutions for heterogeneous computing environments, in: Yngström, Carlsen (Hrsg., 1997), S. 9-24

Ludewig, J. und Lichter, H. (2013), Software Engineering - Grundlagen, Menschen, Prozesse, Techniken, 3. Auflage, Heidelberg 2013

Maaß, C. (2008), E-Business Management - Gestaltung von Geschäftsmodellen in der vernetzten Wirtschaft, Stuttgart 2008

Maedche, A., Botzenhardt, A. und Neer, L. (2012), Software for People, Berlin, Heidelberg 2012

Maedche, A., Botzenhardt, A. und Neer, L. (2012), Software for People: A Paradigm Change in the Software Industry, in: Maedche, Botzenhardt, Neer (Hrsg., 2012), S. 1-8

Majchrzak, A., Wagner, C. und Yates, D. (2006), Corporate wiki users, in: Riehle (Hrsg., 2006), S. 99

Malone, T.W., Yates, J. und Benjamin, R.I. (1987), Electronic markets and electronic hierarchies, in: Communications of the ACM, 30, 1987, 6, S. 484-497

Manikas, K. und Hansen, K.M. (2013a), Reviewing the Health of Software Ecosystems – A Conceptual Framework Proposal, in: Alves, Hanssen, Bosch, Jansen (Hrsg., 2013), S. 33-44

Manikas, K. und Hansen, K.M. (2013b), Software ecosystems – A systematic literature review, in: Journal of Systems and Software, 86, 2013, 5, S. 1294-1306

Mantena, R. und Saha, R.L. (2012), Co-opetition Between Differentiated Platforms in Two-Sided Markets, in: Journal of Management Information Systems, 29, 2012, 2, S. 109-140

Mantena, R., Sankaranarayanan, R. und Viswanathan, S. (2010), Platform-based information goods: The economics of exclusivity, in: Decision Support Systems, 50, 2010, 1, S. 79-92

Marsic, I. und Dorohonceanu, B. (2003), Flexible User Interfaces for Group Collaboration, in: International Journal of Human-Computer Interaction, 15, 2003, 3, S. 337-360

Martin, A. (1989), Die empirische Forschung in der Betriebswirtschaftslehre - Eine Untersuchung über die Logik der Hypothesenprüfung, die empirische Forschungspraxis und die Möglichkeit einer theoretischen Fundierung realwissenschaftlicher Untersuchungen, Stuttgart 1989

Mattfeld, D. C. (2012), Multikonferenz Wirtschaftsinformatik 2012, Braunschweig (MKWI 2012), Berlin 2012

Maurer, C.S. (2013), Realized Control in Software Platforms: The Integration-Differentation Paradox, Dissertation, University of Georgia, Athens 2013

Mautsch, L.O. (2014), QFD-basierte House of Quality-Matrix zur Planung der Gestaltung und Auswahl von Softwareplattformen in Unternehmenssoftwareökosystemen, Auf den Seiten von: Lars Oliver Mautsch, www.software-plattformen.de/downloads/QFD_matrix_komplett.emf, Stand: 10.11.2014

Mautsch, L.O., Tauterat, T. und Herzwurm, G. (2013), Softwareökosysteme für ERP-Anbieter, in: ERP Management, 9, 2013, 1, S. 55-57

Mayr, P. (2009), Google Scholar als akademische Suchmaschine, in: Mitteilungen der Vereinigung Österreichischer Bibliothekarinnen & Bibliothekare, 62, 2009, 2, S. 19-28

McGregor, J. D. (2009), Proceedings of the 13th International Software Product Line Conference, San Francisco 2009

McKelvey, B. (1982), Organizational systematics - Taxonomy, evolution, classification, Berkeley, CA 1982

McKinley, W. und Mone, M.A. (2003), Micro and Macro Perspectives in Organization Theory, in: Tsoukas (Hrsg., 2003), S. 345-372

Medcof, J.W. (2001), Resource-based strategy and managerial power in networks of internationally dispersed technology units, in: Strategic Management Journal, 22, 2001, 11, S. 999-1012

Meffert, H., Burmann, C. und Kirchgeorg, M. (2012), Marketing - Grundlagen marktorientierter Unternehmensführung; Konzepte - Instrumente - Praxisbeispiele, 11. Auflage, Wiesbaden 2012

Mertens, P. und Back, A. (2001), Lexikon der Wirtschaftsinformatik, 4. Auflage, Berlin 2001

Mertens, P., Bodendorf, F., König, W., Picot, A., Schumann, M. und Hess, T. (2012), Grundzüge der Wirtschaftsinformatik, Berlin, Heidelberg 2012

Messerschmitt, D.G. und Szyperski, C. (2003), Software ecosystem - Understanding an indispensable technology and industry, Cambridge, MA, London 2003

Metzger, F.M., Berwing, S., Armbrüster, T. und Oberg, A. (2012), Koordinationsmechanismen und Innovativität von Netzwerken: eine empirische Analyse, in: Zeitschrift für betriebswirtschaftliche Forschung, 64, 2012, 4, S. 428-455

Meyer, F. (2009), Spieltheorie und ihre Anwendung in der BWL, in: Schwaiger (Hrsg., 2009), S. 207-224

Meyer, M.H. und Lehnerd, A.P. (1997), The power of product platforms - Building value and cost leadership, New York 1997

Meyer, M.H. und Seliger, R. (1998), Product Platforms in Software Development, in: Sloan Management Review, 40, 1998, 1

Meyer, R. (2008), Partnering with SAP, Norderstedt 2008

Meyer, S., Simon, H. und Tilebein, M. (2009), Applying Agent-Based Modeling to Integrate Bounded Rationality in Organizational Management Research, in: Sprague (Hrsg., 2009), S. 1-10

Microsoft (2014a), Microsoft-Partner, Auf den Seiten von: Microsoft, http://www.microsoft.com/de-de/kmu/Kaufberatung/Seiten/Microsoft-Partner.aspx, Zugriff am 22.08.2014

Microsoft (2014b), Platform Info Days - Einblick in die Microsoft-Plattform, Auf den Seiten von: Microsoft, http://www.microsoft-on-tour.de/Platform_Info_Days/details.aspx?ID=2ae5fa14-e629-4f08-a240-2b4f29d83e50, Stand: 04.04.2014

Microsoft Dynamics CRM Team (2009), Microsoft Dynamics CRM Statement of Direction, Auf den Seiten von: Microsoft, https://partner.microsoft.com/canada/40086846, Zugriff am 04.06.2014

Mizruchi, M. S. und Schwartz, M. (1988), Intercorporate Relations, Cambridge 1988

Mohr, M. (2009), Qualifizierungsstrategien für betriebswirtschaftliche Unternehmenssoftware - Eine empirische Untersuchung bei deutschen Unternehmen, Wiesbaden 2009

Möller, K. (2006), Wertschöpfung in Netzwerken, München 2006

Möller, K. und Isbruch, F. (2008), Interorganisationales Kostenmanagement – Erfolgspotenzial oder Kooperationsrisiko?, in: Zeitschrift für Planung & Unternehmenssteuerung, 18, 2008, 4, S. 387-406

Moore, J.F. (1997), The death of competition - Leadership and strategy in the age of business ecosystems, Chichester 1997

Moore, J.F. (2006), Business ecosystems and the view from the firm, in: The Antitrust Bulletin, 51, 2006, 1, S. 31-75

Moosbrugger, H. (2012), Testtheorie und Fragebogenkonstruktion - Mit 41 Tabellen, 2. Auflage, Berlin, Heidelberg 2012

Morel, J. (2007), Soziologische Theorie - Abriss der Ansätze ihrer Hauptvertreter, 8. Auflage, München, Wien 2007

Morowitz, H. und Singer, J. L. (1995), The Mind, the Brain, and Complex Adaptive Systems, Reading, MA 1995

Müller-Stewens, G. und Lechner, C. (2011), Strategisches Management - Wie strategische Initiativen zum Wandel führen, 4. Auflage, Stuttgart 2011

Murmann, J.P. (2013), The Coevolution of Industries and Important Features of Their Environments, in: Organization Science, 24, 2013, 1, S. 58-78

Nagel, M. und Mieke, C. (2014), BWL-Methoden - Handbuch für Studium und Praxis, Stuttgart 2014

Naisbitt, J. und Aburdene, P. (1991), Megatrends 2000 - Ten new directions for the 1990's, New York 1991

Nakui, S. (1991), Comprehensive QFD System, in: QFD Institute (Hrsg., 1991), S. 136-152

National Intelligence Council (2008), Global trends 2025 - A transformed world, Washington, DC 2008

Neck, R. und Schneider, F. (2013), Wirtschaftspolitik, München 2013

Niedenzu, H.-J. (2007), Konflikttheorie: Ralf Dahrendorf, in: Morel (Hrsg., 2007), S. 171-189

Nielsen, J. (1994), Usability laboratories, in: Behaviour & Information Technology, 13, 1994, 1-2, S. 3-8

Nienhüser, W. (2008), Resource Dependence Theory - How Well Does It Explain Behavior of Organizations?, in: Management Revue, 19, 2008, 1-2, S. 9-32

Nollert, M. (2005), Unternehmensverflechtungen in Westeuropa - Nationale und transnationale Netzwerke von Unternehmen Aufsichtsräten und Managern, Münster 2005

Nonaka, I. und Takeuchi, H. (1995), The knowledge creating company - How Japanese companies create the dynamics of innovation, New York 1995

Nonaka, I. und Takeuchi, H. (2012), Die Organisation des Wissens - Wie japanische Unternehmen eine brachliegende Ressource nutzbar machen, 2. Auflage, Frankfurt am Main 2012

O´Reilly, P. und Finnegan, P. (2009), Electronic Marketplaces: Focus and operational characteristics, in: Scandinavian Journal of Information Systems, 21, 2009, 2, S. 91-110

Olbrich, A. (2008), ITIL kompakt und verständlich - Effizientes IT Service Management - Den Standard für IT-Prozesse kennenlernen, verstehen und erfolgreich in der Praxis umsetzen, 4. Auflage, Wiesbaden 2008

Oracle (2014), IRM 11g Quick Setup Guide, Auf den Seiten von: Oracle, https://blogs.oracle.com/irm/entry/irm_11g_quick_setup_guide, Zugriff am 13.06.2014

Österle, H., Becker, J., Frank, U., Hess, T., Karagiannis, D., Krcmar, H., Loos, P., Mertens, P., Oberweis, A. und Sinz, E. J. (2010), Memorandum zur gestaltungsorientierten Wirtschaftsinformatik, in: Zeitschrift für betriebswirtschaftliche Forschung, 62, 2010, 6, S. 664-672

Parker, G.G. und van Alstyne, M.W. (2005), Two-Sided Network Effects: A Theory of Information Product Design, in: Management Science, 51, 2005, 10, S. 1494-1504

Patsch, S. und Zerfass, A. (2013), Co-Innovation and Communication: The Case of SAP's Global Co-Innovation Lab Network, in: Pfeffermann, Minshall, Mortara (Hrsg., 2013), S. 397-414

Payne, C. (2002), On the security of open source software, in: Information Systems Journal, 12, 2002, 1, S. 61-78

Peffers, K., Rothenberger, M., Tuunanen, T. und Vaezi, R. (2012), Design Science Research Evaluation, in: Hutchison, Kanade, Kittler, Kleinberg, Mattern, Mitchell, Naor, Nierstrasz, Pandu Rangan, Steffen, Sudan, Terzopoulos, Tygar, Vardi, Weikum, Peffers, Rothenberger, Kuechler (Hrsg., 2012), S. 398-410

Peffers, K., Tuunanen, T., Rothenberger, M.A. und Chatterjee, S. (2007), A Design Science Research Methodology for Information Systems Research, in: Journal of Management Information Systems, 24, 2007, 3, S. 45-77

Pelliccione, P. (2013), Open Architectures and Software Evolution: The Case of Software Ecosystems, in: IEEE (Hrsg., 2013), S. 66-69

Pelzl, N., Helferich, A. und Herzwurm, G. (2013), Wertschöpfungsnetzwerke deutscher Cloud-Anbieter, in: Strahringer (Hrsg., 2013), S. 42-52

Penrose, E.T. (1955), Limits to the Growth and Size of Firms, in: The American Economic Review, 45, 1955, 2, S. 531-543

Penrose, E.T. (1959), The Theory of the Growth of the Firm, New York 1959

Peters, T.J. und Waterman, R.H. (2004), In search of excellence - Lessons from America's best-run companies, 2. Auflage, London 2004

Pettigrew, A.M., Woodman, R.W. und Cameron, K.S. (2001), Studying Organizational Change and Development: Challenges for Future Research, in: The Academy of Management Journal, 44, 2001, 4, S. 697-713

Pfeffer, J. (1988), A resource dependence perspective on intercorporate relations, in: Mizruchi, Schwartz (Hrsg., 1988), S. 25-55

Pfeffer, J. und Salancik, G.R. (2003), The External Control of Organizations: A Resource Dependence Perspective, Stanford, CA 2003

Pfeffermann, N., Minshall, T. und Mortara, L. (2013), Strategy and Communication for Innovation, Berlin, Heidelberg 2013

Picot, A. (2012), Organisation - Theorie und Praxis aus ökonomischer Sicht, 6. Auflage, Stuttgart 2012

Picot, A. und Baumann, O. (2007), Modularität in der verteilten Entwicklung komplexer Systeme: Chancen, Grenzen, Implikationen, in: Journal für Betriebswirtschaft, 57, 2007, 3-4, S. 221-246

Picot, A., Reichwald, R. und Wigand, R.T. (2003), Die grenzenlose Unternehmung - Information Organisation und Management; Lehrbuch zur Unternehmensführung im Informationszeitalter, 5. Auflage, Wiesbaden 2003

Piller, F.T. (2008), Mass Customization - Ein wettbewerbsstrategisches Konzept im Informationszeitalter, 4. Auflage, Wiesbaden 2008

Pohl, K. (2008), Requirements Engineering - Grundlagen, Prinzipien, Techniken, 2. Auflage, Heidelberg 2008

Pohl, K. (2010), Requirements engineering - Fundamentals, principles, and techniques, Berlin 2010

Pohl, K., Böckle, G. und Linden, F. (2005), Software Product Line Engineering - Foundations Principles and Techniques, Berlin, Heidelberg 2005

Pohl, K. und Rupp, C. (2011), Basiswissen Requirements Engineering - Aus- und Weiterbildung zum "Certified Professional for Requirements Engineering"; Foundation Level nach IREB-Standard, 3. Auflage, Heidelberg 2011

Popp, K.M. (2010), Profit from software ecosystems - Business models ecosystems and partnerships in the software industry, Norderstedt 2010

Popper, K.R. und Keuth, H. (2007), Logik der Forschung, 3. Auflage, Berlin 2007

Prahalad, C.K. und Hamel, G. (1990), The Core Competence of the Corporation, in: Harvard Business Review, 68, 1990, S. 79-91

Pratt, J. W. und Zeckhauser, R. J. (1985), Principals and agents - The structure of business, Boston, MA 1985

Prechelt, L. (2011), Plat_Forms: A Web Development Platform Comparison by an Exploratory Experiment Searching for Emergent Platform Properties, in: IEEE Transactions on Software Engineering, 37, 2011, 1, S. 95-108

Precup, R.-E., Kovács, S., Preitl, S. und Petriu, E. M. (2012), Applied Computational Intelligence in Engineering and Information Technology, Berlin, Heidelberg 2012

Priem, R.L. und Butler, J.E. (2001), Is The Resource-Based "View" A Useful Perspective For Strategic Management Research?, in: Academy of Management Review, 26, 2001, 1, S. 22-40

Pries-Heje, J. (2004), The High Speed Balancing Game: How Software Companies Cope with Internet Speed, in: Scandinavian Journal of Information Systems, 16, 2004, 1, S. 11-54

Pronk, B.J. (2000), An interface-based platform approach, in: Donohoe (Hrsg., 2000), S. 331-352

Provan, K.G., Fish, A. und Sydow, J. (2007), Interorganizational Networks at the Network Level: A Review of the Empirical Literature on Whole Networks, in: Journal of Management, 33, 2007, 3, S. 479-516

QFD Institute (1990), Transactions from the Second Symposium on Quality Function Deployment, Novi, Michigan 1990

QFD Institute (1991), QFD - Transactions from The Third Symposium on Quality Function Deployment, Ann Arbor, Michigan 1991

Raab, J. und Kenis, P. (2009), Heading Toward a Society of Networks: Empirical Developments and Theoretical Challenges, in: Journal of Management Inquiry, 2009

Raab-Steiner, E. und Benesch, M. (2012), Der Fragebogen - Von der Forschungsidee zur SPSS-Auswertung, 3. Auflage, Wien 2012

RAAD Research (2011), Partnerbefragung 2011 - SAP und Partner: Wo es klemmt, wenn es klemmt!, Presseversion der Studie des Geschäftsbereichs RAAD Research, Hoppenstedt Firmeninformationen, Münster 2011

Radware (2014), Radware Lagebericht: DoS-/DDoS-Attacken unter den aktuell größten Gefahren für die IT-Sicherheit, in: Datenschutz und Datensicherheit - DuD, 38, 2014, 3, S. 212

Reibnitz, U.v. (1992), Szenario-Technik - Instrumente für die unternehmerische und persönliche Erfolgsplanung, 2. Auflage, Wiesbaden 1992

Reichwald, R. und Piller, F.T. (2009), Interaktive Wertschöpfung - Open Innovation, Individualisierung und neue Formen der Arbeitsteilung, 2. Auflage, Wiesbaden 2009

Reiß, M. (2001), Netzwerk-Kompetenz, in: Corsten (Hrsg., 2001), S. 121-187

Reiß, M. (2006), Virtuelle Unternehmen: Vom Mythos zum Modell, in: Wechselwirkungen, Jahrbuch aus Lehre und Forschung der Universität Stuttgart (2006), S. 60-76, 2006

Reiß, M. und Beck, T. (2000), Netzwerkorganisation im Zeichen der Koopkurrenz, in: Foschiani, Zahn (Hrsg., 2000), S. 315-340

Reiß, M. und Günther, A. (2009a), Complementor Relationship Controlling, in: Controlling – Zeitschrift für erfolgsorientierte Unternehmenssteuerung, 21, 2009, 6, S. 326-331

Reiß, M. und Günther, A. (2009b), Complementor Relationship Management im IT-Sourcing, in: Keuper, Wagner, Wysuwa (Hrsg., 2009), S. 113-140

Reiß, M. und Günther, A. (2011), Value Net Marketing – Schlüssel zum erfolgreichen Marketing, in: Marketing Review St. Gallen, 54, 2011, 4, S. 44-51

Reiß, M. und Günther, A. (2012), Netzwerk-Marketing: Entwicklungsstufen und Entwicklungsperspektiven, in: der markt, 51, 2012, 1, S. 13-26

Reiß, M. und Neumann, O. (2012), Konkurrierende Partner, kooperierende Wettbewerber, in: Wissenschaftsmanagement, 18, 2012, 5, S. 48-51

Richter, R., Furubotn, E.G. und Streissler, M. (2003), Neue Institutionenökonomik - Eine Einführung und kritische Würdigung, 3. Auflage, Tübingen 2003

Rickmann, T., Wenzel, S. und Fischbach, K. (2014), Software Ecosystem Orchestration: The Perspective of Complementors, in: Association for Information Systems (AIS) (Hrsg., 2014), S. 1-14

Riehle, D. (2006), Proceedings of the 2006 international symposium on Wikis, New York 2006

Rimal, B.P., Jukan, A., Katsaros, D. und Goeleven, Y. (2011), Architectural Requirements for Cloud Computing Systems: An Enterprise Cloud Approach, in: Journal of Grid Computing, 9, 2011, 1, S. 3-26

Ringlstetter, M. J., Aschenbach, M. und Kirsch, W. (2003), Perspektiven der strategischen Unternehmensführung - Theorien Konzepte Anwendungen; Werner Kirsch zum 65. Geburtstag, Wiesbaden 2003

Rochet, J.-C. und Tirole, J. (2003), Platform Competition in Two-Sided Markets, in: Journal of the European Economic Association, 1, 2003, 4, S. 990-1029

Ross, S.A. (1973), The Economic Theory of Agency: The Principal's Problem, in: American Economic Review, 63, 1973, 2, S. 134-139

Rühli, E. (1994), Die Resource-based View of Strategy - Ein Impuls für einen Wandel im unternehmungspolitischen Denken und Handeln?, in: Gomez, Hahn, Müller-Stewens, Wunderer (Hrsg., 1994), S. 31-57

Rusbult, C.E. (1980), Commitment and Satisfaction in Romantic Associations - A Test of the Investment Model, in: Journal of Experimental Social Psychology, 16, 1980, 2, S. 172-186

Ryu, S. und Shi, C. (2010), Corporate Blog: Consideration for the Impact of Communication, in: Latifi (Hrsg., 2010), S. 552-556

Saatweber, J. (2007), Kundenorientierung durch Quality Function Deployment - Systematisches Entwickeln von Produkten und Dienstleistungen, 2. Auflage, München, Wien 2007

Saatweber, J. (2011), Kundenorientierung durch Quality Function Deployment - Produkte und Dienstleistungen mit QFD systematisch entwickeln, 3. Auflage, Düsseldorf 2011

salesforce (2014a), Force.com Security Source Code Scanner, Auf den Seiten von: salesforce, http://security.force.com/security/tools/forcecom/scanner, Zugriff am 05.06.2014

salesforce (2014b), Partner Development and Test Environments, Auf den Seiten von: salesforce, https://developer.salesforce.com/page/Partner_Development_%26_Test_Environments, Stand: 05.06.2014

salesforce (2014c), Platform Overview, Auf den Seiten von: salesforce, http://www.salesforce.com/platform/overview, Zugriff am 04.06.2014

Salvendy, G. und Karwowski, W. (2009), Introduction to Service Engineering, Hoboken, NJ, USA 2009

Sammerl, N. (2006), Innovationsfähigkeit und nachhaltiger Wettbewerbsvorteil - Messung - Determinanten - Wirkungen, Wiesbaden 2006

Santos, R., Werner, C.M.L., Barbosa, O. und Alves, C.F. (2012), Software Ecosystems: Trends and Impacts on Software Engineering, in: IEEE (Hrsg., 2012), S. 206-210

SAP (2012), Real-Time Data Platform, Statement of Direction, Auf den Seiten von: SAP, http://www.saphana.com/servlet/JiveServlet/previewBody/2855-102-1-5287/RTDP_Statement_Of_Direction.pdf, Stand: 01.11.2012

SAP (2014a), About SAP, Auf den Seiten von: SAP, http://www.sap.com/germany/about.html, Zugriff am 11.06.2014

SAP (2014b), Partner Information Center, Auf den Seiten von: SAP, http://global.sap.com/partners/directories/searchsolution.epx, Stand: 05.06.2014

SAP (2014c), SAP Co-Innovation Lab (COIL), Auf den Seiten von: SAP, http://scn.sap.com/community/coil, Stand: 06.06.2014

SAP (2014d), SAP-Partner finden, Auf den Seiten von: SAP, http://global.sap.com/germany/our-partners/find-a-partner.epx, Stand: 05.06.2014

Sarker, S., Sarker, S., Sahaym, A. und Bjørn-Andersen, N. (2012), Exploring Value Cocreation in Relationsships Between an ERP Vendor and its Partners: A Revelatory Case Study, in: MIS Quarterly, 36, 2012, 1, S. 317-338

Scacchi, W. und Alspaugh, T.A. (2012), Understanding the role of licenses and evolution in open architecture software ecosystems, in: Journal of Systems and Software, 85, 2012, 7, S. 1479-1494

Schauer, C. (2011), Die Wirtschaftsinformatik im internationalen Wettbewerb - Vergleich der Forschung im deutschsprachigen und nordamerikanischen Raum, Wiesbaden 2011

Scherer, A.G. (2006), Kritik der Organisation oder Organisation der Kritik? - Wissenschaftstheoretische Bemerkungen zum kritischen Umgang mit Organisationstheorien, in: Kieser (Hrsg., 2006), S. 19-62

Schindler, D. und Schjelderup, G. (2010), Profit Shifting in Two-Sided Markets, in: International Journal of the Economics of Business, 17, 2010, 3, S. 373-383

Schmidt, A. (2009), Relational View, in: Zeitschrift für Planung & Unternehmenssteuerung, 20, 2009, 1, S. 129-137

Schmidt, A. und Götze, U. (2008), Strategisches Supply Chain Management – Erklärungsansätze und Gestaltungsrahmen, in: Götze, Rainhart (Hrsg., 2008), S. 67-96

Schmidt, L.H. (2006), Technologie als Prozess - Eine empirische Untersuchung organisatorischer Technologiegestaltung am Beispiel von Unternehmenssoftware, Dissertation, Freie Universität Berlin, Berlin 2006

Schmitt, P., Skiera, B. und van den Bulte, C. (2011), Referral Programs and Customer Value, in: Journal of Marketing, 75, 2011, 1, S. 46-59

Schoop, M., Jertila, A. und List, T. (2003), Negoisst: a negotiation support system for electronic business-to-business negotiations in e-commerce, in: Data & Knowledge Engineering, 47, 2003, 3, S. 371-401

Schreyögg, G. (2007), Kooperation und Konkurrenz, Wiesbaden 2007

Schreyögg, G. (2008), Organisation - Grundlagen moderner Organisationsgestaltung, 5. Auflage, Wiesbaden 2008

Schreyögg, G. und Conrad, P. (2002), Theorien des Managements, Wiesbaden 2002

Schuckel, M. und Toporowski, W. (2007), Theoretische Fundierung und praktische Relevanz der Handelsforschung, Wiesbaden 2007

Schuh, G. und Wiendahl, H.-P. (1997), Komplexität und Agilität, Berlin, Heidelberg 1997

Schultz-Gambard, J. (1987), Angewandte Sozialpsychologie - Konzepte, Ergebnisse, Perspektiven, München 1987

Schwaiger, M. (2009), Theorien und Methoden der Betriebswirtschaft - Handbuch für Wissenschaftler und Studierende, München 2009

Schweitzer, M. (1978), Auffassungen und Wissenschaftsziele der Betriebswirtschaftslehre, Darmstadt 1978

Schweitzer, M. (1978), Wissenschaftsziele und Auffassungen in der Betriebswirtschaftslehre, in: Schweitzer (Hrsg., 1978), S. 1-14

Seffah, A. und Habieb-Mammar, H. (2009), Usability engineering laboratories: limitations and challenges toward a unifying tools/practices environment, in: Behaviour & Information Technology, 28, 2009, 3, S. 281-291

Seiter, M. (2006), Management von kooperationsspezifischen Risiken in Unternehmensnetzwerken, München 2006

Sen, S., Guerin, R. und Hosanagar, K. (2011), Functionality-rich versus minimalist platforms, in: ACM SIGCOMM Computer Communication Review, 41, 2011, 5, S. 36

Shannon, C.E. und Weaver, W. (1949), The mathematical theory of communication, Urbana 1949

Shapiro, C. und Varian, H.R. (1999), Information rules - A strategic guide to the network economy, Boston, MA 1999

Sharma, J.R., Rawani, A.M. und Barahate, M. (2008), Quality function deployment: a comprehensive literature review, in: International Journal of Data Analysis Techniques and Strategies, 1, 2008, 1, S. 78

Sheehan, N.T. und Foss, N.J. (2007), Enhancing the prescriptiveness of the resource-based view through Porterian activity analysis, in: Management Decision, 45, 2007, 3, S. 450-461

Siegel, V. (2005), Software-Escrow, in: Informatik-Spektrum, 28, 2005, 5, S. 403-406

Silver, R.S. (1993), Conditions of Autonomous Action and Performance: A Study of the Fonds d'Action Sociale, in: Administration & Society, 24, 1993, 4, S. 487-511

Singh, N., Bartikowski, B.P., Dwivedi, Y.K. und Williams, M.D. (2009), Global megatrends and the web: convergence of globalization, networks and innovation, in: SIGMIS Database, 40, 2009, 4, S. 14-27

Sommerville, I. (2012), Software Engineering, 9. Auflage, München 2012

Sontow, K. und Kompa, S. (2012), Fertigungslösungen brauchen tiefe Branchenfunktionalität, in: is report, 2012, 5, S. 18-19

Specht, I. (2014), Webinar: Applikationsentwicklung für alle Abteilungen mit der Salesforce1 Platform, Auf den Seiten von: salesforce, http://blogs.salesforce.com/de/2014/06/jetzt-anmelden-berti-heinz-erkl%C3%A4ren-die-salesforce1-platform.html, Stand: 10.06.2014

Spillner, A. und Liggesmeyer, P. (2000), Editorial Themenheft: Aktuelle Entwicklungen im Softwaretest, in: Informatik Forschung und Entwicklung, 15, 2000, 3, S. 119-120

Spohrer, J. und Maglio, P.P. (2009), Service Science: Toward a Smarter Planet, in: Salvendy, Karwowski (Hrsg., 2009), S. 1-30

Sprague, R. H. (2001), Proceedings of the 34th Annual Hawaii International Conference on System Sciences (HICSS '01) - January 3-6, 2001, Maui, Hawaii, Los Alamitos 2001

Sprague, R. H. (2006), Proceedings of the 39th Annual Hawaii International Conference on System Sciences - January 4-7, 2006, Kauai, Hawaii, Los Alamitos 2006

Sprague, R. H. (2009), Proceedings of the 42nd Hawaii International Conference on System Sciences, 2009 - January 5-9, 2009, Waikoloa, Hawaii,, Piscataway, NJ 2009

Sprague, R. H. (2013), Proceedings of the 46th Annual Hawaii International Conference on System Sciences - January 7-10, 2013, Wailea, Maui, Hawaii, Los Alamitos 2013

Srinivasan, A. und Venkatraman, N. (2010), Indirect Network Effects and Platform Dominance in the Video Game Industry: A Network Perspective, in: IEEE Transactions on Engineering Management, 57, 2010, 4, S. 661-673

Stähler, P. (2002), Geschäftsmodelle in der digitalen Ökonomie - Merkmale Strategien und Auswirkungen, 2. Auflage, Lohmar, Köln 2002

Stahlknecht, P. (2005), Einführung in die Wirtschaftsinformatik, 11. Auflage, Berlin, Heidelberg 2005

Stegmüller, W. (1983), Kausalitätsprobleme, Determinismus und Indeterminismus Ursachen und Inus-Bedingungen Probabilistische Theorie der Kausalität, 2. Auflage, Berlin, Heidelberg 1983

Stier, W. (1999), Empirische Forschungsmethoden, 2. Auflage, Berlin, Heidelberg 1999

Stigler, G.J. (1974), Free Riders and Collective Action: An Appendix to Theories of Economic Regulation, in: The Bell Journal of Economics and Management Science, 5, 1974, 2, S. 359-365

Strahringer, S. (2013), Geschäftsmodelle der IT-Industrie, Heidelberg 2013

Strübing, J. (2008), Grounded Theory - Zur sozialtheoretischen und epistemologischen Fundierung des Verfahrens der empirisch begründeten Theoriebildung, 2. Auflage, Wiesbaden 2008

Stüttgen, M. (2003), Strategien der Komplexitätsbewältigung in Unternehmen - Ein transdisziplinärer Bezugsrahmen, 2. Auflage, Bern, Stuttgart, Wien 2003

Suarez, F. und Cusumano, M.A. (2009), The role of services in platform markets, in: Gawer (Hrsg., 2009), S. 77-98

Sun, W., Zhang, X., Guo, C.J., Sun, P. und Su, H. (2008), Software as a Service: Configuration and Customization Perspectives, in: IEEE (Hrsg., 2008), S. 18-25

Suomi, R. (1991), Removing transaction costs with interorganizational information systems, in: Information and Software Technology, 33, 1991, 3, S. 205-211

Swoboda, B. (2005), Kooperation: Erklärungsperspektiven grundlegender Theorien, Ansätze und Konzepte im Überblick, in: Zentes (Hrsg., 2005),

Sydow, J. (1992), Strategische Netzwerke - Evolution und Organisation, Wiesbaden 1992

Sydow, J. (2000), Steuerung von Netzwerken - Konzepte und Praktiken, Opladen, Wiesbaden 2000

Sydow, J. (2010), Management von Netzwerkorganisationen - Beiträge aus der "Managementforschung", 5. Auflage, Wiesbaden 2010

Sydow, J. (2010), Management von Netzwerkorganisationen - Zum Stand der Forschung, in: Sydow (Hrsg., 2010), S. 373-470

Sydow, J. und Duschek, S. (2013), Netzwerkzeuge - Tools für das Netzwerkmanagement, Wiesbaden 2013

Sydow, J. und Wirth, C. (2014), Organisation und Strukturation, Wiesbaden 2014

Szyperski, N. und Kortzfleisch, H. von (2003), Kooperationen als Erfolgsfaktor wissensintensiver Unternehmensgründungen, in: Ringlstetter, Aschenbach, Kirsch (Hrsg., 2003), S. 371-402

Tarnacha, A. und Maitland, C. (2008), Structural Effects of Platform Certification on a Complementary Product Market, in: International Journal of IT Standards and Standardization Research, 6, 2008, 2, S. 48-65

Tauterat, T., Mautsch, L.O. und Herzwurm, G. (2012), Strategic Success Factors in Customization of Business Software, in: Cusumano, Iyer, Venkatraman (Hrsg., 2012), S. 267-272

Tenenberg, J. (2008), An institutional analysis of software teams, in: International Journal of Human-Computer Studies, 66, 2008, 7, S. 484-494

Thibaut, J.W. und Kelley, H.H. (1959), The social psychology of groups, New York 1959

Thom, N. und Wenger, A.P. (2010), Die optimale Organisationsform - Grundlagen und Handlungsanleitung, Wiesbaden 2010

ThoughWorks (2014), Technology Radar, Auf den Seiten von: ThoughWorks, http://thoughtworks.fileburst.com/assets/technology-radar-july-2014-en.pdf, Zugriff am 11.07.2014

Tiberius, V. A. (2012), Zukunftsgenese, Wiesbaden 2012

Tiberius, V.A. (2008), Prozesse und Dynamik des Netzwerkwandels, Wiesbaden 2008

Tiberius, V.A. (2012), Pfadbrechung und Pfadkreation als zukunftsgenetische Ansätze - Geplante Pfademergenz als restriktiv-indeterministischer Mittelweg, in: Tiberius (Hrsg., 2012), S. 263-272

Tietz, B., Köhler, R. und Zentes, J. (1995), Enzyklopädie der Betriebswirtschaftslehre - Handwörterbuch des Marketing, 2. Auflage, Stuttgart 1995

Tilebein, M. (2004), Nachhaltiger Unternehmenserfolg in turbulenten Umfeldern - Die Komplexitätsforschung und ihre Implikationen für die Gestaltung wandlungsfähiger Unternehmen, Frankfurt am Main, Berlin u. a. 2004

Tilebein, M. (2005), Netzwerke als komplexe adaptive Systeme - Effizienz und Effektivitat in Anwendungen der Komplexitätstheorie auf Netzwerke von und in Unternehmen, in: Kahle, Wilms (Hrsg., 2005), S. 275-290

Tilebein, M. (2006), Decentralized Supply Chain Management: A View from Complexity Theory, in: Blecker, Kersten, Huang (Hrsg., 2006), S. 21-35

Tiwana, A. (2014), Platform Ecosystems - Aligning Architecture, Governance, and Strategy, Burlington 2014

Tiwana, A., Konsynski, B. und Bush, A.A. (2010), Research Commentary -Platform Evolution: Coevolution of Platform Architecture, Governance, and Environmental Dynamics, in: Information System Research, 21, 2010, 4, S. 675-687

Tsolkas, A. und Schmidt, K. (2010), Rollen und Berechtigungskonzepte - Ansätze für das Identity- und Access Management im Unternehmen, Wiesbaden 2010

Tsoukas, H. (2003), The Oxford handbook of organization theory - meta-theoretical perspectives, Oxford, New York 2003

Turner, J.H. (2004), The structure of sociological theory, 7. Auflage, Belmont, CA 2004

Tyrväinen, P., Jansen, S. und Cusumano, M. A. (2010), Proceedings of the First International Conference on Software Business, ICSOB 2010 - Jyväskylä, Finland, June 21-23, 2010, Berlin, Heidelberg 2010

Vaishnavi, V. und Kuechler, W. (2008), Design science research methods and patterns - Innovating information and communication technology, Boca Raton 2008

Valentini, U., Weißbach, R., Fahney, R., Gartung, T., Glunde, J., Herrmann, A., Hoffmann, A. und Knauss, E. (2013), Requirements Engineering und Projektmanagement, Berlin, Heidelberg 2013

van Angeren, J., Kabbedijk, J., Jansen, S. und Popp, K.M. (2011), A Survey of Associate Models used within Large Software Ecosystems, in: Jansen, Bosch, Campbell, Ahmed (Hrsg., 2011), S. 27-39

van Angeren, J., Kabbedijk, J., Popp, K.M. und Slinger Jansen (2013), Managing software ecosystems through partnering, in: Jansen, Cusumano, Brinkkemper (Hrsg., 2013), S. 85-101

van de Ven, A.H. und Poole, M.S. (1995), Explaining Development and Change in Organizations, in: The Academy of Management Review, 20, 1995, 3, S. 510-540

van der Schuur, H., Jansen, S. und Brinkkemper, S. (2008), Becoming Responsive to Service Usage and Performance Changes by Applying Service Feedback Metrics to Software Maintenance, in: IEEE (Hrsg., 2008), S. 1-10

van der Schuur, H., Jansen, S. und Brinkkemper, S. (2011), The power of propagation, in: Grosky (Hrsg., 2011), S. 76-84

Venable, J.R. (2010), Design Science Research Post Hevner et al.: Criteria, Standards, Guidelines, and Expectations, in: Hutchison, Kanade, Kittler, Kleinberg, Mattern, Mitchell, Naor, Nierstrasz, Pandu Rangan, Steffen, Sudan, Terzopoulos, Tygar, Vardi, Weikum, Winter, Zhao, Aier (Hrsg., 2010), S. 109-123

Venkatraman, N. (1989), The Concept of Fit in Strategy Research: Toward Verbal and Statistical Correspondence, in: The Academy of Management Review, 14, 1989, 3, S. 423-444

Viljainen, M. und Kauppinen, M. (2013), Framing management practices for keystones in platform ecosystems, in: Jansen, Cusumano, Brinkkemper (Hrsg., 2013), S. 121-137

Wade, M. und Hulland, J. (2004), The Resource-Based View and Information Systems Research: Review, Extension, and Suggestions for Future Research, in: MIS Quarterly, 28, 2004, 1, S. 107-142

Wagelaar, D. und Van Der Straeten, R. (2007), Platform ontologies for the model-driven architecture, in: European Journal of Information Systems, 16, 2007, 4, S. 362-373

Wald, A. (2011), Sozialkapital als theoretische Fundierung relationaler Forschungsansätze, in: Zeitschrift für Betriebswirtschaft, 81, 2011, 1, S. 99-126

Walgenbach, P. (2006), Die Strukturationstheorie, in: Kieser (Hrsg., 2006), S. 403-426

Walter-Schütz, S., Kude, T. und Popp, K.M. (2013), The Impact of Software-as-a-Service on Software Ecosystems, in: Herzwurm, Margaria (Hrsg., 2013), S. 130-140

Waltl, J. (2013), IP Modularity in Software Products and Software Platform Ecosystems, Dissertation, Technische Universität München, München 2013

Waltl, J., Henkel, J. und Popp, K.M. (2013), IP Requirements in Platform Architecture - Evidence of IP Modularity from SAP and SugarCRM, in: Herzwurm, Margaria (Hrsg., 2013), S. 5-10

Webster, J. und Watson, R.T. (2002), Analyzing the Past to Prepare for the Future: Writing a Literature Review, in: MIS Quarterly, 26, 2002, 2, S. xiii-xxiii

Weiss, H. (2014), Oracle: Wir sind der größte Cloud-Anbieter, Auf den Seiten von: Heise Verlag, http://www.heise.de/newsticker/meldung/Oracle-Wir-sind-der-gro-esste-Cloud-Anbieter-2404852.html, Stand: 29.09.2014

Welfens, P.J.J. (2005), Grundlagen der Wirtschaftspolitik - Institutionen - Makroökonomik - Politikkonzepte, 2. Auflage, Berlin, Heidelberg 2005

Welfens, P.J.J. (2008), Grundlagen der Wirtschaftspolitik, 3. Auflage, Berlin, Heidelberg 2008

Wenzel, S., Faisst, W., Burkard, C. und Buxmann, P. (2012), New Sales and Buying Models in the Internet: App Store Model for Enterprise Application Software, in: Mattfeld (Hrsg., 2012), S. 639-652

Werani, T. (2004), Bewertung von Kundenbindungsstrategien in B-to-B-Märkten - Methodik und praktische Anwendung, Wiesbaden 2004

West, P.M., Ariely, D., Bellman, S., Bradlow, E., Huber, J., Johnson, E., Kahn, B., Little, J. und Schkade, D. (1999), Agents to the Rescue?, in: Marketing Letters, 10, 1999, 3, S. 285-300

Westkämper, E. (2009), Turbulentes Umfeld von Unternehmen, in: Westkämper, Zahn (Hrsg., 2009), S. 7-24

Westkämper, E. (2013), Struktureller Wandel durch Megatrends, in: Westkämper, Spath, Constantinescu, Lentes (Hrsg., 2013), S. 7-9

Westkämper, E. (2014), Towards the re-industrialization of Europe - A concept for manufacturing 2030, Berlin, Heidelberg 2014

Westkämper, E., Spath, D., Constantinescu, C. und Lentes, J. (2013), Digitale Produktion, Berlin, Heidelberg 2013

Westkämper, E. und Zahn, E. (2009), Wandlungsfähige Produktionsunternehmen - Das Stuttgarter Unternehmensmodell, Berlin, Heidelberg 2009

Westwood, R. I. und Clegg, S. (2003), Debating organization - Point-counterpoint in organization studies, Malden, MA 2003

Weyer, J. und Schulz-Schaeffer, I. (2009), Management komplexer Systeme, München 2009

Wiedemer, V. (2007), Standardisierung und Koexistenz in Netzeffektmärkten - Modellgeleitete Analyse unter besonderer Berücksichtigung von IuK-Märkten, Stuttgart 2007

Wiegandt, P. (2009), Die Transaktionskostentheorie, in: Schwaiger (Hrsg., 2009), S. 115-130

Wieland, A. und Wallenburg, C.M. (2013), The influence of relational competencies on supply chain resilience: a relational view, in: International Journal of Physical Distribution & Logistics Management, 43, 2013, 4, S. 300-320

Wigand, R.T. (1995), Electronic Commerce and Reduced Transaction Costs - Firms' Migration into Highly Interconnected Electronic Markets, in: EM - Electronic Markets, 1995, 16-17, S. 1-5

Wigand, R.T. und Benjamin, R.I. (1995), Electronic Commerce: Effects on Electronic Markets, in: Journal of Computer-Mediated Communication, 1, 1995, 3, S. 1-5

Wigand, R.T., Picot, A. und Reichwald, R. (2004), Information, organization and management - Expanding markets and corporate boundaries, Chichester 2004

Wilde, T. und Hess, T. (2006), Methodenspektrum der Wirtschaftsinformatik - Überblick und Portfoliobildung, Arbeitsbericht Nr. 2, Institut für Wirtschaftsinformatik und Neue Medien, Ludwig-Maximilians-Universität München, München 2006

Wilde, T. und Hess, T. (2007), Forschungsmethoden der Wirtschaftsinformatik, in: Wirtschaftsinformatik, 49, 2007, 4, S. 280-287

Wildmann, L. (2012), Module der Volkswirtschaftslehre, 2. Auflage, München 2012

Willcocks, L. und Lacity, M.C. (2006), Global sourcing of business and IT services, Basingstoke, New York 2006

Williamson, O.E. (1975), Markets and hierarchies: analysis and antitrust implications - A study in the economics of internal organization, New York, London 1975

Williamson, P.E. und De Meyer, A. (2012), Ecosystem Advantage - How to Sucessfully Harness the Power of Partners, in: California Management Review, 55, 2012, 1, S. 24-46

Windeler, A. (2001), Unternehmungsnetzwerke - Konstitution und Strukturation, Wiesbaden 2001

Winkelhofer, G. (2007), Kreativ managen - Ein Leitfaden für Unternehmer, Manager und Projektleiter, Berlin, Heidelberg, New York 2007

Wirth, S. (2002), Vernetzt planen und produzieren - Neue Entwicklungen in der Gestaltung von Forschungs-, Produktions- und Dienstleistungsnetzen, Stuttgart 2002

Wirtz, B.W. (2011), Business Model Management - Design - Instrumente - Erfolgsfaktoren von Geschäftsmodellen, 2. Auflage, Wiesbaden 2011

Wiswede, G. (2004), Sozialpsychologie-Lexikon, München, Wien 2004

Woeckener, B. (1995), Hotelling-Modelle der Konkurrenz und Diffusion von Netzeffektgütern - Deterministische und stochastische Ansätze zur Erklärung der Ausbreitung neuer Kommunikations- und Gebrauchsgüter-Systeme, Tübingen, Basel 1995

Woeckener, B. (2011), Strategischer Wettbewerb - Eine Einführung in die Industrieökonomik, Berlin, Heidelberg 2011

Wojda, F. und Barth, A. (2006), Innovative Kooperationsnetzwerke, Wiesbaden 2006

Wojda, F., Herfort, I. und Barth, A. (2006), Ansatz zur ganzheitlichen Gestaltung von Kooperationen und Kooperationsnetzwerken und die Bedeutung sozialer und personeller Einflüsse, in: Wojda, Barth (Hrsg., 2006), S. 1-26

Wolf, C.M., Geiger, K., Benlian, A., Hess, T. und Buxmann, P. (2008), Spezialisierung als Ausprägungsform einer Industrialisierung der Software-Branche – Eine Analyse am Beispiel der ERP-Software von SAP, in: Herzwurm, Mikusz (Hrsg., 2008), S. 153-168

Wolf, R.-J. (2010), Risikoorientiertes Netzwerkcontrolling - Bestimmung der Risikoposition von Unternehmensnetzwerken und Anpassung kooperationsspezifischer Controllinginstrumente an die Anforderungen des Risikomanagements, Lohmar 2010

Woratschek, H. und Roth, S. (2005), Kooperation: Erklärungsperspektive der Neuen Institutionenökonomik, in: Zentes (Hrsg., 2005), S. 141-166

Wright, B. und Schwager, P.H. (2008), Online Survey Research: Can Response Factors Be Improved?, in: Journal of Internet Commerce, 7, 2008, 2, S. 253-269

Wulf, V., Pipek, V. und Won, M. (2008), Component-based tailorability: Enabling highly flexible software applications, in: International Journal of Human-Computer Studies, 66, 2008, 1, S. 1-22

Xu, X., Venkatesh, V., Tam, K.Y. und Hong, S.-J. (2010), Model of Migration and Use of Platforms: Role of Hierarchy, Current Generation, and Complementarities in Consumer Settings, in: Management Science, 56, 2010, 8, S. 1304-1323

Yngström, L. und Carlsen, J. (1997), Information security in research and business - Proceedings of the IFIP TC11 13th international conference on Information Security (SEC '97): 14-16 May 1997, Copenhagen, Denmark, London 1997

Yoffie, D.B. und Kwak, M. (2006), With Friends Like These: The Art of Managing Complementors, in: Harvard Business Review, 84, 2006, 9, S. 88-98

Yoo, B., Choudhary, V. und Mukhopadhyay, T. (2002), A model of neutral B2B intermediaries, in: Journal of Management Information System, 19, 2002, 3, S. 43-68

Zaheer, A. und Bachmann, R. (2006), Handbook of trust research, Cheltenham, Northampton 2006

Zaheer, A. und Bell, G.G. (2005), Benefiting From Network Position: Firm Capabilities, Structural Holes and Performance, in: Strategic Management Journal, 26, 2005, 9, S. 809-825

Zahn, E. und Foschiani, S. (2000), Wettbewerbsfähigkeit durch interorganisationale Kooperation, in: Kaluza, Blecker (Hrsg., 2000), S. 493-532

Zahn, E. und Foschiani, S. (2002a), Logik und Dynamik von Untemehmensnetzwerken, in: Wirth (Hrsg., 2002), S. 65-69

Zahn, E. und Foschiani, S. (2002b), Wertgenerierung in Netzwerken, in: Albach, Wildemann (Hrsg., 2002), S. 265-275

Zahn, E., Kapmeier, F. und Tilebein, M. (2006), Formierung und Evolution von Netzwerken - ausgewählte Erklärungsansätze, in: Wojda, Barth (Hrsg., 2006), S. 129-150

Zahn, E., Schön, M. und Meyer, S. (2007), Strategisches Innovationsmanagement von Dienstleistungsunternehmen in turbulenten Umfeldern, in: Loos, Krcmar (Hrsg., 2007), S. 209-222

Zeng, M., Chen, X.-P. (2003), Achieving Cooperation in Multiparty Alliances - A Social Dilemma Approach to Partnership Management, in: Academy of Management Review, 28, 2003, 4, S. 587-605

Zentes, J. (2005), Kooperationen, Allianzen und Netzwerke - Grundlagen - Ansätze - Perspektiven, 2. Auflage, Wiesbaden 2005

Zentes, J. und Schramm-Klein, H. (2003), Exogene und endogene Einflussfaktoren der Kooperation, in: Zentes, Swoboda, Morschett (Hrsg., 2003), S. 257-276

Zentes, J., Swoboda, B. und Morschett, D. (2003), Kooperationen, Allianzen und Netzwerke, Wiesbaden 2003

Zheng, Y. und Prehofer, C. (2011), Autonomic Trust Management for a Component-Based Software System, in: IEEE Transactions on Dependable and Secure Computing, 8, 2011, 6, S. 810-823

Zimmermann, T., Premraj, R., Sillito, J. und Breu, S. (2009), Improving bug tracking systems, in: IEEE (Hrsg., 2009), S. 247-250

Zollondz, H.-D. (2009), Grundlagen Qualitätsmanagement - Einführung in Geschichte, Begriffe, Systeme und Konzepte, 2. Auflage, München 2009

Zowghi, D. und Coulin, C. (2005), Requirements Elicitation: A Survey of Techniques, Approaches and Tools, in: Aurum, Wohlin (Hrsg., 2005), S. 19-46

Zultner, R.E. (1990), Software Quality Deployment, in: QFD Institute (Hrsg., 1990), S. 132-149

Zultner, R.E. (1994), Software quality function deployment - the north american experience, in: Frühauf, Schweizerische Arbeitsgemeinschaft für Qualitätsförderung (Hrsg., 1994), S. 143-158

WIRTSCHAFTSINFORMATIK

Herausgegeben von Prof. Dr. Dietrich Seibt, Köln, Prof. Dr. Hans-Georg Kemper, Stuttgart, Prof. Dr. Georg Herzwurm, Stuttgart, Prof. Dr. Dirk Stelzer, Ilmenau, und Prof. Dr. Detlef Schoder, Köln

Band 79
Nadine Amende
Nutzenmessung der geografischen Informationsvisualisierung in Verbindung mit der Informationssuche
Lohmar – Köln 2014 • 388 S. • € 65,- (D) • ISBN 978-3-8441-0316-8

Band 80
Xuanpu Sun
Ein szenario- und prototypingbasiertes Konzept zur Informationsbedarfsanalyse für Business-Process-Intelligence-Systeme – Entwicklung und Evaluation
Lohmar – Köln 2014 • 352 S. • € 64,- (D) • ISBN 978-3-8441-0317-5

Band 81
Jörg Leute
Eine neue Definition agilen Projektmanagements – Analyse konzeptioneller Merkmale agilen Projektmanagements
Lohmar – Köln 2014 • 296 S. • € 59,- (D) • ISBN 978-3-8441-0360-1

Band 82
Katharina Ute Peine
Situative Gestaltung des IT-Produktmanagements – Eine empirische Untersuchung
Lohmar – Köln 2014 • 448 S. • € 68,- (D) • ISBN 978-3-8441-0373-1

Band 83
Michael Zimmer
Agile Business Intelligence – Komponenten integrierter Gesamtarchitekturen
Lohmar – Köln 2015 • 304 S. • € 59,- (D) • ISBN 978-3-8441-0386-1

Band 84
Lars Oliver Mautsch
Softwareplattformen für Unternehmenssoftwareökosysteme
Lohmar – Köln 2015 • 424 S. • € 67,- (D) • ISBN 978-3-8441-0402-8

JOSEF EUL VERLAG